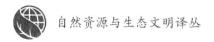

自然资源与生态文明译丛

环境与自然资源经济学

当代方法（第五版）

〔美〕乔纳森·M. 哈里斯　布瑞恩·罗奇　著

姚霖　余韵　译

ENVIRONMENTAL AND NATURAL RESOURCE ECONOMICS
A Contemporary Approach　（5th Edition）
Jonathan M. Harris　Brian Roach

Jonathan M. Harris and Brian Roach

ENVIRONMENTAL AND NATURAL RESOURCE ECONOMICS:

A Contemporary Approach（5th Edition）

"自然资源与生态文明"译丛
"自然资源保护和利用"丛书
总序

（一）

新时代呼唤新理论，新理论引领新实践。中国当前正在进行着人类历史上最为宏大而独特的理论和实践创新。创新，植根于中华优秀传统文化，植根于中国改革开放以来的建设实践，也借鉴与吸收了世界文明的一切有益成果。

问题是时代的口号，"时代是出卷人，我们是答卷人"。习近平新时代中国特色社会主义思想正是为解决时代问题而生，是回答时代之问的科学理论。以此为引领，亿万中国人民驰而不息，久久为功，秉持"绿水青山就是金山银山"理念，努力建设"人与自然和谐共生"的现代化，集聚力量建设天蓝、地绿、水清的美丽中国，为共建清洁美丽世界贡献中国智慧和中国力量。

伟大时代孕育伟大思想，伟大思想引领伟大实践。习近平新时代中国特色社会主义思想开辟了马克思主义新境界，开辟了中国特色社会主义新境界，开辟了治国理政的新境界，开辟了管党治党的新境界。这一思想对马克思主义哲学、政治经济学、科学社会主义各个领域都提出了许多标志性、引领性的新观点，实现了对中国特色社会主义建设规律认识的新跃升，也为新时代自然资源治理提供了新理念、新方法、新手段。

明者因时而变，知者随事而制。在国际形势风云变幻、国内经济转型升级的背景下，习近平总书记对关系新时代经济发展的一系列重大理论和实践问题进行深邃思考和科学判断，形成了习近平经济思想。这一思想统筹人与自然、经济与社会、经济基础与上层建筑，兼顾效率与公平、局部与全局、当前与长远，为当前复杂条件下破解发展难题提供智慧之钥，也促成了新时代经济发展举世瞩目的辉煌成就。

生态兴则文明兴——"生态文明建设是关系中华民族永续发展的根本大计"。在新时代生态文明建设伟大实践中，形成了习近平生态文明思想。习近平生态文明思想是对马克思主义自然观、中华优秀传统文化和我国生态文明实践的升华。马克思主义自然观中对人与自然辩证关系的诠释为习近平生态文明思想构筑了坚实的理论基础，中华优秀传统文化中的生态思想为习近平生态文明思想提供了丰厚的理论滋养，改革开放以来所积累的生态文明建设实践经验为习近平生态文明思想奠定了实践基础。

自然资源是高质量发展的物质基础、空间载体和能量来源，是发展之基、稳定之本、民生之要、财富之源，是人类文明演进的载体。在实践过程中，自然资源治理全力践行习近平经济思想和习近平生态文明思想。实践是理论的源泉，通过实践得出真知：发展经济不能对资源和生态环境竭泽而渔，生态环境保护也不是舍弃经济发展而缘木求鱼。只有统筹资源开发与生态保护，才能促进人与自然和谐发展。

是为自然资源部推出"自然资源与生态文明"译丛、"自然资源保护和利用"丛书两套丛书的初衷之一。坚心守志，持之以恒。期待由见之变知之，由知之变行之，通过积极学习而大胆借鉴，通过实践总结而理论提升，建构中国自主的自然资源知识和理论体系。

（二）

如何处理现代化过程中的经济发展与生态保护关系，是人类至今仍然面临的难题。自《寂静的春天》（蕾切尔·卡森，1962）、《增长的极限》（德内拉·梅多斯，1972）、《我们共同的未来》（布伦特兰报告，格罗·哈莱姆·布伦特兰，1987）这些经典著作发表以来，资源环境治理的一个焦点就是破解保护和发展的难题。从世界现代化思想史来看，如何处理现代化过程中的经济发展与生态保护关系，是人类至今仍然面临的难题。"自然资源与生态文明"译丛中的许多文献，运用技术逻辑、行政逻辑和法理逻辑，从自然科学和社会科学不同视角，提出了众多富有见解的理论、方法、模型，试图破解这个难题，但始终没有得出明确的结论性认识。

全球性问题的解决需要全球性的智慧，面对共同挑战，任何人任何国家都无法独善其身。2019 年 4 月习近平总书记指出，"面对生态环境挑战，人类是一荣俱荣、一损俱损的命运共同体，没有哪个国家能独善其身。唯有携手合作，我们才能有效应对气候变化、海洋污染、生物保护等全球性环境问题，实现联合国 2030 年可持续发展目标"。共建人与自然生命共同体，掌握国际社会应对资源环境挑战的经验，加强国际绿色合作，推动"绿色发展"，助力"绿色复苏"。

文明交流互鉴是推动人类文明进步和世界和平发展的重要动力。数千年来，中华文明海纳百川、博采众长、兼容并包，坚持合理借鉴人类文明一切优秀成果，在交流借鉴中不断发展完善，因而充满生机活力。中国共产党人始终努力推动我国在与世界不同文明交流互鉴中共同进步。1964 年 2 月，毛主席在中央音乐学院学生的一封信上批示说"古为今用，洋为中用"。1992 年 2 月，邓小平同志在南方谈话中指出，"必须大胆吸收和借鉴人类社会创造的一切文明成果"。2014 年 5 月，习近平总书记在召开外国专家座谈会上强调，"中国要永远做一个学习大国，不论发展到什么水平都虚心向世界各国人民学习"。

"察势者明，趋势者智"。分析演变机理，探究发展规律，把握全球自然资源治理的态势、形势与趋势，着眼好全球生态文明建设的大势，自觉以回答中国之问、世界之问、人民之问、时代之问为学术己任，以彰显中国之路、中国之治、中国之理为思想追求，在研究解决事关党和国家全局性、根本性、关键性的重大问题上拿出真本事、取得好成果。

是为自然资源部推出"自然资源与生态文明"译丛、"自然资源保护和利用"丛书两套丛书的初衷之二。文明如水，润物无声。期待学蜜蜂采百花，问遍百家成行家，从全球视角思考责任担当，汇聚全球经验，破解全球性世纪难题，建设美丽自然、永续资源、和合国土。

（三）

2018 年 3 月，中共中央印发《深化党和国家机构改革方案》，组建自然资源部。自然资源部的组建是一场系统性、整体性、重构性变革，涉及面之广、难度之大、问题之多，前所未有。几年来，自然资源系统围绕"两统一"核心职责，不负重托，不辱使命，开创了自然资源治理的新局面。

自然资源部组建以来，按照党中央、国务院决策部署，坚持人与自然和谐共生，践行绿水青山就是金山银山理念，坚持节约优先、保护优先、自然恢复为主的方针，统筹山水林田湖草沙冰一体化保护和系统治理，深化生态文明体制改革，夯实工作基础，优化开发保护格局，提升资源利用效率，自然资源管理工作全面加强。一是，坚决贯彻生态文明体制改革要求，建立健全自然资源管理制度体系。二是，加强重大基础性工作，有力支撑自然资源管理。三是，加大自然资源保护力度，国家安全的资源基础不断夯实。四是，加快构建国土空间规划体系和用途管制制度，推进国土空间开发保护格局不断优化。五是，加大生态保护修复力度，构筑国家生态安全屏障。六是，强化自然资源节约集约利用，促进发展方式绿色转型。七是，持续推进自然资源法治建设，自然资源综合监管效能逐步提升。

当前正值自然资源综合管理与生态治理实践的关键期，面临着前所未有的知识挑战。一方面，自然资源自身是一个复杂的系统，山水林田湖草沙等不同资源要素和生态要素之间的相互联系、彼此转化以及边界条件十分复杂，生态共同体运行的基本规律还需探索。自然资源既具系统性、关联性、实践性和社会性等特征，又有自然财富、生态财富、社会财富、经济财富等属性，也有系统治理过程中涉及资源种类多、学科领域广、系统庞大等特点。需要遵循法理、学理、道理和哲理的逻辑去思考，需要斟酌如何运用好法律、经济、行政等政策路径去实现，需要统筹考虑如何采用战略部署、规划引领、政策制定、标准规范的政策工具去落实。另一方面，自然资源综合治理对象的复杂性、系统性特点，对科研服务支撑决策提出了理论前瞻性、技术融合性、知识交融性的诉求。例如，自然资源节约集约利用的学理创新是什么？动态监测生态系统稳定性状况的方法有哪些？如何评估生态保护修复中的功能次序？等等不一而足，一系列重要领域的学理、制度、技术方法仍待突破与创新。最后，当下自然资源治理实践对自然资源与环境经济学、自然资源法学、自然地理学、城乡规划学、生态学与生态经济学、生态修复学等学科提出了理论创新的要求。

中国自然资源治理体系现代化应立足国家改革发展大局，紧扣"战略、战役、战术"问题导向，"立时代潮头、通古今之变、贯通中西之间、融会文理之璧"，在"知其然知其所以然，知其所以然的所以然"的学习研讨中明晰学理，在"究其因，思其果，寻其路"的问题查摆中总结经验，在"知识与技术的更新中，自然科学与社会科学的交融中"汲取智慧，在国际理论进展与实践经验的互鉴中促进提高。

是为自然资源部推出"自然资源与生态文明"译丛、"自然资源保护和利用"丛书这两套丛书的初衷之三。知难知重，砥砺前行。要以中国为观照、以时代为观照，立足中国实际，从学理、哲理、道理的逻辑线索中寻找解决方案，不断推进自然资源知识创新、理论创新、方法创新。

（四）

文明互鉴始于译介，实践蕴育理论升华。自然资源部决定出版"自然资源与生态文明"译丛、"自然资源保护和利用"丛书系列著作，办公厅和综合司统筹组织实施，中国自然资源经济研究院、自然资源部咨询研究中心、清华大学、自然资源部海洋信息中心、自然资源部测绘发展研究中心、商务印书馆、《海洋世界》杂志等单位承担完成"自然资源与生态文明"译丛编译工作或提供支撑。自然资源调查监测司、自然资源确权登记局、自然资源所有者权益司、国土空间规划局、国土空间用途管制司、国土空间生态修复司、海洋战略规划与经济司、海域海岛管理司、海洋预警监测司等司局组织完成"自然资源保护和利用"丛书编撰工作。

第一套丛书"自然资源与生态文明"译丛以"创新性、前沿性、经典性、基础性、学科性、可读性"为原则，聚焦国外自然资源治理前沿和基础领域，从各司局、各事业单位以及系统内外院士、专家推荐的书目中遴选出十本，从不同维度呈现了当前全球自然资源治理前沿的经纬和纵横。

具体包括：《自然资源与环境：经济、法律、政治和制度》，《环境与自然资源经济学：当代方法》（第五版），《自然资源管理的重新构想：运用系统生态学范式》，《空间规划中的生态理性：可持续土地利用决策的概念和工具》，《城市化的自然：基于近代以来欧洲城市历史的反思》，《城市生态学：跨学科系统方法视角》，《矿产资源经济（第一卷）：背景和热点问题》，《海洋和海岸带资源管理：原则与实践》，《生态系统服务中的对地观测》，《负排放技术和可靠封存：研究议程》。

第二套丛书"自然资源保护和利用"丛书基于自然资源部组建以来开展生态文明建设和自然资源管理工作的实践成果，聚焦自然资源领域重大基础性问题和难点焦点问题，经过多次论证和选题，最终选定七本（此次先出版五本）。在各相关研究单位的支撑下，启动了丛书撰写工作。

具体包括：自然资源确权登记局组织撰写的《自然资源和不动产统一确权登记理论与实践》，自然资源所有者权益司组织撰写的《全民所有自然资源资产所有者权益管理》，自然资源调查监测司组织撰写的《自然资源调查监测实践与探索》，国土空间规划局组织撰写的《新时代"多规合一"国土空间规划理论与实践》，国土空间用途管制司组织撰写的《国土空间用途管制理论与实践》。

"自然资源与生态文明"译丛和"自然资源保护和利用"丛书的出版，正值生态文明建设进程中自然资源领域改革与发展的关键期、攻坚期、窗口期，愿为自然资源管理工作者提供有益参照，愿为构建中国特色的资源环境学科建设添砖加瓦，愿为有志于投身自然资源科学的研究者贡献一份有价值的学习素材。

百里不同风，千里不同俗。任何一种制度都有其存在和发展的土壤，照搬照抄他国制度行不通，很可能画虎不成反类犬。与此同时，我们探索自然资源治理实践的过程，也并非一帆风顺，有过积极的成效，也有过惨痛的教训。因此，吸收借鉴别人的制度经验，必须坚持立足本国、辩证结合，也要从我们的实践中汲取好的经验，总结失败的教训。我们推荐大家来读"自然资源与生态文明"译丛和"自然资源保护和利用"丛书中的书目，也希望与业内外专家同仁们一道，勤思考，多实践，提境界，在全面建设社会主义现代化国家新征程中，建立和完善具有中国特色、符合国际通行规则的自然资源治理理论体系。

在两套丛书编译撰写过程中，我们深感生态文明学科涉及之广泛，自然资源之于生态文明之重要，自然科学与社会科学关系之密切。正如习近平总书记所指出的，"一个没有发达的自然科学的国家不可能走在世界前列，一个没有繁荣的哲学社会科学的国家也不可能走在世界前列"。两套丛书涉及诸多专业领域，要求我们既要掌握自然资源专业领域本领，又要熟悉社会科学的基础知识。译丛翻译专业词汇多、疑难语句多、习俗俚语多，背景知识复杂，丛书撰写则涉及领域多、专业要求强、参与单位广，给编译和撰写工作带来不小的挑战，丛书成果难免出现错漏，谨供读者们参考交流。

编写组

序　言

　　《环境与自然资源经济学:当代方法》第五版的重点是让更多的学生接触到环境问题。本书凝聚了作者教授本科生和研究生环境与自然资源经济学课程20多年的教学经验和体会。它反映了环境问题的重要性,阐明了研究人类经济与自然界之间关系的必要性。

　　当前,环境经济学及一般环境问题至关重要且正处于不断变化中。编写第五版开发了很多新材料,并更新了对关键问题的看法。也许最显著的变化体现在能源和气候变化领域。自2018年第四版出版以来,可再生能源成本的下降速度远超预期。随着对气候变化采取行动的科学必要性不断增强,美国重新加入《巴黎协定》(Paris climate Agreement),并制定2050年实现净零排放的目标。新冠病毒感染疫情(COVID-19)导致全球经济放缓,碳排放和空气污染空前减少,一些影响可能持续至疫情之后。尽管人们担心应对全球气候变化的行动进展缓慢,但新的全球能源经济正在形成,人们越来越关注森林、湿地和土壤的碳汇潜力。

　　本书保留了环境经济学和生态经济学的平衡方法,这两种方法互为补充。传统微观经济学分析的很多要素对于分析资源及环境问题至关重要。与此同时,必须认识到基于市场或成本收益分析方法的局限性,并引入生态学和生物物理学的视角来看待人类与自然系统的相互作用。这一观点能广泛关注固有的"宏观"环境问题,如全球气候变化、海洋污染、人口增长以及全球碳、氮和水循环。

　　第五版根据世界环境政策的发展以及基于课堂使用的评论和建议进行了修订。第五版中新增内容和修订内容包括:

　　第二章:所有环境趋势数据和数字均已更新,增加了关于淡水问题和海洋、海岸问题的单独章节。

第四章：以最优捕捞案例替换了原有共同财产案例。

第十一章：更新了能源发展的最新进展，特别反映了大幅下降的太阳能和风能成本。进一步强调发展中国家能源不平等现象及其能源挑战。

第十二章和第十三章：更新了气候科学和经济学领域的新研究成果，以及各相关最新政策实施情况。第十三章增加了关于"实现净零排放"的新章节，并讨论了实现这一目标的全球挑战。

第十四章：更新了经济和环境关系的最新实证分析，包括关于环境库兹涅茨曲线、解耦以及环境法规成本效益的新研究。

第十五章：更新人口数据和相关预测，重点关注生育率变化、非洲人口快速增长、日本人口下降情况以及美国人口增速放缓等问题。

第十六章：介绍再生农业的概念，重点关注农业土壤中碳储存潜力以及改善土壤总体健康状况。

第十九章：与第四版仅关注森林不同，本版涵盖了森林（内容减少）和土地保护，讨论了土地保护的经济价值以及城市、自然地区的土地政策。

第二十二章：对这一章作重大修改，用以区分发达国家和发展中国家的可持续性挑战，增加了有关绿色生长和退化的新资料。

在所有章节中，本书根据人口增长、能源使用、碳排放、矿产价格、食品生产和价格以及可再生资源供需等最新情况，更新了相关数据和图表。更新或增加了相关专栏，以便为本书中所讨论问题提供最新的现实背景。同时也为新章节增加了课后练习。

本书以微观经济学基础课程为背景，可用于高年级本科生或硕士研究生课程的教学。全书总体结构包括：

第一部分概述了资源和环境的不同经济分析方法，以及经济或环境相互作用的基本问题。

第二部分阐述了传统环境和资源经济学的基础，包括外部性理论、资源分配、公共财产资源、公共物品、估值、成本效益分析和污染控制政策。

第三部分介绍了生态经济学方法，包括生态经济学的基本概念、生态系统服务和"绿色"国民核算。

第四部分包括能源、气候变化和绿色经济政策。

第五部分侧重于人口、农业和资源，包括回顾有关人口、资源环境的相关理论，人口及其与经济、环境的关系的不同理论，概述了世界农业系统的环境影响，讨论可再生和不可再生资源的供给、需求和管理问题。

第六部分汇集了前几章在审议国际贸易对环境的影响和可持续发展政策时提出的主题。

每章章末均有问题讨论、关键术语和概念，以及相关网站。教师和学生可充分利用对本书提供支持的网站 sites.tufts.edu/gdae/environmental-and-natural-resource-economics/。

教师可参考的资料包括教学技巧和目标、本书问题的试题和答案。

目　　录

第一章　不断演进的环境观念

焦点问题：

- 当前面临的主要环境问题是什么？
- 经济学家理解这些问题的主要框架是什么？
- 哪些原则可以促进经济和生态的可持续性？

第一节　环境问题概述

在过去的 50 余年里，人们越来越意识到局地、国家和全球层面所面临的环境问题。在此期间，许多自然资源和环境问题无论是规模还是急迫性都在扩大或增大，特别是诸如气候变化、森林损失和物种灭绝等全球性问题。

人类对环境问题的关注由来已久，但在现代，人类对环境危机的认知始于 20 世纪 60 年代。1970 年，美国成立环境保护署以应对当时公众对空气和水污染的关注。1972 年，第一个有关环境的国际会议——联合国人类环境会议在斯德哥尔摩召开。自此，全世界对环境问题的关注日益增加。现代环境史上的重大事件见专栏 1-1。

1992 年，联合国环境与发展会议（UNCED）在巴西里约热内卢召开，会议聚焦于臭氧层耗损、热带雨林和原始森林与湿地的破坏、物种灭绝以及不断增长的二氧化碳和其他"温室"气体排放造成的全球变暖和气候变化等主要全球问题。20 年后，在 2012 年举行的联合国可持续发展大会"里约＋20 峰会"上，世界各国在重申将环境与发展相结合承诺的同时，也承认实现目标方面的进展有限。① 同年，联合国环境规划署（UNEP）的《全球环境展望报告 5》指出，"迅速增长的人口和蓬勃发展的经济正在动摇着生态系统的稳定性"。② 联合国环境规划署 2019 年发布的《全球环境展望报告 6》也得出类似结论。

几十年来，人类人口动态或趋势，特别是人口压力和经济发展被认为是环境变化的关键驱动因素。这些环境变化驱动因素的规模、全球影响和变化速度均对环境和气候变化问题的管理提出了紧迫挑战。③

除臭氧层损耗（这一领域已通过国际协议实现了重大减排）外，1992 年联合国环境与发展会议确定的大气、土地、水、生物多样性、化学品和废弃物等领域的全球环境问题仍在继续或进一步恶化。联合国环境规划署的《全球环境展望报告》还识别了其他的全球性问题，包括淡水和海洋中的氮污染、有毒化学品和危险废弃物的暴露、森林和淡水生态系统的破坏、水污染和地下水补给量下降、城市空气污染和废弃物以及主要海洋渔业资源的过度捕捞。

气候变化也许已经成为这个时代最大的环境威胁。联合国政府间气候变化专门委员会（IPCC）2014 年发布的第五次评估报告得出以下结论：

温室气体的持续排放将导致气候系统进一步暖化及其所有组成部分的长期变化，会对人类和生态系统造成更严重、更普遍且不可逆转的影响④。

2015 年 12 月，在巴黎召开的联合国会议上，195 个国家达成关于限制并减少导致气候变化的温室气体排放的协议。同年，联合国通过了包括应对气候变化和环境退化在内的可持续发展目标。

专栏 1-1　现代环境史上的重大事件

1962 年：蕾切尔·卡森出版的《寂静的春天》（*Silent Spring*）被广泛认为是现代环境运动的催化剂，书中详细描述了过度使用杀虫剂所带来的危险。

---

① www.uncsd2012.org/content/documents/814UNCSD%20REPORT%20fifinal%20revs.pdf.

② UNEP, 2012.

③ UNEP, 2019, Summary for Policymakers, pp. 6-7.

④ IPCC. 2014. P. 8.

1964 年：美国通过《荒野法案》（也称《荒野保护法案》），该法案保护公地，使其不受只是（荒野）过客而非永久居民的侵扰。

1969 年：俄亥俄州凯霍加河（The Cuyahoga River in Ohio）被石油和其他化学品严重污染，引发对河水污染的广泛关注，并促成了 1972 年通过《清洁水法案》。

1970 年：美国总统理查德·米尔豪斯·尼克松创建环境保护署。同年，超过 2 000 万人参加了 4 月 22 日的第一个地球日活动。

1972 年：联合国环境规划署成立，总部设于肯尼亚内罗毕。

1979 年：宾夕法尼亚州三里岛核反应堆的部分熔毁引发了人们对核能安全性的担忧。1986 年，苏联切尔诺贝利核反应堆爆炸加剧了此担忧。

1987 年：联合国布伦特兰委员会（United Nations' Brundtland Commission）出版了《我们共同的未来》，将可持续发展定义为"既满足当代人的需求，又不对后代人满足其自身需求的能力构成危害的发展"。

1992 年：《里约环境与发展宣言》认识到，"地球，我们的家园具有完整性和独立性特征"，并提出 27 项可持续发展原则，包括减少全球不平等、国际合作和促进解决环境问题的经济体系。

1997 年：《京都议定书》通过谈判，成为第一个签约国承诺减少温室气体排放的国际协议。尽管被美国拒绝，该协议仍有 191 个国家签署，并于 2005 年生效。

2002 年：《约翰内斯堡可持续发展宣言》认为，"人类正处于十字路口"，存在"推进和加强经济发展、社会发展和环境保护等可持续发展支柱的集体责任"。

2009 年：参加哥本哈根气候变化谈判的国家一致认为，尽管没有对减排作出具有约束力的承诺，仍应采取行动将全球气温升高控制在 2℃ 以内。

2015 年：由 195 个国家签署的《巴黎协定》呼吁"温室气体排放尽快达到峰值"，目标是"将全球平均气温较前工业化时期上升幅度控制在 2℃ 以内"。超过 150 个国家提交了限制温室气体排放计划。

> 2021 年：新冠病毒感染疫情导致全球经济放缓，显著降低了空气污染和碳排放。国际能源机构（IEA，亦称国际能源署）宣布，太阳能首次成为世界上最便宜的能源。然而，随着 2021 年经济复苏，全球化石燃料的使用和排放将再次上升。

所有这些问题的根源都在于全球人口增长，当前每年增加 7 000 余万人，世界人口已于 2020 年超过 78 亿，预计到 2050 年将增长至 97 亿左右，新增人口几乎都出生在发展中国家[①]。

科学家、政策制定者和社会公众均已开始着手解决这些问题，例如未来会是什么样？人们能否及时且充分地应对多重威胁，以防止对支持生命的行星系统造成不可逆转的损害？这些问题中的一个关键要件，意即环境问题的经济分析，尚未受到足够关注。

有些人可能会认为，环境问题超出经济学领域，应使用不同于经济学分析中所使用的货币价值（其他准则）来判断。事实上，这一说法确实有些道理。然而环境保护政策通常都是根据其经济成本来衡量的，且有时候也是依据经济成本被否决。例如，要保护具有较高商业开发价值的开放土地就极其困难。要么必须筹集大笔资金购买土地，要么就必须克服那些强烈反对"禁用"这块土地的政治意愿。环境保护组织面临着持续不断的经济发展压力。

公共政策问题通常源于发展经济与环境保护之间的冲突。一个例子是最近关于通过"水力压裂"开采天然气的争论。生产天然气既能获得利润又可以增加能源供给，然而会对社区产生社会和环境成本。同样，那些对减少二氧化碳排放国际协议持反对意见的人认为这些措施的经济成本过高。增加石油产量的支持者与保护阿拉斯加北极国家野生动物保护区（Arctic Nation Wildlife Refuge，ANWR）的支持者发生冲突。在发展中国家，发展需求与环境保护间的紧张关系可能更严峻。

经济发展是否必然导致高昂的环境代价？虽然一切经济发展都必然会在一

---

① United Nations，2019.

定程度上影响环境,但"环境友好型"的发展是否可能? 如果必须在发展与环境之间进行权衡,那么如何才能达到合适的平衡? 这些问题均表明**环境经济学**的重要性。

第二节 关于环境的经济方法

尽管经济学家数百年来一直在思索各种自然资源问题,但环境经济学[①]作为一个特定的经济学领域只能追溯到 20 世纪 60 年代,与之前讨论的环境意识提升同期。[②] 环境经济学家将主流经济学原理应用于解决环境和资源问题。

生态经济学形成于 1980 年左右,是一个汇集不同学科观点,研究经济系统与生态系统相互作用的学科领域。与环境经济学不同,生态经济学在很大程度上并非借助于特定的经济学原理来界定,而是以针对基于支持生命和所有人类活动的生物和物理系统的各类经济活动的分析来界定。[③]

> **环境经济学**(Environmental Economics):将主流经济学原理应用于环境和自然资源问题的经济学领域(或者分支)。
>
> **生态经济学**(Ecological Economics):这是一个汇集不同学科观点,将经济系统作为更广泛生态系统的一个子集进行分析,并遵循生物物理定律的领域。

在本书中将利用这两种(学科)方法。在本章余下的大部分内容中,将讨论这两种方法之间的主要区别。然而,首先应该强调的是,环境经济学和生态经济学的界限是模糊的,它们之间有相当多的重叠。2014 年,一篇对这两个领域所

---

① 通常使用术语"环境与自然资源经济学"来代替"环境经济学"(正如本书的标题所示)。自然资源经济学关注与自然资源配置相关的问题,而环境经济学关注污染、公共产品和生态系统服务价值等问题。为简单起见,在这里使用术语环境经济学,但这也包括自然资源经济学。

② 参见 Sandmo,2015。

③ Howarth,2008.

发表于某期刊论文进行回顾性研究的评述发现，随着时间推移，它们变得越来越接近①。一些经济学家认为，这两个领域已基本融合为"环境与生态经济学②"。另一些经济学家则呼吁设立一个新术语，如"可持续性经济学"，即"介于两者之间，使用了两者的概念和方法"③。

对经济和生态分析的评述可以提供一系列有助于解决各种环境挑战的观点。但是，环境经济学与生态经济学的差异依旧存在，可从几个方面对二者进行区分。下面将更详细地讨论此类问题。

一、环境经济学的主要原理

环境经济学是基于若干主流经济学理论和原理，并将其应用到环境问题上。可以识别构成环境与资源经济学核心的四个概念：

1. 环境**外部性**理论；

2. 公共财产(common property)和**公共物品**的优化管理；

3. 自然资源随时间的优化管理；

4. 环境及其服务的经济价值评估。

自 18 世纪亚当·斯密(Adam Smith)时代以来，经济学家就断言，买方和卖方借助自愿的市场交换，会使二者的境况优于交易之前。但市场交易也会以正向或者负向的方式影响到买方和卖方以外的其他各方。例如，购买汽油的人会影响其他人，比如那些因生产和燃烧汽油而遭受空气污染中的人。经济学家早就认识到，在评估市场活动的总成本和收益时，需要考虑这些被称为外部性的"第三方"影响。经济学理论可为外部性存在的情况下，制定有效政策提供指导，将在第三章更详细地探讨外部性问题。

外部性是**市场失灵**的一个例子，即不受监管的市场无法产生对整个社会最有利的结果。市场失灵的另一个重要例子是大气和海洋等**公共财产资源**的配置，以及自然公园和野生动物保护区等公共物品的分配。由于这些资源不是私

---

① Plumecocq, Gaël. 2014.

② 例如，参见 Hoepner et al. , 2012。

③ Baumgärtner and Quaas, 2010, p. 449. 另见 Remig, 2015。

有的,通常不能依靠市场来维持它们的充足供给,而且一般而言,对其如何管理的原理/原则有别于私人拥有的和销售商品的相关原则。环境经济学家已经发展了一套与公共财产资源和公共物品相关的经济理论,将在第四章进一步探讨。

外部性(externalities):市场交易对交易之外各方产生的积极或消极的影响。

市场失灵(market failure):不受监管的市场无法产生对整个社会最有利结果的情况。

公共财产资源(common property resource):人人可用的资源(非排他性),但资源的使用可能会降低其他人(竞争者)可用的数量或质量。

公共物品(public goods):所有人都可获得(非排他性)且一个人使用该物品不会减少其他人(非竞者)对该物品的使用。

主流经济理论的第三个应用涉及自然资源代际管理。根据这一视角,自然资源管理需遵从为社会提供跨世代总效益最高的原则。这一分析中的关键问题是相对于评估当代效益,如何评估在未来发生的效益。第五章将提出长期资源管理的基本模型。

环境经济学的最后一个核心概念是,大多数环境物品和服务在原则上都可用货币来衡量。环境经济学家使用一套方法来估计诸如空气污染引起哮喘病例的货币价值、濒危物种的效益或风景的价值。通过用货币衡量这些影响,经济学家力图依据成本和收益比较来确定环境保护的"最优"水平,将在第六章和第七章讨论估值评估方法及如何应用。

二、生态经济学的核心概念

由于生态经济学较环境经济学更为广泛,其核心概念更难界定。不同的生态经济学家之间在观点和学科方法方面也存在较大差异,其中包括基于生物学、生态学和其他科学以及基于工程、系统建模、历史和哲学的视角所带来的差异。

尽管如此,仍可识别出一套生态经济学家普遍认同的核心概念,即

1. 经济系统是广义生态系统的子集。

2. 可持续性应该根据生态而非经济准则来界定。

3. 非常关键的是,除经济学外,还必须依赖一系列其他学科和视角来深度审视和研究环境问题。

这些核心概念有助于进行经济分析和提出政策建议。本章将探讨上述三个核心概念,将它们与主流环境经济方法进行比较,并在第九章中更详细地回顾它们对经济分析和政策制定的影响。

第三节　生态经济学原理

一、环境背景下的经济系统

生态经济学努力拓宽传统经济学之外的视角。主流经济学理论的基本组成部分是经济系统的**标准循环流模型(也称为"循环流量模型")**。如图 1-1 所示,这个简易模型描述了两个市场中企业和家庭之间的关系:商品与服务市场和生产要素市场。生产要素通常被定义为土地、劳动力和资本。这些要素提供的服

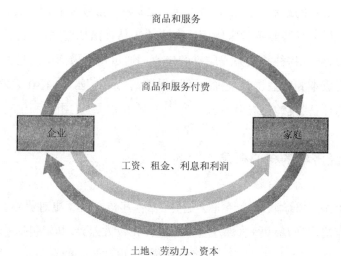

图 1-1　标准循环流模型

务是商品和服务生产的"投入",而商品和服务又去满足家庭的消费需求。商品、服务和要素以顺时针方向流动,它们的经济价值则体现在按照逆时针方向流动的用于支付商品、服务和要素的货币流动之中。在这两个市场上,供给和需求决定了市场出清价格①,并确定产出的均衡水平。

　　该图中,自然资源和环境体现在何处?**自然资源**包括矿产、水、化石燃料、森林、渔业和农田,通常都包含在"土地"的范畴。另外两类关键生产要素——劳动力和资本——则通过经济循环流动过程不断获得再生。然而,自然资源通过什么过程再生以供未来经济使用? 环境经济学家认识到,有必要探讨标准的循环流模型在这方面的局限性。生态经济学家特别强调一个更广泛的循环流模型,该模型同时考虑了生态系统过程和经济活动(图1-2)。

> **标准循环流模型**(standard circular flow model):说明商品、服务、资本和货币在家庭和企业之间流动的方式。
>
> **自然资源**(natural resources):土地和资源的禀赋,包括空气、水、土壤、森林、渔业、矿产和生态生命支持系统。

　　从更广泛的角度来看,标准循环流模型图忽略了生产过程中产生的废弃物和污染物的影响。这些来自企业、家庭的废弃物必然或者再进入到生态系统中的某些地方,或者被循环利用或处置,或者形成大气或水污染。

　　除了从生态系统中提取资源并将废弃物排放到生态系统中的简单过程外,经济活动还通过更微妙、更普遍的方式影响着自然系统,这点在图1-2中没有说明。例如,现代集约化农业不仅改变了土壤和水系统的组成和生态,也影响了环境中的氮、碳循环。

　　图1-2提供了一个将系统内置于生态系统的广义框架。自然资源包括**可再生资源**和**不可再生资源**。可再生资源是指那些通过生态过程随时间重复再生的资源,如森林和渔业。如果开采率不超过自然再生率,可再生资源就可以得到可持续管理。然而,如果可再生资源被过度开采,它们可能会被耗尽,比如由于

―――――――――
① 市场出清价格是一种平衡供给量和需求量的价格。

过度捕捞会导致物种灭绝。不可再生资源是指那些不能通过生态过程再生的资源，至少在人类的时间尺度上是这样。石油、煤炭和矿产等不可再生资源的最终可用量几乎是一定的——尽管可能发现新资源以扩大已知的供给量。经济系统的另一个输入是太阳能，它提供了有限但极其丰富的持续能源。

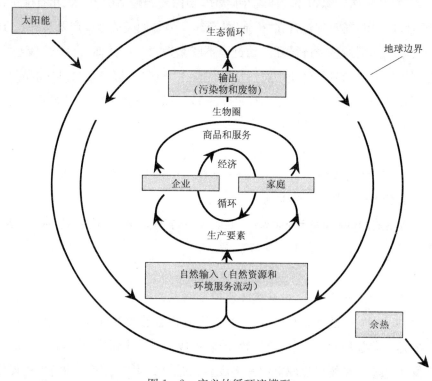

图 1-2　广义的循环流模型

可再生资源（renewable resources）：随着时间推移，通过生态过程再生的森林和渔业资源等，但通过开发也可能耗尽。

不可再生资源（nonrenewable resources）：至少在人类时间尺度上，不会通过生态过程再生，例如石油、煤炭和矿产资源。

这种扩展的循环流模型对经济理论意味着什么？至少有三个主要影响：

1. 由于自然资源和太阳能为经济进程提供了最根本的必要投入，人类从根本上依赖于这些资源。使用通常的经济指标(如国内生产总值)衡量福利水平,则低估了自然资源的重要性。这表明需要用其他福利指标,具体将在第十章讨论。

2. 如图1-2所示,生态系统有自己的循环流,这是由物理和生物规律而非经济规律决定的。更广义的流动只有一个净"输入"——太阳能,一个净"输出"——余热。其他都必然以某种方式被循环利用或被吸收在行星生态系统中。

3. 在标准循环流模型中,经济系统是无边界限制,理论上可以无限增长。但在扩展模型中,经济活动受到自然资源的可得性、环境吸收废弃物、污染能力的限制。因此,重要的是要在自然资源和能源可得性基础上考量经济的总体规模。这意味着需要在那些内置于常规视角中的微观经济学观点之外,更加关注宏观环境经济学。

与讨论过的其他问题一样,环境经济学和生态经济学观点在这些问题上可能存在显著重叠。就图1-2所示的双循环流动而言,标准的环境经济学视角从内部、经济、循环出发,试图从经济角度理解更广泛的生态问题。生态经济学家更强调生物物理规律和局限性的外环,但也意识到将资源和环境纳入经济分析中的重要性。

二、定义可持续性

从专栏1-1可见,可持续发展是于1987年由联合国布伦特兰委员会首次定义的。在挪威前首相格罗·哈莱姆·布伦特兰(Gro Harlem Brundtland)的领导下,该委员会发布了一份约400页的关于环境和经济发展的报告——《我们共同的未来》。该报告被普遍认为创造了可持续发展一词,并将其定义为"既要满足当代人的需要,又不对后代人满足其需要的能力构成危害的发展"。

虽然**可持续发展**已成为一个流行词汇,且几乎每个人都认同这是一个有意义的目标,但仍旧无法对其做恰如其分的精确定义。需要注意的是,布伦特兰委员会的可持续性定义,并没有明确说明如何在不同世代维系自然资源或生态功能。这种对可持续发展的定义与常规的环境经济学的定义是一致的,这意味着只要不影响到满足不同世代的人类需求,环境的某些退化就是可接受的。

另一种更注重生态的方法，则是基于将自然资源和生态功能维持在合宜的水平上来界定可持续性。事实上，一些生态经济学家认为，可持续性应完全基于生态的而非人类的因素去界定。第九章和第二十二章将进一步讨论可持续性的不同定义。

另一种描述这种区别的方式是，环境经济学看起来与**以人类为中心的世界观**更相近，这意味着它将人类置于分析的中心位置。从这个角度来看，自然之所以产生价值，是因为人类赋予了它价值。生态经济学更具有**以生态为中心的世界观**，它将自然界置于分析的中心位置。生态中心观意味着自然具有独立于任何人类关注或经济功能之外的价值。

可持续发展（sustainable development）：布伦特兰委员会将其定义为既能满足当代人的需要，又不对后代人满足其需要的能力构成危害的发展。

以人类为中心的世界观（anthropocentric worldview）：一种将人类置于分析的中心位置的观点。

以生态为中心的世界观（ecocentric worldview）：一种将自然界置于分析的中心位置的观点。

三、多元方法

生态经济学的最后一个核心概念是提倡多元方法来研究经济与环境之间的关系。所谓**多元主义**是指对一个问题，包括对环境问题的充分理解，只能来自多种观点、多类学科和方法。通过提倡多元化，很多生态经济学家将自己与更传统的环境经济学家区分开来。生态经济学学科的主要学术期刊《生态经济学》指出：

其独一无二的特征根植于它在推动多样性观点和跨学科视角等方面所发挥的作用。生态经济学基于这样的前提：理解经济管理与生态系统之间的相互作用，必须采用跨学科方法。生态经济学因此是一个"大帐篷"，而不是一个以排他的或只被主导观点左右的狭隘学科。①

> **多元主义（pluralism）**：指对一个问题的充分理解只能来自各种观点、学科和方法。

如前所述，多元主义的一个明显含义是，很多自称生态经济学家的人并未接受过经济学方面的基本培训。即便是那些接受过正规经济学培训的人，除了经济学之外，还可能受到政治学、工程学和生态学等其他学科的培训。

接受多元主义也意味着生态经济学家之间也会存在分歧。正如前文所述，随着时间推移，生态经济学和环境经济学越来越接近——并非所有生态经济学家都认为这是正向发展。2013 年的一篇文章区分了"浅层"和"深层"生态经济学。浅层生态经济学被视为更接近环境经济学，而深层生态经济学却在寻求：

以道德行为为中心，将社会、生态和经济方面的话语均置于平等的基础上。深层生态经济学需要挑战个人和社会的先入之见，同时采取竞争精神来改变那些阻碍向替代经济体系转型的公共政策和制度安排。②

本书将采用多元方法来研究环境问题，包括环境经济学、生态经济学和其他学科。目标是为学生提供不同的分析方法，让读者判断哪种方法和技术，以及不同的方法和技术的组合，更适于和有助于理解特定的环境问题和寻求相应的政策解决方案。

四、环境经济学与生态经济学的其他差异

正如之前所言，环境经济学家总是想对环境物品与服务赋予货币化的价值。在主流经济学中，只有当人们愿意付费时，某物才具有**经济价值**。但是，根据传统的环境经济学，若无人对特定的环境物品或服务付费，则该物品或服务就没有经济价值。例如，若没有人愿意付费保护亚马孙森林中濒危的两栖动物，那么即

① Howarth, 2008, p. 469.
② Spash, 2013, pp. 359, 361. See also Söderbaüm, 2015.

便该物种灭绝，也不意味着经济价值损失。

从生态经济学的角度出发，分析人士更可能认为，环境物品或服务可能具有与经济价值不同的价值，这与生态中心的世界观相一致。具体来讲，生态经济学家更可能承认自然的**内在价值**。内在价值来源于伦理、权利和正义，而非人类的支付意愿。因此，亚马孙地区的两栖动物具有其内在价值和存在权，即便没有经济价值也值得保护。关于倡导自然界内在价值的著名例子见专栏1-2。

经济价值（economic value）：某物经济价值来自人们对于它的支付意愿。

内在价值（inherent value）：有别于经济价值的，基于伦理、权利和正义的价值。

专栏1-2　自然是否应享有法律权利？

20世纪60年代末，美国林业局（United States Forest Service）批准迪士尼公司（Disney Corporation）在偏远、未开发的矿物王谷（Mineral King Valley）附近开发一个大型滑雪场，该地区毗邻加州红杉国家公园（Sequoia National Park）。环保组织塞拉俱乐部（Sierra Club）向联邦法院提起诉讼，阻止该项目实施。林业局向迪士尼回应说，塞拉俱乐部在本案中没有法律"地位"——只有能够证明自己将受到充分损害的一方才能提起诉讼。

关于塞拉俱乐部在此案中是否具有法律地位的问题一直被诉至美国联邦最高法院。虽然塞拉俱乐部在技术上输掉了这场官司，但其中最著名的是法官威廉·道格拉斯（William Douglas）撰写的异议意见。道格拉斯断言，真正的问题不在于塞拉俱乐部是否具有法律地位，而是矿物王谷本身应该具有法律地位，以保护自己而提起诉讼。以下是道格拉斯在本案中的观点节选：

无生命体有时也可以成为诉讼当事人。船舶具有法人资格，对海事目的较为有用。这家公司是一个可接受的竞争对手，它的案例带来了巨大财富。因此，山谷、高山草甸、河流、湖泊、河口、海滩、山脊、树林、沼泽甚至空气等，都应感受到了现代技术和现代生活导致的破坏性压力。

　　无生命体也应有反抗的权利。在这些无价的美洲土地（如山谷、高山草甸、河流或湖泊）将永远消失或被改造，最终变成我们城市环境的废墟之前，应该听到这些环境奇迹的现有受益者的声音。那些徒步穿越新泽西州阿帕拉契小径（Appalachian Trail）进入新泽西州太阳鱼池（Sunfish Pond）露营或睡觉的人，在缅因州阿拉加斯（Allagash）奔跑的人，在西得克萨斯州（West Texas）攀登瓜达卢佩山脉（Guadalupes）的人，在明尼苏达州（Minnesota）奎蒂科荒野（Quetico Superior）乘坐独木舟的人，当然应该站在法庭或机构面前捍卫这些自然奇观，尽管他们住在 3 000 英里之外。

　　这将保证它所代表的所有生命形式都将出现在法庭面前——北美黑啄木鸟、郊狼和熊、旅鼠以及溪流鳟鱼。这些生态群体成员虽然不会言语，但是那些经常光顾这里了解其价值和奇迹的人将能够代表整个生态社区说话。

　　尽管塞拉俱乐部败诉，但公众的压力迫使迪士尼公司撤回其发展计划。1978 年，矿物王谷被并入红杉国家公园。2009 年，它被美国国会指定为荒野地区，永久保护其不被开发。

　　资料来源：Earth Justice, "Mineral King: Breaking Down the Courthouse Door," http://earthjustice. org/features/mineral-king-breaking-down-the-courthouse-door; full opinions on Mineral King case, http://caselaw. findlaw. com/us-supreme-court/405/727. html。

　　环境和生态经济学家都认识到，政策建议应考虑远期的成本和收益，第七章将更详细地讨论这个问题。这里先说明，生态经济学家会给予那些发生在未来的影响以更高的权重，尤其是那些在未来几十年内发生的影响。环境经济学家则通常以给予对市场活动所产生的代际影响作为权重，而生态经济学家通常基于伦理考虑，包括后代的权利等赋予权重。

　　当市场失灵时，环境经济学家倾向于提倡**基于市场的解决方案**，即采用激励行为转变经济激励政策，如税收和补贴，而不规定企业或个人能做什么或不能做什么。将在第八章讨论基于市场的污染监管解决方案的实施情况。虽然生态经济学家不一定反对基于市场的解决方案，至少在某些情况下是这样，但他们强调，微观层面上应用的基于市场的解决方案无法解决市场活动总体的宏观问题。将在第九章更详细地讨论这个问题。

> **基于市场的解决方案**（market-based solutions）：为行为转变提供经济激励的政策，如税收和补贴，而不是对企业或个人决策做具体规制的政策。

最后一个相关的问题是，进一步的经济增长是否可行，甚至是否合宜。主流观点支持这样一种观点，即持续的经济增长是可行的且通常是合宜的，尽管应更多地应用基于市场的环境外部性解决方案来缓和这种增长。生态经济学家则更提倡经济的平稳增长，甚至"去增长"，将在后面的章节中更多地讨论这个主题。

表 1-1 总结了环境经济学与生态经济学的主要差异。把自己归于这类或那类的个人观点可能并不完全符合这些分类，但该表提供了我们在探讨环境议题时将遇到的截然不同的观点。

表 1-1　环境经济学与生态经济学的主要差异

问题	环境经济学观点	生态经济学观点
环境的价值是如何确定的？	利用基于人们的支付意愿所衡量的经济价值。	经济价值可能有用，但内在价值也很重要。
价值是如何衡量的？	若可能，将所有价值都由货币表征。	有些价值，特别是内在价值，不能用货币表征。
倡导市场失灵的市场化解决方案？	是的，在大多数情况下。	或许如此，但微观层面的市场解决方案可能无法解决宏观层面的问题。
对后代的考虑？	会给予一定的考虑——依据市场活动推断权重。	基于伦理考虑，给予后代更多的重视。
是否提倡价值中立？	经济学的目标是价值中立（客观）。	价值观在多元框架中是可接受的。
什么是可持续发展？	不同代际间维持人类福利水平。	代际间生态功能不变。
经济增长是否存在极限？	或许不会，至少在可预见的未来不会。	很有可能，基于有限的自然资源。

13

第四节 展 望

如何最好地利用这两种方法对环境问题进行经济分析？在以下章节中，我们将每种工具和方法应用于特定环境问题。第二章概述了经济发展与环境之间的关系，考察了发达国家和发展中国家的趋势，并展望了这两类国家的可持续发展。第三章至第八章详细探讨了环境经济学的核心理论和方法。第九章和第十章进一步探讨了生态经济学和环境核算的概念。

第十一章至第二十章将讨论环境和生态经济学的技术应用于21世纪的主要环境问题：能源使用、气候变化、人口增加、粮食供给和自然资源管理。第二十一章和第二十二章则针对这些主题，集中讨论与环境有关的贸易、经济发展和与环境有关的关键制度问题。

小 结

国家和全球环境问题是21世纪的重大挑战。应对这些挑战需要很好地理解有关环境的经济学。旨在保护环境的政策会产生经济成本和效益，而这一经济维度通常会影响人们采取哪些政策的决定。在某些情况下，可能需要在经济目标和环境目标之间进行权衡。在其他情况下，这些目标可能是兼容且相互加强的。

有两类不同的研究环境问题的经济分析方法。常规方法是将经济学理论用于环境，比如货币化价值评估和经济均衡等。这类方法旨在实现对自然资源的有效管理以及对废弃物和污染进行适当评估。生态经济学方法则将经济系统视为更广泛的生物物理系统子集。这种方法强调应将经济活动视为物理和生物规律的活动。

常规方法的很多分析范式均来自基于市场运作方式的微观经济学。不同标准的市场分析可适用于那些因经济活动导致的环境损害或资源耗损等情况。其他经济分析方法则可用于分析公共财产资源和公共物品使用的见解。

生态经济学通常从宏观角度出发，关注经济生产与行星自然循环之间的联系。在很多情况下，经济系统运行与这些自然系统之间产生重大冲突，造成诸如因二氧化碳过量积累引致的全球气候变暖的区域性和全球性问题。这种更为宽泛的方法要求以新的方式去衡量经济活动，并对经济活动规模如何影响环境系统进行分析。

本章概述了两种分析观点，并利用这两种观点来帮助阐明人口增加、粮食供给、能源使用、自然资源管理和污染等主要问题。综合使用这些分析有助于制定解决特定环境问题的政策，并推动和倡导更广义的环境可持续发展愿景。

关键术语和概念

anthropocentric worldview 以人类为中心的世界观

common property resource 公共财产资源

ecocentric worldview 以生态为中心的世界观

Ecological Economics 生态经济学

economic value 经济价值

Environmental Economics 环境经济学

externalities 外部性

inherent value 内在价值

market-based solutions 基于市场的解决方案

market failure 市场失灵

natural resources 自然资源

nonrenewable resources 不可再生资源

pluralism 多元主义

public goods 公共物品

renewable resources 可再生资源

standard circular flow model 标准循环流模型

sustainable development 可持续发展

问题讨论

1. 经济增长和环境政策是否必然会产生冲突？请识别若干必须在经济增长和环境保护之间做出选择的领域，以及两者兼容的其他领域。

2. 环境资源是否可用货币定价? 怎么做? 什么情况下是不可能的? 选择你熟悉或阅读过的对环境进行价值评估的具体实例。

3. 你认为环境经济学方法的优缺点是什么? 生态经济学方法的优缺点是什么?

相关网站

1. www. wri. org. The homepage for the World Resources Institute, an organization that conducts a broad range of research on environmental issues, including climate, energy, food, forests, and water.

2. www. gcseglobal. org. Website for the Global Council for Science and the Environment, working to "span boundaries between science and decision-making to strengthen the impact of durable solutions to environmental challenges," including research reports on energy and climate issues.

3. www. unep. org/global-environment-outlook. Website forthe Global Environment Outlook, published by the United Nations Environment Programme (UNEP). The report is an extensive analysis of the global environmental situation.

参 考 文 献

Baumgärtner, Stefan, and Martin Quaas. 2010. "What Is Sustainability Economics?" *Ecological Economics*, 69(3):445–450.

Hoepner, Andreas G.F., Benjamin Kant, Bert Scholtens, and Pei-Shan Yu. 2012. "Environmental and Ecological Economics in the 21st Century: An Age Adjusted Citation Analysis of Influential Articles, Journals, Authors, and Institutions." *Ecological Economics*, 77:193–206.

Howarth, Richard B. 2008. Editorial. *Ecological Economics*, 64(3):469.

Intergovernmental Panel on Climate Change (IPCC). 2014. *Climate Change 2014 Synthesis Report Summary for Policymakers*. http://ipcc.ch/.

Plumecocq, Gaël. 2014. "The Second Generation of Ecological Economics: How Far Has the Apple Fallen from the Tree?" *Ecological Economics*, 107:57–468.

Remig, Moritz C. 2015. "Unraveling the Veil of Fuzziness: A Thick Description of Sustainability Economics." *Ecological Economics*, 109:194–202.

Sandmo, Agnar. 2015. "The Early History of Environmental Economics." *Review of Environmental Economics and Policy*, 9(1):43–63.

Söderbaüm, Peter. 2015. "Varieties of Ecological Economics: Do We Need a More Open and Radical Version of Ecological Economics?" *Ecological Economics*, 119:420–423.

Spash, Clive L. 2013. "The Shallow or the Deep Ecological Economics Movement?" *Ecological Economics*, 93:351–352.

United Nations, Department of Economic and Social Affairs, Population Division. 2019. *World Population Prospects: The 2019 Revision*. https:// www.un.org/development/desa/pd//.

United Nations Environment Programme (UNEP). 2012. *Global Environmental Outlook 5: Environment for the Future We Want*. Malta: Progress Press.

United Nations Environment Programme (UNEP). 2019. *Global Environmental Outlook 6: Healthy Planet, Healthy People*. www.unenvironment.org/resources/global-environment-outlook-6.

第二章　资源、环境和经济发展

> **焦点问题:**
> - 经济增长与环境的关系是什么?
> - 经济与环境的近期趋势是什么?
> - 经济增长会遇到生态限制吗?
> - 经济发展如何实现环境可持续发展?

第一节　经济增长概述

在 18 世纪与 19 世纪工业革命之前,欧洲人口增长缓慢,物质生活水平基本保持不变。尽管相关数据有限,但历史记录仍表明,在工业革命前的 2 000 年里全球人口从大约 2 亿缓慢增长到了 10 亿。在此期间,人均收入变动幅度甚至更小,从每人每年约 500 美元到每人每年约 700 美元。[①] 换言之,在工业革命之前,经济基本处于停滞状态。

市场经济的出现和以西欧为中心的科技高速发展极大地改变了这种状况。19
欧洲人口自此进入高速增长期,英国古典经济学家托马斯·马尔萨斯(Thomas Malthus)提出,由于人口增长将超过粮食供给,大多数人将一直处于维持生计的水平。

---

① Data from the Maddison Project, University of Groningen, Groningen Growth and Development Centre, www. ggdc. net/maddison/maddison-project/data. htm.

托马斯·马尔萨斯于 1798 年发表题为《人口学原理，因为它影响社会的未来进步》的论文，引发了一场关于人口增长、科技与自然资源的持久讨论。历史证明，**马尔萨斯假说**是错误的：尽管西欧人口在马尔萨斯论文发表后的 100 年内增长一倍，人均经济产出仍以更高的速度持续增长。[①] 尽管全球范围内存在不平等，但到目前为止，人口增长仍然一直持续伴随着平均生活水平的提高。但是，不得不考虑一个更复杂且更具现实意义的议题——人口增长与经济发展必将破坏生态系统的稳定性。

> **马尔萨斯假说**（Malthusian hypothesis）：托马斯·马尔萨斯于 1798 年提出的人口最终将超过可用粮食供给理论。

关于人口、经济增长的争论与资源环境问题密切相关。尽管由于价格上涨而引发如 2007～2008 年全球平均粮食价格翻倍的粮食危机已然发生，但 21 世纪全球粮食供给短缺的现象仍不会发生。[②] 但是，人口、经济增长与资源环境压力相生相伴，特别是考虑到全球气候变化的影响，迫切需要政策转变以应对经济生产系统产生的负面影响。

一、度量增长率

在处理经济增长和环境等复杂问题之前，首先需要定义经济学家衡量经济增长的传统方法。**国内生产总值（GDP）**被定义为是一个国家或地区所有常住单位在特定时期（通常为一年）生产的最终商品和服务的市场价值。由于人口和人均 GDP 两个因素的影响，一个国家的 GDP 会随着时间的推移而变化。换言之，可以用简易恒等式来定义一个国家或地区的 GDP：

$$GDP＝人口×人均 GDP$$

---

① Data from the Maddison Project, University of Groningen, Groningen Growth and Development Centre, www. ggdc. net/maddison/maddison-project/data. htm.

② 基于粮食及农业组织（FAO）的世界粮食价格指数，该指数从 2007 年 1 月的 135 上升到 2008 年 3 月的 220。

　　随后,可以用增长率定义以下恒等式,以衡量 **GDP 增长率**、人口增长率(population growth rate)、人均 GDP 增长率(per capital **gross domestic product** growth rate)之间的关系:①

　　　　　GDP 增长率＝人口增长率＋人均 GDP 增长率

> **国内生产总值(gross domestic product,GDP)**:一个国家或地区一年内所生产的所有商品和服务的总市场价值。
>
> **GDP 增长率(GDP growth rate)**:GDP 的年度变化,以百分数表示。

　　在已知两个变量时,可以通过方程求解三个变量中的剩余变量。例如,假定一个国家或地区的人口在一段时期内增长 10％,该国 GDP 在同一时期增长 14％,由此得知人均 GDP 增长 4％的结论。

　　为修正通货膨胀的影响,引入了**实际 GDP 和名义 GDP 进一步分析**。若实际 GDP 增长率持续高于人口增长率,实际人均 GDP 亦将持续增长。与此同时,经济生产率在技术改进和资本投资的基础上稳步增长。而不断增长的生产率就是摆脱马尔萨斯陷阱的关键。概括而言,尽管经济增长在世界各地分布不均,但科技进步和化石能源使用的增加仍然促进了全球经济稳步增长。

> **实际 GDP(real GDP)**:使用价格指数对通货膨胀进行修正的实际国内生产总值。
>
> **名义 GDP(nominal GDP)**:以现行市场价格计算的国内生产总值。

二、经济增长的关键因素

　　如何实现生产率和人均 GDP 的稳步增长? 传统的经济学理论定义了生产

---

　　①　这种关系来自自然对数函数的数学方法:如果 $A=BC$,则 $\ln(A)=\ln(B)+\ln(C)$。B 和 C 的增长率可以用自然对数表示,并且当它们加和时得出 A 的增长率。

率提高的两个原因。第一是资本聚集。回顾第一章对标准循环流模型的讨论,资本、劳动力和土地共同组成了常规生产的三要素。资本存量与投资均随时间的推移而增加,并会进一步提高生产率。第二,技术进步提高了资本、劳动力和土地生产率。传统的经济增长模型对这一过程并没有限制。因此,若投资以适宜的速度持续增长、技术不断进步,那么生产率及人均 GDP 也将保持稳步增长。

生态经济学聚焦于经济增长的其他三个要素。第一个要素是能源供给。18 世纪至 19 世纪,欧洲的经济增长严重依赖煤炭,当时的一些学者表达了对煤炭资源可耗尽的忧虑。到 20 世纪,石油取代了煤炭,成为工业和运输业的主要能量来源。

第二个基本要素是土地和自然资源的供给。正如第一章所述,经济学家通常用"土地"来解释自然界的生产资源。生态经济学家更喜欢自然资本一词,更广泛地指土地和资源的自然禀赋,包括空气、水、土壤、森林、矿物和生态生命支持系统。无论是制造家具的木材、种植作物的土地,还是烹饪用的鱼类,所有经济活动都需要**自然资本**提供原材料。在自然资本枯竭的地方,可能会发生冲突,例如当住房与农业争夺农村土地时,或者当高速公路使土地不适用于住宅或农业用途时。最终,自然资本的退化或枯竭可能会限制未来经济增长。

> **自然资本**(natural capital):指现有的土地和资源禀赋,包括空气、水、土壤、森林、渔业、矿产和生态生命支持系统。

生态经济学家强调的第三个要素是吸收废弃物和污染的**环境吸收能力**。当经济活动模相对于环境而言很小时,这个问题便不再重要。但随着国家和全球范围经济活动的加速,废弃物流动加剧,则可能对环境系统产生威胁。固体污染、污水和液体污染、有毒放射性污染和大气污染均带来严峻环境问题,需由地方、区域和全球共同解决。

> **环境吸收能力**(absorptive capacity of the environment):环境吸收废弃物和产生无害废弃物的能力。

第二节　近几十年的经济增长

接下来,将讨论经济增长的历史及其与自然资源、环境之间的关系。图 2-1 展示了 20 世纪 60 年代以来几个关键变量的发展情况。所有变量均被归一至 1961 年,即每个变量值在 1961 年均为 1.0,然后用相对于 1961 年的值表示该变量的未来年份值。例如,1961 年全球人口为 3.1 亿,并于 2001 年上升至 6.2 亿。因此,2001 年的人口指数值为 2.0,是 1961 年的两倍。

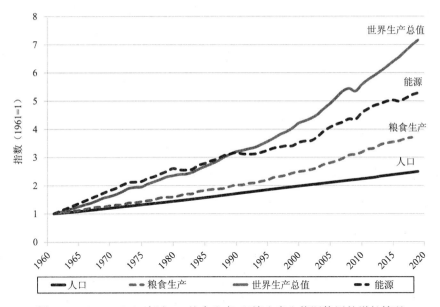

图 2-1　1961～2019 年人口、粮食生产、经济生产和能源使用的增长情况

资料来源:Population, food production, and gross world product from the World Bank, World Development Indicators database; energy data from the U. S. Energy Information Administration, International Energy Statistics. Most recent food production data from FAO (FAOSTAT) and most recent energy data from BP (BP Statistical Review of World Energy)。

如图 2-1 所示的趋势表明,经济在过去 60 年取得了巨大发展。粮食生产、经济生产和能源使用增长率均高于人口增长率。因此,与 1961 年相比,普通人可以获得更多的食物、经济产品与能源。

在此期间，全球人类福利的其他衡量标准也表现出积极趋势。例如，预期寿命从 53 岁增加到 72 岁，识字率有所提高，获得清洁水和水卫生设施的范围已经扩大。因此，至少到目前为止，资源制约因素一般不足以阻碍经济发展。图 2-1 表明，至少至今马尔萨斯假说是无效的。

图 2-1 显示了全球平均水平。但不同国家的经济和社会条件存在很大差异。如图 2-1 所示，无法得知整体进展是否同时适用于发达国家和发展中国家。在图 2-2 中，根据收入水平将国家分为高、中、低三类。① 可以看到，在过去的几十年中，高收入国家的平均收入水平(调整通货膨胀后)已从人均约 1.2 万美元增长至 4.4 万美元。若以百分比来衡量，中等收入国家的收入增长是最高的，其原因主要是由于中国和印度的经济增长。所有中等收入国家的人均收入从 1 000 美元增长至 5 000 美元以上。但低收入国家的经济增长微不足道，2019 年的人均收入仅为 800 美元左右，通胀调整后与 20 世纪 60 年代基本持平。

图 2-2 数据显示了全球经济不平等程度。但研究结果也表明，可能需要以不同视角来考虑发达国家和发展中国家的经济发展与环境之间的关系。高收入和中等收入国家经济增长显著，这种增长能否在重要类别的自然资本不消耗或环境吸收能力不超载的情况下持续下去？对于低收入国家来说，低平均增长率与环境之间是否存在关系？

近年来，丰富的自然资源被普遍认为是经济成功发展的关键。但在过去的几十年里，经济学家提出了**资源诅咒假说**——拥有丰富自然资源的国家或地区实际上比自然资源稀缺的国家或地区增长得更慢。随后，学者们对这一现象提出了多种解释，包括自然资源价格的高波动性、腐败的可能性以及因争夺资源产生的暴力。

---

① 收入类别由世界银行每年确定。2020 年，基于人均收入水平的分类为：高收入大于 12 535 美元，中等收入在 1 036~12 535 美元之间，低收入低于 1 036 美元。

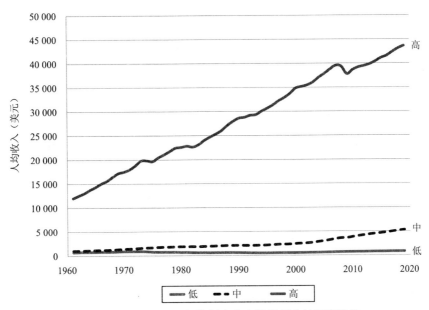

图 2-2 1961~2019 年按国家收入类别划分的经济增长

资料来源：World Bank，World Development Indicators database。

> **资源诅咒假说**（**resource curse hypothesis**）：拥有丰富自然资源的国家或地区实际上比自然资源稀缺的国家或地区增长得更慢。

1995 年的一篇论文首次全面检验了资源诅咒假说，其结论是：

基于对 97 个国家的分析，最初自然资源出口占 GDP 比例较高的经济体，在随后时期的增长率往往较低。即使控制了对经济增长的重要变量，如人均收入、贸易政策、政府效率、投资率和其他变量，这种负相关的关系依然成立。[1]

然而，资源诅咒假说并未被普遍接受，因为随后的分析对该假说既有支持也有反驳。[2] 2016 年的一项**元分析**回顾了检验资源诅咒假说的 43 项研究表明，40％的研究发现经济增长与自然资源丰度之间呈负相关，40％的研究发现两者

---

[1] Sachs and Warner，1995，p. 2.

[2] 有关支持资源诅咒假说的研究，参见 Papyrakis and Gerlagh，2007。有关反驳该假说的研究，参见 Philippot，2010。

之间没有显著关系，20%的研究发现两者之间呈正相关。[1] 因此，作者得出结论："对资源诅咒假说的总体支持很弱"。国家的制度和投资水平等其他因素，可能对解释经济增长的国别差异更为重要。在本书的最后，将进一步探讨经济发展与环境之间的关系。

> **元分析（meta-analysis）**：一种基于对现有研究进行定量审查的分析方法，以确定产生不同研究结果差异的因素。

第三节　近几十年的环境趋势

在第一章中提到，联合国环境规划署每隔几年就会发布一次《全球环境展望报告》(GEO)来评估全球环境状况并记录其趋势。本书基于 2019 年第 6 版(GEO-6)报告，得出以下结论：

尽管所有国家和地区均制定了环境政策，但自 1997 年第一版《全球环境展望报告》出版以来，全球环境的总体状况持续恶化……必须采取空前规模的紧急行动来制止和扭转这一不利局面，从而保护人类和环境健康，维持当前和未来全球生态系统的完整性。[2]

本节中，利用《全球环境展望报告》和其他资料来概述环境趋势。与概述经济趋势一样，将以全球视角来分析环境趋势，同时也将考虑这些趋势在高收入和低收入国家之间的差异。

《全球环境展望报告 6》(GEO-6)围绕五类主要的环境影响设立独立章节：[3]

1. 空气；

2. 生物多样性；

3. 海洋和海岸线；

---

[1]　Havranek et al.，2016.

[2]　UN Environment，2019a, p. 4.

[3]　UN Environment. 2019b.

4. 土地和土壤；

5. 淡水。

2012 年发布的《全球环境展望报告 5》，还专门包括关于化学和废弃物的章节。由于这一问题仍然非常重要，本书将其列为评估环境趋势的第六类。

虽然在本节中分别展示了这六个问题的数据，但《全球环境展望报告》强调，地球是一个有着相互作用的复杂系统。而且，各种环境影响的潜在驱动因素紧密相关。因此，针对性地解决各种环境问题通常是无效的。好消息是，精心制定的经济政策可以解决大量环境问题。例如，减少对化石燃料依赖可降低碳排放，同时也减少了采矿造成的水污染和栖息地退化。遗憾的是，从政治角度来看，这种全面性政策比针对性政策更难实施。

一、空气

向大气排放的趋势大致可以分为两类：一类与温室气体有关（即导致气候变化的气体），另一类与其他空气污染物有关。《全球环境展望报告》总结得出：

历史和持续的温室气体排放使全球陷入了漫长的气候变化时期……留给防止气候变化带来的不可逆转且危险影响的时间已经不多了。除非从根本上减少温室气体排放，否则全球气温将超过《巴黎协定》规定的阈值。[①]

二氧化碳是主要的温室气体。图 2-3 显示了自 20 世纪 60 年代以来全球的二氧化碳排放量，截至 2018 年排放量稳步上升。[②] 但从图 2-3 中按收入类别分类的数据来看，情况更为丰富。首先，全球最贫困国家的二氧化碳排放量微不足道。其次，至今全球大部分二氧化碳排放量都是由高收入国家造成的。2000 年以前，全球一半以上的排放量来自高收入国家。随后，高收入国家的排放量实际减少 5％以上。再次，可以看到中等收入国家，特别是中高收入国家的排放量增长迅速。中上收入国家的排放量，在 2000～2018 年期间增加了一倍多。正如将在第十二章和第十三章中详细讨论的那样，有效应对气候变化需要协调一致

---

① UN Environment. 2019b. pp. 6-7.

② 根据国际能源机构的数据，2019 年全球二氧化碳排放量略有下降（不到 1％）。而在撰写本书时（2020 年末）的初步数据表明，受新冠病毒感染疫情大流行影响，2020 年全球排放量将下降 8％。

25   的国际应对措施。

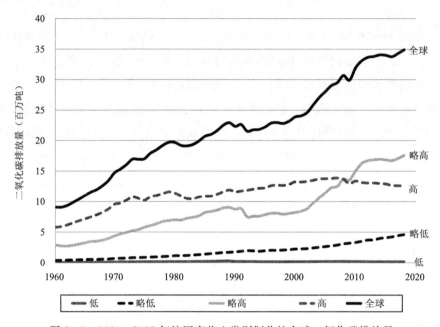

图 2-3   1960～2018 年按国家收入类别划分的全球二氧化碳排放量

资料来源：World Bank，World Development Indicators database（for data up to 2016）；global and national data for 2017 and 2018 from the International Energy Agency，with author's estimated allocations into country income groups。

其他空气污染物的趋势是政策成效和持续挑战的综合结果。数据表明，1949～1980 年，全球室外主要空气污染物包括二氧化硫（SO_2）、氮氧化物（NO_x）和挥发性有机化合物（VOC）的排放量显著增加。但在 1980～2010 年间，二氧化硫（SO_2）的排放量下降约 20%，氮氧化物（NO_x）和挥发性有机化合物（VOC）的排放量增速放缓。[①] 发展中国家和发达国家排放量再次呈现出不同趋势。在北美和欧洲，室外空气质量在过去几十年中有所改善，预计未来会得到进一步改善。但是在东亚和南亚，特别是在大都市地区，空气质量已经恶化。

图 2-4 显示了发达国家和发展中国家的空气质量差异。世界卫生组织

———————————

①   HTAP. 2010.

（WHO）建议,颗粒物（PM）的年平均暴露量应低于 10 微克/立方米空气。颗粒物是悬浮在空气中的小颗粒（烟灰、灰尘和烟雾等）,会对健康造成负面影响。图 2-4 表明澳大利亚、美国和瑞典等国颗粒物浓度符合世界卫生组织的建议数值。但在发展中国家,颗粒物浓度远高于世界卫生组织建议的数值。世界卫生组织推算,每年有超过 400 万人因室外空气污染而过早死亡,其中 91% 的死亡发生在中低收入国家。①

26

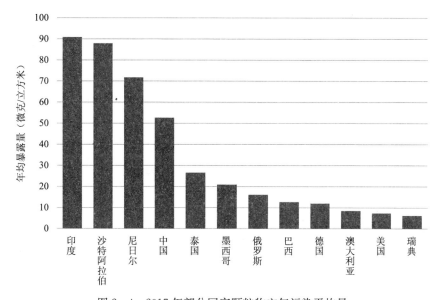

图 2-4　2017 年部分国家颗粒物空气污染平均量

资料来源：World Bank, World Development Indicators database。

专栏 2-1　修复臭氧层

臭氧层位于地球上方 20～30 千米的平流层,其功能是保护地球免受大部分太阳紫外线伤害。臭氧层通过阻挡 97%～99% 的紫外线辐射,可以有效减少受到紫外线的损害,例如免疫系统抑制和皮肤癌。

20 世纪 70 年代,科学家们指出排放到大气中的各种化学物质会耗尽臭氧层,主要包括被用作制冷剂、气溶胶喷雾剂和清洁剂的氯氟烃。起初,生产

① WHO. 2018.

氯氟烃制冷剂的化学公司反驳了科学家的说法,声称他们生产的化学品是安全的。但在 20 世纪 80 年代中期,科学家们在南极洲上空发现了一个臭氧浓度下降幅度远超预期的"臭氧空洞",激发了人们对氯氟烃和其他臭氧消耗物(ODSs)实施监管的呼吁。

1987 年,计划在全球范围内逐步淘汰氯氟烃和其他臭氧消耗物的《蒙特利尔议定书》完成起草。该议定书成为第一个得到所有成员国批准的联合国条约。尤其对于发达国家来说,对照议定书的修正加快了逐步淘汰氯氟烃和其他臭氧消耗物的步伐。化工企业经常与绿色和平等环保组织合作,开发对臭氧层无害的氯氟烃替代品。

《蒙特利尔议定书》批准后,全球氯氟烃产量急剧下降。到 2005 年,氯氟烃的生产实际上已经停止。由于臭氧消耗物在大气中的寿命较长,有些会持续 100 年或更长时间。因此,尽管有《蒙特利尔议定书》,臭氧层仍在持续恶化。世界气象组织和联合国在 2014 年的一项评估研究结论是,自 2000 年以来,臭氧层相对稳定。这项研究估计,在全球大部分地区,臭氧层应该在 2050 年前会完全恢复,南极洲"臭氧空洞"的恢复时间较晚。[1] 基于这些结果,联合国前秘书长科菲·安南称《蒙特利尔议定书》"可能是迄今为止最成功的国际协议"。[2]

《自然》期刊 2018 年的一项研究报告称,最近的研究进展部分受阻。该研究报告称,自 2013 年以来全球一氟三氯甲烷(CFC-11)[3]的排放量意外增加。[4] 联合国正致力于解决排放问题,并指出"对任何非法消费和生产一氟三氯甲烷的行为都需采取果断行动"。[5]

室内空气污染在全球造成的死亡人数与室外空气污染危害几乎相当。根据

---

① World Meteorological Organization and United Nations Environment Programme, 2014.

② Anonymous. 2016.

③ 一氟三氯甲烷(CFC-11)作为早期广泛使用的高温制冷剂,主要应用于大型中央空调(离心式冷水机组)等制冷设备。

④ Montzka et al. , 2018.

⑤ Ozone Secretariat, UN Environment. 2018.

世界卫生组织数据,每年有近 400 万人死于室内空气污染,其中非洲和东南亚的死亡率最高。[1]《全球环境展望报告 6》报告指出,妇女和儿童接触室内空气污染物的概率更高,这些污染物通常是在通风不充分的情况下使用木材和粪便等生物质源烹饪和取暖时排放的。

在回顾空气污染趋势时,有两个成功案例脱颖而出。首先,发达国家的铅污染已显著减少。铅的吸入会阻碍儿童的神经发育,并对成年人心血管造成影响,例如高血压和心脏病。主要措施是禁止在汽油中添加铅,美国的铅污染自 1980~2019 年下降了 98%。[2] 其次,关于大气层的另一个成功案例是臭氧消耗物的减少,见专栏 2-1。

二、生物多样性

生物多样性是指在一个生态群落里保持不同物种的和谐共处。虽然随着生态系统的变化,一些物种会随着时间的推移而自然灭绝,但生态学家估计,目前全球的物种灭绝率是自然灭绝率的 1 000 倍,相当于以往的大规模灭绝(如 6 500万年前的恐龙灭绝)。[3]《全球环境展望报告 5》指出:

全球生物多样性的状况正在持续下降,人口、物种和栖息地正在大量消失。例如,自 1970 年以来,脊椎动物的数量平均下降 30%,一些分类单元中多达三分之二的物种正面临灭绝的威胁。热带、淡水栖息地和人类利用的海洋物种的减少最为迅速。[4]

> **生物多样性**(biodiversity/biological diversity):在一个生态群落里保持不同物种的和谐共处。

图 2-5 显示了全球生物多样性整体下降的状况。该图显示 1970~2016 年

---

[1] World Health Organization, www.who.int/gho/phe/indoor_air_pollution/burden/en/.

[2] U. S. Environmental Protection Agency, Lead Trends, www.epa.gov/air-trends/lead-trends.

[3] 参见,Kolbert,2014。

[4] UNEP, 2012, p. 134.

的"地球生命力指数"，是由世界自然基金会(WWF)编制的综合指标。地球生命力指数由 4 000 多种脊椎动物的种群决定，包括哺乳动物、鸟类、爬行动物和鱼类。数据显示，自 1970 年以来，地球的生物多样性下降了 68％，其中南美洲和非洲下降幅度最大。

图 2－5　1970～2016 年地球生命力指数

资料来源：Zoological Society of London and WWF，http://stats. livingplanetindex. org/。

《全球环境展望报告 6》报告了一些地区在减少生物多样性损失方面的工作进展，也指出人类对生态系统的压力继续增加。生物多样性面临的最大威胁包括农业、水产养殖、伐木和城市发展，未来这些威胁可能会被气候变化的影响所取代。根据《自然》期刊报道的一项研究结果表明，在中等气候情境下，截至 2050 年将有 15％～37％的物种"濒临灭绝"。[1] 2015 年的一篇论文指出，如果平均气温上升不超过 2℃，那么因气候变化而灭绝的物种比例将为 5％，但在一切照旧的情况下，该比例将达到 16％。[2]

---

[1]　Thomas et al. , 2004.

[2]　Urban, 2015.

《全球环境展望报告 6》呼吁增加对全球保护设施的投资。该报告认为,应对全球生物多样性丧失的政策还必须包括减少极端贫困、性别不平等和腐败。

三、海洋和海岸

海洋覆盖了 70% 以上的,大约有 20 亿人生活在沿海地区。《全球环境展望报告 6》认为,随着人口增长和更多海洋资源被开发,人类对海洋健康的压力持续增强。《全球环境展望报告 6》中关于海洋的章节侧重于三个主要问题:

1. 热带珊瑚礁;

2. 海洋捕捞;

3. 海洋废弃物。

珊瑚礁是多样性的生态系统,约占所有海洋生物多样性的 30%。事实充分证明,气候变化与热带珊瑚礁健康之间存在紧密关联。珊瑚礁受到水温升高和海洋中碳浓度增加导致的酸度的不利影响。据科学家估计,全球至少有 70% 的珊瑚礁已受到气候变化的影响,自 2015 年创纪录的海洋变暖以来,该不利影响正在加速。

大部分珊瑚礁不太可能在 21 世纪幸存。2012 年一项分析发现,若要保护全球超过 10% 的珊瑚礁,就需要将全球气温升高控制在不超过工业化前水平 1.5℃范围内。[1] 但正如将在第十三章所讨论的那样,各国目前应对气候变化的承诺表明,最终气温升高的幅度几乎是这个数字的两倍。[2]

鱼类产品是世界上大约一半人口的蛋白质和其他营养物质的重要来源。正如在第十八章看到的那样,全球大部分渔场的健康状况正在下降。第四章将介绍公共财产资源的经济理论,这将帮助理解为什么渔业会经常被过度开发,也将审视可用于促进可持续渔业管理的经济政策。《全球环境展望报告 6》指出,很多国家制定了成功的渔业政策,并指出"各国有能力和政治意愿评估鱼类状况和捕捞死亡率,并执行监测、控制和监视措施。1990 年至今的趋势表明,过度捕捞

---

[1]　Frieler et al. ,2012.

[2]　截至 2020 年 11 月,如果各国履行当前的承诺,预计气温将上升 2.7℃。

是可以被避免的"。[1]

最后，海洋垃圾堆积是一个日益引发广泛关注的领域。大约四分之三的海洋垃圾是塑料，通常小于5毫米的塑料被海洋物种摄入后会对健康产生负面影响。[2] 很多塑料在分解过程中还会释放有毒化学物质。

塑料垃圾受洋流影响集中分布于几个海洋区域。最著名的例子就是太平洋垃圾带，它位于加利福尼亚和夏威夷之间，面积是法国的三倍。据2018年一篇论文所述，这一地区约有2万亿块塑料，而且数量正在以指数形式增长。[3] 虽然回收可以减少进入全球海洋的塑料垃圾数量，但塑料垃圾的寿命表明，减少塑料生产更为重要。这可以通过使用可持续发展材料或在生产、包装过程中降低材料使用来实现。

四、土地和土壤

在总结近期人类对土地资源的影响时，《全球环境展望报告5》采用了与第一章中广义循环流模型相一致的观点。报告指出：

由于土地使用决策通常没有意识到非经济生态系统的功能和生物物理对生产力的限制，很多陆地生态系统正在严重退化。例如，仅森林砍伐和森林退化对全球经济造成的损失就可能超过2008年金融危机所造成的损失。建立在永久理念基础上的经济体系，目前难以适应这个受到生物物理限制的生态系统。[4]

据2002年的一项分析所述，人类活动对全球83％的陆地和98％的可种植农作物的土地产生了明显影响。[5] 对土地影响最大的是农业和林业。

近50亿公顷的土地(约占全球总土地面积的40％)被用于种植农作物或为牲畜提供牧场。20世纪60年代以来，全球农业总面积一直保持相对稳定，但农

---

① UN Environment, 2019b, p. 182.
② U. S. EPA. 2011.
③ Lebreton et al. , 2018.
④ UNEP. 2012, p. 66.
⑤ Sanderson et al. , 2002.

作物的产量却增长了 3.7 倍。[①] 换句话说,相同数量的农业土地平均产量几乎是 50 年前的 4 倍。中等收入国家的农作物产量增幅最大,增加了 5.3 倍。低收入国家的农业收益也相当可观。

伴随人口增长,农业产量能否进一步提高? 2010 年的一项分析结论认为增产的潜力很大。[②] 目前小麦的生产效率仅为全球潜力的 64%。玉米的生产效率甚至更低,仅有其潜力的 50%。然而,通过增加化肥、杀虫剂和灌溉水的使用来提高农业生产率的措施可能会对环境产生负面影响。正如《全球环境展望报告 6》指出的:

当前的土地管理无法在保持生态系统服务、防止自然资本损失、应对气候变化、解决能源和水安全以及促进性别平等、社会平等的同时(满足 2050 年的粮食需求)获得平衡……单一种植的农业系统有时被认为具有更高的生产率和利润,但其往往与环境退化和生物多样性丧失有关。[③]

农业生态技术可能是提高生产力和更新农业生态系统的关键。将在第十六章详细讨论这些问题。

与以往的《全球环境展望报告》相比,《全球环境展望报告 6》特别强调可持续土壤管理。土壤污染在发达国家和发展中国家的工业场所、农业和废弃物处理中均有发生。特别是在中东和北非,石油生产和采矿造成的土壤污染均在增加。报告中讨论的第二个土壤问题是土壤盐渍化——盐的累积会降低农业生产力。在全世界约三分之一的灌溉农田中,盐渍化造成了生产力下降,一些粮食作物的产量甚至损失接近 50%。

可持续土壤管理也是缓解气候变化的重要工具。通过农业政策,如限制土壤耕作,让作物残留物分解而不是燃烧,以及种植具有广泛根系的作物来储存碳,可以增加土壤中储存的碳量。最后,据估计在过去的 150 年中,全球约一半的土壤因侵蚀而流失。[④] 土壤侵蚀不仅降低了农业生产力,也增加了洪涝灾害,

---

[①] 作物生产指数和土地数据来自世界银行的世界发展指标数据库(World Bank's World Development Indicators database)。

[②] Neumann et al.,2010.

[③] UN Environment,2019b,p. 202.

[④] WWF,www. worldwildlife. org/threats/soil-erosion-and-degradation.

同时会导致河流淤积,危害水生物种。此外,很多增加土壤碳封存的农业实践也减少了土壤侵蚀。

　　与林地有关的环境问题也至关重要。森林覆盖了全球陆地面积的31%。自20世纪90年代以来,全球森林砍伐速度放缓,每年森林净损失从800万公顷减少至500万公顷。但如图2-6中所示,全球不同地区的森林面积变化趋势差别较大。图中数据显示了1990～2000、2000～2010、2010～2020年三个时期不同地区森林总面积的年净变化。

　　在欧洲和亚洲,森林面积在这三个时期均有增加。21世纪初,亚洲森林面积的大幅增长主要是由于中国大规模的植树造林活动。[①] 大量的森林砍伐正发生在南美洲(包括巴西的亚马孙森林)和非洲。虽然南美洲的净森林砍伐正在放缓,但非洲却在增加。第十九章将对林业问题进行详细讨论。

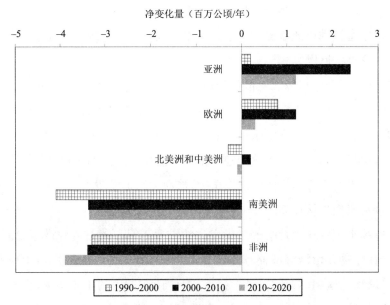

图2-6　按世界区域和时间段划分的森林面积净变化

资料来源:FAO,2020。

---

① Anonymous. 2014.

五、淡水

虽然水是一种可以通过自然过程更新的资源,但可供人类一次使用的量却是有限的。可获得的淡水资源会随着时间推移而减少,例如由于全球变暖导致的冰川消失。污染会使水源不能用于诸如饮用或捕鱼等特定的活动。世界各地水资源差异较大,一些地区水资源充足,而另一些地区水资源则稀缺。缺水地区人口预计将从 21 世纪第一个 10 年的中期的近 20 亿增加至 2050 年的 30 亿以上。[①]

在过去的 100 年中,全球用水量增加了六倍。[②] 如图 2-7 所示,预计未来全球用水量将继续增加。同时可以看到,全球大部分用水量(约 70%)用于农业,包括农作物灌溉和家禽饲养。

很多国家对地下水的依赖越来越强。例如,1960 年以来,印度的地下水取水量增加了 10 倍,中国也明显增加了地下水的使用。[③] 在中东一些国家,包括卡塔尔、沙特阿拉伯和阿拉伯联合酋长国,其总供水的 95% 以上均来源于地下水。[④] 在全球大多数地区,地下水开采基本不受监管,这意味着地下水使用者可以任意开采地下水。

在总结淡水问题时,《全球环境展望报告 6》指出:

全球水循环中的人均淡水供给量正随人口的增加以及相关农业、工业和能源需求的增大而减少,同时受气候变化影响,陆地在很多地方变得更加干燥。越来越多的人口面临缺水、干旱和饥饿等"缓发性灾害(slow-onset disasters)"的风险。而这些风险有时会引发移民及社会冲突,淡水生态系统正在迅速消失,显示出生物多样性和生态系统服务的高损失率。[⑤]

解决全球淡水挑战的关键是提高水资源利用率,特别是农业用水。经济学

---

① Boretti and Rosa,2019.
② UNESCO and UN Water,2020.
③ Shah,2007.
④ National Groundwater Association,2015.
⑤ UN Environment,2019b,p. 236.

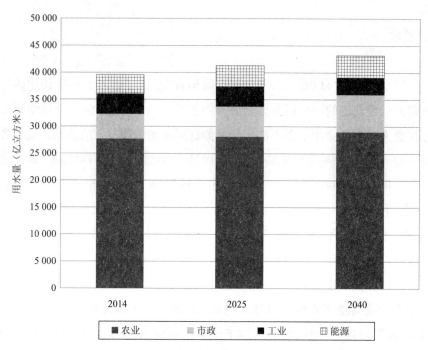

图 2-7　按部门划分的世界实际和预测用水量

资料来源：IEA and OECD，2016。

33

家经常发现水价被低估或其并未定价，这恰恰助长了水的低效使用。正如将在第二十章详细讨论的，水价可以成为激励节约用水的有效工具。

六、化学品和废弃物

在本章总结的六个影响中，化学品和废弃物对环境的影响可能是最鲜为人知的。根据《全球环境展望报告5》：

关于化学品和废弃物对人类和环境的影响，我们有着广泛但不完整的科学知识体系，在化学品的使用、排放、接触途径和影响方面还存在特定信息和数据的缺失。因此，全球对化学品和废弃物性质的复杂性及其对环境影响的认识明显不足。①

近几十年来,全球化学工业大幅扩张,年产量从 1970 年的不到 2 000 亿美元增长至 2016 年的 5 万亿美元以上。② 在 2000 年之前,化学品的生产主要在发达国家。但 2000 年之后,生产转移到了发展中国家,中国是目前全球最大化学品生产国。数据表明,尽管各国生产化学品趋势各不相同,但发达国家化学品使用却略有下降。③

商业上大约有 250 000 种化学品,但关于绝大部分化学品对环境影响的数据少之又少。化学物质广泛分布于整个生态系统中,例如全球 90% 以上的水和鱼类样本中均显示有杀虫剂。然而,针对接触化学品是否对人类健康有不利影响的估计是不完整的,这种情况在发展中国家尤为突出。生活在贫困中的人通常更容易接触化学品,其中儿童更容易受到伤害。

废弃物的产生也在显著增加。根据世界银行数据,2002~2012 年全球人均城市垃圾产生量翻了一番,预计未来还会进一步增加。④ 发达国家的垃圾产生量通常更高。然而,预测再次表明,未来大部分废弃物的增量将来自低收入和中等收入国家的经济发展。在很多低收入和中等收入国家,处置废弃物是一个主要的公共卫生问题,这些国家的废弃物被丢弃在贫民窟附近的露天垃圾场,而在这些废弃物中挑选贵重物品的人往往会接触到医疗和危险废弃物。近年来,电子垃圾暴露的问题日益引起人们的关注,有关该问题的更多信息,见专栏 2-2。将在第十七章进一步讨论废弃物和回收。

专栏 2-2 电子垃圾

全球电子垃圾的产生,特别是在发展中国家,包括电脑、手机、电器和电视,正呈指数增长。例如,全球手机销量从 2007 年的约 1.2 亿部增至 2020 年的 15 亿部。⑤

---

① UNEP, 2012, p. 168.

② UNEP, 2013; UN Environment, 2019c.

③ OECD, 2008.

④ World Bank. 2012.

⑤ Statista, www. statista. com/statistics/263437/global-smartphone-sales-to-end-users-since-2007/.

　　由于电子垃圾中含有少量包括银、钯、金，以及铅和二噁英(dioxin)等有害物质和具有商业价值的金属，其处理尤其令人担忧。因此，当清理电子垃圾时，清除者可能在提取可销售成分的过程中暴露在毒素中。此外，有毒化学物质会渗入供水系统或释放到空气中。由于发展中国家的儿童经常从电子垃圾中拾取物品，并且铅等毒素在儿童发育期间危害更大，因此，电子垃圾对发展中国家儿童的健康影响尤为严重。

　　根据联合国数据，2019 年全球产生的 5400 万吨垃圾中，只有 17% 得到了妥善收集和回收。[①] 到 2030 年，每年产生的垃圾数量预计将增加 4%，即人均约 20 磅[②]。大部分电子垃圾产生在发达国家，但是这些垃圾的大多数通常被非法出口到发展中国家。全球最大的电子垃圾场之一是位于加纳的阿博布罗西垃圾场。据估计，该地区有 4 万人正暴露于有毒化学物质之下。该地区的土壤样品中铅含量超过了 18 000ppm[③]，而在美国土壤中被允许的铅含量仅为 400ppm。[④]

　　政府正在努力确保电子垃圾得到适宜的回收或安全处置。截至 2019 年，已有 78 个国家制定了电子垃圾管理的相关法律，这个数量高于 2014 年的 44 个国家。[⑤]

35

　　2014 年，欧盟就电气和电子设备产生的垃圾制定了新的方针。这项立法的目的是增加适当处置电子垃圾的比例。销售电子产品的商店需要接受较小的电子垃圾，而制造商则需要接受较大的电子垃圾进行回收。其他的条款则鼓励对产品进行再利用与再设计，避免有毒化品的使用。[⑥]

---

① Forti et al., 2020.

② 1 磅＝0.453 592 千克。——译者注

③ ppm(parts per million)表示百万分之几，即指溶质质量占全部溶液质量的百万分比浓度。该浓度单位经常用于浓度非常小的情况下，与之相似的还有 ppb(parts per billion)。对于气体，ppm 一般指摩尔分数或体积分数；对于溶液，ppm 一般指质量分数。——译者注

④ Caravanos et al., 2011.

⑤ Forti et al., 2020.

⑥ BBC, 2012.

第四节　乐观主义者和悲观主义者

从对经济和环境趋势的简要概述中可以得出什么结论？这些趋势是否对未来持乐观或悲观态度提供了理由？

这些问题没有简单和明确的答案。人们可根据经济和人类的持续发展（尽管不平等）证据得出乐观结论，人均粮食消费和生活水平的增加驳斥了简单的马尔萨斯假说。另一方面，负面环境影响普遍增加，包括气候变化、物种损失和海洋污染等全球影响，以及森林砍伐、水源枯竭和污染以及有毒废弃物累积等地方性和区域性影响。展望未来，气候变化可能是人类面临的最大、最复杂的环境挑战。

关于促成经济增长并最终限制经济增长的资源和环境因素的争论一直在继续。1972 年，麻省理工学院的一个研究小组发表了《增长的极限》的研究成果。该研究使用计算机建模预测未来情景。该模型的基本结论是，在没有重大政策或行动变化的情况下，继续按当前情况前进，将耗尽可用资源，导致工业产出和粮食供给大幅下降，从 2020 年左右开始，人口也会下降。

作者们在 2004 年修订了他们建立的模型，并得出了同样结论，即在一切照旧的情况下最终会出现全球崩溃，但将开始时间推迟了 10 年或 20 年。[①] 作者强调，如果适度限制物质生产，社会大量投资于可持续发展技术，崩溃是可以避免的。《增长的极限》原始作者之一乔根·兰德斯（Jorgen Randers）在 2012 年的一本书中展望了 40 年后的 2052 年，预测粮食和能源等资源将普遍充足，但全球 GDP 增长将放缓，气候变化的影响将在 21 世纪后半叶变得更加严重。[②]

《增长的极限》的模型结论被批评为过于悲观，类似于最初的马尔萨斯假说，它低估了生态改善的潜力。[③] 批评者还认为，虽然从绝对意义上讲，不可再生资

36

---

① Meadows et al. , 2004.

② Randers, 2012.

③ 参见, Nordhaus, 1992。

源正在被耗尽,但新的发现和对资源更有效的利用意味着资源耗尽不足以在可预见的未来造成马尔萨斯式的崩溃。增长极限模型(the limits to growth model)的支持者强调,实际数据通常与"一切照旧"模型的预测一致。[①] 他们还指出,关键问题不是能否发现新的资源,而是能否以足够的速度开采和消耗资源,以满足不断增长的需求,而不对环境造成诸如气候变化等不可接受的破坏。

本书并没有对未来趋势提出明确意见,但后续章节将会提供广泛信息,以此形成关于未来的可靠观点。本书重点是评估政策的选择,而不是宣传特定观点。虽然分析家们对适宜政策反应有很大的分歧,但很少有人对全球环境和资源问题的重要性提出异议。正如将要看到的,强调经济系统适应性的市场导向方法和强调生物物理系统及限制因素的生态方法在制定政策反应上都有重要作用。

第五节　可持续发展

经济增长的经典观点是以人均 GDP 来定义的,这意味着 GDP 总量的增长必须快于人口增长。对于环境和生态经济学家来说,可持续发展不仅仅是简单地将 GDP 或 GDP 增长率保持在一个特定水平上。环境经济学家强调维系人类福利取决于比 GDP 更重要的因素,例如环境质量、闲暇时间的可利用性及政治制度的公平性。生态经济学家强调维护经济的生态基础——肥沃的土壤、自然生态系统、森林、渔业和水系统——这些因素通常被排除在 GDP 之外。正如在第十章中所看到的,已经开发了各种指标,这些指标要么调整 GDP,要么提供替代方案。这些新的措施可以帮助评估实现可持续性的进展。将可持续性纳入传统环境经济学和生态经济学,意味着很多领域政策的重大变化,主要包括以下几点:

- 目前的农业实践通常是过度严重依赖化学品投入来寻求短期粮食生产

---

① Turner,2014.

量的最大化。对可持续性的关注需要考虑工业化农业对土壤健康、生态系统、水质和气候变化的影响。

· 渔业在过去大多不受监管,往往会导致过度捕捞。对可持续性的关注将确保设立捕捞水平以维持渔业健康。同时,捕捞对非目标物种健康的影响也需要被考虑。

· 历史上对森林的管理也同样以牺牲森林和生态系统的健康为代价,来实现短期利润的最大化。可持续森林管理不仅可以设定长期可持续的采伐水平,还将保持或改善生物多样性和水质。由于森林是重要的碳汇之一,可持续森林管理也可以成为应对气候变化的强有力工具。

· 目前的能源政策往往寻求以最低总成本获取能源。可持续能源政策更广泛地考虑成本,包括当前和长期的环境影响,如空气污染、由于采矿引起的土地退化和气候变化。虽然目前全球大部分能源来自化石燃料,但可持续能源政策要求向可再生能源和节能过渡。

· 目前的生产过程通常会将人造化学品和塑料引入环境中。可持续生产意味着可循环或生物可降解材料的使用,并严格限制向环境排放废弃物和污染物。

第十一章至第十二章将详细讨论上述及更多其他问题,并进一步讨论乐观和悲观的原因。但无论倾向于乐观或悲观,都希望可以看到经济分析将会成为迈向更加可持续世界的有力工具。很多经济学家(包括传统经济学家和生态经济学家)建议考虑人类福利、后代和生态系统健康的政策改革实例。

小　结

随着时间推移,经济增长反映了人口和人均国内生产总值的增长。这种增长取决于资本存量增加和技术进步,以及能源、自然资源供应的增加和环境吸收废物的能力。虽然英国古典经济学家托马斯·马尔萨斯关于人口将超过食物供给的预测没有被证明是准确的,但人口和经济增长对环境造成的压力越来越大。

自1960年以来，人口增长率出现了史无前例的1倍多增速，全球农业生产增加了2倍多，能源消耗量超过5倍，经济产量增加了6倍。对空气、生物多样性、海洋、土地和土壤、淡水以及化学品和废弃物这六个领域的全球环境趋势审查表明，既有成功，也有持续性挑战。例如，由于氯氟烃和其他化学品逐步被淘汰，臭氧层正在愈合。然而，目前关于全球气候的承诺不足以将气温升高限制在2℃以内。

虽然增长极限模型预测无限制的增长将导致生态和经济崩溃，但技术进步和一些应对政策阻止了最坏预测情景的发生。虽然自然资源不可能耗尽，但分配不均和生态影响的问题，如生物多样性丧失和气候变化，是当代关于马尔萨斯假说的核心问题。

38

可持续发展概念试图将经济目标和环境目标相结合。农业生产、森林和渔业管理、能源使用和工业生产的可持续技术及政策具有很大潜力，但尚未被广泛采用。经济活动的可持续性已成为一个重要问题，并将在未来几十年变得更加重要。

关键术语和概念

absorptive capacity of the environment 环境吸收能力	Malthusian hypothesis 马尔萨斯假说
	meta-analysis 元分析
biodiversity/biological diversity 生物多样性	natural capital 自然资本
gross domestic product growth rate GDP 增长率	nominal gross domestic product 名义 GDP
	real gross domestic product 实际 GDP
gross domestic product（GDP）国内生产总值	resource curse hypothesis 资源诅咒假说

问题讨论

1. 能否有把握地说，历史驳斥了马尔萨斯假说？哪些主要因素与马尔萨斯的观点相悖？你认为最初的马尔萨斯假说和当前的环境问题是否有相似之处？

2. 21 世纪最受关注的主要环境问题是什么？空气、水、土地、生物多样性和污染问题,你认为哪些问题对人类繁荣和生态系统构成的威胁最大?

3. 你认为在发达国家和发展中国家,需要如何以不同方式处理环境问题?你认为这些国家的主要环境挑战是什么?

相关网站

1. www. iisd. org. The homepage for the International Institute for Sustainable Development,an organization that conducts policy research toward the goal of integrating environmental stewardship and economic development.

2. www. epa. gov/economics/. The website for the U. S. Environmental Protection Agency's information on environmental economics. The site includes links to many research reports.

3. https:∥sites. tufts. edu/gdae/. The homepage for the Global Development and Environment Institute at Tufts University,including links to many research publications on land,energy,climate,and sustainable economics.

4. www. wri. org. The World Resources Institute website offers the biennial publication World Resources as well as extensive reports and data on global resource and environmental issues.

参 考 文 献

Anonymous. 2014. "Great Green Wall." *The Economist*, August 23.

Anonymous. 2016. "Mostafa Tolba: Green Giant." *The Economist*, April 2.

BBC. 2012. "Electronic Waste: EU Adopts New WEEE Law." *BBC News*, January 19.

Boretti, Alberto, and Lorenzo Rosa. 2019. "Reassessing the Projections of the World Water Development Report." *Clean Water (Nature Partner Journals)*, 2:15. https://doi.org/10.1038/s41545-019-0039-9.

Caravanos, J., E. Clark, R. Fuller, and C. Lambertson. 2011. "Assessing Worker and

Environmental Chemical Exposure Risks at an e-Waste Recycling and Disposal Site in Accra, Ghana." *Blacksmith Institute Journal of Health and Pollution*, 1(1):16–25.

Food and Agriculture Organization of the United Nations (FAO). 2020. *Global Forest Resources Assessment 2020: Key Findings*. Rome, Italy: FAO.

Forti, Vaneesa, Cornelis Peter Badlé, Ruediger Kuehr, and Garam Bel. 2020. *The Global E-waste Monitor 2020: Quantities, Flows and the Circular Economy Potential*. Bonn/ Geneva/Rotterdam: United Nations University (UNU)/United Nations Institute for Training and Research (UNITAR).

Frieler, K., M. Meinshausen, A. Golly, M. Mengel, K. Lebek, S.D. Donner, and O. Hoegh-Guldberg. 2012. "Limiting Global Warming to 2°C Is Unlikely to Save Most Coral Reefs." *Nature Climate Change*, 3:165–170.

Havranek, Tomas, Roman Horvath, and Ayaz Zeynalov. 2016. "Natural Resources and Economic Growth: A Meta-Analysis." *World Development*, 88:134–151.

HTAP. 2010. *Hemispheric Transport of Air Pollution, 2010. Part A: Ozone and Particulate Matter*. Air Pollution Studies No. 17. (eds. Dentener, F., Keating T. and Akimoto, H.) Prepared by the Task Force on Hemispheric Transport of Air Pollution (HTAP). United Nations, New York and Geneva.

International Energy Agency (IEA) and Organisation for Economic Co-operation and Development (OECD). 2016. *Water-Energy Nexus*, excerpt from the *World Energy Outlook 2016*. Paris.

Kolbert, Elizabeth. 2014. *The Sixth Extinction: An Unnatural History*. New York: Henry Holt & Company.

Lebreton, L., B. Slat, F. Ferrari, and 13 other authors. 2018. "Evidence that the Great Pacific Garbage Patch is Rapidly Accumulating Plastic." *Nature, Scientific Reports*, 8:4666. https://doi.org/10.1038/s41598-018-22939-w.

Meadows, Donella, Jorgen Randers, and Dennis Meadows. 2004. *A Synopsis: Limits to Growth, The 30-Year Update*. White River Junction, VT: Chelsea Green Publishing.

Montzka, Stephen A., Geoff S. Dutton, Pengfei Yu, and 14 other authors. 2018. "An Unexpected and Persistent Increase in Global Emissions of Ozone-depleting CFC-11." *Nature*, 557:413–417.

National Groundwater Association. 2015. "Facts About Global Groundwater Usage." Fact Sheet, March.

Neumann, Kathleen, Peter H. Verburg, Elke Stehfest, and Christoph Müller. 2010. "The Yield Gap of Global Grain Production: A Spatial Analysis." *Agricultural Systems*, 103:316–326.

Nordhaus, William. 1992. "Lethal Model 2: The Limits to Growth Revisited." Brookings Institute, Brookings Papers on Economic Activity.

Organization for Economic Cooperation and Development (OECD). 2008. *OECD Environmental Data: Compendium 2008*. Paris.

Ozone Secretariat, UN Environment. 2018. "Parties Take Up Urgent Response to CFC-11 Emissions." UN Environment News, July 16.

Papyrakis, Elissaios, and Reyer Gerlagh. 2007. "Resource Abundance and Economic Growth in the United States." *European Economic Review*, 51(4):1011–1039.

Philippot, Louis-Marie. 2010. "Natural Resources and Economic Development in Transition

Economies." *Université d'Auvergne*, November.

Randers, Jorgen. 2012. *2052: A Global Forecast for the Next Forty Years.* White River Junction, VT: Chelsea Green Publishing.

Rigby, M., S. Park, T. Saito, and 29 other authors. 2019. "Increase in CFC-11 Emissions from Eastern China based on Atmospheric Observations." *Nature*, 569:546–550.

Sachs, Jeffrey D., and Andrew M. Warner. 1995. "Natural Resource Abundance and Economic Growth." National Bureau of Economic Research, NBER Working Paper 5398, December.

Sanderson, Eric W., Malanding Jaiteh, Marc A. Levy, Kent H. Redford, Antoinette V. Wannebo, and Gilliam Woolme. 2002. "The Human Footprint and the Last of the Wild." *Bioscience*, 52(10):891–904.

Shah, Tushaar. 2007. "Groundwater and Human Development: Challenges and Opportunities in Livelihoods and Environment." International Water Management Institute.

Thomas, Chris D., Alison Cameron, Rhys E. Green, and 16 other authors. 2004. "Extinction Risk from Climate Change." *Nature*, 427:145–148.

Turner, Graham. 2014. "Is Global Collapse Imminent?" University of Melbourne, Melbourne Sustainable Society Institute, Research Paper Series.

UNESCO, and UN Water. 2020. *World Water Development Report 2020: Water and Climate Change.* Paris.

UN Environment. 2019a. *Global Environment Outlook—GEO-6: Summary for Policymakers.* Nairobi.

UN Environment. 2019b. *Global Environment Outlook—GEO-6: Healthy Planet, Healthy People.* Nairobi.

UN Environment. 2019c. *Global Chemicals Outlook II: From Legacies to Innovative Solutions.* Nairobi.

United Nations Environment Programme (UNEP). 2012. *Global Environmental Outlook 5.* https://www.unep.org/resources/global-environment-outlook-5.

United Nations Environment Programme (UNEP). 2013. *Global Chemicals Outlook: Towards Sound Management of Chemicals.* https://sustainabledevelopment.un.org/index.php?page=view&type=400&nr=1966&menu=35.

Urban, Mark C. 2015. "Accelerating Extinction Risk from Climate Change." *Science*, 348(6234):571–573.

U.S. Environmental Protection Agency (EPA). 2011. "Marine Debris in the North Pacific: A Summary of Existing Information and Identification of Data Gaps." EPA Pacific Southwest Region, San Francisco, CA.

World Bank. 2012. "What a Waste: A Global Review of Solid Waste Management." Urban Development Series Knowledge Papers, No. 15.

World Health Organization (WHO). 2018. "Ambient (Outdoor) Air Pollution." Fact Sheet, May 2. www.who.int/news-room/fact-sheets/detail/ambient-(outdoor)-air-quality-and-health.

World Meteorological Organization (WMO) and United Nations Environment Programme. 2014. "Assessment for Decision-Makers: Scientific Assessment of Ozone Depletion: 2014." Global Ozone Research and Monitoring Project—Report No. 56, Geneva, Switzerland.

第三章　环境外部性理论

焦点问题：

· 污染和环境破坏如何在经济学中得到体现？

· 可以定制哪些经济政策来应对环境问题？

· 如何以及何时可以依靠产权来解决环境问题？

第一节　外部性理论

从第一章中了解到，环境外部性理论是环境经济学的核心概念之一。外部性是指市场交易对未参与交易的主体产生的积极或消极影响。外部性可以是正的，也可以是负的。**负外部性**最常见的示例是环境污染。在市场没有任何监管的情况下，企业的生产决策不会考虑污染对社会和生态造成的损害。消费者通常也不会因为商品或服务会造成污染就选择不购买它们。但是，全面的经济分析不仅要考虑市场对买方和卖方的影响，还需考虑市场是如何影响社会所有成员的。（考虑对非人类物种和整个生态系统的影响，这个问题将在本章以及第六章和第七章中讨论。）因此，当分析市场的整体影响时，需要考虑污染和其他负面环境问题造成的损害。

> **负外部性**（negative externality）：市场交易对未参与交易的主体产生的消极影响。
>
> **正外部性**（positive externality）：市场交易对未参与交易的主体产生的积极影响。

45

在某些情况下，若交易有利于市场外部，则可产生**正外部性**。比如树木除了有益于所有者之外，还为欣赏风景的人以及整个社会提供益处。树木既可以吸收二氧化碳，也可以为野生动物提供栖息地。

在基础的市场经济分析中，供给和需求曲线呈现了交易的成本和收益。由供给曲线可知产品生产的**边际成本**，即生产者多生产一单位产品或服务的成本。需求曲线也可以被认为是**边际收益**曲线，它告诉消费者额外消费某单位产品的收益。供给与需求曲线的交点即供需平衡时的**均衡价格**。如图 3-1 所示，以汽车市场为例。这种均衡（在 P_M 的价格，数量 Q_M 的数量下）代表了**经济效率**的情况，因为它使市场的总收益最大化，但前提是没有外部性。（关于市场的供给、需求、均衡和效率的概述，见本章附录 3-1。）

> **边际成本**（marginal cost）：生产或消费额外一单位商品或服务的成本。
>
> **边际收益**（marginal benefit）：生产或消费一单位商品或服务的收益。
>
> **均衡价格**（equilibrium price）：供给量等于需求量时的市场价格。
>
> **经济效率**（economic efficiency）：使净社会效益最大化的资源配置，没有外部性的完全竞争市场是经济有效的。

一、环境成本核算

图 3-1 中的市场均衡并不能说明全部情况。汽车的生产和使用产生了诸多负面的外部因素。汽车是空气污染的主要贡献者，包括当地城市烟雾和区域问题，如酸雨。此外，汽车排放的二氧化碳导致全球气候变暖。汽车漏油处置不

46

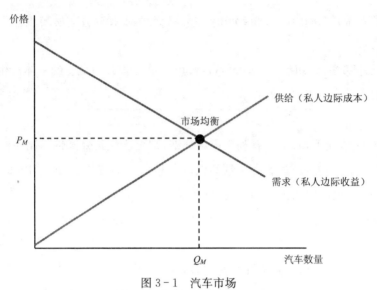

图3-1 汽车市场

注:私人边际成本为私人生产者的生产成本。

当会污染湖泊、河流和地下水。汽车生产涉及有毒材料的使用,这些材料会作为有毒废物释放到环境中。汽车所需的部分道路系统在大面积野生动物栖息地上铺设,道路上的盐分通过径流会破坏相关流域。

这些环境成本体现在图3-1中的哪些地方? 答案是它们根本没有体现。因此,这个市场没有考虑负外部成本,高估了汽车的社会净收益。所以,需要找到**外部成本的内部化**方法——将**外部成本**纳入市场分析之中。

外部成本(外部性)内部化(internalizing external costs/externalities):利用税收等方法将外部成本纳入市场决策。

外部成本(external cost):指未反映在市场交易中的成本,不一定是货币成本。

首先,需要估计环境污染的货币价值。怎样才能将大量的环境效益简化为货币价值? 这里没有明确答案。在一些实例中,经济损失是难以估计的。例如,如果道路径流污染了一个城镇的水源,那么污水的处理成本就提供了一种衡量

环境危害的方法。然而，这种衡量方式并不包含非可见因素，例如对湖泊和河流生态系统的破坏。

如果能确定空气污染对健康的影响，由此产生的医疗费用将提供另一种用货币评估损失的方法，但这并没有反映空气污染对审美造成的损害。烟雾缭绕的空气限制了能见度，即使这种环境对人们的健康没有影响，但依旧会降低人们的幸福感。诸如此类问题很难全部通过货币估计，但应将所有这些影响加在一起，以获得对汽车外部性损害的综合估计。因此，提出一些估算方法是很重要的。如果不能用货币价值来估计环境污染的成本，那么市场就会默认环境污染的成本为零，因为环境污染不会直接影响消费者和生产者的购买或生产决策。将在第六章详细讨论经济学家评估环境污染的方法。

一些经济学家试图用货币估算汽车的外部成本（专栏 3-1，表 3-1）。假设对这些外部成本有一个合理估计，那么如何将外部成本添加到图 3-1 中的供需分析中？

专栏 3-1　汽车的外部成本

汽车的外部成本或社会成本是什么？汽车被认为是包括一氧化碳和氮氧化物在内的几种主要空气污染物的最大来源。根据美国环境保护署的数据，交通运输的气体排放占全球温室气体排放量的 14% 左右。[①] 世界卫生组织估计，全球每年有超过 130 万人死于道路交通事故。[②] 额外的外部成本包括因修建道路和停车场而破坏自然栖息地、报废的车辆和零部件、与石油供给有关的军事费用以及噪音污染等。

对汽车外部成本的估算主要集中在发达国家。2007 年的一篇文章总结了美国关于汽车外部成本的文献[③]，提出每英里汽车外部成本的"最佳评估额"，

47

[①]　U. S. EPA, Global Greenhouse Gas Emissions Data, www. epa. gov/ghgemissions/global-greenhouse-gas-emissions-data.

[②]　WHO, 2018.

[③]　Parry et al. , 2007.

并将外部成本分为表 3-1 中的几类。换算成每加仑[①]汽油的损害赔偿额为每加仑 2.1 美元。这些估值表明，美国汽车使用的外部成本约占 GDP 的 2%。

2012 年，欧洲也开展了类似的研究。[②] 这项研究也从每英里造成的外部成本的角度入手(表 3-1)。请注意，最终的估计值与美国的估计值非常接近，大约是每英里 9 美分。欧洲的研究估算了较高的气候变化造成的损失但没有考虑拥堵造成的损失(这接近美国总损失的一半)。美国使用的气候变化估计值相当于每排放一吨碳造成 20 美元的损失。在第十三章中可以看到，其他对气候损害的估计要高得多。

对汽油征税是将汽车外部成本内部化的一种方式，而政策性措施是更为有效的方法。例如，规定空气污染的价值应基于车辆的排放水平来估计，而不是根据汽油的消耗量来确定。规定可以向驾驶员收取拥堵费来内部化拥堵成本。

表 3-1　美国、欧洲汽车使用的外部成本(美分/英里)

成本种类	美国	欧洲
气候变化	0.3	3.3
当地污染	2.0	0.8
事故	3.0	3.7
石油的依赖	0.6	未估计
交通拥堵	5.0	未估计
其他外部成本	未估计	1.2
总计	10.9	9.0

注：对欧洲最初的估计是以欧元每千米为单位。每英里的换算是基于 2020 年的货币换算率。

资料来源：Parry, Ian W. H., Margaret Walls, and Winston Harrington. 2007. "Automobile Externalities and Policies." *Journal of Economic Literature*, 45 (2):373-399.; Becker, Udo J. Thilo Becker, and Julia Gerlach. 2012. "The True Costs of Automobility: External Costs of Cars, Overview on Existing Estimates in EU-27." Institute of Transport Planning and Road Traffic, Technische Universität Dresden.

---

① 1 加仑(美制)=3.785 43 升。——译者注
② Becker et al., 2012.

从供给曲线可以知道生产产品或提供服务的边际成本。但是除了正常的私人生产成本外(如生产汽车的劳动力、钢铁和电力等),还需要将外部成本纳入生产成本中,以获得汽车的总社会成本。这就产生了一个新的成本曲线,称之为**社会边际成本曲线**,如图 3-2 所示。

> **社会边际成本曲线**(social marginal cost curve):指多提供一个单位的商品或服务的边际成本,同时考虑私人生产成本和外部因素。

社会边际成本曲线高于最初的市场供给曲线,这是因为它包括了外部成本。注意,两条曲线间的垂直距离就是对每辆汽车外部成本的衡量(以美元为单位)。在这个简单的例子中,假设汽车的外部成本不变。因此,这两条曲线是平行的。但现实情况可能并非如此,因为汽车的外部成本可能随汽车数量的增加而改变。具体来说,当空气污染超过临界水平、拥堵变得更加严重,或者生产更多汽车时,汽车的外部成本可能会增加。

考虑图 3-2,市场均衡是否依旧经济有效? 答案并不一定。可以通过比较边际成本和边际收益来决定汽车的生产。在考虑到生产和外部成本的情况下,从社会角度来看,如果生产额外汽车的边际收益超过边际成本,生产汽车是有意义的。但是如果边际成本超过边际收益,生产额外的汽车就没有意义。

在图 3-2 中可以看到,生产第一辆车是有意义的,因为需求曲线(反映边际收益)高于社会边际成本曲线(反映生产和外部成本之和)。尽管第一辆汽车产生了一些负外部性,但消费者的高边际收益证明汽车生产的合理性,这对每一辆车都是成立的,直到产量达到 Q^*,此时边际收益等于社会边际成本。但请注意,对于每一辆超过 Q^* 的汽车,边际成本实际高于边际收益。换言之,每生产一辆 Q^* 以上的汽车,社会就会变得更糟!

因此,未被管制的市场均衡 Q_M,实际上是一个过高的产量,应该只在边际收益高于社会边际成本时生产汽车。所以,汽车生产的最优水平是 Q^*,而不是 Q_M。因为有负外部性,这个均衡点是经济无效的。从社会角度来看,由市场决定的汽车价格太低了——它没有反映汽车的真实社会成本(包括环境影响)。由图 3-2 可知,汽车的**社会有效价格是** P^*。(关于负外部性的分析,见

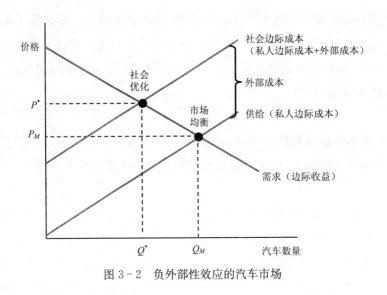

图 3 - 2　负外部性效应的汽车市场

附录3－2。)

社会有效(socially efficient):指社会净效益最大化的市场状况。

二、环境成本内部化

可以做些什么来纠正这种无效率的市场平衡呢? 解决方法在于获得"正确"的汽车价格。市场无法向消费者和生产者传递信号,即超过 Q^* 产量的进一步生产在社会上是不受欢迎的。尽管每一辆汽车都会给社会带来成本,但无论是消费者还是生产者,都不会为此付出代价。因此,需要将外部成本内部化,使消费者和生产者在市场决策中考虑这些成本。

将负外部成本内部化的最常见方法是征税。这种方法被称为**庇古税**,以1920 年英国著名经济学家阿瑟·庇古(Arthur Pigou)出版的《福利经济学》(*Economics of Welfare*)而闻名。它也被称作**污染者付费原则**,因为人们有责任为其对社会造成的伤害付费。

> **庇古税(排污税)(Pigovian/pollution tax)**：每单位税收等于某一活动造成的额外损失。例如，每吨排污的税收等于一吨污染所造成的外部损失。
>
> **污染者付费原则(polluter pays principle)**：该观点认为对污染负有责任的人应当支付相关的外部费用，如健康成本以及对野生动物的危害。

假设这些税都是由汽车生产者支付。[①] 那么每生产一辆汽车必须向政府缴纳的税款是多少？

通过迫使生产者为每一辆汽车交税，潜在地增加了汽车生产的边际成本。税收使私人边际成本曲线(即市场供给曲线)向上移动。税收越高，市场供给曲线向上移动的幅度就越大。因此，如果能够将税收值设置为与每辆车有关的负外部成本额，那么产品的边际成本曲线就等于图3-2中的社会边际成本曲线。这就是"正确"的税额——每单位产品的税款等于每单位产品的外部成本。[②] 换句话说，那些造成污染的人需要为他们的行为付费。

在图3-3中，赋税的新供给曲线与图3-2中的社会边际成本曲线相同。对于生产者而言，这是合适的供给曲线，因为这条曲线包含了税收。生产者只会在消费者愿意支付价格高于其边际成本的情况下出售汽车，此时便考虑了税收。

这个新均衡点(Q^*, P^*)代表税收导致的最优汽车生产水平。换言之，汽车只生产到边际收益等于边际成本的程度。还应注意，即使假设只向生产者征税，但一部分税收还是以价格上升的方式转嫁给消费者。这导致消费者将他们的购买量从Q_M减少到Q^*。从实现社会最优均衡的角度来看，这是一个很好的结果。当然，生产者和消费者都不喜欢税收，因为消费者将为此付出更高的价格，而生产者销量则会降低。但从整个社会的角度出发，认为这个均衡是最优的，因为它精确地反映了汽车的真实社会成本。

上述例子可以得知：税收作为一种有效的政策工具，可以为社会带来更有利

---

① 如果把税强加给消费者而不是生产者，将会得到与文中相同的结果。

② 请注意，在案例中每辆汽车生产的外部成本是不变的。如果外部成本不是恒定的，那么在汽车生产的最优水平上，可以将税收设定为边际外部成本。

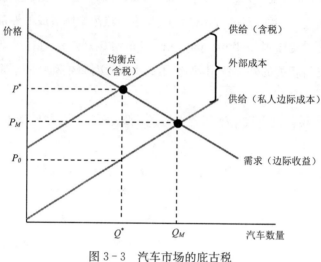

图 3 - 3　汽车市场的庇古税

的结果。但政府是否应征收庇古税来抵消所有负外部性?几乎所有商品或服务的生产都会造成一些环境污染。因此,政府似乎应根据污染对环境的损害对所有的产品、至少是绝大多数产品征税。

　　但有两个因素表明,不应对所有产品征收庇古税。第一,回顾前文所述,需要以货币的形式估计税收,这就需要进行经济研究和分析,也许还需要开展毒理学和生态学研究。一些产品只有极少的环境危害,对其征收的税甚至还比不上为得到"正确"税收所花费的前期成本。第二,需要考虑征税的行政成本。同样,如果一个产品没有造成大量的环境污染,那么行政成本很可能高于税收收入。

　　为每一种引起环境危害的商品确定一个合宜的税收是一项艰巨任务。例如,需要对衬衫征税,因为其生产过程可能涉及棉花种植、使用石油化合物、提供潜在有毒燃料等环境污染问题,理论上,需要对棉质衬衫或者化纤质衬衫,甚至根据不同的尺寸对衬衫征收不同的税,这显然不切实际。

　　经济学家通常建议,要尽可能在产品生产的上游部门征收庇古税,而不是在最终的成品端。**上游税**是根据原材料生产投入水平征收的,比如根据生产衬衫的原油或棉花等原材料投入征税。如果能确定对棉花征收庇古税的金额,那么这一成本将根据生产中使用多少棉花,最终反映在衬衫的销售价格中。可以把征税重点放在造成生态破坏的原材料上。例如,可以对化石燃料、各种矿物投入和有毒化学品进行征税。这就避免了税收征收管理的复杂性,为多种商品估算适当税收提供了方法。

> **上游税（upstream tax）**：一种在尽可能接近自然资源开采点的地方实施的税收。

对主要原材料开采和加工征收外部性税收的影响是显著的。从专栏 3-2 可以看到,2013 年的一项研究估计,[①]"初级"生产行业(包括农业、渔业、采矿、发电和初始材料加工)产生的外部成本为 7.3 万亿美元,占世界经济产出的 13%。相比之下,世界银行估计 2018 年全球税收收入约占世界经济产出的 15%。[②] 因此,实施一套完整的全球庇古税制度,将负外部成本内部化,基本可以取代世界各地的所有其他税收。

专栏 3-2 估计全球环境外部性因素

虽然很多研究已经估计了特定环境和特定地点的外部成本,但很少有研究涉及全球环境外部成本。2013 年,环境咨询公司特鲁科斯特(Trucost)对全球环境外部性做了全面尝试。[③] 研究发现,2009 年初级生产和加工行业产生了约 7.3 万亿美元的未定价外部性损失,相当于世界经济产出的 13%。表 3-2 列出了这些损失的明细。

其中最严重的影响有东亚和北美的煤炭发电、南美的畜牧业和农业、南亚的小麦和水稻种植等造成的损害。这项研究的一个有趣部分是,它将特定行业产生的外部成本与总收入进行了比较。在很多情况下,外部成本远超行

---

① Trucost,2013.
② World Bank，World Development Indicators database.
③ Trucost,2013.

52 业收入,这表明这些市场是非常低效的。例如,北美的煤炭发电造成了3 170亿美元的环境破坏,但仅产生了2 470亿美元的收入。在北非,水稻种植虽然产生了约20亿美元的收入,但却造成了840亿美元的环境损失。

表 3 - 2　全球环境外部性

影响类别	损失(万亿美元)
土地使用	1.8
水资源消耗	1.9
温室气体	2.7
空气污染	0.5
土地和水污染	0.3
废弃物产生	0.05

资料来源:Trucost. 2013。

2011年早些时候的一份研究报告发现,全球最大的3 000家公司造成了全球三分之一的环境破坏。[①] 此外,这些损失相当于这些公司总收益的50%。2011年的研究还预测了在一切正常的情况下,未来的全球外部成本。报告估计,到2050年全球外部成本将上升到世界经济产出的18%,其中超过70%的损失是由温室气体排放造成的。该研究指出,"如果不加以纠正,将无法维持自然资本,全球经济将随着时间的推移而破坏。"

另一个与外部性分析相关的问题是探讨赋税如何在生产者和消费者之间分配。非经济学家声称,税收只是以更高的价格将负担转嫁给消费者。虽然汽车税确实提高了其销售价格,但成本是否会全部转嫁给消费者?答案是否定的。注意,每单位的税是图 3 - 3 中的 P_0 和 P^* 的差,而价格只是从 P_M 提高到 P^*。在这个例子中,税收负担似乎由生产者和消费者均摊。

---

① UNEP, 2011.

在一些例子中,税可能主要由生产者承担。然而,在另一些例子中,税可能主要由消费者承担。这取决于**需求弹性**和**供给弹性**所决定的需求和供给在面对价格变化时的响应机制。后面(附录3-1)将深入讨论关于弹性的话题。

> **需求弹性**(*elasticity of supply*):需求量对价格的敏感性;弹性需求是指价格比例增长导致需求量变化比例较大;非弹性需求是指价格比例增长导致需求量变化比例较小。
>
> **供给弹性**(*elasticity of demand*):供给量对价格的敏感性;供给弹性是指价格比例增长导致供给量变化比例较大;非弹性供给是指价格比例增长导致供给量变化比例较小。

要考虑的一个因素是,税收可能不成比例地落于某些收入群体。大多数环境税(如化石燃料税)的一个问题是,它们对低收入家庭的影响更大。这是因为,收入越低,他们越倾向于在诸如汽油和电子类的产品上付费。因此,希望利用一些税收收入来补偿对低收入家庭的影响,也许可以采用税收减免或退税的形式来实现。

在实践中,环境政策往往采取除税收以外的其他形式实施监管。在汽车的例子中,采用的是石油效率标准或者污染控制装置,如催化式排气净化器等。这些政策减少了石油的消费和污染,却没有减少汽车的销售数量。当然这些政策可能还会提高汽车的价格,因此在这方面,它们的作用与税收有些类似(尽管更高的燃油效率降低了长期运营成本)。第八章将更详细地比较不同的污染控制政策。

三、正外部性

正如出于社会利益需要将污染的社会成本内部化一样,也需要将产生正外部性活动所产生的利益内部化。与负外部性相同,在存在正外部性的情况下,不受监管的市场也将无法实现社会福利最大化。同样,要达到有效的结果,也需要政策干预。正外部性是指一个商品或服务所带来的超出私人或市场利益的额外社会利益。因为需求曲线表明,一个商品或服务的私人边际效益,可以把正外部性纳入分析中,将其作为需求曲线的一个向上移动。这个新的曲线代表了社会总收益。

图 3-4 展示了一个正外部性商品的例子——太阳能电池板。每一块太阳能电池板的安装都会减少二氧化碳排放,从而提高整个社会效益。市场需求曲线和社会边际收益曲线之间的垂直距离就是以美元衡量太阳能电池板的正外部性。在这个事例中,每块太阳能电池板的社会收益恒定,因此两个收益曲线呈现出平行图示。

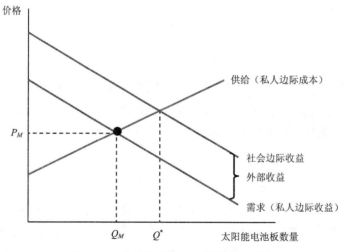

图 3-4　太阳能电池板市场的正外部性

市场均衡价格是 P_M,均衡数量是 Q_M。但注意,在图 3-4 中 Q_M 和 Q^* 表明社会边际收益高于边际成本。太阳能电池板的最优数量是 Q^*,而非 Q_M。由图可知,可以通过提高太阳能电池板的产量来提高社会净收益。

在正外部性的情况下,纠正市场效率最常见的方法是政策补贴。**补贴**是向生产者支付的一种报酬,以激励其生产更多的产品或服务。在某些情况下,政府向消费者发放补贴,以鼓励他们购买特定的商品和服务。

> 补贴（subsidy）：政府对某个行业或经济活动的援助帮助；可以是直接通过金融帮助补贴，也可以是间接通过保护性政策进行补贴。

在市场分析中，补贴可以有效地降低产品的生产成本，降低供给曲线。从本质上讲，补贴使生产太阳能电池板的成本更低，因为每生产一块太阳能电池板，制造商都会得到政府付款。"适宜"的补贴可以降低供给曲线，从而使新的市场均衡在 Q^* 上。如图 3-5 所示，在有补贴的供给曲线与市场需求曲线相交的点上达到均衡。这一原则与使用税收来阻止产生负外部性的经济活动类似，但在这种情况下，希望鼓励具有社会效益的活动。（更详细的正外部性分析见附录 3-2。）

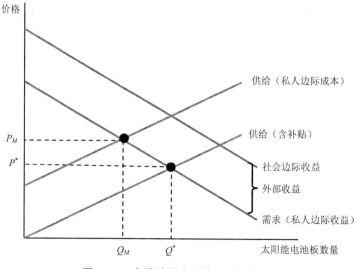

图 3-5 有补贴的太阳能电池板市场

社会效率均衡量 Q^* 也可以通过对消费者购买太阳能电池板的补贴来实现，比如税收优惠。这将导致需求曲线向上和向右移动，致使市场价格较高。但由于补贴而使消费者的实际购买价格较低，且均衡数量与生产者补贴相同。

第二节 外部性福利分析

可以使用**福利分析**来说明为什么将外部成本内部化是可行的。这里的想法是,供需图中的区域可以用来衡量总收益和总成本。需求曲线下的区域面积表示消费者的总收益,供给曲线下的区域面积表示生产者的总成本。

如图 3−6 所示,图中给出了汽车市场的福利分析。由于供给和需求曲线显示了每单位产品生产的边际收益和边际成本,因此这些曲线下的面积代表了产品生产的总效益和总成本。对于消费者来说,总净收益被称为消费者剩余(面积 A)——代表他们从汽车消费中获得的收益(需求曲线所示)与他们支付价格之间的差值。生产者获得的净收益定义为生产者剩余(面积 B),即他们的生产成本(由供给曲线显示)与他们获得的价格 P_M 之差。(附录 3−1 提供了关于市场分析的概述,包括对消费者和生产者剩余的讨论。)

> **福利分析**(welfare analysis):一种经济分析工具,用于分析替代政策对不同群体(如生产者和消费者)的总成本和收益。

在没有外部性的情况下,市场均衡在经济上是有效的,因为它使社会净收益最大化(区域 A+B)。但若引入外部性,市场均衡点就不再具有经济效率了。

可以将汽车市场的社会净效益定义为生产者剩余和消费者剩余的总和减去外部成本。因此,净收益等于市场收益(A+B)减去负外部性,如图 3−7 所示。这里,将私人边际成本曲线和社会边际成本曲线之间的区域叠加到图 3−6 上。(图 3−7 与图 3−2 等效,精确地显示了之前得到的负外部性,同时它也显示了全部外部成本,即深色区域。)

注意,外部性明显抵消了消费者剩余和生产者剩余。存在负外部性时的社会净福利等于(A′+B′−C),其中 C 是 Q^* 右方的三角形区域面积。之所以用符号 A′和 B′表示,是因为这些区域小于图 3−6 中的区域 A 和 B。A′和 B′表示消费者剩余和生产者剩余的区域,这些区域不能通过减去外部性损失来确定。但

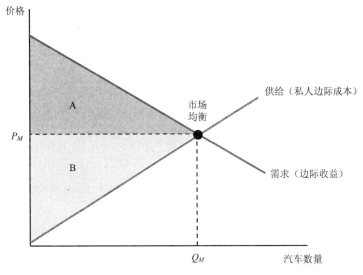

图 3-6　汽车市场的福利分析

需要注意的是，实际的消费者和生产者剩余并没有因为负外部性的存在而降低。图 3-6 中的消费者剩余仍然是面积 A，生产者剩余仍然是面积 B。但是 A 和 B 的一些收益被因污染造成的社会损失抵消了。除了这些较小的净效益外，区域 C 代表净损失，因为 Q^* 和 Q_M 之间的社会边际成本超过了社会边际收益（需求曲线）。

　　现在考虑通过征税来内部化外部性。税收将均衡量从 Q_M 变成 Q^*。可以证明，相比于税前社会福利（$A'+B'-C$）（图 3-7），税后的社会福利增加了。在价格 P^* 和数量 Q^* 下，新消费者剩余是 A''，新生产者剩余是 B''。注意，A'' 和 B'' 的总和与图 3-7 中 A' 和 B' 的总和是相等的。

　　如果只生产 Q^* 而不是 Q_M，外部性损失是区域 D，这比图 3-7 中的外部性损失要少。税收是以数量 Q^* 进行征收的，所以总的税收收入为区域 D。税收收入恰好等于外部性损失。换句话说，税收收入足以补偿外部性损失。

　　社会净福利是生产者剩余加上消费者剩余，减去外部性损失，再加上税收收益，即

$$社会净福利＝A''+B''-D+D＝A''+B''$$

57

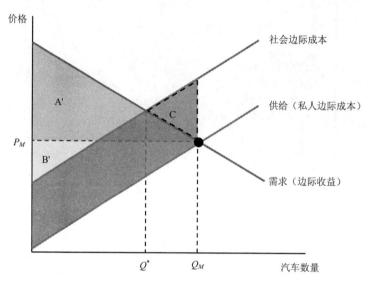

图 3-7　外部性汽车市场的福利分析(彩图见彩插)

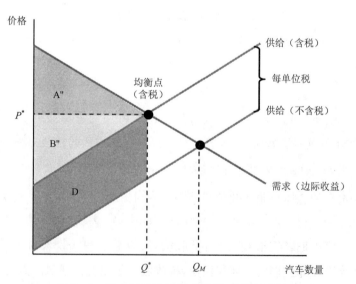

图 3-8　庇古税改进的福利效果(彩图见彩插)

如前所述,面积$(A''+B'')$等于面积$(A'+B')$。税前的社会净福利是$(A'+B'-C)$。现在社会净福利是$(A'+B')$。社会净福利因为庇古税而增加了面积C。因此,社会因税收而变得更好。

一个类似关于正外部性和补贴的福利分析同样也显示了补贴在正外部性情况会提高社会净福利。这个分析有点复杂,将在附录3-2中进行。

对负外部性的分析揭示了一个似乎自相矛盾的概念——**最优污染**。注意,即使在征收税收之后,社会依旧留有污染损失区域D。根据分析,这是依据当前生产和技术条件的"最优"污染数量。读者可能会提出疑问,难道最优污染数量不是零吗?

> **最优污染**(optimal pollution):使净社会效益最大化的污染水平。

对此经济学家回答:实现零污染的唯一途径是零生产。事实上,只要有生产就会有污染。在现实中,必须决定一个可接受的污染水平。当然,可以随着时间的推移降低污染水平,特别是通过减污技术发展来实现。但只要进行生产,就必须确定一个"最优"的污染水平。

有些人依旧很难接受"最优污染"的概念。如果汽车的需求增加了,那么需求曲线就会向右移动,"最优"污染水平就会增加。这表明,随着全球对汽车需求的稳步上升,不断上升的污染水平在某种意义上是可以接受的。可以选择根据健康和生态考虑而不是经济分析来设定可接受污染的最高水平。事实上,美国联邦空气污染法《清洁空气法案》(Clean Air Act)依据影响健康的科学数据制定了污染标准,明确排除了制定标准时的经济考虑。

污染水平的总体限制问题与在第一章中讨论的经济规模概念有关。生态经济学家倾向于依靠经济学以外的东西来确定可允许的负外部性的总体规模,即使用庇古税来控制单个市场层面的外部性。第八章和第十四章将详细讨论污染政策、污染的总体限制和"绿色经济政策"。

第三节　产权和环境

　　庇古税迫使污染者为他们对社会和环境造成的负面影响付费，这种想法在直观上很有吸引力。在征收庇古税的过程中，隐含着这样一种观念，即社会有权对任何污染损害进行补偿。很多人会争辩说，这是权利的适当分配。换言之，社会有权净化空气，但是污染者没有权利向大气中排放任何有害气体。

　　在其他一些例子中，产权分配可能不明晰。设想一个农民对他所拥有的一块湿地进行排水，使其变成一块适合种植的土地。他下游的邻居抱怨说，若上游没有一块湿地吸收雨水，那么他的土地将被淹没，作物将受到损失。第一个农民是否有义务向第二个农民支付农作物损害的价值？或者他是否有权利在他的土地上做任何他想做的事情？

　　可见，这不仅是一个外部性问题，也是产权问题。土地所有权是否包括抽干湿地的权利？还是这项权利是独立的，或是受社区或其他财产所有者的限制？

　　在这种情况下，产权可以两种方式进行分配。试想第一个农民（称他为阿尔伯特）确实有权利排干湿地里的水。假设排水后湿地种植作物的净利润是5 000美元。进一步，第二个农民（称他为贝蒂）可能会因为第一个农民的排水而造成损失8 000美元。还假设阿尔伯特和贝蒂对他们的潜在成本和收益都有着准确的信息。即使阿尔伯特有权排干湿地，贝蒂也有可能会付费给阿尔伯特，来使他不进行排水。具体来说，她愿意支付给阿尔伯特高达8 000美元，以保持湿地的储水性，因为这是如果阿尔伯特行使排空湿地的权利所遭受的损失价值。与此同时，阿尔伯特愿意接受任何高于5 000美元的金额，因为这是他通过排水所获得的最大收益。

　　在5 000美元和8 000美元之间有足够的协商空间，使得阿尔伯特和贝蒂达成使双方都满意的共识。可以说阿尔伯特接受贝蒂6 000美元的报价以保持湿地的储水性。这样他相对排水来说多获得1 000美元的利润。贝蒂可能对支付6 000美元并不满意，但这要比她因为湿地排水而损失8 000美元好得多。实际上，贝蒂购买了湿地的使用权利（而不是购买这块土地的所有权）。

也可以设定一项法律,把相关权利分配给贝蒂。比如,规定若无法取得下游利害方的同意,任何人都不能对湿地进行排水。在这个例子中,阿尔伯特对湿地进行排水时必须征得贝蒂的同意。这与之前的假设有同样结果——湿地不会被排水。因为阿尔伯特这样做的收益不足以弥补贝蒂的损失。贝蒂需要 8 000 美元才能同意,这对阿尔伯特来说太高了。因此,忽略产权的因素,结果将是相同的。

现在,假设一种新的农作物,这种农作物在沼泽地上生长得非常好,会给阿尔伯特带来 12 000 美元的利润。一笔这样的交易可能会发生——阿尔伯特可以支付给贝蒂 10 000 美元去排干沼泽地里的水,然后通过新的农作物挣 12 000 美元,这样自己净收入 2 000 美元,贝蒂也获得 2 000 美元的利润。

注意,阿尔伯特可以给贝蒂少于 10 000 美元。理论上,贝蒂会接受任何超过 8 000 美元的报酬。阿尔伯特愿意支付高达 12 000 美元来获得抽干湿地的权利。阿尔伯特实际支付价格取决于双方的议价能力。

这个简单例子中的原理被称为**科斯定理**,诺贝尔经济学奖得主罗纳德·科斯(Ronald Coase)在他 1960 年的文章《社会成本问题》(*The Problem of Social Cost*)中讨论了类似的产权和外部性例子。[①] 科斯定理表示,如果明确了产权,并且没有交易成本,即使存在外部性,也能使资源高效分配。**交易成本**是指达成和执行协议所涉及的成本,包括信息获取成本、谈判成本以及执行协议成本。在阿尔伯特和贝蒂的例子中,交易成本可能很低,因为他们只需要对补偿量达成一个共识,即使还涉及使协议正式化的法律成本。

科斯定理(Coase theorem):如果产权定义明确,没有交易成本,即使存在外部因素,也会产生有效的资源配置。

交易成本(transaction costs):与市场交易或谈判相关的交易成本,例如转让财产或召集争议各方的法律和行政成本。

通过协商,双方可以平衡外部成本与特定行动的经济效益(在本例中,是排

---

① Coase,1960.

水权力)。在上述例子中,外部成本是 8 000 美元。虽然为 5 000 美元的利润承担这些成本是不值得的,但是对 12 000 美元的利润来说却是值得的。无论谁被转让产权,"效率"的结果都将通过协商产生。

一、科斯定理的一个例证

可以通过显示产生经济活动外部性的边际收益和边际成本来说明科斯定理。例如,假设一家工厂向河流排放污水,污染了下游社区的水源。工厂当前排放了 80 吨污水,如果工厂被要求将污水排放量减少到 0,那么它将放弃一条很有价值的生产线。因此,可以说工厂通过排放污水实现边际收益(即利润),而社区则因供水受损而支付了边际成本。通过水处理的成本对这些外部成本做出合理估计。边际成本和边际收益都呈现在图 3-9 中。

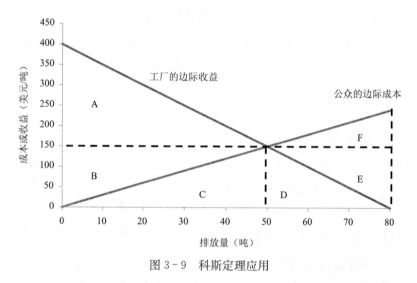

图 3-9　科斯定理应用

最优解决方法是什么? 80 吨污水排放明显给社区带来了高额的边际成本,然而最后几吨污水给工厂带来的边际收益却很低。这就是"过多"的污染。但是,如果将排放量限制在 50 吨,那么工厂的边际收益和社区的边际成本相同。如果限制到 20 吨,将导致工厂高额损失,这样只给社区带来较低的额外收益。因此,最优的解决途径是将排污量限制在 50 吨。在这个水平上,工厂的额外收

61

益等于污水带给社区的额外损失。①

科斯定理指出,这种解决方案可通过将污染权分配给工厂或社区来实现。首先假设社区有权利决定可以排放多少污水。你可能一开始会认为社区不会让工厂排放任何污水。但请注意,在图3-9中,工厂愿意为污水排放支付高达400美元的费用,以获得排放第一吨污水的权利。与此同时,第一吨污水排放对公众而言,影响非常小,只有几美元。因此,这时很有可能达成一个协议,即工厂付费给社区以获得第一吨污水的排放权。

请注意,只要工厂的边际收益超过社区的边际成本,这一成功谈判的过程将继续下去。然而在图3-9中,随着污水排放增加,协商的空间越来越少。例如,在工厂已经购买了40吨的污水排放权之后,它的边际收益已经跌到了每吨200美元,然而社区的边际成本已经上升到了每吨120美元。对于社区将接受的付款,仍有一定谈判空间,但没有污染为零时那么多。最终,达到了排放50吨污水的程度,工厂已经不能向社区支付足够的费用以排放更多的污水。因此,当工厂的边际收益等于社区的边际成本时,达到了"最优"污染水平。如果再有污染,边际成本将会高于边际收益。

在污染50吨的水平上,工厂的边际收益和社区的边际成本都等于每吨150美元。工厂不愿意为第50吨的污水支付超过每吨150美元的价格,而社区也不愿意接受任何低于这个价格的费用。

可使用福利分析来讨论这个事例(如本章第二节所述,附录3-1和附录3-2将更详细阐述)。在图3-9中,区域C的面积代表50吨污水排放的总成本。该区域面积为3 750(使用三角形面积公式,50×150×1/2),所以成本为3 750美元。

假设污水排放权都以相同的价格即每吨150美元出售,那么社区将收到7 500美元的总价款(区域B+C)。污染对社区造成的总损失是3 750美元(区域C)。因此,社区得到3 750美元的净收入。

对于工厂呢? 在购买50吨污水排放权后,工厂的总收益是13 750美元(A

---

① 本案例中公司的边际效益方程为MB=400-5T,其中T为污染吨数。社区的边际成本(损害)函数为MC=3T。因此,求交点的方法是将两个方程设为400-5T=3T或T=50。

＋B＋C）。但是它必须向社区支付 7 500 美元以获得 50 吨（B＋C）的排放权。所以工厂比没有购买排放权多获得 6 250 美元的收益（相当于 A 的面积）。考虑到工厂和社区的收益，谈判过程后的社会福利收益总额为 10 000 美元（3750 美元＋6250 美元），具体见表 3－3。

表 3－3　和不同产权人协商的得失（美元）

	如果公众持有产权	如果公司持有产权
对公众的影响	＋7 500 收入	－4 500 收入
	－3 750 环境成本	－3 750 环境成本
对公众的净收入/损失	＋3 750	－8 250
对公司的影响	＋13 750 总收益	＋13 750 总收益
	－7 500 收入	＋4 500 收入
对公司的净收入/损失	＋6 250	＋18 250
净社会收入	＋10 000	＋1 000

若假设公司有权随心所欲地污染环境？在这种情况下，从排放 80 吨污水开始，通过污水排放可从中获得最大可能的益处。公司的总收益是区域（A＋B＋C＋D），即 16 000 美元。对社区的总损害是区域（C＋D＋E＋F），即 9 600 美元。因此，在谈判之前，排放 80 吨污水的社会净收益是 6 400（16000－9600）美元。

但是，对于最后一吨污水排放来说，工厂获得的边际收益很小，只有几美元。与此同时，最后一吨污水排放对社区的伤害却高达 240 美元。因此，社区愿意付费给工厂，让它减少污水排放，所以这里有一个协商空间，使双方都获利。同样，最终的结果将是工厂获得 50 吨的排放量，社区为减少污染向工厂支付每吨 150 美元。

在这种情况下，工厂从其剩余的 50 吨污水排放权或区域（A＋B＋C）中获得经济利润，等于表 3－3 中的 13 750 美元。假设所有权利的谈判价格为每吨 150 美元，那么工厂还将从社区获得 4 500 美元，工厂的总收益为 18 250 美元。请注意，这比谈判前污水排放最大污染获得的 16 000 美元更高。

社区为维持 C 区的剩余损失，即 3 750 美元，还需要向工厂支付 4 500 美元。因此，它的总损失现在是 8 250 美元——对社区来说不是一个很好的结果，但是比先前的 9 600 美元损失来说要好得多。注意,此时的社会净收益为10 000美元——就社会收益而言,与社区拥有产权时的结果完全相同。

科斯定理说明有效的环境问题解决途径与治理污染的产权分配无关。若产权是明确可区分的,那么最重视这项权利的一方将获得这项权利,污染的外部成本和生产的经济效益通过市场得到平衡。

然而,产权分配对双方的收益和损失造成了极大差异(表 3 - 3)。在这两种情况下,社会的净利润是相同的(A+B),均为 10 000 美元。但是,在一种情况下,收益在工厂和社区之间平均分配;然而在另一种情况下,社区只有净损失而工厂却有很大的净收益。

可以说,污染和控制污染权利的价值在这个例子中为 12 000 美元。通过重新分配这项权利,可以让一方多得 12 000 美元,而让另一方少得 12 000 美元。权利的不同分配在效率上却是相同的,因为最终平衡的结果总是边际收益等于边际成本,但是它们在社会公平上却大有不同。

二、实际运用

利用科斯定理进行环境保护的一个例子是纽约市流域土地征用计划。这座城市必须为 840 万居民提供干净清洁的水,可通过建造净化厂来实现。建造净化厂的成本可以通过保护水流域的土地来避免。通过保留城市主要水源周围的土地,水的质量可以保持在一个不需要经过大量过滤即可使用水平。这些流域地处北部,并不属于纽约市。根据美国环境保护机构的评估结论:

纽约市流域土地征用工程是城市关于保护其北部流域环境敏感性土地的长期策略的关键因素。土地征用是城市避免建造净化厂的关键因素。

纽约市承诺在 10 年内至少征募 355 050 英亩①的土地。这个工程的目的是让政府从愿意出售土地的卖家那里获得不动产的收费所有权或已确定的受保护的地役权。土地将会以公平的市场价格买进,房产税将由市政府支付。征用不

---

① 1 英亩=4.046 856×10³平方米。——译者注

能获得任何资产。①

　　在科斯定理事例中,所有交易都是自愿的,都是基于私有产权的。政府可通过征用权迫使财产所有人放弃土地以换取补偿(见专栏 3 - 3),但征用权并未得到使用。纽约市政府的行动已经证实为保护地役权(限制土地的使用)或者购买土地的费用,比建造净化厂的成本要低很多。这种基于市场的解决方案似乎既环保又经济。

三、科斯定理的局限

　　根据科斯定理,明晰的产权分配似乎可以有效解决包括外部性在内的一系列问题。从理论上讲,若能明确将产权分配给所有的环境外部性,那么就不需要政府进一步干预。在明确谁有"污染权"或"无污染权"之后,个人将与商业公司谈判所有的污染控制和其他环境问题。通过这一过程,可完全有效解决外部性问题。

64　　　　这是**自由市场环保主义**思想的理论基础。事实上,通过建立环境产权制度,将环境带入市场,允许自由市场处理资源使用和污染监管问题,利益相关方在没有政府监管的情况下自行协商解决方案。

> **自由市场环保主义**(**free market environmentalism**):认为更完善的产权制度和扩大使用市场机制,是解决资源使用和污染控制问题的最佳途径。

　　虽然这种方法在某些情况下可能会成功,但简单地分配产权以及让不受管制的市场来解决环境和资源问题将会存在重大问题。之前提到的科斯定理的应用是在没有交易成本阻碍有效协商的条件下。当有 50 个下游社区会受到工厂排放污水的影响时,情况会发生怎样的变化? 协商排污限额的过程将会非常冗长,在有些情况下甚至是毫无可能。如果污水排放工厂不止一个,将会产生高昂的交易成本,所以有效的结果将难以实现。

---

　　① https://arive. epa. gov/region02/water/nycshed/web/html/protprs. html.

专栏 3-3　产权和环境监管

根据征用权原则,允许政府将私有财产用于公共目的。但美国宪法第五修正案要求财产所有得到公平补偿。具体而言,第五修正案最后声明"在没有公正补偿的情况下,不得将私有财产用于公共用途"。

政府剥夺某人财产权的行为被称为"征收"(takings)。在产权所有者被夺取所有产权的案例中,宪法明确要求给予所有者完全补偿。例如,如果一个州政府建造的一条高速公路需要占用一小块私人产权的土地,那么州政府必须对土地所有者按公平的市场价格进行补偿。

当政府行为限制了财产使用,从而降低了财产价值时,就会出现模糊情况。政府管制降低私有财产价值的事例通常被称为"管制征收"(regulatory takings)。例如,若制定了一项新法律来管理木材采伐并降低私人森林的价值,那么土地所有者是否有权根据第五修正案获得补偿?

关于管制征收最值得注意的案例是卢卡斯诉南卡罗来纳州海岸委员会(Lucas v. South Carolina Coastal Council)。房地产开发商大卫·卢卡斯在1986年购买了两块海滨地块,并计划建造度假屋。然而,1988年,南卡罗来纳州立法机构颁布了《海滨管理法》,禁止卢卡斯在该物业上建造任何永久性建筑物。卢卡斯提起诉讼,声称该立法剥夺了他对财产的"经济上可行的使用"权利。

初审法院做出有利于卢卡斯的裁决,得出的结论是,该立法使他的财产"毫无价值",并判给他120万美元赔偿金。然而,南卡罗来纳州最高法院推翻了这一决定。它裁定该地区建设对公共资源构成重大威胁,并声称如果法规旨在防止对私人财产的"有害或有害使用",则不需要赔偿。

该案被上诉至美国联邦最高法院。尽管美国联邦最高法院推翻了南卡罗来纳州最高法院的裁决,做出有利于卢卡斯的裁决,但它划定了全部和部分征收之间的区别。只有在完全征收的情况下才有必要进行补偿——当一项法规剥夺了财产所有者"所有经济利益用途"时。如果法规只是降低了财产价值,则不需要赔偿。

从本质上讲，这一裁决代表了环境监管的胜利，因为完全征收的判例很少见。但是，由于政府法规而导致的部分征收却是常见。对部分征收进行补偿的要求会造成法律和技术上的泥潭，使许多环境法无效。尽管如此，部分征收可能会给个人带来巨大的成本，当私人成本对于实现公共利益是必要时，关于公平的争论仍在继续。自卢卡斯以来的法律案件确认了"总征收"原则，但略有不同，例如，美国最高联邦法院在 2001 年帕拉佐罗诉罗德岛州①（Palazzolo v. Rhode Island）案中裁定，在几乎所有土地使用都被禁止的情况下也需要赔偿，即使土地保留了一些少量的价值。

　　资料来源：Ausness，1995；Hollingsworth，1994；Johnson，1994；Eagle，2009。

四、搭便车效应与抵制者效应

另一个问题可能出现在大量受影响的社区。假设把排污权转让给工厂，社区可为减少污染提供补偿。但是，哪个社区该分担，并且分担多少份额？除非 50 个社区都同意，否则将不可能给工厂一个具体的报价。没有一个社区或团体会挺身而出支付全部费用。事实上，可能会有一种退缩趋势，等待其他社区"买下"这家工厂，从而免费获得控制污染的福利。这种情况被称为**搭便车效应**，在这种情况下，人们不支付自己分担的成本，却试图获得收益。

若给予社区"免受污染的权利"，工厂必须赔偿社区排放的所有污染时，类似问题也会出现。谁来决定哪个社区得到多少补偿？因为所有社区都坐落于同一条河流附近，任意单独的社区都能实施否决权。试想 49 个社区都与同一家工厂达成了相应补偿共识，而第 50 个社区却要求更高补偿，因为若工厂拒绝第 50 个

---

　　① 安东尼·帕拉佐罗（Anthony Palazzolo）在罗德岛州（Rhode Island）的韦斯特利拥有约 20 英亩的海滨地产，毗邻一个州立公园，位于一个受欢迎的夏季度假区。该地块主要由湿地和少量高地组成，由帕拉佐罗作为唯一控股人的一家公司于 1959 年购买。在 20 世纪 60 年代初，开发该物业的努力遇到了阻力，没有继续下去。1971 年，罗德岛州颁布了规范湿地的法律，该州在美国最高法院面前承认，在帕拉佐罗财产内的湿地部分不能进行建设。1978 年，当公司因未缴税而解散时，所有权转给了帕拉佐罗个人。参见，Payne，John．"Palazzolo v. Rhode Island：The 'Virtual' Takings Case．" *Land Use Law & Zoning Digest* 53. 11（2001）：3-6。

社区的要求,那么所有协议都会作废,工厂将被限制为零污染(即被迫关闭)。这个和搭便车等同的效应就是**拒付效应**。

搭便车效应(**free-rider effect**):当人们从某一资源中获得的利益不受是否付费的影响时,他们就有动力避免为该资源付费,结果导致公共产品供应不足。

拒付效应(**holdout effect**):指一个实体通过提出不相称的要求来阻碍多方协议的能力。

因此,当涉及大量当事人时,科斯定理通常不适用。在这种情况下,需要政府采取监管或庇古税干预。例如,在水污染的情况下,政府可以设定水质标准或采用对每单位污水征税的方法。因此,尽管有科斯定理的前提,但在有外部性的实践中,常常需要政府采取行动来实现经济上的有效。

五、公平和分配问题

对科斯定理的其他批评涉及它对公平的影响。试想,假如在初始例子中,受污水影响的是低收入群体。即使水污染正在造成严重的健康影响,其价值可能高达数百万美元,社区也可能无法"收买"污染者。即使权利被分配给社区,贫困社区也可能因为迫切需要补偿资金,而接受有毒污染物倾倒和其他环境污染。虽然这显然符合科斯定理(一个自愿的交易),但很多人认为社区不应被迫用健康来换取所需的资金。自由市场环境主义的一个重要局限是在纯粹的市场体系下,贫穷的社区和个人通常将承担最沉重的环境成本负担(见专栏 3-4)。

保护开放空间就是一个例子。富裕社区可购买开放空间进行保护,而贫穷社区则不能。若社区有权力使用区别条例来保护湿地和自然区域,那么贫穷社区也能保护他们的环境,因为通过区别条例除了执行之外没有任何成本。

专栏 3 - 4 环境正义

正如美国环境保护署(U. S. Environmental Protection Agency)所定义的,"**环境正义**"是在环境法律、法规及政策制定、实施和执行等方面,不分种族、肤色、国籍或收入的人都能得到公平对待和有意义地参与。

环境不公正问题既涉及经济地位,也涉及政治权力。低收入社区和少数民族往往缺乏在美国地方和州一级进行决策的政治影响力,因此很多决策都没有考虑到他们的最大利益。结果可能是,最贫穷的人最终承担了最高的环境负担。

密歇根州弗林特市的情况就是这样。2014 年 4 月,当地官员决定将该市的水源从底特律供水和污水处理厂转移到弗林特河,结果出现了水污染危机。其最初目的是为弗林特市节省数百万美元的市政预算(当时该市正处于金融崩溃的边缘)。被腐蚀的弗林特河水没有得到适宜处理,导致重金属铅从老化的管道渗滤到供水系统中,造成对神经系统有毒害作用的重金属含量升高。

在弗林特市,有 6 000 到 12 000 名儿童接触到含铅量超标的饮用水,他们可能会遇到一系列严重的健康问题。弗林特市是一个低收入社区,84% 是黑人,政府对危机的反应缓慢。密歇根大学(University of Michigan)的研究员保罗·莫海(Paul Mohai)被认为是环境正义运动的创始人,他在 2019 年将弗林特水危机称为"这是我 30 多年来研究环境不公正和种族主义中最令人震惊的事例"。2021 年 1 月,密歇根州总检察长宣布对包括前州长里克·斯奈德在内的 9 名州检察官提出刑事指控,罪名是未能保护弗林特市居民的安全和健康。

资料来源:U. S. Environmental Protection Agency, www. epa. gov/environmentaljustice; Eligon, John. 2016. "A Question of Environmental Racism in Flint." *New York Times*, January 21; Erickson, Jim . 2019. "Five Years Later: Flint Water Crisis Most Egregious Example of Environmental Injustice, U-M Researcher Says." Michigan News, University of Michigan, April 23; Gray, Kathleen, and Julie Bosman. 2021. "Nine Health Officials Face Charges in Water Crisis that Roiled Flint." *New York Times*,January 14.

> **环境正义**（environmental justice）：在制定、实施及执行环境法律、法规和政策时，对不同种族、肤色、国籍或收入的人给予公平对待。

在考虑科斯定理的局限性时，还需要注意环境对非人类生命形式和生态系统的影响。目前的例子假设环境破坏只影响具体的个人和交易。但是如果环境破坏不直接影响个人，而是威胁动植物的存亡？如果某种农药对人类无害，但是对于鸟类是致命的，会怎样？谁将进入市场捍卫非人类物种的权利？除非规模相对较小，否则任何个人或企业都不可能这样做。

以大自然保护协会（The Nature Conservancy）的活动为例，该组织通过付费来保护具有生态价值的土地。这是一个组织为拯救环境而付费的例子，但付费只能帮助那些在开发过程中受到破坏威胁的小部分自然地区。在"美元投票"的市场中，纯生态利益总是输给经济利益。生态经济学家正在寻求确保这些利益价值得到充分表达的方法，无论是在货币方面还是在道德方面。

还应注意到，产权通常仅限于当前一代。下一代的产权会怎样？很多环境问题，尤其是气候变化和物种灭绝，对后代有着长期影响。第五章讨论了随时间推移的资源分配问题。长期环境影响对于分析渔业、森林、水（第十八章、第十九和第二十章）和气候变化（见第十二章和第十三章）也至关重要。

在第四章中，将使用一些可用于环境问题的替代性经济分析方法，这类方法可用于解决市场难以解决的问题。

小　结

很多经济活动均具有很强的外部性——对不直接参与活动的人产生影响，汽车污染就是一个事例。这些外部性成本并未在市场价格中反映出来，从而导致负外部性商品过度生产和经济效率低下的结果。

一个控制污染的方法是利用税收或者其他工具将外部成本内部化，使消费者和生产者考虑污染成本。一般而言，通过使用税收提高产品价格，以减少产品数量，进而减少污染。这样做，市场均衡将被转变为公众接受的理想结果。理论上，一种准确反映外部成本的税收可能是一种经济有效的结果，但通常很难为负外部性确定适宜的估值。

　　并非所有的外部性都是负面的。当经济活动给非直接参与交易的他人带来利益时，就会产生正外部性。开放土地的保护使居住在附近的居民受益，通常会提高他们的财产价值。太阳能的使用有利于社会，因为它降低了污染水平。当存在正外部性时，有必要提供补贴以增加市场供应。

　　另一种使用税收方法是将产权转让给外部性。根据科斯定理，如果有明确的法律权利，可以排放一定数量的污染，也可以阻止其他人排放污染，那么"污染权"市场就可以发展起来。然而，这一解决方案取决于企业和个人以相对较低的交易成本来交易这些污染权的能力。如果有大量的人受到影响，或者在环境损害难以用金钱来衡量的情况下，这种方法就无效。它还提出了公正的重大问题，因为在市场体系下贫困人口通常承担更重的污染负担。

关键术语和概念

Coase theorem 科斯定理

economic efficiency 经济效率

elasticity of demand 需求弹性

elasticity of supply 供给弹性

environmental justice 环境正义

equilibrium price 均衡价格

external costs 外部成本

free market environmentalism 自由市场环保主义

free-rider effect 搭便车效应

holdout effect 拒付效应

internalizing externalities 外部成本（外部性）内部化

marginal benefit 边际收益

marginal cost 边际成本

negative externality 负外部性

optimal pollution 最优污染

Pigovian/pollution tax 庇古（污染）税

polluter pays principle 污染者付费原则

positive externality 正外部性

social marginal cost curve 社会边际成本曲线

socially efficient 社会有效

subsidy 补贴

transaction costs 交易成本

upstream tax 上游税

welfare analysis 福利分析

问题讨论

1."解决环境经济学中的问题很简单,只要将外部成本内部化即可。"对于这种观点,你是怎样认为的?外部性理论适用于所有的环境问题吗?在外部成本内部化的过程中会产生什么问题?你能举出适用科斯定理的例子和不适用科斯定理的例子吗?

2. 排污税是外部成本内部化的政策工具之一,请讨论其对汽车、汽油、尾气排放征税的政策意义。哪一项政策对降低成本最有效?哪一项政策在减少污染水平上最有效?

练习

1. 考虑以下钢铁供给需求表:

价格(美元/吨)	20	40	60	80	100	120	140	160	180
需求(百万吨)	200	180	160	140	120	100	80	60	40
供给(百万吨)	20	60	100	140	180	220	260	300	340

钢铁的外部成本被估计为每吨 60 美元。

(1)钢铁市场中不受管制的市场均衡(价格和数量)是什么?请用供需图来表述你的答案。

(2)请将第(1)部分的外部成本添加到你的图表中。此时,钢铁市场的社会最优结果(价格和数量)是什么?可以实施什么样的经济政策来实现社会的最优化?

(3)使用你之前的图表或创建一个新的图表,并使用福利分析来证明社会最优状态下的社会总福利大于不受管制的市场结果。不需要计算福利的数值,只需识别如图 3-9 所示区域。

2. 一家化工厂坐落于一块农田附近。化工厂排放的废气会损害农田的作物。工厂排放废气的边际收益以及对农田造成损害的边际成本如下：

排放量(吨)	100	200	300	400	500	600	700	800	900
边际收益(万美元)	32	28	24	20	16	12	8	4	0
边际成本(万美元)	11	13	15	17	19	21	23	25	27

(1)假设没有法律禁止化工厂排放污染。它会排放多少污染？简要解释原因。

(2)从经济角度来看，化工厂的社会最优排放水平是多少？简要解释原因，并用图表来支持你的答案。

(3)假设没有法律禁止工厂污染，描述如何利用科斯定理实现社会效率的结果。

(4)虽然第(3)部分的科斯定理解决方案在经济上是有效的，你认为它公平吗？简要解释原因。

3.(涉及附录3-2，"负外部性———种数学方法")假设电子平板的需求 P_d 曲线为：

$$P_d = 200 - 3Q$$

其中，Q 是需求量，以千计算。供给 P_s 曲线为：

$$P_s = 20 + 3Q$$

电子平板的生产，考虑到所用的材料、产生的废弃物、运输和包装，每个电子平板的外部成本为30美元。

(1)在没有任何监管的情况下，通过代数和供需图求解平板电脑市场的均衡价格和数量。

(2)在没有任何监管的平板电脑市场中，整体社会福利是多少？用代数方法求解消费者剩余、生产者剩余和外部性损害。并在第(1)部分的图中表示这些区域。

(3)如果制定了正确的庇古税，平板电脑市场的新均衡价格和数量是多少？用代数方法求解，并用图形表示(在上图中表示或重新画图)。

(4)在正确的庇古税下，平板电脑市场的总体社会福利是多少？用代数方法求解消费者剩余、生产者剩余、外部性损害和税收。并在第(3)部分的图中表示这些区域。

4.(涉及附录 3-2,"外部性福利分析")假设一个发展中国家目前没有对汽油征收外部性税,但经济学家明确估计,外部性损害相当于每加仑 2.00 美元。该国的环境部长认识到外部成本内部化的重要性,但担心每加仑 2.00 美元的庇古税会阻碍经济发展,且在政治上不受欢迎。因此,决定征收每加仑 1.00 美元的庇古税。

(1)请画出一幅图,显示每加仑 1.00 美元的庇古税对福利的影响。确定消费者剩余、生产者剩余、税收和外部性损害的区域。(提示:请注意,税率设置在社会最优水平以下。)

(2)如果环境部部长将税收设定在最优的每加仑 2.00 美元,在你的图中找出代表潜在的福利收益区域。

相关网站

1. www. journals. elsevier. com/journal-of-environmental-economics-and-management/. Website for the Journal of Environmental Economics and Management, with articles on environmental economic theory and practice.

2. www. journals. uchicago. edu/toc/reep/current. Website for the Review of Environmental Economics and Policy, with articles on the application of environmental economic concepts to practical cases of environmental policy; the journal"aims to fill the gap between traditional academic journals and the general interest press by providing a widely accessible yet scholarly source for the latest thinking on environmental economics and related policy. "

3. www. iisd. org/library/. A library of publications by the International Institute for Sustainable Development, including many publications on using economic instruments to promote environmentally sound economic development.

参 考 文 献

Ausness, Richard C. 1995. "Regulatory Takings and Wetland Protection in the Post-Lucas Era." *Land and Water Law Review*, 30(2):349–414.

Becker, Udo J., Thilo Becker, and Julia Gerlach. 2012. "The True Costs of Automobility: External Costs of Cars, Overview on Existing Estimates in EU-27." Institute of Transport Planning and Road Traffic, Technische Universität Dresden.

Coase, Ronald. 1960. "The Problem of Social Cost." *Journal of Law and Economics*, 3:1–44.

Eagle, Steven J. 2009. *Regulatory Takings*. New Providence, NJ: LexisNexis.

Eligon, John. 2016. "A Question of Environmental Racism in Flint." *New York Times*, January 21.

Erickson, Jim. 2019. "Five Years Later: Flint Water Crisis Most Egregious Example of Environmental Injustice, U-M Researcher Says." Michigan News, University of Michigan, April 23.

Gray, Kathleen, and Julie Bosman. 2021. "Nine Health Officials Face Charges in Water Crisis that Roiled Flint." *New York Times*, January 14.

Hollingsworth, Lorraine. 1994. "Lucas v. South Carolina Coastal Commission: A New Approach to the Takings Issue." *Natural Resources Journal*, 34(2):479–495.

Johnson, Stephen M. 1994. "Defining the Property Interest: A Vital Issue in Wetlands Takings Analysis After Lucas." *Journal of Energy, Natural Resources & Environmental Law*, 14(1):41–82.

Parry, Ian W.H., Margaret Walls, and Winston Harrington. 2007. "Automobile Externalities and Policies." *Journal of Economic Literature*, 45(2):373–399.

Trucost. 2013. *Natural Capital at Risk: The Top 100 Externalities of Business*. April.

UNEP. 2011. "Universal Ownership: Why Environmental Externalities Matter to Institutional Investors." UNEP Finance Initiative and PRI Association.

World Health Organization (WHO). 2018. *Global Status Report on Road Safety 2018*. https://www.who.int/publications/i/item/9789241565684.

附录 3-1　供给、需求和福利分析

本书假定你已经学过初级经济学课程,如果没有或者你对基本经济理论有些生疏,那么这个附录为你提供了本书所需的微观经济学的背景知识。

经济学家使用模型来帮助解释复杂的经济现象。模型是一种科学工具,它通过关注现实的某些方面而淡化其他方面来帮助理解某些方面。没有一个模型

能考虑所有可能相关的因素,因此科学家们做出了简化的假设。在经济学中,最有力、最广泛的模型之一就是供给和需求模型。基于几个简化假设,该模型提供了当某些事情发生时可预期的变化,以及在不同情况下哪些类型的经济政策最适合的见解。

一、需求理论

需求理论考虑消费者对商品和服务的需求如何随价格和其他相关变量的变化而变化。在本附录中,以汽油市场为例。显然,很多因素影响消费者对汽油的需求,所以从一个简单的假设开始。

首先,只考虑当价格发生变化而其他相关因素保持不变时,消费者对汽油的需求是如何变化。经济学家使用拉丁语"ceteris paribus",意思是"其他条件相同",从而衡量一个或者几个变量的影响。

随着价格变化,消费者对于汽油的需求是如何变化的? 根据**需求定理**可知,在其他条件不变的情况下,商品价格提高,消费者对它的需求降低。反过来,当商品和服务的价格下降时,消费者的需求上升。一些物品的价格与需求的相反关系可以通过一些方法来表示。一种方法是需求表——显示在不同价格下具体商品和服务数量的表格;另一种方法是使用图形说明需求曲线——即需求表的图形表示。经济学家习惯将需求数量放在横轴(x 轴),将价格放在纵轴(y 轴)。

> **需求定理**(law of demand):经济学理论认为,商品或服务的需求量将随价格的上涨而减少。

假设已经收集了某一大城市在不同价格下消费者对汽油的需求量。这个假想的需求表是表 3 - 4。可以看到,随着汽油价格上升,消费者对其需求降低。将表 3 - 4 中的数据以图的形式表现出来,就得到图 3 - 10。这里注意,随着需求曲线向右移动而向下倾斜,这正是由需求法则可以得到的。

表 3 - 4　汽油的需求表

价格(美元/加仑)	2.80	3.00	3.20	3.40	3.60	3.80	4.00	4.20	4.40	4.60
需求数量(加仑/周)	80 000	78 000	76 000	74 000	72 000	70 000	68 000	66 000	64 000	62 000

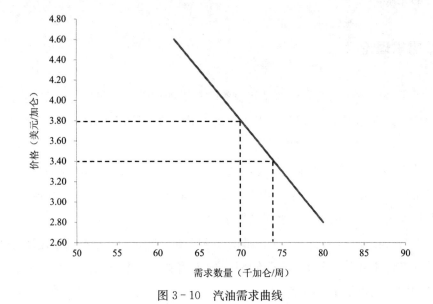

图 3 - 10　汽油需求曲线

　　可从图 3 - 10 中看到,在每加仑 3.40 美元的价格下,该地区的消费者每周将购买 74 000 加仑汽油。假设价格升至每加仑 3.80 美元,消费者每周仅决定购买 70 000 加仑。把这种在不同价格下沿需求曲线的移动称为需求量变化。此处的需求变化是指整条需求曲线移动,与经济学家所说的需求变化不同。

　　什么会导致整条需求曲线的移动? 首先,需要意识到汽油价格的变动不会导致需求曲线移动,只会导致消费者沿着需求曲线移动(即需求量的变化)。在图 3 - 10 中可以看到,只要假设没有其他相关因素变化,需求曲线就是稳定的。为了扩展模型,需考虑几个导致整个需求曲线变化的因素。一个因素是收入。如果消费者的收入提高,在相同的价格下,很多人将会决定购买更多的汽油。更高的收入将导致需求变化。这种变化可以从图 3 - 11 中需求曲线向右移动看到。

　　另一个会引起需求曲线发生变化的因素是相关物品的价格变化。在对汽油

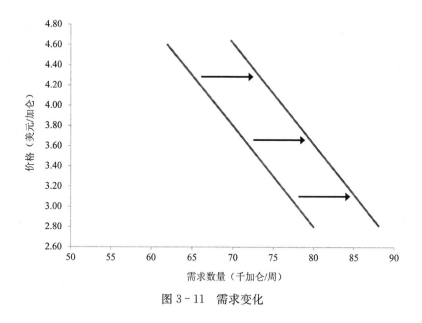

图 3 - 11　需求变化

需求变化的例子中,假设公共交通价格显著提高,这将会引起对汽油的需求增加(曲线向右移动),因为公共交通对于人们来说太贵了,所以很多人决定自驾。消费者的偏好变化也会引起汽油需求曲线移动。例如,更多的消费者购买电动汽车,会引起汽油需求降低。驾车人数的显著变化也会引起汽油需求变化。如果大都市人口减少 20％,你认为需求曲线会向什么方向变动? 你能想到其他会导致需求曲线变化的因素吗?

75

二、供给理论

下一步分析考虑市场的另一个方面。供给理论考虑供给商如何对其所提供的商品或服务的价格变化或其他相关因素的变化做出反应。虽然低价吸引了寻求便宜商品的消费者,但高价也吸引了寻求盈利的供给商。正如预期,**供给定理**与需求定理是相反的。供给定理指出当商品或服务的价格上升时,保持其他条件不变,生产者将选择提供更多的产品。根据供给定理,价格和数量相同方向变化。

> **供给定理**（**law of supply**）：经济学理论认为，商品或服务的供应量将随着价格上涨而增加。

同样，可用表格和图来表示价格和供给量间的关系。表 3-5 阐述了汽油的供给情况，供给量随着供给价格的上升而上升。图 3-12 将表 3-5 中的数据简单地转化成图形形式。注意，随着曲线向右移动，需求曲线向上倾斜。

表 3-5   汽油供给数量

价格（美元/加仑）	2.80	3.00	3.20	3.40	3.60	3.80	4.00	4.20	4.40	4.60
需求数量（加仑/周）	52 000	57 000	62 000	67 000	72 000	77 000	82 000	87 000	92 000	97 000

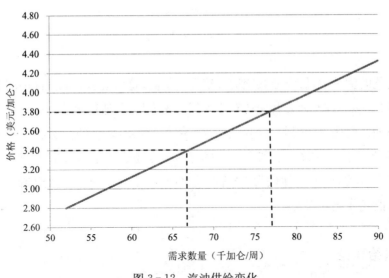

图 3-12   汽油供给变化

这里，在供给数量变化和供给变化之间也有区别。供给量的变化随商品和服务价格的变化沿着供给曲线变动，如图 3-12 所示。可以看到，当价格为 3.40 美元/加仑时，生产者愿意每周提供 67 000 加仑汽油。但是当价格提高到 3.80 美元/加仑时，生产者愿意提供的数量上升到每周 77 000 加仑。

供给的变化意味着供给曲线发生变化。与之前相同，将讨论几个引起供给

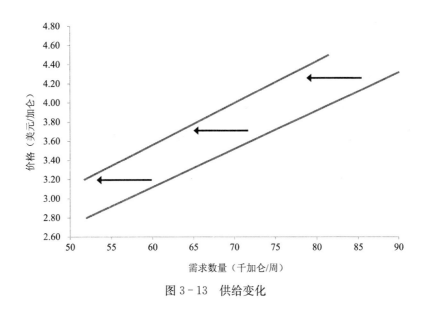

图 3 - 13　供给变化

曲线发生变动的因素。例如,汽油公司职工工资的上涨将会提高生产者对汽油 76
的售价,意味着供给曲线向左移动(意味着供给减少),正如图 3 - 13 所示。另一
个将引起供给曲线发生变动的因素是生产技术变化。假设一项创新技术降低了
汽油提炼成本,那么供给曲线会向什么方向移动? 还有哪些因素会引起供给曲
线的变化?

三、市场分析

现在将市场的供给和需求放在一起。汽油的价格将由消费者和生产者的相
互作用决定,可以通过把需求曲线和供,给曲线放在同一幅图中来说明这种相互
作用,可以用图 3 - 14 来确定汽油的价格和数量。首先,假设汽油的初始价格是
3.80 美元/加仑。在图 3 - 14 中看到,在这个价格上供给数量超过了初始的需 77
求量,把这个状态称为过剩。因为生产者愿意提供的汽油超过消费者愿意购买
的数量。为了不把剩余的汽油丢掉,生产者愿意降低汽油价格来吸引更多消费
者购买。所以,在生产者剩余例子中,预期对价格产生下降压力。

如果初始价格为 3.20 美元/加仑会是什么情况? 在图 3 - 14 中可以看到,

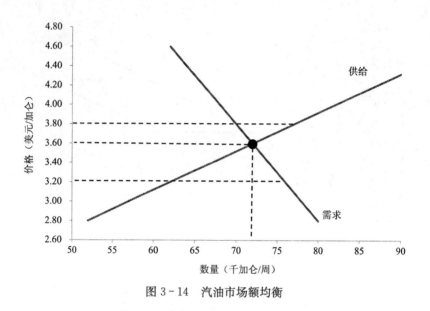

图 3-14　汽油市场额均衡

在这个价格水平需求量超过了供给者愿意提供的量。供给者会注意到这种过度需求,意识到可以提高汽油价格。因此,在这个汽油短缺的例子中,对价格产生上升的压力。

　　当存在**过剩**或**短缺**时,市场会进行调整,试图消除供给过剩或需求过剩,这个调整将会持续到供给数量等于需求数量时。只有在这个价格下,市场才没有进一步调整的压力。在图 3-14 中看到这种情况发生在价格为 3.60 美元/加仑的时。在这个价格水平,供给和需求量都是每周 72 000 加仑。经济学家用**市场均衡**描述已达到这种稳定状态的市场。

　　过剩(surplus):指供给数量超过需求量的市场状况。

　　短缺(shortage):指需求数量超过供给数量的市场状况。

　　市场均衡(market equilibrium):指需求数量等于供给数量的市场结果。

　　只要其他因素如消费者收入、相关商品的价格以及生产技术保持不变,均衡市场就是稳定的。这些因素的改变会使得一条(或两条)曲线移动,最终达到一个新的均衡,如图 3-15 所示。假设消费者收入增加使得汽油需求曲线从 D_0 变成

D_1,将导致汽油以更高的价格和产量达到新均衡。可以尝试分析,当需求曲线向 相反方向改变或者供给曲线发生改变时,均衡价格和数量将会发生什么变化。

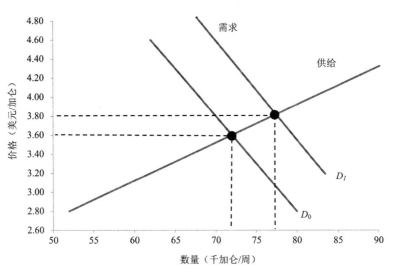

图 3 - 15　伴随需求改变达到新的市场均衡

四、需求弹性和供给弹性

需求弹性和供给弹性表明消费者或生产者面对价格变化的反应。现在来考虑消费者面对汽油价格上涨的反应,在这种情况下消费者将会购买更少的汽油,但在短时期内,购买的汽油量可能不会太少,因为消费者通常有固定的通勤时间,不容易买一辆新车等原因。消费者对价格变化的反应程度是由**需求价格弹性**决定的。

> **需求价格弹性**(**price elasticity of demand**):需求数量对价格的反应,等于需求数量变化的百分比除以价格变化的百分比。

如果需求数量随价格变动改变得程度很小,则这种商品的需求缺乏弹性。在图上可以用相对较陡的需求曲线表示。在数学上比较正式的表达是:

$$需求弹性 = \frac{需求数量变化的百分比}{价格变化的百分比}$$

因为需求数量与价格变化的方向相反，所以需求弹性是一个负数。汽油是一种需求缺乏弹性商品的例子。但是如果随着价格变化，需求数量改变很显著，那么这个商品的需求就属于相对富有弹性。什么样的商品富有弹性？

也可以讨论供给的价格弹性。若供给数量随价格变化很小，那么商品的供给缺乏弹性。价格弹性的供给曲线说明随着价格变化，供给数量将会发生较大变化。供给弹性的数学表达形式和需求弹性相同，但由于数量和价格的变化方向相同，供给弹性为正。

注意，如果考虑一个较长的时期，供给和需求价格弹性会发生变化。在一个较短的时期，对于汽油的需求供给曲线相对缺乏弹性。但是如果考虑一个较长的时期，消费者可以通过向离工作更近的地方搬家或者购买一种更节省汽油的交通工具，生产者可以通过建更多的炼油厂或者开采更多的石油来应对汽油价格变化。因此，汽油需求和供给的价格弹性将在较长时期内更具弹性。

五、福利分析

福利分析关注消费者和生产者可以通过经济交易获得的利益。利用福利分析，需求和供给模型可以成为一个有力的政策分析工具。对福利分析的理解始于更详细地观察需求和供给曲线。

人们为什么购物？经济学家假设除非从购买的商品和服务中所获收益大于支出，否则人们不会购买商品和服务。虽然某种东西的成本是以美元表示的，但用美元来量化收益并不明显。经济学家以人们实际支付的、少于他们最大**支付意愿**的费用来定义净收益。例如，如果某人为一件衬衫愿意支付的最高价格是30美元，而实际价格是24美元，通过这件衬衫所获得的净收益是6美元。这个净收益称为**消费者剩余**。

> **支付意愿**（willingness to pay，WTP）：人们愿意为增加其福利的商品或服务支付的最大金额。
>
> **消费者剩余**（consumer surplus）：消费者从购买中获得的净收益，等于他们的最大支付意愿减去价格。

注意，如果衬衫价格提高到 32 美元，消费者将不会购买，因为购买成本大于收益。观察人们购买商品或者服务，可以得出他们购买的原因是可获得收益大于成本的结论。如果某件商品价格上升，人们可能决定不再购买——可购买其他品或者不再购买。若价格进一步上升，将有更多的人退出市场，因为成本超过了他们最大意愿支付的价格。换句话说，需求曲线也可以看作最大意愿支付曲线。

图 3 - 16 显示了汽油的需求和供给曲线。均衡值和以前相同（3.6 美元/加仑，72 000 加仑），但是需求和供给曲线已延伸至纵轴。假设需求曲线就是最大意愿支付曲线，需求曲线和均衡价格之间的垂直距离就是消费者剩余。汽油市场的总消费者剩余即图 3 - 16 所示的三角形。

也可以进一步研究供给曲线。经济学家认为，供应商只有在价格超过其生产成本的情况下才会提供产品（换言之，他们能获得利润）。供给曲线显示需要支付的生产成本。这解释了向上倾斜，随着产量增加，成本往往会上升。在低产量时，成本可能会因为产量的提高而下降，这个现象称为**规模经济**。但是最终成本会因为原材料短缺、支付工人加班费等原因而提高。事实上，供给曲线显示额外生产一单位产品将花费的成本。额外生产一单位产品的成本称为边际成本。换句话说，供给曲线称为边际成本曲线。

经济学家将生产者从销售商品中获得的收益定义为**生产者剩余**。生产者剩余等于销售价格减去生产成本。可再次通过供需图来可视化生产者剩余，从图 3 - 16 中看到，生产者剩余是供给曲线和均衡价格之间的下三角形。整个市场的总净收益是消费者剩余和生产者剩余的简单加总。

> **生产者剩余**(producer surplus):市场交易对生产者的净收益,等于销售价格减去生产成本(即利润)。
>
> **规模经济**(economies of scale):扩大产出水平会增加每单位投入回报。

可以用福利分析来确定政府政策的影响,比如税收和价格控制。虽然福利分析可以表明一项政策是提高还是降低净收益,但是它通常不能显示成本和收益的分配,或者更广泛的社会和生态影响。显然,若想进行完整的政策分析,就必须考虑其他影响。

81

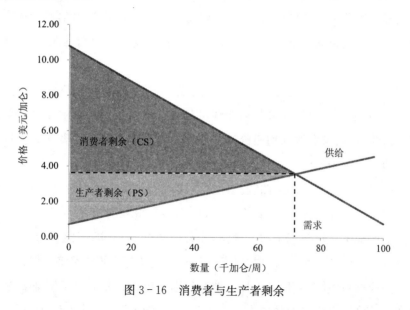

图 3-16　消费者与生产者剩余

附录 3-2　外部性分析:先进材料

一、外部性福利分析

在本附录中,从负外部性开始,对外部性进行更为正式的分析。图 3-17 与图 3-7 类似,展示了存在负外部性的汽车市场。汽车市场的净福利是市场收益

（消费者和生产者剩余的加总）减去外部成本。在图 3-17 中，处于市场均衡 Q_M 的消费者剩余 CS 为：

$$CS=A+B+C+D$$

市场均衡 Q_M 下的生产者剩余 PS 为：

$$PS=E+F+G+H$$

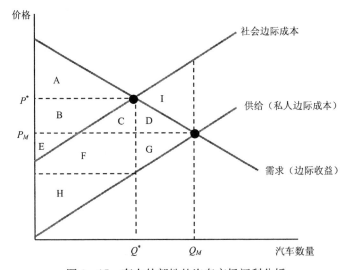

图 3-17　存在外部性的汽车市场福利分析

社会边际成本和私人边际成本间的垂直距离是每辆汽车的外部成本。这些外部成本随着汽车销售量的增加而积累，直至达到市场均衡 Q_M。因此，总的外部性是从两条曲线之间到 Q_M 为止的平行四边形，或

$$外部性=C+D+F+G+H+I$$

由于外部性代表一种成本，所以为了确定社会净福利需要从市场收益中减去这些成本。因此，未受管制的汽车市场的社会净收益是：

净收益＝（A＋B＋C＋D）＋（E＋F＋G＋H）－（C＋D＋F＋G＋H＋J）抵消相同的项后变为：

$$净收益=A+B+E-I$$

接下来使用完全外部性内在化的庇古税来确定净社会福利，如图 3-18 所示。

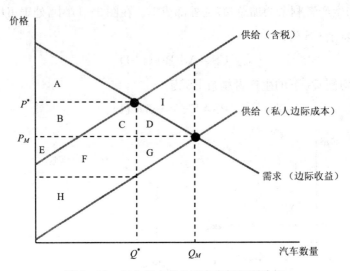

图 3-18　包含庇古税的汽车市场福利分析

在新的价格 P^* 下,新的消费者剩余为区域 A。注意,这比初始的消费者剩余(A+B+C+D)要少。这项税收提高了价格,降低了汽车消费者的福利,这是有道理的,因为消费者通常不喜欢税收,除非因人而异。

对生产者剩余的影响较难确定。已知生产者的总收入就是价格与数量的积($P^* \times Q^*$),在图 3-18 中,是包含以下区域的矩形:

总收入=B+C+E+F+H+J

生产者剩余是总收入减去总成本。在这个例子中,生产者有两种成本。一种是生产成本。这是私人边际成本曲线下的面积,即区域 J。另一种成本是税。在图 3-18 中,P^* 与 P_0 之间的垂直距离代表每辆汽车的税款。每辆售出汽车都必须缴纳的税,即 Q^*。因此,所付税款总额为矩形,包括以下区域:

税收=B+C+E+F

当将这两种成本从总收入中减去后,得到生产者剩余:

PS=(B+C+F+E+H+J)-J-(B+C+E+F)=H

注意,生产者剩余也减少了。它原来是区域(E+F+G+H),但现在是区域 H。

如果消费者剩余和生产者剩余都减少了,税收怎么提高社会福利? 首先,需要把减少的污染包括进去。当数量减少到 Q^* 时，总的负外部性为：

$$外部性＝C＋F＋H$$

所以，与 Q^* 和 Q_M 之间产量或面积(D＋G＋I)有关的负外部性被避免了。

但征税还有另一个益处。政府现在已征收了(B＋C＋E＋F)的税款，可将这笔资金用于任何社会公益目的。因此，税收收入对整个社会都是有益的。

因此，为了确定税收的社会净收益，需要把税收收入包括在生产者和消费者剩余中，并减去新外部性损害。现在可以把净社会收益计算为：

$$净收益＝(A)＋(H)＋(B＋C＋E＋F)－(C＋F＋H)$$

消除相同的正负项，得到：

$$净收益＝A＋B＋E$$

这与税前净收益相比有哪些变化？以前福利是(A＋B＋E－I)。由于税收，福利增加 I。另一种看待这个问题的方式是，已经避免了"过多"汽车生产的负面影响，用区域 I 表示，它表示边际成本(包括外部成本)超过边际效益。

二、负外部性——一种数学方法

可通过一个数值事例进一步证明负外部性的福利分析。假设美国新车的需求计划由以下等式给出：

$$P_d＝100－0.09Q$$

这里 P_d 是新车的价格，以千美元为单位；Q 是每月需求的数量，以千辆为单位。

假设汽车的供给计划如下：

$$P_s＝4＋0.03Q$$

这里 P_s 是销售价格，以千美元为单位；Q 是每月销售的数量，以千辆为单位。

已知，均衡时 P_d 等于 P_s。因此，可以把两个等式放在一起来解均衡的数量：

$$100－0.09Q＝4＋0.03Q$$

$$96＝0.12Q$$

$$Q＝800$$

可以把这个产量代入需求或者供给等式来求解均衡价格。注意，每个等式得到的价格应该是一样的：

$$P_d=100-0.09\times(800)$$
$$=100-72$$
$$=28$$

或

$$P_s=4+0.03\times(800)$$
$$=4+24$$
$$=28$$

所以，新车的均衡价格是 28 000 美元，每月购买的数量是 800 000 辆。

接下来可确定汽车市场的消费者和生产者剩余。在这之前，可以绘一幅图描述这个市场，如图 3-19 所示。由于供给和需求曲线是线性方程，所以消费者和生产者剩余都是三角形区域。对于消费者剩余，这个三角形的底是均衡数量，即 800 000 辆车。三角形的高是均衡价格与需求曲线和纵轴交点之间的距离，如图 3-19 所示。为了确定与纵轴的交点，将数量等于 0 代入需求曲线，解出价格：

$$P_d=100-0.09\times(0)$$
$$=100$$

所以属于消费者剩余三角形的高是(100-28)，即 72 000 美元。因此，消费者总剩余是：

$$CS=(72000)\times(800000)\times0.5$$
$$=288(亿美元)$$

(请注意，在本例中，需要谨慎使用计量单位，以确保得到正确答案。)

对于生产者剩余，三角形的底也是均衡数量 800 000。为了确定高，需要计算出供给曲线与纵轴相交的价格。将数量 0 代入供给方程：

$$P_s=4+0.03\times(0)$$
$$=4$$

所以生产者剩余的高是(28-4)，即 24 000 美元。生产者剩余是：

$$P_s=(24000)\times(800000)\times0.5$$
$$=96(亿美元)$$

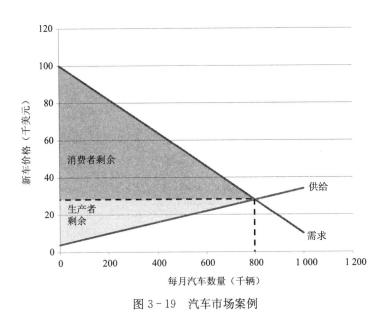

图 3-19 汽车市场案例

市场总收益是消费者剩余和生产者剩余的总和 384 亿美元。但是,也需要考虑负外部成本。假设每辆车的负外部成本是 6 000 美元,可以将其与汽车数量相乘计算出外部成本:

$$外部成本=6000\times800000$$
$$=48(亿美元)$$

因此,汽车市场的社会净收益是 384 亿美元与外部成本 48 亿美元的差,即 336 亿美元。

接下来,考虑如果对汽车市场征收一个可以将全部外部性内在化的税种时的社会净收益。因此,对每辆车征收 6 000 美元税。由于这反映了一个额外的成本,所以新的市场供给曲线会向上移动 6 000 美元,如图 3-20 所示。换句话说,征税使供给曲线截距提高了 6 个单位,使得:

$$P_S=(4+6)+0.03Q$$
$$=10+0.03Q$$

如前所述,通过需求价格等于税收的供给价格得到均衡数量:

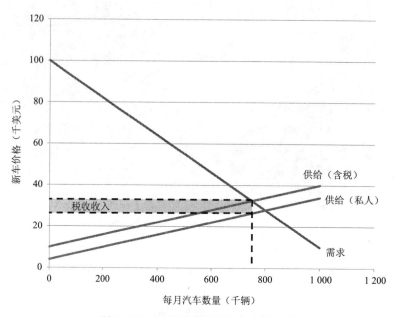

图 3-20 征收外部税的汽车市场案例

$$100-0.09Q=10+0.03Q$$

$$Q=750$$

将这个数值代入需求曲线方程，解出均衡价格：

$$P_d=100-0.09\times(750)$$

$$=32.5$$

因此，伴随着外部性征税，新车价格提高到 32 500 美元，每月销售量下降到 750 000 辆。

可以计算新的消费者剩余，即以 750 000 为底，以 100 和新价格 32.5 之间的差 67.5 为高：

$$CS^*=67500\times750000\times0.5$$

$$=253.125(亿美元)$$

可以看到，税收使消费者剩余减少了超过 30 亿美元。

注意，在图 3-20 中，生产者剩余是市场供给曲线之上均衡价格之下的三角形区域，但是也需要扣除税收。由于数量税是 6 000 美元/辆，代表生产者剩余的三角形的高等于新市场均衡价格减去6 000美元。因此,高是 22 500(32500－4000－6000)美元。新的生产者剩余是:

$$PS^* = (22500) \times (750000) \times 0.5$$
$$= 84.375(亿美元)$$

由于征税生产者剩余降低了超过 10 亿美元。因此,市场收益显然因为税收下降了。

由于销售汽车的数量减少,负外部性减少。每辆车的负外部成本依然是6 000美元,所以外部成本是:

$$外部成本 = 6000 \times 750000$$
$$= 45(亿美元)$$

因此,外部成本下降了 3 亿美元。最后需要考虑税收收入。税收收入是6 000美元×汽车销售的数量:

$$税收收入 = 6000 \times 750000$$
$$= 45(亿美元)$$

可以看到,税收收入等于剩余的负外部性。换句话说,市场参与者已经完全弥补了自身行为的外部成本。税收的社会净收益是:

$$净收益 = CS + PS - 外部成本 + 税收收入$$
$$= 253.125 + 84.375 - 45 + 45$$
$$= 337.5(亿美元)$$

与初始的净福利 336 亿美元相比,净收益提高了 1.5 亿美元。因此,社会的确因为税收而变得更好。

三、正外部性福利分析

现在开始对存在正外部性的市场进行正式分析,如图 3 - 21 所示。再一次使用太阳能电池板的例子。市场收益一般是消费者剩余和生产者剩余,市场均衡价格为 P_M,太阳能电池板数量为 Q_M。因此,消费者剩余是:

$$CS = B + C$$

生产者剩余是:

$$PS=D+E$$

89　正外部性区域是从两条收益曲线之间到 Q_M 为止的平行四边形:

$$外部性＝A＋F$$

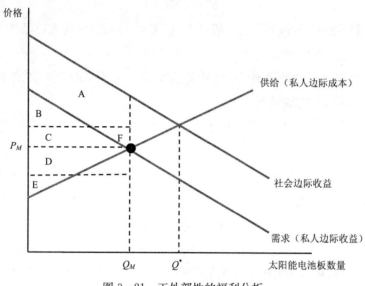

图 3-21　正外部性的福利分析

所以,社会总收益是市场收益与外部收益之和:

$$净收益＝A＋B＋C＋D＋E＋F$$

但是注意,在图 3-21 中, Q_M 和 Q^* 之间区域的社会边际收益超过了边际成本。因此,太阳能的最优水平是 Q^* ,而不是 Q_M ,所以可以通过提高太阳能的产量来提高社会净收益。可以通过对生产或者安装太阳能系统进行补贴来实现这个目的,如图 3-22 所示。

补贴到位后,新的均衡价格下降至 P_0 ,产量提高到 Q^* 。消费者剩余是在 P_0 之上、需求曲线之下的三角形:

$$CS＝B＋C＋D＋G＋L$$

确定生产者剩余并不是一件简单的事。先暂不考虑补贴,所以生产 Q^* 的

90　成本处于私人边际成本曲线之下。注意,对于最初生产的太阳能电池板,价格处于边际成本曲线之上,产生正的生产者剩余区域 E。但是超过这个点,价格处于

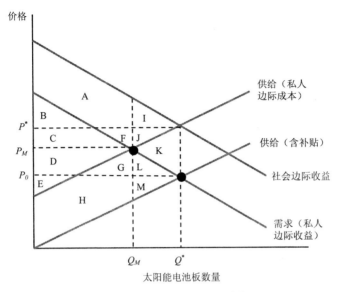

图 3-22 有补贴的太阳能市场

边际成本曲线之下,太阳能电池板生产者就会亏损。因此,损失的增加等于区域
(G + K + L)。没有补贴的生产者剩余是:

$$PS=E-G-K-L$$

如果不考虑补贴,生产者可能会因此出现亏损。当然,他们也会得到补贴。每个太阳能电池板的补贴是 P^* 和 P_0 之差。因此,对于太阳能电池板产量 Q^* 的总补贴是:

$$总补贴=C+D+F+G+J+K+L$$

有补贴的净生产者剩余是:

$$净生产者剩余=(E-G-K-L)+(C+D+F+G+J+K+L)$$
$$=E+C+D+F+J$$

正外部性就是到 Q^* 为止的两条边际收益曲线之间的区域:

$$正外部性=A+F+I+J+K$$

最后,必须认识到,社会需要支付补贴,例如通过提高税收。因此,补贴的支付必须从社会角度进行考虑,必须通过减去上面定义的补贴区域来确定社会净福利。因此社会净收益是:

91

净收益＝(B＋C＋D＋G＋L)＋(E＋C＋D＋F＋J)＋(A＋F＋I＋J＋K)－(C＋D＋F＋G＋I＋K＋L)

如果抵消掉正和负的部分,得到：

净收益＝A＋B＋C＋D＋E＋F＋I＋J

与没有补贴的社会净福利相比,可以看到社会净福利因为补贴提高了(I＋J)。再一次证明,社会因市场干预变得更好,补贴得到了一个更有效的结果。

附录中的关键术语

consumer surplus 消费者剩余

economies of scale 规模经济

law of demand 需求定理 law of supply 供应供给定理

market equilibrium 市场均衡

92   price elasticity of demand 需求价格弹性

price elasticity of supply 供给价格弹性

producer surplus 生产者剩余

shortage 短缺

surplus 过剩

willingness to pay(WTP)支付意愿

第四章　公共财产资源与公共物品

焦点问题：

· 为什么渔业和地下水资源总是被过度开发？

· 哪些政策对管理公共财产资源有效？

· 人们应如何保护国家公园、海洋和大气等公共物品？

第一节　公共财产、开放存取以及产权

正如在第三章中所看到的，明确产权有可能被用于资源有效配置，即使在存在外部性的情况下也是如此。在市场经济中，私有产权是核心，但情况并非总是如此。在传统社会或部落社会中，资源的私有产权较少。对部落生活很重要的资源要么是共同拥有的（如共同牧场），要么是根本不拥有（比如为食物而猎杀的动物）。经济发达社会——喜欢把自己看作是"先进"的社会——通常已经演化出详尽的产权制度，涵盖大多数资源以及大多数商品和服务。但现代工业化国家也有一些难以归为私有财产的资源。

一条自由流动的河流就是一个例子。如果把河流简单地看成是流经人们土地的水量，就可以为水的"所有权"制定规则，允许每块土地所有者提取一定数量的水。但是，河流水生生物如何生存？如何使用河流进行划船、游泳和钓鱼等娱乐活动？河边美景如何维持？

河流的某些方面可以成为特定类型的私人财产。例如，在苏格兰，某些河里的鳟鱼垂钓权就是受到保护的财产。但很难将河流的每一项功能都打包，并将其定义为某人的财产。在某种程度上，河流是一种**公共财产资源**——人人都可以使用，而非私人所有。从技术上，公共财产资源是一种**非排他性**资源，因为人们很难轻易对它使用。公共财产资源的另一个特征是**竞争性**，这意味着一个人的使用会减少其他人可用资源的数量或质量。

> **公共财产资源**（common property resource）：人人可用的资源（无排他性），但资源的使用可能会降低其他人（竞争者）可用的数量或质量。
>
> **非排他性**（nonexcludable）：指在不可能或至少难以排除潜在用户的条件下，所有用户都可以使用的物品。
>
> **竞争性**（rival）：一个人使用物品，会减少其他人可用物品的数量或质量。

将地下水作为一种公共财产资源的例子：任何人都可以打井取水，它是非排他性的。同时，地下水具有竞争性，因为每个用户都在一定程度上耗尽含水层，留给其他潜在用户的水就少了。

如何管理公共财产资源使社会收益最大化？政府是否需要监管以防止过度使用资源？如果需要，哪些类型的监管会有效果？以海洋渔业为例来回答上述问题。

一、渔业经济学

公共财产资源的一个经典样本是海洋渔业。虽然内陆和沿海的渔业通常由私人、传统或政府管理系统管理，但公海渔业通常是一个典型的**公共资源**例子。公共资源是一种公共属性资源，它是一种缺乏使用规则系统的资源。在很多情况下，海洋中野生鱼类资源就是公共资源，任何人只要想捕捞鱼类，就可获得，并不受私人所有权的约束。下面以渔业为例，将生产理论的一些基本概念应用于公共资源。

> **公共资源**（open-access resource）：一种不受限制和监管的资源，如海洋渔业或大气。

如何将经济理论应用于渔业？可以从常识开始讨论。若只有少数渔船在一个渔业资源丰富的渔场进行捕捞，那么捕获量肯定很高。这可能会吸引其他渔民进行捕捞，随着更多的渔船加入捕捞，总捕获量将会上升。

随着渔船数量增加，在可捕捞鱼量不变的情况下个别渔船的捕获量将减少。从经验可知，如果这种情况进一步发展，该海域渔业产量将会遭受损害。在什么情况下，投入更多的资源会适得其反？哪种力量能驱使人们越过这个节点？经济理论可以帮助理解这些有关公共财产资源管理的重要问题。

可以设想渔业的**总产量**。横轴表示捕鱼速度，以给定时间段内（比如每周）的渔船数量来衡量。纵轴表示所有船只的总捕获量，捕获量以吨计。随着渔船数量的增加，图 4-1 所示的总产量曲线经历三个不同的阶段。

第一个阶段是**规模报酬不变**（0～40 艘渔船）。在这个范围内，每艘额外的渔船都有充足的鱼类供给，并能以 3 吨的捕获量返回港口。为了简单起见，假设本例中所有渔船的效率都相同。因此，每艘渔船每次出海都能捕获相同数量的鱼。在规模报酬不变期间，渔业不会受到竞争影响，因为每增加一家渔业公司都不会减少其他渔业公司可能捕获的鱼类数量。

第二个阶段是**规模报酬递减**（40～110 艘渔船）。现在，捕获一定数量的鱼将变得更加困难。当额外一艘渔船出海时，它会增加渔场的总捕获量，但是它也减少了其他渔船的捕获量。这种情况下，该自然公共资源不再对所有人充足供给。现在，捕鱼业的竞争激烈，这使得所有渔民的工作更加艰难。换言之，这种资源现在已成为竞争性资源。

第三个阶段是**绝对规模报酬递减**（投入增加引起产出减少），即当渔船超过110 艘时。在这个阶段，更多的渔船将会降低总捕获量。有证据表明，过度捕捞是存在的，这将会损害鱼群种类的再生能力，并会造成渔业经济崩溃和生态崩溃。

> **总产量**（total product）：给定投入品数量所能生产的产品或服务的总数量。
>
> **规模报酬不变**（constant returns to scale）：一项或多项投入按比例增加（或减少）会导致产出按比例增加（或减少）。
>
> **规模报酬递减**（diminishing returnsl）：一种或多种投入的成比例增加（或减少）会导致产出的较小比例增加（或减少）。
>
> **绝对规模报酬递减**（absolutely diminishing returns）：一项或多项投入的增加会导致产出的减少。

要了解激励渔民的经济力量，必须考虑不同水平的总捕捞努力如何影响他们的利润。确定利润的第一步是将捕获数量转换为显示总收入的货币价值。这可以通过简单地将鱼的数量乘以每吨的价格来完成（$TR = P \times Q$）。在这里假设鱼的价格稳定在每吨 4000 美元，隐含地假设该渔业相对于整个市场足够小，以至于其产量不会显著影响市场价格。如果这个渔业公司是市场上唯一的鱼源，也必须考虑价格变化。

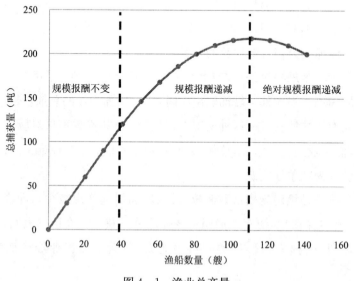

　　　　　　　　　　　图 4-1　渔业总产量

假定捕鱼的边际成本是 7 000 美元。海捕捞的边际成本是 7 000 美元。同样,在该示例中所有渔船的效率都相同,因而假设每艘渔船的成本相同。由于运行一艘渔船的成本是固定的,因此运行一艘渔船捕捞的平均成本也是 7 000 美元。所有渔船的总成本等于 7 000 美元乘以渔船数量。通过从总收入(TR)中减去总成本(TC),得到渔业的总利润($TR-TC$),见表 4-1。

> **总收入**(**total revenue**):通过销售特定数量的产品或服务获得的总收入,等于单位价格乘以销售数量。
>
> **边际成本**(**marginal cost**):生产或消费额外一单位产品或服务的成本。
>
> **平均成本**(**average cost**):每单位产品或服务带来的平均生产成本,等于总成本除以产品数量。
>
> **总成本**(**total cost**):企业因生产而发生的总成本。
>
> **总利润**(**profits**):总收益减去生产总成本。

现在可确定使渔业利润最大化的渔业水平。从表 4-1 可以看出,当捕捞次数为 70 次时,总利润最高,为 25.4 万美元[①]。图 4-2 显示了渔业总收入、成本和利润。再次看到,渔业总利润在捕捞次数为 70 时数额最大。如果捕捞次数过高(120 次或更多),渔业的总利润实际上会变成负值。

二、过度捕捞的诱因

考虑到整个渔业利润最大化的捕捞水平是 70 次,但在缺乏有关渔业管理条例的情况下会产生什么的情况? 假设每个渔民只关注自身利益。因此,他们不会考虑捕捞活动对整个渔业的影响,而只会考虑捕捞对他们是否有利。与其关注表 4-1 中整个渔业的价值,不如从个体渔民的角度考虑问题。

已知每次捕捞要花费 7 000 美元。对于表 4-1 中的情况,可计算每次捕捞

[①] 在本案例中,只考虑了 10 的倍数次行程。实际利润最大化的行程数略高于 70 次,为 71 次或 72 次。

的收入，即总收入除以捕捞次数(Q）。例如，在 80 艘船运行的情况下，总收入是 80 万美元，因此每次捕捞的收入是 1 万美元（80 万美元/80）。表 4-2 是**平均收入**（AR）或每次捕捞的收入（$AR=TR/Q$）。通过减去每次 7 000 美元的成本，得到每次捕捞的利润，见表 4-2。例如，如果有 80 次捕捞，每次捕捞的利润就为 3 000 美元（10 000 美元－7 000 美元）。

> **平均收入**（average revenue）：企业每单位商品或服务的平均价格；等于总收入除以生产的数量。

从表 4-2 中可以看出：假设有 40 次捕捞，每次捕捞带来的收入为 1.2 万美元，利润为 5 000 美元。其他人会注意到捕捞利润可观，因此会吸引新的渔民进入渔业。只要渔民可以自由进入这个行业，那么捕捞次数就会继续增加。这样就会出现，要么渔民将收购更多的渔船进行捕捞，要么新的经营者将进入渔业。

在表 4-2 中，一旦捕捞超过 40 艘渔船，每次捕捞的利润就开始下降，因为进入了规模报酬递减阶段。但只要每次捕捞都获得利润，就会有更多的渔民进入这个行业，即使是在绝对规模报酬递减阶段。例如，120 次的捕捞利润仍然是 200 美元。因此，尽管额外的捕捞次数实际减少了总捕捞量与总收入，但仍有经济动机促使个体渔民进入渔业。

表 4-1　渔业的总捕获量、总收入、总成本和总利润

捕鱼次数	10	20	30	40	50	60	70	80	90	100	110	120	130	140
总捕获量（吨）	30	60	90	120	146	168	186	210	210	216	218	216	210	200
总收入（万美元）	12	24	36	48	58.4	67.2	74.4	80	84	86.4	87.2	86.4	84	80
总成本（万美元）	7	14	21	28	35	42	49	56	63	70	77	84	91	98
总利润（万美元）	5	10	15	20	23.4	25.2	25.4	24	21	16.4	10.2	2.4	－7	－18

你可能会认为，每次 200 美元的利润是相当小的，并且渔民有机会从事其他事情以获得比捕捞更多的利润。但在这个例子中，假设每次 7 000 美元的成本包括财务成本和**机会成本**。经济学家将机会成本定义为：做出选择时所放弃的最佳选择的价值。换言之，就是为了做某事而必须放弃的可能收益。假设渔民

表 4‑2 个体渔民的收入、成本和利润

捕鱼次数	10	20	30	40	50	60	70	80	90	100	110	120	130	140
总收入（美元）	12 000	12 000	12 000	12 000	11 680	11 200	10 629	10 000	9 333	8 640	7 927	7 200	6 462	5 714
总成本（美元）	7 000	7 000	7 000	7 000	7 000	7 000	7 000	7 000	7 000	7 000	7 000	7 000	7 000	7 000
总利润（美元）	5 000	5 000	5 000	5 000	4 680	4 200	3 629	3 000	2 333	1 640	927	200	− 538	− 1 286

仅次于捕捞的最佳选择是当一名电工，假设每次 7 000 美元的成本包括他可以做一名电工的收入。这意味着，120 次捕鱼每次 200 美元的利润仍然对渔民具有吸引力，因为这比他们的次优选择高出 200 美元。高于次优选择的利润被称为**经济利润**，在一个自由进入的行业中，经济利润将激励新经营者进入市场。

> **机会成本**（opportunity costs）：做出选择时所放弃的最佳选择的价值。
> **经济利润**（economic profit）：当成本包括机会成本时，收入与成本的差值。
> **开放获取平衡**（open-access equilibrium）：由于市场自由进入导致的一个公共资源使用的水平，这种使用水平可能会导致此类资源耗竭。
> **正常利润**（normal profit）：当一个行业的经济利润为 0 时，意味着利润等于个人的次佳选择。

从图 4‑2 中可以看出，在略高于 120 次（如 122 次）时，每次捕捞的经济利润基本下降至 0。如果捕捞超过 122 次，那么每次捕捞的经济利润实际上会低于 0（即每个渔民都在亏损），这就会促使一些渔民离开这个行业。在捕捞超过 122 次时，市场通过不盈利发出了一个"信号"，即该行业过于拥挤。因此，**开放获取平衡**为 122 次，在这个节点，经营者不再有动机进入或退出这个市场。

请注意，第 122 次捕捞的经济利润为零，这意味着渔民没有任何利润，此时渔民们的利润与他们的次佳选择一样多。经济学家认为这是**正常利润**，在这个数值水平，渔民对选择从事捕捞还是次最佳选择并不感兴趣。

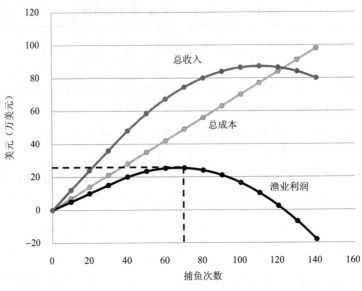

图 4-2　渔业的总收入、总成本和总利润

开放获取平衡很明显不是经济有效的,因为该行业的总利润会随着渔船数量的减少而增加。这一行业过度拥挤的市场信号来得太晚了——远远高于70次捕捞的利润最大化水平。在 122 次捕捞开放获取平衡下,行业总利润为 0。实际上,通过减少捕捞费用,可增加行业利润。

除了经济上的不均衡,开放获取平衡在生态上也是不可持续的。由于开放获取平衡处在绝对规模报酬递减阶段,渔业最终可能会崩溃,尤其是经济激励措施发生变化时(例如,若鱼类价格上涨或渔船运营成本下降,则会鼓励更多人进入渔业)。在个人层面上,自由进入和利润最大化通常有助于提高经济效率,但在公共财产资源的情况下却恰恰相反。自由进入和利润最大化促进过度捕捞,最终行业丧失了任何盈利能力,并破坏了自然资源。经济逻辑已知,定价过低的资源将被过度使用,定价为零的资源将面临被浪费的风险。

公地悲剧(tragedy of the commons):公共财产资源被过度开采的趋势,因为没有人有动机去保护资源,而个人的财务激励却促使他们更大规模地开采资源。

这个现象有时被称作**公地悲剧**[①]。由于公共财产资源不属于特定的人，因此没人有保护它们的动机。相反，人们有动机在别人得到它之前尽可能多地使用。在资源充足的情况下，鱼类的存量远远超出了少数人口的需求或捕捞能力，这种情况是可承受的。但当人口足够多，需求足够大，以及渔业技术也更加复杂时，所勾勒出的经济逻辑将导致渔业的过度捕捞甚至鱼类资源的大量损耗。

三、公共财产资源的边际分析

比较总收入和总成本是经济学家确定利润最大化的一种方法。另一种确定利润最大化的方法是使用**边际分析**，即比较某物的**边际收益**和边际成本。只要额外生产的边际收入（即额外收入）超过边际成本，那么随着利润的上升，增加产量是有意义的。这实际上是个常识——若做某事的收益超过了成本，那么才能去做。

可以将这一逻辑应用至捕捞实例中，以确定使整个行业利润最大化的捕捞次数。只要额外捕捞带来的收益超过额外成本，那么该行业就有理由进行更大规模的生产。换言之，如果一次捕捞的边际收入超过边际成本，那么增加捕捞次数将增加整个行业利润。然而，一旦边际成本超过**边际收入**，就应该停止更多的捕捞，因为整个行业利润将会下降。因此，当边际收入等于**边际成本**时，利润最大化，经济效果最优。请注意，在这个例子中，只根据行业利润来定义效率，没有考虑消费者利益或外部性。

> **边际分析**（marginal analysis）：比较边际收益和边际成本以确定利润最大化的经济分析。
>
> **边际收益**（marginal benefit）：生产或消费一单位商品或服务的收益。
>
> **边际成本**（marginal cost）：生产或消费额外一单位商品或服务的成本。
>
> **边际收入**（marginal revenue）：销售一单位商品或服务所获得的额外收益。

100

[①]　这一概念由 Hardin 于 1968 年首次提出，更多最新相关评论见 Feeny et al. ,1999。

　　已知，每次捕捞的边际成本是 70 00 美元。为计算每一单位捕捞的边际收入，先计算当捕捞水平改变时收入的增加（捕捞水平以渔船数量计算）。

　　考虑捕捞次数从 40 次增加到 50 次所带来的边际收入。整个行业的总收入从 48 万美元增加到 58.4 万美元，增加了 10.4 万美元。由于每增加 10 次捕捞就会增加 10.4 万美元的收入，因此当捕捞次数从 40 次增加到 50 次时，每次捕捞的边际收入为 104000/10＝10 400 美元[①]，用数学方法表示为：

$$MR = \Delta TR / \Delta Q$$

　　从 40 次增加到 50 次是有经济意义的，因为每次捕捞的边际成本是 7 000 美元。换句话说，边际收入超过了边际成本，所以将捕捞次数从 40 次增加到 50 次会增加总利润。

　　表 4-3 计算了每个水平之间每次捕捞的边际收入与边际成本。可以发现，捕捞次数从 60 次到 70 次是有意义的，因为这仍然会增加整个行业的利润（也就是说，边际收入仍然高于边际成本）。但是，由于边际成本高于边际收入，捕捞次数从 70 次到 80 次没有经济效益，因此可以得出结论，有效水平是 70 次[②]。

　　这种分析在图 4-3 中用图形进行了展示。经济有效的结果在边际成本等于边际收入处，即捕捞次数为 70 次时。但当平均收入等于边际成本（额外捕捞的成本）时，就会出现开放获取平衡，这种情况发生在 122 次捕捞时。在这个例子中，由于假设边际成本不变，每次捕捞的边际成本 7 000 美元也是平均成本。请注意，在图 4-3 中 70 次捕捞的平均收入和平均成本之间差异约为 3 600 美元，这代表了每次捕捞在有效水平上所获得的利润，将在下一节中进一步解释。如果捕捞 70 次时每次利润约为 3 600 美元，那么整个行业的利润将达到 25 万美元左右。显然，这比开放获取平衡的总利润有很大提高，在进行 122 次捕捞时，总利润为零。还需注意的是，通过比较总收入与总成本，获得了与表 4-1 中相同的最大利润。

　　利润最大化也更有可能保证生态可持续。从图 4-1 看到，在 70 次捕捞中，处于规模报酬递减阶段，而不是绝对规模报酬递减阶段。虽然渔业的收益高到

---

　　① 请注意，真实边际分析需要有关总收入随每增加一次捕捞而变化的数据，而非每增加 10 次捕捞的总收入变化。

　　② 再次说明，最佳捕捞次数实际上稍微高于 70，可能为 71 或 72。

足以导致个别收益下降,但不太可能导致渔业崩溃。

表 4 - 3　渔业的边际收入与边际成本分析

捕鱼次数	10	20	30	40	50	60	70	80	90	100	110	120	130	140
总收入 (万美元)	12	24	36	48	58.4	67.2	74.4	80	84	86.4	87.2	86.4	84	80
边际收入 (万美元/次)	1.2	1.2	1.2	1.2	1.04	0.88	0.72	0.56	0.4	0.24	0.08	-0.08	-0.24	-0.4
边际成本 (万美元/次)	0.7	0.7	0.7	0.7	0.7	0.7	0.7	0.7	0.7	0.7	0.7	0.7	0.7	0.7

四、渔业管理的经济政策

可以实施哪些政策来实现对渔业的管理经济有效?通过哪些低成本政策保护渔业?其中一种选择是,所有渔民自愿协议将捕捞次数限制在 70 次。但问题是每位渔民依旧有强烈的经济动机去投入一艘或更多的渔船,这可能会导致协议破裂。此外,新经营者将受到诱惑进入渔业,而不受自愿协议的约束。

就像外部性问题一样,要实现有效结果就需要政府干预。一种是通过使用**许可费**来阻止过度捕捞。费用的确定可以参照图 4 - 3。希望捕捞的利润达到 70 次的效率水平,但希望阻止捕捞超过这个水平。因此许可费需要足够高,从而使得第 71 次捕捞无法获得利润。在第 70 次捕捞时,每次捕捞的平均收入为 10 629 美元,利润为每次 3 629 美元。第 71 次捕捞的潜在的利润将略低于 3 629 美元,假设为 3 500 美元。如果收取超过 3 500 美元的许可费,那么第 71 次捕捞将无法获得利润。但仍然希望有第 70 次捕捞,所以费用不能太高,以防第 70 次捕捞也无法获得利润。因此,每次捕捞的费用需要在 3 500~3 629 美元之间,这样第 71 次捕捞就会无法获得利润,而第 70 次捕捞仍然可以获得利润。许可费可以有效地将无效率开放获取平衡转变为有效结果。

> **许可费**(license fee):为获取资源而支付的费用,例如捕鱼许可证。

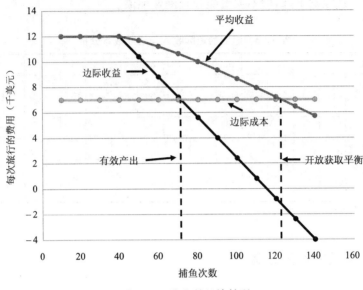

图 4-3　渔业的经济情况

假设每次捕捞费用为 3 600 美元。从表 4-1 可以看出，第 70 次捕捞，渔业的总经济利润为 25.4 万美元。但现在政府收取了 25.2 万美元的许可费用，这几乎是所有的潜在经济利润。事实上，政府最高可以收取每次 3 629 美元的费用，从而获得所有的经济利润(25.4 万美元)。如果按照政府以最高标准收取费用，渔民仍将获得正常利润，因此预计仍将进行 70 次捕捞。但是，按照最高标准收取费用，每个渔民个体将在捕鱼和仅次于捕鱼的经济活动之间做出不同选择。这一最高收费标准意味着在有效劳动层面上平均收入和平均成本之间的区别。由于在这个例子中平均成本＝边际成本＝7 000 美元，因此适宜的许可费用是 70 次捕捞时平均收入与边际成本的差额。

虽然经济激励可能会导致没有监管的公地悲剧，但许可费重建了经济激励，使渔民们现在致力于保护生态系统，而非破坏生态系统。实际上，渔民捕捞以前免费的鱼类资源将被收取费用，政府扮演着"房东"的角色，收取进入海洋的"租金"。这一政策可能在政治上不受欢迎，但它可以防止渔民破坏他们的生存环境。

从社会角度来看，政府收取这种租金是合理的——当然，重要的是要明智地使用这些收入。例如,许可费收入可用于改善渔业环境,补偿那些在征收许可费时被迫离开渔业的人,或投资于减少渔业损害的技术。

然而,可能会发现收取许可费存在很多潜在问题。为了确定合适的费用,政府需要有关捕捞潜在成本和收入的重要信息。在此处的简单示例中,假设所有渔民都相同。但实际上,政府能否掌握所有渔民捕捞成本的信息?

另一种办法是依靠渔业专家来确定可接受的捕捞水平。原则上,可以通过制定**配额**或捕捞限制来实现与许可费相同的效果。政府可以为整个渔业确定配额,但谁有权获得有限的捕捞权将会引起争议。如果该权利被分配给现有渔民,新进入者将被禁止进入该行业。或者,渔民可以获得**个人可转让配额**,即渔民可以将捕捞权出售给寻求进入该行业的人。在某些情况下,有限的狩猎或捕捞某些物种的权利会分配给土著居民。例如,阿留申人(Aleut people)有权捕杀数量有限的濒危弓头鲸(见专栏 4-1)。从渔民的角度来看,个人可转让配额制度的一个优点是渔业收入仍然属于持有个人可转让配额的渔民,而不像许可费用那样由政府收取。

配额(定额分配制)(quota/quota system):通过限制资源收获许可的方式限制资源使用的系统。

个人可转让配额(individual transferable quotas, ITQs):可交易的收获资源的权利,例如允许捕捞特定数量鱼的捕捞许可证。

专栏 4-1　冰岛的个人可转让配额

冰岛海洋渔业拥有最广泛的个人可转让配额制度。1990 年,冰岛通过了《渔业管理法》(Fisheries Management Act),为所有渔业设立了个人可转让配额制度,并根据基线期内每艘渔船在国家捕获量中的比例分配许可证。每年可允许的总捕获量是用科学的方法确定的。例如,每年允许鳕鱼的捕捞量设定为该种群"可捕生物量"的 20%。随着鳕鱼养殖场状况的改善,允许捕捞量从 2007 年的 13 万吨增加至 2020 年的 27 万吨以上。

个人可转让配额是完全可交易的，如果渔民希望只转让总配额的一部分，甚至可以分割成更小的股份。冰岛还实施了规定，禁止一家公司获得过多比例的渔业许可证。例如，一家公司无权获得超过国家允许捕捞量12％的鳕鱼或20％的大比目鱼的捕捞许可。同时政府专门为小型渔船设立了一个单独的配额制度，以便使小型和大型捕捞作业同时进行。

冰岛前渔业、农业部长约翰松(Sigurdur Ingi Johannsson)表示，个人可转让配额系统(ITQ)非常成功。他在2015年表示，这种方法既改善了冰岛渔业的健康状况，又增加了渔业收入。他还表示，"到目前为止，这是一个很好的方法。鳕鱼作为最有价值的鱼类资源，比50年来的任何时候都要丰富。同时捕捞使用的船只更少，对环境的影响也更小。"经济合作与发展组织2017年的一份报告得出结论：冰岛的个人可转让配额系统"很明显地减少了捕捞量，确保了大多数商业开发物种的可持续性。"报告还指出，虽然个人可转让配额系统通过提供"正确的激励措施"提高了经济效率，但保护更广泛的海洋生态系统还需要额外措施，而不仅仅是限制捕捞量。

资料来源：Davies, Ross. 2015. "Certification and Fish Stock Status Order of the Day at Iceland Responsible Fisheries Event." Undercurrent News, September 22；；OECD (Organisation for Economic Co-operation and Development). 2017. "Sustaining Iceland's Fisheries through Tradeable Quotas." OECD Environment Policy Paper No. 9；Iceland Responsible Fisheries, www. responsiblefifisheries. is/origin-of-iceland/species/cod；Ministry of Industries and Innovation, www. government. is/topics/business-and-industry/fifisheries-in-iceland/history-of-fisheries/。

另外，政府也可以通过拍卖出售捕捞配额权，其经济效果与许可费类似。假设政府设定了70次有效的捕捞，并在拍卖中提供该数量的许可证，这些许可证的最终投标价格是多少？如果渔民能够正确估计出在这种水平下，每次捕捞的潜在经济利润为3 629美元(平均收入减去平均成本)，那么许可价格将会达到3 629美元。从本质上说，从捕捞次数和政府收入的角度来看，配额产生的结果与许可费用相同，都是25.4万美元。请注意，政府拍卖许可证而不是设置许可费的一个优势是它不需要有关潜在收入和捕鱼成本的信息。在许可证制度下，渔民在进行拍卖时估计他们的收入和成本是有条件的。

无论选择哪种方法，都需要政府干预。尽管经济学家经常争辩说，在没有政府干预的情况下，市场运行效率更高，但在这种情况下，需要政府干预才能实现经济高效（生态可持续）的解决方案。[1]

105

五、管理公共财产资源

在分析中尚未考虑外部性。高强度捕捞会产生负外部性，如水污染或者减少娱乐的机会。若是这种情况，那么社会产出效率可能不足 70 次捕捞，在设置许可费或配额时还需要考虑外部成本。如果将这些负外部性损失折合成具体经济数字，就可以将外部成本转加到许可费中，进而减少复杂工作。

历史已经充分认识到，需要通过社会监管来管理公共财产资源。很多传统社会通过实施社会公认的捕捞活动规则来维持渔业繁荣。这种方法反映了有限捕捞和资源保护的长期原则。

人口增长、高需求以及技术进步使这些规则的实施变得复杂。随着全球对鱼类需求的增加，以及更多地区的过度捕捞，鱼类的价格将趋于上升。高价将使开放获取的问题变得更糟，因为它提高了捕捞的盈利能力，将会鼓励更多人进入这个行业。技术进步往往会加剧过度捕捞问题。通常生产率提高对社会是有利的，但在公共资源的例子中，它增加了资源压力，使生态系统趋于崩溃。例如，追踪鱼类声呐系统使大型渔船更容易增加捕捞量，但也加速了鱼类资源枯竭。

前一节中讨论的许可费和个人可转让配额政策并不是防止公共财产资源过度开发的唯一途径。另一种选择是将此类资源私有化，私人所有者有动力持续管理这些资源。但正如将在第十九章讨论森林管理经济学时看到的，自然资源的私人所有权并不一定可以确保环境可持续管理。森林所有者或私人渔业所有者可能仍然有过度开发资源的动机，以实现短期利润最大化而忽略负外部性。

除了个人可转让配额和私人所有权政策，还有另一种选择：公共财产资源的使用者可以设计自己的协议，以防止公地悲剧。2009 年，埃莉诺·奥斯特罗姆（Elinor Ostrom）获得诺贝尔经济学奖的贡献，主要在于她对不同社会解决公共

---

[1]　关于对渔业和其他自然资源经济的分析，参见 Clark，2010。

财产资源管理问题的方式进行了开创性研究①。她指出，在很多情况下，资源使用者能够制订出有效和持续管理的合作战略，而不需要政府管制或私有化。她发现，当地用户往往掌握着政府无法获取的重要信息。此外，她还发现，当地用户很可能采取预防措施来保护资源，以避免因追求短期个人利润而导致长期的生态和经济崩溃。

奥斯特罗姆最终确定了公共财产资源的本地合作管理可以实现高效的条件。她所确认的条件包括：

- 大多数用户都应该参与制定资源管理规则。
- 应设有资源监测，对资源用户负责，定期评估情况。
- 应该有反应迅速、成本低的机制来解决冲突。
- 管理资源的规则应适应当地情况。
- 对违反规定的资源使用者应实行分级制裁。

还应该注意到，奥斯特罗姆的分析框架不一定与政府参与不相容。她指出，对于大规模的公共财产资源，可能需要一种"嵌套"办法，让不同级别的组织参与。例如，可能需要一个州或联邦政府来管理和执行个人可转让配额系统，但是渔民在设计系统和处理纠纷方面是不可或缺的。因此，一个普遍的教训是，自然资源的有效管理通常基于参与性方法，该方法结合了多种观点，包括当地（土著）知识、历史和文化。国家或全球范围内公共财产资源的有效管理显然需要政府参与（将在本章末尾讨论），但仍应注意不同的地方背景。

第二节　环境作为一种公共物品

现在考虑**公共物品**经济学。与公共财产资源一样，公共物品是非排他的，这意味着它们对每个人都是可用的。但是，公共财产资源具有竞争性，而公共物品是非竞争性的。如果一种商品是**非竞争性**的，则一个人对它的使用并不会减少

---

① 参见 Ostrom，2015。

对其他人的可用性或质量①。

公共物品（public goods）：所有人都可获得（非排他性）且一个人使用该物品不会减少其他人（非竞争性）对该物品的使用。

非竞争性（nonrival）：一个人使用某物品不会限制其他人使用该物品的权利。

搭便车（free riders）：个人或者群体从公共物品中获得收益，但不为其支付价款的行为。

美国国家公园系统就是一个例子。国家公园对所有人开放，人们对它的使用并不会妨碍其他人享受公园的权利（除了当过度拥挤成为问题的时候）。公共物品不一定特指环境领域：高速公路系统和国防都是公共物品的例子。另一个非环境公共物品的例子是公共广播，因为任何有广播的人都可以收听它，并且一些人对其使用并不会影响其他人对其使用。然而，环境保护的很多方面确实属于公共物品范畴，因为几乎每个人都对高质量的环境感兴趣②。

能够通过私人市场为人们提供合适水平的公共物品吗？答案显然是否定的。在很多情况下，私人市场根本不会提供公共物品。对于市场上的商品，收取付费的能力及对产权的承认，是一种将非购买者排除在购买者之外的手段。因为公共物品的非排他性与非竞争性的特点，没有人愿意为任何人都可以免费使用的物品去付费。

第二种是依靠捐赠来提供公共物品。这是通过一些公共物品来实现的，比如公共广播和电视。环境保护组织保护的栖息地，即使是私人拥有的，也可以被认为是公共物品（见专栏 4 - 2）。然而，捐赠通常不能提供足够的公共物品。这是因为公共物品有非排他属性，每一个人都可以从公共物品中获益，无论他们是

107

---

① 公共物品的正式定义是指一种商品或服务，若提供给一个人以后，再提供给其他人不会增加成本（Pearce，1992）。"纯"公共物品是生产者不能排除任何人消费的产品。因此，纯公共物品既体现了非竞争性，也体现了非排他性。

② 从技术上讲，国家公园并非"纯"的公共物品，因为进入公园需要收取门票，因此不包括不缴纳门票的国家公园。但是，只要国家政策允许免费或低费用进入，国家公园仍然是公共物品。

否为此付费。尽管有些人可能愿意为公共广播付费，但是其他大部分人只愿意免费收听。这些不付费的人就是**搭便车**。很显然，一个仅依靠部分人捐赠的系统是无法维持的，如国防供给和高速系统。

虽然不能依靠私人市场或个人捐赠来获得公共物品，但它们的充足供给对整个社会至关重要。同样，解决这一困境需要政府的参与。政府部门一般可以决定公共物品的供给。比如国防支出，一些市民希望国防支出更多，而另一些人则希望支出更少。政府必须考虑双方情况做出决定并通过税收来分担成本。

同样，关于是否提供环境公共物品的决定必须通过政府协商确定。例如，国会必须决定是否为建造国家公园拨付资金①。公园是否需要更多土地？可否为了发展出售或者出租现存的一些公园？在做出类似决策时，需要一些关于环境设施的公共需求水平指标。在这里，经济理论会有所帮助吗？

专栏 4 - 2   大自然保护协会

    虽然不能依赖自愿捐赠来提供充足的公共物品，但自愿捐赠可有效地补充政府的服务。大自然保护协会（The Nature Conservancy）就是一个成功的例子。自然保护协会不依靠政治游说和宣传，而是致力于利用它所收到的捐赠来购买土地。这种方法实际上是创造了一个自愿市场，在这个市场里人们可以表达出对栖息地保护的偏好。

    大自然保护协会成立于美国，目前在 30 多个国家开展业务，在全球范围内保护了超过 1 亿英亩的土地，面积比美国俄勒冈州还要大。它保护的大部分土地都用作娱乐功能，也有一定比例的土地允许采伐和打猎，以及其他用途。

    除了直接购买和管理土地外，大自然保护协会也和土地所有者们一起保护地役权。在一项保护地役权的例子中，土地所有者出售了开发土地的权利，但是还保留了土地所有权和一些传统的用途，如放牧和伐木等权利。自

---

    ① 国家公园系统确实从国家公园基金会的自愿捐款中获得了一些资金，国家公园基金会是国会为支持国家公园而设立的一个非营利性组织。

然保护协会还开展了其他项目,包括在巴西热带雨林的"种植10亿棵树"活动——捐赠一美元用于种植一棵树。

　　大自然保护协会的非对抗性和务实做法受到了社会广泛尊重。它通常被认为是最受信任的非营利组织之一,并因其高效使用捐款而受到赞扬。虽然一些环保主义者对一些做法持批评态度(例如,出售捐赠的土地以换取利润而非保护它们),但它的服务为个人利用市场促进栖息地保护提供了一种手段。

　　资料来源:www.nature.org。

　　公共物品的供给问题不能通过一般的市场供求来解决。在本章第一节讨论的渔业案例中,问题在于供给方——传统的市场逻辑导致生产过度扩张和资源压力过大。就公共物品而言,问题产生于需求方。回顾在第三章中提到的需求曲线,它既可作为边际收益曲线,也可作为意愿支付曲线。消费者愿意花30美元买一件衬衫,因为30美元是他(她)从这件衬衫中获得的收益。但就公共物品而言,某人从公共物品中获得的边际收益与他们愿意为之付费的意愿是不同的。尤其是他们的支付意愿可能明显低于他们的边际收益。

　　一个简单的事例说明了这点。假设一个只有两个人的社会:道格(Doug)和萨沙(Sasha)。假设两个人都重视森林(公共物品)的保护。图4-4显示了每个人从森林保护中所获得的边际收益。作为常规需求曲线,保护每英亩土地的边际收益会随着保护水平的升高而降低。道格比萨沙获得的边际收益要高。这是因为道格可能从森林中获得更多的益处,或者这只是反映了不同的偏好。

　　保护森林的边际社会收益来自于两条边际收益曲线的垂直加总。在图4-4顶部图中可以看到,如果已经保护10英亩的土地,那么对于道格来说,额外1英亩的边际收益是5美元。而萨沙的边际收益只有2美元,所以额外1英亩森林的边际社会收益是7美元。注意,总需求曲线是曲折的,因为在折点的右边曲线只反映道格的边际收益,萨沙的边际收益在这个范围中都为0。

　　假设保护森林的边际成本固定在每英亩7美元。这在图4-4底部的图中可以看出,在这个例子中,保护森林的最佳水平是10英亩——在这个点上,边际成本等于边际社会收益。但是还没有解决道格和萨沙愿为森林保护支付多少

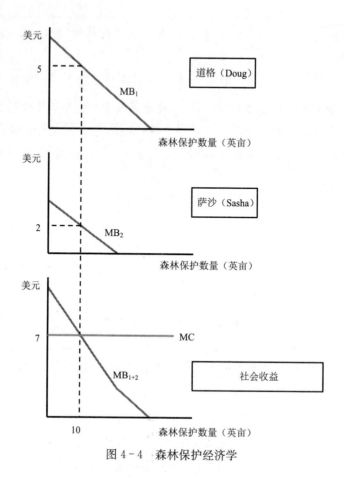

图 4-4 森林保护经济学

费用的问题。在公共物品的例子中,一个人的边际收益曲线和愿意支付曲线并不相同。例如,虽然道格此时的边际收益是 5 美元,但是他有动机成为一个搭便车者,他可能只愿意支付 3 美元或者一点也不付出。

其中问题源于没有市场可以精确地反映人们对公共物品的偏好。即使可以通过调查来收集人们对公共物品的估价(在第六章中讨论),但人们也可能无法提供准确的答案。最后,关于公共物品的决定需要考虑某种社会因素。比如候选人可能会为了他们的选票而做出有关公共物品的决定,或者是依靠直接选举和地方的市镇议会的民主进程,做出有关公共物品的决定。

即使达到了社会角度的"正确"供给水平,但是由于个体差异也会引起另一个问题。假设已经正确地确定了图 4-4 中适宜的森林保护水平是 10 英亩。在边际成本为每英亩 7 美元的条件下,需要筹集 70 美元的收入来支付保护费用。可以向道格和萨沙每人征收 35 美元。道格的最低边际收益有 5 美元,所以他所获得的总收益至少为 50 美元,所以他不会反对 35 美元的税收。然而萨沙的收益低于 35 美元,所以她可能会觉得税收太高了。

假设将两个人的例子扩展到美国全国人口——1.3 亿户家庭。如果人们的偏好都和道格与萨沙类似,将需要大约 45 亿美元(1.3 亿×35 美元)用于森林保护,每户需要缴纳 35 美元的税收。但是,显然每个家庭的边际收益是不同的。寻求评估每个家庭的边际收益是不现实的,必须从全社会的角度做决定。一些人可能会认为付费太多,而另外一些人则认为用于森林保护的费用不够多。但要实现森林保护目标,全面评估整个社会的税收至关重要。税收可能是每户 35 美元的固定税率,也可能因收入或其他标准而发生改变。因此,关于公共物品效率和公平问题的讨论不可避免地具有政治和经济属性。

第三节　全球共享

在公共财产资源和公共物品的例子中,已经扩展了环境分析的范畴。需要清楚,这些例子与第三章讨论的外部性理论联系密切。从某种意义上说,这里处置的是一个特殊的外部性案例。增加额外一艘渔船的某渔民对其他渔民施加了一个外部成本,使他们的平均捕获量有所下降。一个购买和保护重要栖息地的环境组织会给所有人带来正外部性,即使他们可能没有为生态做出贡献,却稍微改善了环境。

当考虑到近年来越来越多的环境问题时,可以看到公共财产资源和公共物品的重要性日益上升。全球变暖、臭氧层损耗、海洋污染、淡水污染、地下水覆盖以及物种灭绝,都与本章讨论的案例有明显相似之处。

类似例子越来越普遍,已经引起了对**全球共享资源**概念的关注。如此多的地球资源和环境系统显示了公共财产资源或公共物品的特征,也许需要改变对全球经济的思考方式。①

111 | **全球共享资源**(global commons):全球共同财产资源,如大气和海洋。

持生态学观点的经济学家认识到,全球经济发展高度依赖于生态系统的健康。只有评价这些系统的状况,评估经济发展如何才能最好地适应全球限制。这意味着需要在国家和国际层面实施新的经济政策,并且建立新的或经改革的制度。显然,如此引发的问题超出了对单个渔场或国家公园管理的范围。

全球公共资源管理面临着特殊挑战——需要不同政府间做出协议。尽管存在很多相互矛盾的观点和搭便车的诱惑,但已制定了若干重要的国际协定,以应对全球环境威胁。例如,关于消耗臭氧层的《蒙特利尔议定书》和关于减少温室气体排放的《巴黎协定》。在研究这些和其他涉及水、森林、生物多样性、其他环境及资源领域的全球问题时,将借鉴公共财产资源和公共物品理论,了解如何制定政策以及应对措施。

小　结

公共财产资源是指具有非排他性和竞争性的资源。各种系统可用于管理这些资源,包括传统习惯和政府管理等。当没有规则限制使用时,资源是开放的,这意味着任何人都可不受限制地使用它。这种情况会导致资源的过度使用,有时甚至导致其生态功能的崩溃。

公地悲剧的一个经典例子是海洋鱼类的过度捕捞。由于没有捕捞限制,经济激励导致了过多次数的捕捞,最终导致鱼群耗减,所有渔民的收入也随之减少。但在经济利润为零之前,这里一直都存在着激励动机使新的经营者进入渔业。这个开放获取平衡节点不但是经济无效的,还会对生态造成破坏。

---

① 关于"全球共享资源",参见 Heal, 1999;Johnson and Duchin, 2000。关于"全球公共物品"参见 Kaul et al. , 1999。

应对过度使用公共资源问题可能的策略包括使用许可费或配额。配额可以分配给个体渔船，并且可以流通(可销售)。虽然在某些情况下，地方一级的集体行动可有效地管理公共财产资源，但对于更大规模的资源来说，政府管理公共资源至关重要。

同样，在提供公共物品方面也需要政府的积极参与。公共物品一旦提供，就会造福于普通公众，而非是特定的个体受益。公共物品包括商品和服务，例如公园、高速公路、公共健康设施以及国防等。没有一个人或一群人能有足够的激励或资金来提供公共物品。然而公共物品利益非常大，而且往往对社会福利至关重要。很多环境类公共物品，例如森林和湿地都无法通过市场得到充足供给，需要政府干预来实现社会效益。

很多全球范围的公共财产资源和公共物品(例如大气、海洋等)引起了关于全球利益管理的问题。需要制定新的制度来管理全球公共财产资源。

关键术语和概念

absolutely diminishing returns 绝对规模报酬递减

average cost 平均成本

average revenue 平均收入

common property resource 公共财产资源

constant returns to scale 规模报酬不变

diminishing returns 规模报酬递减

economic profit 经济利润

free riders 搭便车

global commons 全球共享资源

individual transferable quotas (ITQs) 个人可
　转让配额

license fee 许可费

marginal analysis 边际分析

marginal benefits 边际收益

marginal cost 边际成本

marginal revenue 边际收入

nonexcludable 非排他性

nonrival 非竞争性

normal profit 正常利润

opportunity costs 机会成本

open-access equilibrium 开放获取平衡

open-access resource 公共资源

profits 总利润

public goods 公共物品

quota/guota system 配额(定额分配制)

rival 竞争性

total cost 总成本

total product 总产量

total revenue 总收入

tragedy of the commons 公地悲剧

问题讨论

1. 在渔业管理中，经济激励和生态可持续性是如何形成的？开放获取平衡、经济高效均衡和生态可持续均衡之间有何关系？

2. 假设本章中讨论的渔业事例不是公共财产资源，而是个人或单个渔业公司拥有的湖泊中的渔业，所有者可选择允许捕捞，并收取进入海洋的费用。经济逻辑与公共财产资源案例有何不同？

3. 通过公共产权资源的例子讨论技术进步对一个产业的影响。例如，渔业设备的技术改进使渔船捕捞的费用减少了一半。技术进步通常会增加社会净收益会发生吗？按照你的回答，政府有关这个行业的政策有何影响？

4. 你认为私人物品和公共物品是否可以区分？下列哪一项可能被视为公共物品：农田、林地、海滨物业、高速公路、城市公园、停车场、运动场？什么样的市场或者公共政策原则可以适用于这些物品的供给？

练习

1. 墨西哥干旱地区的农民从地下蓄水层抽取灌溉用水。含水层的自然最大补给率为每天 34 万加仑（即每天 34 万加仑从自然流入地下水库）。作业的总生产计划如下：

水井数（口）	10	20	30	40	50	60	70	80	90
总水量（万加仑/天）	10	20	28	34	38	40	40	38	34

一口井的运营成本是每天 600 比索。对农民而言，水的价值（即收入）是每加仑 0.1 比索。

（1）在上表中添加一行，计算每口井的总收入。

（2）如果每口井都由不同的农民私有，如果没有任何规定，那么将有多少口井运行？（为了计算这个数值，你需要计算每口井的平均收入。求 10 口井的最接近倍数。)请简要描述为什么这些井的数量不具有经济效益。此外,从长远来看,这些井的数量有可能是生态可持续的吗? 请阐述原因。

(3)经济有效的井数是多少?(为了计算井数,需要计算边际收入。)再次求10 口井的最接近倍数。解释为什么社会效益(利润)在这个产出水平上最大化。

(4)指出政府可以收取的费用,以比索/天为单位,以实现社会效率均衡。此外,社会效率均衡在生态上是否可能是可持续的?

(5)假设采用了一种新技术,将运营成本从 600 比索降至 400 比索。现在有多少口井(10 的最接近倍数)在没有任何监管的情况下运行?

(6)新技术的社会效率均衡(即利润最大化)的量是多少? 这种新技术的引入如何影响环境的可持续性? 在引进新技术后,你会推荐引入何种新的费用?

114

2. 假设在小型海洋渔场的总捕获量(以吨为单位)是下表给出的每天捕捞次数的函数。

每天捕捞次数	1	2	3	4	5	6	7	8	9	10	11
总捕获量(吨)	10	20	30	40	48	54	58	60	59	57	53

鱼的价格是每吨 1 000 美元,一次捕捞作业的成本是 6 000 美元。

(1)在没有任何渔业法规的情况下,将进行多少次捕捞? 提供一个表格来支持你的答案。请简要解释为什么这种捕捞水平在经济上或生态上是不可持续的。

(2)通过分析总成本和总收入,捕捞的经济效率水平是多少? 注意,在这个例子中,两个层次的努力都是有效的,因为它们提供了相同水平的总利润。提交一张表格来支持你的答案。

(3)现在使用边际分析来显示捕捞效率。同样,两个层次的努力将是有效的。提供一张表格来支持你的答案。

(4)假设政府决定设置每次出海的捕捞费,以达到捕捞的有效水平。政府可以设定的最低费用是多少? 最高费用是多少? 一定要记住,两个层次的捕捞是经济有效的。

3. 四个镇共享一个水源地。通过购买岸边的空地，他们可以保护水资源免受污水、路面径流等污染。建立在水处理成本基础上的对空地的需求，可以表达为：

$$P = \$34\,000 - 10Q_d$$

这里 Q_d 是购买的土地；P 是小镇愿意支付的价格。

(1)如果土地的成本是每英亩 3 万美元，每个城镇独立运作，需要购买多少土地？

(2)假设这四个城镇组成一个联合委员会来购买土地，现在要购买多少土地？请用图表说明情况。（如果经济理论不明确，想象四个城镇的代表围坐在一张桌子旁，讨论购买不同数量土地的成本和收益。）

(3)什么是具有社会效率均衡的解决方案？为什么？从对清洁水需求的角度来讨论这个问题。在这种情况下，干净的水是公共物品吗？一般来说，水可以被认为是一种公共物品吗？

(4)假设土地的价格是每英亩 36 000 美元。现在，如果每个城镇独立行动，总共可以购买多少英亩土地？如果组成一个联合委员会，将购买多少英亩土地？

相关网站

1. www. iasc-commons. org. Links to articles related to management of common pool resources. The site is managed by the International Association for the Study of the Commons, a nonprofit association "devoted to bringing together multi-disciplinary researchers, practitioners, and policymakers for the purpose of improving governance and management, advancing understanding, and creating sustainable solutions for commons, common-pool resources, or any other form of shared resource."

2. www. garretthardinsociety. org/info/links. html. Numerous web links to writings and organizations related to commons issues, published by the Garrett Hardin Society, including Hardin's original 1968 article on the tragedy of the commons.

参 考 文 献

Clark, Colin W. 2010. *Mathematical Bioeconomics: The Mathematics of Conservation*, 3rd edition. New York: Wiley.

Davies, Ross. 2015. "Certification and Fish Stock Status Order of the Day at Iceland Responsible Fisheries Event." *Undercurrent News*, September 22.

Feeny, David, Fikret Berkes, Bonnie J. McCay, and James M. Acheson. 1999. "The Tragedy of the Commons: Twenty-Two Years Later," in *Environmental Economics and Development* (eds. J.B. (Hans) Opschoor, Kenneth Button, and Peter Nijkamp), 99–117. Cheltenham, UK: Edward Elgar.

Hardin, Garrett. 1968. "The Tragedy of the Commons." *Science*, 162(3859):1243–1248.

Heal, Geoffrey. 1999. "New Strategies for the Provision of Public Goods: Learning for International Environmental Challenges," in *Global Public Goods: International Cooperation in the 21st Century* (eds. Inge Kaul, Isabelle Grunberg, and Marc Stern). New York: Oxford University Press.

Johnson, Baylor, and Faye Duchin. 2000. "The Case for the Global Commons," in *Rethinking Sustainability* (ed. Jonathan M. Harris). Ann Arbor: University of Michigan Press.

Kaul, Inge, Isabelle Grunberg, and Marc A. Stern. 1999. *Global Public Goods: International Cooperation in the Twenty-First Century*. New York: Oxford University Press.

OECD (Organisation for Economic Co-operation and Development). 2017. "Sustaining Iceland's Fisheries through Tradeable Quotas." OECD Environment Policy Paper No. 9.

Ostrom, Elinor. 2015. *Governing the Commons: The Evolution of Institutions for Collective Action*. Cambridge, UK: Cambridge University Press.

Pearce, David W., ed. 1992. *The MIT Dictionary of Modern Economics*, 4th edition. Cambridge, MA: MIT Press.

第五章 资源配置

焦点问题:

- 应该如何决定在不同的代际之间分配不可再生资源?
- 如何看待未来将发生的资源耗竭?
- 如果资源开始枯竭,价格和消费将会发生什么变化?

第一节 不可再生资源的配置

资源可分为**可再生资源**和**不可再生资源**。如果管理得当,可再生资源可以无限期地使用。可以预测管理良好的农场、森林和鱼塘等资源能够持续生产数个世纪。相比之下,不可再生资源不能永久持续使用,如铜矿石矿床和原油供给。这引申出一个问题,即如今已经使用了多少有限的不可再生资源,以及为后代节省了多少。一个共同的担忧是,地球上的不可再生资源正在过快地耗尽。但也有人认为,技术的进步和人类的适应性将会避免资源短缺问题。经济理论对这个问题如何解释?

在本章中,提出了一个简单的经济模型以确定不可再生资源在不同时期的有效配置。首先假设拥有已知有限数额的资源,例如,高级铜的供给量相对固定。[①] 如何在两个时期之间——当前时期和未来时期分配该固定数额。更复杂

---

① 根据美国地质调查局的《2020 年矿产商品总结》报告,已知的全球铜储量为 8.7 亿吨,足以满足当前全球未来约 36 年的需求,无需回收利用。

的经济模型需要考虑更多的时间段——在此不进行讨论,但在本章末将介绍对这些模型的一些见解。

> **可再生资源**(renewable resources):随着时间推移,通过生态过程再生的森林和渔业资源等,但通过开发也可能耗尽。
>
> **不可再生资源**(nonrenewable resources):至少在人类时间尺度上,不会通过生态过程再生,例如石油、煤炭和矿产资源。

为了在两个时期之间有效地分配铜,需要权衡铜在当期和未来的经济价值。铜矿的所有者将根据对未来价格的预期决定是当期开采还是保留至未来开采。这个问题可作为标准供求理论的一个简单扩展。[①]

一、当期均衡

首先,只考虑当期。图 5-1 显示了铜的供需曲线。从该图中,可以得到铜的**边际净收益**曲线,它显示了每单位铜对消费者的价值和供给成本之间的差异。例如,若能以 50 美元的成本提取一吨铜,且其对买方的价值(即支付意愿)为每吨 150 美元,则其边际净收益为 100 美元。值得注意的是,社会的边际净收益只是每售出一个单位的消费者盈余和生产者盈余之和。

> **边际净收益**(marginal net benefit):额外一单位消费或产出的净收益,等于边际收益减去边际成本。

从图形上看,商品的边际净收益是供给曲线上价格和需求曲线上价格之间的垂直差异。边际净收益通常在开采第一个单位时最大,到均衡时减为 0(供求曲线相交的地方)。如果生产超过均衡数量的产品,由于供给成本高于其对于消费者的价值,边际净收益将为负值。

---

① 本分析假设没有铜的回收。第十四章和第十七章考虑了回收的经济性。

　　边际净收益分析是将同一时期的供给和需求信息压缩至一条曲线的简易方法。根据图 5-1 的供求曲线，铜的边际净收益由图 5-2 中的曲线 *MNB* 表示。

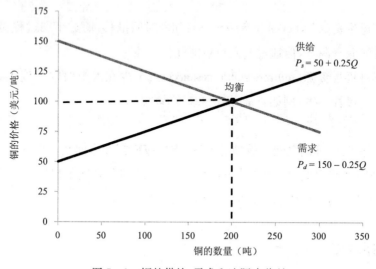

120

图 5-1　铜的供给、需求和边际净收益

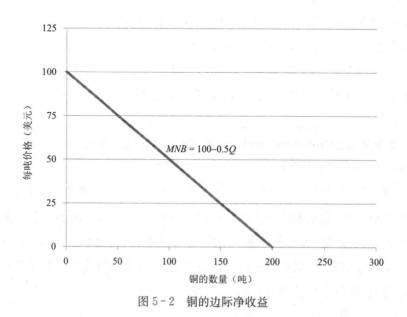

图 5-2　铜的边际净收益

代数中,如果需求供给公式如下:

$$P_d = 150 - 0.25Q$$

以及

$$P_s = 50 + 0.25Q$$

则边际净收益由需求曲线上的价格减去供给曲线上的价格得到,或:

$$MNB = P_d - P_s = [(150 - 0.25Q) - (50 + 0.25Q)] = 100 - 0.5Q$$

当市场均衡 $Q = 200$ 时,边际净收益为 0,意味着生产和消费超过 200 吨的铜不会带来额外的净收益。边际净收益曲线下的面积表示铜市场的**总净收益**(正如需求曲线下的面积表示总收益,供给曲线下的面积表示总成本)。在这种情况下,总收益等于三角形的面积,三角形的高度为每吨 100 美元,底为 200 吨。利用三角形面积的公式(底×高÷2),可以得到总净收益为 10 000 美元。

总净收益(total net benefit):总收益减去总成本。

静态均衡(static equilibrium):只考虑当前成本和收益的市场均衡结果。

当边际净收益刚好等于 0 时,总净收益最大化。这对应于市场均衡,即数量为 200 吨,价格为每吨 100 美元。这种均衡称之为**静态均衡**——若只考虑当前的成本和收益,市场均衡将占"上风"。[1]

现在考虑第二期铜的边际净收益。当然,我们无法确切地知道这个值,因为没有人能预测未来。但在简单模型中,可以获得这个数值,一定数量的铜必须在两个时期之间进行分配。在本例中,因为只考虑两个时期,所以假设在第二期之后不需要保存任何铜。进一步简化假设铜市场在第二期的边际净收益与第一期完全相同。换句话说,供给和需求曲线在第二期保持不变。(这个假设对于分析来说不是必要的,但它会使例子更简单。)第二期的边际净收益曲线是:

$$MNB_2 = 100 - 0.5Q_2$$

可以通过图形来比较两个时期的边际净收益。使用横轴来测量铜的总可用量——例如 250 吨——并将第一期的边际净收益曲线 MNB_1 以与图 5-2 中相

121

---

[1] 本章假设铜生产没有相关外部性,第十七章讨论了外部性对不可再生资源开采的影响。

同的方式放置在该图上,然后用镜像的方式将边际净收益曲线 MNB_2 从右到左放置在图上。因此,水平刻度从左到右显示了在第一期中的使用量(Q_1),从右到左显示了第二期的使用量(Q_2;图 5-3)。在横轴上的任何一点,两个时期内的总使用量相加为 250 吨,即可用总量。

> **现值(present value)**:未来成本或收益流的当前值。
>
> **折现率(discount rate)**:将未来预期收益和成本折算成现值的比率。

进一步完善分析。因为要比较两个时期,所以必须将第二期的价值折现。**现值**的经济概念是指使用**折现率**将未来价值转换为货币现值。例如,假设承诺10 年后给你 1 000 美元。那么,这一承诺的现值是多少?

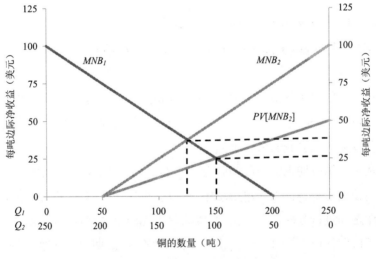

图 5-3　两期的资源分配

假设我是可信的,你一定会收到这笔资金,这个问题的答案则取决于折现率,在金融术语中称为存款利率。假设利率为 7.25%。① 以复利方式计算,今天存入银行的 500 美元 10 年后大约值 1 000 美元。因此 10 年后 1 000 美元的现

---

① 假设这是一个实际利率,根据预期通货膨胀进行了修正。

值约为 500 美元。换句话说,现在的 500 美元和 10 年后的 1 000 美元是同等价值的。[①]

将这一原理应用到铜的例子中,假设该例中两期相隔 10 年。(当然,这种假设只有两期且相隔 10 年是不现实的,但从这个数学上的简单例子中得出的原理可推广到 n 期模型。)利用现值法,可以将第二期的边际净收益变现到第一期。使用以下公式:

$$PV[MNB_2] = MNB_2/(1+r)^n$$

其中 r 是用小数表示的年折现率;n 是各期之间的年数,若 $r=0.0725$(折现率为 7.25%),$n = 10$,则 $PV[MNB_2]$ 近似为:

$$PV[MNB_2] = MNB_2/(1.0725)^{10} \approx MNB_2/2$$

换句话说,未来收益折现了一半。第二期边际净收益的现值如图 5 - 3 所示,其斜率为未折现 MNB_2 的二分之一。

二、两期的动态均衡

使用特殊图形的原因现在变得显而易见。考虑 MNB_1 和 $PV[MNB_2]$ 两条曲线的交叉点。此时,1 吨铜的边际净收益现值在两个时期内是相同的。这是资源最优跨期分配,因为此时将消费从第一期转移到第二期无法获得额外的净收益。从图中可以看出,最优分配方案是第一期分配 150 吨铜,第二期分配 100 吨铜。从代数上看,这个解是通过联立 Q_1 和 Q_2 两个等式得到的:

$$MNB_1 = PV[MNB_2]$$

和

$$Q_1 + Q_2 = 250$$

第二个等式是**供给约束**,这意味着两个时期的供给数量之和必须等于 250 吨,即可用总量。

---

　① 你可能会反对,你今天更想实际花 500 美元。但如果这是你选择,你可以以 7.25% 的利率借 500 美元。当贷款在 10 年后到期,总计 1 000 美元加利息,可以用我给你的 1 000 美元来偿还。

> **供给约束(supply constraint)**：供给的上限，如一种不可再生资源的供给。

可通过先设置两条边际净收益曲线相等来求解方程组：

$$MNB_1 = PV[MNB_2]$$

或

$$(100 - 0.5Q_1) = (100 - 0.5Q_2)/2$$

$$100 - 0.5Q_1 = 50 - 0.25Q_2$$

因为 $Q_1 + Q_2 = 250$，$Q_2 = 250 - Q_1$ 代入，解出 Q_1：

$$100 - 0.5Q_1 = 50 - 0.25 \times (250 - Q_1)$$

$$100 - 0.5Q_1 = 50 - 62.5 + 0.25Q_1$$

$$0.75Q_1 = 112.5$$

$$Q_1 = 150 \ 吨$$

一旦求出 Q_1，就可以根据 $Q_1 + Q_2$ 必须等于 250 吨的供给限制很容易地解出 Q_2。因此，Q_2 为 100 吨。可以使用福利分析来确认这个解决方案在经济上是最优的(图 5-4)。通过选择 $Q_1 = 150$ 和 $Q_2 = 100$ 的平衡点，获得了最大的总净收益，如图 5-4 所示阴影区域 A + B 所示。(区域 A 是第一期的总净收益；区域 B 是第二期的总净收益。)

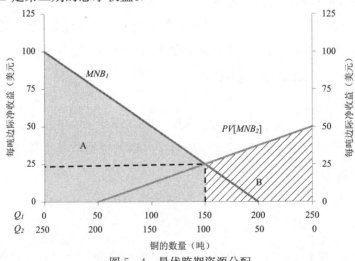

图 5-4　最优跨期资源分配

将这一结果与其他任何分配的福利效果进行比较：例如，分配 $Q_1 = 200$，$Q_2 = 50$。如图 5-5 所示，这两个时期的总福利随着这一新分配而减少。通过将 50 吨从第二期转移到第一期使用，得到第一期的福利为 A_2。（注意图 5-5 中的 A_1 区域等于图 5-4 中的 A 区域。）但第二期损失了第二期的福利 $A_2 + B_2$，净损失为 B_2。总福利现在是 $A_1 + A_2 + B_1$，小于图 5-4 中的 A+B。类似地，对于其他分配方案，都会被证明不如 $Q_1 = 150$ 和 $Q_2 = 100$ 的最优解。（例如，$Q_1 = 100$，$Q_2 = 150$。计算该分配对总净收益的影响。）

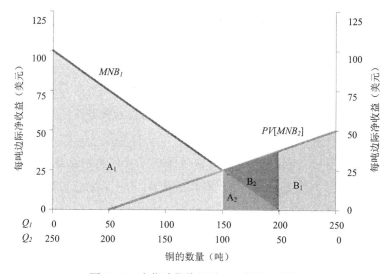

图 5-5　次优跨期资源分配（彩图见彩插）

三、使用者成本和资源消耗税

把从代数分析和图形分析中学到的东西转化成常识性术语。如今可以通过使用超过 150 吨的铜来增加收益。如果不考虑将来，会用现在的 200 吨铜来最大化净收益。如果第一期选择只使用 50 吨铜，那么可以给第二期留下 200 吨铜——足以满足第二期的最大需求。但如果第一期使用的铜超过 50 吨，就会减少第二期对铜的使用。

另一种说法是对铜的使用超过 50 吨，实际上是提高了第二期铜的消费成本。在图 5-4 中，这些**使用者成本**显示为稳步上升的曲线 $PV[MNB_2]$，即当前使用额外的铜在第二期失去的利益。今天使用得越多,第二期可用的就越少,成本也就越高。使用者成本实际上只是另一种第三方成本或外部性——时间上的外部性。对于使用者成本实际实例,请参见专栏 5-1。

125 | **使用者成本**(**user costs**):与未来可使用资源减少相关的机会成本。

专栏 5-1　估算约旦的使用者成本

中东国家约旦是世界第二大磷酸盐和钾盐出口国。这两种矿物是不可再生资源,它们被开采用于商业肥料。2016 年发表于某期刊的文章估算了约旦提取磷酸盐和钾盐的使用者成本,作者指出:

如果这些现有的可耗尽储量随着开采而减少(在没有新储量发现的情况下),就会面临迫在眉睫的危险。因此,这些资源为后代创造同样收入和就业的能力也随着耗竭而减少。

正如本章所讨论的,当下资源的使用降低了后代的可用量,并减少了他们的经济效益。为了最大限度地提高经济效益,用户当前付出的开采成本应当投资于可持续的未来。以 3% 为折现率的计算结果表明,2002~2010 年的磷酸盐和钾盐开采的使用者成本总计约 5.5 亿美元,约占这一时期利润的 20%。

作者指出"可持续经济发展的关键因素是使用者成本的再投资",这可以通过征税获得,然后投资于人力资本、生产资本和可再生形式的自然资本。但他们的分析表明,通过开采磷酸盐和钾盐获得的收入主要用于短期消费,而非投资。不能寄希望于私人矿业公司将其利润用于社会的长期福利投资。因此,他们的结论是:

适宜的公共政策,可以创造必要的条件,以确保采矿平衡,进而为约旦后代可持续发展积蓄力量。

资料来源:Alrawashdeh,Rami,and Khalid Al-Tarawneh. 2014. "Sustainability of Phosphate and Potash Reserves in Jordan."*International Journal of Sustainable Economy*,6(1):45-63.

只要现在消耗铜的边际效益高于未来的使用成本,就可以证明当下铜的使

用是合理的。在例子中,当使用者成本高于今天消费铜所获得的边际收益时,在当前消费超过 150 吨的任何水平上——当前过度的消费正在减少总经济福利(即两个时期的福利总和)。

回到代数和图形分析,可以定义第一期最优消费水平下使用者成本的精确值,已经确定这是最优的。图 5-4 中,MNB_1 曲线和 $PV[MNB_2]$ 曲线交点到横轴的垂直距离为均衡时的使用者成本。可以通过计算 $Q_1 = 150$ 和 $Q_2 = 100$ 的交点处的 MNB_1 或 $PV[MNB_2]$ 值,计算使用者成本:

$$使用者成本 = MNB_1 = 100 - 0.5 \times (150) = 25$$

或者

$$使用者成本 = PV[MNB_2] = 50 - 0.25 \times (100) = 25$$

因此,均衡时的使用者成本为 25 美元。注意,使用 MNB 曲线可以得到相同的答案。

那么,如何获得跨时间的最优分配? 如果在第一时期有一个不受监管的市场,正常的市场监管将导致 200 吨的生产和消费——从效率跨期分配的角度来看,这太多了。应该在第一期只生产和消费 150 吨。

假设回到最初第一期的供给和需求计划表(重新绘制在图 5-6 中)。如果完全不考虑第二期,第一期的市场均衡将是 200 吨铜,价格为 100 美元。现在,假设在普通生产成本中加上从图 5-4 中得到的使用者成本——就像在第三章在普通供给曲线上加入环境外部成本一样。请记住,使用者成本是第二期的边际收入损失,是一种"时间外部性"。结果由图 5-6 中的**社会成本**曲线 S' 表示。

社会成本(social cost):与产品和服务相关的市场和非市场成本。

新的均衡出现在 150 吨铜的消费水平上,价格为每吨 112.5 美元。在新均衡中,使用者成本是 25 美元,即原始供给曲线 S 和新的社会成本曲线 S' 之间的垂直距离。

可以使用什么策略来获得第一期的有效结果($Q_1 = 150$,$P_1 = 112.5$ 美元)? 回想在第三章中通过使用庇古税将负外部性内在化。在这种情况下,可以通过实施资源消耗税来内部化使用者成本的外部性。在第一期中"正确的"**资源消耗税**是在第一期中以最优数量完全内部化使用者成本的金额。在本例中，正确的资源消耗税是每吨 25 美元，如图 5-6 中 S_{TAX} 所示。换句话说，每吨 25 美元的资源消耗税使第一期均衡减少到 150 吨的有效数量。

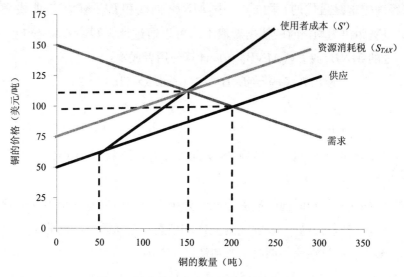

图 5-6   有使用者成本的铜市场（第一期）

> **资源消耗税**（resource depletion tax）：对开采或出售自然资源所征收的税。

一旦解决了在最优分配下的使用者成本等于每吨 25 美元，就可以求解第一期和第二期的价格。对于第一期，使用供给和需求曲线的原始方程，但将 25 美元的资源消耗税添加到供给曲线，以内在化使用者成本。对于第一期：

$$P_d = 150 - 0.25Q_1, P_S = 75 + 0.25Q_1$$

联立上述等式，得到第一期的均衡：

$$Q_1 = 150, P_1 = 112.5$$

第一期的消费量为 150 吨，第二期的消费量为 100 吨。利用需求曲线方程，将已知数量 100 吨代入，可以计算出均衡价格：

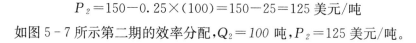

$$P_2=150-0.25\times(100)=150-25=125 \text{ 美元/吨}$$

如图 5-7 所示第二期的效率分配，$Q_2=100$ 吨，$P_2=125$ 美元/吨。

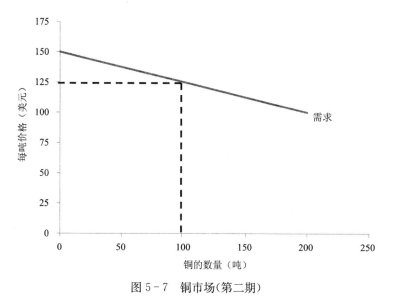

图 5-7　铜市场（第二期）

若使用者成本以这种方式内部化，那么新的市场均衡——**动态平衡**，就反映了当前和未来的需求。当前的更高价格向资源的生产者和消费者传递了一个信号，即减少今天的生产和使用，从而为未来节省更多资源。

> **动态平衡**（dynamic equilibrium）：既考虑当期成本和收益，也考虑未来成本和收益的市场均衡。

资源消耗税并不是在不同时期有效配置资源的唯一政策。其他政策机制可能包括政府直接控制资源开采、储存资源或维持库存等方面。但在某些情况下，市场并不需要政府干预来将使用者成本内部化。这是正确的，尤其是在预期资源耗尽之前的时间相对较短的情况下。在这种情况下，资源的私人所有者将会预测第二期的情况，并采取相应行动。

如果预见到资源短缺，逐利的资源拥有者将在市场上持有部分铜库存，或不进行开采，以等待未来价格和利润的上涨。可理解为，若市场在第一期达到平衡,即 200 吨,那么最后售出的几吨的边际利润相当小,只有几美元(即图 5-1 中供给曲线和需求曲线价格之间的垂直差异)。如果在第二期只有 50 吨铜可用,铜生产商可以收取消费者愿意为这一有限数量而支付的价格。可以在需求曲线上插入 50 吨可以计算得出价格为每吨 137.50 美元。但供给 50 吨铜的边际成本相当低(根据图 5-1 中的供给曲线,为每吨 62.50 美元)。因此,在数量为 50 吨时,需求曲线和供给曲线之间的巨大垂直差代表每吨 75 美元的巨大未来利润。

向资源所有者支付的费用超过了维持这些资源生产所必需的费用,被称为**稀缺性租金**。从技术上讲,边际单位铜的稀缺性租金等于需求曲线上的价格与供给曲线上的价格之差,或者生产者可以收取高于生产成本的价格。在例子中,铜所有者有动机减少在第一期出售的数量,放弃相对较小的当前利润,而在未来获得相对较大的边际利润。由于铜的供给量有限,在未来一段时间内,铜生产商将产生稀缺性租金。

> **稀缺性租金**(scarcity rent):支付给资源所有者的款项超过了维持这些资源生产所必需的数额。

可以证明(虽然这里没有显示),在某些假设下,铜生产商的利润最大化行为将在两个时期内产生与资源消耗税完全相同的铜分配。换句话说,不需要资源消耗税来实现两个时期的有效跨期分配。铜生产商将在第一时期自愿减少产量,直到这两个时期的稀缺性租金折扣相等为止。但是,有理由怀疑,仅凭市场能在多大程度上预测未来的资源限制,并且产生有效的配置? 将在下一节讨论这个问题。

第二节　霍特林定律与时间折现

如果不再呈现两个时期,而是考虑未来无限期的现实世界,又会怎样? 从现在起,应该储备多少铜以备 50 年之用? 100 年? 将两期模型扩展到一个更一般的理论,可以为这些问题提供新的视角。这些问题检验了经济模型的局限性,也解决了在经济理论中社会价值和市场价值之间的相互关系。

两期模型的例子表明,折现率是一个关键变量。在不同折现率下,两期铜资源的最优配置变化非常显著。从一个极端——折现率为 0——开始。在例子中,铜的均衡分配量是每期 125 吨。在折现率为 0 的情况下,未来净收益的价值与当前净收益的价值完全相同。因此,铜在各时期之间被均匀分配。

在折现率高于零的情况下,在某种程度上更倾向于当前消费而不是未来消费。在一个非常高的折现率下——比如每年 30%——第一期铜的分配是 190吨,接近静态平衡情况下消耗的 200 吨,使用者成本降至仅 5 美元。高折现率对当前利益的影响远大于对未来利益的影响(图 5-8,表 5-1)。

可以将这种逻辑从一期扩展到多期,甚至到无限期。所涉及的原理被称为**霍特林定律**。这个定律指出,均衡时资源的净价格(价格减去生产成本)必须以与利率提高相同的速率提高。[①]

> **霍特林定律**(Hotelling's rule):均衡时资源的净价格(价格减去生产成本)必须以与利率提高相同的速率提高。

虽然没有给出霍特林定律的详细经济模型,但可以从铜矿所有者的角度来理解该定律。所有者提取的每单位利润等于净价格(即销售价格减去边际成本)。在决定是否生产和销售铜时,所有者将会权衡当前可以获得的净价格和未来可能更高的净价格。若当前净价格加上利息超过未来可能的净价格,所有者将通过当前开采资源并投资收益来获得更多收益。若预期的未来净价格高于当前的净价格加上利息,那么在未来出售将更有利。

[①] 该定律以哈罗德·霍特林命名,他在 20 世纪 30 年代开创了不可再生资源的现代理论(Hotelling, Harold, 1931)。关于霍特林定律如何有效地描述现实世界资源的价格,将在第十七章进一步讨论。

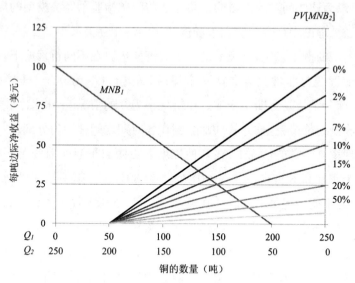

图 5-8 不同折现率下的跨期资源分配

表 5-1 不同折现率下的跨期资源分配

折现率(%)	$(1+r)^{10}$	Q_1	Q_2
0	1	125	125
2	1.2	132	118
5	1.6	143	107
7.5	2	150	100
10	2.6	158	92
15	4	170	80
20	6.2	179	71
30	13.8	190	60

  如果所有资源拥有者遵循这个逻辑，那么当前提供铜的数量将一直增长到价格下降至足够低，从而鼓励资源所有者节约资源，期待未来更高的价格。在这点上，霍特林定律将成立：未来预期价格的增长将遵循指数曲线 $P_1(1+r)^n$，其中 P_1 是当日的价格，r 是折现率，n 是从现在开始的年数(图 5-9)。

  如果有些困惑，那么考虑这个更简单的常识性公式：高折现率(即利率)会促

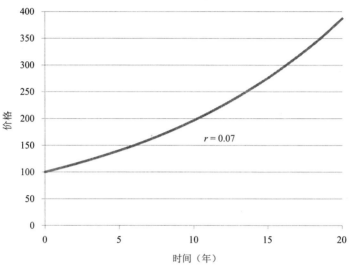

图 5 - 9　均衡资源价格的霍特林定律

使人们更快使用资源（因为资源的当期价值相对于未来价值更大）；低折现率会促使人们更多地节约资源。更一般地可以说，经济理论意味着在市场条件下存在一个**最优损耗率**，不可再生资源将以一个"最优"率被耗尽，而折现率越高，损耗率也会更高。①

131

　　有趣的是，根据这一理论，最佳选择是耗尽某种资源——折现率越高，时间越短。与最优污染理论一样，这在很多人看来是错误的。为后代留下一些必要资源的伦理该如何取舍？

> **最优损耗率**（optimal depletion rate）：最大化资源净现值的自然资源消耗率。

　　一种回答是没有伦理义务为后代留下待开发的资源。相反，可以留给后代一个经济系统，包括利用这些资源开发的资本积累。如果今天使用这些资源并且用于毫无意义的浪费上，这的确对后代不公平。但是如果明智地投资这些资源，当前对资源的使用将会造福我们和我们的后代。这一经济原则被称为**哈特**

---

① 将在第十七章更详细地研究资源价格与资源提取模式的关系。

维克准则（Hartwick rule）（不要与名称相似且密切相关的霍特林定律混淆）。哈特维克准则指出，应该投资不可再生资源的稀缺性租金——出售资源的收益扣除开采成本——而不是用于消费。因此，可以用等值的生产资本来替代减少的自然资源。[1] 在第二章中，这与传统环境经济学的人类中心世界观相一致，而非生态经济学的生态中心世界观。生态经济学家可能不会认为生产资本足以替代失去的自然资本。但如果处理的是没有特殊生态价值的自然资源，例如铜矿床，那么以人类为中心的观点似乎更合理。

> **哈特维克准则（Hartwick rule）**：一种资源使用原则，指出资源租金（资源出售的收益扣除开采成本），应该被投资而不是被消耗。

对折现的另一个批评集中于这样一个事实：基于标准商业利率的折现率通常对未来几代人的福利给予较低的权重，特别是在未来很长一段时期内。这导致一些人质疑是否可以长期合理地应用基于折现率的现值分析。这个问题对于第七章讨论成本收益分析很重要。

在本书的分析中，尚未考虑资源开采中存在的环境外部性。仅假设铜的生产没有外部性，意味着铜的供求曲线准确地反映了它的社会成本和收益。在现实世界中，铜矿开采可能会对环境产生重大影响。随着高质量的铜矿石被耗尽，从低质量的铜矿石中回收铜的环境成本可能会上升。将这些成本内在化将影响铜的市场价格和跨期分配。此外，铜回收市场可能会发展，这为基础性分析提供了一个新市场的供给来源。这些问题将在第十七章中进行更全面的讨论。

小　结

不可再生资源可以现在使用或者保留至未来使用。经济理论对如何优化不

---

[1]　参见 Hartwick, 1977; Solow, 1986。

可再生资源的跨期分配提供了一定指导。从本质上来看，现期使用一种资源的净价值必须与它未来潜在使用的净价值相平衡。为比较不同时期的价值，用折现率来衡量未来消费的现值。

使用者成本概念基于通过使用当前的资源，会给未来的潜在消费者强加一些成本。使用者成本是一种时间上的外部性，与其他外部性一样，应该反映在市场价格上，使所有社会成本内部化。将使用者成本纳入市场价格将会减少当前的消费，给未来留下更多资源。

如果资源使用者能够准确预见未来的资源短缺，那么当期的价格将会反映使用者的成本。价格上涨的预期将会为现在持有资源创造动机，以期在未来以更高的价格出售。根据霍特林定律，在均衡状态下，资源的净价值（市场价格减去开采成本）必须以等于利率的速度上升。利率越高，所有者就越有可能从当前对资源的开采以及出售中获利，而不是期待未来价格上涨。

当考虑长期时，折现将使用者成本的重要性降低到几乎为零，并几乎没有创造保护不可再生资源的市场激励。如果政府希望确保某些资源的长期供给，可以通过资源消耗税将使用成本内在化——就像庇古税内在化当前的外部性一样。

还有一种可能的选择是开采不可再生资源直到耗尽，不留任何储量给未来使用。一个主要的问题是，是否应使用当期折现率来确定资源的长期分配，或是否有社会义务为子孙后代保存自然资源？

关键术语和概念

discount rate 折现率

dynamic equilibrium 动态均衡

Hartwick rule 哈特维克准则

Hotelling's rule 霍特林定律

marginal net benefit 边际净收益

nonrenewable resources 不可再生资源

optimal depletion rate 最优损耗率

present value 现值

renewable resources 可再生资源

resource depletion tax 资源消耗税

scarcity rent 稀缺性租金

social cost 社会成本

static equilibrium 静态均衡

supply constraint 供给约束

total net benefit 总净收益

user costs 使用者成本

问题讨论

1. 有争议说,任何旨在保护不可再生资源的政府政策都是对自由市场的无理干涉。根据这一观点,如果一种资源很可能变得稀缺,最可能意识到这点的是从事资源交易的私人投资者和商人。如果他们预见到资源稀缺,他们就会持有资源以备未来获益,从而提高价格,实现资源节约。政府的任何行动可能都没有这些利益驱动的私人企业反应迅速。请评价这个观点。你认为在某些情况下,政府是否应该介入以保护特定的资源? 若是,政府应该使用哪些政策工具?

2. 如何将跨期的资源分配原理应用于诸如大气、海洋等环境资源? 关于最优消耗的结论是否同样适用?

练习

1. 分析石油的跨期配置,假设一代人是 35 岁,暂只考虑两代人。当代石油的需求和供给函数由下式给出:

需求:$Q_d = 200 - 5P$ 或 $P = 40 - 0.2Q_d$

供给:$Q_s = 5P$ 或 $P = 0.2Q_s$

其中,Q 以百万桶表示;P 为每桶价格。

(1)在不考虑未来的情况下,绘制当代均衡价格和消费量的供需图,用代数方法求解均衡价格和均衡数量。

(2)接下来,绘图表,从各消费层次到均衡水平这一时期消费的边际净收益。用代数方法表示边际净收益函数(效益减去成本)。

(3)假设下一代的边际净收益函数预计相同。但折现率为每年 4%,35 年的折现率为 $(1.04)^{35}$,大约等于 4。两代人的石油总供给量被限制在 1 亿桶。计算两代人之间资源的有效分配,并以图形表示,如图 5-4 所示。(提示:设置两个时期的边际净收益相等,记住要包括折现率。)

(4)什么是当前合适的资源消耗税? 在描述当前的市场图表中包括一条显

示边际使用者成本和资源消耗税的曲线。你可以画一幅新图，也可以将这两条曲线从本添加到（1）绘制得出的图中。最后，计算当前的新价格（含资源消耗税）。

（5）简要描述如果使用更高或更低的折现率，答案会有何不同（不需要解决数字或绘制新的图表）？

2. 假设不可再生资源铝在当前时期的需求与供给曲线为：

需求：$Q_d = (200 - P) / 0.4$ 或 $P = 200 - 0.4Q_d$

供给：$Q_s = (P - 80) / 0.6$ 或 $P = 80 + 0.6Q_s$

其中，Q 为百万吨；P 为每吨价格。

（1）求解当期的均衡价格和均衡数量。用供求图表示供求曲线和平衡点。

（2）确定铝的边际净收益曲线，并在一个新的图上显示。

（3）假设有 1.5 亿吨铝在当期和未来分配，未来边际净收益与当期相同。此外，假设未来期限为未来的 25 年，折现率为 4.5%。使用折现公式，将未来收益除以 $(1.045)^{25}$，等于 3。换句话说，未来边际净收益函数需要除以 3 才能得到未来收益的现值。解决了两代人之间铝的有效分配问题。绘制类似于图 5 - 4 的图，显示分配。

（4）计算当期适宜的资源消耗税。如果实行资源消耗税，现阶段铝的价格会是多少？

参 考 文 献

Alrawashdeh, Rami, and Khalid Al-Tarawneh. 2014. "Sustainability of Phosphate and Potash Reserves in Jordan." *International Journal of Sustainable Economy*, 6(1):45–63.

Hartwick, J.M. 1977. "Intergenerational Equity and the Investing of Rents from Exhaustible Resources." *American Economic Review*, 66(1977):972–974.

Hotelling, Harold. 1931. "The Economics of Exhaustible Resources." *Journal of Political Economy*, 39(2):137–175.

Solow, R.M. 1986. "On the Intertemporal Allocation of Natural Resources." *Scandinavian Journal of Economics*, 88(1986):141–149.

第六章　评估环境价值

焦点问题：
- 不同类型的经济价值有哪些？
- 经济学家用什么技术来评估环境和自然资源的货币价值？
- 环境的价值评估是否为政策决策奠定了良好的基础？

第一节　经济总价值

几乎所有人都同意环境对人类有极大的价值，从为经济生产提供基本物质投入的自然资源，到为人类提供清洁空气、水、耕地、防洪和审美享受的生态服务。其中一些价值是通过市场交易来表达的。但是，从自然中获取的很多益处不一定来自市场交易。在极端天气情况下，沿海湿地可以保护人们免受风暴潮的侵袭，徒步旅行者通过参观国家公园获得一种新生的感觉。有人只是因为知道有人在保护濒危动植物和保存荒地而心生喜悦。尽管人们普遍认为，经济学家在分析选择各种政策的益处时确实认识到了这些价值。假设经济学家一定会建议砍伐树木进而获得经济收益，而不是为了保护野生动物栖息地而保持森林完整，这样的想法是错误的。

然而，在传统的环境经济分析中，"价值"的概念通常不是基于伦理和哲学。在传统经济理论中，大自然之所以有价值，是因为人类赋予了它一定的价值。所以根据这种观点，物种没有与生俱来的生存权。相反，它们的"价值"来自人类赋

予它们的任何价值。同样，没人有天生获得清洁空气的权利。相反，清洁空气的 137
益处应该与伴随空气污染一起生产出的市场商品的价值相权衡。

　　一些理论家——主要是生态经济学家和一些非经济学家——对这种观点提
出了挑战，[①]他们提出了一种"基于权利"的价值观。正如在第一章中讨论的那
样，非人类为中心的观点超越了传统经济学家通常采用的以人类为中心或以人
类为中心的世界观。持生态中心世界观的生态经济学家认为，自然价值源自生
态系统功能，而不应该仅仅基于人类经济价值。也许将固有权利理论和生态中
心观点与货币估值相协调是不可能的，但从市场价值外考虑环境和社会因素却
是可能的，经济学家也为此付出了巨大努力。关于在全球范围内确定"环境"价
值的努力尝试，见专栏 6 - 1。

　　应该如何衡量商品和服务的价值与生态服务、环境便利设施的**非市场价
值**？很多经济学家认为，为了进行有效的比较，首先需要使用一个共同的衡量
标准来量化这些价值。可能你已经猜到，经济学家通常使用的标准指标是某
些货币单位，比如美元。因此，非市场价值的核心挑战是如何用货币来表达各
种收益和成本。

> **非市场价值**（**nonmarket benefits**）：不通过市场销售产品和服务获得的
> 收益。
> **支付意愿**（**willingness to pay，WTP**）：人们愿意为增加其福利的商品或服
> 务支付的最大金额。

　　首先，考虑从自然资源和生态环境中得到的收益。回顾第三章，市场上的商
品和服务提供给消费者的收益被定义为消费者有意愿支付的最大金额和价格之
差，即消费者剩余。同样的概念也适用于非市场上的商品和服务。传统环境经
济学将人们从某一特定资源中获取的经济价值定义为**支付意愿**（WTP）。

---

① Sagoff，2004.

专栏 6-1　评估全球生态系统

1997 年,一篇有争议的论文估算了世界生态系统的总经济价值。[①] 研究人员考虑了 17 种生态系统的全球价值,包括气候调节、侵蚀控制、废弃物处理、食物生产和娱乐,估计价值每年有 33 万亿美元,略高于当时的世界生产总值。尽管这篇论文因试图使用简单的经济学方法来将所有生态系统简化为货币价值而受到批评,但即便是批评者也承认"这篇文章有可能影响环境话语",并引发"丰富的方法论讨论"。[②]

2014 年,很多作者发表了该论文的更新版本。该版本依赖于一个显著扩大的估值研究数据库,以确定各种生态系统的每公顷价值。新的分析还认为,自第一次研究以来,一些生态系统的全球总面积扩大了,包括农田、草原和沙漠,而其他生态系统则有所下降,包括森林、苔原和珊瑚礁。考虑到这两种变化,作者估计 2011 年世界生态系统的价值每年约为 125 万亿美元(表 6-1),显著高于 2014 年约 75 万亿美元的世界生产总值。[③]

从表 6-1 中可以看到,湿地每公顷的价值特别高,占全球生态系统价值的 20% 以上。沿海生态系统的每公顷价值低得多,但由于其面积大得多,全球价值略高。虽然开阔的海洋每公顷的价值相对较低,但它们覆盖了地球表面积的 64%,因此也贡献了全球总量的很大一部分。

虽然作者声称,2014 年的新估值比 1997 年的研究有所改进,但他们也指出,数值"充其量只是一个粗略的近似值"。他们写道,他们分析的主要目的是"提高人们对生态系统服务社会重要性的认识,并作为一种强大和重要的沟通工具,在与提高 GDP 但损害生态系统服务的政策进行权衡时,提供更好、更平衡的决策。"

其他研究人员也得出了自然服务价值与 GDP 相当的结论。2020 年,中国青海省的一项研究发现,该省生态系统服务价值的不完整统计约占其 GDP

---

① Costanza et al. , 1997.

② El Serafy, Salah. 1998. Turner et al. , 1998;Norgaard et al. , 1998.

③ Costanza et al. , 2014.

的 75％。① 作者认为,生态系统服务的价值评估可以证明,在保护自然资源方面的投资通常在经济上是合理的。

表 6-1 世界生态系统的价值

生态系统类型	价值(美元/公顷/年)	全球总价值（万亿美元/年)
开放海洋	1 368	21.9
沿海	8 944	27.7
热带森林	5 382	6.8
温带森林	3 137	9.4
草地/牧场	4 166	18.4
湿地	140 174	26.4
湖泊/河流	12 512	2.5
沙漠	未估值	0
农田	5 567	9.3
城市地区	6 661	2.3
全球总计		124.7

资料来源: Costanza et al. , 2014。

对于很多非市场商品而言,没有一个必须支付才能获得利益的直接"价格"。例如,清洁的空气是很多人愿意为之支付一定金额的东西。例如,假设住在污染城市的人愿意每年支付高达 200 美元来改善空气质量。这每年支付的 200 美元代表他们将获得更清洁的空气的经济效益,类似于消费者剩余的概念。原则上,可以将城市所有居民的总体支付意愿与清洁空气的成本进行权衡,以确定减少空气污染的政策是否具有经济意义。

如果一个具体的政策建议会损害或破坏某种环境资源或降低环境质量,该如何应对? 在一项政策会降低环境效益的情况下,可以调查人们愿意接受多少补偿来换取这种变化。这是一种**受偿意愿(WTA)**的环境评估方法。支付意愿

---

① Ouyang et al. , 2020.

和受偿意愿都是理论上正确的经济价值衡量方法，可以应用于任何潜在的政策情况。使用时可以考虑用于估算支付意愿和受偿意愿的各种经济技术措施，但首先讨论不同类型的经济价值。

> **受偿意愿**（willingness to accept，WTA）：对于那些会降低福利的行为，人们愿意接受的最低货币补偿。

一、使用价值与非使用价值

经济学家已经开发了一种分类方案，来描述环境赋予的各种类型的价值。首先，这些价值被分为**使用价值**和**非使用价值**。[①] 使用价值是可以通过物理观察到的有形价值。使用价值可进一步分为**直接使用价值**和**间接使用价值**。当慎重决定使用一种自然资源时，就可以获得直接使用价值。这些价值可能来自开采或收获一种资源而获得的经济利益，例如钻探石油或采伐树木所获得的利润。它们也可能来自与自然环境的物理互动而获得的幸福感，例如钓鱼或徒步旅行。请注意，根据这一分类，即使相对地不使用自然资源，人们也可以获得直接使用的收益。因此，仅仅在森林里散步就被认为是一种直接使用的收益。

间接使用价值是指不用做任何努力就可以从自然界获得的有形利益，也指**生态系统服务**，包括防洪、减缓土壤侵蚀、净化污染和蜜蜂授粉。虽然这些收益可能不像直接使用那样明显或有形，但它们仍然是有效的经济利益，应列入经济分析。只要人们愿意为生态系统服务支付一定费用，环境经济学家就会将这些利益视为经济价值——就像砍伐木材或开采石油带来的经济利益一样"真实"。

非使用价值来源于从环境中获得的无形福利。虽然这些益处本质上是心理上的，但只要人们愿意为此付费，它们仍然是"经济上"的。经济学家定义了三种类型的非使用价值。首先是**期权价值**，即人们愿意为保护资源而支付的金额，因为人们希望在未来使用它。举个例子，有人愿意支付费用保护美国阿拉斯加的

---

① 非使用价值也称为被动使用价值。

北极国家野生动物保护区，该保护区为驯鹿、狼和其他物种提供栖息地，因为他们将来有可能会去那里。期权价值的另一种表达方式是保护亚马孙雨林的价值，也许有一天可能会用那里发现的一种物种治愈疾病。 140

使用价值（use values）：人们对使用的产品和服务所赋予的价值。

非使用价值（nonuse values）：不通过实际使用一种资源而获得的价值，非使用价值包括存在价值与遗产价值。

直接使用价值（direct-use value）：人们通过直接使用自然资源获得的价值，如采伐一棵树或参观国家公园。

间接使用价值（indirect-use value）：不能在市场上定价的生态系统效益，如防洪和吸收污染的作用。

生态系统服务（ecosystem services）：自然界提供的免费公益服务，如防洪、净化水质和土壤形成。

期权价值（option value）：保存留给未来使用的价值。

第二种非使用价值是**遗产价值**，即人们希望某一资源可供子孙后代使用而赋予资源的价值。例如，人们希望北极国家野生动物保护区得以保护，这样他们的后代就可以参观它。因此，期权价值来自个体未来可以获得的收益，而遗产价值则基于个人对后代的关心。

第三种非使用价值是**存在价值**，即个人从已知自然资源的存在中获得的利益，假设他或她永远不会实际使用或访问资源，并与遗产价值分离。同样，只要有人愿意为这项资源的存在而付费，它就是一种有效的经济利益。例如，有些人可能愿意为保护北极国家野生动物保护区付费，仅仅是因为他们知道存在这样一个未被破坏的荒野，就获得了一些满足感。或考虑到很多人由于知道原始沿海环境已被泄漏的石油破坏而导致的福利下降。从经济角度来看，这些损失与泄漏对商业捕捞或旅游业的影响一样，甚至可能更大。

> **遗产价值**(bequest value)：人们希望某一资源可供子孙后代使用而赋予的价值。
>
> **存在价值**(existence value)：人们对那些永远不会实际使用的自然资源赋予的价值。例如，某人从知道一片雨林被保护中获得的价值，即使他或她永远不会去参观。

二、经济价值汇总

图6-1以森林为例，总结了不同类型的经济价值。注意，直接使用价值既包括提取用途，如砍伐木材以及非木质产品，也包括非提取用途，如徒步旅行或观赏鸟类。森林的间接使用价值包括防止水土流失、防洪以及吸收碳以缓解气候变化的能力。期权价值可包括未来的娱乐福利，以及森林产品可能为治疗疾病提供药物来源的可能性。森林还可提供存在价值和遗产价值，特别是著名的森林，如亚马孙雨林或加利福尼亚红杉。

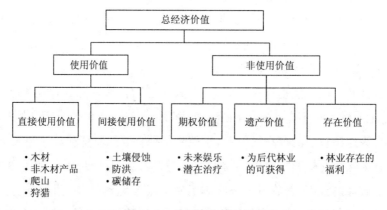

　　　　　　　　　　图6-1　总经济价值的组成

值得注意的是，上述提到的经济价值都是可以相加的。因此，一种资源的**总经济价值**就是这些不同的使用价值和非使用价值的加总。某些类型的价值可能与特定资源无关。例如，一个当地的小公园可能没有可度量的存在价值，但是一个大型国家公园的总经济价值可能包含图 6-1 中呈现的各类型的价值。此外，一种自然资源的总经济价值可能因其管理方式而有所不同。例如，从森林中砍伐树木后，其间接使用价值和存在价值可能会减少。如果可以估算出不同管理方案下的所有经济价值，原则上，可以确定哪个方案可以提供最大的经济效益。

> **总经济价值**（total economic value）：资源使用价值和非使用价值的总和。

前文列举过需要有关总经济价值信息的例子——第三章中的经济外部性内部化。为了给外部性资源设定"正确"的价格，需要用货币来估计这些外部性。外部性可能包括对使用价值和非使用价值的更改。例如，石油钻探的负外部性包括由于生境退化而失去的生态系统服务以及存在价值的潜在损失。

环境评估的另一个应用是对现有的或拟定政策的分析，这往往涉及对非市场价值的评估。例如，建议建立一座新的国家公园或者制定限制使用特定化学物质的法规。在这些情况下，可以使用评估技术对拟定的政策开展**成本收益分析**（CBA）。将在下一章中研究成本收益分析。在本章的其余部分，将回顾经济学家用来衡量经济价值的方法。

> **成本收益分析**（cost-benefit analysis，CBA）：试图将拟议行动的所有成本和收益货币化，以确定净收益的政策分析工具。

第二节　估值方法概述

可以将环境估值方法大致分为以下五类：[1]

1. 市场估值法；

---

[1] 不同的环境经济学家在进行方法分类时会有所不同。市场估值法可能会与显示偏好法为一类，有时还可能与替代成本法化为一类。本书采取此分类，以强调技术之间的差异。更多更深入的关于环境价值估值方法的内容，见 see Ulibarri and Wellman，1997。

2. 疾病成本法；

3. 替代成本法；

4. 显示偏好法；

5. 陈述偏好法。

已在第三章讨论了如何利用市场来确定经济价值。很多环保产品，如森林、鱼群、煤矿以及地下水，都可以在现有市场中出售。通过估计消费者和生产者剩余，经济学家可以将这些资源按照市场商品计算出收益——一种资源直接使用价值。

环境影响往往包括对人类健康的危害。**疾病成本法**将与环境因素引起的疾病相关的直接和间接成本货币化。直接成本包括由个人和保险公司支付的医疗费用，如就诊和药物治疗，以及因疾病而损失的工资收入。间接成本包括人力资本的减少，例如，当一个孩子因疾病错过了大量上课时间，并落后于其他学生时，其间接成本包括痛苦和痛苦造成的福利损失，以及由于身体或精神影响而导致的经济生产力下降。

疾病成本法(cost of illness method)：通过估计由环境污染引起的疾病治疗成本，来评估污染影响的方法。

对经济学家而言，与疾病相关的直接成本往往比间接成本更容易估计。由于大多数疾病成本研究没有估计疾病的所有潜在成本，所以估值结果通常被认为是为避免这些疾病而支付的总意愿的下限估计。但即使是下限估计，也可为降低环境因素引起的发病率提供重要的政策指导。

例如，2018 年的一项研究估计，美国每年治疗哮喘的成本为 820 亿美元。[①]该研究估计，哮喘患者每年增加的医疗费用平均超过 3 000 美元，包括处方药、诊所就诊和急诊室就诊费用。这项研究假设一个成年人需要居家照顾生病的孩子来估算孩子未能到校的时间，成年人的时间则是基于工资数据来估算的。哮喘死亡所造成的损害是根据"统计生命"的价值来评估的，即每失去一个生命就有大约 900 万美元的损失(将在下一章讨论人类死亡率的评估)。但是这项研究

---

① Nurmagambetov et al. , 2018.

并没有评估任何疼痛和痛苦造成的损害，也没有估计对受感染儿童的任何额外影响。尽管如此，每年820亿美元的总经济价值仍然可以作为降低哮喘发病率政策社会效益的下限估值。

替代成本法可以用于估计生态系统服务的间接使用价值。这些方法考虑用人为行动替代失去的生态系统服务的成本。例如，一个社区可以建造一个水处理厂来弥补森林栖息地失去净化水的能力。从某种程度上来说，蜜蜂对植物的自然授粉可以由人工或者机器取代。如果可以估计这些替代行为的成本，这些成本可近似地被认为是这些生态系统服务的社会支付意愿值。

> **替代成本法**（replacement cost methods）：通过估计用人为行动替代失去的生态系统服务的成本，来评价环境影响的方法。比如通过施肥恢复土壤肥力。

2012年的一篇论文使用替代成本法来评估德国恢复湿地的养分保留效益。[1] 湿地有助于保留土壤沉积物和氮、磷等营养物质，否则这些物质会流入饮用水供给系统，降低水质，导致水处理成本增加。通过估算各种水处理方案的成本，该研究认为与恢复湿地相关的成本较低。替代成本法的另一个应用是2014年的一篇论文，该论文估算了荷兰水资源的价值。[2] 在评估地下水价值时，分析得出的结论是，最好的替代方法是利用海水淡化来获得质量相当的水。

在有多种替代方案可供选择的情况下，应使用成本最低的方案。这是因为，如果社会失去了所研究的生态系统服务，它可能会选择成本最低的替代方案。另一个重点是，潜在的替代成本并不一定是受偿意愿或支付意愿的衡量标准。假设一个社区可以花5 000万美元建造一个水处理厂，以抵消假设的森林损失。这一估计并没有明示，如果森林损失发生，社区是否真的愿意支付5 000万美元。实际的净水量费用可能大于或小于5 000万美元，这个费用与水净化厂的费用无关。因此，在这种意义上，替代成本应该谨慎使用。然而，如果社区愿意

143

---

① Grossmann，2012.

② Edens，and Graveland，2014.

为这个水处理厂支付 5 000 万美元的成本，那么可以得出结论，5 000 万美元代表了森林净化水效益的价值下限。

近些年，一种常用的替代成本法是**生态等值分析法**。生态等值分析法通常用于估计危险化学品意外泄潜漏造成的经济损失，如石油泄漏。[①] 石油泄漏降低了自然生态系统的生态功能（间接利用效益损失），直到它们最终恢复到基线状态。根据美国现行法律，责任方必须提供生态恢复资金补偿。生态等值分析法的目标是确定适宜的生态恢复量，以抵消事故造成的生态损失。生态等值分析法可能会引起争议，2016 年的一篇论文指出，在基线生态条件数据不充分的情况下，确定所需的修复量通常是困难的，并且在生态等值分析法研究中，文化和非使用值可能不会得到反映。[②]

剩余的两种估值方法——**显示偏好法**和**陈述偏好法**——是对环境估值研究最多的技术。显示偏好法以市场决策为基础，间接推断环境物品和服务对人们的价值。例如将在本章第三节所讨论的，人们对清洁饮用水的价值判断可以从他们在瓶装水上的花费来推断。

在陈述偏好法中，通过调查询问人们对环境质量或者资源水平的情景假设偏好。陈述偏好法的主要优势是可以调查人们关于图 6-1 中各种价值的偏好。因此，理论上可使用规定的偏好方法来估计总经济价值。显示偏好法的主要缺点是估值可信度存在疑问。

　　生态等值分析法（habitat equivalency analysis，HEA）：一种用来赔偿自然资源损失的方法，其赔偿额等于生境恢复的金额。

　　显示偏好法（revealed preference methods）：基于市场行为的经济估价方法，包括旅行成本规模、享乐定价法和防护费用法。

　　陈述偏好法（stated preference methods）：基于为应对假设情景而设置的调研的经济估价方法，包括条件价值估值和条件排列。

---

①　Roach，and Wade，2006.

②　Bullock，and O'Shea，2016.

第三节 显示偏好法

市场决策基于很多因素,其中包括环境质量。即使环境物品或服务没有在市场上直接交易,它也可能是在市场中做出决策的一个相关因素。经济学家已经想出各种方法从现有市场中提取有意义的估值信息。现在讨论三种显示偏好法。

144

一、旅行成本法

旅行成本法可用来估计自然娱乐场所的使用价值,如国家公园、海滩和荒地。去娱乐场所的游客通常必须支付各种旅行费用,例如汽油和其他交通工具的费用(如果他们开车的话)、其他运输成本(例如机票和公共交通)、门票、住宿、食物等。假设游客行为是理性的,可以说他们实际的旅行支出体现了他们参观这个地区的最大支付意愿的下限。例如,若一个人花 300 美元去国家公园露营一周,那么他的最大支付意愿至少为 300 美元,因为实际他支付了 300 美元。

> **旅行成本法(travel cost models TCM)**:使用统计分析来确定人们为参观某一自然资源而支付的意愿。例如,一个国家公园或者河流,通过分析游客选择参观目的地和旅行成本之间的关系来获得该资源的需求曲线。

虽然这种方法可能很有用,但实际消费的数据不能完全反映消费者剩余——衡量净经济效益的真正指标。为了估计消费者剩余,需要预计需求量如何随价格变化。旅行成本法的关键是,不同游客前往公园或其他娱乐场所的成本主要取决于他们与公园的距离。那些住在公园附近的人支付相对较低的旅行成本,而那些住在离公园较远的人必须支付较高的旅行成本。这有效地为提供了不同的"价格",不同的参观者为了参观特定的地方而必须支付不同的费用。可以通过这种变化估计出一条完整的需求曲线,从而估计出消费者剩余。

一种旅行成本模型称为区域模型。[1] 在区域旅行成本法中,首先将一个或多个娱乐场所周围的区块划分为不同的区域。这些区域通常是根据标准的地理分区来定义的,比如县、邮政编码区或乡镇。有关访问率的信息是通过实地调查游客并询问他们的来源或通过电话、邮件进行一般人口调查来收集的。

调查数据用于估计有多少人访问了站点,或在多站点模型的情况下,从每个起源区访问了几个站点。将总访问量的估计值除以分区人口得出人均访问量,从而控制了各区域人口的差异。该变量在统计模型中被用作因变量。主要的独立变量或解释变量是从每个始发地到每个目的地的旅行成本。为了估算一个稳健的统计模型,旅行成本法模型包括除旅行成本之外的其他独立变量,包括区域人口统计数据(如年龄和收入水平)、场地特征(对于多场地模型,如设施水平和不同设施)以及替代场地的数量和质量。

该模型是统计估计的,在旅行成本变量上存在一个负系数,表明访问率随旅行成本的增加而下降——这本质上是一个标准的向下倾斜的需求曲线。利用估计模型,可以通过计算不同旅行成本下的预期访问率来绘制需求曲线。

图 6-2 举例说明了自然娱乐场所的需求曲线。[2] 假设对于一个特定区域,访问该场所的平均成本是 30 美元。如图 6-2 所示,在估计模型图中插入 30 美元所对应的人均每年估计访问率,此例中为每年 5 次。然后可以估计消费者剩余为需求曲线下方和访问成本上方的区域——图中阴影区域。在本例中,消费者剩余是一个以 5 次为访问量,高度为 50 美元的三角形(纵轴截距为 80 美元,每次访问的成本为 30 美元)。因此,消费者剩余(CS)为:

$$CS = 5 \times 50 \div 2 = 125(美元)$$

注意,这是五次旅行的消费者剩余。个人旅行的消费者剩余是 25 美元(125 美元÷5)。如果已经估计出这个区域的总出行次数,那么就可以估计总消费者剩余。其他区域的收益可以使用相同方法获得,然后可以将这些收益汇总以获得站点的总消费者剩余或每位游客的平均消费者剩余。

大量的旅行成本法已经估计出了自然场所的娱乐效益。例如,一项对澳大

---

　① 另一种旅行成本模型被称为随机实用模型(random utility model)。因为区域模型更容易理解,所以在这里只讨论区域模型。

　② 为简单起见,该图显示了一条线性需求曲线。通常,旅行成本需求曲线是作为非线性函数估计的。

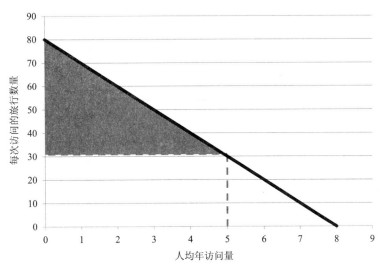

图 6-2 旅行成本需求曲线例子

利亚墨累河旅行者的研究发现,游客平均每天获得 155 美元的消费者剩余。[1]
另一项研究发现,参观希腊国家公园的游客每次获得的消费者剩余从 170 美元
到 350 美元不等。[2] 通过使用旅行成本法,已经探索出鱼群捕获率对威斯康星
州的钓鱼者们的消费者剩余的影响,[3]干旱对加利福尼亚水库参观者的效益的
影响,[4]以及气候变化将如何影响欧洲的娱乐福利。[5] 2019 年的一项旅行成本
法研究发现,马来西亚森林综合体的持续娱乐效益超过了通过砍伐森林获得的
一次性收入。[6] 最后,2020 年的一项分析发现,中国海滩上可见的垃圾显著损害
了游客的利益,主要表现为人们在海滩上逗留的时间减少了。[7]

考虑到旅行成本法是基于娱乐选择的实际市场决策,因此这些估计被认为
是相对有效的。旅行成本法的主要局限在于其只能估计娱乐的使用价值。旅行

---

[1] Rolfe and Dyack,2010.
[2] Latinopoulos,2014.
[3] Murdock,2006.
[4] Ward et al.,1996.
[5] Barrios and Rivas,2014.
[6] Gwee et al.,2019.
[7] Qiang et al.,2020.

成本法不能为自然区域提供总经济价值，因为它不能估计间接使用价值和非使用价值。

此外，与任何数据模型一样，旅行成本法的结果可能会因为模型的结构和假设发生很大变化。在一项对 25 种不同旅行成本法的**元分析**中，估计了欧洲森林娱乐的收益，消费者的盈余从每次旅行不到 1 美元到超过 100 美元不等。[①] 这表示一项研究的结果很少能直接应用在不同的情况中——第七章将继续讨论这个问题。

> **元分析**（meta-ananlysis）：一种基于对现有研究进行定量审查的分析方法，以确定产生研究结果差异的因素。

二、享乐定价法

第二种显示偏好法是基于环境质量可以影响某一商品和服务市场价格的方法。享乐定价法尝试将市场商品价格与它潜在的特征相联系。**享乐定价法**最常见的环境应用是对住宅价格的研究。

> **享乐定价法**（hedonic pricing）：使用统计分析将商品或服务的价格解释为多个组成部分的函数，例如将房屋价格解释为房间数量、当地学校的质量和周围空气质量的函数。

房屋的价格取决于物业和社区的特点，如套型、面积、教育配套以及是否靠近交通线等。房价也可能受到环境质量或自然资源变量的影响，包括空气质量、能见度、噪声污染和靠近自然区域的距离。利用统计方法，研究者可尝试分离房价与这些环境变量间的关系。结果表明购买者愿意支付多少费用来提高环境的质量。

---

① Zanderson and Tol，2009.

享乐定价法模型的结果喜忧参半。[①] 在一些研究当地空气质量对房地产价格影响的享乐定价法模型中,没有发现统计上的显著关系。但其他研究得出结论,房地产价格与更好的空气质量呈正相关。一项基于美国 242 个大都市地区数据的研究发现,为每立方米空气中减少 1 微克颗粒物而支付的边际意愿为148~185 美元。[②] 2019 年的一篇论文发现,随着颗粒物、臭氧和二氧化硫浓度的降低,墨西哥的房价上升到 2 000 美元。[③]

2015 年的一项享乐定价法研究表明,靠近国家公园或州立公园会使科罗拉多州的房地产价值增加,而靠近国家森林并没有显著影响。[④] 2015 年的另一项研究发现,奥地利维也纳的公寓越靠近城市绿化带,价格就越高。[⑤] 另一项研究发现,在其他条件相同的情况下,位于危险垃圾场或噪声源,如机场和高速公路附近的住宅价格会较低。[⑥] 2020 年的一篇论文报道了葡萄牙的节能住宅售价比普通住宅高 5%~13%。(更多享乐定价法的例子见专栏 6-2。)

147

专栏 6-2　风力涡轮机是否会降低当地的房地产价值?

正如将在第十一章中所讨论的那样,风能是增长最快的能源之一。新风力涡轮机的反对者经常声称,涡轮机会降低房产价值。例如,关于在马萨诸塞州科德角海岸附近建设大型风电场的辩论中,很多当地居民认为,在离岸约 5 英里处安装 100 多台涡轮机,每台都超过 400 英尺高,会降低海景质量,从而降低房地产价值。

享乐定价法显然可以帮助确定风力涡轮机是否真的降低了房地产价值。2015 年的一项研究为这个问题提供了最全面的分析之一。[⑦] 研究人员收集了美国 27 个拥有风力涡轮机地区的 5 万多套房屋的销售数据,其中包括

[①] 有关享乐定价法模型核算结果的综述,参见 Boyle and Kiel, 2001;Palmquist and Smith, 2002。
[②] Bayer et al., 2009. 1 微克/立方米是每立方米 1 毫克,用于衡量空气中的污染物水平。
[③] Chakraborti et al., 2019.
[④] Kling et al., 2015.
[⑤] Herath et al., 2015.
[⑥] Evangelista et al., 2020.
[⑦] Hoen et al., 2015.

1 200 套距离风力涡轮机一英里以内的房屋。他们不仅考虑了现有涡轮机是否降低了财产价值，而且还考虑了宣布建造新涡轮机产生影响。研究结果表明，"在所有的模型规格中，没有发现任何统计证据表明，建造风力涡轮机发布公告后、施工前或建设后附近的房价受到影响。"因此，如果确实存在影响，则平均影响相对较小，或只是零星影响。此外，他们还指出，研究结论与大多数其他关于风力涡轮机的享乐分析一致，这些分析也表明风力设施"对家庭价值影响很小或根本没有影响"。

2018 年的一项享乐研究分析了风力涡轮机是否降低了丹麦的房产价值，[①]结果表明，在半径为 3 千米的范围内，陆上涡轮机确实降低了房屋价值，但海上涡轮机对房屋价格没有显著影响。该研究还发现风力涡轮机的边际影响正在下降——每增加一台涡轮机对房屋价值的负面影响就会减少。作者得出结论，建造数量较少的大型风力发电场比建设数量众多的小型风力发电场带来的影响要小。

三、防护费用法

在某些情况下，个人可以通过购买某些特定的商品或者采取其他行动来减少或者消除他们在有害环境中的暴露。例如，担心饮用水质量的家庭可以通过购买瓶装水、安装家庭净水系统或从其他途径获得饮用水。购买家用空气净化器可减少与空气污染物的接触。如果观察到个人为改善环境质量花费了资金或时间，那么就可以利用这些信息来推断这些个人对这些改善支付意愿的金额。

防护费用法收集实际支出数据，以获得环境质量改变的支付意愿金额的下限。防护费用法最常见的应用是饮水质量。前提是假设一个家庭因为对饮用水质量的担忧，[②]每月花在瓶装水上的费用是 20 美元，那么他们愿意为饮水质量的提高支付最少为每月 20 美元。

---

① Jensen et al. , 2018.
② 防御性支出法又称回避支出法或回避行为法。

> **防护费用法（defensive expenditures approach）**：基于家庭在避免或减轻其暴露于污染物中时支付的费用而采用的一种污染估价方法。

巴西的一项研究发现，家庭每月支付 16～19 美元的防御性支出来改善水质[1]。在这项研究中，79％的家庭采取了一些措施来改善他们饮水的质量。2018 年的一项研究调查了约旦家庭的水相关支出，[2]虽然家庭的水费平均只占收入的 4％，但他们将另外 4％的收入用于诸如水处理和从其他地方取水等防御性支出。研究发现，低收入家庭在防御支出上占比高于高收入家庭。考虑到发展中国家对饮水质量的关注，防护费用法为估计获得安全饮水收益提供了一种更好的方法。

防护费用法的一个局限是它只能提供支付意愿金额的下限。一个家庭可能愿意支付比他们实际支付更多的金额来改善其饮水质量，但是这个方法不能估计出它的支付意愿值。防护费用法的另一个潜在问题是，采取行动减少环境危害的个人也可能出于其他原因采取此类行动。[3] 例如，一些人买瓶装水可能是为了提高饮水质量，也可能仅是因为它方便或者味道更好。在这种情况下，只有一部分的防御性支出归因于对改善水质的渴望，这意味着防御性支出可能高估了改善水质的支付意愿金额。为了减少这一类的问题，研究人员需要确定仅为减少环境暴露而支出的费用。

第四节 陈述偏好法

虽然显示偏好法的优势是基于实际的市场决策，但这些方法只能适用于某些特定情况（比如享乐定价模型主要估计影响房价的环境特征），并且只能获得使用价值。显示偏好法不能用于估计非使用价值，所以它们通常不能揭示一项

---

[1] Rosado，2006.

[2] Orgill-Meyer，2018.

[3] 这个问题被称为"生产中的联合问题"。

自然资源的总经济价值。相反,陈述偏好法可以在任何情况下确定受偿意愿或者支付意愿。通过调查,可以询问受访者关于他们对任何资源的总经济收益,包括使用价值和非使用价值。

最常见的陈述偏好方法是**条件价值估值法**。[①]从这个名字可以看出,受访者的估值取决于他对问卷中虚拟情景的反应。条件价值估值法的问题可以用降低效用的受偿意愿金额表示,也可以用增加效用的支付意愿金额表示。例如,研究人员可询问受访者,若空气质量下降 10％,他们愿意接受的最低补偿金额是多少,或若空气质量提高 10％,他们愿意支付的最高金额是多少。理论上,对于环境质量的边际(即微小)变化,受偿意愿和支付意愿应该非常相似。然而实际上,受偿意愿往往比支付意愿高得多,根据一项元分析结果,受偿意愿比支付意愿平均高出 7 倍。[②]

> **条件价值估值法**(contingent valuation,CV):采用调研手段的一种经济工具,询问人们是否愿意为某一产品或者服务支付费用。例如,愿意为远足的机会支付费用还是愿意为改善空气质量而支付费用。

这种分歧就是一些批评人士质疑条件价值估计有效性的原因之一。然而,这些差异可能说明了**禀赋效应**,即人们对收益和损失的估值不同。一旦某人拥有了某件物品,比如一件实物产品或者某种程度上的空气质量,如果这件物品再被拿走,他们的效用或者满意程度将显著降低,因为人们认为自己已获取了所有权或使用权。

> **禀赋效应**(endowment effect):人们趋向于对已经拥有的东西赋予更高的价值。

---

① 条件价值估值概述,参见 Breedlove,199;Whitehead,2006。

② Horowitz and McConnell,2002.

一、设计条件价值估值调查

在设计条件价值估值法问题时,除了决定条件价值估值是用支付意愿还是受偿意愿来表达之外,还有很多其他细节需要考虑。条件价值估值问题有几种基本方法,如图6-3所示,以湿地保护为例:

· 开放式。条件价值估值法最简单的形式是开放式的,即受访者被直接要求说出理想情况下的最大花费。

· 支付卡。受访者面对大量潜在支付的意愿金额,并选择最接近她或他受偿意愿的金额。

· 单边格式。回答者被给予单一的支付意愿值,并被问及他或她是否愿意为所呈现的场景支付这一金额。对所有回答者来说,支付意愿的金额并不相同——用一个数值范围来表示这种差异,并更精确地估计平均支付意愿值。如果这个问题是对一个假设的投票问题进行投票,那么它就被称为**公投格式**。

· 双边格式。单边格式的一个局限是只知道受访者的支付意愿值是高于还是低于某个数值。在双边界问题中,初始支付意愿金额之后是第二个问题,该问题具有不同的最大支付意愿金额,如图6-3所示。这种格式提供了关于某人最大支付意愿的更精确的信息。

· 多边格式。使用多边格式可获得更精确的信息,该格式要求受访者说明他们是否愿意支付不同金额的款项。

> **公投格式**(referendum format):一种或有评估问题格式,其中评估问题以对假设公投的投票形式呈现。
>
> **战略偏差**(strategic bias):人们倾向于不准确地陈述他们的偏好或价值观以影响政策决策。

应该首选哪种问题格式? 条件价值估值问题有几个潜在的偏见来源,因此可考虑每种形式如何减少或加剧偏见。条件价值估值法问题中常见的一种偏差是**战略偏差**——即受访者为了推进特定政策结果而故意提供错误的支付意愿金额。例如，一个单边界问题可能会问受访者，她是否愿意每年支付 100 美元来支持保护濒危物种。即使她实际上不会支付这笔资金，她可能也会回答"是的"，因为她强烈支持保护濒危物种。

开放式格式：					双边格式：			
作为附加税，你每年愿意为湿地保护计划支付的最高金额是多少？					作为附加税，你愿意每年支付 75 美元去资助湿地保护计划吗？			
支付格式：					• 如果被调查者回答"是"，那么继续问"你愿意付 150 美元吗？"			
作为附加税，下面哪个金额最接近你每年愿意为保护湿地的最大支付意愿，请圈出你的答案。					• 如果被调查者回答"不愿意"，那么继续问"你愿意付 40 美元吗？"			
5 美元	40 美元	8 美元	200 美元	750 美元	**多边格式：**			
10 美元	50 美元	100 美元	300 美元	1 000 美元	作为附加税，你是否每年愿意支付一定的金额去资助湿地保护计划？以下是愿意支付的金额选项，请勾选你的意愿。			
20 美元	60 美元	125 美元	400 美元	1 500 美元				
30 美元	75 美元	150 美元	500 美元	2 000 美元				
单边形式：					5 美元	是	否	不确定
你愿意每年支付 75 美元的附加税去资助湿地保护计划吗？					10 美元	是	否	不确定
					25 美元	是	否	不确定
					50 美元	是	否	不确定
是					75 美元	是	否	不确定
					100 美元	是	否	不确定
否					200 美元	是	否	不确定
					300 美元	是	否	不确定
不确定					500 美元	是	否	不确定
					1 000 美元	是	否	不确定

图 6-3　条件价值估值问题格式

另一个偏见是**表示赞同**——当受访者同意支付指定金额时，因为他或她认为这是一个"正确"的答案或研究人员想听到的答案。**范围偏差**是受访者可能受到支付卡和多界条件价值评估问卷的问题的影响，即受访者答案受到问卷所提供值的范围影响。特别是，受访者可能倾向于给出一个给定值范围中间的支付意愿数额。[1]

> **表示赞同**（yea-saying）：对条件价值估值问题的回答"是"，原因是他们认为"是"是正确答案，即使一个人对场景的真实估值较低。
>
> **范围偏差**（range bias）：支付卡或多界条件价值评估问卷引起的潜在偏差，即回答受到呈现给被调查者的价值范围的影响。
>
> **抗议报价**（protest bids）：价值评估问卷的回答是基于回答者对问题或支付手段的反对，而不是对资源的基本估值。

　　虽然大多数偏见会导致对支付意愿金额的过高估计，但当受访者表示他们不愿意为某件事付费，是因为他们认为已经付了足够的税，或者他们出于其他原因反对这个问题时，**抗议报价**就会发生。抗议报价可以通过一些后续问题来确定，这些问题可以询问受访者为什么他们会以这种方式回答估值问题。任何调查都可能存在的另一个潜在的偏差是无反应偏差——即回答调查的人不能代表所有研究对象。如果存在无反应偏差，就不能将调查结果外推到整个人群中。假设调查样本是随机选择的，通过获得相对较高的调查回复率，可以使潜在的**无反应偏差**最小化。

> **无反应偏差**（nonresponse bias）：由于调查受访者不代表调查未答复者而导致的不答复偏差。

　　设计条件价值估值法的另一个问题是如何对受访者进行管理。条件价值估值调查可以通过邮件、电话、面对面或互联网进行。虽然互联网调查是费用最低的管理方式，但它们的回复率通常也较低，而且不太可能产生有代表性的结果。[2] 现场调查允许研究人员提出详细的评估方案，并且能回答受访者提出的

---

　　[1]　有一项研究发现了多边格式的范围偏差，参见 See Roach et al.，2002。

　　[2]　参见 Marta-Pedroso et al.，2007。他们进行了一项个人简历和网络简历的调查，面对面接触的回复率为 84%，而互联网调查的回复率仅为 5%。如果采用后续联系方式，邮件和电话调查的回复率通常可以超过 50%。

问题,通常促进对调查问题的更大关注,但它们的管理成本通常是最高的。通过电话和邮件调查,回复率可通过后续联系来提高,比如继续打电话给没有通过电话调查回答问题的人,或通过邮件多次邮寄。

151

二、条件价值估值的有效性

在过去几十年里进行了数百项条件价值估值研究。表 6-2 提供了最近条件价值估值法(CV)分析结果的样本。[①] 可以看到条件价值估值法（CV）已经被应用到世界各地的各种环境问题中。（另一项条件价值估值法研究见专栏 6-3,探究韩国民众购买可再生能源的意愿。）

表 6-2　最近环境条件价值估值结果的样本

估值的商品或服务	愿意支付金额估计
韩国萤火虫保护(1)	17 美元(一次性支付)
冰岛鲸类保护区扩张(2)	42 美元(一次性支付)
厄瓜多尔的森林保护(3)	3～6 美元/月
中国漓江世界遗产保护(4)	21～24 美元/年
中国北京空气中颗粒物污染减少(5)	320 美元/年
巴西南帕拉伊巴河水质改善(6)	6～9 美元/月
新西兰 Pekapeka 湿地修复(7)	32～45 美元/年
在埃塞俄比亚根除一种入侵树种(8)	10～13 美元/年
法国海鲜产品生态标签认证(9)	2 美元/千克(价格上涨 10%)
芬兰农业遗传多样性保护(10)	54 美元/年
肯尼亚净水过滤器(11)	17～27 美元(一次性支付)
瑞典有机棉衬衫溢价(12)	9 美元/件
美国濒危猫头鹰的保护(13)	55～60 美元/年

---

① 使用搜索引擎 EconLit,在学术期刊的文章标题中搜索"条件估值"一词,会得到超过 700 个匹配结果。

续表

估值的商品或服务	愿意支付金额估计
减少西班牙高速公路噪声和空气污染(14)	22 美元/年
亚速尔群岛海洋生物多样性增加(15)	121~837 美元(一次性支付)

注：一些货币价值根据市场汇率转换为美元。

资料来源：(1) Hwang et al.，2020；(2) Malinauskaite et al.，2020；(3) Gordillo et al.，2019；(4) Jin et al.，2019；(5) Yin et al.，2018；(6) Vásquez and de Rezende，2018；(7) Ndebele and Forgie，2017；(8) Tilahun et al.，2017；(9) Salladarré et al.，2016；(10) Brouwer et al.，2015；(11) Tienhaara et al.，2015；(12) Fackle-Fornius and Wänström，2014；(13) Loomis and Mueller，2013；(14) Lera-Lopez et al.，2012；(15) Ressurreição et al.，2011。

152

尽管已经进行了大量的研究，但是关于条件价值估值法问题有效性的担忧仍然存在。一篇以"问一个愚蠢的问题……"开头的经典论文总结道："使用条件价值估值测量非使用价值很具有投机性，以至于使用条件价值估值法评估自然资源损害的成本几乎总是大于收益。"[1]其他研究人员得到的结论是，很多所谓的条件价值估值法问题可以通过科学研究设计和实施来解决。[2]

1989 年阿拉斯加州"埃克森·瓦尔迪兹"号(*Exxon Valdez*)大规模石油泄漏事件后，有关条件价值估值法的争论引起了公众关注。在政府对"埃克森"号提出的损害索赔中，条件价值估值法的有效性估计为 30 亿美元左右。[3] 为了探索条件价值估值法问题的有效性，美国国家海洋和大气管理局(NOAA)召集了一个由著名经济学家组成的小组，其中包括两位诺贝尔奖获得者，报告了该技术的有效性。在审查条件价值估值法文献并听取很多经济学家的证词后，国家海洋和大气管理局小组得出结论：

条件价值估值法研究可以产生足够可靠的估计值，作为损害评估司法程序的起点，包括损失的被动使用价值……专家组不建议将估计值视为在狭窄范围内自动确定的可赔偿损害范围。法官和陪审团希望结合其他证据(包括专家证人的证词)信息。[4]

---

[1] Anonymous,1992..

[2] Carson et al.,2001.

[3] 参见 Portney,1994；Carson et al.,2003。

[4] Carson et al.,2003；Arrow et al.,1993.

为了使条件价值估值法被认为是可接受的，美国国家海洋和大气管理局小组提供了一系列的建议，包括：

· 最好当面调查，这样能使受访者保持较高的注意力并且可以使用图表。

· 支付意愿问题比受偿意愿问题更好，因为可以避免不切实际的答案。

· 支付意愿问题应使用"是/否"的形式，并针对具体的价格提问。

· 应包括后续问题，以确定受访者是否了解假设情况，以及他们为什么这样回答条件价值估值问题。

· 应该提醒受访者的收入上限，用于研究情景的资金不能用于其他目的。

美国国家海洋和大气管理局陪审团确认在条件价值估值调查中"可能有夸大支付意愿的倾向"，因此其建议使用保守的支付意愿金额"以抵消这种偏见"。实际上，很少有条件价值估值法遵循美国国家海洋和大气管理局陪审团的建议。

153

专栏 6-3　韩国人为可再生能源付费的意愿

韩国政府正在实施"可再生能源 3020 计划"，计划将可再生能源的比重从 2016 年的 2% 左右提高到 2030 年的 20%。对该计划的批评之一是，它可能会提高能源价格。然而，韩国的能源消费者可能愿意支付更高的能源价格，以增加可再生能源的份额。

2020 年的发表于某期刊文章使用条件价值估值来探讨韩国人为"可再生能源 3020 计划"买单的意愿。他们对 1 000 人进行了条件价值估值调查。条件价值估值问题是一个单价问题，询问受访者是否愿意为实施该计划支付更高的月度电费。电费每月增加 1～9 美元不等。那些回答不愿意支付给定金额的受访者随后被问及他们是否愿意支付任何额外的费用。

调查结果显示，那些收入较高、受教育程度较高的受访者更有可能同意因使用可再生能源每月增加的费用。年轻受访者也更愿意支付额外的费用。相当一部分受访者(49%)表示不愿意支付任何额外费用，无论是由于抗议报价，还是由于实际的零赔偿金额。尽管如此，该计划的平均费用还是每月增加了 3.27 美元。

　　该文章作者提到,通过教育项目让人们了解可再生能源的益处,可以减少对该计划的抵制。此外,可再生能源的成本预计在未来会下降,这也会增加对该计划的支持。

资料来源:Ju-hee et al.,2020。

　　最终,关于条件价值估值法能否提供对非使用价值有效估计的争论可能永远不会解决,因为现实世界中不存在明确测试它的有效市场。但正如一篇论文所说的那样,有数据总比没有数据好。[1] 非使用价值是总经济价值的一部分,理论上它应该包括在所有经济分析中。在"埃克森·瓦尔迪兹"号石油泄漏事件和其他环境政策问题中,这些非使用价值可能超过可观察到的价值。

　　虽然在法律案例中可能有必要估计损失的非使用价值,但一些经济学家认为,由于前面提到的方法问题或出于伦理原因,条件价值估值法不应用于指导环境政策。一个伦理问题是,一个人在条件价值估值调查中获得的薪酬可能是他的支付能力函数。条件价值估值法的结果与市场总体情况一样,往往更容易受到富裕参与者偏好的影响。与"一人一票"不同,条件价值估值法体现了"一美元一票"的原则。

　　另一个持批评态度的伦理问题是,给环境定价并不能解决权利和责任问题。

154

　　从本质上讲,经济学家认为一切事物都有价格,并且这个价格可以通过仔细询问来发现。但是对大多数人来说,一些权利和原则的问题超过了经济计算的范畴。市场设定边界有助于定义我们是谁、我们想如何生活以及我们相信什么。[2]

　　用**条件排列**可以避免与条件价值估值有关的一些问题。条件排列也是一种明确的陈述偏好方法,但是受访者不会被直接问及他们的支付意愿值。相反,他们会看到各种场景,并被要求根据他们的偏好对其进行排序。受访者可能更习惯条件排列的方式,[3]因为他们不必明确地评估场景的价值。条件排列与条件

---

[1]　Diamond and Hausman,1994.

[2]　Ackerman and Heinzerling,2004,p. 164.

[3]　一个类似的方法是随机选择。在此方法中,受访者被要求从列表中选择一个场景作为优先选项。

价值估值相比的另一个优势是，当人们为了推广自己喜欢的政策而夸大他们的反应时，可能会减少诸如抗议报价和战略偏差等行为。

> **条件排列（contingent ranking，CR）**：要求受访者根据他们的偏好对各种情况进行排列的一种调研方法。

例如，在英国的一项研究中，受访者被要求对城市河流水质的四种情况进行排名：当前水质、小幅改善、中度改善和大幅改善。[①] 维持当前水质不需要增加税收，但水质的每一次改善都需要逐步增加更高的税收。通过统计分析，研究者可以估计三种水质改善情景中每一种的平均净水总量。

本章回顾的所有方法都有局限性，试图将环境问题变成货币问题的尝试永远不会完全令人满意。尽管如此，这些方法可以帮助将近似的环境价值带入经济和政治决策过程。

小　结

根据环境经济学理论，自然资源的经济价值取决于人们愿意为其支付的费用。这与生态中心的世界观不同。在生态中心的世界观中，环境具有来自固有权利的价值。然而，总经济价值包括使用价值（包括直接使用收益和生态系统服务）和非使用价值（即心理收益）。

经济学家已经设计出各种方法来估计环境资源的总经济价值。有些价值可以直接或者间接地从市场中推断出来。显示偏好法包括旅行成本法、享乐定价法和防护费用法。这些方法可以用来评估户外娱乐、饮用水质量、空气质量和其他一些环境服务的效益。非使用价值往往是自然资源价值的重要组成部分，只能通过陈述偏好法的优先方法测量。条件价值估值法使用调查的方式询问受访者关于他们对于环境改善的支付意愿。条件价值估值法是有争议的，因为潜在

---

① Bateman et al. , 2006.

的偏差使人们对方法的有效性产生了怀疑。条件排列提供了另一种选择,它仍然通过调查来引出政策偏好,避免了条件价值估值研究的很多潜在偏差。

155

关键术语和概念

bequest value 遗产价值

contingent ranking（CR）条件排列

contingent valuation（CV）条件价值估值法

cost of illness method 疾病成本法

cost-benefit analysis（CBA）成本收益分析

defensive expenditures approach 防护费用法

direct-use value 直接使用价值

ecosystem services 生态系统服务

endowment effect 禀赋效应

existence value 存在价值

habitat equivalency analysis（HEA）生态等
值分析法

hedonic pricing 享乐定价法

indirect-use value 间接使用价值

meta-analysis 元分析

nonmarket benefits 非市场价值

nonresponse bias 无反应偏差

nonuse values 非使用价值

option value 期权价值

protest bids 抗议报价

range bias 范围偏差

referendum format 公投格式

replacement cost methods 替代成本法

revealed preference methods 显示偏好法

stated preference methods 陈述偏好法

strategic bias 战略偏差

total economic value 总经济价值

travel cost models（TCM）旅行成本法

use values 使用价值

willingness to accept（WTA）受偿意愿

willingness to pay（WTP）支付意愿

yea-saying 表示赞同

问题讨论

1. 使用总经济价值估算制定环境政策建议的优势和局限性是什么？你的答案与你的世界观（以人类为中心,还是以生态为中心）有什么关系？

2. 你认为条件价值估值法应该被广泛使用作为制定环境政策建议的工具吗？你认为条件价值估值法的主要优势是什么？主要弱点是什么？

相关网站

1. www. rff. org. Homepage for Resources for the Future, a nonprofit organization that conducts policy and economic research on natural resource issues. Many RFF publications available on their website use nonmarket techniques to value environmental services.

2. www. evri. ca/en/home. Website for the Environmental Valuation Reference Inventory (EVRI), developed by the government of Canada. The EVRI is a "a searchable compendium of summaries of environmental and health valuation studies" to "facilitate literature review and the application of value transfer techniques for research and policy analysis. " The database includes over 4,000 studies.

参 考 文 献

Ackerman, Frank, and Lisa Heinzerling. 2004. *Priceless: On Knowing the Price of Everything and the Value of Nothing.* New York; London: New Press.

Anonymous. 1992. "'Ask a Silly Question' . . . Contingent Valuation of Natural Resource Damages." *Harvard Law Review*, 105(8):1981–2000.

Arrow, Kenneth, Robert Solow, Paul R. Portney, Edward E. Leamer, Roy Radner, and Howard Schuman. 1993. "Report of the NOAA Panel on Contingent Valuation." *Federal Register*, 58(10):4601–4614.

Barrios, Salvador, and J. Nicolás Ibañez Rivas. 2014. "Climate Amenities and Adaptation to Climate Change: A Hedonic-Travel Cost Approach for Europe." Nota di Lavoro, Milan, Italy: *Fondazione Eni Enrico Mattei*.

Bateman, I.J., M.A. Cole, S. Georgiou, and D.J. Hadley. 2006. "Comparing Contingent Valuation and Contingent Ranking: A Case Study Considering the Benefits of Urban River Water Quality Improvements." *Journal of Environmental Management*, 79:221–231.

Bayer, Patrick, Nathaniel Keohane, and Christopher Timmins. 2009. "Migration and Hedonic Valuation: The Case of Air Quality." *Journal of Environmental Economics and Management*, 58(1):1–14.

Boyle, Melissa A., and Katherine A. Kiel. 2001. "A Survey of House Price Hedonic Studies of the Impact of Environmental Externalities." *Journal of Real Estate Literature*, 9(2):117–144.

Breedlove, Joseph. 1999. "Natural Resources: Assessing Nonmarket Values through Contingent Valuation." CRS Report for Congress, RL30242, June 21.

Brouwer, Roy, Fumbi Crescent Job, Bianca van der Kroon, and Richard Johnston. 2015. "Comparing Willingness to Pay for Improved Drinking-Water Quality Using Stated Preference Methods in Rural and Urban Kenya." *Applied Health Economics and Health Policy*, 13(1):81–94.

Bullock, Craig, and Robert O'Shea. 2016. "Valuing Environmental Damage Remediation and Liability using Value Estimates for Ecosystem Services." *Journal of Environmental Planning and Management*, 59(9):1711–1727.

Carson, Richard T., Nicholas E. Flores, and Norman F. Meade. 2001. "Contingent Valuation: Controversies and Evidence." *Environmental and Resource Economics*, 19:173–210.

Carson, Richard T., Robert C. Mitchell, Michael Hanemann, Raymond J. Kopp, Stanley Presser, and Paula A. Ruud. 2003. "Contingent Valuation and Lost Passive Use: Damages from the Exxon Valdez Oil Spill." *Environmental and Resource Economics*, 25:257–286.

Chakraborti, Lopamudra, David Heres, and Danae Hernandez. 2019. "Are Land Values Related to Ambient Air Pollution Levels? Hedonic Evidence from Mexico City." *Energy and Development Economics*, 24(3):252–270.

Costanza, Robert, Rudolf de Groot, Paul Sutton, Sander van der Ploeg, Sharolyn J. Anderson, Ida Kubiszewski, Stephen Farber, and R. Kerry Turner. 2014. "Changes in the Global Value of Ecosystem Services." *Global Environmental Change*, 26:152–158.

Costanza, Robert, Ralph d'Arge, Rudolf de Groot, Stephen Farber, Monica Grasso, Bruce Hannon, Karin Limburg, Shahid Naeem, Robert V. O'Neill, Jose Paruelo, Robert G. Raskin, Paul Sutton, and Marjan van den Belt. 1997. "The Value of the World's Ecosystem Services and Natural Capital." *Nature*, 387:253–260.

Diamond, Peter A., and Jerry A. Hausman. 1994. "Contingent Valuation: Is Some Number Better Than No Number?" *Journal of Economic Perspectives*, 8:45–64.

Edens, Bram, and Cor Graveland. 2014. "Experimental Valuation of Dutch Water Resources According to SNA and SEEA." *Water Resources and Economics*, 7:66–81.

El Serafy, Salah. 1998. "Pricing the Invaluable: The Value of the World's Ecosystem Services and Natural Capital." *Ecological Economics*, 25(1):25–27.

Evangelista, Rui, Esmeralda A. Ramalho, and Joao Andrade e Silva. 2020. "On the Use of Hedonic Regression Models to Measure the Effect of Energy Efficiency on Residential Property Transaction Prices: Evidence for Portugal and Selected Data Issues." *Energy Economics*, 86. https://doi.org/10.1016/j.eneco.2020.104699.

Fackle-Fornius, Ellinor, and Linda Anna Wänström. 2014. "Minimax D-Optimal Designs of Contingent Valuation Experiments: Willingness to Pay for Environmentally Friendly Clothes." *Journal of Applied Statistics*, 41(4):895–908.

Gordillo, Fernando, Peter Elsasser, and Sven Günter. 2019. "Willingness to Pay for Forest Conservation in Ecuador: Results from a Nationwide Contingent Valuation Survey in a Combined 'Referendum'—'Consequential Open-ended' Design." *Forest Policy and Economics*, 105:28–39.

Grossmann, Malte. 2012. "Economic Value of the Nutrient Retention Function of Restored Floodplain Wetlands in the Elbe River Basin." *Ecological Economics*, 83(1):108–117.

Gwee, Sai Ling, Andrew Tan, and Suresh Narayanan. 2019. "Sustainable Tourism and Forest Conservation: The Case of the Belum-Temengor Rainforest Complex in Perak, Malaysia." *Journal of Sustainable Forestry*, 38(4):327–342.

Herath, Shanaka, Johanna Choumert, and Gunther Maier. 2015. "The Value of the Greenbelt in Vienna: A Spatial Hedonic Analysis." *Annals of Regional Science*, 54(2):349–374.

Hoen, Ben, Jason P. Brown, Thomas Jackson, Mark A. Thayer, Ryan Wiser, and Peter Cappers. 2015. "Spatial Hedonic Analysis of the Effects of US Wind Energy Facilities on Surrounding Property Values." *Journal of Real Estate Finance and Economics*, 51(1): 22–51.

Horowitz, John K., and Kenneth E. McConnell. 2002. "A Review of WTA/WTP Studies," *Journal of Environmental Economics and Management*, 44(3):426–447.

Hwang, Young Taek, Joonho Moon, Won Seok Lee, Seon A. Kim, and Jihee Kim. 2020. "Evaluation of Firefly as a Tourist Attraction and Resource Using Contingent Valuation Method Based on a New Environmental Paradigm." *Journal of Quality Assurance in Hospitality and Tourism*, 21(3):320–336.

Jensen, Cathrine Ulla, Toke Emil Panduro, Thomas Hedemark Lundhede, Anne Sofie Elberg Nielsen, Mette Dalsgaard, and Bo Jellesmark Thorsen. 2018. "The Impact of On-shore and Off-shore Wind Turbine Farms on Property Prices." *Energy Policy*, 116:50–59.

Jin, Meilan, Yuxian Juan, Choong-Ki Lee, and Youngjoon Choi. 2019. "Estimating the Preservation Value of World Heritage Site Using Contingent Valuation Method: The Case of the Li River, China." *Sustainability*, 11(4). https://doi.org/10.3390/su11041100.

Ju-Hee, Kim, Kim Sin-Young, and Yoo Seung-Hoon. 2020. "Public Acceptance of the 'Renewable Energy 3020 Plan': Evidence from a Contingent Valuation Study in South Korea." *Sustainability; Basel*, 12(8):3151. https://doi.org/10.3390/su12083151.

Kling, Robert W., T. Scott Findley, Emin Gahramanov, and David M. Theobald. 2015. "Hedonic Valuation of Land Protection Methods: Implications for Cluster Development." *Journal of Economics and Finance*, 39(4):782–806.

Latinopoulos, Dionysis. 2014. "The Impact of Economic Recession on Outdoor Recreation Demand: An Application of the Travel Cost Method in Greece." *Journal of Environmental Planning and Management*, 57(2):254–272.

Lera-Lopez, Fernando, Javier Faulin, and Mercedes Sanchez. 2012. "Determinants of the Willingness-to-Pay for Reducing the Environmental Impacts of Road Transportation." *Transportation Research: Part D: Transport and Environment*, 17(3):215–220.

Loomis, John B., and Julie M. Mueller. 2013. "A Spatial Probit Modeling Approach to Account for Spatial Spillover Effects in Dichotomous Choice Contingent Valuation Surveys." *Journal of Agricultural and Applied Economics*, 45(1):53–63.

Malinauskaite, Laura, David Cook, Brynhildur Davíðsdóttirc, Helga Ögmundardóttir, and Joe Roman. 2020. "Willingness to Pay for Expansion of the Whale Sanctuary in Faxaflói Bay, Iceland: A Contingent Valuation Study." *Ocean and Coastal Management*, 183(1). https://doi.org/10.1016/j.ocecoaman.2019.105026.

Marta-Pedroso, Cristina, Helena Freitas, and Tiago Domingos. 2007. "Testing for the Survey Mode Effect on Contingent Valuation Data Quality: A Case Study of Web Based versus In-person Interviews." *Ecological Economics*, 62(3/4):388–398.

Murdock, Jennifer. 2006. "Handling Unobserved Site Characteristics in Random Utility

Ndebele, Tom, and Vicky Forgie, 2017. "Estimating the Economic Benefits of a Wetland Restoration Programme in New Zealand: A Contingent Valuation Approach." *Economic Analysis and Policy*, 55:75–89.

Norgaard, Richard B., Collin Bode, and Values Reading Group. 1998. "Next, the Value of God, and Other Reactions." *Ecological Economics*, 25(1):37–39.

Nurmagambetov, Tursynbek, Robin Kuwahara, and Paul Garbe. 2018. "The Economic Burden of Asthma in the United States, 2008-2013." *Annals of the American Thoracic Society*, 15(3):348–356.

Orgill-Meyer, Jennifer, Marc Jeuland, Jeff Albert, and Nathan Cutler. 2018. "Comparing Contingent Valuation and Averting Expenditure Estimates of the Costs of Irregular Water Supply." *Ecological Economics*, 146:250–264.

Ouyang, Zhiyun, Changsu Song, Hua Zheng, Stephen Polasky, Yi Xiao, Ian J. Bateman, Jianguo Liu, Mary Ruckelshaus, Faqi Shi, Yang Xiao, Weihua Xu, Ziying Zou, and Gretchen C. Daily. 2020. "Using Gross Ecosystem Product (GEP) to Value Nature in Decision Making." *PNAS (Proceedings of the National Academy of Sciences)*, 117(25):14593–14601.

Palmquist, Raymond B., and V. Kerry Smith. 2002. "The Use of Hedonic Property Value Techniques for Policy and Litigation," in *The International Yearbook of Environmental and Resource Economics 2002/2003: A Survey of Current Issues* (eds. Tom Tietenberg and Henk Folmer), 115–164. Cheltenham, UK; Northampton, MA: Edward Elgar.

Portney, Paul. 1994. "The Contingent Valuation Debate: Why Economists Should Care." *Journal of Economic Perspectives*, 8:3–17.

Qiang, Mengmeng, Manhong Shen, and Huiming Xie. 2020. "Loss of Tourism Revenue Induced by Coastal Environmental Pollution: A Length-of-stay Perspective." *Journal of Sustainable Tourism*, 28(4):550–567.

Ressurreição, Adriana, James Gibbons, Tomaz Ponce Dentinho, Michel Kaiser, Ricardo S. Santos, and Gareth Edwards-Jones. 2011. "Economic Valuation of Species Loss in the Open Sea." *Ecological Economics*, 70(4):729–739.

Roach, Brian, Kevin J. Boyle, and Michael Welsh. 2002. "Testing Bid Design Effects in Multiple-Bounded Contingent-Valuation Questions." *Land Economics*, 78(1):121–131.

Roach, Brian, and William W. Wade. 2006. "Policy Evaluation of Natural Resource Injuries using Habitat Equivalency Analysis." *Ecological Economics*, 58:421–433.

Rolfe, John, and Brenda Dyack. 2010. "Testing for Convergent Validity Between Travel Cost and Contingent Valuation Estimates of Recreation Values in the Coorong, Australia." *Australian Journal of Agricultural and Resource Economics*, 54(4):583–599.

Rosado, Marcia A., Maria A. Cunha-e-Sa, Maria M. Dulca-Soares, and Luis C. Nunes. 2006. "Combining Averting Behavior and Contingent Valuation Data: An Application to Drinking Water Treatment in Brazil." *Environment and Development Economics*, 11(6):729–746.

Sagoff, Mark. 2004. *Price, Principle, and the Environment*. Cambridge: Cambridge University Press.

Salladarré, Frédéric, Dorothée Brécard, Sterenn Lucas, and Pierrick Ollivier. 2016. "Are French Consumers Ready to Pay a Premium for Eco-labeled Seafood Products? A Contingent Valuation Estimation with Heterogeneous Anchoring." *Agricultural Economics*, 47(2):247–258.

Tienhaara, Annika, Heini Ahtianinen, and Eija Pouta. 2015. "Consumer and Citizen Roles and

Motives in the Valuation of Agricultural Genetic Resources in Finland." *Ecological Economics*, 114:1–10.

Tilahun, Mesfin, Regina Birner, and John Ilukor. 2017. "Household-level Preferences for Mitigation of *Prosopis juliflora* Invasion in the Afar Region of Ethiopia: A Contingent Valuation." *Journal of Environmental Planning and Management*, 60(2):282–308.

Turner, R.K., W.N. Adger, and R. Brouwer. 1998. "Ecosystem Services Value, Research Needs, and Policy Relevance: A Commentary." *Ecological Economics*, 25(1):61–65.

Ulibarri, C.A., and K.F. Wellman. 1997. "Natural Resource Valuation: A Primer on Concepts and Techniques." *Report prepared for the U.S. Department of Energy under Contract DE-AC06–76RLO1830*.

Vásquez, William F., and Carlos Eduardo de Rezende. 2018. "Willingness to Pay for the Restoration of the Paraíba do Sul River: A Contingent Valuation Study from Brazil." *Ecohydrology and Hydrobiology*, 19(4):610–619.

Ward, Frank, Brian Roach, and Jim Henderson. 1996. "The Economic Value of Water in Recreation: Evidence from the California Drought." *Water Resources Research*, 32(4):1075–1081.

Whitehead, John C. 2006. "A Practitioner's Primer on the Contingent Valuation Method," in *Handbook on Contingent Valuation* (eds. Anna Alberini and James R. Kahn). Cheltenham, UK; Northampton, MA: Edward Elgar.

Yin, Hao, Massimo Pizzol, Jette Bredahl Jacobsen, and Linyu Xu. 2018. "Contingent Valuation of Health and Mood Impacts of PM in Beijing, China." *Science of the Total Environment*, 630(15):1269–1282.

Zanderson, Marianne, and Richard S.J. Tol. 2009. "A Meta-analysis of Forest Recreation Values in Europe." *Journal of Forest Economics*, 15(1/2):109–130.

第七章 成本收益

焦点问题：

- 经济学家如何开展成本收益分析？
- 成本收益分析的优势和局限性是什么？
- 如何珍视人类的生命和健康？
- 如何珍视子孙后代的利益？

第一节 成本收益概述

稀缺资源配置是经济学关注的一个常见问题。就像个人和企业一样，政府经常必须对有限资源的分配做出决定。由于预算限制，政府无法推行所有提出的可能增加社会福利的公共项目。政府应该如何决定应该实施哪些项目，又该放弃哪些项目？例如，公共资金是否应该用来修建更多的道路、提供医疗保障或改善环境质量？此外，政府应该如何决定颁布哪些政策提案，拒绝哪些提案？

上一章中讨论的估值方法提供了一个决策框架，在该框架中，所有的影响在理论上都可以用一个通用的衡量标准进行评估和比较——货币衡量标准，比如美元。**成本收益分析**旨在以货币单位衡量一个提出的项目或政策的所有成本和收益。[①] 原则上，使用通用指标可以更容易客观地评估或衡量。

---

① 还可以使用术语"收益成本分析"（benefit-cost analysis，BCA），两者是同义词。

> **成本收益分析**（**cost-benefit analysis，CBA**）：试图将拟议行动的所有成本和收益货币化，以确定净收益的政策分析工具。

以美国联邦政府所允许的地面臭氧水平决策为例，展开讨论。[①] 当氮氧化物和挥发性有机化合物等污染物与阳光相互作用时，就会形成臭氧。呼吸臭氧会导致哮喘和肺气肿等呼吸系统疾病，臭氧还会降低能见度，破坏植被。假设，与基准条件相比，更严格标准将使美国每年额外花费 160 亿美元，估计每年可防止 5 000 人过早死亡。更严格标准的成本值得吗？换言之，每年避免 5 000 人死亡的收益是否相当于每年 160 亿美元？（关于这个现实世界问题的答案，见专栏 7 - 1。）成本收益分析提供了一种工具以帮助做出决策。事实上，根据美国现有法律，包括环境保护署在内的联邦机构必须对重大政策提案实施成本收益分析，将在第十四章中讨论。

成本收益分析的基本步骤似乎十分简单：

1. 列出所有能想到的与提议项目相关的成本和收益。

2. 对于通常以货币为单位衡量的成本和收益，如安装污染控制设备的成本，可以获得可靠估值。

3. 对于通常不以货币为单位衡量的成本和收益，如人类健康或生态系统影响，使用非市场估值方法来获得估值。

4. 如果由于预算或其他限制而无法估算实际的非市场价值，考虑价值移转或专家意见。

5. 把所有成本和收益加在一起，最好在一系列合理的假设或情景下。

6. 比较总成本与收益，以获得建议。

成本收益分析通常考虑各种备选方案，包括基准或"不采取行动"的方案。例如，当前的臭氧空气污染标准可以与几个更严格的标准进行比较。

当然，在实践中，成本收益分析可能是一项技术上存在困难的任务。尤其是用货币为单位估计所有非市场影响可能是行不通的，甚至是不可取的。因此，大

---

① 臭氧是低层大气中的空气污染物。"臭氧层"在平流层（距地面约 6 至 30 英里），可以防止紫外线辐射。

多数成本收益分析在一定程度上是不完整的。但这并不一定意味着不可能获得明确的政策建议,将在本章中看到相关内容。

假设目前能以货币为单位估计一项政策提案的所有成本和收益。假设前面提到的臭氧标准收益是每年240亿美元,成本是每年160亿美元。成本收益分析的底线结果可以通过两种主要方式呈现:

1. **净收益**。是指总收益减去总成本。在本例中,净收益为240亿美元,减去160亿美元成本,即净收益为80亿美元。请注意,如果成本大于收益,则净收益为负。

2. **收益成本比**。是指总收益除以总成本。在这种情况下,收益成本比是240亿美元除以160亿美元,即1.5。效益成本比小于1表示成本大于收益。

净收益(net benefits):总收益减去总成本。

收益成本比(benefit-cost ratio):总收益除以总成本。

专栏 7-1 管制臭氧污染

2015年10月,美国环境保护署宣布决定将地面臭氧的国家标准从10亿分之75ppb降低到70ppb。这一决定招致了工业界和环保人士的批评。工业界正在游说不要改变10亿分之75的标准。全美制造商协会(National Association of Manufacturers)主席杰伊·蒂蒙斯(Jay Timmons)表示,新标准"过于烦琐",将损害美国经济。美国石油学会(American Petroleum Institute)也表达了类似的观点,称新法规"可能是有史以来成本最高的"。

同时,环保人士一直在倡导一个更严格的标准,即60ppb或65ppb。清洁空气观察组织(Clean Air Watch)总裁弗兰克·奥唐纳(Frank O'Donnell)回应说,新标准只是"迈出的一小步",而非所需的"巨大步伐"。律师大卫·巴伦(David Baron)说,新标准"将导致数千人死亡、住院、哮喘发作、缺课和缺勤,而医学专家支持的更严格的标准本可以避免这些情况的发生。"

那么,哪一方的批评更准确? 2014 年 11 月,美国环境保护署发布了一份长达 500 多页的关于不同臭氧标准的成本收益分析。表 7-1 列出了三个提议的新标准的成本和收益。请注意,虽然成本是精确估计的,但由于对健康的负面影响减少程度的不确定性,收益会有所不同。正如所预期的那样,标准越严格,达标成本就越高,标准为 70ppb 时,成本每年为 50 亿美元,标准为 60ppb 时,成本为 400 亿美元以上。无论是以避免死亡还是通过货币化价值来衡量,随着标准的降低,收益就会增加。这就产生了每个标准水平可能的估计净收益范围。

相对于 75ppb 的标准,70ppb 的标准显然提供了正的净收益。65ppb 的标准可能提供更大的净收益,尽管收益成本比可能稍低。60ppb 的标准是唯一可能无法提供正净收益(在估计范围的低端)的替代方案,但它也可能导致最高净收益(在该范围的顶端)。因此,根据这项成本收益分析,将标准从 75ppb 提高到 70ppb 在经济上是绝对是合理的。似乎还有合理的经济理由要求进一步提高标准,至少达到 65ppb。这个事例就说明了本章所提出的观点,即成本收益分析的政策建议往往由于广泛的估计而模棱两可,并且高度依赖于分析中所做出的假设。

资料来源:Ambrosio, 2015; U.S. EPA, 2014。

165

表 7-1　美国拟议臭氧标准相对于基准 (75ppb) 的成本收益分析

	70ppb 标准	65ppb 标准	60ppb 标准
年度达标成本(亿美元)	47	166	412
每年可避免的死亡人数	1 400~2 100	4 100~6 400	7 600~11 800
年度货币化收益(亿美元)	75~150	212~421	372~759
年度净收益(亿美元)	28~103	46~255	-40~-34.7
收益成本比	1.6~3.2	1.3~2.5	0.9~1.8

若一个提案产生正的净收益(或收益成本比大于 1),这是否意味着应继续执行? 答案并不一定,因为经济学是试图净收益最大化的。即使政策产生了正的净收益,也很可能有一个替代方案,可以产生更高的净收益或更高的收益成本

比。因此应确保在提出具体建议之前，就着手考虑一系列的备选方案。换言之，应始终考虑执行某项政策的机会成本。

同样重要的是，净收益的底线估计并不能告知任何关于成本和收益在整个社会中的分配情况。假设提案的收益主要归于富裕家庭，而成本则由较贫穷的家庭承担，即使这样的提议可能产生正净收益，也可以基于公平的理由拒绝它，因此应谨慎对待完全依靠成本效益分析来做出政策决定。但首先，要考虑执行成本效益分析所涉及的几个重要问题。

第二节　平衡现在和未来：折现率

在大多数成本收益分析中，有些成本和收益发生在未来。现在 100 美元的成本并不等于 10 年或 20 年后 100 美元的成本，部分原因是通货膨胀。可以通过将所有结果用**真实的或经通胀调整的美元**表示，以此来控制通胀。[①] 但是，即使 100 美元的成本以实际价值表示，100 美元在未来的价值通常也不会与今天的价值相同。

> **真实的或经通胀调整的美元**（**real or inflation-adjusted dollars**）：考虑价格水平（如通货膨胀）随时间变化的货币估计。

某人（或社会）何时获得的收益与折现率相关。人们之所以喜欢现在而非以后的货币收益，有很多原因。现在可用货币通常可以投资，从而获得正的实际回报（经通胀调整后）。这文意味着 10 年后，今天的 100 美元可能增长到 200 美元。从这个意义上说，今天的 100 美元相当于 10 年后的 200 美元。或从另一个角度来看，10 年后的 200 美元基本上相当于今天的 100 美元。

人们现在更喜欢储蓄的另一个原因可能是未来的不确定性——若现在获得

---

① 美元价值通过使用代表与基准年相比的一般价格水平价格指数，一个众所周知的例子是消费者价格指数（the consumer price index, CPI）来调整通货膨胀。例如，如果价格指数为 120，与基准年的 100 相比，当前 240 美元的价值将相当于 240 美元 /（120 / 100）＝ 200 美元的通货膨胀调整值。

收益,就不必担心将来是否真的能获得这些收益。此外,还有一种简单的急躁心理——人们倾向于更关注现在而非未来。[①] 因此,除了对通胀进行调整外,大多数经济学家认为为了比较当前和未来的影响,需要做进一步调整。这种调整称为折现。

> **折现**(discounting):指未来发生的成本和收益相对于当前的成本和收益来说,应该被赋予较低权重(折现)的概念。

折现基本上会"贬值"未来发生的影响,因为其相关性低于现在发生的类似的影响。可以说 100 美元是 10 年后获得的 200 美元的**现值**,这意味着当前获得的 100 美元和 10 年后获得的 200 美元是相同的。

可以使用以下公式计算任何未来收益或成本的现值或折现价值:

$$PV(X_n) = \frac{X_n}{(1+r)^n}$$

其中 n 是未来收益或成本发生的年数;r 是**折现率**——未来价值减少的年率,以比例表示(即对于 3% 的折现率,$r=0.03$)。使用这个公式,以 3% 的折现率计算,10 年内 100 美元的收益相当于现在的 74.41 美元的收益。在 7% 的较高折现率下,10 年内 100 美元的收益现值仅为 50.83 美元。

从公式中可以看出,随着时间推移,现值越来越低(指数越来越高,分母越来越大)或折现率越来越高(这也使得分母越来越大)。表 7-2 和图 7-1 说明了 100 美元的现值如何随折现率和时间段而变化。所显示的折现率范围,从 1%～10%,是经济分析中使用的典型折现率。

> **现值**(present value):未来成本或收益流的当前值。
> **折现率**(discount rate):将未来预期收益和成本折算成现值的比率。

---

① 这种趋势的例子数不胜数,比如人们的信用卡账单越来越多,或者到退休时还未储蓄足够多的钱。

表 7 - 2　100 美元现值受折现率变化的影响（美元）

未来年数	折现率				
	1%	3%	5%	7%	10%
0	100.00	100.00	100.00	100.00	100.00
10	90.53	74.41	61.39	50.83	38.55
20	81.95	55.37	37.69	25.84	14.86
30	74.19	41.20	23.14	13.14	5.73
50	60.80	22.81	8.72	3.39	0.85
100	36.97	5.20	0.76	0.12	0.01

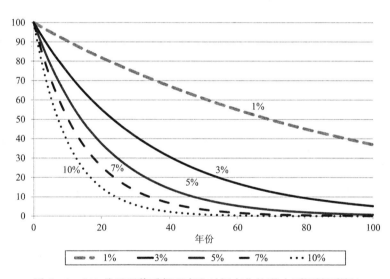

图 7-1　100 美元现值受折现率和时间变化的影响（彩图见彩插）

　　请注意，较高的折现率大大降低了未来几十年内货币产生影响的相关性。例如，50 年后发生的 100 美元成本，以 7% 的折现率计算，其现值只有 3.39 美元。以 10% 的折现率计算，其现值只有 0.85 美元。此外，折现率的微小变化，会在较长的时间内产生显著的影响。虽然 10 年后，1% 和 3% 的折现率间的差距并不大，但如果是 100 年后，1% 的折现率下的现值大约是现在的 7 倍。

　　从表 7-2 中看到，即使是适度的折现率，也基本上使未来几十年内发生的影响变得无关紧要。例如,在 5% 的折现率下,为了避免 100 年后发生的 100 美元的损失,现在支付不到 1 美元。

显然,在任何成本收益分析中,折现率的选择都是一个重要的决定。高折现率将大大有利于现在而非未来,而低折现率将更重视未来的成本或收益。在很多环境项目的应用中,收益发生在未来,而成本要在短期内支付。气候变化可能是这方面最好的例子。缓解气候变化的成本将在近期支付,而收益(即减少的损害)将在未来几十年甚至几百年内出现(见第十二章)。因此,低折现率通常会支持更高程度的环境保护。

那么"正确"的折现率是多少? 是否在所有情况下都使用同一种折现率,这种说法在经济学界还未达成明确共识。事实上,决定如何选择折现率有两种不同的主要方法。确定折现率的一种方法是将折现率设定为政府债券等低风险投资的收益率,理由是用于慈善公共项目的资金可以用于投资获取收益,以便在未来为社会提供更多的资源。换言之,市场回报率代表了现在支付费用的机会成本。

通过在成本收益分析中使用安全投资率作为折现率,提案相对于其他可替代投资的机会成本正在被评估。美国联邦政府发布的年度折现率指南建议使用美国国债的收益率。在政府 2020 年的指导方针中,中长期政府债券的名义收益率在 1.6%~2.4% 之间,实际收益率在 -0.4%~0.4% 之间,具体取决于期限的长短。[1]

当然,政府债券的回报率随时间而变化。按照历史标准,2020 年的回报率非常低,但在 20 世纪 80 年代初,名义回报率达到 13%。这导致了一些经济学家怀疑,是否应将长期环境和社会影响的估值建立在受金融市场状况影响的利率基础上。

确定折现率的另一种方法是基于折现的两个理由:

1. 人类天性倾向于现在而非未来,这就是所谓的**纯时间偏好率**。

2. 假设实体经济持续增长,未来的人将比现在的人富裕。因此,100 美元的损失(实际价值)将比现在的 100 美元损失"更小",因为这只是他们财富的一小

---

[1] 利率根据到期时间(3~30 年)而有所不同。参见 U. S. OMB, 2019。

部分,因而对他们的福利产生的影响更小。类似地,100 美元的价值对未来的人来说,将不如 100 美元对今天的人有价值,正如 100 美元对一个富人来说,不如对一个贫困人口重要。用更专业的术语来说,就是效用被假定为消费的边际递减函数。

> **纯时间偏好率(pure rate of time preference)**:现在相对于未来获得收益的偏好率,与收入水平的变化无关。
>
> **社会折现率(社会时间偏好率)(social discount rate/social rate of time preference,SRTP)**:一个试图反映未来适宜的社会价值的折现率;社会时间偏好率往往低于市场或个人折现率。

可以将这两个因素结合起来估计**社会折现率(社会时间偏好率)**,如:

$$SRTP = \rho + (\varepsilon \times c)$$

其中,ρ 是纯时间偏好率,c 是消费的年增长率,ε 是消费边际效用的弹性。[1]将消费年增长率乘以随着消费增加而增加的额外满意度下降的速度(经济学术语是消费边际效用的弹性)。可见,随着社会变得更加富裕,社会向好度会有多少变化。

从政府发布的数据源可以获得对历史消费增长率的估计。在预测未来的实际消费增长率时,《斯特恩报告》(《斯特恩报告》是一个著名的全球气候变化成本效益分析报告,在第十二章中会讨论)使用了 $c = 1.3\%$。[2]ε 值的估值为 $1.0 \sim 2.0$,《斯特恩报告》使用的值为 1.0。基于 2019 年英国数据的元分析发现,ε 值的中位数估计值为 1.5。[3]

169

经济学家间的激烈争论集中在 ρ 值上。《斯特恩报告》使用 $\rho = 0.1$。将纯时间偏好率设置为接近于零的理由是,一代人的福利本质上并不比另一代人的福利更重要。

因此,《斯特恩报告》使用 $c = 1.3\%$,$\varepsilon = 1.0$ 和 $\rho = 0.1$ 的值,最终得到

---

[1] 这个方程以经济学家弗兰克·拉姆齐(Frank Ramsey)的名字命名,通常被称为拉姆齐方程。

[2] Stern,2007.

[3] Groom and Maddison,2019.

1.4％的折现率。在另一个普遍参考的气候变化分析中，ρ 值被设定为 1.5，导致折现率为 3.4％，比《斯特恩报告》中的估值高两倍多。[1] ρ 值较高的理由是，这更准确地反映了金融市场决策中所隐含的时间偏好。尽管 1.4％和 3.4％的折现率差异似乎没有那么大，但折现方程中的指数函数意味着，使用 3.4％的折现率，在未来 100 年的影响下，现值仅为目前数值的七分之一。

经济学家认为折现率应是多少？2018 年发表于某期刊文章对 200 多名经济学家进行了调查，以了解他们对"用于评估……具有代际影响的全球公共项目的可推荐的实际社会折现率"的观点。[2] 经济学家们认可的平均值为 2.3％，中位数为 2.0％。68％的受访者选择了 1％～3％的折现率，表明学者们对长期成本收益分析的适当折现率达成了一定程度的共识。这一数值明显低于 2001 年进行的类似调查，当时反映的中位数为 3.0％，平均值为 4.0％，这表明经济学家的偏好已转向较低的折现率。[3]

人们可能会质疑，经济学家的意见是否是决定环境分析折现率的最终因素。尤其是，若经济学家用价值评估法来询问人们对环境价值的偏好，那么为什么会就不同时间尺度询问人们对时间偏好的看法？一些价值评估研究询问了受访者在不同时间尺度上为环境效益付费的意愿，使研究人员能从支付意愿随时间下降的趋势中推测出折现率。在 2003 年的一篇富有创新性的论文中，科罗拉多州居民被要求表明他们的支付愿意，以防止未来因气候变化而导致的森林损害。从他们的回答中，研究人员能够推测出受访者的时间偏好：

我们估计公众的折现率略低于 1％。有趣的是，公众估计的折现率低于经济学家的建议，这对非经济学家而言，可能并不意外。[4]

但在其他价值评估研究中，折现率可能相当高。例如，2019 年的一篇论文发现，从价值评估的角度考虑，如果受访者愿意为生物多样性保护项目付费，那么其折现率在 69％～372％之间。[5] 使用价值评估法获得的折现率的巨大差异，

---

[1] Nordhaus, 2014.

[2] Drupp et al., 2018.

[3] Weitzman, 2001.

[4] Layton and Levine, 2003, p. 543.

[5] Vasquez-Lavín et al., 2019.

进一步说明了价值评估法有效性的问题。

第三节　重视生命

也许成本收益分析最具争议的话题是对生命价值评估。很多环境政策都会影响死亡率,如制定空气污染或饮用水污染物标准的政策。毒理学研究可以估算特定政策预防的死亡人数。例如,一项改善空气质量的政策将在污染控制设备和行政成本方面花费 5 亿美元,但每年与空气污染有关的死亡人数将减少 50 人。这样的政策对社会来说"值得"吗?

从某种意义上说,在设计环境政策时,至少必须蕴含着重视人类生命的理念。即使消除与环境污染有关的所有死亡在技术上是可行的,成本肯定也是令人望而却步的。因此,社会必须在死亡率和减少污染的支出之间做出权衡。当然,总是可以通过技术改进以减少有害污染物的排放,但是在可预见的未来,决策者将需要确定此类污染物的"可接受"标准,即使这样的污染水平仍然会导致一些死亡。

问某人愿意支付多少费用以避免因环境污染而造成的死亡显然是不合理的。相反,经济学家试图估算人们如何评估死亡风险中相对较小的变化,并利用这些信息推断**统计生命价值**。理论上,生命价值的估算表明社会愿意支付多少费用来防止一个人死于环境污染,但是没有具体提到谁的死亡将被避免。

> **统计生命价值**(value of a statistical life,VSL):为避免死亡风险的支付意愿。

一个事例最好地说明了如何估算生命价值。假设进行一项价值评估调查,询问人们愿意为改善空气质量的政策支付多少费用,以使死于空气污染的人数每年减少 50 人。若假设调查的受访者代表了更广泛的人群,那么平均而言,他们从政策中受益的机会与其他人一样多。假设调查结果显示,一般家庭愿意为这项政策每年支付 10 美元。若社会由 1 亿户家庭组成,那么该政策的总支付意愿将是：

$$1\text{亿} \times 10 \text{ 美元}/\text{年} = 10 \text{ 亿美元}$$

由于这是将每年死亡人数减少 50 人的支付意愿，生命的价值应为：

$$\frac{10 \text{ 亿美元}}{50 \text{ 人死亡}} = 2000 \text{ 万美元}/\text{人}$$

这一结果表明，社会隐含地愿意为因空气污染而避免死亡的每个人的支付意愿为 2 000 万美元。

虽然这个事例是基于价值评估的研究，但估算生命价值最常用的方法是**工资风险分析**。在这种方法中，统计分析用于确定需要支付的工资溢价，以吸引工人从事特别危险的工作，同时控制其他因素。假设工人意识到风险，并在选择工作时有一定程度的自由，工资风险分析可确定诱导工人从事风险更高的工作所需的额外工资，例如伐木工、航空公司飞行员和商业渔民。

> **工资风险分析**（**wage-risk analysis**）：一种用吸引人们从事高风险工作所需的报酬来估计统计生命价值的方法。

最近的元分析表明，生命价值的估值可能会有很大的差异。[①] 2009 年的一项研究报告称，每个避免死亡的估值从 50 万美元到 5 000 万美元不等。[②] 在本次元分析中包括 32 项研究，平均生命价值为 840 万美元，但是标准差为 790 万美元。2018 年的元分析包括附加的生命价值的估算，基于 68 项研究，其平均生命价值在 810 万到 1 140 万美元之间。[③]

这两种元分析都主要依赖于发达国家的生命价值估算。发展中国家的生命价值估值通常要低得多。例如，孟加拉国 2006 年的一项研究估算的生命价值仅约为 5 000 美元。[④]

2018 年的元分析，使用了发达国家和发展中国家的价值评估获得的生命价

---

① 如前一章所述，综合分析回顾了现有研究，从而确定共同的发现和趋势。
② Bellavance et al. , 2009.
③ Viscusi，2018.
④ Mahmud，2006.

值估值,得出的结论是,一国人均 GDP 对生命价值估值有正向影响。该研究推测,生命价值估值的收入弹性约等于 1,这意味着生命价值的估值与收入成比例增加。①

一方面,这些发现与预期一致。正如在第六章中提到的,一个人的支付意愿在某种程度上是支付能力的函数。在工资较低的发展中国家,吸引工人从事高风险工作所需的额外补偿预计会比较少。同时,这些发现也对国际政策的分析产生了令人不安的影响。考虑一下对气候变化早期成本收益的分析,该分析认为发展中国家的生命损失价值仅为发达国家生命损失价值的 1/15。② 这似乎意味着发展中国家的生命在某种程度上"价值"低于发达国家。

一些经济学家(以及很多非经济学家)基于方法论或道德原因,对生命价值估算持批评态度。对得出生命价值估值的两种主要方法——价值评估和工资风险分析——都提出了有效性问题。在第六章讨论了价值评估的一些潜在问题。工资风险研究的批评者指出,从事相对高风险工作的人并不能代表更广泛的人口。尤其是,吸引普通人从事高风险工作所需的工资溢价可能高于观察到的工资溢价。这可能是因为从事风险工作的人天生就更愿意接受风险,现实中可能会寻找有风险的工作。也可能是,从事高风险工作的人选择性较少,并不是真正自愿要承担风险,以换取更高的报酬。

另一个方法论上的问题是,大多数高风险工作都是由男性承担的。工资风险研究的一半数据只包括男性选择工作的数据。若男性和女性对风险的评估不一致,那么将男性工作选择的结果外推到更广泛的人群中是无效的。

另一个潜在的问题是将单个生命价值用于不同的政策应用。例如,人们可能不会用与核事故风险相同的方式,去评估环境污染所导致癌症的风险。2013年的一项价值评估研究发现,受访者暗示,当涉及癌症死亡风险时,生命价值要高出约 100 万美元。③ 美国环境保护署已经考虑了一种"癌症特异性",即在成本收益分析中使用更高的生命价值,以估算减少接触致癌物的益处。美国政府机构使用的生命价值通常随着时间推移而增加,从 20 世纪 80 年代的约 200 万

---

① Masterman and Viscusi, 2018.
② Ackerman and Heinzerling, 2004.
③ Alberini and Šťasný, 2013.

172　美元增加至最近的约 1 000 万美元,尽管具体价值因机构而异。有关美国生命价值的经济和政治辩论,见专栏 7-2。

专栏 7-2　重视生命的政治

评估人类生命的价值不仅是一个经济问题,也是一个政治问题,近年来美国联邦机构使用价值评估的变化就证明了这一点。在乔治·W. 布什(George W. Bush)执政时期,美国环境保护署使用的价值评估低至 680 万美元。但在 2010 年,美国环境保护署在对空气污染标准的成本收益分析中将价值评估提高到 910 万美元。2013 年,美国环境保护署进一步将价值评估提高到 970 万美元。在奥巴马执政时期,美国食品和药物管理局也将生命价值从 2008 年的 500 万美元增加到 2010 年的 790 万美元,2015 年再次增加至 930 万美元。基于更高的生命价值,交通部决定要求使用更坚固的车顶——因为成本过高,这项规定在布什执政时期被否决了。在特朗普执政时期,联邦机构使用的生命价值估值基本没有变化,只是根据通货膨胀进行了调整。

虽然大多数联邦机构将生命价值增加至 900 万美元左右,但核管理委员会继续使用价值仅为 300 万美元的生命价值。批评人士指出,这一相对较低的数值阻碍了核电厂的安全改进,从而保护工人和附近居民。研究生命价值的主要经济学家 W. 基普·维斯库斯(W. Kip Viscusi)表示,"核管理委员会使用的 300 万美元是一个低得离谱的数字,与其他政府机构的做法和经济学文献格格不入。"最终,2015 年 8 月,核管理委员会建议在未来的分析中将其生命价值提高到 900 万美元。

资料来源:Appelbaum, 2011; Negin, 2015; McGinty, 2016; www. epa. gov/environmental-economics/mortality-risk-valuation。

一些评论家否定了对人类生命进行数学评价的前提。他们认为,人类的生命本质上是无价的。因此,评估人类生命的风险是没有意义的。此外,有些人认为,把人的生命简化为经济分析过程,从伦理角度来看根本不可取。他们建议,应使用除了成本收益分析以外的方法来决定影响人类死亡率水平的政策,这个

话题将在本章末讨论。

第四节　成本收益分析中的其他问题

一、风险和不确定性

在很多成本收益分析中，特定项目或提案的未来结果并不确定。例如，核电站运行涉及一些严重事故和重大辐射释放的风险。对任何一个核电站做成本收益分析时都必须考虑这个问题。那么，如何将这种可能性纳入成本收益框架？首先，必须认识到，风险和不确定性对经济学家而言意味着不同的内容。[①] 在成本收益分析中，**风险被定义为可量化的可变性或随机性**。例如，统计研究可以确定与吸烟相关的风险。虽然没有人能知道某个吸烟者是否在早期患上严重的疾病或活到老年，但很明显的是吸烟增加了过早患病和死亡的风险，而且对于很多人来说，这些风险可以相当精确地计算出来。在有风险的情况下，成本收益分析可以列出所有可能的结果，每个结果都可以附带可能的概率。当然，没有人知道会发生哪种特定结果，但人们相信，概率有一定的合理性。

> **风险（risk）**：用于描述所有潜在结果及其概率已知或可准确估计的情况。

例如，在核电站提案的成本收益分析案例中，可能会估计到灾难性事故的风险。在核电厂的正常使用期间，发生灾难性事故的风险是千分之一。[②] 或在开发海上油井的提议中，可以估算出发生重大石油泄漏的风险为五千分之一。[③]

[①] 有关差异的讨论，参见 Staehr，2006。

[②] 在过去的 50 年里，全世界大约有 400 座核电站在运行，其中两座发生了灾难性事故，分别发生在乌克兰的切尔诺贝利和日本的福岛。这意味着发生事故的可能性是几百分之一，因此千分之一是保守估计。

[③] 这一粗略估计可能是基于墨西哥湾几千口钻井中一次重大石油泄漏的实际经验。

相比之下，**不确定性**被定义为无法准确量化的可变性或随机性。第十二章和第十三章深入讨论的全球气候变化问题证明了这一点，温室气体排放导致的全球气候变化的全部影响是无法准确预测的。虽然科学家们普遍同意下个世纪可能出现的温度升高范围是 1℃～6℃（约 2℉～10℉），但全球天气系统非常复杂，可能发生剧烈的和不可预测的事件。

> **不确定性**（uncertainty）：用于描述一种情况，即某一行动的一些结果是未知的或无法估算其概率的。

例如，正反馈效应。如果北极冻土带融化并向大气中释放甲烷，可能会使大气中增加大量额外的温室气体，从而大大加速气候变暖。气候变化也可能导致像墨西哥湾流这样的洋流变化，使北欧气候类似于阿拉斯加的气候。尽管最近在气候变化建模方面取得了进展，但没有人能准确地确定这些事件发生的可能性。

风险可以定量地纳入成本收益，而不确定性则不能。对于单个可能的结果 x_i，该结果的**期望值**等于其概率 $P(x_i)$ 与其净收益或成本 $NB(x_i)$ 的积。因此：

$$EV(x_i) = P(x_i) \times NB(x_i)$$

> **期望值**（expected value，EV）：潜在值的加权平均值。

在有风险的情况下，将列出所有可能的结果、概率以及相关的净收益。然后计算这些各种可能结果的期望值：

$$EV(X) = \sum_i [P(x_i) \times NB(x_i)]$$

其中，$P(x_i)$ 是结果 i 将发生的概率；$NB(x_i)$ 是结果 i 的净收益。

现在考虑一个花费 700 万美元去建造一座防洪大坝提案的例子。大坝的预期收益将取决于未来洪水的风险，这又涉及降水函数。假设定义了四种降水方案：低降水、平均降水、高降水和极高降水。在除极高降水情况外的所有降水情况下，大坝都可以防止洪水泛滥，从而为社会带来净收益。在极高降水的情况下，大坝会溃坝，社会最终会遭受严重的净损失。

表 7-3 说明了这些假设结果，以及每一种结果的概率和净收益。降水越多，防洪的效益就越高，因为避免洪水发生的可能性增加了。因降水量过大而导致大坝溃坝的可能性仅为 1%，但损失却会很大。当计算所有四种情况下的期望值时，得到的值为 985 万美元。假设净收益估算反映了所有的成本和收益，建议基于该分析去建造大坝，同时也假设没有可以产生更大净收益的其他提议项目。

期望值的公式没有考虑**风险规避**——这是避免风险情况的常见趋势，尤其是那些涉及巨额损失的情况。例如，假设你有机会得到 100 美元，而赢 300 美元或输 100 美元的概率是 50 比 50。后一种情况的期望值（EV）为：

> **风险规避**（**risk aversion**）：倾向于选择确定性而非风险性结果，尤其是在项目可能导致重大负面后果的情况下。

$$EV = (+300) \times 0.5 + (-100) \times 0.5$$
$$= +150 - 50$$
$$= 100（美元）$$

在期望值方面，这两种情况是相等的。但由于风险规避，很多人更愿意确定地接受 100 美元。[1]

回到大坝事例，大坝溃坝的可能性不会对大坝的预期净收益产生重大影响。尽管大坝溃坝造成的损失非常大，但这种情况发生的可能性很低，这意味着它不会对最终结果产生很大影响。如果要进行风险规避，可能会对大坝溃坝的可能性给予更多考虑。在定量分析中，可以增加任何一项重大负面结果的权重。或者可以应用**预防性原则**。生活在大坝下的人们可能不愿意承受一场巨大灾难，即使是一件遥远的事。类似逻辑也适用于由极端气候变化影响带来的不可预测性。在对大坝进行风险分析的情况下，与表 7-3 中 1% 的估值相比，气候变化可能会导致极端降水的可能性增大。这种极端事件是否会发生无法判断，但就像未知大行星毁灭会让人们感到紧张一样，对减少温室气体排放的努力也会很紧迫。

---

[1]　关于风险规避的讨论，参见 Kahneman，2011。

> **预防性原则**（**precautionary principle**）：认为政策应考虑到不确定性，采取措施避免低概率的灾难性事件。

当影响不可逆转时，预防性原则尤其适用。某些类型的污染和环境破坏可以通过减少排放或留出时间通过自然系统再生得到补救。其他如物种消失，是不可逆转的。在可以根据错误进行调整或改变政策以适应新环境的情况下，成本和收益的经济平衡可能是合适的。但是当基本的自然系统可能遭受不可逆转的损害时，最好采用环境保护的**最低安全标准**。例如，对大气臭氧层的破坏，可能会通过消除破坏性辐射的基本屏障，来威胁地球上的所有生命。因此，国际条约试图完全禁止所有消耗臭氧层的物质，不管它们能带来什么经济效益。

> **最低安全标准**（**safe minimum standard**）：在涉及不确定性的问题上制定环境政策，以避免可能的灾难性后果的原则。

175

表 7 - 3　风险分析的假设示例　　　　　　　　（万美元）

情景	净收益	概率	预期价值
低降水	+500	0.27	+135
平均降水量	+1 000	0.49	+490
高降水	+2 000	0.23	+460
极高降水量	−10 000	0.01	−100
总期望值			+985

二、效益移转

成本收益分析可能既耗时间又耗财力。美国联邦和州机构通常需要进行成本收益分析，但是又缺乏资金进行原始分析。在这种情况下，机构可能会找到类似的研究，并依靠它们来获得估值。使用现有研究来获得对评估新情况的做法被称为**效益转移**。

> **效益移转**(benefit transfer)：基于对一个或多个类似资源的先前分析，分配或估算资源的价值。

效益移转可能会引起争议。例如，2001 年，美国环境保护署对饮用水中砷的不同标准进行了成本收益评估。过量摄入砷对人类健康的影响之一是引起膀胱癌，但往往不会危及生命。美国环境保护署没有对避免非致命性膀胱癌的支付意愿进行原始研究，而是采用了效益移转。然而，没有关于膀胱癌或任何其他非致命癌症损害评估研究。根据美国环境保护署的研究经验，最相似的估算是一项使用价值估值来估算人们为了避免慢性支气管炎的支付意愿。[1] 显然，膀胱癌和慢性支气管炎是两种截然不同的疾病，这导致批评者质疑这种移转的有效性。

效益移转的其他应用似乎更合理一些。例如，1996 年罗德岛海岸的一次石油泄漏导致了休闲海洋渔业减产。作为法律索赔的一部分，涉及该案件的政府机构需要估算出泄漏海域海洋渔业的每天消费者剩余量。同样，各机构没有进行原始分析，而是试图进行效益移转的估算。回顾了 100 多项研究后，这些机构最终引用了一项基于纽约海岸海上休闲捕鱼旅行成本的估算研究。[2]

大量研究对效益移转的有效性进行了检验。通过原始分析可以获得"正确"的效益值（例如生态系统服务的效益值），然后将该值与其他研究的移转值进行比较，研究人员可以测试移转值的准确性。2013 年的一项元分析考察了 31 项测试效益移转有效性研究，结果发现如果依赖移转值，则可能会出现重大错误。分析发现，移转值引入的误差范围从零到 7 000％以上[3]，平均误差为 172％，但平均值受到一些较大误差的显著影响。中位数误差显著降低为 39％。在一项关于娱乐效益的研究中，误差范围在 12％～411％ 之间，平均误差为 80％～88％。[4]

① U. S. EPA, 2001.
② NOAA et al. , 1999.
③ Kaul et al. , 2013.
④ Shrestha and Loomis, 2003.

通过遵守环境经济学家制定的几项指导方针,可以减少效益移转的潜在错误。[1] 历史上,大多数效益移转都涉及决策者,他们一般依赖于一项单一研究,这项单一研究最能反映其所需要的特定应用,例如刚才讨论的海洋渔业例子。然而,应始终考虑原始研究的质量。此外,前期研究即使它们是高质量的,但由于偏好、收入或人口统计数据的变化,也可能不再具有相关性。2018 年的一篇文章研究了澳大利亚一个地点的娱乐效益在七年内是否稳定,得出的结论是,效益涨幅高达 62%。[2] 与其依赖单一的研究,不如从多个研究中收集证据,以探索效益价值在不同情况下的变化。

虽然效益移转可能有一定价值,但需要谨慎使用:

原则上,分析人员或许能够纠正移转值中的一些错误,以便在现实世界的效益移转中使用。然而,重要的是要承认,效益移转不是灵丹妙药,而是一种在"最佳"估值研究不可行时,充分利用现有信息和资源提供的粗略估算方法。[3]

第五节　成本收益分析案例

一个相对简单的成本收益案例可以说明一些经常出现的现实问题。假设一个政府机构正在评估一项建造大坝的提议。首先列出了一些与大坝相关的成本和收益,见表 7 - 4。该列表并不全面——这些只是在本案例中考虑的影响,你可能还会想到应包括的其他成本和收益。

假设大坝的建设成本是 1.5 亿美元,在三年的建设期内每年支付 5 000 万美元。通常建筑成本将在较长的时间内由贷款提供资金支付,但在这种情况下,假设每年支付三次。在施工期间,大坝不会产生任何效益,折现率设定为 5%。可以使用现值公式来确定三年建设期内建筑成本的现值(以百万平均为单位计算):

$$PV = 50 + (50 \div 1.05) + (50 \div 1.05^2)$$
$$= 50 + 47.62 + 45.35$$

[1]　Richardson et al., 2015.
[2]　Rolfe and Dyack, 2018.
[3]　Shrestha and Loomis, 2003, p. 95.

$$=142.97(百万美元)$$

$$=14297(万美元)$$

表 7 - 4　与大坝建设提案相关的潜在成本和收益

潜在成本	潜在的收益
1. 建设成本	1. 防洪
2. 运维成本	2. 娱乐
3. 环境损害	3. 水电供应
4. 溃坝风险	

请注意,该计算假设在第一年(当前)不进行折现,同时假设收集的其他成本和收益的类别信息如下:

• 年度运营和维护成本为 800 万美元。

• 每年的娱乐收益为 1 500 万美元。注意,水库显然要等到大坝建成后才能进行研究。因此,需要依靠某种效益移转,以便在大坝建成之前提供对娱乐收益的估算。

• 水电年收益为 500 万美元。这一估值将基于用电者的消费者盈余和电力供应商的生产者盈余(利润)计算。

• 大坝每年造成的环境损害高达 1 000 万美元。这些损害可能包括栖息地的丧失和鱼类种群的减少,因为大坝可能会阻止某些物种的产卵。

• 年度防洪效益取决于预期降水模式的分布。在正常年份,假设没有洪水风险,也就没有收益。假设正常年份洪水的发生率为 70%(概率为 0.7)。在一个多雨的年份,假设大坝防止洪水的损失是 2 000 万美元,包括作物损失、财产损失和避免的其他影响。假设多雨年份每五年发生一次(概率为 0.2)。此外,假设每 10 年发生一次非常多雨年份,在这样年份中防止的损失为 5 000 万美元。

因此,有一种风险状况(与不确定性相反),知道所有可能结果的概率及其经济影响。使用本章上面的公式,年度防洪效益的预期值(以百万美元为计算单位)为:

$$EV = (0.7 \times 0) + (0.2 \times 20) + (0.1 \times 50)$$

$$= 0 + 4 + 5$$

$$=9(百万美元)$$
$$=900(万美元)$$

最后，假设大坝位于地震多发地，大地震有可能导致大坝倒塌并造成灾难性破坏。假设一个工程的估算显示，大坝因地震而倒塌的风险每年只有 0.01%，或者概率为 0.0001。然而，如果大坝真的倒塌了，物质损失和人员伤亡损失将达 50 亿美元。请注意，统计生命价值将用于评估潜在的人类死亡人数。大坝倒塌造成的年度预期损失为：

$$EV = 50 亿美元 \times 0.0001$$
$$= 50 万美元$$

这个估值比任何其他影响都低得多，因此它不会对最终结果产生重大影响。然而，如果要规避风险或者有任何理由怀疑工程估算，可能希望调整该计算，从而产生不确定性而非已知风险。

另一条必要信息是大坝的预期寿命。假设大坝将持续使用 50 年，之后不会产生任何成本或收益。同样，不考虑任何永久性的生态破坏，这可能是不现实的，但是这可以保持案例相对简单。

现在能够将所有的影响综合起来，得出一个净效益估值。为了进行折现，在大坝运行的第一年，折现公式中 n 的值为 3（这是因为修建大坝需要三年的时间）。可使用电子表格计算每年每一类影响的现值。（有关如何使用 Microsoft Excel 计算现值的说明，见附录 7-1。）

表 7-5 列出了分析的前几年和最后几年的详细计算（省略了第 6~48 年的结果），以及每种影响的总现值。请注意，分析延伸到第 52 年，以说明 3 年的建设(0~2 年)和 50 年的大坝寿命(3~52 年)。

考虑在第三年开始发生的环境成本，环境成本为 1 000 万美元，换算为现值：

$$PV = 1000 万美元 \div (1.05)^3$$
$$= 864 万美元$$

到大坝寿命结束时，折现效果变得更加显著。在过去几年中，影响大幅减少。

在大坝生命周期内，所有成本的现值为：

$$PV_{成本} = 142.97 + 132.47 + 165.59 + 8.28$$

$$= 449.31(百万美元)$$

$$= 44931(万美元)$$

所有收益的现值为：

$$PV_{收益} = 248.38 + 82.79 + 149.03$$

$$= 480.20(百万美元)$$

$$= 48020(万美元)$$

净现值为：

$$NPV = PV_{收益} - PV_{成本} = 480.20 - 449.31 = 30.89(百万美元) = 3089(万美元)$$

净现值(net present value, NPV)：收益现值减去成本现值。

179

表 7-5　选定年份大坝建设方案成本和收益的年度现值(百万美元)

年份	成本				收益		
	建设	操作	环境	大坝溃坝	娱乐	水力发电	防洪
0	50.00	0.00	0.00	0.00	0.00	0.00	0.00
1	47.62	0.00	0.00	0.00	0.00	0.00	0.00
2	45.35	0.00	0.00	0.00	0.00	0.00	0.00
3	0.00	6.91	8.64	0.43	12.96	4.32	7.77
4	0.00	6.58	8.23	0.41	12.34	4.11	7.40
5	0.00	6.27	7.84	0.39	11.75	3.92	7.05
……	……	……	……	……	……	……	……
49	0.00	0.73	0.92	0.05	1.37	0.46	0.82
50	0.00	0.70	0.87	0.04	1.31	0.44	0.78
51	0.00	0.66	0.83	0.04	1.25	0.42	0.75
52	0.00	0.63	0.79	0.04	1.19	0.40	0.71
合计现值	142.97	132.47	165.59	8.28	248.38	82.79	149.03

180

是否应根据这些结果建造大坝？收益超过成本约 3 000 万美元，这表明修建大坝具有经济效益。但是，正如前面提到的，不知道在一定的成本下，建造大坝是否一定会产生最大的社会效益。也许将 1.5 亿美元的建筑成本投资于建造学校或减少空气污染会产生更大的净收益。此外，还应考虑大坝工程规模是否最优。也许一个更小或更大的大坝会产生更大净收益，或更高的效益-成本比。

一个好的成本收益应该包括**敏感性分析**。敏感性分析需要考虑改变分析的一些假设时，建议是否也要改变。也许最常见的敏感性分析是改变折现率。在案例中，施工成本是首先支付的，而净收益在未来出现（即从表 7-5 中第三年开始的每一年，收益超过成本）。提高折现率往往会减少净收益，使项目看起来不那么吸引人。事实上，如果将折现率从 5% 改为 8%，该提案的净现值为负，约为 3 000 万美元，将会不建议修建大坝。

> **敏感性分析**（sensitivity analysis）：一种分析工具，研究模型的输出如何随着模型假设的变化而变化。

另一种敏感性分析可能会考虑风险规避对大坝倒塌可能性的影响。即使采用 5% 的折现率，风险规避的调整（如将该影响的现值增加 5 倍）也可能导致净成本，并建议不修建大坝。

敏感性分析非常重要：首先，从模型的预测结果可以对潜在假设的变化是否具有稳定性，如果不同的敏感性分析，没有导致政策建议变化，则可以相对有信心继续执行该建议；其次，如果建议与假设的合理变化不符，可能无法坚定地执行建议；最后，还需要确定是否排除了其他成本和收益，或者留下了一些无法量化的影响，这可能是成本收益没有定论的另一个原因。

第六节　成本收益分析在环境政策决策中的作用

环境政策的成本收益分析尤其困难并具有争议，因为环境改善的几个最重要的收益难以量化。首先，非使用价值只能通过价值评估来估算。在最后一章会看到，这种方法的有效性是经济学家之间争论的一个主题；其次，降低死亡率的益处是使用统计生命价值方法估算的，统计生命价值方法是另一种有争议的估值方法；最后，环境政策通常涉及前期成本和长期收益。这使得折现率的选择至关重要。折现率越低，越有利于环境保护。

虽然成本收益在某些情况下可提供明确的政策建议，但由于排除因素或敏感性分析，结果往往会产生模棱两可的结果。在这种情况下，可能需要不同的方法。另一种选择是依靠不同的过程来制定政策目标，并让经济分析发挥更加有效的作用。在**成本效益分析**中，经济分析只是确定实现政策目标的最低成本方式。

181

> **成本效益分析**（**cost-effectiveness analysis**）：一种在给定目标下决定最低成本方法的政策工具。

例如，假设已制定了一个目标，将导致酸雨的主要因素二氧化硫的污染减少50%。[1] 这可以通过要求高污染的燃煤电厂安装净化装置来实现，也可以根据排放水平征收税收或罚款来处理，或者为某一排放水平颁发可交易的许可证（许可证总数不超过当前水平的50%）。这些政策在第八章中有更详细的讨论。假设经济分析可以提供这些政策成本的可靠估算，成本效益分析就可以判断哪种选择在实现政策目标方面最经济有效。

显然，采用最低成本法来达到给定目标是有意义的。在这种方法中，不依赖经济分析决定在多大程度上减少污染——这个决定是基于科学证据、政治讨论和普通常识等因素而做出的。

成本收益的另一种选择是**定位分析**，这将考虑更广泛的社会和政治因素。在该方法中，对特定政策经济成本的估算与对不同人群的影响、可能的替代政策、社会优先事项、个人权利以及除经济收益之外的目标和目标评估相结合。人们认识到，没有单一的"底线"，特定的结果可能有利于某些群体而非其他群体。[2]

> **定位分析**（**positional analysis**）：作为一种政策分析工具，将经济估值与其他考虑因素，例如公平、个人权利和社会优先事项等因素结合起来。

---

① 这是美国环境保护署根据 1990 年修订的《清洁空气法案》设定的目标。

② 关于定位分析基础的阐述，参见 Söderbaum, 1999。

例如，建设大型大坝可能需要重新安置大量人员。即使大坝的经济状况看起来不错，这些人不想搬迁的选择可能会享有更大的社会优先权。这种判断不能纯粹以经济为基础。然而，讨论的一些估值方法，也许有助于确定最终必须由社会和政治决定的经济方面问题。[1]

截至目前，传统环境经济学有几个核心的理论和方法可以为环境政策提供指导。第三章至第五章讨论的理论有助于确定政策干预如何产生更具经济效益和环境效益的结果。为了使用经济分析来提供具体的政策建议，必须依赖第六章中讨论的估值方法，有时还必须依赖本章中讨论的成本效益分析方法，这是一项具有挑战性的任务，提出了很多有效性、假设和伦理的问题。

在第八章中，将研究污染控制政策的更多专题分析，这些分析将完成对传统环境经济学分析和技术的覆盖。然后，将在第九章讨论生态经济学的核心问题，在第十章讨论国民收入和环境核算。

小　结

成本收益分析可用于评估提议的项目和政府行动。环境因素通常涉及成本收益分析，可能是一些最具争议的价值因素。一个重要问题是对未来成本和收益的估值。经济学家使用折现方法来平衡当前和未来的需求。选择适宜的折现率很重要，可以显著影响成本收益研究的结果。社会适用的折现率可能与用于评估金融投资收益的商业折现率不同。

另一个重要且有争议的问题是人类生命价值。虽然必须以某种方式评估环境保护支出和死亡风险间的权衡，但统计生命价值方法试图从经济价值的角度估计社会为避免因环境污染而导致死亡的支付意愿。

成本收益分析还需要评估风险。当风险具有合理的确定性时，可以使用已知的概率估算各种结果的期望值，并将该期望值包括在成本收益分析中。当结果不确定、概率未知或不容易估算时，可能需要采用其他方法来考虑风险规避和

182

---

[1]　有关评估技术和潜在价值之间的相互作用的讨论，参见 Gouldner and Kennedy, 1997。

需要的预防措施。

使用这些方法进行折现、估值和风险评估,可以为特定项目或提案构建合理完整的成本收益分析。这些结果可以用于指导政策决定,但重要的是要记住结果可能对假设具有敏感性,以及估值方法在捕捉所有相关环境和社会因素方面的局限性。

关键术语和概念

benefit transfer 效益移转

benefit-cost ratio 收益成本比

cost-benefit analysis(CBA) 成本收益分析

cost-effectiveness analysis 成本效益分析

discount rate 折现率

discounting 折现

expected value(EV) 期望值

net benefits 净收益

net present value(NPV) 净现值

positional analysis 定位分析

precautionary principle 预防性原则

present value 现值

pure rate of time preference 纯时间偏好率

real or inflation-adjusted dollars 真实的或经通胀调整的美元

risk 风险

risk aversion 风险规避

safe minimum standard 最低安全标准

sensitivity analysis 敏感性分析

social discount rate/social rate of time preference(SRTP) 社会折现率(社会时间偏好率)

uncertainty 不确定性

value of a statistical life(VSL)统计生命价值

wage-risk analysis 工资风险分析

183

问题讨论

1. 假设你被要求对一个提议的燃煤发电厂进行成本收益研究。该工厂将建在居民区的郊区,会排放一定数量的污染物。其冷却系统将需要大量的水。该地区的工业人士认为,该地区急需额外的电力,但当地居民反对建设电厂。你将如何评估社会和环境成本,并将其与经济效益进行权衡?

2. 如本书所述,根据美国法律,联邦机构必须使用成本收益分析来评估主要政策建议。你是否同意这一要求,尤其是对环境政策的要求?你认为在做出政策决定时,成本收益分析的结果应给予多少权重?讨论在制定法规时,应如何平衡经济、健康和环境标准。

3. 假设一个发展中国家政府正考虑在风景优美的森林地区设立一个国家公园。当地的反对意见来自那些希望利用林地进行采伐树木和农业耕种的人。但国家公园将吸引本地和外国游客来旅游。成本收益分析能否有助于决定是否设立公园?你会考虑哪些因素,如何衡量它们的经济价值?

练习

世界银行正在考虑一个位于赤道附近国家的大型水坝项目的申请。项目的一些成本和收益(以美元计)如下:

- 建筑成本:每年 5 亿美元,为期三年。
- 运营成本:每年 5 000 万美元。
- 水力发电:每年 30 亿千瓦时。
- 电价:0.05 美元/千瓦时。
- 大坝灌溉用水:每年 50 亿加仑。
- 灌溉水价格:0.02 美元/加仑。
- 被淹土地造成的农产品损失:每年 4 500 万美元。
- 被淹土地造成的森林产品损失:每年 2 000 万美元。

还有一些更不容易量化的额外损失:被迫搬迁的村民的人力成本、流域破坏以及栖息地破坏的生态成本。新的湖区还有可能导致水传播疾病。

(1)对列出的所有可量化因素,进行成本收益分析。假设大坝的寿命为 30 年。表 7-5 表示,假设现在开始施工(第 0 年)。所有其他影响在大坝完工后(第 3 年)开始,持续 30 年(直到第 32 年)。参考附录 7-1,使用 Microsoft Excel 进行必要的计算。使用两种可能的折现率:10% 和 5%。对于每一种折现率,大坝收益和成本的现值是多少?你对每一个折现率有什么政策建议?请记住,也有无法量化的影响。

(2)现在考虑一个替代项目:建造一些较小的水坝,以免淹没重要的农田或林地。对于这个项目,总的建设成本正好是大坝项目成本的一半(但仍需 3 年以上),运营成本不变,电力/灌溉效益也是大坝项目效益的一半,但是不会对农田或森林造成损害,也不会产生生态成本或移民成本。对该项目进行成本效益分析,同样使用5%和10%的折现率。在每种折现率下,该方案成本和收益的现值是多少?

(3)综合以上结果,你有哪些政策建议? 你倾向于建造一座大坝还是几座较小的水坝? 最后,你认为用5%还是10%作为折现率最适合你的成本收益分析? 理由是什么?

参 考 文 献

Ackerman, Frank, and Lisa Heinzerling. 2004. *Priceless: On Knowing the Price of Everything and the Value of Nothing.* New York; London: New Press.

Alberini, Anna, and Milan Ščasný. 2013. "Exploring Heterogeneity in the Value of a Statistical Life: Cause of Death v. Risk Perceptions." *Ecological Economics*, 94:143–155.

Ambrosio, Patrick. 2015. "EPA Strengthens Ozone Standards, Upsetting Both Sides." *Bloomberg BNA, Daily Environment Report*, October 2.

Appelbaum, B. 2011. "As U.S. Agencies Put More Value on a Life, Businesses Fret." *New York Times*, February 16.

Bellavance, François, Georges Dionne, and Martin Lebeau. 2009. "The Value of a Statistical Life: A Meta-analysis with a Mixed Effects Regression Model." *Journal of Health Economics*, 28(2):444–464.

Drupp, Mopritz A., Mark C. Freeman, Ben Groom, and Frikk Nesje. 2018. "Discounting Disentangled." *American Economic Journal: Economic Policy*, 10(4):109–134.

Gouldner, Lawrence H., and Donald Kennedy. 1997. "Valuing Ecosystem Services: Philosophical Bases and Empirical Methods," in *Nature's Services: Societal Dependence on Natural Ecosystems.* Washington, DC: Island Press.

Groom, Ben, and David Maddison. 2019. "New Estimates of the Elasticity of Marginal Utility for the UK." *Environmental and Resource Economics*, 72(4):1155–1182.

Kahneman, Daniel. 2011. *Thinking, Fast and Slow.* New York: Farrar, Straus, and Giroux.

Kaul, Sapna, Kevin J. Boyle, Nicolai V. Kuminoff, Christopher F. Parmeter, and Jaren C. Pope. 2013. "What Can We Learn from Benefit Transfer Errors? Evidence from 20 Years of Research on Convergent Validity." *Journal of Environmental Economics and Management*, 66(1):90–104.

Layton, David F., and Richard A. Levine. 2003. "How Much Does the Future Matter? A Hierarchical Bayesian Analysis of the Public's Willingness to Mitigate Ecological Impacts of Climate Change." *Journal of the American Statistical Association*, 98(463):533–544.

Mahmud, Minhaj. 2006. "Contingent Valuation of Mortality Risk Reduction in Developing Countries: A Mission Impossible?" Keele Economics Research Papers, 2006/0, Keele University, Staffordshire, UK.

Masterman, Clayton, and W. Kip Viscusi. 2018. "The Income Elasticity of Global Values of a Statistical Life: Stated Preference Evidence." *Journal of Cost-benefit Analysis*, 9(3): 407–434.

McGinty, Jo Craven. 2016. "Why the Government Puts a Dollar Value on Life." *Wall Street Journal*, March 25.

National Oceanic and Atmospheric Administration (NOAA), Rhode Island Department of Environmental Management, U.S. Department of the Interior, and U.S. Fish and Wildlife Service. 1999. "Restoration Plan and Environmental Assessment for the January 19, 1996, North Cape Oil Spill." Draft (RP/EA).

Negin, Elliot. 2015. "Why Is the Nuclear Regulatory Commission Undervaluing American Lives?" *HuffPost Green*, May 22.

Nordhaus, William D. 2014. "Estimates of the Social Cost of Carbon: Concepts and Results from the DICE-2013R Model and Alternative Approaches." *Journal of the Association of Environmental and Resource Economists*, 1(1/2):273–312.

Richardson, Leslie, John Loomis, Timm Kroeger, and Frank Casey. 2015. "The Role of Benefit Transfer in Ecosystem Service Valuation." *Ecological Economics*, 115:51–58.

Rolfe, John, and Brenda Dyack. 2018. "Testing Temporal Stability of Recreation Values." *Ecological Economics*, 159:75–83.

Shrestha, Ram K., and John B. Loomis. 2003. "Meta-Analytic Benefit Transfer of Outdoor Recreation Economic Values: Testing Out-of-Sample Convergent Validity." *Environmental and Resource Economics*, 25(1):79–100.

Söderbaum, Peter. 1999. "Valuation as Part of a Microeconomics for Ecological Sustainability," in *Valuation and the Environment: Theory, Method, and Practice* (eds. Martin O'Conner and Clive Spash). Cheltenham, UK: Edward Elgar.

Staehr, Karsten. 2006. "Risk and Uncertainty in Cost Benefit Analysis." Environmental Assessment Institute Toolbox Paper.

Stern, Nicholas. 2007. *The Economics of Climate Change: The Stern Review*. Cambridge: Cambridge University Press.

U.S. Environmental Protection Agency (EPA). 2001. *National Primary Drinking Water Regulations; Arsenic and Clarifications to Compliance and New Source Contaminants Monitoring; Final Rule.* Federal Register 40 CFR Parts 9, 141, and 142, vol. 66(14):6975–7066, January 22.

U.S. Environmental Protection Agency (EPA). 2014. *Regulatory Impact Analysis of the Proposed Revisions to the National Ambient Air Quality Standards for Ground-Level Ozone.* EPA-452/P-14–006, November.

U.S. Office of Management and Budget (OMB). 2019. "Memorandum for the Heads of Departments and Agencies." M-20–07, December 17. www.whitehouse.gov/sites/default/files/omb/memoranda/2016/m-16-05_0.pdf.

Vasquez-Lavín, Felipe, Roberto D. Ponce Oliva, José Ignacio Hernández, Stefan Gelcich, Moisés Carrasco, and Miguel Quiroga. 2019. "Exploring Dual Discount Rates for Ecosystem Services: Evidence from a Marine Protected Area Network." *Resource and Energy Economics*, 55:63–80.

Viscusi, Kip W. 2018. "Best Estimate Selection Bias in the Value of a Statistical Life." *Journal of Benefit-Cost Analysis*, 9(2):205–246.

Wang, Hua, and Jie He. 2014. "Estimating the Economic Value of Statistical Life in China: A Study of the Willingness to Pay for Cancer Prevention." *Frontiers of Economics in China*, 9(2):183–215.

Weitzman, Martin L. 2001. "Gamma Discounting." *American Economic Review*, 91(1):260–271.

附录 7 - 1　使用 Microsoft Excel 进行现值计算

使用 Excel 可轻松地进行分析多年份的现值计算。假设希望进行从第 3 年开始的 20 年期间内（相对于现在，即第 0 年），每年 20 000 美元收益的现值计算，折现率是 3%。

首先在电子表格中为这些年设置一列，见表 7 - 6 中的 A 列。从第 3 年开始，收益将持续 20 年，因此数字上升到 22。请注意，第 0～2 年的收益为零。在单元格 E2 中输入 20 000 美元的年收益，在单元格 E5 中输入了折现率。如果想考虑不同的情况，例如不同的折现率，将这些值输入到旁边，将允许轻松地更改这些数值。

第 3 年收益的现值为：

$$PV = 20000 / (1 + 0.03)^3$$
$$= 18303（美元）$$

为了在 Excel 中执行此计算，将在单元格 B5 中准确输入以下内容：

$$= \frac{E2}{(1 + E5)^{\wedge} A5}$$

"="表示正在输入公式。输入 E2 告诉 Excel 使用单元格 E2(20 000)中的值作为等式的分子。分母是指含有折现率和年份的单元格。输入这个公式时，应得到 18 303。（在本附录中，将所有数字四舍五入为最接近的整数。）

接下来，将公式从单元格 B5 复制到单元格 B6，以获得第 4 年的现值。得到的值为 0——显然是不正确的。若查看复制的公式（单击单元格 B6），将看到每个单元格引用都向下移动了一行。复制的公式应为：

$$= \frac{E3}{(1 + E6)^{\wedge} A6}$$

虽然想引用单元格 A6 而不是单元格 A5（第 4 年而不是第 3 年），但希望保留对单元格 E2 和 E5 的引用。要在 Excel 中执行此操作，当输入公式时，将"$"放在列和行之前，以确定对特定单元格的引用。那么无论何时复制公式，引用都不会改变。

表 7 - 6　使用 Excel 进行现值计算

	A	B	B	D	E
1	年份	收益			
2	0	0		收益＝	20 000
3	1	0			
4	2	0			
5	3	18 303		折现率＝	0.03
6	4	17 770			
7	5	17 252			
8	6	16 750			
9	7	16 262			
10	8	15 788			
11	9	15 328			
12	10	14 882			
13	11	14 448			
14	12	14 028			
15	13	13 619			
16	14	13 222			
17	15	12 837			
18	16	12 463			
19	17	12 100			
20	18	11 748			
21	19	11 406			
22	20	11 074			
23	21	10 751			
24	22	10 438			
26					
27		280 469	总现值		

返回单元格 B5 中的公式,并修改如下:

$$= \frac{\$E\$2}{(1+\$E\$5)^\wedge A5}$$

现在,对单元格 E2 和 E5 的引用是固定的格,并且当复制公式时,仅对单元格 A5 的引用进行调整。单元格 B5 中的值仍应为 18 303。如果将该修改后的公式复制到单元格 B6,则新值应为 17 770。单元格 $B6$ 中的公式应为:

$$= \frac{\$E\$2}{(1+\$E\$5)^\wedge A6}$$

现在折现 4 年而非 3 年,然后可以把这个公式复制到所有余下的年份中。单元格每下降一行,将再折现一年。上一年的价值应为 10 438。对所有年份进行加总(Excel 有一个简单的求和命令),得到总现值为 280 469 美元,如单元格 B27 所示。

把输入变量放在旁边,可以很容易地修改分析。假设以 5%的折现率重新计算,需要做的就是将单元格 E5 中的值从 0.03 更改为 0.05。所有计算将自动更新。新的总现值应为 226 072 美元,而非 280 469 美元。

190

第八章 污染:分析和政策

焦点问题:

- 控制污染的最优政策是什么?
- 如何平衡污染管理成本和收益?
- 是否应该允许企业购买污染许可证?
- 如何处理长期累积的历史污染物?

第一节 污染控制经济学

很多经济活动都会产生污染。自然系统有一定的吸收和分解废弃物和污染的能力。但是,当人类造成过度污染时就会产生负面影响,包括自然资源退化以及影响人类健康。这对环境政策提出了两个问题:第一,考虑到任何社会都不得不排放一些废弃物,那么多少污染量是可以接受的? 第二,怎样才能最好地控制或减少污染以达到可接受水平?

一、多少污染是太多?

你可能会认为这个问题的答案是任何污染都是太多的。正如第三章所述,一些环境经济学家认为**最优污染水平**可以获得净社会效益最大化。虽然可能有些人会认为最优污染水平是零,但是经济学家们认为,实现零污染的唯一方法是零生产。如果想真正生产出任何一种产品,就会产生一定的污染。在社会层面,必须确定愿意接受的污染水平。当然,随着时间推移,可以努力降低这个水平,特别是通过更先进的污染控制技术来达到这个目标,甚至在某些情况下,目标是净零排放。但是,在大多数生产领域,社会将不得不接受一定程度的污染。

191

> **最优污染水平**(optimal level of pollution):使社会净效益最大化的污染水平。

第三章已经讨论了污染的负外部性。根据外部性逻辑,一个无监管的市场产生了"太多的"污染。当外部性完全内部化时,就会出现"最优"生产水平,这时的产量和污染量相较于没有监管时更低。现在,可以通过考虑一种特定污染物的总体排放量来扩大这种分析,认识到这种污染物是通过各种商品和服务的生产而产生的。

如果不对污染进行监管,那么企业基本没有动机采取措施减少污染物的排放量,将这种无监管条件下的污染水平设为 Q_{max},如图8-1所示。公司能够把污染水平降低到 Q_{max} 以下,但是也将相应增加成本,例如安装污染控制设备、用低污染材料替代原材料。如果企业必须把污染水平降低到 Q_{max} 以下,在理想选择和利润最大化条件下,企业会优先考虑成本最低的减排方案,然后进行高代价的实践。[①] 从图8-1中可以看出,随着污染水平逐渐降低到零,减少额外一单位的污染所花费的成本将会相应增加,因此成本会随污染水平从 Q_{max} 移动到更低的水平,而降低污染所花费的边际成本(曲线 MCR)则不断增加(从图的右边移动到左边)。

下面考虑与污染有关的边际损失。以空气污染为例,根据第六章所讨论的总经济价值概念,这些损害包括对人类健康的影响、空气能见度的降低以及对生态系统的损害。最初的几个污染单元造成的损害相对较小,因为生态系统可以处理和分解一定量的污染,而且一开始产生的污染水平通常很低,不足以对人类

---

① 企业也可以通过减少生产来减少污染。可以假设企业将采取最具成本效益的措施来减少污染,在污染水平较低的情况下可以保持生产,否则就要减少生产并放弃潜在利润。

健康产生重大影响。以汞污染为例，污染量高到足以引起哮喘、能见度明显降低、生态退化等损害。在晴朗的天气，少量汽车尾气排放是微不足道的，但在交通高峰时段，尤其是在雾霾弥漫地区，排放同样数量的汽车尾气，可能会引发严重的呼吸和健康问题。

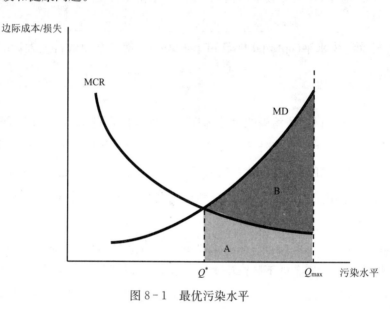

图 8-1　最优污染水平

　　由于这些原因，污染边际损失开始在一个较低的水平，但随着污染量的增加而不断上升。图 8-1 中 MD 曲线代表了这种变化。应该注意到，这条曲线从右到左，也可以被看作是污染减少的边际收益，或者是可避免的损害。从图中 Q_{max} 开始，从右到左移动，起始减少一单位污染所带来的收益非常大（因为这一单位污染造成的损害非常大），并且随着污染清理进程的推进，边际收益不断下降。

　　在 Q_{max} 点，虽然污染的边际损失较高，但是减少污染的成本却相对较低。因此，如果污染量减少到 Q_{max} 以下，社会福利水平将会增加。对于 Q^* 以上的每一个污染单位都是如此，那么 Q^* 就是"最优"污染水平。在 Q^* 点，污染减少的边际收益等于边际成本，这种边际收益和边际成本相等被称作是**等边际原则**。①

> **等边际原则**（**equimarginal principle**）：平衡边际成本和边际收益，以获得有效的结果。

企业把污染水平从 Q_{max} 降低到 Q^* 的总成本是区域 A 面积——边际成本曲线以下的区域。降低污染水平到 Q^* 的社会总收益是区域 A 和区域 B 面积之和。因此，降低污染水平带来社会福利的净增加是区域 B 面积。

在图中找到 Q^* 点很容易，但在现实生活中，如何得到最优污染水平？这个问题就不那么简单了。因为不太可能精确地知道这些曲线的形状和位置。正如第六章所述，环境损害评估是一门并不精确的科学，并且包含很多主观判断。基于行业评估的角度，管理成本可能更容易估计，但是它们往往并不确定。

尽管存在诸多不确定性，在污染控制政策的经济研究中，等边际原则依然是核心问题。即使不能确定精确的目标，也知道采取有效政策是更好的——以最低成本获取最大效益，而不是以相对更高的成本获取更低效益的政策。经济分析能够帮助制定有效的政策，并分析不同政策的优缺点。在接下来的章节中，将从经济角度考虑可以选择的污染控制政策。

二、选择污染控制政策

控制污染的四种基本手段如下。

1. **污染标准（排放标准）**：这种标准要求所有企业都遵循最大允许排放量水平，每个企业都需要把污染物排放量降低到一定比例，以低于基准水平。这些标准还可以规定电器和机动车等产品的特定效率水平。

2. **基于技术的规定**：这种规定要求所有企业都使用特定的技术或者安装特

193

---

① 等边际原则也适用于不同公司或不同技术的边际递减成本，在讨论污染控制方法时会看到这一点。蒂坦伯格（Tietenberg）和刘易斯（Lewis）（2011）区分了在社会整体水平上的相等边际成本和边际效益的"第一等边际原则"及相等企业间边际递减成本的"第二等边际原则"。

定的设备。

3. **庇古税(排污税)**:正如第三章所讨论的,庇古税就是每单位污染物排放需要征收的税。

4. **可转让的(可交易的)许可证**:这种许可证仅允许企业排放特定量的污染物。可交易性是指企业能够买卖这种许可证,也就是说,污染排放量低的企业可以卖出额外的排放许可量,高污染排放量企业可以购买额外的排放量。

污染标准(排放标准)(**pollution/emissions standards**):要求企业或工业达到特定污染水平或减少污染的规定。

基于技术的规定(**technology-based regulation**):要求企业有特定的设备或者执行特定操作的污染规定。

庇古税(排污税)(**Gigovian/pollution tax**):每单位税收等于一项活动造成的外部损失,例如,每吨污染排放的税等于一吨污染的外部损失。

可转让的(可交易的)许可证(**transferable/tradable permits**):允许一个企业排放一定污染数量的许可证。

"哪种污染控制手段是最好的"并没有统一答案。在不同环境下,需要采取不同手段。在现实中,通常会把这些手段结合起来使用。接下来,详细讨论这四种污染控制手段。

第二节　污染控制政策

一、排放标准

设置排放标准是一种降低污染的常见方法。美国环境保护署等政府部门可以根据立法指南为特定行业或产品制定标准。汽车检验标准就是一个很好的例子,汽车必须满足尾气排放量的标准。对不能达到排放标准的汽车必须进行纠正,否则就不能获得汽车年检标志。

从经济角度看,设置标准有哪些优点和缺点?最明显的优点是标准能够指定一个明确的结果——污染物会给公众健康带来危害,这种明确特别重要。通过对所有生产者设定统一标准,任何工厂或产品均会达到有害污染物的控制水平。在极端情况下,设置标准可以简单地禁止某种污染物的排放,如很多国家禁止使用 DDT(一种有害的杀虫剂)。

然而,要求所有经济活动参与者都执行相同的标准,可能会出现缺乏弹性的问题。[①] 当产生污染的企业或者产品相似时,固定的标准能够很好地解决这个问题,比如对于汽车生产商设置相同的排放标准。以美国为例,轻型卡车和运动型多功能车必须和轿车执行相同的尾气排放标准。但是当考虑某个行业时,这个行业有很多不同规模和历史建成的工厂,对所有的工厂设定相同标准是否有意义?久远的工厂很难执行苛刻的标准;相反,对更多的现代工厂来说,同样的标准又过于宽松,反而促使它们超量排放污染物,而这些污染通常以低成本就能被禁止。

要求所有的企业和产品都执行相同标准通常并不是最优方案。与为了减少污染而边际成本较高的企业相比,边际成本较低的企业实施减排行为则更经济。因此,要求所有企业以同样数量减少污染或达到相同标准,并不是最经济的方式。另一个问题是当企业达到排放标准时,就不再进一步减少污染排放了。美国机动车燃油经济性是一个很好的例证,其中设定的标准就是平均燃油经济性标准(CAFE)。如图 8-2 所示,随着时间推移,汽车制造商达到这个燃油经济性标准后,就不会再努力进一步提高燃油效率。关于燃油经济性标准的政治和经济争论,见专栏 8-1。

194

---

① 一些经济学家将政府制定的标准称为命令与控制系统,并将其与市场机制进行了不利的比较。在这里避免使用这个术语,因为它可能传达出不必要的偏见。相反,这里试图根据不同政策的优点来进行评价,而不是先入为主地认为哪个政策更好。古德斯坦(Goodstein),2010 年第 14 章,对这个术语的使用持保留态度。

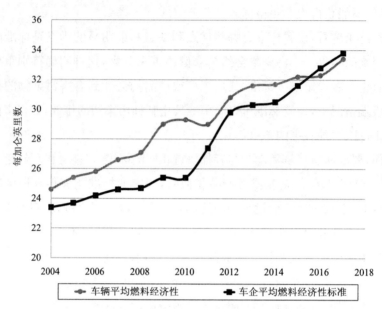

图 8-2　2004～2017 年美国轻型车辆的平均燃油经济性（CAFE）
标准和车辆实际平均燃油消耗

资料来源：National Highway Traffic Safety Administration，2020。

专栏 8-1　美国平均燃油经济性标准的经济性和政治性

1990～2012 年，轿车、运动型多用途车和非商用卡车等美国轻型车辆平均燃油经济性的标准变化并不大。2012 年 8 月，奥巴马政府宣布了一项截至 2025 年的新政策，要求汽车制造商将新型汽车燃油效率提高到之前的两倍，从 2012 年的每加仑 29.7 英里上升到 2025 年的每加仑 54.5 英里。

对于新标准，交通部长雷·拉胡德（Ray LaHood）说："这是一个开创性项目，它将促进低能耗、高速度交通工具的发展，为消费者提供比以往任何时候都更高效的汽车，同时也保护了呼吸的空气，为汽车制造商提供了美国未来汽车制造的监管标准。"

　　新标准得到了 13 家主要汽车制造商的支持。虽然新政策会使新型汽车的价格从 2 000 美元上升到 3 000 美元,但到 2025 年每辆汽车节省的 8 000 美元燃料费用将会抵消这部分成本。预计到 2025 年,新政策实施将会使汽车排放的温室气体减至原来的一半,新技术推广能够提供几十万个工作岗位。

　　特朗普政府的目标是提高平均燃油经济性标准,最初提议是 2020～2026 年执行同一标准。在 2020 年 3 月公布的最终规定中,设定到 2026 年以每年 1.5% 的速度将美国平均燃油经济性标准提高至每加仑 40 英里。在宣布新规定时,交通部长赵小兰(Elaine Chao)说:

　　　这个规定反映了交通部的首要任务——安全——让那些平均驾驶了 12 年旧汽车的美国人可以更容易地使用更新、更安全、更清洁的汽车。通过为美国家庭制造更新、更安全、更清洁的汽车,将挽救更多生命,创造更多就业机会。

　　特朗普政府的经济分析报告表明,新规定将使新型汽车的价格平均降低 1 000 美元左右,这也将刺激 270 万美国人购买效率和安全性能更好的新型汽车。然而,降低平均燃油经济性目标意味着,在车辆使用寿命内,司机最终将支付更多的汽油费用,每辆车大约要支付 100 美元到 500 美元。

　　政府的经济分析报告还表明,如果司机都选择更新、更安全的车辆,那么新规定将挽救 3 000 多人的生命。然而,之前政府的另一项分析发现,受空气污染和气候变化的影响,死亡人数的增加将大大抵消避免交通事故死亡人数。

　　总的来说,政府成本效益分析得出的结论是,如果折现率为 3%,新规定将给国家带来 130 亿美元的净收益。如果折现率为 7%,则将带来 160 亿美元的净收益。(正如在第七章中讨论的那样,再次说明了在进行成本收益分析时折现率的重要性。)但无论是哪种情况,支持新规定的收益成本比都接近 1.0。这一结果与奥巴马政府的成本收益分析标准形成了鲜明对比,可以得知,越严格的标准在经济上更有效率,收益成本比高于 3.0。

　　资料来源:Bietsch, 2020;Isenstadt and Lutsey, 2019;NHTSA, 2012;NHTSA and EPA, 2020;Vlasic, 2012。

二、基于技术的规定

关于环境保护的第二种手段是要求企业采用特定的污染控制技术。例如 1975 年,美国要求所有新车都安装一种催化转换器以降低尾气排放量。虽然汽车制造商可以自由设计催化转化器,但是都必须达到规定的尾气排放量标准。

与之相似的一个概念是企业采取**最有效控制技术**。[①] 这个方案的一个例子是美国的《清洁水法》,该法案要求企业排放废水必须使用"当前可用的最可行的控制技术"。[②] 美国、欧盟也都采用了这种基于技术的规定来控制空气污染。基于技术的手段通常会考虑成本因素。例如,在英国水污染法规要求采用最好的技术但"不需要过多的成本"。

> **最有效控制技术**(best available control technology,BACT):通过环境保护条例的手段,政府强制规定所有企业必须使用政府认为最有效的污染控制技术。

随着技术进步,强制性的最有效控制技术会随时间而改变。然而,最有效控制技术法规可能对创新的激励作用不大。如果一家公司发明了一项增加成本的污染控制新技术,它可能会向监管机构隐瞒该技术,以避免要求采用该技术。

基于技术规定最大的益处在于政府强制执行和监管的成本相对较低,不像设定一个污染标准那样,需要频繁地监测企业的污染水平以确认其是否达到执行标准。设定一个最有效控制技术规定,只需要偶尔对企业进行检查,以确认企业已经安装了环保设备并在正常运行。

基于技术的方法不太可能具有成本效益,因为它们不能为企业提供灵活的选择。与满足污染标准一样,实施最有效控制技术的成本也会因企业而异。因此,不可能以最低成本实现(特定水平的污染减排)。然而,基于技术的方法可能

---

① 用于描述"最佳"技术的各种其他术语,包括"最佳可用技术"(BAT)、"合理可用控制技术"(RACT)和"最大可用控制技术"(MACT)。

② Clean Water Act section 301(b),33 U.S.C. § 1311(b).

由于标准化而具有成本优势。如果所有企业都必须采用特定技术，那么随着时间推移，该在技术下进行的广泛生产可能会降低其生产成本。

三、排污税

因为**排污税**和可交易的污染许可证都是向污染者提供排污成本信息，而不是强制企业采取某种措施来减排，所以这两者都被认为是**基于市场的污染监管**。基于市场的手段不要求私人企业降低污染排放量，但是它们在市场的推动下会有强烈的动机实施减排。

正如第三章所述，排污税反映了**外部成本内部化**的原则。如果生产者必须通过支付每单位的费用来承担污染成本，那么他们就会发现只要边际控制成本小于税收，降低污染水平就符合他们的利益。

> **排污税**（**pollution tax**）：根据污染程度征收的单位税。
>
> **基于市场的污染监管**（**market-based approaches to pollution regulation**）：基于市场力量的污染监管，没有对企业层面的决策（例如税收、补贴和许可制度）进行具体控制。
>
> **外部成本（外部性）内部化**（**internalizing external costs/externalities**）：利用税收等方法将外部成本纳入市场决策。

图 8-3 说明在征收排污税的情况下，每个企业将如何应对。同样，Q_{max} 是没有任何规定时的排污量。如果进行统一收费或者收取排污税，也就是在 T_1 点施加税费，污染水平将会下降到 Q_1 点。生产者发现把污染降低到这个水平更有利，此时的总成本是区域 E 的面积，等于污染量从 Q_1 增加到 Q_{max}，即边际成本曲线（MCR）以下的面积。否则，如果企业保持 Q_{max} 的污染量，它就必须为这些污染支付（E+F）面积的费用。因此，企业通过降低污染水平节省了面积为 F 的成本。

在污染水平降低至 Q_1 之后，企业仍然需要为其现有的污染量支付税收，这部分税收等于（B+D）的区域面积。企业支付排污税的总成本是其减排成本与

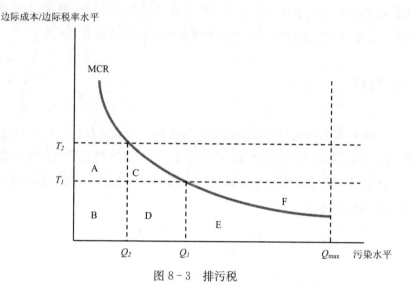

图 8-3　排污税

支付的税收之和,也就是区域(B+D+E)的面积。这个成本低于企业不采取任何减排措施所必须支付的税收,也就是区域(B+D+E+F)的面积。企业认为税收是有效成本,任何不同于排污量 Q_1 的污染水平都会带来更高成本。

　　如果在 T_2 时每单位污染支付的成本更高,那么生产者会进一步降低排污量到 Q_2。这个过程包括控制成本(C+D+E)的面积和排污税(A+B)的面积。额外每单位减排量都会带来更高的边际成本,但是只要这些成本低于 T_2,生产者就会发现支付额外的成本可以避免支付 Q_1 到 Q_2 之间污染量的费用,是有利可图的。

　　这种成本最小化的逻辑确保了排污费用是否能够完成最大减排量。换一种方式来应用等边际原则——所有生产者的边际控制成本相等。[①] 如果税收水平反映了真实的损失成本,那么它也能够确保每一个企业的边际控制成本都会等于从减少损失中获得的边际收益。

　　相同的有效减排措施目标,都可以通过使用减排补贴而不是排污税收来达到。如果生产者每减少一单位污染都能够获得补贴,那么他们也会根据利益最

①　Tietenberg and Lewis,2011,称其为"第二等边际法则"。

大化原则做出相似的减排量决策。例如,如果每减少一单位的排污量,补贴数等
于 T_1,那么生产者将会根据利益原则,把污染量降低到 Q_1,支付面积为 E 的控
制成本,接受面积为(E+F)的补贴,得到的净利润为面积 F。这种补贴和收取
的税费能够达到相同的减排效果,但是带来了不同的分配结果。相较于政府通
过税收收入(B+D)的面积支出了(E+F)的面积,生产者获得了(B+D+E+F)
的面积。从政治上讲,这种方式更容易被企业接受,但从政府预算的角度看,它
会产生政府预算不可接受的控制污染成本。

可以通过一个简单的数学推演进一步证明一个企业如何应对排污税。假设
一个企业减排的边际成本为:

$$MCR = 30 + 2Q$$

其中 Q 是相对于 Q_{max}(在没有监管情况下的污染排放量)减少的污染量,单
位是吨。因此没有任何监管或排污税时,Q 应该是 0。假设 Q_{max} 是 100 吨,在图
8-4 中绘出企业的边际成本曲线。在这个例子中,旋转了横轴,通过测量减排
量而不是排污量来分析问题。因此,最大减排量潜力是 100 吨(从曲线的左边移
动到右边)。

假设政府颁布法律规定每吨污染的税收是 110 美元。如果企业根本不打算
减少排污量,那么其必须为 100 吨的排污量支付 1.1 万美元,即如图 8-4 所示
(A+B+C+D)的区域面积。但是,只要减排成本低于税收,企业就会采取减排
措施,这是一种更加划算的方式。可以让减排的边际成本等于税收,从而解出最
优减排量:

$$110 = 30 + 2Q$$
$$80 = 2Q$$
$$Q = 40$$

因此,企业将会减排 40 吨而保持 60 吨的排放量。企业依然需要为 60 吨的
排放量支付单价为 110 美元的税收,税收总额为 6 600 美元。如图 8-4 中区域
D 的面积所示。企业总减排成本是减排量在 MCR 曲线以下所反映的面积,也
就是区域(B+C)的面积。注意到区域 B 是一个底为 40,高为 80(110-30)的三
角形。区域 C 是一个底为 40,高为 30 的矩形。因此可以用另一种方法来计算
企业的减排成本:

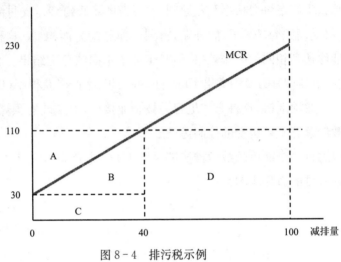

图 8-4　排污税示例

$$减排成本 = (40 \times 80 \times 0.5) + (30 \times 40)$$
$$= 1600 + 1200$$
$$= 2800（美元）$$

　　同时考虑企业的减排成本和税收，该企业的总成本是 9 400 美元，低于不减排时所要支付的 1.1 万美元的税收。除了 40 吨的减排量以外，企业采取其他的减排量都会导致更高的总成本。

　　注意到，如果企业的减排边际成本曲线发生改变，那么最优减排量也会不同。MCR 曲线越高的企业，减排量越少。MCR 曲线越低的企业，减排量越多。如果给定一个总减排量水平，每个企业都根据成本最小化原则执行减排，最终会使总成本最小，这就是企业成本最小化原则的积极影响。不同于设定标准和基于技术的手段，排污税是更加经济、更加高效的手段。

四、可交易的污染许可证

　　在控制污染方面，经济有效性有明显的优势。然而排污税的缺点是在设定了征税水平后，很难预测可以达到的总减排水平。这取决于每个企业 MCR 曲线的形状,而政策制定者并不能确切地知道企业的 MCR 曲线形状。

假设在国家或区域范围内,政策目标是设定一个更精确的减排量。例如,1990 年美国环境保护署设定了一个目标,要将引起酸雨的硫和氮氧化物(SO_x 和 NO_x)的排放量减少 50%。实现此目标最好的方式是什么? 能否同时达到经济有效性?

美国有一项实践,1990 年美国《〈清洁空气法〉修正案》设立了一项**可交易的污染许可证**系统。其中,发布的排放许可总量等于目标排污量。企业可以自主决定是使用该许可证还是通过拍卖将其卖掉。这些许可证一旦被分配出去,许可证在企业和利益集团之间都是可以进行交易或转让的。企业可以自主决定是降低排污量还是为排污量购买许可证,但是全社会总的排污量不会超过由许可证数量所规定的最大排污量。[①]

200

> **可交易的污染许可证**(tradable pollution permits):允许企业排放特定污染数量的许可证。

这个系统也会出现这样的情况:致力于减排的私人集团购买了污染许可证,但是他们却希望永久取消许可证,因为他们可以将排污量降低到原来设定的目标水平之下。许可证可能会在一个限定期限之后终止运行,也会因为政府发行越来越少的新许可证而导致更低的排污量,从而终止运行。图 8-5 显示了可交易的污染许可证系统的一个简化例子。

在这个简化的例子中,假设只有两个企业,每个企业在任何监管之前排放 50 单位的污染,总排放量为 100 单位。政策目标是减少 40 单位的污染排放。因此,两个企业减少的总和必须等于 40。图 8-5 显示了在两个企业之间分配减少 40 单位的不同方式,沿横轴测量。请注意,横轴上的每个点都代表减少 40 单位,但在两个企业之间以不同的方式划分。

两个企业减排的边际成本是不同的。在同一个坐标轴中的边际成本曲线,

---

① For an in-depth account of the background and implementation of the 1990 Clean Air Act, see Goodstein, 2010, chaps. 14 and 17.

也分别倾斜于不同的方向，企业 1 的减排量从左向右变化，企业 2 的减排量从右向左变化。通过图示的方式简单地处理这个问题，同样是根据等边际成本原则找到最优点（即找到两个企业减排的边际成本都相等的点）。

在实施可交易的污染许可证之前，两个企业共产生 100 单位的污染，为了达到 40 单位的减排目标，必须发放 60 单位的污染许可证。假设起初允许每个企业排污 30 单位，如果污染许可证不能交易，那么每个企业都必须把自身的排污量从 50 单位降低到 30 单位——减少 20 单位。图的中间位置显示了这个问题（"起始点"）。此时，企业 1 的边际控制成本是 200 美元，企业 2 的边际控制成本是 600 美元。如果统一规定每个企业排污量是 30 单位，那么效果是一样的。

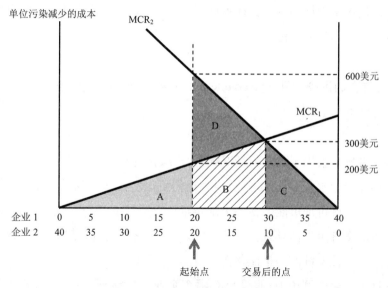

图 8-5　可交易的污染许可证制度

这种方式是通过企业各自减排来达到最终的政策目标，但它在经济上是无效率的。每个企业总的控制成本都可以由 MCR 曲线以下的区域来表示。[1] 又由于每个 MCR 曲线都是线性的，所以每个企业的总减排成本都可以由三角形面积来计算。企业 1 的减排总成本是区域 A 的面积，等于：

---

[1]　用数学术语来表示，总成本 $= TC = \int_{0}^{q} MC \, dq$，其中 q 是减少的污染单位。

$$企业1减排总成本＝20×200×0.5$$
$$＝2000（美元）$$

企业2的减排总成本是区域（B＋C＋D）的面积。数学表达为：

$$企业2减排总成本＝20×600×0.5$$
$$＝6000（美元）$$

为了达到40单位减排量所耗费的总成本是区域（A＋B＋C＋D）所表示的面积，共计8 000美元。

现假设企业可以自由交易污染许可证。在减少20单位的排污量时，企业2的边际成本较高。从边际的角度看，企业2为了减少最后一单位的排污量，必须花费600美元的成本，因此企业2愿意花费600美元来购买允许的排污量，而不必减少同样数量的排污量。企业1是否愿意将污染许可证卖给企业2？如果企业1卖掉一单位污染许可证，那么为了不超过既定的允许排污量，它就必须额外多减排一单位。企业1多减排一单位的排污量（从20单位减排量增加到21单位）需要支出200美元的成本。因此，如果要卖掉污染许可证，企业1至少需要200美元的补偿。

因为企业1需要200美元的补偿来卖掉污染许可证，而企业2愿意花费600美元来购买污染许可证，那么二者之间就存在很大的协商空间。（注意，这与第三章所探讨的科斯定理情况相同。）

只要污染许可证价格高于减排成本，企业1就会将污染许可证卖给企业2。只要污染许可证价格低于减排成本，企业2都会继续从企业1那里购买污染许可证。交易会一直进行下去，直到二者的边际成本相等，即企业1卖掉10单位的污染许可给企业2（"交易后的点"）。此时需要注意，在这个点以上（即，向右移动）企业1将要求污染许可证的售价高于300美元，而企业2只愿意以低于300美元的价格购买污染许可证，两者无法协商进行交易。交易中，最后1单位污染许可证的价格应该就是300美元，这也代表了两家企业在这个点上的边际减排成本，企业1共减排30单位，企业2共减排10单位。简化处理，假设所有的污染许可证都是以300美元进行交易。

表 8-1 可交易的污染许可制度的成本效益

交易前

	减排单位数量	降低成本
企业 1	20	2 000 美元
企业 2	20	6 000 美元
总计	40	8 000 美元

交易后

	减排单位数量	降低成本	污染许可收入或成本	净成本
企业 1	30	4 500 美元	+3 000 美元	1 500 美元
企业 2	10	1 500 美元	−3 000 美元	4 500 美元
总计	40	6 000 美元	0	6 000 美元

现在比较交易前后每个企业的总成本,结果见表 8-1。在新的均衡点,企业 1 的总减排成本由三角形(A+B)的面积表示,等于:

$$企业 1 减排总成本 = 30 \times 300 \times 0.5$$

$$= 4500(美元)$$

企业 1 卖掉了 10 单位的污染许可证,每单位售价 300 美元,于是获得总收入 3 000 美元,因而企业 1 的净成本仅仅是 1 500 美元(表 8-1)。与交易前的 2 000美元的成本相比较,企业 1 的成本降低了 500 美元,情况变好。

在新的均衡点,企业 2 的总减排成本由三角形 C 的面积表示,等于:

$$企业 2 减排总成本 = 10 \times 300 \times 0.5$$

$$= 1500(美元)$$

企业 2 必须购买 10 单位的污染许可证,产生了额外的 3 000 美元的成本。因此,企业 2 的总成本是 4 500 美元。企业 2 的情况也比交易前要好,因为交易前的成本是 6 000 美元。

污染许可证交易是在两个企业间的转移,不会产生额外的总成本,交易后的减排总成本是 6 000 美元。现在,能通过交易以更低的成本来达到相同的减排目标,区域 D(等于 2 000 美元)代表了从这次交易中节省下来的费用。

在某种意义上,可交易的污染许可证结合了设定原则和收取排污税二者共同的优点。政策执行者设定一个总污染水平,并且让市场来调节,寻求最有效的方式(成本最小化)来实现目标。如案例所示,这种方式也有利于企业以最小成本达成既定的减排水平。另外,其他利益方也可以通过购买和收回污染许可证来加强污染控制,并通过政府减少许可证的发放总量来逐步加强污染控制。

203

在等边际原则的指导下,图8-5中显示的交易均衡点是稳定的,因为在均衡点上,企业的边际减排成本相等。为简化计算,例子中只包含了两个企业,但是这种方式更易推广到更多的企业中。只要污染许可证价格低于边际减排成本,企业就可以通过购买污染许可证来获取收益。同样,只要污染许可证价格超过边际成本,企业就可以通过出售污染许可证来获利。

专栏8-2 二氧化硫排放权交易

二氧化硫是酸雨的"罪魁祸首"。1990年的《〈清洁空气法〉修正案》制订了一项国家计划,允许二氧化硫排放权交易和储存。该计划适用于2 000多个大型发电厂,这些发电厂必须持有许可证才能排放二氧化硫。大多数许可证根据其发电能力免费分配给发电厂,每年约有3%的许可证被拍卖。许可证交易通常由交易经纪人促成交易。虽然大多数交易发生在两个发电厂之间,但一些许可证由环保团体或个人(甚至是环境经济学课堂)购买,然后"退役",以减少二氧化硫排放总量。

经济理论表明,与统一标准相比,可交易的许可证系统可以更低的成本减少污染。运行20多年后,该计划的执行情况如何?

为评估政策,必须将排放交易的影响因素与其他影响因素相区分。1990年,在低硫煤价格下降和技术进步的情况下,即使没有交易体系,也会降低二氧化硫减排成本。将二氧化硫计划与排放标准进行比较的经济模拟模型表明,通过交易约节省成本50%。与基于技术的方法相比,节省的成本甚至更高。

　　二氧化硫计划的排放目标已以低于最初预期的成本实现。美国东北部各州过去普遍存在的酸化问题已经有所缓解。然而，如果不进一步减排，预计东南部各州水生系统的酸化将继续下降。虽然该计划是有效的，但对排放的边际收益和边际成本的分析表明，进一步减排将产生更大的净收益。

　　2009 年的一项经济分析得出结论，二氧化硫市场一直很活跃，据大多数观察家称，与传统监管方法相比，它以更低的成本实现了排放上限。有证据表明，工艺和专利类型的创新都可归因于二氧化硫计划。同时，也有证据表明一些成本节约尚未实现。此外，尽管排放量大幅减少，但最终的环境目标并未实现。

　　资料来源：Burtraw and Szambelan，2009。

　　没有必要认定可交易的污染许可证就是完美的污染控制政策。1990 年《〈清洁空气法〉修正案》中颁布可交易的污染许可证，成功地减少了二氧化硫排放（要想获得更多关于二氧化硫减排的知识可以参考专栏 8-2），因而人们开始频繁地讨论把可交易的污染许可证用于降低全球二氧化碳排放。但是，要想知道排污税许可证、基于技术的手段或者直接设定标准，哪个是最好的政策工具，还应该考虑更多的影响因素。上文为了找出在特定的情况下，采取哪种方式最经济有效，只考虑了其中的某些因素。

第三节　污染影响的范围

　　制定有效的污染政策的主要问题之一是所涉及的污染性质。受污染影响主要是地方性的、区域性的还是全球性的？污染影响是随污染物数量的增加而线性增加，还是存在**非线性效应（阈值效应）**（图 8-6）？

　　非线性效应（阈值效应）（nonlinear or threshold effects）：污染损害与污染水平不呈线性相关。

　　图 8-6(a)显示了环境损害随着污染量增加而线性增加的一个案例，这可能近似于中度空气污染影响。另外一个案例考虑一种重金属污染物，比如铅。如果某个工厂释放出铅，那么住在附近的人肯定面临严重健康威胁。血液中少量的铅就会造成严重的神经和脑力损伤，对儿童影响更大。环境中可接受铅的阈值很低，当污染超过阈值时，损害就会显著增加。该模式如图 8-6(b)所示。

　　另一个重要的因素是污染物影响分布。铅可以成为一种**局部污染物**，这意味着它对健康和生态系统的影响发生在相对较近的地方。[①]

> **局部污染物**（local pollutant）：仅在其排放的相对较小区域内造成不利影响的污染物。

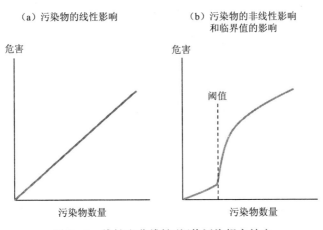

（a）污染物的线性影响　　　　　　（b）污染物的非线性影响
　　　　　　　　　　　　　　　　　　　　　　和临界值的影响

图 8-6　线性和非线性/阈值污染损害效应

　　排污税或者污染许可证等市场机制在防止铅污染方面通常是无效的。在污染许可证系统下，高污染也是高利润企业可以十分简单地购买到污染许可证，继续排放污染物。如果排放浓度超过阈值，就会对当地居民产生严重后果。与此类似，企业管理者也会选择支付排污税，而不会选择减排。这种基于市场的机制

---

　　① In the case of leaded gasoline, the pollution is spread widely through automobile exhaust, and in this case lead becomes a regional pollutant.

可能会达到某个区域或者全国铅排放控制目的,但却不能保护当地居民。在这种情况下,为了保护大众,监管部门必须给所有企业设定一个严格的排放标准。只要把污染浓度保持在可接受水平之下,基于技术的手段也能减轻当地的污染。在一些广泛使用的产品中(如含铅汽油或含铅涂料),将其完全禁止才是唯一有效的政策。

在控制区域或者全球污染中,基于市场的机制能够起到更好作用。硫氧化物(SO_x)是**区域性污染物**,很多工厂都排放这种导致酸雨的气体,特别是燃煤和燃油发电厂。这些气体随风飘散至更广区域,造成了区域性污染。在制定限制这些区域损害的政策时,如果一个区域达到了预期减排目标,那么具体哪些污染源减少了污染并没有差别。因此,这是一个适用于税收或污染许可证的好例子。

区域性污染物(regional pollutant):一种污染物,在其排放地以外的地方造成不利影响。例如,由于风的扩散而造成的空气污染。

1990 年发布的《〈清洁空气法〉修正案》使用了可交易的许可证,这种方式获得了成功。减少 SO_x 排放量的目标得以实现,并且随着减排技术的提高,污染许可证的价格下降了(见专栏 8-2)。[①] 但是可交易的污染许可证并不是最佳选择,即使可交易的污染许可证能促进减排,但它仍然允许很多特定的地区保持高排放量。在这里,需要区分**均匀混合污染物**和**非均匀混合污染物**。均匀混合污染物是由不同污染源排放的,并且在一个区域或世界上保持相对一致的浓度水平。二氧化碳等温室气体是均匀混合污染物。无论是在美国、中国或者澳大利亚排放,都会使大气中二氧化碳的总浓度增加相同数量。因此,这与二氧化碳的最终影响无关。

非均匀混合污染物由不同地区排放,并且在不同地区保持不同浓度。典型非均匀混合污染物包括铅和颗粒物。非均匀混合污染物可能会产生**热点地区**,

---

① 桑切斯(Sanchez)(1998)讨论了清洁空气法如何促进减排的技术进步;乔斯科(Joskow)等人(1998)和斯塔文斯(Stavins)(1998)研究了排放权市场运作。伯特劳(Burtraw)等人(1998)发现清洁空气法修正案的收益远大于成本,而乔根森(Jorgenson)和威尔科克森(Wilcoxen)(1998)评估了该法案的总体经济影响。

热点地区的污染物水平会达到不可接受的程度。虽然可交易的污染许可证系统设定了总体污染水平，但是在一个地区中会有一个甚至多个企业购买过量的污染许可证，在局部引起严重的污染。同样有着高 MCR 曲线的企业选择排放 Q_{max} 数量的污染物，并且为其支付税收。在减少热点地区的问题上，为局部污染水平设定一个标准和基于技术的手段会更好一些。

> **均匀混合污染物**（**uniformly mixed pollutants**）：任何由一个地区的许多污染源排放的污染物，会导致整个地区的污染浓度水平处于相对稳定。
>
> **非均匀混合污染物**（**nonuniformly mixed pollutants**）：污染物对不同地区造成不同的影响，取决于它们的排放地点。
>
> **热点地区**（**hotspots**）：局部高污染热点。例如，在高排放工厂周围，在污染交易计划下，也会出现热点地区。

另一个非均匀混合污染物的例子是地面臭氧（ground-level ozone）。如第七章（见专栏 7 - 1）所述，2015 年，美国环境保护署将地面臭氧标准从 75ppb（十亿分之一）降至 70ppb，并允许各州有充裕时间达到这个较低的标准。2021 年，美国环境保护署要求各州提交一份改进计划，新标准将在 21 世纪 20 年代晚些时候开始生效。

污染问题是一个持久性问题。例如像滴滴涕（DDT）、多氯联苯（PCBs）、氯氟烃（CFCs）以及全氟或多氟烷基物质（PFAS）这样的有机氯化物农药，会滞留在环境中几十年。随着这些污染物的持续排放，它们在土地、空气、水和生物中的总量也在持续增加。即使污染水平降至零，污染物浓度也可能在数十年内保持在有害水平。（因此，在很多商业产品中常用的全氟或多氟烷基物质被称为"永久化学品"）

之前研究的污染损害边际成本适用于**流动性污染物**，这些流动性污染物对环境只有短期影响，之后就会被分解或者吸收到环境中，不再有害。然而，对于那些**累积污染物（固积污染物）**来说，需要采取不同的研究手段和控制政策。

对于分析**全球污染物**来说，累积污染问题是一个特别重要的方面。排放到大气中的二氧化碳、甲烷和氟氯烃都会在空气中滞留几十年，造成广泛影响。一吨碳排放到中国还是美国并不重要，其影响是相同的。但像 DDT 或其他残留性农药会广泛扩散，即使在未使用农药的北极地区，也可以在居民体内和动物体内发现高浓度的污染物残留。

流动性污染物（**flow pollutant**）：有着短期影响并且会被分解或者吸收到环境中的污染物。

累积污染物（**囤积污染物**）（**cumulative / stock pollutant**）：随着时间推移不会明显消散或降解并可在环境中累积的污染物，如二氧化碳和氯氟烃。

全球污染物（**global pollutant**）：像碳和氯氟烃那样会带来全球性影响的污染物。

多氯联苯（PCBs）通常被用于电力系统中的绝缘材料，它会导致严重的水污染，在对其禁止使用几十年后，依然是一个主要的污染问题。河或海中的鱼吸收甲基汞后，会滞留在体内很多年，当甲基汞被转移到更高一级的食物链后，会变得更加集中。该问题的严重性不断增加，必须考虑适合的应对策略。解决这些问题的策略与应对短期空气和水污染的策略尚有差异。

以消耗臭氧层物质为例，其中包括氯氟烃（CFCs）以及其他化学品，例如农药甲基溴。这些用于冷却设备（如空调）以及其他工业的气体最终会迁移到高层大气中，在那里它们会破坏保护的地球臭氧层。氯氟烃的破坏性影响在 20 世纪 70 年代首次被确定，但在其破坏规模被充分了解以推动全球范围内的重大行动之前已经过去了很多年（在专栏 2-1 中进行了讨论）。

为了分析氯氟烃等累积污染物的问题，必须同时考虑大气中氯氟烃的排放和聚集浓度。图 8-7 以一种简单的形式展示了两者的关系。与之前的图示不同，这个图示包含了时间，并且把它作为横轴量。图 8-7 上图显示了一个简化的排放模式，每个周期为 20 年。在第一个阶段，排放稳定增加。第二个阶段排放量不再增加，但是依然保持在之前的水平上。第三个阶段排放量水平稳固降

低直到零。^① 第四个阶段排放量保持在零水平。

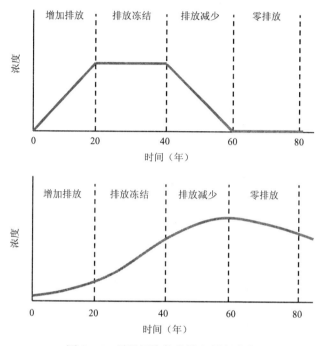

图8-7 累积污染物排放和累积浓度

需要注意排放量和浓度之间的关系。随着排放量以稳定速率增加,如图中第一阶段的直线所示,浓度水平加速增加。^② 在第二阶段,排放量保持不变时,浓度水平依然稳定上升。直到第三阶段,排放量降低为零,浓度的增加速率才开始减缓。最终,在排放量达到最大水平40年后,浓度才达到其最大累积量。只有在最后阶段,排放量一直稳定保持在0水平上时,浓度才开始下降。

这个简单图示展示了全球累积污染问题的实质。因为污染损害与其累积浓度相关,而不与年度排放量相关,就算污染控制政策开始实施,在随后的几十年中污染也会变得更严重。要想解决累积污染物,就必须立即开始行动,并且制定

---

① Global emissions of CFCs have not actually rea ed zero but have declined over 90% sincepeaking in the late 1980s.

② In mathematical terms, this relationship can be expressed as $A = \int e \, dt$, meaning thataccumulation can be measured as the integral of emissions over time.

严格的政策措施。即使有了这些措施，不可逆转的损害也已经发生。在图 8-7 中，环境中累积污染物在 80 年之后才会下降到安全水平。

第四节　评价污染控制政策

一、不确定性下的政策制定

208　　　　可以从图 8-1 中看到，边际损害和边际减排成本平衡时的最优污染水平。排污税和可交易的污染许可证都能达到这个最优污染水平，但通常没有足够的信息能够画出边际损失和边际成本的曲线。在税收例子中，可能设定了一个"错误"的税收水平，从而导致了一个无效的污染水平，这个水平可能太高也可能太低。在污染许可证系统中，可能分配出去了太多或者太少的污染许可证，这样也会导致效率低下。

在描述不确定性的例子中，选择征税或选择污染许可证取决于图 8-1 所示的减排边际成本（MCR）曲线和边际损失（MD）曲线。即使不知道确切的曲线，也能知道每一条曲线是陡峭的还是平缓的。这些信息帮助决定哪种政策更好。

假设对于一种特定的污染物来说，边际损失曲线是相对陡峭的，则意味着随着污染程度增加，边际损失也会迅速提升。同时，假设这种污染物每单位的减排成本相当稳定，随着污染减少，边际成本只会缓慢上升（图 8-8）。与图 8-1 一样，再一次用横轴代表污染水平，而不是代表减排水平。

知道最优污染水平是 Q^*。发放 Q^* 水平的污染许可证或者设定在 T^* 水平的排污税都能够达到最优污染水平。假设缺少信息，无法精确地获得这些值，那么首先要考虑发放污染许可证数量产生的影响。假设发放了 Q_1 水平的污染许可证而不是 Q^* 水平，说明发放的污染许可证太多。对于 Q_1 到 Q^* 之间每一单位的污染物来说，其边际损失都超过了边际减排成本，因此相对于最优污染水平来说 Q_1 是无效的。无效性导致的损失是图中区域 A 的面积。这个例子代表了潜在利益的损失。

现在假设制定了一项排污税，但是设定的税收水平太低，是 T_2 而不是 T^*。

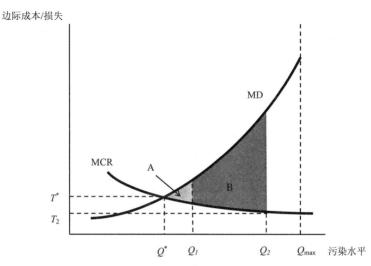

图 8-8　边际损失曲线陡峭时不确定性下的污染控制

因为 MCR 曲线相对平坦,所以税收方面的一个小失误导致了 Q_2 的污染水平,也就是比最优污染水平更高。现在相对于 Q^*,没有实现的收益是区域(A+B)的面积。制定一项错误的税收政策比发放太多的污染许可证带来的无效性更大。

损失成本的模式与污染物甲基汞有关,环境中甲基汞的可容忍阈值很低,并且会对神经系统产生严重损害。在这个例子中,以数量为基础的控制系统更有效。如果发放的污染许可证稍微过多或过少,无效性污染将会较小,排污税方面的一个小失误将导致无效性,并带来高污染水平。

当边际损失曲线相对平坦而边际减排成本曲线相对陡峭时,可以得出一个可对比的例子,如图 8-9 所示。减排成本快速增长,而每单位的损失则相对稳定。

在这个例子中,数量控制带来了更严重的风险。理想的污染控制数量水平应该为 Q^*,但是更严格的污染控制水平 Q_1 将导致边际控制成本急剧增加到 T_1,社会净损失由区域(A+B)面积来表示。税收政策虽然也可能会脱离合适的 T^* 水平,但是其带来的消极影响,既不会产生过多的成本,也不会产生过多的损失。例如,设定一个过高的税收水平 T_2,这个政策的影响仅仅是从 Q^* 移动了很小的距离，社会净损失量等于小三角形 A 的面积。

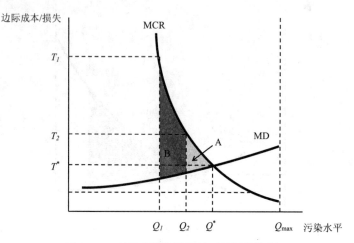

图 8-9　边际减排曲线陡峭时的污染控制

　　企业发言人经常说极为严格的污染政府规定，会带来过高的控制成本和非常有限的收益。这种言论有时候只是在喊"狼来了"（这个问题将在第十四章详细讨论）。但在有些例子中，很多企业的控制成本确实很高，税收或者污染费用会促使企业做出控制污染的决定。企业不会被强制要求执行每单位的污染减排费用，这种费用比税收水平要高得多，因为在缴税的情况下企业总是选择缴税而不是减排。同时，税收要求它们考虑污染的内在社会成本。例如，肥料或者杀虫剂方面的税收会鼓励农民追求更加环保的生产技术，同时也允许他们使用更为经济的化学肥料。

二、技术改变的影响

　　在考虑不同政策的有效性时，也应该评估控制污染与技术进步的关系。在分析中，边际减排成本会随着时间推移而改变。技术进步会使控制成本降低。这就带来两个问题：第一，改变控制污染的成本如何影响政策？第二，这些政策为控制污染的技术进步提供了哪些动机？

　　图 8-10 展示了污染控制水平与不同政策及技术的关系。假设用 MCR_1 表

示控制成本，并且设定初始的污染水平为 Q_{max}。T_1 水平的排污税会使污染水平降低到 Q_1。分配 Q_1 水平的可交易污染许可证也将达到同样效果，市场决定的污染许可证价格为 P_1。假设技术进步降低了控制成本，边际成本曲线移动到 MCR_2，企业应如何反应？

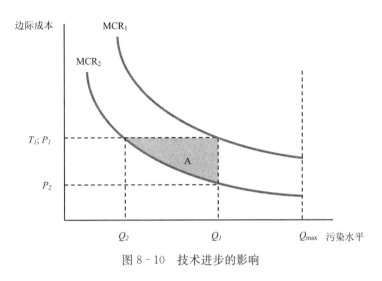

图 8-10 技术进步的影响

在排污税的例子中，企业有动机将污染水平降低到 Q_2，并节省区域 A 的面积（新的控制成本减去企业之前支付的 Q_1 到 Q_2 之间污染水平的税收）。然而，在污染许可证系统中，结果却不相同。给定一个更低的控制成本，污染许可证价格会降低到 P_2。（回顾图 8-5 中所论述的，企业的边际减排成本决定污染许可证的均衡价格）减排的总量保持在 Q_1——等于污染许可证发放总量。

事实上，污染许可证系统似乎会带来违反常理的影响。如果一些企业的控制成本急剧降低（这些企业使用了新技术），污染许可证的价格就会下降。同时，允许使用旧技术的企业会购买更多的污染许可证，这实际上是增加了污染的排放量。一些企业采取了更好的污染控制技术反而会导致更多的污染，这种影响令人意外。然而，可以通过发放更少的污染许可证来避免这种影响。

排污税和污染许可证系统都激励了技术进步。但是，在应用污染许可证系统时，政策制定者需要根据改变的技术水平调整污染许可证数量。因为排污税是基于污染的边际损失成本，所以不需要根据技术更新而调整。

制定污染标准后，企业有动机投资技术革新，而这些技术能够帮助企业以更低的成本来达到这个标准。但企业没有动机追求使污染水平降低到标准以下的技术。最后，正如之前提到的，在设定污染水平标准时，企业几乎没有动机追求新技术，特别是在这些技术需要高成本时。

三、构造污染控制政策组合

有必要提出一些与污染控制政策有关的问题。首先，在可交易的污染许可证系统下，有两种主要方式来分配污染许可证。第一种方式是现存企业不需要任何成本，而是基于历史排污量来发放污染许可证。显然，产生污染的企业更偏好这种方式，因为它们不需要任何费用就能拿到有价值的东西（污染许可证）。但是，免费发放污染许可证会使企业失去获得收入机会。基于过去排放量发放污染许可证会使那些低效益企业受益，这并不公平。那些拥有更有效技术的新企业，必须在开放市场中，购买现有企业的污染许可证，这会使新企业处于不利地位。

第二种方式是拍卖可交易的污染许可证，出价最高者获得污染许可证。这种方式有利于政府获得税收，政府可以使用这些税收来修复环境损失，或者在其他方面减税。通过拍卖交易污染许可证，理论上能使政府获得税收，与均衡排污税的收入相同。拍卖中，现存企业不会比新企业更有优势。

一个相关问题是现有企业不受新规定的限制。这种方式是为了避免过高的边际控制成本，但是其明显偏向现有企业，这种规定还有可能被滥用。尤其是，因为新工厂将面临更严格、更昂贵的污染监管，企业可能没有动力关闭、更新或替代效率低下的工厂。例如，1977 年，《〈清洁空气法〉修正案》就免除了对旧电厂的某些空气污染要求，直到电厂进行"重大改造"为止。毫无疑问，老旧电厂往往尽可能地推迟技术改进时间。

当使用基于市场的机制工具时（税收和可交易污染许可证），一种**自下而上的政策**总的来说是好的。这意味着，税收和许可证尽可能适用于生产过程中的上游环节，以尽量减少政策的行政复杂性。例如对石油征税，自上而下的税收要求对美国的 12 万个加油站征税,[①]但是自下而上的税收政策仅要求对美国 140 个炼油厂征税。[②]

> **自下而上的政策**(**upstream policy**):尽可能在自然资源开采点附近对排放或生产进行监管的政策。

最后,在制定污染控制政策时需要考虑监管和执行的问题。必须对排放量进行监管,以确保企业服从税收政策、标准和可交易污染许可证系统。虽然有必要进行检查,以确保设备合理安装并操作,但是用基于技术的方法进行监管并不那么重要。电子设备越来越多地被用来监管大气和水的污染源,从而不断提供污染排放量数据。一些监管者也会去查看设备的使用情况,包括采访记录、收集样本和设备运行情况等。

不管采取哪种政策手段,惩罚都是为了防止企业违反政策。例如,没有污染许可证时进行污染排放的罚款,应该高于污染许可证所允许的成本。2020 年,美国环境保护署对很多民事和刑事案件进行了处罚,导致数亿美元的罚款,包括对戴姆勒和梅赛德斯-奔驰违反《清洁空气法案》的 8.75 亿美元的罚款,有人还因此进入监狱。[③]

四、归纳污染控制政策的优点和缺点

最好的污染控制政策取决于所处的环境。经济学家普遍认为排污税和交易系统是更好的选择,因为这两者是更加有效的(也就是以最低的成本达到给定的减排水平),但是依然存在一些问题,使得这些政策可能还不是最好的选择。表 8-2 总结了四种政策选择的主要特征。

---

① 数据来自美国人口普查局公布的加油站数量。
② 数据来自能源情报署(EIA)的炼油厂数量。
③ 数据来自美国环境保护署"2020 财年执法年度结果"信息,www.epa.gov/enforcement/enforcement-annual-results-fiscal-year-2020。

表 8 - 2 污染政策方法特点总结

	污染标准	基于技术的方法	排污税	可交易的许可证制度
政策经济有效吗？	否	否	是	是
政策是否会激励创新？	只为符合标准	一般没有	是，从而降低污染	是，导致较低的许可证价格
政策需要监管吗？	是	最小	是	是
政策会产生公共收入吗？	否	否	是	是，如果许可证被拍卖
政策是否直接控制污染水平？	是	否	否	是
政策能否消除点状排放？	是，如果标准本地化	是	否	否
政策的其他优势？	允许灵活地满足标准	可降低成本以获得最佳可用控制技术	收入可用于降低其他税收	个人或组织可以购买和退休许可证
政策的其他弊端？	可能没有超越标准的动力	不允许灵活性	税收在政治上普遍不受欢迎	许可证制度可能难以理解

前文已经讨论了一些特征，比如经济有效性、创新动机和监管。通过设定标准和可交易的污染许可证，政府能对总排放量设定一个极值水平。采用基于技术的手段和税收，最终的污染水平不能提前得知。因此，如果政策目标是使污染水平低于已知的特定水平，设定标准和污染许可证手段是最好的选择。但是，如果政府主要的目标是鼓励创新并使控制成本最小化，那么设定排污税是更好的选择。

从政治的角度上说，设定严格的排污税有一定难度，特别是在美国，制定新的税收通常不受欢迎。理论上讲，如果增加的税收被其他税抵消掉，那么排污税就应该是**收入中性**，但是在实际操作中收入中性有可能发生，也有可能不发生。

可交易的污染许可证系统在政治上更加受欢迎，特别是企业相信政策执行者会让它们获得免费的污染许可证。但是一个免费的污染许可证分配系统可能会导致大量资源从消费者（愿意支付更高的价格）转移到获得有价值的污染许可证的公司。然而如果完全通过拍卖来发放污染许可证，那么政府可以使用拍卖收入来补偿纳税人或者降低其他税收。

> **收入中性（的税收政策）（revenue-neutral（tax policy））**：用来描述一种保持总体税收水平不变的税收政策的术语。

214

第五节　实践中的污染控制政策

本节主要集中研究美国系列污染治理政策。在20世纪60和70年代，早期污染制度主要是设定标准和基于技术的手段。基于市场的手段是从近几年开始普遍使用的，特别是在应对酸雨和**全球气候变化**方面。

> **全球气候变化（global climate change）**：大气中温室气体浓度增加导致的全球气候变化，包括温度、降水、风暴频率和强度，以及碳和水循环的变化。

每个国家的环境政策都不相同。虽然从概念上讲，很难比较不同国家的污染政策，但是曾经采用过一种方法来进行比较，即比较每个国家环境税收规模。图8-11展示了几个国家的环境税收占所有税收收入的比例。

环境税收相对较高的国家包括印度、韩国、哥斯达黎加和意大利。在这些国家中，每个国家超过7%的税收都来自环境税。在发达国家中，美国的环境税最低。然而，不能下结论说美国有最宽松的环境政策，因为还需要考虑其他的政策工具，如设定标准和基于市场的机制等。事实上，美国空气污染水平略低于经济合作与发展组织国家的平均水平。[1] 现在来考虑美国污染控制政策的更多细节。

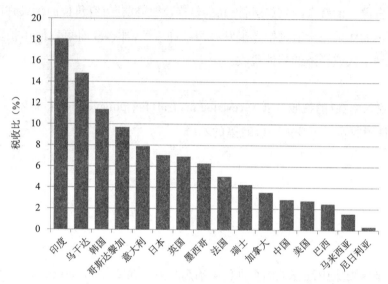

图 8-11　2018 年部分国家环境税收入占所有税收收入的比例

资料来源：OECD Environmental Taxation，www. oecd. org/environment
/tools-evaluation/environmentaltaxation. htm。

一、空气污染规定

美国管理空气质量的是联邦法律——《清洁空气法案》，这个法案于 1970 年首次通过，并在 1990 年进行了修订。[2] 该法案的目标是设定城区空气污染标准，以保护居民健康达到"足够的安全边际"。[3] 法案详细说明了应该基于最好的科学证据设定污染标准，明确排除了成本收益分析。随着时间推移，政府能够

---

[1]　基于 2017 年颗粒物（PM2.5）浓度；数据来自世界银行，世界发展指标数据库，http://
data. worldbank. org。

[2]　1963 年，美国国会通过了《清洁空气法》，但该法案只为解决空气污染问题提供了资金并没有制
定任何标准，也没有采取其他直接措施来减少污染。

[3]　本节信息基于古德斯坦（Goodstein）（2010）和美国环境保护署（2007）的研究。

获得更多信息,从而相应地调整标准。

《清洁空气法案》把大气污染物分为两种。第一种包括六种主要的或者**标准大气污染物**:颗粒物、地面臭氧、一氧化氮、硫氧化物、氮氧化物、铅。自从通过《清洁空气法案》,这些污染物的浓度急剧下降,1980~2019 年期间累计下降了71%。[①] 由于禁止使用含铅汽油,大气中铅含量的浓度迅速下降,共下降 98%。尽管已经取得了如此进步,到 2018 年仍然有近 5 000 万的美国居民生活在污染较严重的地区。[②]

　　《清洁空气法案》(Clean Air Act,CAA):用于管理美国空气质量的主要联邦法律,于 1970 年通过,并于 1990 年进行了重大修订。

　　标准大气污染物(criteria air pollutants):美国《清洁空气法案》中规定的六种主要空气污染物。

1990 年修订的《清洁空气法案》是为了解决酸雨问题,并建立了可交易的污染许可证系统。这个系统的主要目的是:截至 2010 年二氧化硫的排放量相较于1980 年降低 50%。[③] 人们普遍认为,该系统是一次巨大成功,因为 1990~2019年间二氧化硫的排放量降低了 90%,并且成本远比预期低(获得更多二氧化硫交易系统的信息,见专栏 8-2)。

《清洁空气法案》规定的第二种污染物是**有毒大气污染物**。这些污染物通常排放量都很小,但是会对人类健康造成严重影响,如癌症、出生率下降、呼吸系统损害等。有毒大气污染物的例子包括水银、砷、氯乙烯等。起初解决这些有毒大气污染物的进程是缓慢的,但是 1990 年修订的《清洁空气法案》要求美国环境保护署对污染源头建立基于技术的规则,这些污染源会排放 200 种有毒大气污染物中的一种或者多种。美国环境保护署规定,规范了超过 80 个工业企业的污染排放,如化学厂、炼油厂、轧钢厂等。虽然政府需要进一步规范小企业的污染排放,并且逐步解决所有有毒气体的排放,但是现有规定已经将源头企业排放的有

[①]　美国环境保护署,空气质量国家概要,www.epa.gov/air-trends/air-quality-nationalsummary。

[②]　RFF,2018.

[③]　U. S. Environmental Protection Agency,2002.

毒大气污染物降低了 70%左右。2015 年,美国环境保护署发布的一项有毒空气污染物的评估报告指出,致癌影响最大的化学物质是甲醛和苯。在美国,大约每2.5 万人中就有一人因吸入有毒空气污染物而增加患癌的可能性。[1]

> **有毒大气污染物**(**toxic air pollutants**):美国《清洁空气法案》规定的六种标准污染物以外的有害空气污染物。

二、水污染规定

美国在规范地表水污染方面的主要法律是 1972 年通过的**《清洁水法案》**,该法案于 1977 年修订。《清洁水法案》设定了雄心勃勃的目标:到 1983 年保证国内所有湖泊和河流都能够钓鱼和游泳;到 1985 年消除所有可以航行水域中的污染物排放。虽然该法案有所成就,但至今这些目标几乎都没有实现。根据环境保护署的国家河流和溪流评估报告,全国 46%的河流处于恶劣的生物状态,25%的河流处于一般状态,只有 28%的河流处于良好状态。该评估还指出,美国超 40%以上的河流营养过剩。用作农业肥料的高浓度磷和氮使藻类大量繁殖,导致氧气水平下降和水生动植物死亡。[2]

《清洁水法案》主要集中在**点源污染**上,这种污染有明确的源头,比如排水管。《清洁水法案》依赖于标准和以技术为基础的方法管理污染点源。例如,它指导环境保护署针对性地为不同设施制定"最可行的技术"。主要的污染点源必须接受污染许可,以确保遵守《清洁水法案》,并且向环境保护署报告。

> **《清洁水法案》**(**Clean Water Act,CWA**):1972 年通过的美国联邦主要的水污染法律。

---

[1]　U. S. Environmental Protection Agency,2015.
[2]　U. S. Environmental Protection Agency,2016.

最初的《清洁水法案》没有解决**非点源污染**———一种主要来源于雨水和农田径流的污染。因为非点源污染易扩散,所以很难控制。虽然《清洁水法案》已经建立了很多标准,比如提出限制农田、森林、城市径流污染的政策,随后的法案主要承担规范每个州的非点源污染。

> **点源污染**(point-source pollution):那些能够识别来源的污染,比如来源于烟囱或者水管。
>
> **非点源污染**(nonpoint-source pollution):难以确定来自某一特定来源的污染,如大面积使用农业化学品对地下水的污染。

三、其他污染规定

其他污染规定集中在规范有害废弃物和化学物质上。1976 年发布的《**资源保护和回收法**》主要规范有害废弃物的处理。在《资源保护和回收法》的规范下,环境保护署把几百种化学物质定义为有害废弃物,定义的原因不仅在于其有毒性,还包括腐蚀性和可燃性等其他原因。《资源保护和回收法》要求对有害物质进行"全程"跟踪,包括危险品的运输等。该法案也为工厂设定了处理、储存和处置有害物质的安全标准。《资源保护和回收法》的实施有效地降低了有害废弃物的产生,有害废弃物从 20 世纪 70 年代的年均 3 亿吨,降低到 2019 年的年均0.35 亿吨。[①]

> 《**资源保护和回收法**》(Resource Conservation and Recovery Act,RCRA):美国联邦关于危险废弃物处置的主要法律。

1976 年通过的《**有毒物质控制法**》包含了美国对其他化学物质的规定。该

---

① 美国环境保护署在线危险废物趋势分析,https://rcrapublic. epa. gov/rcrainfoweb/action/mod-ules/br/trends/view.

法案授权环境保护署检查新化学物质的安全性，并严格规定现存化学物质的使用。不像其他主流的污染法案，《有毒物质控制法》明确要求环境保护署在评估化学物质时要考虑经济成本。对于现存的化学物质（1980 年以前已经开始使用的），环境保护署的举证责任在于，证明一种化学物质具有"不合理风险"。这项法案本质上使得 62 000 种化学物质不受限定，因为没有足够的信息能够表明，这些化学物质对健康或者环境有影响。自从该法案执行以来，环境保护署已经检测了 250 种现存的化学物质，但是只对其中的 9 种进行了规范。[①]

> **《有毒物质控制法》**（Toxic Substances Control Act, TSCA）：美国联邦政府监管有毒化学品使用和销售的主要法律。

《有毒物质控制法》在规范新的化学物质方面更加严格。当生产出一种新的化学物质后，必须通知环境保护署在一定时间内来检测这种化学物质潜在的风险。然而，即使是环境保护署要求制造商进行检验，但通常他们并不执行。在《有毒物质控制法》的规定下，有接近 45 000 种新的化学物质被提交到环境保护署，但只有约 10% 的化学物质进入了规定程序中，比如进行附加检验或对其进行约束。[②]

相较于美国，欧盟制定了一个更为严格且体现了**预防性原则**的"化学品登记、评估、授权和规范"政策（REACH）。该政策要求制造商提供证据来证明其化学物质的安全性（有关 REACH 的详细信息，见专栏 8-3）。

> **预防性原则**（precautionary principle）：认为政策应考虑到不确定性，采取措施避免低概率的灾难性事件。

---

① 政府效率中心，www.foreffectivegov.org/tsca-action。
② 美国环境保护署，TSCA 新化学品审查计划的统计数据，www.epa.gov/reviewing-new-emicals-under-toxic-substances-control-acttsca/statistics-new-chemicals-review。

专栏8-3 欧盟化学品政策

欧盟雄心勃勃的化学品政策REACH在2007年开始实施,并且以11年为周期,逐步推行。

根据REACH网站信息,欧盟规定化学品企业有举证的责任。为了遵守法规,各生产企业必须识别和管理它们在欧盟生产和销售的商品的相关风险。它们必须向欧洲化学品管理局(European Chemicals Agency,ECHA)证明所生产的化学品是如何安全使用的,也必须向用户传达它们的风险管理措施。

不像美国的《有毒物质控制法》,REACH对现存的和新的化学物质,都执行相同的安全标准。

REACH的要求适用于欧盟生产或进口的所有化学品。这些化学品必须根据REACH授权用于特定用途。[①]

在这11年间,欧盟估计,执行REACH需要花费28亿至52亿欧元的成本(36亿至67亿美元)。如果这项规定能够降低10%的与化学物质相关的疾病的发生,那么30年间能够取得大约500亿欧元(650亿美元)的收益,其收益—成本比率是10∶1。一个有关REACH政策的独立经济分析总结如下:

REACH基本能够帮助建立可持续的企业,并且为欧盟构造健康的环境,这是一种长期收益。在未来,世界上其他的国家也会采取相似标准,欧盟国家的企业首先开始使用更清洁和更安全的生产以及化学物质,这将为其提供竞争优势。

资料来源:European Commission, 2006;Ackerman and Massey, 2004;echa. europa. eu/regulations/reach/understanding-reach。

---

① 欧洲化学品管理局,高度关注授权的物质候选清单,http://echa. europa. eu/web/guest/candidate-list-table。

小 结

在制定环境政策时,经济有效原则是使减排的边际成本等于污染的边际损失。这对控制污染水平和实现控制政策都有影响。虽然边际成本等于边际收益的原则在理论上很简单,但是其包含了对目标和政策的判断,在实际应用时相当复杂。

四种基本方法都能规范污染水平。最常使用的两种方法是设定污染标准和要求采用特定的技术。虽然这两种政策都有优势,但是经济学家们却更偏好基于市场的手段,如排污税和可交易的污染许可证系统。设定排污税后,税收水平反映污染造成的损失。排污税允许私人企业决定减排多少污染,企业首先会选择最低成本的污染水平。然而,选择污染水平要对损害成本进行确切估计,这很难以货币衡量。

可交易的污染许可证允许对总减排成本设定一个目标。随着企业之间交易污染许可证,市场机制最终决定污染许可证的价格。理论上,这种政策能很好地结合减排水平和经济有效性两个优点。但是,这种政策只适合于特定环境下的特定污染控制,不可能在所有情况下都适用。

基于市场的机制很难控制那些非线性和阈影响的污染物,也很难控制那些对当地而不是整个区域有影响的污染物。这些污染物可能需要特定的排放标准,特别是会对人类健康和生态产生严重危害的污染物。选择污染控制政策时,还应考虑成本和损害的模式、选择改良的污染控制技术等。在控制污染时,政府应选择成本或损失最小且又能促进技术提高的政策。

在一些例子中,污染政策确实能够来减排效果,但是在其他一些例子中却达不到这种效果。在美国20世纪70年代以后,大气污染物的排放量显著降低,并且在降低有毒污染物方面也取得了进展。水污染政策减少了点源污染,然而在解决非点源污染方面进程缓慢。对于潜在的有毒化学物质,美国主要的举证由监管机构负责,它们需要决定一种化学物质是否安全。相比之下,欧盟最近的化学物质政策就要求制造企业提出证据,以证明化学物质的安全性。

关键术语和概念

best available control technology(BACT) 最有效控制技术

Clean Air Act(CAA)《清洁空气法案》

Clean Water Act(CWA)《清洁水法案》

criteria air pollutants 标准大气污染物

cumulative pollutant 累积污染物

equimarginal principle 等边际原则

flow pollutant 流动性污染物

global climate change 全球气候变化

global pollutant 全球污染物

hotspots 热点地区

internalizing external costs 外部成本内化

local pollutant 局部污染物

market-based approaches to pollution regulation 基于市场的污染监管

nonlinear or threshold effects 非线性效应(阈值效应)

nonuniformly mixed pollutants 非均匀混合污染物

nonpoint-source pollution 非点源污染

optimal level of pollution 最优污染水平

Pigovian/pollution tax 庇古税(污染税)

point-source pollution 点源污染

pollution/ emissions standards 污染标准(排放标准)

pollution tax 排污税

precautionary principle 预防性原则

regional pollutant 区域性污染物

Resource Conservation and Recovery Act (RCRA)《资源保护和回收法》

revenue-neutral 收入中性

stock pollutant 囤积污染物

technology-based regulation 基于技术的规定

toxic air pollutants 有毒大气污染物

Toxic Substances Control Act(TSCA)《有毒物质控制法》

Transferable/tradable permits 可转让的(可交易的)许可证

uniformly mixed pollutants 均匀混合污染物

upstream policy 自下而上的政策

219

问题讨论

1. 最佳污染控制水平是如何实施的? 在实践中建立这样一种水平可能吗? 仅仅基于经济研究,能够达到此目标吗? 或者说,是否考虑其他因素?

2. 假设你的国家有河流和湖泊污染问题,污染既来源于居民区也来源于企业。需要你提出一个合适的污染控制政策。哪一种政策是合适的？究竟是采用设定标准、基于技术的政策还是排污税、可交易的污染许可证或者其他政策？什么因素（如不同种类的污染物）将影响你的决定？

3. 对于像氯氟烃这种累积污染物来说，为什么固定排放量不是一种合适的政策？什么样的政策更合适？为什么在应用这些政策时非常困难？

4. 关于污染控制政策，你最近在新闻上看到了什么报道？根据在本章中学到的知识，对于这些实例你会提出什么政策建议？

练习

目前两个发电厂每年分别排放 8 000 吨污染物（共 16 000 吨）。发电厂 1 的减排成本曲线由 $MCR_1 = 0.02Q$ 决定，发电厂 2 由 $MCR_2 = 0.03Q$ 决定，Q 代表污染物减少的吨数。

（1）假设实施了一项规定，每个发电厂减少 5 000 吨污染物排放。每个发电厂的污染控制成本是多少？绘两幅图（每个发电厂一幅）来支持你的答案，类似于图 8-4。

（2）相反，假设每排放 1 吨污染征收 120 美元排污税，每个发电厂现在将支付多少以减少污染成本（不考虑税收）？税收下的总污染减少成本与第（1）题的总成本相比如何？简要解释成本差异的原因。每个工厂需要缴纳多少税款？使用两幅图（每个发电厂一个）支持你的答案，类似于图 8-4。

（3）最后，假设建立了一个可交易的污染许可证制度，允许发放 6 000 吨污染排放许可证，每个发电厂都是 3 000 吨。在没有交易的情况下，每个发电厂减少污染的成本是多少？如果总污染减少量为 10 000 吨，减少污染的成本又是多少？用类似于图 8-5 的图支持你的答案。

（4）使用第（3）题中绘制的图，解释哪个发电厂将出售污染许可证（以及数量）？哪个发电厂将购买污染许可证。假设所有污染许可证的售价相同，每个污染许可证的成本是多少？计算每个发电厂交易后的净成本，考虑其减少污染的成本和许可证销售的成本（或收入），类似于表 8-1。

220

相关网站

1. www. epa. gov/airmarkets/. The EPA's website for tradable permit markets for air pollutants，including links to extensive information about the SO_2 emissions trading program.

2. www. rff. org/home. Website of Resources for the Future，featuring many publications on the benefits of pollution reduction and different approaches for regulating pollution.

3. http://ec. europa. eu/environment/chemicals/reach/reach_en. htm. The European Union's website for REACH，including fact sheets，background documents，and updates on the process of implementing REACH.

4. www. edf. org/economics. The Environmental Defense Fund website on using economic incentives to improve environmental quality，with links to articles and videos.

参 考 文 献

Ackerman, Frank, and Rachel Massey. 2004. "The True Costs of REACH." *Study Performed for the Nordic Council of Ministers, TemaNord.* frankackerman.com/publications/costbenefit/True_Costs_REACH.pdf.

Bietsch, Rebecca. 2020. "Trump Administration Rolls Back Obama-era Fuel Efficiency Standards." *The Hill*, March 31.

Burtraw, Dallas, Alan Krupnick, Erin Mansur, David Austin, and Deidre Farrell. 1998. "Costs and Benefits of Reducing Air Pollutants Related to Acid Rain." *Contemporary Economic Policy*, 16:379–400.

Burtraw, Dallas, and Sarah Jo Szambelan. 2009. "U.S. Emissions Trading Markets for SO_2 and NO_x." Washington, DC. Resources for the Future Discussion Paper 09–40, October.

European Commission. 2006. "Environmental Fact Sheet: REACH—A New Chemicals Policy for the EU." February. http://ec.europa.eu/environment/pubs/pdf/factsheets/reach.pdf.

Goodstein, Eban. 2010. *Economics and the Environment*, 6th edition. New York: John Wiley and Sons.

Isenstadt, Aaron, and Nic Lutsey. 2019. "The Flawed Benefit-Cost Analysis behind Proposed Rollbacks of the U.S. Light-Duty Vehicle Efficiency Standards." The International Council on Clean Transportation, June 24.

Jorgenson, Dale W., and Peter J. Wilcoxen. 1998. "The Economic Impact of the Clean Air Act Amendments of 1990," in *Energy, the Environment, and Economic Growth* (ed. Dale Jorgenson). Cambridge, MA: MIT Press.

Joskow, Paul L., Richard Schmalensee, and Elizabeth M. Bailey. 1998. "The Market for Sulfur Dioxide Emissions." *American Economic Review*, 88(4):669–685.

National Highway Traffic Safety Administration (NHTSA). 2012. "Obama Administration Finalizes Historic 54.5 mpg Fuel Efficiency Standards." Press Release, August.

National Highway Traffic Safety Administration (NHTSA). 2020. *CAFE Public Information Center, Fleet Performance.* https://one.nhtsa.gov/cafe_pic/CAFE_PIC_fleet_LIVE.html.

National Highway Traffic Safety Administration (NHTSA) and U.S. Environmental Protection Agency (EPA). 2020. "The Safer Affordable Fuel-Efficient (SAFE) Vehicles Rule for Model Year 2021–2026 Passenger Cars and Light Trucks." Final Regulatory Impact Analysis, March.

Resources for the Future (RFF). 2018. "New Satellite Data Show Twice as Many Americans Live in Counties Not Meeting Fine Particulate Air Quality Standards than Previously Thought." Press Release, September 12.

Sanchez, Carol M. 1998. "The Impact of Environmental Regulations on the Adoption of Innovation: How Electric Utilities Responded to the Clean Air Act Amendments of 1990," in *Research in Corporate Social Performance and Policy*, Vol. 15 (ed. James E. Post). Stamford, CT: JAI Press.

Stavins, Robert. 1998. "What Can We Learn from the Grand Policy Experiment? Lessons from SO$_2$ Allowance Trading." *Journal of Economic Perspectives*, 12(3):69–88.

Tietenberg, Tom, and Lynne Lewis. 2011. *Environmental and Natural Resource Economics*, 9th edition. Upper Saddle River, NJ: Prentice Hall.

U.S. Environmental Protection Agency. 2002. "Clearing the Air: The Facts about Capping and Trading Emissions." Publication No. EPA-430F-02–009, May. Washington, DC.

U.S. Environmental Protection Agency. 2007. "The Plain English Guide to the Clean Air Act." Publication No. EPA-456/K-07–001, April. Washington, DC.

U.S. Environmental Protection Agency. 2015. "2011 NATA: Summary of Results." December. Washington, DC.

U.S. Environmental Protection Agency. 2016. "National Rivers and Streams Assessment 2008–2009: A Collaborative Survey." Office of Water and Office of Research and Development. EPA/841/R-16/007, March. Washington, DC.

Vlasic, Bill. 2012. "U.S. Sets Higher Fuel Efficiency Standards." *New York Times*, August 28.

第九章 生态经济学基本概念

> **焦点问题：**
> - 自然资源是一种资本吗？
> - 如何解释和保护资源和环境系统？
> - 什么限制了经济系统的规模？
> - 如何长期维持经济福利和生态系统健康？

第一节 生态视角

经济与环境问题之间的关系可从不同角度阐释。在第三章至第八章中，将传统经济分析得出的概念应用于环境问题。然而，这种被称为**生态经济学**的思想学派采取了不同的方法。生态经济学试图重新定义基本经济概念，使其更适用于环境问题。正如第一章所述，这通常意味着从宏观而非微观的角度来看待问题，关注主要的生态循环，并将物理和生物系统的逻辑应用于人类经济，而非从经济分析角度去看待生态系统：

生态经济学的基本、原始前提是坚持将人类经济视为地球生物化学系统的一部分。[①]

与传统经济分析不同，生态分析没有基于市场的单一方法框架。生态经济

---

① Brown and Timmerman, 2015, p. 2.

学家理查德·诺加德（Richard Norgaard）将这种方法视为**多元主义方法论**，他坚持认为"多重见解可防止基于一个视角的错误行为。"[①]（"方法论"指用于分析问题的一套技术和方法。）通过结合不同分析方法和技术，可以更全面地了解所研究的问题。

> **生态经济学（Ecological Economics）**：这是一个汇集不同学科观点，将经济系统作为更广泛生态系统的一个子集进行分析，并遵循生物物理定律的领域。
>
> **多元主义方法论（methodological pluralism）**：一种通过组合视角可获得对问题更全面理解的观点。

这种多元化的方法意味着生态经济学并不一定与标准市场分析不相容。第三章至第八章的回顾分析，提供了更广泛的生态学见解。但在市场分析中使用的一些假设和概念可能需要修改或替换，以了解经济系统和生态系统间的作用机理。[②]

第二节　自然资本

生态经济学家强调的一个基本概念是**自然资本**。大多数生产过程的传统经济模型集中在两个生产要素上：资本和劳动力。第三个要素，通常被称为"土地"，是被普遍认可的，但在经济模型中通常没有显著的作用。19 世纪的古典经济学家，尤其是《政治经济学及赋税原理》的作者大卫·李嘉图（David Ricardo），把土地及其生产力作为经济生产的基本决定因素来关注。[③] 然而，现代经济学通常认为，技术进步将克服土地生产力的任何限制。

---

① Norgaard,1989.

② 更详细地叙述生态经济学的发展及其与经济理论的关系，参见 Costanza et al. , 2014；Krishnan et al. , 1995；Martinez-Alier and Røpke, 2008；Spash, 201。

③ 参见 Ricardo，1951（original publication 1817）。

> **自然资本**（natural capital）：现有的土地和资源禀赋包括空气、水、土壤、森林、渔业、矿产和生态生命支持系统。

生态经济学家重新引入并扩展了"土地"的经典概念，将其重新命名为自然资本。自然资本被定义为可获得的全部土地和资源的现有禀赋，包括空气、水、土壤、森林、渔业、矿产和生态生命支持系统，如果没有这些资源，经济活动甚至生命都不可能。

从生态经济学的角度来看，作为生产基础的自然资本至少应该与人力资本同等重要。此外，应仔细核算自然资本状况及其改善或恶化，并在国民收入核算中予以反映。

一、自然资本变动核算

将自然资源定义为资本具有重要的经济影响。稳健经济管理的核心原则是保持资本的价值。随着时间推移，增加生产性资本通常是可取的，经济学家称之为**净投资**。生产资本随着时间的推移而减少（**净投资缩减**）的国家就是一个经济衰退的国家。

> **净投资和净投资缩减**（net investment and disinvestment）：一段时间内增加或减少生产资本的过程，通过从总投资中减去折旧来计算。

《价值与资本》(1939)的作者诺贝尔经济学奖得主约翰·R. 希克斯（John R. Hicks），将收入定义为个人或国家在一段时期内可消费商品和服务的数量。作者认为收入应在该时期结束时至少与开始时一样好，也就是说不能通过减少资本来增加收入。

要想知道这种收入观点在实践中意味着什么，想象一下有人获得了 100 万美元的遗产。假设 100 万美元投资于实际回报率为 3％的债券（即收益超过通货膨胀），这将带来 3 万美元的年收入。但是，若继承人决定每年从遗产中支出

226

5万美元，那么除了3万美元的收入外，还将支出2万美元的资本。这意味着在未来几年，收入将减少，最终资本将完全耗尽。显然，这与只依靠收入生活的稳健政策是不同的，后者将允许接受者无限期地拥有每年3万美元的收入。

就人力资本而言，这一原则是普遍接受的。标准国民收入核算包括对人力资本随时间消耗的计算。这种**资本折旧**每年估计一次，并从国民生产总值中减去而得到国民生产净值。要保持国家财富不减少，至少需要足够的投资来替换每年耗尽的资本。通过区分总投资和净投资也能认识到这一点。净投资是指总投资减去折旧，如果替代投资不足，净投资可为零或低于零。负净投资意味着国家财富的下降。

但没有为**自然资本折旧**做出类似的规定。若一个国家砍伐森林并将其转化为木材以供国内消费或出口，则只能作为对收入的积极贡献（等于木材价值）国民收入。无论是作为一种经济资源还是生态价值，都没有对现存森林的损失进行核算。从生态经济学的角度来看，这是一个必须纠正的严重遗漏。[①] 生态经济学家提出了对国民收入核算体系的修订，其中包括自然资本折旧（在第十章详细讨论这些建议）。

> **资本折旧**（capital depreciation）：国民收入核算中资本随时间消耗的扣除额。
>
> **自然资本折旧**（natural capital depreciation）：在国民核算中扣除自然资本损失，如木材供给减少、野生动物栖息地或矿产资源减少，或环境退化与污染。

二、自然资本的动态

自然资本概念的提出进一步意味着，纯粹的经济分析无法完全捕捉自然资源的存量和流量动态。正如在第六章和第七章中所看到的，经济学家有很多方

---

① 对生态核算进行了更详细的分析，参见 El Serafy，2013。

法可以用适合传统经济分析的货币术语来表达自然资源和环境因素。但这只是自然资本的一个方面。

支配诸如能源、水、化学元素和生命形式等自然资本元素行为的基本定律，是在化学、物理、生物学和生态学等科学中描述的物理定律。如果没有对这些定律进行具体考虑，将无法全面了解自然资本。

例如，在农业系统中，土壤肥力由化学营养物、微生物、水流和动植物废弃物循环间复杂的相互作用所决定。从粮食产量等方面衡量土壤肥力对短期经济计算是有效的，但随着更微妙的生态过程发挥作用，长期来看可能会产生误导。随着时间推移，微量营养素、碳含量和保水能力的损失可能会导致底层土壤肥力逐渐下降。因为短期内施用更多肥料会掩盖这一点，这种情况可能会被忽视。纯粹的经济分析可能导致对长期保持土壤肥力的忽视。

因此，在处理自然资本的保持问题时，有必要将经济分析的见解与生态原则相结合。这并不是第三章到八章介绍的经济方法无关紧要；相反，必须辅之以对自然系统的生态观点，以避免产生误导性的结果。生态经济学家倡导的自然资本核算和保护技术包括：

- 自然资本的**实物核算**。除了常见的国民收入账户外，还可建立**卫星账户**，以显示自然资源的丰缺性，并估计其年度的变化。这些账户还可显示污染物积累、水质、土壤肥力变化和环境条件的其他重要物理指标。**资源消耗（环境退化）**显著的账户需要采取措施保护或恢复自然资本。

- **可持续产量**水平的确定。正如在第四章中看到的，自然资源的经济开发往往超过生态可持续水平。对为人类使用而收获的自然系统进行生态分析有助于确定该系统可无限期继续运行的可持续产量水平。若经济均衡产量超过可持续产量，资源就会受到威胁，需要制定专门的保护政策。很多渔业和森林都出现了这种情况，第十八章和第十九章讨论了这一主题。

- 对人类产生的废弃物，包括家庭、农业和工业废弃物的**环境吸收能力**测定。随着时间推移，自然过程可以分解很多废弃物，并将它们重新吸收到环境中而不造成损害。其他废弃物和污染物，如氯化农药、氯氟烃和放射性废弃物，很难或不可能被环境吸收。以二氧化碳为例，地球具有吸收过量碳的能力，但这种承载能力现已超越极限。一般而言，科学分析可对废弃物排放的接受水平作基线估计。这不一定与第三章中介绍的"最优污染水平"经济概念一致，因为它考虑到了在基于市场的边际成本和收益分析中没有反映的生态因素。

实物核算（physical accounting）：国民收入核算的补充，以实物而非经济的方式估计自然资源的存量或服务。

卫星账户（satellite accounts）：以实物而非货币形式估计自然资本供给的账户，用于补充传统的国民收入核算。

资源消耗（resource depletion）：由于人类开采，可再生资源的存量减少。

环境退化（environmental degradation）：环境资源、功能或质量的损失，通常是人类经济活动的结果。

可持续产量（sustainable yield）：在不减少资源存量或数量的情况下保持的产量或收获水平。

环境吸收能力（absorptive capacity of the environment）：环境吸收和产生无害废弃物的能力。

可替代性（人造资本和自然资本）（substitutability（of human-made and natural capital））：一种资源或投入替代另一种资源或投入的能力；特别是人造资本补偿某些类型自然资本消耗的能力。

　　这种观点在很大程度上与传统经济理论不同，传统经济理论通常假设资源间具有**可替代性**。例如，工业化生产的肥料可补偿肥沃土壤的流失。从生态视角看，替代并不那么容易——经济活动的自然资源基础在某种意义上是不可替代的，不像人造工厂或机械。就化肥而言，大量施用化肥会耗尽土壤中的其他养分，并通过径流携带化肥而污染水道。

　　在很多情况下，自然资本与人造资本表现出**互补性**，而非可替代性——这意味着两者都是有效生产所必需的。例如，若鱼类库存枯竭，增加渔船库存将毫无用处（见第四章和第十三章）。自然资本的基本功能意味着需要修正经济增长的标准理论，以考虑到生态限制和长期可持续性问题。[①]

228

---

　　① Daly, 1996；Harris and Goodwin, 2003；Farley and Malghan, 2016；Spash, 2017.

这一分析指向**自然资本可持续性**的一般原则。根据这一原则,各国应通过限制自然资本的消耗或退化,并投资于自然资本的更新来保护自然资本(例如,通过土壤保护或再造林计划)。将这一普遍原则转化为具体政策规则的过程既艰难而又有争议,使经济和生态分析间的差异成为焦点,将在以后的章节中更详细地讨论其中的一些问题。

互补性(complementarity):在生产或消费中共同使用的特性,例如汽油和汽车的使用。

自然资本可持续性(natural capital sustainability):通过限制消耗率和投资资源更新来保护自然资本。

第三节　宏观经济规模问题

传统宏观经济理论不承认经济规模的限制。凯恩斯主义、古典经济学和其他经济学理论研究的是消费、储蓄、投资、政府支出、税收和货币供给等宏观经济总量间的均衡条件。但随着经济增长,理论上均衡水平可以无限上升,因此一个国家的国内生产总值(GDP)可随时间增长 10 倍或 100 倍。

例如,在 5% 的增长率下,GDP 每 14 年翻一番,在一个世纪内增长 100 多倍。即使以 2% 的增长率计算,GDP 也会在 35 年内翻一番,在一个世纪内增长 7 倍。从经济均衡的数学计算角度来看,这种增长不成问题。但生态经济学家认为,资源和环境因素对可行的经济活动水平施加了实际限制,经济理论必须包括**最优宏观经济规模**的概念。[1]

最优宏观经济规模(optimal macroeconomic scale):经济系统具有最优规模水平的概念,超过这个水平,进一步的增长将导致福利水平降低或资源退化。

---

[1]　Daly, 1996; Goodland et al., 1992; Goodland, 2016.

这一概念既适用于依赖有限资源的单个经济体，也适用于全球经济系统。它对全球经济系统的影响尤其重要，因为各国经济有时可以通过国际贸易克服资源限制。情况如图9-1和图9-2所示。图9-1展示了经济和生态系统间的示意关系，与图1-2类似。它将经济系统显示为地球生态系统的一个子集，通过**源功能**（能源和资源的提取）和**汇功能**（废弃物和废弃能源的处理）与之相连。图9-2显示了随着经济增长情况的变化，更大的经济子系统对周围生态系统施加了显著的物理和生命周期压力。

源功能（source function）：环境为人类使用提供服务和原材料的能力。

汇功能（sink function）：自然环境吸收废弃物和污染的能力。

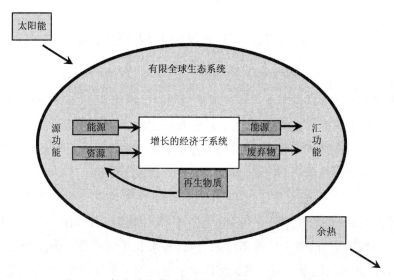

图9-1　与全球生态系统相关的经济子系统（小规模）

经济系统（图9-1和图9-2中的矩形）使用能源和资源作为输入，并将废弃能源和其他废弃物释放到生态系统中（如更大的椭圆形区域所示）。输入流和废弃物流的组合可被定义为**吞吐量**。[①] 这里所示的经济系统是一个**开放系统**，

---

① Daly，2007.

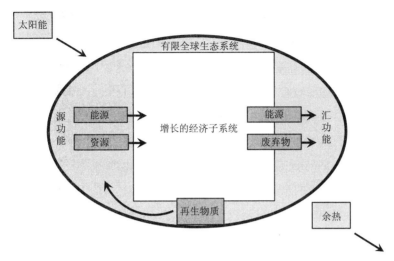

图 9-2 与全球生态系统相关的经济子系统(大规模)

资料来源:Goodland et al.，1992，p. 5。

230

与它所在的全球生态系统交换能源和资源。全球生态系统有太阳能的流入和余热的流出,但在其他方面是一个**封闭系统**。

吞吐量(throughput):能源和材料作为过程的输入和输出的总使用量。

开放系统(open system):与另一个系统交换能源或自然资源的系统;经济系统被认为是开放系统,因为它从生态系统获得能源和自然资源,并将废弃物沉积到生态系统之中。

封闭系统(closed system):不与另一个系统交换能源或资源的系统;除了太阳能和余热,全球生态系统是一个封闭系统。

随着开放经济子系统在封闭的地球生态系统中成长(图 9-2 中放大的矩形),其资源需求和废弃物流更难适应。地球生态系统的固定大小对经济系统的增长造成了**规模限制**。

> **规模限制（scale limit）**：对一个系统，包括一个经济系统规模的限制。
>
> **空世界经济学和满世界经济学（empty-world and full-world economics）**：认为处理环境问题的经济方法，应根据经济相对于生态系统的规模是小（空世界）还是大（满世界）而有所不同。
>
> **稳态经济（steady-state economy，SSE）**：保持物质资源和人口的恒定水平，同时使物质和能源资源的吞吐量最小化的经济。
>
> **去物质化（dematerialization）**：通过减少使用物理材料来实现经济目标的过程，例如用较少的金属制造铝罐。
>
> **解耦（decoupling）**：打破经济活动增加与环境影响增加之间的相关性。

生态经济学家赫尔曼·戴利（Herman Daly）和罗伯特·古德兰（Robert Goodland）认为，快速的经济增长已将这种情况从**空世界经济**转变为**满世界经济**。在"空世界"阶段，当经济系统相对于生态系统而言较小时，资源和环境限制并不重要，主要的经济活动是开发自然资源以建立人造资本存量和扩大消费。在这个阶段，经济活动主要受到数量有限的人造资本约束。

然而，在"满世界"阶段，当急剧扩张的人类经济系统对生态系统限制施加压力时，自然资本的保护变得更为重要。若不采取适当措施来节约资源和保护"满世界"的环境，无论人造资本存量有多大，环境退化都会破坏经济活动。[①] 最终，这意味着经济必须从增长模式转变为人口和生产率必须稳定的**稳态经济**：

> 事实是显而易见的且无可争辩的：生物圈是有限的、不生长的、封闭的（除了太阳能的持续输入）。任何子系统如经济系统，都必须在某个时刻停止增长，并适应动态均衡，类似于稳定状态。要达到这个均衡，出生率必须等于死亡率，商品生产率必须等于折旧率。[②]

这种逻辑是指经济系统的物理增长，以其资源和能源需求以及废弃物流量来衡量。GDP 有可能在不增加资源需求的情况下增长，尤其是增长集中在服务行业。例如，扩大汽车生产需要更多的钢铁、玻璃、橡胶和其他材料投入，

231

---

① Daly and Farley，2011，chap. 7；Harris，2016.
② Goodland，2016.

以及汽油来驱动汽车。但更多的歌剧作品或儿童看护服务只需要很少的物质资源。能源和物质资源的使用也可能变得更加高效，从而每单位产出需要更少的资源吞吐量，这一过程被称为**去物质化**或**解耦**，将在第十四章中详细讨论。但总的来说，GDP 增长与能源和资源的高吞吐量有关。因此，生态经济学家致力于开发"一个宏观经济稳定且符合一个有限星球的生态极限的概念框架"。①

经济活动无疑面临着一定的规模限制。如何确定经济子系统是否在对生态系统的极限施加压力？一种简单方法是注意日益普遍的大规模或全球环境问题，如全球气候变化、臭氧层破坏、海洋污染、土壤退化和物种丧失。② 从常识和生态分析来看，这些普遍存在的问题表明在 21 世纪初，重要的环境阈值已经达到。一项对九条重要地球界线的科学研究发现，到 2015 年，其中四条界线已被超过，包括氮和磷、气候、土地系统变化和生物多样性③（图 9-3）。另一个（海洋酸化）接近极限，而两个（化学和大气污染）的量化不足以确定极限。淡水使用在全球范围内处于可持续限度内（但正如将在第二十章中讨论的那样，很多地区的情况并非如此），臭氧消耗目前也处于安全限度内（如第二章专栏 2-1 所讨论的，国际行动共同努力的结果）。

生态经济学家发展了不同的方法来衡量人类经济活动的总体规模。一种方法认识到生态和经济系统都依赖于能源来支持和扩展生命的功能。生命系统通过植物光合作用获得太阳能。随着人类经济系统的发展，**光合作用的净初级产物**的更大比例被直接或间接用于支持经济活动。这种对光合能量的利用是通过农业、林业、渔业和燃料使用来实现的。此外，人类活动将土地从自然或农业功能转换为城市和工业用途、运输系统和住房建设。

> **光合作用的净初级产物**（net primary product of photosynthesis，NPP）：由热能合成直接产生的生物质能。

---

① Victor and Jackson，2015，p. 238.
② Randers，2012；Millennium Ecosystem Assessment，2005.
③ Rockström et al. ，2009；Steffen et al. ，2015.

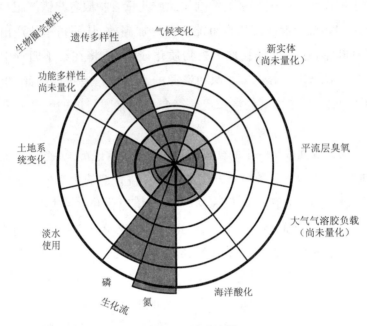

图 9-3　地球边界

注:内部灰色阴影表示提议的九个地球系统的"安全运行空间"。楔形表示每个系统的当前位置的估计值。四个系统(生物多样性丧失率、气候变化、土地系统变化和人类对氮和磷循环的干扰)的界线已被超过,另一个系统(海洋酸化)截至 2015 年已接近极限。

资料来源:Rockström et al.，2009；Steffen et al.，2015。

　　根据最近的研究,人类已占用了大约 25%光合作用的净初级产物,在农田和主要基础设施(人口稠密)地区,这两个比例分别高达 83%和 73%。这一比例在 20 世纪翻了一番,预计到 2050 年将进一步增加。[①] 这为"满世界"概念提供了另一个视角,意味着存在显著的地球限制,尤其是在农业和物质生产方面。这些限制可用**承载力**来表示:地球资源能维持的人口和消费水平。将在后续章节中讨论这些限制在水、农业、渔业和大气系统等领域的一些具体影响。

　　另一种测量人类活动规模的方法试图在单个指数中捕捉人们影响环境的多维方式。**生态足迹**概念旨在将所有人类环境影响转化为衡量供给所有必要资源

---

① 　Vitousek et al.，1986；Haberl et al.，2007；Krausmann et al.，2013.

和吸收所有废弃物所需的土地数量。[1] 换言之,一个人的生态足迹是维持其生活方式所需的土地数量。一个国家的足迹同样代表了满足该国所有需求和吸收其废弃物所需的土地使用量。

> **承载力**(carrying capacity):在现有自然资源基础上能够维持的人口和消费水平。
>
> **生态足迹**(ecological footprint):以支持消费的土地需求来衡量个人或国家的环境影响。

生态足迹分析使用基于生物承载力(在生态资产方面的土地生产力)的土地面积调整措施。从政策角度来看,将所有环境影响转化为单一指数可能有一些优势,例如能确定总体影响是增加还是减少。以土地面积当量(称为"全球公顷")衡量生态足迹相对容易理解和解释。此外,测量生态足迹的必要数据也很容易获得,即使从个人到国家,以及世界上大多数国家都有不同的规模,也允许进行一致的测量和比较。

有些影响很容易转变为土地面积足迹。例如,将肉类需求转化为饲养牲畜所需的牧场面积。其他影响更难以转化为土地面积当量。例如,在生态足迹方法中,燃烧化石燃料产生的二氧化碳排放量是基于吸收碳排放所需的植被面积来计算的——这是一种理论方法,而不是基于实际土地利用,但导致了与生态足迹分析相关的结论,即目前使用的碳当量约为 1.7 个地球。

生态足迹系统跟踪六类生产性地表面积的使用情况:农田、牧场、渔场、建筑用地、森林面积和碳需求。计算一个国家的生态足迹需要 100 多个因素的数据,包括对食品、木材、能源、工业机械、办公用品和车辆的需求。

比较一个地区的生态足迹和其可用的生物承载力有助于确定该地区的生态影响是否可持续。图 9-4 显示部分国家人均生态足迹和可用生物承载力。发达国家的人均生态足迹远高于发展中国家。美国人均需要 8 公顷来维持其生活,而印度人均不到 1 公顷。

233

---

① Wackernagel and Rees,1996;Global Footprint Network. 2020,www.footprintnetwork.org.

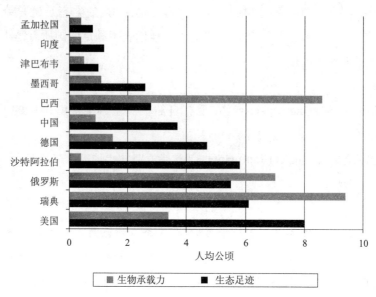

图 9-4 2017 年部分国家人均生态足迹和可用生物承载力

资料来源:Global Footprint Network,2020. www.footprintnetwork.org/.

大多数国家,无论是发达国家还是发展中国家,目前都存在生态赤字。例如在图 9-4 中看到,美国的生态足迹超过其可用的生物承载力的两倍以上。中国的生态足迹是其生物承载力的三倍多,沙特阿拉伯的生态足迹是其生物承载力的 11 倍多。图 9-4 中生态足迹低于可用土地的国家只有巴西、俄罗斯和瑞典。注意这并不一定意味着这些国家采取了可持续的环境政策。就俄罗斯而言,人均生态影响相对较高,但可用土地总量甚至更大(俄罗斯的可用土地面积比任何其他国家都多)。以巴西为例,该国因其亚马孙森林地区的全部生物承载力而备受赞誉,尽管该地区正因采矿和农业发展而迅速退化。

在全球层面,人类生态足迹大约是现有地球生物承载力的 1.7 倍。换言之,以提供人类资源和吸收其废弃物所需的地球大小的行星数量来衡量的全球生态足迹超过了一个地球。这表明自然资本长期持续净消耗。在图 9-5 中看到这一点,它将人类生态足迹分解为不同类型的影响。约 60% 的人类生态足迹归因于碳排放,另外 20% 与农作物的生长有关。

图 9-5 显示,人类需要减少其生态足迹以实现可持续性。但研究结果也为

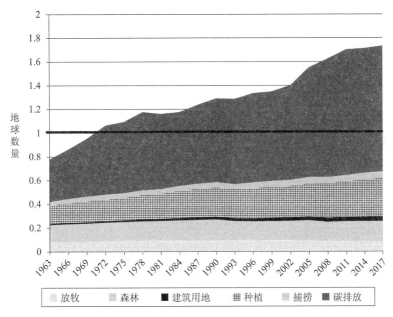

图 9-5 按影响类型划分的全球生态足迹(彩图见彩插)

资料来源:Global Footprint Network,2020。

实现可持续性政策努力提供了一些指导。具体来说,即使保持其他影响不变,减少碳排放的努力也可有效地将人类生态足迹减少到一个地球以下。气候科学家估计,为了将全球气温变化限制在 2℃以内的范围,需要在 2050 年前将全球碳排放量减少 40%～70%,并最终在 21 世纪末接近零(见第十二章和第十三章)。[①] 在保持其他影响不变的情况下,碳排放量减少 70%将使人类生态足迹从 1.64 个地球减少到 0.96 个地球。当然,这并不意味着不应直接致力于减少其他生态影响,但确实表明,若不显著减少碳排放,将无法实现可持续的全球足迹。

第四节 长期可持续性

前面已提到了自然资本的可持续性。但如何更准确地定义这一术语? 人们

[①] www. cop21. gouv. fr/en/why-2c/.

235 希望限制自然资本的损失或退化,并投资于其保护和更新。从最严格的意义上讲,这意味着永远不能使用任何可消耗的资源,也不能进行任何实质性改变自然系统的经济活动。在一个 70 多亿人口、主要是工业化或快速工业化的世界里,这显然是不可能的。但任意使用资源和不断增加的废弃物也是不可接受的。怎样才能达到平衡?

前面已经研究了这个问题的传统经济学答案。在第三章至第五章中概述了外部经济理论、跨时间的资源分配理论、公共财产和公共物品管理理论,提供了关于何时使用、何时保护资源以及"最佳"污染水平的经济原则。然而,在长期的全球背景下,这些理论可能稍显不足。面向单个市场的微观经济层面,它们可能无法保证宏观经济层面的环境可持续性。因此需要制定针对国家和全球资源基础进行全面保护的指南。在指南中,可以针对特定资源和环境管理问题的市场和非市场解决方案进行评估。

可以区分**强可持续性**和**弱可持续性**的概念。(在这种情况下,使用"强"和"弱"是指假设的苛刻程度,并不意味着其中一个必然比另一个更好或更差。)强可持续性假设自然资本和人造资本间的替代性非常有限。弱可持续性假设自然资本和人造资本通常是可替代的。[①]

强可持续性(strong sustainability):即自然资本和人造资本一般不可替代,因此应保持自然资本水平。

弱可持续性(weak sustainability):即只要能通过人造资本的增加来补偿自然资本的消耗,自然资本的消耗就是合理的;假设人造资本可取代大多数类型的自然资本。

采用强可持续性视角,将人造资本和自然资本分别核算,并确保总自然资本存量不会耗尽。例如,只有在其他地方扩大类似的森林面积,使森林总量保持不变的情况下,才可在一个地区砍伐森林。要全面实施强可持续性,就需要政府对

---

① 关于强可持续性和弱可持续性的原则问题,参见 Daly,2007;Martinez-Alier and Røpke,2008,partⅥ A;Neumayer,2003;Common and Stagl,2012,pp.377-379。

市场进行广泛干预,并彻底改变经济活动的性质。

弱可持续性更容易实现。这一原则允许在保持资本总价值不变的情况下,自然资本和人造资本间可替代。例如,这或许允许人们砍伐森林,以扩大农业或工业。然而,它确实要求对被砍伐森林的价值进行充分核算。除非新人造资本产生的价值大于损失的价值,否则森林砍伐活动是不被接受的。

这一原则更接近传统经济理论。私人所有者大概会做出这样的计算,并且不会愿意将价值较高的资源换成价值较低的资源。然而,在以下情况下,需要政府干预来维持甚至较弱的可持续性:

· 私人所有者没有考虑到自然资本的全部生态价值(例如,一个考虑木材价值但对濒危物种漠不关心的林产品公司)。

· 自然资源中的产权界定不清,发展中国家往往如此。这可能导致短期特许权持有者或非法用户迅速掠夺自然资源。

· 私人财产所有者有短期观点,没有考虑诸如累积土壤侵蚀等长期影响。

· 涉及公共财产资源或公共物品。

· 真正不可替代资源是一个问题,如干旱地区物种灭绝或供水有限的情况。

一、政策选择与未来贴现

在强可持续性和弱可持续性之间进行权衡可能很困难。例如,在管理森林资源方面,强可持续性可能限制太多,要求一个国家在任何情况下都保持相同的森林覆盖率。然而,弱可持续性对可砍伐的森林数量没有固定限制,只需要对其价值进行经济核算。尽管必须确定中间立场,但这不能简单地通过市场过程实现,必须是有意识的社会选择。

确定这一中间立场的一个关键因素是对未来贴现的问题。对资源随时间分配的讨论(见第五章)和成本收益分析(见第七章)强调了折现率在资源使用市场选择方面的重要性。一般而言,折现率越高,当前开发资源的动力就越大。根据霍特林定律,私人所有者必须预期资源的净价以至少等于利率的速度上涨,才能为未来保护资源。对大多数可消耗的自然资源而言,这种情况很少发生。

考虑到在5%的折现率下,资源净价格预计每14年翻一番才能促使人们保护资源。否则,资源所有者立即提取资源并以 5% 的收益进行投资更有利。对于以森林为代表的可再生资源,年产量必须至少等于私人所有者实行可持续管理的市场利率(关于这一问题的完整处理见第十九章)。在产量较低的情况下,经济激励有利于砍伐森林以获得即时的货币收益。实际上,这意味着将可再生资源视为可消耗资源,并尽快"开采"出来。

贴现逻辑对自然资源系统施加了严格检验。除非它们能达到一定的产量水平,否则直接开采将优先于可持续管理。若主要的生态系统和重要的自然资源未能通过这一检验,那么由此导致的快速开发资源将无法为未来做好准备。

在这方面,强可持续性原则变得很重要:能否相信,一个拥有更多人造资本但资源严重枯竭的世界将满足未来需求? 或者是否应推行更严格的资源保护原则来保护自己和后代的利益?

这不仅是关于长远未来的哲学辩论。很多优质矿物资源在 30 到 40 年内可被耗尽;在同一时期,热带森林几乎可被消灭;海洋和大气系统可能会严重退化;储存在含水层中的水可能被耗尽,土壤侵蚀可在一代人时间内破坏数百万英亩农田的肥力。运用严格的商业贴现原则,所有这些破坏可从经济角度评估为相当"合理"甚至"最优"。

生态经济学家反对使用基于市场的折现率来指导长期资源使用决策。他们建议使用可持续标准来促进**代际公平**。[①] 在这种观点中,仅仅通过应用利润最大化标准来决定当前的长期投资和保护问题是错误的。这需要社会对未来资源的保护做出判断。

> **代际公平**(**intergenerational equity**):包括人造资本和自然资本在内的资源在人类各代间的分配。

二、复杂性、不可逆性与预防性原则

可持续性传统的另一个主要理由是**生态复杂性**和**不可逆性**。当前的生态系

---

① Norgaard and Howarth, 1991;Padilla, 2002; Page, 1997.

统经过很多世纪的进化,实现了涉及数百万种动植物间的相互作用以及大气、海洋、淡水和陆地生态系统中复杂的物理和化学关系平衡。

自然资源的高强度开发永久地改变了这些生态平衡,其影响不可完全预测。在某些情况下,破坏生态平衡会导致灾难性后果——沙漠化、海洋食物系统崩溃、含水层枯竭和污染、对杀虫剂具有抗药性的超级害虫爆发等。物种灭绝是不可逆破坏的一个明显例子,在未来将造成未知的经济和生态成本。

因此,生态经济学家提出了**预防性原则**——应努力减少对自然系统的干扰,尤其是在无法预测长期影响的地方。对资源价值和使用进行经济计算时,这一原则显然不容易定义。因此,这种计算只有在能将其置于更广泛的生态背景下时才有价值,其优先次序有时必须凌驾于市场均衡逻辑之上。[1]

生态复杂性(ecological complexity):生态系统中存在许多不同的生物和非生物元素,它们以复杂的模式相互作用;生态系统的复杂性意味着人类行为对生态系统的影响可能是不可预知的。

不可逆性(irreversibility):人类对环境的某些影响可能造成无法逆转的损害,如物种灭绝。

预防性原则(precautionary principle):认为政策应考虑到不确定性,采取措施避免低概率的灾难性事件。

第五节 能量和熵

正如本章前面提到的,生态经济学特别关注能源。这意味着要通过物理定律来理解生态系统和经济的基本驱动力和限制。**热力学第一定律**指出,物质和能量既不能被创造也不能被破坏(尽管物质可通过核过程转化为能量)。这意味着任何物理过程,包括所有经济过程,都可被视为物质和能量从一种形式到另一

---

[1] 关于预防性原则应用的讨论,参见 Tickner and Geiser,2004。

种形式的转变。**热力学第二定律**指出了这种转变的本质。它认为，在所有物理过程中，能量从可用状态降级到不可用状态。

> **热力学第一和第二定律**（**first and second laws of thermodynamics**）：指物质和能量不能被破坏，只能被转化，所有物理过程都会导致可用能量减少（熵的增加）的物理定律。

　　这个过程的形式化度量称为**熵**。熵是系统中不可用能量的度量，因此根据热力学第二定律，熵随着自然过程的进行而增加。熵的概念也可应用于能量以外的资源。容易使用的资源，例如高品位金属矿，具有低熵。矿石品位越低，熵越高。熵也可被使用，但只能通过应用其他来源的能量来提炼它。

　　理解熵这个相当模糊概念的最好方法是用一个具体例子来说明，比如燃烧一块煤。煤在原始状态下具有低熵——也就是说它包含可用能量。这种能量可通过燃烧煤来获得。煤一旦燃烧，就会转化为灰烬和余热。能量不可以再被使用，系统已进入高熵状态。

　　生态经济思想的先驱尼古拉斯·乔治斯库·罗根（Nicholas Georgescu-Roegen）认为，熵定律应被视为经济学的基本指导原则。[①] 所有经济过程都需要能量，并将这种能量从可用形式转化为不可用形式。因此，任何经济过程的物理输出都可以说包含了**虚拟能源**。

> **熵**（**entropy**）：衡量一个系统中不可利用的能量；根据热力学第二定律，熵在所有物理过程中都会增加。
>
> **虚拟能源**（**embodied energy**）：生产商品或服务所需的总能源，包括直接和间接使用的能源。

　　例如，汽车包含了用于生产钢和将钢成型为汽车的零部件，以及工人组装钢

---

① Georgescu-Roegen，1993；关于 Georgescu-Roegen 和熵的讨论，参见 Martinez-Alier and Muradian，2015，pp. 6-8。

所使用的能量(或用于运行装配线机器人的能量)。当然,它还需要额外的燃料能量来运行。但所有这些能量最终都不可用,燃料能量在余热和污染中消散。汽车最终报废,也会变成废弃物。在这个过程中,它向用户提供了运输服务,但最终将可用能源和资源降级为不可用的形式。

若从这个角度来思考经济过程,有两点是显而易见的。一个是经济过程需要持续的可用能量和资源流(低熵);另一个是它产生持续的废弃物能量流和其他废弃物(高熵)。在基于熵的分析中,资源和能量进出经济系统的输入和输出流成为生产的基本调控机制。

这一观点与传统经济理论截然不同。在传统经济理论中,劳动力和资本投入通常被列为基本生产要素。能源和资源投入通常没有特别考虑,有时完全被忽略。能源和资源价格与其他投入价格相比没有特别的意义,正如所看到的,废弃物流的影响通常被定义为外部性,而非生产的实际核心。

当能源和资源丰富且廉价,以及环境容易吸收废弃物和污染损害时,传统方法就足够有效。但随着能源和资源需求的增长,以及废弃物和污染的增加,熵的观点成为理解经济和生态系统之间关系的一个重要因素。

现有生态系统被精确地组织起来以高效地捕获能量。数千年的进化已发展出复杂且相互依赖的生命系统,它们利用**太阳能通量**(日照流)从环境中获取能量。所有生态系统的基本过程是光合作用,绿色植物利用太阳能生产生命所必需的有机化合物。所有动物生命都完全依赖植物的光合作用,因为动物缺乏直接利用太阳能的能力。

太阳能通量(**solar flux**):太阳能持续不断地流向地球。

从熵定律的角度来看,经济过程本质上是利用低熵支持生命活动,同时增加总熵的生物过程延伸。工业系统极大地提高了熵的利用率。低熵矿藏和以化石燃料形式储存的低熵矿物被开采用来支持工业。集约农业还"开采"土壤中储存的资源。同时,工业活动大大增加了高熵废弃物排放到环境中的概率。

如前所述,在传统经济理论中,增长没有内在限制。但熵定律意味着存在限制,经济系统的运行也必须受以下限制:

- 低熵资源库存有限，尤其是高品位矿石和较易获得的化石燃料。
- 土壤和生物系统捕获太阳能以生产食物和其他生物资源的能力有限。
- 生态系统吸收高熵废弃物的能力有限。

在某些情况下，可以规避限制。例如，可通过人工施肥来提高土壤的生产力。然而，无法回避熵定律，因为生产肥料需要能量。实际上，可通过从某处"借用"低熵来扩大农业系统的限制，但必须更快地利用能源（以及更快地产生废弃物和污染）。唯一真正"自由"的低熵来源是太阳能。即使在太阳能的情况下，捕获和使用可用能量通常也涉及材料和劳动力成本。

可将熵的观点应用于很多不同的生产部门：能源、农业、采矿业、林业、渔业和其他工业部门。这通常会给这些经济活动如何运作提供不同看法。例如，以相对于劳动力或资本投入的标准产出衡量，采矿业的生产率可能会随时间推移而提高。但若关注单位能源投入的产出，很可能会看到生产率下降。换言之，当开采的矿石质量下降时，需要增加能量来实现相同的产量。

在这种情况下，只要能源便宜，用能源代替劳动力和资本是一个经济上有利的选择。但这一逻辑意味着经济系统越来越依赖化石燃料，正如将在第十一章看到的，化石燃料提供了80％以上的工业能源，与化石燃料相关的污染问题也增加了。根据生态经济学，为了适应地球熵的限制，需要转向基于太阳能流动的可再生能源——或者是太阳能本身，或者是风能等太阳能驱动的能源。

因此，生态经济分析强调生产的物理基础，而非生产的经济成本。这提供了与地球生态系统物理现实的直接联系。若只关注经济成本，即使试图将资源消耗和环境成本内在化，也可能错过经济活动对资源和环境的全部影响。

第六节　生态经济学与政策

前面回顾了生态经济学的一般原理，为环境问题提供了不同且更广泛的观点。这种观点对经济政策有什么影响？所讨论的生态价值在传统市场分析中通常是不存在的。在微观经济层面将标准分析和生态分析联系起来的一个方法是使用第六章中的**生态系统服务**的概念。生态系统服务估值虽然不一定会影响所有生态功能,但可提供一种将这些功能引入经济市场的方法,尤其是建立需要用户为生态系统服务付费的系统,从而激励维护和恢复生态系统服务。在宏观经济层面,生态观点意味着在气候、能源、生物多样性、水和海洋以及人类经济与环境相互作用的很多其他领域采取强有力的、面向环境的政策。

> **生态系统服务**(ecosystem services):由自然界免费提供的有益服务,例如防洪、净化水质和土壤形成。

一、生态系统服务付费

自然资源管理者通常面临为开采提供经济回报的市场激励。例如,林地所有者有市场动机砍伐树木,而不是为了碳封存、野生动物栖息地、防洪和其他生态系统服务而管理森林。这些服务不会给所有者带来经济收益,因此不太可能影响管理决策。但这些服务提供的基于其非市场价值的经济利益可能超过木材的经济价值。例如,联合国的一项倡议估计,每公顷热带森林提供的生态系统服务的经济收益,包括气候调节、净水和防侵蚀,比市场效益高出三倍以上。[1] 因此,砍伐树木在经济上是无效率的,市场也没有发出正确的"信号"提示生态系统服务被过量使用。

解决无效率问题的一个办法是改变市场激励措施,使生态系统服务在经济上对资源所有者具有吸引力。这种方法被称为**生态系统服务付费**。生态系统服务付费为资源所有者提供维持或增强生态系统服务的激励。这些激励措施通常是货币支付,以换取提供各种生态系统服务。

> **生态系统服务付费**(payments for ecosystem services,PES):向自然资源所有者付费,以换取可持续管理的实践。

---

[1]　Secretariat of the Convention on Biological Diversity,2010.

除了鼓励保护森林生态系统外，还建立了保护流域质量、生物多样性和美丽风景的生态系统服务付费计划。例如，自然保护协会和厄瓜多尔政府联合开展的生态系统服务付费项目旨在通过向流域内的土地所有者付费，以实施改进的农业措施保护基多(厄瓜多尔首都)的供水。[①]玻利维亚的生态系统服务付费计划为保护和改善水质，向部分农民免费分发蜂箱和果树，鼓励他们将退化的农业用地转为他用。[②]

为了使生态系统服务付费计划成功地改善环境质量，应满足以下四个标准：[③]

1. 付款必须以资源所有者实施实际改善环境结果的变革为条件。这一**制约性**标准要求建立一个系统，以核实资源所有者是否按照约定执行，例如植树或实施可持续农业实践。

2. 资源所有者同意采取的行动必须具有**额外性**。这意味着若没有付费，就无法获得环境效益。例如，假设土地所有者没有砍伐土地上的树木的计划，付费给土地所有者只是做他已经计划好的事情，将不会带来额外的环境效益。

3. 环境效益不能有**泄漏**。这意味着资源所有者采取的有益行动不会被其他变化所抵消。例如，假设土地所有者收到费用保护 20 公顷土地上的树木，否则这些树木将被砍伐。单独来看，这将满足额外性标准。但是，若土地所有者随后决定在另外 20 公顷的土地上砍伐树木，而该土地上的树木本来不会被砍伐，那么就会发生泄漏，而且付费不会产生环境净效益。

4. 最后，生态系统服务付费项目必须证明其**永久性**。这意味着环境效益应长期存在。若土地所有者收到保护林地的付费，但一旦付费停止，其就砍伐树木(从而将储存的碳释放到大气中)，该计划就不会产生永久性的效益。

　　制约性(**conditionality**)：一个成功生态系统服务付费项目的要求；付费必须以资源所有者实施切实改善环境结果的变革为条件。

---

① www. watershedmarkets. org/casestudies/Ecuador_FONAG_E. html.
② www. watershedmarkets. org/casestudies/Bolivia_Los_Negros_E. html.
③ Jindal and Kerr，2007.

> **额外性（additionality）**：一个成功生态系统服务付费项目的要求；环境效益必须是在没有付费的情况下产生的额外效益。
>
> **泄漏（leakage）**：一个成功生态系统服务付费项目的要求；资源所有者采取的对环境有益的行动不能被其他对环境有害的变化所抵消。
>
> **永久性（permanence）**：一个成功生态系统服务付费项目的要求；环境效益必须长期存在。

　　除了提供环境福利外，生态系统服务付费项目经常被提倡作为发展中国家减贫的手段。人们的期望是，资源所有者只有在增加收入，有可能使他们摆脱贫困的情况下，才会参加自愿的生态系统服务付费项目。但生态系统服务付费项目与贫困间的联系往往更为复杂。[①] 一个问题是，世界上最贫困的人往往不是自然资源的所有者，因此无法在生态系统服务付费项目中获得付费。即使贫困人口确实拥有土地和自然资源的所有权，他们也可能没有足够的财产使生态系统服务付费项目有价值。

　　例如，在越南的生态系统服务付费项目中，为保护森林该项目按公顷付费，小土地所有者平均只有2公顷森林。生态系统服务付费不足以证明申请该项目的交易成本是合理的，大多数付费都流向了规模更大、更富有的土地所有者。[②]参与的其他障碍也可能存在。例如要求填写复杂的表格或要求申请人在遥远的地方提交文书工作。

242

　　生态系统服务付费项目也可能对贫困人口产生负面间接影响。若生态系统服务付费项目鼓励农业用地转为保护区，低收入工人可能会失业。由于生态系统服务付费项目，维持生计的狩猎者/采集者可能无法进入传统地区。"我们有理由担心，真正的贫困人口可能会发现自己无法作为生态系统服务的供给者参与进来、被迫离开工作岗位并与他们以前开发的自然资源隔绝（无论是可持续的还是其他的）。"[③]虽然生态系统服务付费项目可提供环境和经济效益，但评估其

---

① 　Grieg-Gran and Bishop，2004.

② 　To et al. ，2012.

③ 　To et al. ，2012. ，p. 71.

设计和实施以确保成功至关重要（见专栏 9-1）。

专栏 9-1　乌干达生态系统服务付费

近年来，很多研究都试图记录生态系统服务付费项目对环境的定量影响。2016 年发表的一项此类研究在乌干达设立了一组随机对照试验（RCT），以衡量旨在减少砍伐树木的生态系统服务付费项目影响。（RCT 将特定项目的参与者与不在项目中的类似群体进行比较。）

参与该项目的农民每年因不清理林地而获得每公顷约 30 美元。乌干达西部共有 60 个村庄被随机挑选参加生态系统服务付费项目，另有 61 个村庄被选作对照组。研究人员随后使用高分辨率卫星图像来测量实验村庄和对照村庄的树木覆盖率。结果表明，PES 项目确实减少了森林砍伐。对照村的森林覆盖率下降了 7%～10%，而实验村的森林覆盖率仅下降了 2%～5%。卫星数据还显示，通过研究每个村庄周围林地的树木覆盖率，并没有发生泄漏。

实验村只有 32% 的合格参与者报名生态系统服务付费项目。后续调查确定参与率低的原因是该项目宣传不足，以及一些土地所有者担心该项目是接管其土地的阴谋。参与者中 80% 符合生态系统服务付费合同条件。然而，由于这项研究只持续了两年，研究人员认为，若不采取进一步干预措施，毁林率最终可能会回到基线水平。

资料来源：Jayachandran et al.，2017。

二、生态宏观经济学

从生态学的角度来看，人类对地球的总体影响是如此之大，以至于需要对经济系统进行根本性的改变，以避免"过度-崩溃"综合征（"overshoot-collapse" syndrome）。正如第二章讨论的基本增长极限模型所描述的那样，一些科学家和生态经济学家呼吁承认当前时代为"人类世"——即人类活动已成为塑造地球

气候和生态系统的全球主导力量时期。[①] 在这一时期,生态经济学指出了以下 243
宏观层面的变化:

- 能源系统,采用可再生能源防止灾难性气候变化。
- 农业系统,通过更多的有机和再生农业系统促进长期可持续性。
- 人口增长,需要稳定以避免人类对生物圈的需求不断增加。
- 不可再生资源的利用,为未来保护资源并减少浪费。
- 可再生资源,防止过度使用,保护水循环、森林和渔业的完整性,保护生物多样性。

在上述每一个领域,传统经济分析都可提供一些政策见解,但从更广泛的生态角度理解经济活动与支撑经济活动的自然系统间的总体关系也很重要。在第十章至第二十章探讨这些主题时,将从传统经济和生态角度分析每个主题领域并讨论政策观点。

小　结

生态经济学与基于市场的传统环境经济分析不同。它强调了人类经济对自然生态系统的依赖,特别强调了自然资本的概念。虽然很多传统经济学关注的是人造资本的积累和生产力,但生态经济学关注的是维持支持生命和经济活动的自然系统。自然资本包括地球上所有自然资源、海洋、大气和生态系统。必须考虑到这些问题,并应根据可持续原则进行管理,以使其功能不会随着时间推移而退化。

从这个角度来看,经济系统不可能无限制地增长,但必须实现可持续的经济活动规模,使地球的生态系统不受到过度压力。有证据表明,当前的经济活动超过或严重影响了这些限制。其中一个衡量标准是人类使用的光合能量比例,目前约占光合作用的 25%,在农业和人口密集的地区比例会更高。因此,人类需

---

① Monastersky, 2015; Brown and Timmerman, 2015; Dryzek et al., 2013, "Entering the Anthropocene," pp. 112-114.

求的显著进一步增长将给地球上其他生命系统留下很少的空间。

可持续性的概念虽然对管理自然资本很重要，但却难以定义。"弱"的定义依赖于用人造替代品取代自然生态功能的可能性。"强"的定义假设人类取代自然系统功能的能力有限。因此，可持续社会必须维持其大部分自然系统没有出现明显的损耗或退化。

长期可持续性涉及贴现未来的问题和为子孙后代提供服务的责任问题。经济激励和产权制度影响资源使用的决策，资源管理的公共政策也是如此。预防性原则适用于破坏复杂生态系统导致不可逆影响的情况。除了经济计算外，为子孙后代保护资源还需要社会判断。

对经济系统中能量的特别关注强调了熵的原理：可用能量是有限的，它的使用支配着所有物理过程，包括生态和经济系统。特别重视太阳能的使用和化石燃料能源的负面影响。一般而言，熵分析显示了经济活动的极限和超过这些极限所需付出的生态代价。

生态学原理和传统经济学原理都与资源管理问题有关。有时这些原则会产生冲突，但重要的是要考虑如何最好地应对特定资源和环境问题，以及经济产出、人类福利和生态系统健康的衡量。

关键术语和概念

absorptive capacity of the environment 环境吸收能力

additionality 额外性

capital depreciation 资本折旧

carrying capacity 承载力

closed system 封闭系统

complementarity 互补性

conditionality 制约性

decoupling 解耦

dematerialization 去物质化

ecological complexity 生态复杂性

Ecological Economics 生态经济学

ecological footprint 生态足迹

ecosystem services 生态系统服务

embodied energy 虚拟能源

empty-world economics 空世界经济学

entropy 熵

environmental degradation 环境退化

first and second laws of thermodynamics 热力学第一和第二定律

full-world economics 满世界经济学

intergenerational equity 代际公平

irreversibility 不可逆性

leakage 泄漏

methodological pluralism 多元主义方法论

natural capital 自然资本

natural capital depreciation 自然资本折旧

natural capital sustainability 自然资本可持续性

net investment and disinvestment 净投资和净投资缩减

net primary product of photosynthesis（NPP）光合作用的净初级产物

open system 开放系统

optimal macroeconomic scale 最优宏观经济规模

payments for ecosystem services（PES）生态系统服务付费

permanence 永久性

physical accounting 实物核算

precautionary principle ：预防性原则

resource depletion 资源消耗

satellite accounts 卫星账户

scale limit 规模限制

solar flux 太阳能通量

steady-state economy（SSE）稳态经济

strong sustainability 强可持续性

substitutability 可替代性

sustainable yield 可持续产量

throughput 吞吐量

weak sustainability 弱可持续性

问题讨论

1."自然资本"在哪些方面与人造资本相似？哪些方面不同？人们经常提到"资本回报",意思是资本投资产生的收入流。那么,可以说自然资本回报吗？有哪些投资自然资本的例子？谁有动机进行此类投资？若没有进行此类投资,或由于资源消耗或环境退化而"投资缩减",谁将蒙受损失？

2.经济最优规模的概念是否有用？若是,你将如何确定它？你认为像美国、欧洲和日本这样的经济体已达到最优规模了吗？或者是已经超过了？拉丁美洲、亚洲和非洲的经济情况如何？你如何将全球经济的最优规模概念与不同发展水平下的国民经济增长联系起来？

3.区分强可持续性和弱可持续性的概念,并给出正文中以外的一些实际事例。每个概念在哪里最为适用？哪些经济政策措施与实现可持续性相关？

相关网站

1. www. isecoeco. org. Website for the International Society for Ecological Economics，"dedicated to advancing understanding of the relationships among ecological, social, and economic systems for the mutual well-being of nature and people. " The site includes links to research and educational opportunities in ecological economics.

2. www. uvm. edu/giee/. Website for the Gund Institute for Ecological Economics at the University of Vermont，which "transcends traditional disciplinary boundaries in order to address the complex interrelationships between ecological and economic systems in a broad and comprehensive way. " The Gund Institute sponsors the EcoValue project，which "provides an interactive decision support system for assessing and reporting the economic value of ecosystem goods and services in geographic context. "

3. www. sehn. org. Website of the Science and Environmental Health Network (SEHN)，which promotes the precautionary principle as "a new basis for environmental and public health policy. " Includes articles on definitions and applications of the precautionary principle.

参 考 文 献

Brown, Peter G., and Peter Timmerman. 2015. "The Unfinished Journey of Ecological Economics," Introduction in *Ecological Economics for the Anthropocene* (eds. Peter G. Brown and Peter Timmerman). New York: Columbia University Press.

Common, Michael, and Sigrid Stagl. 2012. *Ecological Economics: An Introduction*. Cambridge, UK; New York: Cambridge University Press.

Costanza, Robert, John Cumberland, Herman Daly, Robert Goodland, and Richard Norgaard, eds. 2014. *An Introduction to Ecological Economics*, 2nd edition. Boca Raton, FL: CRC Press.

Daly, Herman E. 1996. *Beyond Growth: The Economics of Sustainable Development*. Cheltenham, UK; Northampton, MA: Edward Elgar.

Daly, Herman E. 2007. *Ecological Economics and Sustainable Development: Selected Essays of Herman Daly*. Cheltenham, UK; Northampton, MA: Edward Elgar.

Daly, Herman E., and Joshua Farley. 2011. *Ecological Economics: Principles and Applications*. Washington, DC: Island Press.

Dryzek, John S., Richard B. Norgaard, and David Schlossberg. 2013. *Climate-Challenged Society*. Oxford, UK: Oxford University Press.

El Serafy, Salah. 2013. *Macroeconomics and the Environment: Essays on Green Accounting*. Cheltenham, UK; Northampton, MA: Edward Elgar.

Farley, Joshua, and Deepak Malghan, eds. 2016. *Beyond Uneconomic Growth: Economics, Equity, and the Ecological Predicament*. Cheltenham, UK; Northampton, MA: Edward Elgar.

Georgescu-Roegen, Nicholas. 1993. "The Entropy Law and the Economic Problem," in *Valuing the Earth: Economics, Ecology, Ethics* (ed. Herman E. Daly). Cambridge, MA: MIT Press.

Global Footprint Network. 2020. "'Per Capita Ecological Footprint' and 'Available Biocapacity'." www.footprintnetwork.org.

Goodland, Robert. 2016. "The World in Overshoot," Chapter 2 in Farley and Malghan, eds.

Goodland, Robert, Herman Daly, and Salah El-Serafy, eds. 1992. *Population, Technology, and Lifestyle: The Transition to Sustainability*. Paris, France: United Nations Educational, Scientific and Cultural Organization (UNESCO).

Grieg-Gran, Maryanne, and Joshua Bishop. 2004. "How Can Markets for Ecosystem Services Benefit the Poor?" in *The Millennium Development Goals and Conservation: Managing Nature's Wealth for Society's Health* (ed. D. Roe). London: International Institute for Environment and Development.

Haberl, Helmut. 2007. "Quantifying and Mapping the Human Appropriation of Net Primary Production in Earth's Terrestrial Ecosystems." *Proceedings of the National Academy of Sciences*, 104(31):12942–12947.

Harris, Jonathan M. 2016. "Population, Resources, and Energy in the Global Economy: A Vindication of Herman Daly's Vision," Chapter 4 in Farley and Malghan, eds.

Harris, Jonathan M., and Neva R. Goodwin. 2003. "Reconciling Growth and Environment," in *New Thinking in Macroeconomics* (eds. Jonathan M. Harris and Neva R. Goodwin). Cheltenham, UK: Edward Elgar.

Hicks, Sir John R. 1939. *Value and Capital*. Oxford: Oxford University Press.

Jayachandran, Seema, *et al.* 2017. "Cash for Carbon: A Randomized Trial of Payments for Ecosystem Services to Reduce Deforestation." *Science*, 357(6348):267–273.

Jindal, Rohit, and John Kerr. 2007. "Basic Principles of PES." *USAID, USAID PES Brief1*.

Krausmann, F. 2013. "Global Human Appropriation of Net Primary Production Doubled in the 20th Century." *Proceedings of the National Academy of Sciences*, 110(25): 10324–10329.

Krishnan, Rajaram, Jonathan M. Harris, and Neva R. Goodwin, eds. 1995. *A Survey of Ecological Economics*. Washington, DC: Island Press.

Martinez-Alier, Joan, and Roldan Muradian. 2015. *Handbook of Ecological Economics*. Cheltenham, UK; Northampton, MA: Edward Elgar.

Martinez-Alier, Joan, and Inge Røpke. 2008. *Recent Developments in Ecological Economics*.

Cheltenham, UK; Northampton, MA: Edward Elgar.

Millennium Ecosystem Assessment. 2005. *Ecosystems and Human Well-Being: Synthesis* and *Volume 1: Current State and Trends*. Washington, DC: Island Press.

Monastersky, Richard. 2015. "Anthropocene: The Human Age." *Nature*, 519:144–147. www.nature.com/news/anthropocene-the-human-age-1.17085

Neumayer, Eric. 2003. *Weak Versus Strong Sustainability: Exploring the Limits of Two Opposing Paradigms*. Cheltenham, UK: Edward Elgar.

Norgaard, Richard B. 1989. "The Case for Methodological Pluralism." *Ecological Economics*, 1:37–57.

Norgaard, Richard B., and Richard B. Howarth. 1991. "Sustainability and Discounting the Future," in *Ecological Economics* (ed. Robert Costanza). New York: Columbia University Press.

Padilla, Emilio. 2002. "Intergenerational Equity and Sustainability." *Ecological Economics*, 41:69–83.

Page, Talbot. 1997. "On the Problem of Achieving Efficiency and Equity, Intergenerationally." *Land Economics*, 73:580–596.

Randers, Jorgen. 2012. *2052: A Global Forecast for the Next Forty Years*. White River Junction, VT: Chelsea Green Publishing.

Ricardo, David. 1951. "On the Principles of Political Economy and Taxation," in *The Works and Correspondence of David Ricardo* (ed. Piero Sraffa). Cambridge: Cambridge University Press. Original publication1817.

Rockström, Johan, *et al.* 2009. "A Safe Operating Space for Humanity." *Nature*, 461:472–475.

Secretariat of the Convention on Biological Diversity. 2010. *Forest Biodiversity—Earth's Living Treasure*. Montreal, Canada.

Spash, Clive. 2017. *Routledge Handbook of Ecological Economics*. New York; London: Routledge.

Steffen, Will, *et al.* 2015. "Planetary Boundaries: Guiding Human Development on a Changing Planet." *Science*, 347:6223, February 13.

Tickner, Joel A., and Ken Geiser. 2004. "The Precautionary Principle Stimulus for Solutions-and Alternatives-based Environmental Policy." *Environmental Impact Assessment Review*, 24:801–824.

To, Phuc Xuan, Wolfram H. Dressler, Sango Mahanty, Thu Thuy Pham, and Claudia Zingerli. 2012. "The Prospects for Payment for Ecosystem Services (PES) in Vietnam: A Look at Three Payment Schemes." *Human Ecology*, 40(2):237–249.

Victor, Peter, and Tim Jackson. 2015. "Toward an Ecological Macroeconomics," Chapter 8 in Brown and Timmerman, eds.

Vitousek, P.M., P.R. Ehrlich, A.H. Ehrlich, and P.A. Matson. 1986. "Human Appropriation of the Products of Photosynthesis." *BioScience*, 36(6):368–373.

Wackernagel, Mathis, and William Rees. 1996. *Our Ecological Footprint: Reducing Human Impact on Earth*. Stony Creek, CT: New Society.

第十章　国民收入和环境核算

焦点问题：

·传统的国民收入核算方法是否考虑了环境因素？

·如何调整传统的国民收入核算方法，以使它能更好地反映自然资本和环境质量？

·什么是潜在的衡量国家福利的"绿色替代"方式？

第一节　绿色国民收入核算

对自然资本和环境质量的理念转变，影响对国民收入和福利的评价方式。很多经济学家断言，生活在一个人均收入比较高的国家必然比生活在一个人均收入比较低的国家"更好"。但是，一个国家的整体福利取决于除了收入水平之外的很多因素，包括健康、教育水平、社会凝聚力和政治参与度。但更重要的是，从环境的视角来分析，一个社会的福利水平是自然资本水平和环境质量的函数。

作为传统的衡量指标，**国民生产总值和国内生产总值，**[①]通常用来衡量一个国家的经济活动和发展进步水平（见附录 10‑1 对国民收入核算的介绍）。宏观经济分析和国际比较通常都是基于这两个衡量指标，这些指标也被广泛地认

251

---

① GNP 和 GDP 之间的差异在于是否包括国外收入。GNP 包括一个国家的公民和公司的收入，无论他们位于世界何处。GDP 包括一个国家境内的所有收入，甚至包括外国公民和公司的收入。在 20 世纪 80 年代和 90 年代，大多数国家从主要依赖 GNP 转向 GDP，其理由是，关注一个国家境内的经济活动更有意义。

为是衡量经济进步的重要标准。

> **国民生产总值**（gross national product，GNP）：一个国家的公民在一年内，无论在何处所生产的所有最终商品和服务的市场总值。
>
> **国内生产总值**（gross domestic product，GDP）：一个国家或地区一年内所生产的所有商品和服务的总市场价值。

很多专家指出，这些衡量指标会给经济和人类发展带来误导。客观地说，GDP 从来都不是用来衡量一个国家福利水平的精确指标，但是政治家和经济学家往往过分重视 GDP，并把最大化 GDP 作为公共政策的主要目标。然而，最大化 GDP 与促使社会平等或保护环境等政策目标相冲突。

虽然 GDP 可以准确地反映生产销售的商品和服务，但它却不是一个可以衡量社会福利的广泛的指标。"尽管 GDP 具有明显的中立性，但它已成为一种社会模式，不仅影响经济进程，也影响政治和文化进程。"[①]对诸如 GDP 这类标准核算指标的常见批评包括：

· 并未考虑志愿性工作。传统的衡量指标并未计算志愿性工作的收益，虽然这类工作与有偿工作对社会福利的贡献一样多（例如，一些教师助理是有报酬的，而另一些则没有）。

· 并未包括家庭生产。虽然传统的衡量指标包括了诸如家政和园艺等家庭活动的有偿劳动，而当这些劳动无偿时却并未包括在内。

· 并未考虑休闲时间的变化。在其他条件不变的情况下，如果一个国家的总工作时间增加，那么 GDP 会上升，[②]但是却并未将闲暇时间的损失考虑在内。

· 考虑了防御支出。回顾第六章，人们为避免环境损害而产生的防御性支出，可以用来推断某些自然资源的价值。防御性支出的出现不仅仅是为了避免负面环境影响，还有很多其他原因。警察保护就是其中一个例子。如果增加警力支出去阻止犯罪率上升，增加的支出会使 GDP 增加，但是却没有考虑更高的

---

① Fioramonti，2013，p. 10.

② Ceteris paribus 是一个拉丁语短语，意思是"其他条件相同"，经济学家经常用这个短语来明确哪些假设被用作分析的基础。

犯罪率所产生的负面影响。

· 并未考虑收入分配水平。人均收入水平相同的国家在收入分配上可能有较大不同,结果是整体福利水平有很大不同。

· 并未考虑福利的非经济贡献。GDP 并未考虑一个国家公民的健康情况、教育水平、政治参与度或显著影响福利水平的其他社会和政治因素。

在研究环境问题时,必须指出传统核算指标的不足——并未考虑环境恶化和资源消耗因素。这一问题在发展中国家尤其重要,因为它们的发展在很大程度上依赖于自然资源。如果一个国家砍伐森林、消耗其土壤肥力并污染其供给水,从现实意义上说,这无疑使得该国变得贫瘠。但是国民收入核算只是考虑木材、农产品和工业产出对 GDP 做出的积极贡献。这可能导致政策制定者以不切实际的乐观态度看待国家发展——至少在环境破坏影响变得明显之前,在某些情况下可能需要几十年的时间。

可以说,如果在衡量社会福利时选错了指标,那么得到的政策方针实际上可能会使一个国家更糟而不是更好。如果经济增长伴随着不平等增长和环境恶化,那么经济增长并不一定真正代表经济发展,甚至可能会降低社会福利水平。定义更合适的指标引发了一些建议,即调整或更换传统的核算方法,使之考虑资源和环境因素。本章将讨论几个替代指标的评估和应用。

为了发展"绿色"核算指标,学者们做了很多努力。将环境列入国民收入核算的想法始于 20 世纪七八十年代,那时欧洲一些国家开始对诸如森林、水和土地等自然资源进行实物量核算。[1] 1993 年联合国出版了一本关于环境经济综合核算的手册,该手册在 2003 年和 2014 年进行了两次修订。[2] 2014 年的**环境经济核算体系**报告描述了环境核算的三种基本方法:

> **环境经济核算体系**(System of Environmental-Economic Accounting, **SEEA**):联合国和其他国际组织制定的核算框架,是将自然资本和环境质量纳入国民核算体系的标准。

---

① 有关环境核算的历史,参见 Hecht, 2007。

② United Nations et al., 2003;United Nations et al., 2014. https://seea.un.org.

1. 测量物质和能量的物质流动。这一方法着眼于从环境到经济的物质流动——利用自然资本作为生产投入,如砍伐树木、捕捞、开采金属矿石或钻探石油。同时,还着眼于从经济到环境的物质流动。反方向的物质流动包括固体废弃物的处置以及空气和水污染物的排放。分析表格量化流入或流出至不同经济部门的实际流量,如农业、采矿业、电力和制造业。

2. 衡量环境资产存量。环境经济核算体系列出了七类环境资产:矿产和能源资源、土地、土壤、木材、水、水生资源和其他生物资源。正如在本章后面所讨论的,环境资产可以用实物和货币单位来计量。

3. 测量与环境有关的经济活动。这种方法将与环境有关的货币交易制成表格,如环境保护和资源管理的支出金额、环境税的征收以及补贴的数量,还包括生产环境商品和服务,如污染控制设备和"环境友好"型产品。

上述三种方法并不相排斥,在理论上可同时实现。虽然在一定程度上,很多国家都采用其中一种或多种核算方法,但没有一个国家完全实施了环境经济核算体系的规定。在本章中,将重点介绍前两种方法,即物质流和环境资产的计量。第十四章将讨论与环境相关的经济活动。

虽然已经制定并实施了各种指标,但在替代国民经济核算上没有统一的标准。在本章最后,将讨论环境核算的未来。

除了环境经济核算体系的建议之外,其他方法要么调整现有的国民核算指标,要么设计全新的国民核算指标,这些尝试为衡量国民福利提供完全不同的视角。值得注意的是,在深入研究具体核算指标之前,目前还没有一种被普遍接受的方法可以用来核算环境。研究人员和一些组织机构制定并实施了各种措施,每项措施各有利弊,还没有哪项具体措施成为"最佳"方法。

第二节　绿色 GDP

也许解决环境国民核算的根本方法是始于传统核算,并对其做出调整以反映环境问题。在目前的国民收入核算体系中,人们普遍认识到,年度经济活动中都有一部分被抵消,诸如建筑物和机器设备等固定资产及生产资产的折旧。[①] 换句话说,虽然经济活动为社会提供了新的商品和服务,但是每年这些用于生产的资产价值会下降,这种损失也需要考虑在内。传统国民核算方法中有对**国内生产净值**的估计,它是用 GDP 减去现有固定资产的折旧费:

$$NDP = GDP - D_m$$

其中 D_m 是指固定资产的折旧费。2019 年虽然美国的 GDP 是 21.4 万亿美元,但是这一年固定资产的折旧总额为 3.4 万亿美元。[②] 因此 2019 年美国的 NDP 大约为 18 万亿美元。

> **国内生产净值(net domestic product,NDP)**:国内生产总值减去现有固定资产的折旧费。

以此逻辑更进一步考虑会发现:由于资源开采和环境恶化,自然资本价值也会发生年度折旧。在某些情况下,如果环境质量有所改善,自然资本的价值可能也会增加。一个国家自然资本价值的年度净变化可以简单地对 GDP 或 NDP 做加减法,以获得**绿色 GDP**。[③]

> **绿色 GDP(Green GDP)**:国民经济核算指标中,从 GDP 或 NDP 中扣除的货币价值部分,以表现自然资本折旧和其他环境损害。

$$绿色\ GDP = GDP - D_m(-D_m) - D_n$$

其中 D_n 是指自然资本的折旧费。这一核算方式需要用货币形式,而非诸如生物量或栖息地面积等物质单位来估计自然资本的折旧。从理论上来说,可以用第六章讨论的方法来估计这些值,但是显然用货币形式来估计所有类型的自

[①] 折旧是衡量因损耗而损失的价值。出于核算目的,可以使用线性公式进行计算。例如,根据该公式,一台新机器在十年内每年估计损失其原始价值的 10%,或者使用更复杂的估值方法。

[②] 固定资产折旧的估值是从税收记录中得出的。企业不用为其固定资产折旧的价值纳税。因此,他们有强烈的动机要求扣除该项目。美国国民经济核算的数据来自美国经济分析局。

[③] 绿色 GDP 可以使用 GDP 或 NDP 作为起点进行估算。

然资本的折旧是一项艰巨任务,因为这可能需要很多假设条件。已经产生的绿色 GDP 估算值通常只关注了自然资本类别的一个子集。

绿色 GDP 估算可以追溯到 20 世纪 80 年代。1989 年的一项开创性分析估计了印度尼西亚三类自然资本的折旧价值:石油、森林和土壤。[1] 分析发现,考虑自然资本折旧可能会使 GDP 减少 25% 或更多。2001 年瑞典的一项分析着眼于更广泛的自然资源的类别,包括土壤侵蚀、再生价值、金属矿石和水的质量。[2] 结果发现,考虑这些因素,1993~1997 年间瑞典的 GDP 降低了 1%~2%。调查者指出,虽然整体调整似乎相对较小,但是该分析没有考虑所有潜在的环境损害,如气候变化和生物多样性的丧失。

另一项研究估算了印度 2003 年森林资源的价值变化。[3] 基于木材和薪柴的市场价格,估算结果表明,虽然木材的总体存量减少了,但是由于价格上涨,木材资源的价值实际上是增长了。这说明以货币而非物质来看待自然资本,存在潜在的扭曲效应。如果只以市场价格来衡量自然资本的价值,可能会丢失有关这些资源实际的物质存量信息。

21 世纪初,中国在估算绿色 GDP 方面做出了巨大的努力。2004 年,中华人民共和国环境保护部(SEPA)宣布开展一项研究,以估算各种类型环境破坏成本。2006 年公布的初步调查结果表明,环境成本约相当于中国 GDP 的 3%,但该调查未包括地下水污染等环境损害的部分项目类别。根据世界银行和中华人民共和国环保部联合编制的 2007 年报告,空气和水污染造成的健康和非健康成本约占中国 GDP 的 5.8%。[4]

2019 年的一项分析计算了 44 个国家的绿色 GDP,其中对碳排放、废弃物产生和自然资源消耗进行了调整。研究发现,在所有情况下,绿色 GDP 都低于标准 GDP,低于 1%~10% 不等。环境影响高的国家包括中国(5.0%)、智利(8.9%)、挪威(6.6%)、墨西哥(4.3%)和澳大利亚(3.0%)。也有一些国家的绿

---

① Repetto et al. 1989.
② Skånberg,2001.
③ Gundimeda et al. , 2007.
④ World Bank and SEPA,2007.

色 GDP 调整不到 0.5%,包括瑞士、日本、德国和法国。然而,一些研究人员批评这一分析严重低估了碳排放造成的损害。[①]

目前通过尝试估算绿色 GDP 所获得的有限经验,揭示了三个要点:

1. 自然资本的折旧费占 GDP 的比例显著。绿色 GDP 可能比传统 GDP 低很多,在一些国家,特别是发展中国家,可能低 10%或更多。

2. 通过测算 GDP 的增长来说明社会福利的改变,可能不会产生准确的结果。

3. 需要谨慎地将自然资本货币化。正如印度的例子所示,基于市场价格的自然资本货币估算可能无法发现实物存量趋势。正如环境经济核算体系中所讨论的,最终感兴趣的是自然资源物质存量的测算和跟踪。同样,经济学家可能对碳排放造成的货币损失持不同意见。

第三节 净储蓄

除 GDP 方法外,传统核算方法也会估算储蓄和投资率。总储蓄包括政府、企业和个人的储蓄,总储蓄减去固定资产折旧费后即可获得**净国内储蓄**。因此,净国内储蓄可正可负。例如,2008~2011 年,美国的净国内储蓄为负值,直到 2012 年才转为正值。

净国内储蓄可以建议一个国家如何管理它的自然资源和环境质量,也可以提供关于该国是否在为未来储蓄或存在当期损耗等信息。与绿色 GDP 的计算一样,可以将一个国家对自然资源的管理纳入国内净储蓄。世界银行已经开发出这样的核算方法,称为**调整后的净储蓄**。[②]

---

① Stjepanović et al.,2019.
② 调整后的净储蓄也称为真实储蓄。

255

> **净国内储蓄**(net domestic saving, NDS)：一个国民经济核算指标，等于国内总储蓄减去固定资产折旧费。
>
> **调整后的净储蓄**(adjusted net saving, ANS)：这是由世界银行制定的国民经济核算指标，旨在衡量一个国家为其未来实际储蓄的数量。

调整后的净储蓄涵盖范围更广，认为自然资本和人力资本是建立生产力的基础，并因此决定了一个国家的福利水平。由于不可再生资源的消耗(或可再生能源的过度开发)减少了作为一种资产价值的资源存量，这样的活动代表了对未来生产力和福利的负投资。[1]

和绿色 GDP 一样，调整后的净储蓄调整了传统国民经济核算指标。调整后的净储蓄虽然也可以用货币表示，但通常使用占国民生产总值的比例计算。如图 10-1 所示，调整后的净储蓄计算步骤如下：

256

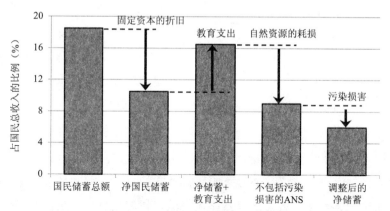

图 10-1　计算调整后的净储蓄

注：GNI ＝ 国民总收入(gross national income)。

资料来源：World Bank, n. d.。

·从国民总储蓄开始，扣除固定资产折旧费，得到国民净储蓄。

---

[1]　Bolt et al, 2002, p. 4.

·调整教育支出。调整后的净储蓄认为教育支出是对未来的投资。[①]

·调整自然资源消耗。这一调整考虑了三类自然资源:能源、矿产和森林。损耗值根据市场价格计算获得。

·调整污染损害。这一调整考虑了两种污染物:二氧化碳和颗粒物。一个国家的年二氧化碳排放量乘以一个假定的损耗量,即每吨 30 美元。[②] 颗粒物造成的当地空气污染损害根据死亡和疾病导致人力资源的未来损失来计算。

世界银行为大多数国家计算了调整后的净储蓄,见表 10-1。第一栏以国民收入的比例表示净国民储蓄加上教育支出,其余列显示了各种环境调整,

表 10-1　2018 年部分国家调整后的净储蓄占国民总收入的比例

国家	净国民储蓄＋教育支出	森林净损耗	矿产损耗	能源损耗	碳损害	颗粒物损害	调整后的净储蓄
巴西	7.02	−0.14	−0.75	−1.72	−0.94	−0.16	3.31
智利	8.92	0.00	−7.19	−0.01	−1.08	−0.11	0.53
中国	25.03	0.00	−0.24	−0.71	−2.66	−0.29	21.13
埃塞俄比亚	15.03	−5.20	−0.28	−0.00	−0.74	−0.44	8.37
德国	15.17	0.00	0.00	−0.03	−0.63	−0.08	14.44
印度	22.97	−0.12	−0.31	−0.58	−3.51	−0.80	17.66
尼日利亚	8.35	−0.93	−0.01	−4.54	−1.10	−1.72	0.05
俄罗斯	20.82	0.00	−0.55	−8.02	−3.81	−0.21	8.23
沙特阿拉伯	29.20	0.00	−0.05	−9.28	−2.54	−0.16	17.16
乌干达	3.56	−7.47	−0.12	0.00	−0.71	−0.67	−5.41
美国	6.96	0.00	−0.05	−0.32	−0.83	−0.11	5.64
乌兹别克斯坦	45.05	0.00	−5.03	−7.25	−5.62	−0.41	26.74

资料来源:World Bank,World Development Indicators database。

---

①　总储蓄已经包括固定资产教育支出,如建筑和公共汽车方面的支出。然而,教师的工资不包括在内,购买书籍和其他教育用品的支出也不包括在内。调整净储蓄增加了这些非固定资产支出。

②　一些分析人士认为,这是一个低价值的碳损害。在第十二章考虑了碳排放带来的经济损失。

最后一列显示了调整后的净储蓄。对于大多数国家来说，环境调整量相对较小。例如法国和美国调整后的净储蓄主要是净国民储蓄率和教育支出，但有些国家的环境调整量较大。

在表 10-1 中可以看到，在埃塞俄比亚和乌干达，森林损耗占国民收入的比例尤为显著。智利和乌兹别克斯坦的矿物消耗量最高，而俄罗斯和沙特阿拉伯的能源消耗量最高。碳造成的污染损害在印度、俄罗斯和乌兹别克斯坦最高。

需要注意的是，乌干达起初用基于净储蓄加上教育支出为正值，但在环境调整后为负值。大约有 30 个国家调整后的净储蓄呈负值，其中大多数是非洲国家。平均而言，中国和印度等中等收入国家调整后的净储蓄比例最高，这可以更好地解释，为什么这些国家近年来的增长速度通常高于高收入国家。但请注意，这些国家高调整后的净储蓄是基于高的净国内储蓄，同时这些国家的环境调整幅度占 GDP 的 4%～5%。低收入国家的平均调整后的净储蓄最低，表明低金融储蓄和自然资本退化正在损害这些国家未来的福利。

第四节 真实发展指数

绿色 GDP 和调整后的净储蓄调整了传统的国民经济核算方法，加入了自然资本折旧和环境损失值。但是这两种方法都无法衡量社会福利。另外一种绿色国民经济核算方法是考虑如何创建一个全新的包括社会和环境因素的衡量社会福利指标。迄今最具雄心的尝试也许就是设计一个替代 GDP 的指标——真实发展指数（GPI）。[1] GPI 区分了减少自然和社会资本的经济活动和强化这些资本的经济活动。GPI 不仅度量了经济活动，也衡量了可持续的经济福利。GPI 稳定或增加，意味着所有商品和服务流所依赖的自然和社会资本存量至少能满足下一代需求；如果 GPI 下降，则意味着经济系统在侵蚀这些存量，并限制了下一代的发展前景。[2]

---

① GPI 的早期版本被称为可持续经济福利指数（ISEW）。

② Talberth et al., 2007, pp. 1-2.

> **真实发展指数（genuine progress indicator，GPI）**：一种国民核算方法，包括对福利有贡献的商品和服务价值，如志愿工作和高等教育等，并扣除了对福利有影响的成本等因素，如闲暇时间损失、污染和通勤。

正如在本章前面讨论的核算方法一样，可以用货币来衡量 GPI。根据对美国的分析，计算 GPI 的步骤如下[①]：

· 按照收入不平等程度对消费进行调整。

· 加上家务劳动、养育子女、高等教育和志愿服务工作的价值。GDP 只包含带薪家务和育儿工作，如家务清理和日托服务。GPI 估计了无偿家务和教育的市场价值。该部分反映了社会从受过优质教育的公民中获取的外部收益（根据一项估计，美国每个受过教育的个人每年贡献 16 000 美元）。

· 加入运输和耐用消费品带来的净收益。其中包括人们从使用高速公路和街道中获得的价值估算。消费者从汽车、电器和家具等耐用商品中获得的年度收益也是对 GPI 的积极贡献。

· 减去犯罪和就业不足的成本。犯罪成本包括监狱和防御性支出的成本，如购买锁和警报器。未充分就业的人包括那些失去信心和放弃寻找工作的人，那些正在兼职工作而更喜欢全职工作的人，以及那些愿意工作但由于无力支付儿童保育费用等情况而无法工作的人。

· 减去休闲时间的损失。GDP 可能因为人们工作时间更长而增加。然而休闲时间的损失不计入 GDP，但是 GPI 中扣除了人们失去的休闲时间。

· 减去污染成本（空气、水和噪音）和环境保护支出。用第六章讨论的估值方法，GPI 估计了每种污染的经济损失。此外，空气过滤器和水净化系统等产品的成本不会增加福利，只是用来补偿现有的污染。

· 减去失去湿地、农田和森林的价值。GPI 减去了自然资本损失，包括生态系统服务的减少、休闲机会的丧失和非使用价值的下降。

· 减去不可再生能源的损耗成本。虽然 GDP 认为应该加入不可再生能源

259

[①]　Talberth et al.，2007，pp. 1-2.

的市场价值,但是却没有考虑到资源存量减少给后代带来了成本。但是 GPI 估计了该成本。

・减去二氧化碳和臭氧损耗。如在第十二章中讨论的,众多经济学家试图估计与碳排放相关的损耗量。尽管根据 1987 年的《蒙特利尔议定书》,氯氟烃在美国几乎停产,但是排放残留仍会继续对臭氧造成持续性破坏。

正如对所有调整项预期,GPI 在规模和趋势上可能与 GDP 存在显著差异。2013 年的一篇论文总结了 17 个国家的 GPI 估计值,重点关注了一个国家的 GPI 随时间变化与 GDP 的关系。[①] 从 20 世纪 50 年代到 70 年代,包括德国、瑞典和美国在内的几个发达国家的人均 GDP 和人均 GPI 呈现出类似趋势,之后人均 GDP 继续增长,但人均 GPI 持平或下降。可以从图 10-2 中看到一个特殊的例子,即 1945~2014 年芬兰的 GDP 和 GPI 数据。直到 1990 年左右,人均 GDP 和人均 GPI 都普遍增加,但是人均 GPI 增长率较低。1990~2014 年,芬兰的人均 GDP 增长了 30% 以上,而人均 GPI 却下降了近 60%。这种下降是长期环境破坏加剧的结果。

并非所有发达国家都遵循同样的模式。例如,在日本,由于污染减少和对国内自然资源的依赖减少,人均 GDP 和 GPI 几乎同步增长。[②] 2019 年的一项分析发现,在过去几十年中,澳大利亚的 GDP 和 GPI 都稳步增长,但 GDP 增长速度约为 GPI 的两倍。[③]

发展中国家的 GDP 和 GPI 增长模式也各不相同。20 世纪 90 年代中国经济的快速发展与人均 GPI 的增长相匹配。但是自 20 世纪 90 年代末以来,中国人均 GDP 持续增长,而人均 GPI 则持平。这可以归因于外部成本的显著增加、经济不平等的加剧和不可再生资源的损耗。印度也经历了人均 GDP 的快速增长,在现有数据的情况下,人均 GPI 稳步增长,尽管其增长率较低。

根据对 17 个国家的比较结果,在人均 GDP 和 GPI 之间存在着约 7 000 美元的正相关关系。收入的进一步增加会推动 GDP 增长,但与人均 GPI 的下降也相关。基于这一结果,该作者建议更公平地分配全球资源,让较贫穷的国家实

[①] Kubiszewski et al. , 2013.

[②] Kubiszewski et al. , 2013.

[③] Kenny et al. , 2019.

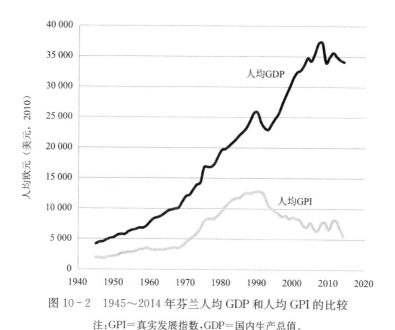

图 10-2 1945～2014 年芬兰人均 GDP 和人均 GPI 的比较

注:GPI=真实发展指数,GDP=国内生产总值。

资料来源:Hoffrén,2011;https://stats.unctad.org/Dgff2016/partnership/goal17/target_17_19.html。

260

现经济发展,并获得真正进步。

如果希望有一个可持续的和理想的未来,需要迅速将政策重心从生产和消费(GDP)最大化转向真正改善人类的福利(GPI 或类似的指标)。这一转变将需要更多地关注环境保护、充分就业、社会公平、更好的产品质量和耐用性,以及更高的资源利用效率等问题。[①]

之前提到的对 2019 年澳大利亚的分析,也将 GPI 分为经济、社会和环境三个组成部分。[②] 该研究发现,虽然经济稳步增长,但社会一直保持稳定,而环境破坏却在不断加剧。这表明,任何将所有经济、社会和环境因素缩减为单一值的指标都存在潜在问题。总体指标可能无法反映相互抵消的正面或负面趋势。因此,应该始终参考分类结果,以便更全面地了解社会中发生的变化,以及增加社会福利可能需要的具体政策。

[①] Kubiszewski et al.,2013,p.67.
[②] Kenny et al.,2019.

2020 年发表于某期刊的文章评估了过去几十年对 GPI 的研究。这篇文章认为,GPI"是唯一超越 GDP 的指标,通过调整经济结构过程中几个负面外部性,来衡量整体福利",因为它是用货币单位来衡量的,所以"特别适合于评估政策建议的福利影响。"但文章也指出,由于数据限制,估计 GPI 的研究并没有使用一致性方法,因此需要"GPI 2.0"版本。理想情况下,修订后的指标将由一个高级别的国际机构赞助,以便"政府或独立的研究机构采用、本地适应、定期发布和跟踪"。[①]

虽然 GPI 有几个优点,但它需要将各种环境因素转换成单一的指标——美元,这就需要对估值进行大量的主观假设。

可能会问,是否可以用一个共同的单位直接比较不同的环境资源和自然资本。其他衡量国家福利的方法也已发展起来,这些方法避免了使用货币指标,同时也考虑了生活质量差异。最近的一种方法是快乐星球指数,它包含了关于预期寿命、不平等性、生态影响和自我报告幸福感的各种数据(见专栏 10-1)。在下一节中,考虑另一种非货币福利指数,即美好生活指数。

专栏 10-1　快乐星球指数

快乐星球指数(Happy Planet Index,HPI)也许是一种试图用环境持续发展来衡量社会福利的新方法。HPI 由英国新经济基金会发明,其理念是社会目标是为其成员创造长期且幸福的生活。[②] HPI 由四个变量组成,以反映这些概念:

- 平均预期寿命:用于衡量一个社会成员是否长寿。

- 平均主观幸福感:用于衡量社会成员生活的幸福感。数据来源于随机问卷调查,调查社会成员对他们现有生活的满足情况。

- 均值:用来衡量特定社会中幸福感和预期寿命的分布。

- 生态足迹:用于衡量整个社会的生态影响(见第九章)。

---

① Berik,2020, p. 8.
② NEF, 2016.

前三个变量定义了 HPI 的分子,而生态足迹是分母。因此,HPI 的计算公式为:

$$HPI = \frac{\text{幸福感} \times \text{预期寿命} \times \text{均值}}{\text{生态足迹}}$$

目前,已经计算了 140 个国家的 HPI 值。HPI 得分最高的国家是哥斯达黎加、越南、巴拿马和泰国,这些国家的公民往往非常幸福、长寿,但生态足迹相对较小。有趣的是,国家的 HPI 值的排名与其 GDP 无关。美国排名第 108 位,仅略高于阿富汗(第 110 位),却低于加纳(第 104 位)。

对于 HPI 的理解及其相关指导政策目前还不清楚。例如,印度和伊拉克的 HPI 值比加拿大或澳大利亚高,是否意味着印度和伊拉克比加拿大或澳大利亚更适合居住? 或者是生态更加可持续? 答案或许是否定的。另一个问题是,一个国家的政策是否会影响到居民的幸福水平,可能更依赖于其固有的社会和文化因素,而不是政策选择。

尽管具有局限性,HPI 还是被当作 GDP 的补充或是替代指数,特别是在欧洲。一份 2007 年的欧洲议会报告引用了 HPI 的几个优点。包括[1]:

- 它考虑了经济活动的最终目标,即幸福和寿命。
- 它创造性地将福利与环境因素结合起来。
- 它的计算公式很容易理解。
- 各国之间的数据很好比较。

虽然 HPI 不能作为 GDP 的替代指数广泛应用,但它还是提供了目前没有被其他国际核算指标提供的信息。

262

---

[1] Goossens,2007.

第五节 美好生活指数

　　幸福是一个多维的概念。虽然物质生活条件对幸福很重要,但环境可持续性、公民参与度、工作与生活的平衡以及很多其他因素也很重要。经济合作与发展组织(简称"经合组织",OECD)认识到,没有任何指标能够反映福利的所有方面,因此在 2011 年启动了美好生活行动。[①] 每隔两到三年,该项目就会更新一次"**美好生活指数**"(**BLI**)的数据,该指数由 11 种幸福维度组成。[②]

> **美好生活指数**(**Better Life Index,BLI**):经合组织采用 11 种幸福维度建构的国民福利核算体系。

　　2015 年 BLI 的报告认为,充分了解人民的福利,对于制定更好的政策以获得更好的生活至关重要。福利是多层面的,涵盖生活的方方面面,从公众参与度到住房条件,从收入和财富到工作与生活平衡,从教育和技能到健康状况。要全面评估生活是否在改善,需要广泛的衡量标准,以人的尺度来衡量,并且反映出居民的不同感受。[③]

　　BLI 的 11 个维度是:

　　1. 收入和财富;

　　2. 就业和工作质量;

　　3. 住房条件;

　　4. 健康状况;

　　5. 工作与生活的平衡;

　　6. 教育和技能;

263

[①] 经合组织是一个由世界先进工业国家组成的组织,现在包括一些中等收入国家,如墨西哥和智利。

[②] OECD,2015.

[③] OECD,2015,p.17.

7. 社会关系;

8. 公众参与度;

9. 环境质量;

10. 个人安全;

11. 主观幸福感。

每个维度都使用两个或多个变量进行测量。例如,公众参与度基于选民投票率和一项询问人们认为自己在政府中有多大发言权的调查。住房条件基于人们对住房的负担能力和生活在过度拥挤条件下的人口比例数据进行衡量。环境质量基于两个变量:附近有绿地的城市人口比例及接触颗粒物浓度高于世界卫生组织设定阈值的总人口比例。

经过标准化处理,每个维度的结果分别为 0~10 的分值。虽然 BLI 包括众多要素,但它旨在产生一个总体幸福指数。那么如何为每个维度分配权重? 一个基本的方法是赋予 11 种维度认同权重。似乎有些维度贡献率要大一些,但BLI 并没有就权重问题给出详细建议。BLI 指数的一个有趣特点是,有专门网站允许用户自由为每个维度选择权重。[①] 经合组织已经从全球约 15 万用户那里收集了关于每个维度的首选权重信息,结果表明,各国间的维度权重最高值差异很大。例如,排名最高的权重在美国是主观幸福感,在法国是健康状况,在澳大利亚是工作与生活的平衡,在日本是个人安全,在阿富汗是收入和财富。

BLI 已经应用到经合组织成员国以及包括巴西、墨西哥、俄罗斯和南非在内的其他国家,计划扩大到中国和印度。基于每个维度相同的权重,图 10-3 显示了选定国家根据 BLI 的排名。挪威、澳大利亚和冰岛排在前三名。美国在经合组织成员中排名第十,在住房条件及收入和财富方面绩效良好,但在工作与生活的平衡和社会关系方面排名较低。至于环境排名挪威、冰岛和瑞典的污染程度最低,韩国、俄罗斯和南非的污染最为严重。

BLI 的重点不是环境和自然资源问题,其环境质量维度也就用了两个变量——可享用的城市绿地和颗粒物水平,这似乎是一个明显不足。也许最令人惊讶的是,BLI 指标的环境质量维度并没有包括任何关于碳排放数据,尽管这些

264

---

① www. oecdbetterlifeindex. org.

数据可以广泛获得。

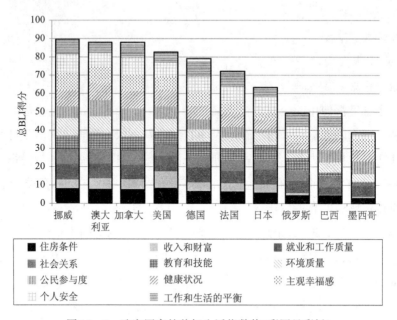

图 10-3　选定国家的美好生活指数值(彩图见彩插)

资料来源:OECD Better Life Index website,www. oecdbetterlifeindex. org/。

　　尽管有如上局限性,BLI 却从宏观上提供了很多影响福利的因素。收入不作为起点,但是作为其中的一个组成部分。选择 BLI 变量的标准之一是政策相关性,诸如教育和技能、住房条件和环境质量等维度可以通过有效的政策直接改善,但是其他维度(如主观幸福感)和政策之间的关系需要进一步研究。

　　BLI 并不是唯一一种已经开发的综合指数。研究人员也开发了其他指数,至少有一个国家(不丹)创建了自己的衡量指标——**国民幸福总值(GNH)**,该指标与 BLI 的某些维度相同(见专栏 10-2)。

　　国民幸福总值(gross national happiness,GNH):来源于不丹的一个概念,其社会和政策设法改善其公民的福祉,而不是最大化 GDP。

专栏 10 - 2 不丹的国民幸福总值

也许没有一个国家像不丹一样,大力提倡设计替代 GNP 的指标。1972年,吉格梅·辛格·旺楚克国王(King H. M. Jigme Singye Wangchuck)引入了国民幸福总值(GNH)的概念,这为实现经济增长最大化提供了一种替代发展理念。他试图通过实现以下四个政策目标实现这一发展:公平的经济发展、环境保护、文化韧性、良好的治理。[①]

虽然起初这仅仅是一个指导思想,但近年来不丹研究中心(CBS)试图实施国民幸福总值的理念。[②] 该研究中心在国民幸福总值中囊括以下 9 个领域:

- 心理健康;
- 生活标准;
- 良好治理;
- 健康;
- 教育;
- 社区活力;
- 文化多样性和应变力;
- 时间使用;
- 生态多样性和恢复力。

2015 年,哥伦比亚广播公司(CBS)对 7 000 多个不丹家庭进行了广泛的调查,以评估该国的 GNH。[③] 每个领域都通过几个问题来进行调查。例如,在生态领域,受访者被要求回答:有多么关注空气污染、水污染、垃圾处理、洪水和土壤侵蚀等问题。根据哥伦比亚广播公司设立的阈值,确认每个家庭对这 9 个领域是否有足够的满意度。结果表明,43.4%的不丹家庭至少在 6 个领域是满意的,因此被认为是"深度快乐"或"广泛快乐"的。与之前 2010 年的

---

① Braun, 2009.
② CBS, 2011.
③ CBS, 2015.

调查相比,这是一个进步,要知道当时 40.9% 的人同样快乐。不丹家庭最满意的领域是卫生领域,然后是生态和心理健康领域。那些生活在城市地区、年轻以及受过正式教育的家庭的满意度更高。

与其他大多数国家不同,不丹似乎不仅是为了找到 GDP 的替代指数,也是以民主的方式使用这些结果,用以指导今后政策。国民幸福总值似乎是促进民主的过程,它有助于公民向不丹政府表达他们的意见。国民幸福总值的调查和哥伦比亚广播公司的调查使用的指标搭建了政府和社会之间沟通的桥梁。在不丹,GNH 所反映的国民在各个领域的生活现状就是政府政策制定的指导法则。[1]

第六节　环境资产账户

在评估任何"绿色"国民经济核算方法时,需要考虑的一个重要问题是如何将其结果用于评估一个社会的环境可持续性。正如在第九章所述,可以定义不同层次的可持续性,将其分为"弱"可持续性和"强"可持续性。(回想一下,这些术语指的是不同的定义,并不意味着一个会比另一个好。)本章介绍的这些指标是如何反映可持续发展理念的?

任何将各种环境因素货币化并将结果与传统货币总量相结合的指数,例如 GPI,都隐含地假设了自然资本和经济生产之间存有一定程度的可替代性。例如,当污染损害的增加被个人消费的增加所抵消时,则 GPI 可以保持不变。因此,GPI、绿色 GDP 和调整后的净储蓄等其他综合指数被视为是解决**弱可持续性**而不是**强可持续性**的适当指标。[2]

如果对实现强可持续性感兴趣,则需要关注自然资本保护。一些分析强调,要进一步区别强可持续性和更强可持续性。强可持续性旨在维持自然资本的整

---

①　Braun, 2009, p. 35.

②　Dietz and Neumayer, 2006.

体水平,但允许不同类型的自然资本之间具有可替代性,至少对非关键资源而言是这样。例如,砍伐森林的影响可以通过改善湿地的生态健康来适当抵消。更强可持续性试图维持各种类型的自然资本水平,只允许每个类别的自然资本本身具有可替代性。考虑到这一点,砍伐森林只能通过在其他地方创造具有相似范围和生态价值的森林来抵消。

到目前为止,本章讨论的指标不一定是为了提供更强可持续性的信息。另一种方法是跟踪不同类型的自然资本水平以保持国民经济核算账户。联合国环境经济核算体系框架为**环境资产账户**的维护提供了指导,包括以实物为单位和以货币为单位。这些账户包括各种自然资本类别,例如木材资源、矿产资源、农业用地和地下水,也会出现可能有不同程度的聚合,例如,矿产资源账户可能包括每种矿产的单独账户,或者根据矿产质量、可利用程度或位置进一步分类;或者根据资源类型设置核算单位。因此,矿产账户可能以吨为单位,森林资源账户以森林覆盖的公顷量或木材的板英尺量,地下水资源账户以地下水的英亩数计算等。

以实物为单位衡量环境资产账户的两个主要优势是:

1. 提供了一个国家自然资本水平和相对时间变化趋势的详细情况。特别关注了**关键自然资本**的存量水平。

2. 提供了一种评估强可持续性的方法。因为自然资本的每个类别在单独的账户中分别被量化,决策者可以确定各类自然资本的存量水平是否得到维持。

267

弱可持续性(weak sustainability):即只要能通过人造资本的增加来补偿自然资本的消耗,自然资本的消耗就是合理的;假设人造资本可取代大多数类型的自然资本。

强可持续性(strong sustainability):即自然资本和人造资本一般不可替代,因此应保持自然资本水平。

环境资产账户(environmental asset accounts):以物质或货币为单位,针对特定类别跟踪自然资源水平和环境影响水平的国民经济核算指标。

关键自然资本(critical natural capital):自然资本的元素中没有合适的人造资本可替代,如基本供给的水和可呼吸的空气。

环境资产账户也可以用货币单位表示。在大多数情况下,就是将实物单位的估值乘以市场价格。例如,如果一个社会现存 50 万板英尺的木材存量,市场价格为每板英尺 5.00 美元,那么其木材的资产价值为 250 万美元。不同类型的自然资本之间或传统经济总量(如 GDP)比较时,环境资产账户以货币形式提供了比较优势。

与实物单位不同,货币单位因为可以比较不同类别的收益和损失,环境资产账户可以对可持续发展进行总体衡量,通过将不同类型的自然资本的价值相加,货币单位账户可以用来评估一个社会是否实现了强可持续性。

如图 10-4 所示,为简单起见,假设社会中只有两种自然资源资产:木材资源和农业土地资源。第一年,该社会有 50 万板英尺木材和 6 000 公顷农田。在图 10-4 中显示的市场价格下,第 1 年社会环境资产的总价值是 850 万美元。第二年,如图 10-4 所示,社会收获了一些木材存量,但是农业用地增加。如果一直是以实物单位衡量资产,在这个例子中,用木材的板英尺数和土地的公顷数无法评估社会是否保持了自然资本的整体水平(即强可持续性)。但图 10-4 表明,其自然资产的货币价值在第二年实际上增加了 50 万美元,这表明自然资本的整体价值得以维持。

以货币单位比较不同资产既有优势也有劣势。假设第二年木材价格上涨到每板英尺 7.00 美元。尽管木材存量减少了 10 万板英尺,但在第二年,存量价值将会是 280 万美元(40 万板英尺×7.00 美元)。即使木材的实物存量减少了,但是市场价值相对于第一年增加了,所以第二年的资产增加了。如果只看货币单位,可能会错误地认为社会木材存量由于增加种植或保护等因素而增加。这表明,需要谨慎分析价格变化对一个社会自然资产价值的影响,特别是对矿产和石油资产,因为这些大宗商品的价格可能会大幅波动。

如图 10-4 所示,用货币价值衡量方法的另一个问题是估值没有考虑因收获木材而导致的生态系统服务损失。除了木材的损失外,可能还有野生动物栖息地、侵蚀控制、碳储存和其他生态服务的损失。在理想情况下,通过整合不同资产账户来评估强可持续性,应该考虑市场收益和非市场收益。但在评估非市场价值时,可能存在一些问题正如第六章所讨论的。因此,任何以货币价值评估强可持续性的尝试,可能并不完整或者是依赖于大量有争议的假设。

	第1年		第2年
森林资源		 资本存量减少	
木材（板英尺）	500 000		400 000
每板尺价格（美元）	5		5
木材资产价值（美元）	2 500 000		2 000 000
农业土地资源		 资本存量增加	
土地面积（公顷）	6 000		7 000
每公顷价格（美元）	1 000		1 000
农业资产价值（美元）	6 000 000		7 000 000
环境资产总价值（美元）	8 500 000		9 000 000

图 10 - 4　环境资产账户示例

如图 10 - 4 所示,评估可持续性的强弱,需要注意以实物单位随时间的变化。由于社会的森林资源实物存量正在下降,因此可以得出结论,这不是一个很强的可持续性资源。

一些国家已经开始管理环境资产账户了。英国国家统计局提供了几个环境变量的估值,包括能源消耗、废气排放、石油和天然气资源、材料使用和环境税。[①] 2019 年,英国对该国自然资本的资产价值进行了估算(表 10 - 2)。这些自然资产估值产生了一系列有利于人类的生态系统服务,可以分为三类:

1. 供给服务:由大自然提供并用于生产人类消费产品的材料和服务。

2. 调节服务:有利于人类的自然过程,例如空气净化、碳封存、城市降温和植被噪声缓解,以及洪水和侵蚀控制(即间接使用效益)。

3. 文化服务:娱乐效益和美学效益,包括城市绿地效益体现在使用享乐估值的房价中。

---

① www.ons.gov.uk/economy/environmentalaccounts.

269　　据估计，英国自然资产的总价值超过 1 万亿美元，尽管这一估值不包括生物多样性和非使用价值等。一个意想不到的结果是(表 10 - 2)，自然娱乐比提供自然服务更有价值。(虽然露营和钓鱼设备等娱乐用品的支出确实出现在传统的国民经济核算中，但娱乐福利并未计算在内。如第六章所述，可以使用旅行成本模型来估算这些娱乐效益。)

表 10 - 2　英国生态系统服务的经济价值

生态系统服务类型	2018 年资产价值(亿美元)
供给服务	
农业生产	1 650
供水	960
化石燃料	770
可再生能源	120
木材	120
渔业	100
矿物质	80
监管服务	
碳汇	1 360
空气净化	560
城市制冷	170
降噪	10
文化服务	
娱乐	5 450
绿地	120

其他准备建立环境资产账户的国家包括澳大利亚、加拿大、丹麦和挪威。它们帐户包括的环境类型主要有供水、废水管理、物质流动、废弃物产生和森林覆盖。其中，瑞典有一套特别全面的环境帐户体系，详见专栏 10 - 3。

专栏 10-3　瑞典的环境账户

2003 年,瑞典政府将可持续发展作为政府政策的总体目标。为了促进可持续发展,瑞典统计局在互联网上发布了一个环境指标的大型数据库(见本章结束后的"相关网站")。政府承认:

到目前为止,还没有公认的可持续发展指标……但是,瑞典政府正在为改善其环境核算、环境指标监测、公共卫生、绿色关键比率和大都市地区隔离区的发展指标做出努力。[①]

目前,环境指标的类别包括:

- 物质流统计信息;
- 能源账户;
- 环境商品和服务;
- 家庭对环境的影响;
- 与环境有关的税收和补贴;
- 废气排放;
- 化学指标。

2017 年,瑞典引入了一个土地账户系统,以追踪碳封存和野生动物栖息地等生态系统服务。虽然瑞典统计局指出,某些类型的自然资本可以使用资源租金估算或非市场估值进行估算,但他们建议使用物种数量和栖息地的数据去跟踪生物多样性。[②]

跟踪这些指标一段时间后,可得出一些积极的结果以及在其他领域需要改进的必要性。2008～2018 年间,瑞典二氧化碳排放量下降了 16%,二氧化硫排放量下降了 13%。不利的是,在同一时期,危险化学品的使用量增加了 7%,原材料的消耗量增加了 17%。

---

① Ministry of Sustainable Development,2006,p. 69.
② Statistics Sweden,2017.

第七节　评估替代指标

正如前文所述,学者提出很多建议以解决传统国民核算方法的不足,更好地核算环境,反映社会福利,实现经济分析的最终目标。这些建议对可持续发展目标提供了一些指导,然而完全付诸实施还有待时日。

普遍认为,当前世界各地环境信息的状态不容乐观。环境统计数据分散于众多组织之中,它们彼此不相关,更别说与其他类型的统计数据相联系。这些环境统计数据不够完整并且前后不一致,极大限制了国家和国际制定、监测环境政策目标进展能力。[1]

虽然环境经济核算体系为环境核算提供了方法指导,但它没有表明对某种方法的特别偏好。相反,它提供了选择组合,即一个给定的国家可以选择实现其中的一些方式,但离设计出一个绝大多数国家都可以采用的环境核算方法还有一段距离。

认识到 GDP 的局限性和开发包含社会、环境因素指标的必要性,2008 年法国总统尼古拉・萨科齐(Nicolas Sarkozy)创建了经济业绩和社会进步衡量委员会。委员会主席由诺贝尔经济学奖获得者约瑟夫・斯蒂格利茨(Joseph Eugene Stiglitz)担任,主席顾问是另一位诺贝尔经济学奖得主经济学家阿马蒂亚・森(Amartya Sen),委员会其他成员包括很多著名的经济学家。该委员会的目标是:

确定 GDP 作为经济表现和社会进步指标的极限,包括其衡量方法中存在的问题;考虑制定更多社会进步指标所需的附加信息;评估替代测量工具的可行性,讨论以何种适宜的方式呈现统计信息。[2]

2009 年 9 月委员会发表了一篇近 300 页的报告。该委员会指出,因为没有考虑环境恶化等其他因素以 GDP 衡量促进经济增长的相关政策,在增加福利方

---

① Smith,2007, p. 598.
② Stiglitz et al. , 2009, p. 7.

面并不成功。

交通堵塞增加汽油消耗量,从而增加 GDP,但显然生活质量没有增加。此外,如果公民关心空气质量,空气污染还在增加,那么忽略空气污染的统计将导致对公民福利的估计不准确,或者衡量逐渐变化的趋势可能不足以捕捉环境突变的风险,例如气候变化。[①]

该委员会认为,有必要将重点从衡量经济生产转移到衡量福利。同时,还区分了当前福利和可持续性。当前福利是否持续,取决于传递给后代的资本量(自然、物质、人力和社会)。

委员会希望其报告能够推动关于替代指标的更多专题研究,并鼓励各国调查可以衡量福利和可持续性的指标,同时提供最佳信息。一些国家已经采取了行动。[②] 在英国,国家统计办公室直接组织调查询问人们可用于衡量福利的指标。在德国,成立了一个"增长、繁荣和生活质量"委员会。其他试图改革国民核算的国家包括加拿大、韩国、意大利和澳大利亚。

对委员会建议做出回应的另一个尝试是美好生活指数。2011 年经合组织关于美好生活指数的报告指出:

对于推动探索衡量进展方面的工作以及世界各地旨在制定更好的人民生活指标的一系列倡议中,委员会的工作至关重要。[③]

委员会工作也是欧盟资助将替代性指标纳入"智囊团项目"(BRAINPOOL Project)的重要动力之一。"智囊团项目"评估了已开发的 95 种"超越 GDP"指标。该项目于 2014 年完成,推荐了 18 项指标供进一步探索,其中包括讨论过的美好生活指数、真实发展指数和国民幸福总值。该项目还确定了更全面使用替代指标的几个障碍,包括制度对变革的抵制、对单一指标缺乏共识,以及需要对非 GDP 指标重要性做政治阐述。[④]

通常情况下,限制可持续经济发展的主要障碍不是由经济学家提出的,而是源于政治、社会和商业力量。2018 年的一篇文章指出:

272

---

① Stiglitz et al. , 2009, p. 7.

② Press, 2011.

③ OECD, 2011, p. 3.

④ BRAINPOoL, 2014.

　　一般来说，用其他福利指标代替 GDP 会引起那些从 GDP 中受益人的抵制。首先，政治家们担心，一旦采用另一项指标，他们可能会面临对其当前表现或政治遗产的关键因素进行重新评估。政治家们不放弃 GDP 的第二个原因可能是，对他们政策的重新评估会削弱他们在政治体系中相对的权力、地位……替代福利指标也面临着其他挑战。来自污染行业的利益集团可能会反对"绿色"指标，因为为了改善指标的生态维度，可能会引发对污染行业的更严格监管。[①]

　　衡量福利和可持续性只是通往决策并施行促进社会和环境政策改进的第一步。接下来的章节将探讨如何利用环境和生态经济学为一系列当前环境问题设计更好的政策，包括能源、气候变化、人口、农业、渔业、森林、土地和水。

小　结

　　诸如国内生产总值（GDP）等衡量国民收入的方法不能捕获重要的环境和社会因素，这可能导致对国民福利的错误衡量，忽视关键环境问题，并导致误导性的政策建议。很多方法可用于更正 GDP 核算方法或提供替代方法。

　　用货币为单位表示的自然资本折旧估值衡量了自然资源的损耗量，如木材、矿产和农业土壤。从国民收入和投资的标准衡量值中减去这些损失的优点是它们与现有国民核算相一致。但显著的不足是，它们要求所有的影响都转换为货币价值。特别是对发展中国家而言使用这些方法的结果会产生自然资源枯竭和环境退化的实质性影响。

　　GDP 的各种替代方案已经尝试将环境和社会因素纳入其中，包括真实发展指数和美好生活指数。GPI 的结果表明，稳定增长的 GDP 不一定与福利增长相关，尤其是平均收入中等以上水平的国家。对 BLI 的研究结果表明，对于福利而言，其他方面可能比收入更重要，例如健康状况、教育和技能及环境质量。

　　另一种方法是管理环境资产账户，无论是以货币为单位还是以实物为单位，将环境指标与 GDP 分开计算。如果人们对一个社会是否实现强可持续性感兴

---

① Strunz and Schkindler，2018，pp. 72-73.

趣,并且只关注自然资本,那么环境资产账户就特别有用。

尽管目前这些指标在发展社会和环境核算方面做出了重大努力,但尚未出现特定指标,甚至未出现一套可以作为首选的指标。目前面临的挑战包括,需要发展一致性的数据收集方法,让政治家相信确实需要替代指标。

关键术语和概念

adjusted net saving(ANS) 调整后的净储蓄

better life index(BLI) 美好生活指数

critical natural capital 关键自然资本

environmental asset accounts 环境资产账户

genuine progress indicator(GPI) 真实发展指数

Green GDP 绿色 GDP

gross domestic product(GDP) 国内生产总值

gross national happiness(GNH) 国民幸福总值

gross national product(GNP) 国民生产总值

net domestic product(NDP) 国内生产净值

net domestic saving(NDS) 净国内储蓄

strong sustainability 强可持续性

System of Environmental-Economic Accounting(SEEA) 环境经济核算体系

weak sustainability 弱可持续性

问题讨论

1. 在讨论经济政策时,把重点放在传统的 GDP 指标上,会产生什么样的问题?这些问题在美国这样的高度工业化国家和印度尼西亚这样的发展中国家有何不同?

2. 在本章介绍的各种替代指标中,哪些对指导经济和环境政策最为有用?

3. 考虑环境和资源折旧的修正方法有哪些政策含义?修正方法的使用将如何影响诸如宏观经济、贸易政策和资源定价等政策?

练习

假设你受聘为发展中国家赤道几内亚核算绿色 GDP。为简单起见,假设要考虑自然资本折旧和污染损害只需进行三步调整：对木材资本、石油资本、二氧化碳的损害。你得到以下数据：

经济数据	
国内生产总值(美元)	400 亿
制造资本的折旧(美元)	60 亿
木材数据	
年末木材库存(板英尺)	20 亿
年初木材库存(板英尺)	24 亿
年末木材价格(美元/板英尺)	6
年初木材价格(美元/板英尺)	4
石油数据	
年末石油库存(桶)	5 亿
年初石油库存(桶)	5.5 亿
年末石油价格(美元/桶)	60
年初石油价格(美元/桶)	50
碳数据	
二氧化碳排放量(吨)	7 500 万
每吨二氧化碳排放的损失(美元)	20

对于木材和石油，你需要计算价值的贬值或升值，因为当年资源总市值在变化，其中，总市值是实物数量乘以资源价格。赤道几内亚的绿色 GDP 是多少？包括了固定资产折旧费吗？你会建议赤道几内亚使用绿色 GDP 或者本章讨论的其他指标来衡量其在实现可持续性目标方面的进展吗？你会向赤道几内亚的政策制定者提出哪些建议？

相关网站

1. https://ec. europa. eu/environment/beyond _ gdp/index _ en. html. The website for "Beyond GDP," an initiative to develop national indicators that incorporate environmental and social concerns. The project is sponsored by the European Union，the Club of Rome，the WWF，and the OECD.

2. www. oecdbetterlifeindex. org. The website for the OECD's Better Life Index. Note that you can adjust the weights applied to each dimension to create your own version of the BLI.

3. https://www. scb. se/en/finding-statistics/statistics-by-subject-area/environment/environmental-accounts-and-sustainable-development/system-of-environmental-and-economic-accounts/. The website for Statistics Sweden's environmental accounts in Sweden.

4. https://seea. un. org. The website for the United Nations System of Environmental-Economic Accounting（SEEA），"a framework that integrates economic and environmental data to provide a more comprehensive and multipurpose view of the interrelationships between the economy and the environment. "

参 考 文 献

Berik, Gunseli. 2020. "Measuring What Matters and Guiding Policy: An Evaluation of the Genuine Progress Indicator." *International Labour Review*, 159(1):71–94.

Bolt, Katharine, Mampite Matete, and Michael Clemens. 2002. *Manual for Calculating Adjusted Net Savings*. Environment Department, World Bank.

Braun, Alejandro Adler. 2009. "Gross National Happiness in Bhutan: A Living Example of an Alternative Approach to Progress." Wharton International Research Experience, September 24.

Bringing Alternative Indicators into Policy (BRAINPOoL). 2014. "Beyond GDP: From Measurement to Politics and Policy." Briefing Paper for Workshops and Final Conference, March 24.

Centre for Bhutan Studies (CBS). 2011. *2010 Survey Results*. www.grossnationalhappiness.com.

Centre for Bhutan Studies (CBS). 2015. "Provisional Findings of the 2015 Gross National Happiness Survey." Thimphu, Bhutan, November. www.grossnationalhappiness.com.

Dietz, Simon, and Eric Neumayer. 2006. "Weak and Strong Sustainability in the SEEA: Concepts and Measurement." *Ecological Economics*, 61(4):617–626.

Fioramonti, Lorenzo. 2013. *Gross Domestic Problem: The Politics Behind the World's Most Powerful Number*. London: Zed Books.

Goossens, Yanne. 2007. "Alternative Progress Indicators to Gross Domestic Product (GDP) as a Means Towards Sustainable Development." *Policy Department, Economic and Scientific Policy, European Parliament, Report IP/A/ENVI/ST/2007–10*.

Gundimeda, Haripriya, Pavan Sukhdev, Rajiv K. Sinha, and Sanjeev Sanyal. 2007. "Natural Resource Accounting for Indian States—Illustrating the Case of Forest Resources." *Ecological Economics*, 61(4):635–649.

Hecht, Joy E. 2007. "National Environmental Accounting: A Practical Introduction." *International Review of Environmental and Resource Economics*, 1(1):3–66.

Hoffrén, J. 2011. "Future Trends of Genuine Welfare in Finland," in *Trends and Future of Sustainable Development* (H. Lakkala and J. Vehmas, eds.). Proceedings of the Conference Trends and Future of Sustainable Development. Tampere, Finland, June 9–10.

Kenny, Daniel C., Robert Costanza, Tom Dowsley, Nichelle Jackson, Jairus Josol, Ida Kubiszewski, Harkiran Narulla, Saioa Sese, Anna Sutanto, and Jonathan Thompson. 2019. "Australia's Genuine Progress Indicator Revisited (1962–2013)." *Ecological Economics*, 158:1–10.

Kubiszewski, Ida, Robert Costanza, Carol Franco, Philip Lawn, John Talberth, Tim Jackson, and Camille Aylmer. 2013. "Beyond GDP: Measuring and Achieving Global Genuine Progress." *Ecological Economics*, 93:57–68.

Ministry of Sustainable Development (Sweden). 2006. "Strategic Challenges: A Further Elaboration of the Swedish Strategy for Sustainable Development." Government Communication 2005–2006:126.

New Economics Foundation (NEF). 2016. *The Happy Planet Index 2016: A Global Index of Sustainable Wellbeing*. www.happyplanetindex.org.

Organization for Economic Cooperation and Development (OECD). 2011. "How's Life? Measuring Well-Being." Paris.

Organization for Economic Cooperation and Development (OECD). 2015. "How's Life? 2015: Measuring Well-Being." Paris.

Press, Eyal. 2011. "The Sarkozy-Stiglitz Commission's Quest to Get Beyond GDP." *The Nation*, May 2.

Repetto, Robert, W. Magrath, M. Wells, C. Beer, and F. Rossini. 1989. *Wasting Assets: Natural Resources in the National Income Accounts*. Washington, DC: World Resources Institute.

Skånberg, Kristian. 2001. "Constructing a Partially Environmentally Adjusted Net Domestic Product for Sweden 1993 and 1997." National Institute of Economic Research, Stockholm, Sweden.

Smith, Robert. 2007. "Development of the SEEA 2003 and Its Implementation," *Ecological Economics*, 61(4):592–599.

Statistics Sweden. 2017. "Land Accounts for Ecosystem Services." Environmental Accounts MIR 2017:1.

Stiglitz, Joseph E., Amartya Sen, and Jean-Paul Fitoussi. 2009. *Report by the Commission on the Measurement of Economic Performance and Social Progress.* www.stiglitz-sen-fitoussi.fr/en/index.htm.

Stjepanović, Saša, Daniel Tomić, and Marinko Škare. 2019. "Green GDP: An Analysis for Developing and Developed Countries." *E+M: Ekonomie a Management*, 22(4):4–17.

Strunz, Sebastian, and Harry Schindler. 2018. "Identifying Barriers Toward a Post-growth Economy: A Political Economy View." *Ecological Economics*, 153:68–77.

Talberth, John, Clifford Cobb, and Noah Slattery. 2007. *The Genuine Progress Indicator 2006: A Tool for Sustainable Development.* Redefining Progress.

United Nations, European Commission, Food and Agriculture Organization, International Monetary Fund, Organization for Economic Cooperation and Development, and World Bank. 2014. *System of Environmental-Economic Accounting 2012: Central Framework.* New York: United Nations.

United Nations, European Commission, International Monetary Fund, OECD, and World Bank. 2003. *Integrated Environmental and Economic Accounting 2003.* New York: United Nations.

Wang, Feng, Ruiqi Wang, and Junyao Wang. 2020. "Measurement of China's Green GDP and its Dynamic Variation Based on Industrial Perspective." *Environmental Science and Pollution Research*, 27. https://doi.org//10.1007/s11356-020-10236-x.

World Bank. n.d. *Calculating Adjusted Net Saving.* http://siteresources.worldbank.org/ENVIRONMENT/Resources/Calculating_Adjusted_Net_Saving.pdf.

World Bank and State Environmental Protection Agency (World Bank and SEPA), People's Republic of China. 2007. "Cost of Pollution in China." Rural Development, Natural Resources and Environment Management Unit, East Asia and Pacific Region, World Bank, Washington, DC.

附录 10 - 1

一、基本国民收入核算

在本章中讨论了传统国民收入核算的几种修改和替代方案。**国民生产总值（GNP）和国内生产总值（GDP）**等标准核算指标，是公认的衡量国民经济健康状况的指标。然而，这些措施有很多技术和概念上的局限性。一些关于如何计算和解释这些指标的基础知识，有助于作为理解调整或替换这些措施的依据。如果没有接触过宏观经济学入门课程或许需要知识更新，本附录将帮助你学习本章中介绍的概念。

279

> **国民生产总值**（gross national product，GNP）：一个国家的公民在一年内，无论在何处所生产的所有最终商品和服务的总市场价值。
>
> **国内生产总值**（gross domestic product，GDP）：一个国家或地区一年内所生产的所有商品和服务的总市场价值。

国民收入核算最早于 20 世纪 30 年代在美国发展起来，目的是为政策制定者提供有关该国经济活动总体水平的信息。国民收入核算并非旨在估算社会福利——仅仅是为了估算经济生产的总水平。此外，在设计核算账目时，环境退化并不是一个重要问题。

多年来，美国国民经济活动的官方衡量标准是国民生产总值，定义为该国公民在一段时间内（通常为一年）生产的所有新商品和服务的最终市场价值。GNP 包括美国公民和公司在外国生产的商品和服务，但不包括外国公民和公司在美国境内生产的商品和服务。20 世纪 90 年代初，美国改用国内生产总值作为官方衡量标准，以符合联合国制定的国际标准。GDP 衡量的是一个国家境内生产的商品和服务价值，而不考虑生产者国籍。因此，GDP 不包括美国公民和公司在国外的产值。实际上，GNP 和 GDP 之间通常存在很小的数量差异。2019 年，美国 GNP 和 GDP 相差不到 1％。

值得注意的是，GNP 和 GDP 仅衡量商品和服务的最终价值。排除中位数以避免重复计算。例如，可以考虑出版本书所涉及的一些步骤。首先，木材公司采伐木材，并将木材卖给造纸厂。其次，造纸厂生产纸张并将其出售给印刷公司。再次，印刷公司根据与出版商的合同印刷了本书。继而，出版商将这本书卖给零售店。最后，零售店将本书卖给你。如果将造纸厂、印刷公司、出版商、零售店和你支付的价格相加，最终会得到比你为这本书支付的价格高出很多倍的价值。生产一件物品所采取的中间生产步骤数量越多，所支付的所有价格总和就越高。所以，所有的中间步骤都不计算在内，只有你付出的最终价格才包含在 GNP 和 GDP 中。但是在实践中，可能很难区分中间产品和最终产品，因此通常用于计算 GNP 或 GDP 的核算方法是**增值法**，该方法就是计算生产过程每个步骤的额外增加值。在出版本书的例子中，造纸厂的附加值是其产出的价值减去从木材公司采购的投入成本。在生产的所有阶段增加值的总和等于最终产品的价值。

> **增值法**（value-added method）：产品或服务在生产过程中每个步骤的附加价值。

GNP 和 GDP 只计算新产品的生产。如果从商店或其他学生那里购买了这本书，并且是二手书，那么它就不会被纳入 GNP 或 GDP 中。二手产品的销售对当前经济生产没有贡献。

280

二、根据折旧、人口增长和通货膨胀进行的调整

GDP 不是衡量国民收入最佳指标的一个原因是，用于工厂和机械等资本设备的一部分投资只是用来替代陈旧资本的。由于资本的耗损或落后会减少国家财富，因此这些资本折旧应该从 GDP 中扣除。总投资减去折旧费称为净投资。如果从 GDP 中扣除资本折旧费，就得到了**国内生产净值**。在美国，固定资产折旧费占 GDP 的 10%～15%。

当然，政治家和经济学家希望经济随时间推移规模会扩大，GDP 也会随之增长。但是，GDP 增长并不一定意味着一个国家公民财富增加。GDP 增长可能仅仅是因为该国人口较多。国民核算中人口增长（或下降）可以通过人均 GDP 来解释，即 GDP 除以人口。人均 GDP 数据也能够比较不同国家的经济生产。例如，美国的 GDP 远大于挪威的 GDP，但当调整人口规模时发现，挪威的人均 GDP 又高于美国。

在比较不同时期的 GDP 值时，需要控制的另一个因素是通货膨胀。请记住，GDP 是基于市场价格的，它可能仅仅因为市场价格上涨而增长。因此，当比较不同年份 GDP 数据时，需要使用**恒定美元**。例如，假设 2020 年的物价总水平是 1990 年的两倍。所以，如果想要比较这两个年份的 GDP，可以用 2020 年的美元来比较，把 1990 年的 GDP 翻倍；或者可以用 1990 年的美元来比较，把 2020 年的 GDP 除以 2。第一种方法给出了以 2020 年美元为单位的**实际 GDP**，

而第二种方法给出了以 1990 年美元为单位的实际 GDP。

> **国内生产净值（net domestic product, NDP）**：国内生产总值减去现有固定资产的折旧费。
>
> **恒定美元（constant dollars）**：是对经济时间序列数据的调整，以规避通货膨胀变化的影响。
>
> **实际 GDP（real GDP）**：使用价格指数对通货膨胀进行修正的国内生产总值。

近几十年来，美国的 GDP 增长迅猛。从表 10-3 可以看出，在不考虑任何调整的情况下，1950～2019 年间，GDP 增长了约 71 倍。根据人口进行调整后发现，人均经济产量增加了约 33 倍。但这一增长的主要原因是通货膨胀。当用 2015 年的美元计算实际人均 GDP，并根据价格水平的差异进行调整时发现，人均经济产出实际上增加了 3.8 倍。尽管这表明普通美国人的生活水平大幅提高了，但是与未经调整的 GDP 总数据所暗示的情况相比，增幅要小得多。

表 10-3　美国 GDP 历史数据

年份	未经调整的 GDP（亿美元）	未经调整的 人均 GDP（美元）	以 2015 年计算 的人均 GDP（美元）
1950	3 000	1 971	15 745
1960	5 430	3 007	18 847
1970	10 760	5 247	25 224
1980	28 630	12 598	31 093
1990	59 800	23 970	39 369
2000	102 850	36 450	48 865
2010	149 640	48 374	52 462
2019	214 330	65 304	60 552

注：实际 GDP 计算是基于通货膨胀价格指数所做的调整。

资料来源：U. S. Bureau of Economic Analysis and U. S. Census Bureau websites。

三、比较不同国家的 GDP

在比较各国 GDP 数据时,进行的最后一项调整是针对**购买力平价**进行的调整。即使使用货币汇率将所有国家的人均 GDP 以美元计算,仍然应该根据美元在不同国家的购买力进行调整。例如,将美元兑换成人民币,在中国可以买到比在美国多得多的物品。如前所述,瑞典的人均 GDP 高于美国,但当根据购买力平价进行调整时,美国的人均 GDP 要高于瑞典,因为瑞典的物价相对较高。

> **购买力平价**(**purchasing power parity**,**PPP**):对 GDP 进行调整,以说明各国购买力的差异。

国民收入核算数据说明不同国家人民的经济状况。可以使用这些数据比较经济发展速度,并确定国家之间的收入平等状况。但在解释国民核算数据时需要谨慎。GDP 只衡量经济生产的总体水平,它不衡量社会福利。如果人均 GDP 上升仅仅是因为人们工作时间延长,不能得出他们更幸福的结论。此外,人均 GDP 之所以会增加,只是因为富有的社会成员正在变得更为富有。GDP 数据并不能反映一个国家的经济不平等程度。这和其他已知的 GDP 问题相同,甚至在考虑本章所讨论的环境和资源问题之前,就应该意识到其作为衡量福利的一个指标具有局限性,这是一个非常重要的事实。

第十一章 能源:大转折

焦点问题:

- 全球主要能源挑战是什么?
- 可再生能源和不可再生能源有何不同?
- 能源经济如何变化?
- 能源政策如何应对新挑战?

第一节 全球四大能源挑战

18 世纪和 19 世纪的工业革命能够得以实现,主要受益于化石能源的广泛使用。若在 21 世纪实现可持续发展的时代革命,其驱动力将会是化石能源向可再生能源的转变。当代经济高度依赖于能源的持续供给,在美国虽然能源支出只占 GDP 的 6%,但若没有高效的能源供给,94% 的经济将崩溃。[①]

在技术、价格和政策的推动下,化石燃料消费及其供给虽正处于变革之中,但这一转变速度还不足以应对严峻的气候形势,这是在本节中考虑的第一个能源挑战[②](见第十二章和第十三章)。目前,全球 80% 以上的能源来自化石燃料,

---

① U. S. EIA,2019a.

② Climate Action Tracker, https://climateactiontracker.org/.

如图 11-1 所示，这一比例在过去几十年中基本保持不变。[①] 根据 2019 年《能源 283转型必须加快步伐》报告：

> 为实现全球气候目标，可再生能源部署还应比原计划增加至少 6 倍。这将需要在电力行业原有能源利用基础上持续加速转型，进一步加快运输脱碳和供暖脱碳进度。[②]

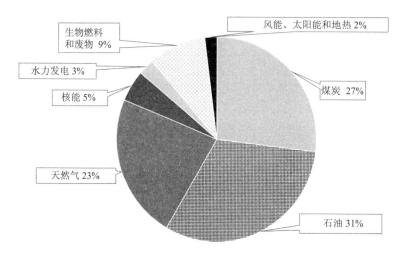

图 11-1　2018 年按来源划分的全球能源供给

资料来源：International Energy Agency, Data and Statistics, "Total Energy Supply by Source".

从化石燃料向可再生能源过渡的挑战与推进世界能源系统电气化进程紧密相联。化石燃料通过直接燃烧可间接发电提供能量。例如，当汽油在汽车发动机中燃烧或天然气在熔炉中燃烧时，可直接使用产生的能量来驱动汽车或用于加家庭取暖。化石燃料也可间接产生电力满足用电需求。风能和太阳能等可再生能源的能量也可转化为电能供日常使用。

目前，世界上仅有大约 25％ 的能源来自电力，包括利用可再生能源和不可再生能源发电。为实现向可再生能源大规模过渡，依赖直接燃烧化石燃料的工艺将不得不转化为电力路径。例如，可改用由风能或太阳能间接驱动的电动汽

　　① International Energy Agency, Data and Statistics, www.iea.org/data-and-statistics? country＝WORLD&fuel＝Energy％20supply&indicator＝TPESbySource.
　　② IRENA, 2019a. p. 3.

车，而非通过燃油为车辆提供动力。幸运的是，交通、供暖、工业生产和其他用途的电力技术正在迅速发展，储存电能的电池技术也获不断提升。（关于电动汽车的更多信息，见专栏 11-1。）

284

专栏 11-1　电动汽车的优势

电动汽车正开始进入全球汽车市场。与混合动力车和插电式混合动力车相比，全电动汽车动力仅有电力。电动汽车比传统汽车有很多优势。

根据忧思科学家联盟（The Union of Concerned Scientists）的分析，即使按照电动汽车产生较高排放量计算，电动汽车在使用寿命内所产生的温室气体排放量还不及普通汽车的一半。[1] 由可再生能源支持的电动汽车用电产生的环境效益则更为显著。由于电动汽车活动部件少，其必要的维护则更少。例如，电动汽车不需要更换燃油，也没有排气系统、皮带或变速器。电动汽车的另一个优势是较低的燃料成本。根据美国能源部 2020 年的分析，司机驾驶电动汽车可以在 15 年内节省多达 14 500 美元的燃料成本。[2]

电动汽车通常比同类燃气汽车更昂贵，主要是由于电池成本高。但低维护和运营成本意味着电动汽车具有较低的综合成本优势。例如，一份 2020 年的消费者报告将九种市场上流行的电动汽车总成本与同档位的燃油动力汽车做了比较。结果表明，对于"所有分析的电动汽车，其终生成本可比所有燃油动力汽车的成本低数千美元，大多数电动汽车可节省 6 000 至 10 000 美元。"[3]此外，电动汽车的电池成本也在迅速下降，仅 2010～2019 年期间就下降了 87%。[4] 随着电池价格进一步下降的预期，预计电动汽车最快将于 2023 年仅以购买价格为基础，就与燃油汽车形成强劲的竞争力。一旦发生这种情况，"电动汽车可能会改变现有小众局面，开始广泛进入市场，促使汽车技术更迭。"[5]

---

① Nealer et al.，2015.
② NREL，2020.
③ Harto，2020.
④ Gearino，2020.
⑤ Nykvist and Nilsson，2015，p. 330.

虽然电动汽车销量在增长,但它们仍然只占所有新车销量的2%左右。[1]根据咨询公司德勤(Deloitte)2020年的预测,2020年电动汽车的年销量将增长10倍以上,至2030年将达到总新车销量的三分之一左右。[2]

挪威政府激励措施如何显著提高电动汽车的销量就是一个范例。挪威的电动汽车车主可免征购置税,包括25%的增值税,并减免停车和通行费。电动汽车驾驶员可使用公交车道,并可使用广泛的充电站网络。[3] 由于该政策的实施,2020年上半年,电动汽车销量占挪威新车销量的48%。[4]

虽然技术变革和市场力量越来越青睐可再生能源和电气化,但政府政策却是向非化石燃料转型的关键。专注于改变社会能源结构的政策,被称为**供给侧能源管理**。例如,德国设定在2030年将有65%的电力来自可再生能源的目标。

285

> **供给侧能源管理**(**supply-side energy management**):旨在改变能源供给组合的政策。例如,从化石燃料转向可再生能源。

能源挑战不仅仅是转换能源。如图11-2所示,全球能源需求稳步增长。虽然2000~2019年间,全球可再生能源消费量增加了13倍,但对化石燃料的总体需求也在同步增长。同期,石油需求增长了30%,天然气需求增长了56%。尽管可再生能源的需求增长(图11-2中前两个部分),但近几十年的主要趋势是几乎所有能源的需求总体增长(核能是一个例外,2010年全球需求略有下降)。

多数机构预测表明,全球能源需求将继续增加。如图11-3所示,根据美国能源情报署(EIA)基于当前国家能源政策和关于未来能源价格、技术和经济增长条件下的预测,2020~2050年全球能源需求将增长66%。预计这一增长大部

---

① McKinsey&Company,2020.

② Woodward et al. ,2020.

③ Norwegian EV Policy, https://elbil. no/english/norwegian-ev-policy/.

④ Doyle,2020.

分将发生在中低收入国家,中国的能源需求增长 71%,非洲增长 116%,印度增长 293%。图 11-3 说明全球第三个能源挑战是**需求侧能源管理**或寻求减少能源需求(或至少减少需求增长)政策。本章后面将分析是否可通过提高能源效率、能源定价和其他政策来避免全球能源需求的显著增长,以及讨论减缓能源需求增长措施应补充将化石燃料转变为可持续能源的政策。

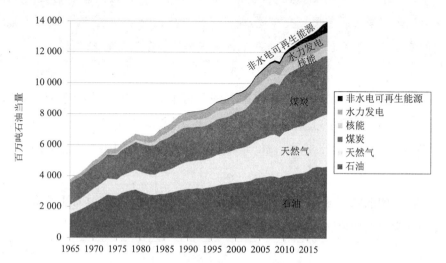

图 11-2　1965~2019 年按来源划分的全球能源需求

资料来源:BP Statistical Review of World Energy, various editions。

> **需求侧能源管理**(demand-side energy management):旨在寻求通过提高能源效率来降低总能源消耗。

对图 11-3 的一种解释是,政策应当限制发展中国家的能源需求增长。但这一观点忽视了全球第四个能源挑战,即解决能源获取和消费的全球差异。例如,全球约有 8 亿人无法使用电力。[①] 根据世界银行的数据,截至 2018 年共有 28 个国家,大多数在撒哈拉沙漠以南的非洲地区,只有不到一半的人口能使用

---

① IEA et al., 2020.

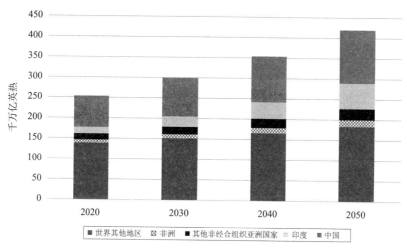

图 11-3 2020～2050 年全球能源需求预测(按国家/地区)

资料来源:U.S. EIA,2020a。

电力。[1] 虽然发达国家的大多数家庭都能使用私家车,但 2015 年的一项调查发现,中国只有 17% 的家庭拥有汽车,印度只有 6%,孟加拉国为 2%。[2]

如图 11-4 所示,在全球能源消费差距上,美国平均能源消耗是欧洲人的两倍多,是中国的 3 倍多,是印度的 10 倍多。与撒哈拉沙漠以南非洲地区相比,美国人均消耗的能源大约是其 50 倍。

一篇 2020 年的文章指出,世界上收入最低的 50% 的人口能源消耗不到所有能源消耗的 20%,而最富有的 10% 的人口能源消耗近约占所有能源消耗的 40%。

能源供给被认为是一项基本、整体的发展挑战,需要最低限度的能源消耗,以实现体面更合适的福利。研究结果表明,能源消费远远不公平,各国和收入群体间的差异非常大……很多人因能源匮乏而死亡。[3]

287

大多数经济研究认为,能源使用是解释经济长期增长的一个重要因素。[4]

① World Bank, World Development Indicators database.
② Poushter, 2015.
③ Oswald, et al., 2020.
④ Ouedraogo, 2013.

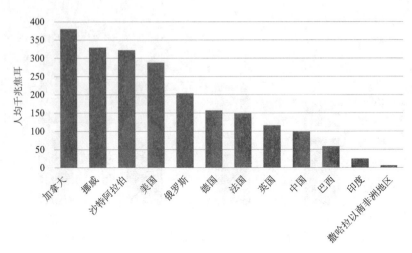

图 11-4　2019 年部分国家(地区)人均年能源消耗

资料来源:BP Statistical Review of World Energy，2020b。

因此,缩短能源使用差距对减少全球经济不平等至关重要。不可能通过限制世界最贫困国家的发展愿望来应对其他三个能源挑战,但发展中国家不能像发达国家那样走依赖化石燃料的老路。这就需要富裕国家与贫困国家间的国际合作,以确保发展中国家能以可持续方式利用能源。总之,世界四大能源挑战是:

1. 全球若要避免不可接受的气候变化,需要加快从化石燃料向可再生能源过渡。

2. 扩大全球对可再生能源的依赖,需要大部分能源系统实现电气化。

3. 这种变革需要采取措施,限制能源需求增长,尤其是发达国家的能源需求。

4. 实现其他目标必须与减少全球能源不平等同时发力,确保发展中国家获得增加其社会福利所需的清洁能源。这与联合国可持续发展目标所述的"确保所有人都能获得可负担、可靠、可持续和现代能源"第七个目标内容相一致。

虽然能源挑战如此大,但是当继续阅读本章时,仍有理由保持乐观。在下一节中,将讨论不可再生能源——化石燃料和核能,接着讨论可再生能源,包括风能、太阳能和水力发电。在前两节中,将重点讨论能源经济和应对全球能源挑战的政策。

第二节　不可再生能源

不可再生能源是指在人类时间尺度上不能通过自然过程再生的能源。在本节中，考虑四种不可再生能源：

> **不可再生能源**（nonrenewable energy sources）：在人类时间尺度上不会通过自然过程再生的能源，如石油和煤炭。

1. 石油；
2. 煤炭；
3. 天然气；
4. 核能。

前三种能源是由数百万年前动植物化石遗骸形成的化石燃料。由于其不可再生，首要考虑的是供给问题。不可再生能源枯竭是一个重大问题吗？还需要考虑依赖不可再生能源对环境的影响。价格波动性也是评估不同能源时需要考虑的另一个重要因素。

一、石油

石油是一个包括汽油、柴油、航空燃料和机油等所有液体石油产品的宽泛术语，目前世界上 95％ 的运输能源来自石油。[①] 作为一种可运输的能源，石油具有比其他化石燃料更易储存和能量密度相对较高的优点。对石油的评估主要围绕"石油供给、价格和环境影响"三个问题展开。

20 世纪中叶至今，很多石油分析师对石油的有限供给表示担忧。与其他化石燃料一样，石油是一种不可再生资源，在全球范围内以固定数量供应。"石油

---

① British Petroleum (BP). 2020a.

产量峰值"的概念表明，随着供给萎缩，全球石油产量最终在达到峰值后下降。在需求增加不减的趋势下，石油产量下降将导致油价迅速上涨，势必给经济和社会带来广泛的负面影响。

虽然全球石油数量有限，但通过石油勘探和技术更新可扩大其储量(将在第十七章详细讨论不同类型的储量)。尽管全球石油需求稳步增加，但目前已探明储量实际上是 1980 年的 2.5 倍。以目前的消耗率，石油探明储量可满足近 50 年的全球需求，仍在继续发现新的石油储量。[1]

在可预见的未来，石油供给似乎不会限制生产，石油市场的重点也已从供给侧转向需求侧。随交通运输对电力和其他非石油能源依赖的增加，石油市场专家正着手研判何时会出现石油需求峰值，而非石油产量峰值。例如，石油输出国组织(OPEC)发布的《2020 年世界石油展望》预测，全球石油需求将在 20 世纪 30 年代末达到峰值。[2] 但最令人震惊的预测是，石油需求峰值可能已出现！新冠病毒感染疫情使 2020 年全球石油需求减少了约 9%，英国石油公司预测石油需求可能永远不会恢复到 2019 年的峰值。正如一份 2020 年能源分析所示：

　　在新冠病毒感染疫情之前，没有一家主流石油分析机构能够看到即将到来的需求峰值。多数分析师此前只是预测，石油需求的下降是在难以置信的环保预期下发生的，而这种情景只有在全球气候政策力度极大的情况下才能实现。如同其他任何预测一样，只有时间才能告诉我们石油需求峰值是已经出现还是直到 2040 年才会出现。在不确定性前，重要的不是达成新共识，而是转折点就在这里。[3]

历史上石油在运输业占据主导地位的另一个原因在于其经济实惠。不过，石油价格也是高度波动的。如图 11-5 所示，在对通货膨胀进行调整后，20 世纪 70 年代末和 80 年代初，石油价格特别高，21 世纪前 10 年末和 2010 年初也是如此。石油价格比任何其他能源都更难预测，因为其不仅取决于经济状况，还取决于诸如中东动荡等政治因素。

---

① British Petroleum (BP). 2020b.

② OPEC, 2020.

③ Randall and Warren, 2020.

图 11－5　1970～2020 年以恒定美元计算的原油价格

资料来源：U. S. Energy Information Administration，Crude Oil Spot Prices；

U. S. Bureau of Labor Statistics，Historical Consumer Price Index for All Urban Consumers。

　　未来石油价格的较大不确定性，使对能源的长期投资决策变得更加复杂。例如，快递公司考虑决定是购买燃油快递车还是购买可再生能源快递车辆。企业可以合理假设可再生能源的价格在未来会下降，但却无法预测未来的石油价格。因此，即使当前的石油价格略高于可再生能源价格，企业也会青睐可再生能源，毕竟可再生能源的成本更加确定。

　　所有化石燃料都是含碳，这意味着它们燃烧时会排放二氧化碳（主要温室气体）。使用化石燃料会产生氮氧化物、特定物质和硫氧化物等空气污染物。此外，化石燃料对环境的影响还包括采矿造成的生态环境破坏、水污染以及意外泄漏造成的损害。

　　表 11－1 比较了各种能源对人体健康的影响及其温室气体排放量。从表 11－1 看到，煤是对环境最具破坏性的能源。就人类死亡和温室气体排放而言，石油的破坏性居第二位。石油占世界碳排放量的 34％左右。[①] 虽然大型石油泄漏引起了媒体极大关注，但释放到沿海和海洋环境中的大部分石油来自冲刷道

———————————

[①]　Our World in Data，CO$_2$ Emissions by Fuel，https://ourworldindata. org/emissions-by-fuel.

路和停车场的径流以及油轮以外的船只泄漏。①

表 11 - 1　各种能源对人体健康的影响及其温室气体排放量

能源	每太瓦能源事故和空气污染造成的人员死亡数量	每吉瓦能源的温室气体排放量(吨)
煤炭	24.6	820
机油	18.4	720
天然气	2.8	490
生物量	4.6	78～230
核能	0.07	3
水电	0.02	34
风	0.04	4
太阳能	0.02	5

资料来源:Ritchie,2020。

二、煤炭

　　煤炭是仅次于石油的第二大能源。煤炭主要用于发电,它提供了全球三分之一以上的电力。如图 11 - 6 所示,中国是迄今为止全球最大的煤炭消费国,2019 年占全球煤炭消费的 52%,2000 年之后中国煤炭消费呈快速增长趋势。尽管美国在 1985 年之前是世界上最大的煤炭消费国,但在 2015 年被中国和印度超越后已降至第三。俄罗斯和德国的煤炭消费居第四和第五,需求不及美国的三分之一。

　　虽然煤炭是不可再生资源,但全球煤炭储量却十分丰富。煤炭是储量最丰富的化石燃料,按目前的消耗量,已知储量的煤炭足以满足 130 多年的全球需求。② 煤炭也是最具环境破坏性的能源。从表 11 - 1 可以看出,尽管世界上从

---

① Global Marine Oil Pollution Information Gateway, http://oils. gpa. unep. org/facts/sources. htm.

② Global Marine Oil Pollution Information Gateway, http://oils. gpa. unep. org/facts/sources. htm.

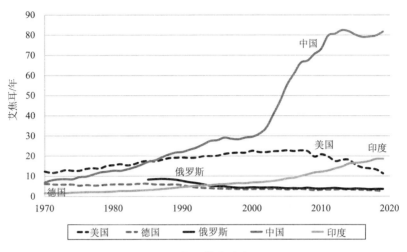

图 11-6　五个国家的煤炭消费(1970～2019)

资料来源:BP,2020b。

石油获得的能源比煤炭多,但煤炭的二氧化碳排放量比石油高 18%。[1] 煤炭也是当地空气污染物(如二氧化硫和氮氧化物)的主要来源。世界卫生组织估计,主要由燃烧煤炭导致的室外空气污染每年会致 400 多万人死亡,其中 90% 以上的死亡发生在中低收入国家。[2] 在发达国家,煤炭污染也是过早死亡的一个重要原因。在美国,每年大约有 1.5 万人死于煤炭燃烧,相关治疗支出占全国医疗费用的 10% 以上。[3]

在新冠病毒感染疫情之前,全球煤炭需求预计将在 2030 年前达到峰值。但由于疫情,2020 年全球煤炭需求下降了约 7%。[4] 与石油一样,随着世界向更多依赖可再生能源转变,全球煤炭需求可能永远不会恢复至疫情前水平。国际能源机构在疫情后修订的一份预测显示,随着经济复苏(但不会达到 2019 年的峰

[1]　Our World in Data,CO₂ Emissions by Fuel,https://ourworldindata.org/emissions-by-fue.

[2]　WHO,2018

[3]　Conca,2017.

[4]　IEA,　www.iea.org/news/a-rebound-in-global-coal-demand-in-2021-is-set-to-be-short-livedbut-no-immediate-decline-in-sigh.

值),全球煤炭需求在短期将略有恢复后会逐渐下降。[1] 英国石油公司制定的预测显示,全球煤炭需求下降速度更快,按一切照旧的情况下,2050 年煤炭消耗水平将下降 25%,在更激进的环境政策情况下则会下降 85%～90%。[2]

三、天然气

天然气相对于其他化石燃料的主要优势是它对环境的损害通常较小。在有意识地减少煤炭和石油使用的过程中,天然气经常被认为是一种"过渡性"或"桥梁"燃料,但因技术或财政等原因,导致天然气无法迅速扩大使用规模。从表 11-1 可见,天然气比其他化石燃料更具弹性。它可直接燃烧为车辆供电、为建筑物供暖和为操作工业机械服务。它比煤炭发电效率更高,而且单位能源的成本通常更低。

水力压裂(或"压裂")等天然气开采新技术的改进,助力了天然气部分代替煤炭。水力压裂包括向地下深处注入水和化学物质,使周围岩石破裂进而释放天然气和潜在石油,然后将其泵送到地表。尽管几十年来水力压裂技术的使用程度有限,但该技术自 2000～2010 年开始在一些国家普及。2000 年,美国生产的天然气中只有约 10%通过水力压裂技术获取,到 2015 年这一比例上升到三分之二。[3] 尽管水力压裂技术迅速普及,但由于存在技术争议,一些国家已禁止使用该项技术(见专栏 11-2)。

专栏 11-2　天然气水力压裂技术可能引发的环境风险

水力压裂会以多种方式污染饮用水。在压裂过程中注入的化学物质或提取的天然气通常会由钢筋或水泥建造的井套管泄漏到地下水含水层中。水力压裂废弃物暂时储存在地上集中区域,会使有毒化学物质渗入饮用水供给系统中。压裂废弃物的最终处置通常通过深井注入来完成,这为水污染提

---

① IEA, 2020a
② BP, 2020a.
③ U. S. EIA, 2016.

供了另一种可能。美国环境保护署 2016 年一份关于水力压裂的综合报告认为,此项技术"在某些情况下会影响饮用水资源。"[①]美国对水力压裂的监管主要由各州自行决定,在披露、遏制和监测等方面有不同的要求。

水力压裂的另一个问题是,在深井中处理废弃物会增加地下岩石结构的压力,从而诱发地震。从 2008 年开始,俄克拉荷马州的地震次数增加了 900 倍,这与水力压裂活动紧密相关。该州有记录的 5 次最大地震中有 4 次发生在水力压裂活动之后。由于更严格的水力压裂法规,俄克拉荷马州的地震次数已从 2015 年的峰值下降了约 90%。[②]

一些能源分析师断言,天然气压裂是减少碳排放的重要工具(与使用煤炭相比),并且可以通过更好的法规保障其安全实施。[③] 例如,对废水池内衬的高标准要求可以减少泄漏量,更严格的套管施工标准也可以减少泄漏。其他分析师得出结论,与水力压裂优点相比,其风险更大,应该禁止这种水力压裂技术使用。佛蒙特州和纽约州以及加拿大十个省中的四个都禁止使用水力压裂技术。禁止水力压裂技术的国家还包括德国、法国和英国。[④]

图 11-7 勾勒了美国能源从煤炭转向天然气的做法。截至 2005 年,煤炭和天然气提供了美国大约四分之一的能源供给。随着改进压裂技术不断降低天然气开采成本,天然气消耗量的迅速增加与煤炭消耗量的减少同步发生。2005 年以来,在从煤炭和天然气获得总能量不变的情况下,说明美国一直在用天然气取代煤炭。从煤炭发电转向天然气发电平均可减少 50% 的温室气体排放。[⑤] 2005~2019 年,美国能够取得温室气体排放量减少 14% 的成绩,在很大程度上归功于天然气取代煤炭。然而,天然气相对于其他化石燃料的环境益处并不总是明确的。天然气主要由甲烷组成,甲烷作为一种温室气体,所造成的变暖效应是等量二氧化碳的 25 倍。甲烷经燃烧后转化为二氧化碳,在天然气开采和运输

① U. S. EPA, 2016
② Kument, 2019.
③ 参见 Gold, 2014。
④ https://en.wikipedia.org/wiki/Hydraulic_fracturing_by_country.
⑤ IEA, 2019.

过程中,甲烷会因生产设施和管道泄漏而直接释放到大气中。最近的分析表明,甲烷泄漏率高于先前估计值。2019 年的一篇文章表明,美国东海岸主要城市的甲烷排放量是美国环境保护署报告的两倍多。[①] 从最近卫星监测甲烷的结果发现,包括从西伯利亚向欧洲供给天然气的亚马尔半岛管道沿线和北非设施均存在甲烷泄漏。2019 年土库曼斯坦发现的泄漏是有记录以来最大的一次,泄漏的甲烷相当于 100 万辆汽车的排放量。[②]

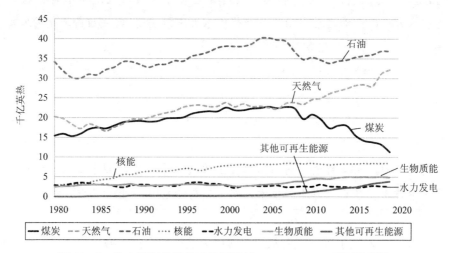

图 11-7　按来源划分的美国能源消耗(1980～2019)(彩图见彩插)

资料来源:U.S. EIA, 2020b。

　　天然气作为过渡能源的另一个担忧是推迟了对可再生能源的采用。尽管天然气通常比煤炭或石油"更环保",但它显然比可再生能源对环境的损害更大(表 11-1)。正如 2020 年一篇论文所阐释的:

　　尽管与煤炭相比,天然气可通过减少排放来帮助能源转型,但投资天然气还有其他长期影响,这可能不利于实现气候目标。一个担忧是,对天然气的投资可能会挤压对可再生能源替代品的投资……我们的研究警告说,除非采取预防措施,否则天然气的长期负面影响很容易被放大。[③]

---

①　Plant et al., 2019.

②　Nasralla, 2020.

③　Gürsan and Gooyert, 2020, p. 1.

此外，天然气作为过渡燃料的假设是"在可再生能源技术发展到可广泛部署和具有成本竞争力的程度之前，天然气应被使用。"正如不久将看到的，可再生能源的技术进步比预期的要迅速，其价格也必会大幅下降。天然气作为过渡燃料的必要性并不强，从所有化石燃料直接过渡到可再生能源将变得更加可行。

四、核能

介绍的最后一种不可再生能源是核能。因为作为核燃料的钍或铀是不可再生的矿物，因此核能也是一种不可再生能源。20 世纪 50 年代，核能被认为是一种安全、清洁和廉价的能源。核能支持者表示，核能将"太便宜而无法计算"，并预测到 2000 年，核能将提供大约全球四分之一的商业能源和全球大部分电力。[1]

目前，核能仅占全球一次能源消耗量的 4.9% 左右，约为全球电力总量的 10%。世界上大部分核电装机容量早于 1990 年，预计寿命为 30 至 40 年的电厂已经开始退役。然而，最近一些支持者呼吁"核复兴"，主要是因为核电生命周期的碳排放量远低于化石燃料（表 11-1）。

2011 年日本发生的灾难性福岛核泄漏事故，导致很多国家重新考虑核电计划。目前，日本在大多数核反应堆处于闲置状态的情况下，正在重新评估其核能的使用。德国决定到 2022 年完全停止使用核能。在意大利，关于核能的辩论被提交给选民，94% 的人反对扩大核能计划。但印度、俄罗斯和韩国等国家正在推进扩大核能计划。因此，核能在未来全球能源结构中的作用仍不确定。福岛核泄漏事故降低了对未来核电能源供给的基线预测。虽然有人认为这起事故证明应该更多地关注风能和太阳能等可再生能源，但也有人担心核能比重下降将使实现气候目标变得更加困难。尽管最初承诺可使用核能，但在建造和运营核电站成本普遍增加的背景下，可再生能源的成本却下降了。综上，是经济因素而非安全问题阻碍了核能复兴。对此，麻省理工学院 2018 年的报告有如下解释：

295

---

① Miller, 1998.

我们认为,未来几十年核能的主要价值在于它对电力部门脱碳的潜在贡献。此外,还得出结论,成本是实现这一价值的主要障碍。若不降低成本,核能就不会发挥重要作用。[1]

第三节　可再生能源

可再生能源是自然界持续提供的能源。在空气和水污染以及温室气体排放方面,它们明显比化石燃料对环境的损害小(表 11-1)。这并不意味着**可再生能源**并非环境无害,包括水电站对河流栖息地的破坏、风力涡轮机对鸟类的死亡以及为太阳能电池板开采矿物造成的土地退化。[2]

> **可再生能源**(renewable energy sources):由自然界持续提供的能源,例如风能、太阳能、水和生物质能。

从某种意义说,可再生能源通过自然过程不断补充以实现无限供给。可再生能源所包含的能量总量也非常丰富,在比西班牙国土面积还小的地区安装风力涡轮机就能完全满足目前世界的电力需求。[3] 更令人印象深刻的是,太阳能在一天内到达地球,可为地球提供一年所需的电力。[4] 但因太阳能和其他可再生能源存在时空差异,导致太阳能的可用性有限。例如,太阳能在美国西南部和北非等地区最高,地热能在冰岛和菲律宾等国家较为丰富。

可再生能源的另一个限制是其所蕴含的能量比化石燃料要少得多。考虑到能量密度,即汽油在固定质量内储存的能量大约是电动汽车锂离子电池中储存电能能量密度的 100 倍。[5] 可再生能源具有**间歇性**,因为风并不总是在吹,太阳

---

[1]　Buongiorno et al. , 2018.

[2]　参见 UCS, 2013a。

[3]　Garfield, 2016.

[4]　Chandler, 2011.

[5]　Schlachter, 2012.

也并不总是在照向大地。这表明，要么用天然气等另一种能源来补充可再生能源以实现持续能源供给，要么将可再生能源储存在电池中以弥补能源需求的时间差。

> **间歇性（intermittency）**：风能和太阳能等能源的一种特性，在不同的时间提供不同的数量能源。

与化石燃料相比，可再生能源的主要弱点可能是价格。例如，2009 年太阳能电池板的电力成本大约是煤炭的 3 倍。[①] 但可再生能源价格一直在大幅下降，这使得之前的成本比较结论已经过时。可再生能源并非在价格上没有竞争力，而是越来越多地实现了相对于化石燃料的价格优势，这将使能源转型不可避免。可再生能源的其他限制也随着技术改进而得到解决，例如电池中的高能量密度和风力涡轮机设计，减少了对鸟类的威胁。下面重点论述风能和太阳能等可再生能源的优缺点以及相关趋势。

一、风能

几百年来，人类一直利用风能来完成诸如抽水和碾磨谷物等工作。一些现代风力涡轮机超过 500 英尺高，也是通过旋转齿轮发电机来发电。目前，风能提供了约 1% 的全球能源供给和约 5% 的电力供给。

风能可利用陆地和海岸涡轮机。陆上风能通常更便宜，其涡轮机更易日常维护和维修，并且不易受到风暴和盐水的损坏。另一方面，离岸风力往往更强。有人认为陆上风力涡轮机不美观，海上风力涡轮机可能更有景致，特别是如果它们位于离岸很远的海面。尽管被陆上风力涡轮机杀死的鸟类数量相当低，海上风力涡轮机不太可能伤害鸟类种群。根据 2015 年一篇文章的观点，车辆相撞导致的鸟类死亡数量是风力涡轮机的 350 倍，宠物猫杀死鸟类的数量是风力涡轮

[①]　Lazard，2018.

机的 4 000 多倍。[1]

　　如前所述，世界上某些地区的风能资源较丰富，如美国中部、北欧、俄罗斯和南美洲南部。[2] 中国风能装机容量最大，占全球总装机容量的 36%。其他风能大国包括美国（16%）、德国（9%）和印度（6%）。[3]

　　如图 11-8 所示，随着风能的技术改进、成本下降和装机容量增加，2000～2019 年全球风能容量增加了 36 倍。同期，风力发电成本下降了 63%。尽管目前风能在全球能源中所占比重相对较小，但它是包括美国在内的很多国家增长最快的能源源。[4] 仅在 2019 年全球安装的新能源容量中风能就占 25%，[5]这表明从风能获得的能源比重将继续增加，这将在本章后面进一步讨论。

297

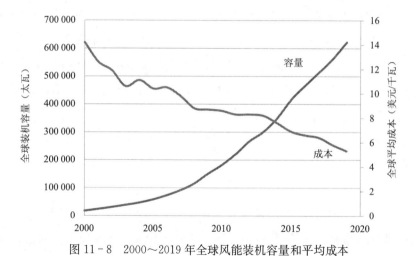

图 11-8　2000～2019 年全球风能装机容量和平均成本

资料来源：Capacity data from BP, 2020b. Cost data from IRENA, 2019b。

---

① Loss et al., 2015.
② Lu et al., 2009.
③ https://en.wikipedia.org/wiki/Wind_power_by_country.
④ U.S. EIA, 2019b
⑤ Bloomberg NEF, 2020.

二、太阳能

虽然有多种方法可将太阳能转化为电能,但**光伏电池**(即太阳能电池板)最常见。光伏电池将太阳能转化为电子,从而产生电流。目前,太阳能只提供全球总能源的 0.5% 和总电力的 3%。

> **光伏电池(photovoltaic(PV) cells)**:直接将太阳能转换成电能的装置(如太阳能电池板)。

像风力涡轮机一样,太阳能电池板通常被布置在大型场地中。但与风力涡轮机不同,太阳能电池板也可在更小的规模上使用,比如在家庭屋顶上。一般而言,较大的"公共事业规模"太阳能比住宅规模太阳能更高效、成本更低。但是家用太阳能已变得越来越受欢迎,小规模的太阳能项目也可覆盖与现代能源基础设施无关的地区。

在赤道和干旱地区,包括中东、大部分非洲、澳大利亚、美国及中美洲的沙漠地区,太阳能的开发潜力往往最大。中国是世界上太阳能发电的领导者,其发电量约占世界的三分之一。其他太阳能领先的国家包括美国(12%)、日本(10%)、德国(8%)和印度(7%)。[①]

太阳能是解决发展中国家能源需求的一个富有吸引力的选择。低收入国家往往拥有相对丰富的太阳能资源。世界银行 2020 年的一份报告表示,世界上很多最贫穷的国家也是太阳能潜力最高的国家,包括纳米比亚、莱索托、阿富汗和苏丹。[②] 太阳能电池板可安装在与现有能源基础设施(如输电线和天然气管道)没有覆盖的偏远农村地区。正如 2018 年一篇文章所解释的:

对于发展中国家尤其是最贫穷的国家,现代能源对于促进生产、创收和社会发展以及减少因使用薪柴、木炭、动物粪便和农业废弃物而造成的严重健康问题

298

---

① https://en. wikipedia. org/wiki/Solar_power_by_country.
② World Bank,2020a.

是必要的。太阳能是解决能源贫困最好的办法,它可以替代煤油照明,替代薪柴烧饭,从而减少温室气体排放和室内空气污染。在发展中国家,光伏是一种合适的可再生能源技术,尤其是在偏远农村地区,而在这些地区扩展电网在财政上或技术上是不可行的。[1]

世界银行实施的"点亮非洲"(Lighting Africa)项目,到2020年通过开发连接多个家庭的太阳能"微型电网"为3 200万人提供能源。[2] 中国已进行了大量投资,为低收入农村地区居民提供太阳能,如一项旨在为约35 000个偏远村庄提供太阳能的太阳能扶贫计划(SEPAP)。2020年的一篇文章指出,SEPAP计划对村庄安装太阳能电池板后的收入水平有积极且显著的影响。根据SEPAP计划,太阳能缓解贫困的潜力在最贫困地区是最大的。[3]

与化石燃料相比,太阳能对环境的影响最小。太阳能对环境的主要影响包括用于安装光伏板的土地和生产光伏板。与风能不同,土地可同时用于能源和农业生产,用于安装大规模光伏板板的农场土地通常不能用于农业目的。光伏板的影响主要包括吸入小颗粒硅会对采矿工人造成伤害,大规模开采硅矿还会减少生物多样性,并造成空气和水污染。此外,在光伏板生产中还会使用诸如盐酸的有毒材料。适宜的环境监管可减轻这类负影响。

在过去的10年中,没有其他能源像太阳能那样,在价格和装机容量上发生如此巨大的变化。随着光伏技术的快速发展,太阳能的成本也急剧下降。如图11-9所示,自21世纪初末以来,太阳能成本下降了90%以上(21世纪初中期太阳能成本的上升是由于硅的暂时短缺)。太阳能是世界上利用速率增长最快的能源,2000~2010年全球产能增长了900倍。

在2011年,太阳能被广泛认为是高度依赖补贴的小众能源。现在,随着成本迅速下降,太阳能有望在未来几十年主导能源市场。2019年全球安装的新能源设备中,近一半(45%)是太阳能设备。[4] 虽然太阳能的广泛使用是解决气候变化和空气污染的关键能源,但太阳能增长的主要驱动力是低成本优势。正如

---

[1] Shahsavari and Akbari, 2018, p. 275.

[2] World Bank, 2020b

[3] Zhang et al., 2020.

[4] Bloomberg NEF, 2020.

将在本章第四节中看到的，太阳能已成为世界上最便宜的能源。

三、其他可再生能源

可再生能源的其他来源包括水力发电、生物质和地热。**水力发电（水力电气）**是利用水流产生的能量旋转电动涡轮机。最常见的是，涡轮机安装在大坝内，大坝上游会形成蓄水池。水通过水坝和受调控的涡轮机通道，产生相对可靠的、恒定的电力供给。水力发电目前提供了全球大约 3％ 的能源。

> **水力发电（水力电气）**（**hydroelectricity/hydropower**）：利用水流产生的能量来旋转涡轮机实现发电。

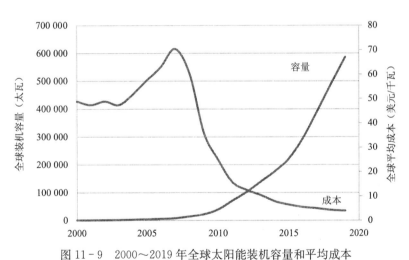

图 11-9　2000～2019 年全球太阳能装机容量和平均成本

来源：Capacity data from BP，2020b. Cost data from Lazard，2020；Shahan，2014。

水电有很多优点。首先，它不会造成当地空气污染或直接碳排放。其次，虽然建造水电站前期需要大量的资本投资，但其低运营成本使水电成为生命周期中成本最低的能源之一。再次，水电不会像风能和太阳能那样存在暂时性的问题。水力发电水坝的持续运行，不仅减少了发生洪水的概率，还可为灌溉和市政供水。最后，水库还可以提供划船和游泳等娱乐福利。

尽管水电有诸多益处，但出于对水力发电缺点的考虑，预计未来全球水力发电量不会显著增长。首先，水电站大坝阻挡了河流的自然流动，破坏了水生栖息地，尤其是水坝会阻碍鲑鱼等迁徙鱼类物种洄游产卵。其次，水坝也阻挡了上游的泥沙流，这些堆积在水坝上游的泥沙，不仅会影响水生物种，而且会降低水库的容量，并会影响涡轮机的运行。最后，很多最有优势的水电站坝址已通过勘察确定，尤其是在美国和欧洲。除大型水坝外，其他类型的水力发电对环境影响较小，包括在水库和沿海地区的波浪和潮汐电站中储存很少或根本没有水的"河流径流"装置。虽然这些技术在某些地方似乎很有价值，但预计它们不会为未来能源贡献显著的份额。

生物质能是广义术语，指通过燃烧植物或动物材料产生热或电。它包括燃烧木材或动物粪便做饭，使用玉米制成的乙醇为车辆提供动力，燃烧农业废弃物发电。生物质目前提供了全球能源的 9% 左右。

> **生物质能（biomass energy）**：通过燃烧植物或动物材料产生热或电的生物质能量。

生物质能作为一种可再生资源，其优缺点都较为显著。发展中国家的很多低收入家庭无法获得电力或化石燃料，主要依靠生物质做饭和取暖。一些用于生物质能的材料，如作物残留物和动物粪便，可被认为是废弃物，因此是"免费"能源。生物质能还可使一个国家减少对进口能源的依赖。

生物质能有时被"吹捧"为碳中和。例如，从理论上讲，燃烧木材的发电厂排放的二氧化碳可以通过种植新树木来抵消，这些树木最终将吸收相同数量的二氧化碳。但很多科学论文发现，增加对生物质能的依赖将导致碳排放的显著净增加。[①] 第一个问题是，不能保证创造足够的新生物质来完全消除当前的碳排放。第二个问题是，时机问题，即使当前的碳排放完全由未来的生物量吸收决定，在此期间大气碳将对气候变化产生即时性的负影响。当现存的森林被砍伐

---

① Catanoso，2020.

时，由此产生的碳排放将持续激增 50 年或更长时间，即便是森林最终重新生长。

燃烧生物质还会排放一氧化碳、氮氧化物和颗粒物等空气污染物。当生物质在室内没有足够通风的情况下燃烧时会影响人体健康。世界卫生组织估计，发展中国家每年有 160 万人死于室内燃烧生物质，其中一半以上是儿童。[①]

地热能是来自地球内部的热量转化的能源。在一些地点，这种热量以热水或蒸汽的形式到达地表；在其他地区，可通过钻井到达地热储层。地热能可直接用于加热水和建筑物，或通过使用蒸汽为电动涡轮机供电。地热能目前提供的能源不到世界能源的 1%。

> **地热能**（geothermal energy）：来自地球内部的热量。

使用地热能的主要限制是它仅在世界某些地区具有成本收益。冰岛是一个拥有丰富地热资源的国家，该国大约一半的能源供给都依赖于地热能，包括几乎所有的供暖能源需求。

虽然世界上的地热资源大部分尚未开发，但地热资源通常不是成本最低或对环境损害最小的能源。每单位地热能产生的能量，往往比太阳能或风能排放更多的碳。[②] 进入地热库还会释放硫化氢和氨等空气污染物。开发地热资源还可能增加地震风险 。[③]

第四节　能源经济：当前分析和未来替代性

当前化石燃料之所以为全球提供 80% 以上的能源，其主要原因是它们在历史上比其他能源更经济实惠。不过，能源经济迅速变化远超大多数能源专家的预测，先前能源成本已经发生了变化。2018 年出版的本书第四版中写道："未来

301

---

① WHO, Indoor Air Pollution and Household Fuels, www. who. int/heli/risks/indoorair/en/#:~:text=Indoor%20air%20pollution%20generated%20largely,under%20five%20years%20of%20age.

② Li, 2013.

③ UCS, 2013b.

化石燃料可能失去相对于可再生能源的价格优势。"[1]2020 年的各种经济分析得出了一个令人震惊的结论，即"廉价风能和太阳能时代已经到来"，而不是止于"可能性"。[2]

一、能源成本比较

比较不同能源的成本并非易事。能源成本差异很大——新建核电站的成本可能在 50 亿至 80 亿美元之间。一些能源需要连续的燃料输入，而风能和太阳能等能源只需要偶尔维护。此外，还需要说明各种设备及其寿命。

通过计算获得能源的平均成本来比较不同能源之间的成本差异。**平准化成本**包括在假定寿命内建造和经营一个工厂的现值，以实际价值表示，以消除通货膨胀的影响。如果能源生产需要燃料，就会对未来的燃料成本做出假设。然后将平准化的建造和运营成本除以获得的总能源，以便对不同能源进行直接比较。

> **平准化成本（levelized costs）**：每单位能源生产的成本，包括能源生命周期内的所有固定与可变成本。

图 11 - 10 显示 2020 年在没有任何补贴的情况下，使用各种能源发电的平准化成本比较数据。水平条呈现了世界范围内新能源建设的平准化成本范围。公共事业规模的太阳能和风能平准化成本显然比新核能低，而且在大多数情况下比新煤电厂低。平均而言，太阳能和风能平准化成本也比新建天然气厂低。换言之，在没有任何补贴的条件下，太阳能和风能现在是世界上最便宜的两种能源。

此外，如图 11 - 10 中的菱形标记所示，可再生能源正迅速变得比传统能源的边际运营成本更低。例如，现在电力公司建造新风力涡轮机或太阳能发电厂通常比继续仅支付完全折旧（即全额支付）的燃煤发电厂的燃料和运营成本更

---

[1] Harris and Roach，2018，p. 288.

[2] Fieber，2020.

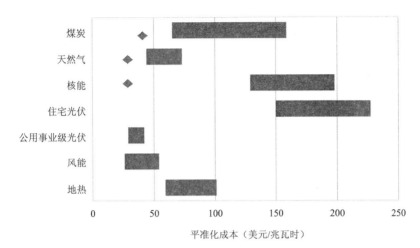

图 11 - 10　不同能源的未补贴摊平成本

注：菱形标记表示完全折旧工厂的边际运营成本中点。

资料来源：Lazard，2020。

302

低。2019 年的一项研究发现，在美国建造新风能或太阳能的成本比继续运营74％的煤电厂更低。[1] 随着未来可再生能源的成本优势越加明显，关闭现有煤炭、核能和天然气发电厂，并用可再生能源取而代之，在经济上将越来越有意义。

最近其他关于不同能源成本的经济研究也得出了相同结论——平均而言，可再生能源的成本与传统能源持平或更低。美国能源情报署 2020 年的一项分析比较了将于 2022 年投入使用的能源发电平准化成本。平均而言，太阳能和风能平准化成本预计比天然气更低。[2] 国际可再生能源机构得出如下结论：

可再生能源成本将继续下降，可再生能源发电日益成为各方公认的成本最低的能源来源。可再生能源发电技术不仅在没有资金支持的情况下与化石燃料存在竞争，而且也越来越多地削弱了化石燃料的优势，在很多情况下它们的差距将会持续增大。[3]

[1]　Gimon et al.，2019.

[2]　U. S. EIA，2020c.

[3]　IRENA，2020.

二、不同能源的外部成本

若不包括外部成本，对各种能源成本的比较是不完整的。能源生产的外部成本包括土地退化、用水、气候变化损害和空气污染对人类健康的影响。几项研究估计了各种能源的外部成本。

图 11 - 11 展示了 2020 年欧洲对发电外部成本的研究结果。从图中可以看出，煤炭和石油的外部成本最高，主要对当地空气污染和碳排放造成损害。水电和风能的外部成本最低。虽然核能和太阳能的外部成本大致相同，但该研究没有估计长期储存核废料的外部成本。

值得注意的是，图 11 - 11 与图 11 - 10 中的计量单位相同。因此，可将均衡成本纳入外部成本中，以获得每种能源的总成本。例如，图 11 - 10 中天然气电力的平准化成本为 44～73 美元/兆瓦时。将图 11 - 11 中的 84 美元/兆瓦时外部成本相加，天然气的"真实"成本增加 115%～191%。基于平准化成本考量，虽然天然气目前与风能、太阳能在成本上颇具竞争力，在考虑天然气的边际成本时，尤其是将外部成本包含于成本之中时，天然气成本将高于风能和太阳能的

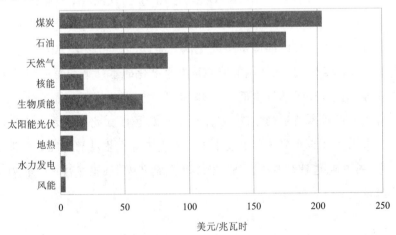

图 11 - 11 　按能源来源划分的发电外部成本

注：对欧盟 27 个成员国的外部性估算。

资料来源：Trinomics，2020。

两倍。

303

2020 年的一篇文章对几项能源生产的外部成本研究进行了综述，作者认为风能和太阳能的外部成本往往最低，煤炭和石油能源的外部成本最高，水电、核能和生物质能的外部成本在不同研究中存在显著差异（取决于假设条件和成本类型）。文章结论是当考虑全部成本时，"投资真正清洁的可再生能源是有利的，即对自然环境负面影响最小的风能、太阳能和地热能。"[①]

三、能源预测

由于现在可再生能源和传统能源一样便宜或比传统能源更便宜，即使没有补贴和外部成本，化石燃料在全球能源中的比重也将下降。但是，正如在本章开头所提到的，关键问题是"向可再生能源的过渡"是否会很快发生，以防止不可接受的气候变化和其他环境影响。

各政府机构和民间智库对全球能源组合做出了不同的预测。其中，国际能源机构（IEA）所做的预测最具代表性：一个是"既定政策情景"，即各国执行现行或已规划的政策；另一个是"可持续发展情景"，旨在实现《巴黎协定》将温度变化限制在 2℃ 以内的目标。（第十三章将详细讨论 2015 年通过的《巴黎协定》。）

304

图 11-12 显示，在这上述两种情景下，2040 年与 2020 年相比，煤炭产量下降，风能和太阳能等可再生能源产量增加，全球化石燃料在总能源中的比重也将从 81% 下降至 73%，但全球能源结构总体变化并不大。在可持续发展情景中，煤炭产量下降幅度更大，可再生能源产量增加幅度更大。国际能源机构（IEA）还预测核能所占比重将显著提升。然而，即使在这种情况下，化石燃料在 2040 年仍占全球能源供给的 56%。虽然上述政策情景认为，2020～2040 年全球能源需求将增长 20%，但在可持续发展情景下预计因能源利用效率提高，需求将下降 10%。

美国能源情报署（EIA）根据当前政策和对经济增长、能源价格和技术变革

---

① Bielecki et al. , 2020, p. 11524.

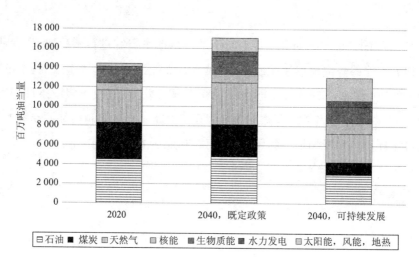

图 11-12　IEA 全球能源组合:2020 年和 2040 年预测(彩图见彩插)

资料来源:IEA,2020a。

的适度假设,在"参考案例情景"下预测 2050 年的全球能源结构。[1] 美国能源情报署预测,可再生能源(包括风能、太阳能、水电和生物质能)将在 21 世纪 40 年代中期成为全球最主要的能源。但在 2050 年,化石燃料与可再生能源的混合能源仍然占全球 68%的能源供给,显然不足以达到气候目标。

另一个普遍参考的全球能源预测来自英国石油公司。[2] 英国石油公司提出了一个"一切照旧"情景,其中不包括重大政策变化,以及追求更雄心勃勃的气候和环境政策的"快速"情景。在英国石油公司正常经营情况下,2050 年化石燃料仍占全球能源供给的三分之二。但在快速方案(rapid scenario)情景下,2050 年化石燃料只提供全球 40%的能源,其中太阳能和风能占 36%。与国际能源机构的预测结果相同,英国石油公司预计由于能源效率的提高,在可持续发展情景下能源需求将下降。

考虑到上述预测及本章介绍的其他数据,你可能会注意到一个明显的不一致。平均而言,风能和太阳能是目前世界上最便宜的两种能源,2020 年这两种

---

① U.S. EIA, 2020a.
② BP, 2020a.

能源也占全球新能源的 70％ 以上，而风能、太阳能有着强劲的比较成本优势，未来只会增加比重。不过，预计到 2050 年风能和太阳能将占世界能源供给的不到三分之一，这可能令人惊讶。

限制风能和太阳能扩张的一个因素是，现有的化石燃料和核电站将因其相对较长的寿命（通常为 30～50 年）而逐渐被淘汰。但风能和太阳能的成本正在迅速下降，甚至比传统发电厂的边际运营成本更低，这表明应尽早关闭发电厂，并用新风能和太阳能取代它们将更具经济意义。另一个需要考虑的因素是本章开头提到的能源挑战，即大规模采用可再生能源需要配套电气化能源系统。可再生能源的广泛分布将需要大量的私人和公共投资，将在本章后面讨论。但也许最需考虑的因素是，美国能源情报署和国际能源机构等所做的预测历来低估了可再生能源的扩张（关于这一问题的更多信息，见专栏 11－3。）考虑美国能源情报署目前对美国太阳能和风能产量的预测，到 2050 年太阳能发电将以每年 7％ 左右的速度增长，而风能将以每年不到 3％ 的速度增长。但 2015～2019 年，美国的风能产量每年增长 10％，而太阳能每年增长 24％。此外，2020 年美国超过四分之三的新发电量来自风能和太阳能。[①] 因此，美国能源情报署对风能和太阳能仅有适度增长的预测结论似乎与实际经验不符。

专栏 11－3　可再生能源的预测并不准确

美国能源情报署和国际能源机构发布的年度能源预测被学者、政治家所引用，并对两个机构的预测形成了依赖。但近年来，越来越多的能源专家指出，美国能源情报署和国际能源机构的预测一直低估了可再生能源的增长。仅以下几个事例供参考：

· 2000 年，美国能源情报署预测在"高可再生能源案例"下，美国的风电装机容量将在 2020 年达到近 20 吉瓦。[②] 实际上，2020 年的风电装机容量超过 100 吉瓦。

---

① U. S. EIA, 2020d.
② U. S. EIA, 2000, Figure 83.

- 2010 年,美国能源情报署预测在有利的"低可再生能源成本"情景下,美国的非水电可再生能源产能 2015～2035 年可能翻一番。[1] 在四分之一的时间内,2015～2019 年美国太阳能产能超过了三倍。

- 2010 年,国际能源机构预测在鼓励向可再生能源过渡的"新政策情景"下,2008～2035 年,全球风能和太阳能发电量将增长近 10 倍。[2] 其实,仅 2008～2019 年,全球风力发电能力就增加了 5 倍,而太阳能发电能力则增加了 40 倍。

- 2015 年,国际能源机构预测 2040 年太阳能价格将下降约 40%。[3] 不过,仅 2015～2020 年,太阳能价格就下降了 43%。

还可以举出很多例子来表明风能和太阳能发电能力的增长以及可再生能源价格的下降,一直在超过美国能源情报署与国际能源机构最为乐观的预测。其部分问题在于,这些预测机构的模型是在现状条件下建立的。正如一位能源专家对美国能源情报署预测的分析,"他们有一些限制因素,但这并不能解释为什么在同一个方向上总会产生错误。他们不仅对变革持保守态度,而且忽略了市场上已经发生的事实。"[4]2016 年的一篇文章建议对美国能源情报署的能源预测方法进行几项改进,并得出结论,"除非可再生能源的预测得到极大改善,否则美国能源情报署电力的可靠性预测会持续偏低。"[5]

四、碳中和能源系统

到 2050 年,可再生能源所供给的能源不超过全球能源的三分之一,而要实现全球向可再生能源的更全面转型需要什么? 2017 年的一篇文章详细介绍了

---

[1] U. S. EIA,2010,p. 69.

[2] IEA,2010,Table2. 1.

[3] IEA,2015,Figure1. 3.

[4] Grunwald,2015.

[5] Gilbert and Sovacoo,2016,p. 533.

139 个国家（包括所有主要国家）的"路线图"，即到 2030 年，将能源系统的 80％被可再生能源系统代替，到 2050 年 100％被可再生能源系统代替。① 在分析中，每个国家都从风、水和太阳光（WWS）中获取所有能源需求。这项研究还考虑了在满足能源高峰需求情景下，每个国家电网的现代化水平以及电池存储条件。结果如下：

· 在一切照旧的情况下，139 个国家的能源需求在 2012～2050 年增长了 70％。但在从风、水和太阳光中获得能源的情景下，由于能源效率的提高，同期总能源需求实际上略有下降。

· 考虑到每个国家的理想能源组合，2050 年的总能源供给由 24％的陆上风电，14％的海上风电，31％的公共事业规模太阳能，26％的住宅、商业和政府太阳能以及 5％的水电和地热来满足。

· 完全转化为风、水和太阳能将在 139 个国家创造约 2 400 万个就业机会。虽然化石燃料和核电等部门损失了 2 800 万个工作岗位，但在风、水和太阳能设施和配套基础设施的建设、运营和维护方面仍创造了 5 200 万个工作岗位。

· 完全转化为风、水和太阳能将会预防每年约 500 万人因空气污染而死亡。

· 到 2050 年完全转化为风、水和太阳能，应将全球气温变化限制在不超过 1.5℃——《巴黎协定》设定的"更雄心勃勃的目标"。到 2050 年，避免因气候变化而导致的损失每年约为 29 万亿美元。

· 能源利用完全转换为风、水和太阳能需要在 139 个国家投资约 125 万亿美元。作者指出，在风、水和太阳能情景下，2050 年的能源水平成本为 9.66 美分/千瓦时。而在一切照旧的情况下，这一成本为 9.78 美分/千瓦时。到 2050 年，转换为使用风、水和太阳能使人均每年节省约 85 美元。

· 风、水和太阳能方案使贫困地区 40 亿人口的能源需求得到满足，风、水和太阳能的分散特点也降低了大规模能源中断的风险。

作者指出，除电动飞机外，支撑全球能源利用转换成一个以风、水和太阳能为动力的大多数技术都已具备。转向风、水和太阳能的主要障碍是缺乏意识和政治意愿；虽然存在社会和政治障碍，但使用现有技术利用风、水和太阳能在技

307

---

① Jacobson et al. , 2017.

术上和经济上是可行的。破除障碍需要传播理念，让人们意识到什么是可能的，什么是有效的政策，以及个人采取行动改变自己家庭的生活方式。[1]

五、能源效率的重要性

如本章开头所述，全球能源挑战之一是促进能源需求侧管理，限制甚至是扭转全球能源需求的增长预期。若能源需求增长受到抑制，主要或完全由可再生能源满足世界能源需求将变得更为可行。能源效率投资通常比新能源供给投资更具成本收益。换句话说，一开始不使用能源通常比建造新的发电厂更便宜，比如在建筑物中增加建筑物的绝缘或安装更高效的电器。2010 年对美国的一项分析发现，在提高能源效率方面投资 5 200 亿美元将节省 1.2 万亿美元的能源。[2] 联合国将能源效率称为"游戏规则的改变者"：

提高能源效率是各国能采取的最具成本收益的措施之一。节能技术，如基于 LED 的照明，在提供相同或更好输出光的同时使用更少的能量。部署此项技术可极大减少温室气体排放，还可为经济发展、创造就业机会、减少污染、改善人类健康和减轻贫困做出贡献。按照国际能源机构的观点，2035 年若采用能源效率作为新能源供给的"第一选择"，全球经济将增加 18 万亿美元，也会实现将全球气温变化限制在 2℃以内所需的减排目标。[3]

若要应对全球能源挑战，就必须在投资可再生能源的同时投资能源效率。国际可再生能源署（IRENA）2017 年的一项分析发现，到 2050 年通过"向可再生能源的过渡和 45% 来自能源效率提高（剩余减排量是减少化石燃料排放）"达成 50% 的碳减排，完成世界能源系统成功脱碳，进而将气温变化限制在 2℃以内。[4] 因为电动产品通常比化石燃料产品更有效率，世界能源系统电气化将产生很大一部分的效率收益。例如，电动汽车的传动系统比内燃机效率更高。

---

[1]　Jacobson et al., 2017. p. 119.

[2]　McKinsey and Company, 2010.

[3]　UN Environment Programme, Energy Efficiency, www. unenvironment. org/exploretopics/energy/what-we-do/energy-efficienc.

[4]　IRENA, 2017.

国际可再生能源署的报告认为,当各国主要关注一种路径时,经济和环境效益没有那么显著,由此应当重视可再生能源和能源效率间的协同效益。另一个迹象是,因为发展中国家目前往往拥有效率较低的能源系统,它们将从能源效率投资中获得最大收益。一项 2020 年的分析结论指出,发展中国家投资能源效率不仅实现了成本节约,而且促进了商品和服务的产出,并减少了贫困。[①]

第五节　能源大转型的政策

在本节中,考虑可以实施哪些政策来应对世界能源挑战。从经济角度考虑,能源需求越来越青睐可再生能源,但能源转型的速度还不够快,仍无法达到气候目标。政府政策可通过促进电气化、专注于需求侧能源管理和解决全球能源差距来填补缺口。

一、外部性内部化

回顾在第三章和第八章中的讨论,化石燃料能源与显著的负外部性有关,这表明可利用税收或交易许可证来激励向可再生能源过渡。原则上,将各种能源(包括化石燃料和可再生能源)的负外部性内部化的经济政策将创造一个"公平竞争环境",从而产生经济高效且环境可持续的结果。如图 11-11 所示,各种能源形式的外部性内部化将显著提高化石燃料(尤其是煤炭)的价格。

能源税可以用各种方式实施,包括汽车燃料、电力税、上游碳税和化石燃料损耗税。如图 11-13 所示,大多数国家通过对汽油等燃料征税来实施能源税。一些国家还实施了碳和电力税。总体而言,能源税在欧洲国家最高。

如图 11-13 所示,能源税并不一定反映负外部性完全内部化。在美国,每加仑 18 美分的联邦汽油税专门用于公路维护和其他运输项目。即使在燃料税

---

① UK Aid et al. ,2020.

相对较高的欧盟,环境外部性也没有完全内部化。欧洲环境署指出,"迄今为止,燃油税并不普遍用于将运输环境的外部性内部化,这可能是因为高燃油税在政策上往往行不通。"①

因此,各国家都可以采取更多措施,将能源使用的外部性内部化。正如在第三章中所讨论的,可以对化石燃料征收上游庇古税,从而使汽油、煤炭发电和天然气供热等化石能源产品价格上涨,以此通过税收刺激供给方和需求方做出反应。生产商将有动力完成能源从化石燃料转向可再生能源从而降低税费,消费者也会因税收大幅上涨而减少对汽油等价格较高的能源产品需求。经济上更有效果的能源税将在多大程度上加快向可再生能源的过渡,取决于各种能源需求的价格弹性,将在本章末讨论。

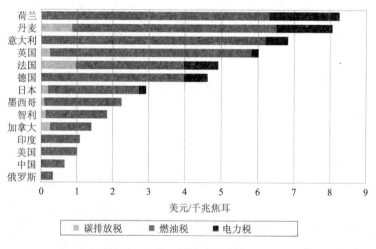

图 11-13　部分国家的能源税(2018)

注:1 吉焦大约包含 8 加仑汽油的能量。

资料来源:OECD,2019。

---

① European Environment Agency, Transport Fuel Prices and Taxes in Europe, www. eea. europa. eu/data-and-maps/indicators/fuel-prices-and-taxes.

二、能源补贴改革

补贴也可作为促成经济高效的政策工具。正如在第三章中所了解到的,当市场创造了正外部性时,例如当户主安装太阳能电池板造福整个社会时,补贴在经济上是合理的。支持可再生能源补贴可作为对化石燃料征税的替代方案。补贴可采取向安装太阳能电池板、购买电动汽车或安装节能加热或冷却系统的家庭和企业直接支付等形式,也可采取低成本贷款或税收抵免的形式。例如,在美国安装太阳能电池板的家庭或企业可从联邦税收中扣除一定比例的成本(2022年为26%,2023年为22%)。

另一种形式的补贴是上网电价补贴政策,它保障了可再生能源生产商可获得长期稳定的电网价格。例如,安装光伏板的户主或企业可将多余能量以设定价格进入市场。很多国家及美国的几个州都制定了**上网电价**补贴政策。德国是执行该项政策最具雄心的国家,并已成为太阳能电池板装机容量的领先国家。随着可再生能源与传统能源的成本竞争力越来越强,上网成本费用将随时间推移而降低。欧盟对扩大可再生能源在电力供给中所占比重的不同方法进行分析发现,"变通的上网电价制度通常是促进可再生能源电力最有效的激励手段"。[1]

> **上网电价**(**feed-in tariffs**):向可再生能源生产商提供以固定价格购买能源长期合同的一项政策。

国际可再生能源署估计,2017 年全球供给侧可再生能源补贴为 1670 亿美元,其中欧盟占总额的一半以上。[2] 其中,美国占 14%,日本占 11%,中国占9%。从能源来源看,太阳能获得了全部可再生能源补贴的 48%,风能为 30%,生物质能为 17%。

虽然化石燃料税和可再生能源补贴等政策得到广泛实施,但不幸的是,化石

---

[1]　Commission of the European Communities, 2008, p. 3.
[2]　Taylor, 2020.

燃料仍然得到大量补贴。根据国际货币基金组织的数据，每年全球化石燃料得到的补贴约为 5 万亿美元，相当于世界经济的 6% 以上。[1] 此外，之前提到的 2017 年国际可再生能源署报告发现，支持化石燃料的全球补贴是可再生能源补贴的 20 倍。[2] 因此，政府政策总体上似乎没有鼓励能源转型，而是在减缓变革。

311 （关于能源补贴的更多信息，见专栏 11 - 4。）

专栏 11 - 4　化石燃料补贴

政府以多种方式为化石燃料提供补贴。最直接的补贴包括现金支付、税收减免和其他财政激励措施。根据国际能源组织的数据，2019 年全球补贴总额约为 3 000 亿美元。[3] 其中约有一半补贴资金使石油行业受益。在中国、印度、俄罗斯和沙特阿拉伯等国家，这些直接补贴均超过了各国 GDP 的 20%。

国际可再生能源署 2020 年的一份报告显示，全球直接化石燃料补贴约为 4 500 亿美元。[4] 因为包括了额外类型的补贴，国际可再生能源署的补贴估计值更大。例如，政府采取有利于化石燃料行业的降低电价政策。还考虑了有利于化石燃料的间接补贴，特别是未定价的负外部性。这类间接补贴每年估计为 2.6 万亿美元，主要来自空气污染损害。在多数情况下，化石燃料行业不会为其空气污染、气候变化和其他环境破坏买单。

国际货币基金组织(IMF)2019 年的一项分析还评估了直接和间接的化石燃料补贴。[5] 国际货币基金组织发现，全球化石燃料补贴总额约为 5 万亿美元，约占世界经济总产出的 6%，其中大约一半是由于低估了当地空气污染(煤炭行业)造成的损害。

---

[1]　Coady et al. , 2019.

[2]　Taylor, 2020.

[3]　IEA, Energy Subsidies, www.iea. org/topics/energy-subsidies.

[4]　Taylor, 2020.

[5]　Coady et al. , 2019.

一个令人鼓舞的迹象是，全球化石燃料补贴普遍在下降。根据全球补贴倡议，2015～2018 年，巴西、加拿大、中国和印度等 50 个国家实施了一定程度的化石燃料补贴改革。[1] 国际货币基金组织指出，由于减少空气污染的国家可以增加额外税收，因而有强烈动机去减少对化石燃料的补贴。国际货币基金组织的结论是：

> 化石燃料定价过低的现象仍然普遍存在……如果燃料价格设定在 2015 年完全有效的水平，预计：全球二氧化碳排放量降低 28%，化石燃料空气污染死亡会降低 46%，税收收入将增加全球 GDP 的 3.8%，而净经济效益（环境效益减去经济成本）将达到全球 GDP 的 1.7%。[2]

化石燃料补贴是有道理的，因为它可以让低收入的消费者，尤其是发展中国家的消费者，更能负担得起能源支出。但经济分析发现，化石燃料补贴主要惠及高收入群体。例如，国际货币基金组织的一项研究发现：

> 因为大量利益"泄漏"给了较高收入群体，燃料补贴被认为是保护贫困人口代价高昂的方法。按绝对值计算，收入最高的五分之一人群获得的补贴是收入最低人群的六倍，政府通过减少化石燃料补贴节省的钱可在其他方面更有效地帮助贫困人口，比如教育或医疗项目的支出。[3]

2009 年包括发达国家和发展中国家在内的二十国集团（G20）成员国同意"合理并逐步取消低效的、鼓励浪费的化石燃料补贴"，"并采取政策，在全球范围内逐步取消此类补贴"[4]。不过行动进展缓慢，而且没有设定具体目标。国际能源机构指出：

> 能源补贴——政府通过人为降低消费者支付的能源价格、提高生产者获得的价格或降低生产成本的措施，该项制度规模庞大且普遍存在。若设计得当，对可再生能源和低碳能源技术的补贴可带来长期的经济和环境收益。然而，当它

312

---

[1]　Merrill and quintas, 2019.
[2]　Coady, et al., pp. 5-6.
[3]　Arze del Granado et al., 2010, p. 1.
[4]　IEA et al., 2011.

们针对化石燃料时，成本通常大于收益。我们发现，化石燃料补贴会鼓励浪费性消费，通过模糊市场信号加剧能源价格波动，鼓励燃料掺假和走私，并削弱可再生能源和其他低排放能源技术的竞争力。[①]

三、促进电气化

近期可再生能源生产成本的大幅下降，消除了全球向可再生能源过渡的主要障碍。但是主要是以电力形式的可再生能源生产，必须要配备相应的分配、储存和利用系统。正如前文所述，目前全球大约有 25% 的能源是通过电力提供的。国际可再生能源署建议，需要大量投资以实现 2050 年全球可再生能源发电量至少翻一番的目标。国际可再生能源署估计，到 2050 年，全球每年需要投资 8 000 亿美元用于可再生能源生产，以便将气温升高控制在 2℃ 以内。除此之外，每年需要投入两倍以上的资金用于电力基础设施建设和提高能源效率。[②]

电气化对企业和家庭的经济意义越来越大。使用电热泵系统为空间和水供暖就是一个典型案例，特别是在常规天气条件下热泵为空间和水供暖时，其生命周期成本比化石燃料更低。另一个例子是电动汽车，如专栏 11 - 1 所示，电动汽车生命周期的成本通常比同等生命周期的汽油动力汽车低数千美元。但这些电力替代品的前期成本较高，因此消费者往往不会选择它们。在技术提升进一步降低价格之前，政府激励措施可以鼓励消费者购买电器和汽车。例如，在美国购买新电动汽车的消费者有资格获得最高 7 500 美元的联邦税收抵免，很多州还实施了额外的经济激励措施。[③]

交通运输大规模电气化需要可靠和可接受的充电网络。虽然电动汽车充电通常由私营公司提供，但政府激励措施可以带动投资。企业和政府还围绕设计和资助收费网络建立了合作伙伴关系。西海岸电气高速公路项目就是一个事例，该项目正在美国加利福尼亚州、俄勒冈州、华盛顿和加拿大不列颠哥伦比亚

313

---

① IEA，2012.

② Anonymous，2020a.

③ 最高 7500 美元的税收抵免仅适用于特定汽车制造商销售的前 20 万辆电动汽车，之后该抵免将被逐步取消。截至 2021 年，特斯拉和通用汽车的信用额度将完全取消。

省利用私人和公共资金建设电动汽车充电网络。政府与电力公司合作，在电网现代化方面可以发挥关键作用。作为 2009 年经济复苏支出的一部分，美国联邦政府在电网现代化方面投入了近 50 亿美元。不过，需求远不止于此，根据加利福尼亚大学伯克利分校研究人员在 2020 年开展的一项分析估计，为使美国 90％的电力来自可再生能源，还需要在电力传输方面再投资 1 000 亿美元。[①]

电池存储是能源系统的另一个关键组成部分，该系统严重受制于风能和太阳能发电的间歇性。幸运的是，电池存储的成本与可再生能源生产的成本同步急剧下降——2015～2018 年，美国公共事业规模的电池存储成本下降了 70％。[②] 在引资政策上，可以通过激励或政府资助进一步投资电池存储。美国几个州的政府政策，包括加利福尼亚州、马萨诸塞州和新泽西州都规定了电力公司的电池存储目标。[③] 2020 年，德国政府宣布投资 1 亿欧元用于电池存储研发。[④]

政府逐步淘汰化石燃料产品可以促进电气化。很多国家已经宣布了禁止销售新型汽油动力汽车的目标日期。2020 年英国宣布了一项计划，到 2030 年禁止销售汽油动力汽车，到 2035 年禁止销售混合动力汽车，并为电动汽车充电和电池存储研究提供公共资金。挪威的目标是 2025 年成为第一个禁止销售汽油动力汽车的国家，其他政策包括禁止在新建筑中使用化石燃料。例如，西雅图市在 2020 年宣布了一项禁令，禁止在新的商业和大型多户型建筑中使用化石燃料供暖。

政府还规定了能源利用由电力转换为可再生能源的时限。2018 年西班牙宣布，到 2030 年将 75％电量由可再生能源提供，到 2050 年全部发电量均由可再生能源提供。瑞典制定了一个更加雄心勃勃的目标，即到 2040 年化石燃料将不再提供电力。中国设定了一个目标，即到 2030 年 35％的电力来自可再生能源。发展中国家在可再生能源电气化方面的进展相对缓慢。

---

① Anonymous, 2020b.

② U. S. EIA, 2020e.

③ U. S. EIA. 2020f.

④ Kelly, 2020.

四、需求侧能源管理

需求侧能源管理通常被认为是能源政策中最具成本收益和环境友好的方法。正如所看到的，将 1 000 瓦的能源供给从煤炭转向太阳能或风能是可取的，如果完全消除这 1 000 瓦的需求会更好。经济学家经常把定价作为一种诱导需求侧做出反应的手段，要么实施庇古税，要么提高电力等产品的政府管制税率。

价格上涨对减少能源需求的有效性取决于价格弹性。2017 年的一项研究估计了美国电力的需求弹性，认为短期（一年内）需求无弹性，数值为−0.1[1]，表明电价上涨 10％只会使需求减少 1％。从长期来看，需求弹性更大，家庭弹性值为−1.0，工业用户弹性值为−1.2。2018 年的一项元分析回顾了来自发展中国家和发达国家的 103 项住宅电力需求研究，发现需求的平均弹性短期为−0.23，长期为−0.58。[2]

大多数经济研究认为汽油需求是无价格弹性的。2015 年的一项元分析收集了 63 项关于汽油需求的国际研究，得出短期的平均需求弹性为 −0.21，长期的平均需求弹性为−0.44。[3] 但最近的几项研究表明，汽油需求弹性可能比之前想象的更大，短期弹性约为−0.40。[4] 从长远看，随着汽油动力汽车替代品的使用变得更广泛，汽油需求将变得更具弹性。

除定价外，还有很多需求侧能源政策工具可以使用。减少能源需求可通过推广高能效技术来实现，例如使用退税、税收抵免和其他经济激励措施。政府政策可强制淘汰低能效技术。例如，很多国家一直在逐步淘汰白炽灯，这种灯泡往往能效极低、寿命短。能效标准是另一个需求侧能源政策工具，如燃油经济性标准或新住宅建筑标准。

能效标签告知消费者各种产品的能效。例如，美国环境保护署和美国能源部管理的"能源之星"计划。符合高能效标准（超过最低要求）的产品有权获得

---

① Burke and Abayasekara, 2017.
② Zhu et al. , 2018.
③ Galindo et al. , 2015.
④ Kilian and Zhou, 2020.

"能源之星"标签。大约75%的消费者购买了"能源之星"产品，他们认为能效标签是消费决策的一个重要因素。2018年，"能源之星"产品的节能总额为350亿美元。[1]

> **能效标签**（efficiency labeling）：在商品上标明能源效率的标签，例如冰箱上标明年度能源使用情况。

信息传播可以倡导行为改变，比如用冷水洗衣服或者及时关闭电灯和电器。一项元分析发现，为人们提供有关减少能源使用方式的信息，能源平均使用减少了10%～14%。[2] 一个类似的方法是利用社会比较来激励能源效率行为。一个常见的事例是，向客户提供关于他们与邻居在使用电力方面的比较信息。2018年的一项研究结论显示，20项研究中有18项得出结论，比较的激励方法显著减少了家庭能源使用，降幅为1%～30%不等。[3] 这些结果表明，非价格干预可与提高价格一样有效地降低能源需求，同时在政治上也更容易被公众所接受。

五、解决全球能源差异

能源贫困可定义为缺乏获得现代的、负担得起的、可靠的能源途径。对于如何衡量一个家庭是否遭受了能源贫困，或者全球究竟有多少人处于能源贫困，人们并没有达成共识。通常，能源贫困等同于缺乏电力供给，全球还有约8亿人缺电。[4] 即使一个家庭与电网相连，它们的能源可能也并不实惠。电力在很多发展中国家是昂贵的，尤其是相对于收入而言。虽然美国的平均电价大约是每千瓦时12美分，但在海地、加纳和利比里亚等国家电费至少是这个数字的两倍。在尼日利亚停电现象很普遍，普通家庭一天有19个小时没有电。[5] 当汽油电力

315

①　U. S. EPA, www. energystar. gov/about.

②　Delmas et al. , 2013.

③　Andor and Fels，2018.

④　IEA et al. , 2020.

⑤　Oseni，2017

停止工作时，人们必须依靠柴油发电机发电，但柴油发电机又排放有毒污染物，而且运行成本昂贵。根据 2020 年的一篇文章，全球有 35 亿人缺乏可靠的电力供给。[1]

315

> **能源贫困（energy poverty）**：无法获得现代的、负担得起的、可靠的能源。

虽然小规模、分散的可再生能源有助于减少农村地区的能源贫困，但发展中国家还需要获得高水平的能源，以促进广泛的经济增长和国际市场竞争力。而且，更大规模的能源生产趋向于降低单位成本。全球消除能源贫困委员会（GCEEP）2020 年的一份报告呼吁采取灵活的方法来解决能源贫困，包括：[2]

- 利用私人和公共资金，每年提供 400 亿美元的资金普及电力。
- 强调但是不限于可再生能源，实施电网内和电网外的混合能源解决方案。
- 关注发展中国家能源供给系统中能源传输的薄弱环节。
- 建立能源市场有效监管制度，防止腐败和不当行为。

全球消除能源贫困委员会指出，新冠病毒感染疫情逆转了在减少能源贫困方面已经取得的积极进展。2020 年非洲有 1 300 万人失去电力供给。[3] 即使在疫情之前，世界也没有走上实现联合国"普遍获得可供电、可靠和现代能源服务"的目标轨道。虽然没有简单的解决办法来结束能源贫困，但仅将全球 13% 的化石燃料补贴资金用于普及电力供给就足够了。[4]

小　结

世界面临四大能源挑战：从化石燃料向可再生能源过渡、世界大部分能源系统电气化、通过提高能源效率和其他方法限制能源需求增长，以及解决全球能源

---

[1] Ayaburi et al. , 2020.

[2] GCEEP，2020.

[3] IEA，2020b.

[4] Zinecker，2018.

差距。

　　化石燃料目前提供了80％的世界能源。尽管过去担心能源供给，但化石燃料储量总体上仍旧丰富。化石燃料的缺点包括价格波动、二氧化碳排放、当地空气污染以及采矿对环境的影响。导致低排放的核能主要问题是高成本和意外事故。

316

　　可再生能源，尤其是风能和太阳能，在过去因高成本而受到限制。但由于技术进步，风能和太阳能的价格近年来大幅下降，即便没有补贴，它们仍是最便宜的两种能源。随着外部性内部化，可再生能源相对于化石燃料的经济优势越来越大。

　　全球向可再生能源的转型显然正在发生，但需要加快实现气候目标。能源税和补贴改革是加快能源转型的两个主要经济政策工具。使用定价、信息传播和行为改变等方法，关注需求侧能源管理也很重要。最后，需要增加投资来解决发展中国家的能源贫困问题。

关键术语和概念

biomass energy 生物质能

demand-side energy management 需求侧能源
　管理

efficiency labeling 能效标签

energy poverty 能源贫困

feed-in tariffs 上网电价

geothermal energy 地热能

hydroelectricity/hydropower 水力发电（水力

电气）

levelized costs 平准化成本

nonrenewable energy sources 不可再生能源

photovoltaic（PV）cells 光伏电池

renewable energy sources 可再生能源

supply-side energy management 供给侧能源
　管理

问题讨论

　　1. 除了在本章开篇所列出的四个能源挑战，你还能列出其他能源挑战吗？你认为应对能源挑战最有效的政策是什么？

2. 你如何看待未来几十年世界能源系统的变革？如何才能加快变革步伐？能源转换的主要障碍是什么？

3. 你认为推动向可再生能源转型是需要市场还是需要积极的政府政策？从环境经济学的角度来看，哪些政策最重要？理由是什么？

相关网站

1. www. eia. gov. Website of the Energy Information Administration, a division of the U. S. Department of Energy that provides a wealth of information about energy demand, supply, trends, and prices.

2. www. nrel. gov. a website of the National Renewable Energy Laboratory in Colorado. e NREL conducts resear on renewable energy te nologies including solar, wind, biomass, and fuel cell energy.

3. www. rmi. org. Homepage of the Ro y Mountain Institute, a nonprofit organization that "fosters the efficient and restorative use of resources to create a more secure, prosperous, and life-sustaining world." eRMI's main focus has been promoting increased energy efficiency in industry and households.

4. www. iea. org. Website of the International Energy Agency, whi maintains an extensive database of energy statistics and publishes numerous reports. While some data are available only to subscribers, other data are available for free, as well as access to informative publications su as the "Key World Energy Statistics" annual report.

5. www. energystar. gov. Website of the Energy Star program, including information about which products meet guidelines for energy efficiency.

参 考 文 献

Andor, Mark, and Katja Fels. 2018. "Behavioral Economics and Energy Conservation—A Systematic Review of Nonprice Interventions and their Causal Effects." *Ecological Economics*, 148:178–210.

Anonymous. 2020a. "The World's Energy System Must Be Transformed Completely." *The Economist*, May 23.

Anonymous. 2020b. "2035: The Report. Goldman School of Public Policy." University of California–Berkeley. June.

Arze del Granado, Javier, David Coady, and Robert Gillingham. 2010. "The Unequal Benefits of Fuel Subsidies: A Review of Evidence for Developing Countries." IMF Working Paper WP/10/202, September.

Ayaburi, John, Morgan Bazilian, Jacob Kincer, and Todd Moss. 2020. "Measuring "Reasonably Reliable" Access to Electricity Services." *The Electricity Journal*, 33(7):106828.

Bielecki, Andrzej, Sebastian Ernst, Wioletta Skrodzka, and Igor Wojnicki. 2020. "The Externalities of Energy Production in the Context of Development of Clean Energy Generation." *Environmental Science and Pollution Research*, 27:11506–11530.

Bloomberg New Energy Finance (NEF). 2020. "Solar and Wind Reach 67% of New Power Capacity Added Globally in 2019, while Fossil Fuels Slide to 25%." September 1.

British Petroleum (BP). 2020a. *Energy Outlook 2020*. www.bp.com/en/global/corporate/energy-economics/energy-outlook.html.

British Petroleum (BP). 2020b. *Statistical Review of World Energy 2020*. www.bp.com/en/global/corporate/energy-economics/statistical-review-of-world-energy.html.

Buongiorno, Jacopo, Michael Corradini, John Parsons, and 18 other participants. 2018. *The Future of Nuclear Energy in a Carbon-Constrained World: An Interdisciplinary MIT Study*. Cambridge: MIT Energy Initiative.

Burke, Paul J., and Ashani Abayasekara. 2017. "The Price Elasticity of Electricity Demand in the United States: A Three-dimensional Analysis." CAMA Working Paper 50/2017, Australian National University, August.

Catanoso, Justin. 2020. "Scientists Warn U.S. Congress against Declaring Biomass Burning Carbon Neutral." *Mongabay*, May 13. https://news.mongabay.com/2020/05/scientists-warn-congress-against-declaring-biomass-burning-carbon-neutral/.

Chandler, David L. 2011. "Shining Brightly." *MIT News*, October 26. https://news.mit.edu/2011/energy-scale-part3-1026.

Coady, David, Ian Parry, Nghia-Piotr Le, and Baoping Shang. 2019. "Global Fossil Fuel Subsidies Remain Large: An Update Based on Country-Level Estimates." IMF Working Paper WP/12/89, May.

Commission of the European Communities. 2008. "The Support of Electricity from Renewable Energy Sources." SEC(2008) 57, Brussels, January 23.

Conca, James. 2017. "Pollution Kills More People than Anything Else." *Forbes*, November 7.

Delmas, Magali A., Miriam Fischlein, and Omar I. Asensio. 2013. "Information Strategies and Energy Conservation Behavior: A Meta-analysis of Experimental Studies from 1975 to 2012." *Energy Policy*, 61:729–739.

Doyle, Alister. 2020. "Norway Sets Electric Car Record as Battery Autos Least Dented by COVID-19 Crisis." Climate Home News, July 2.

Fieber, Pamela. 2020. "The Era of Cheap Wind and Solar Has Arrived, U of C Researchers Find." *CBC News*, November 18. www.cbc.ca/news/canada/calgary/era-of-cheap-wind-and-solar-has-arrived-says-university-calgary-researchers-1.5807219.

Galindo, Luis Miguel, Joseluis Samaniego, José Eduardo Alatorre, Jimy Ferrer Carbonell, and Orlando Reyes. 2015. "Meta-analysis of the Income and Price Elasticities of Gasoline Demand: Public Policy Implications for Latin America." *CEPAL Review*, 117:7–24.

Garfield, Leanna. 2016. "Here's How Much of the World Would Need to be Covered in Wind Turbines to Power the Planet." *Business Insider,* October 16. www.businessinsider.com/how-many-wind-turbines-would-it-take-to-power-the-world-2016-10.

Gearino, Dan. 2020. "Inside Clean Energy: How Soon Will an EV Cost the Same as a Gasoline Vehicle? Sooner Than You Think." *Inside Climate News*, July 30. https://insideclimatenews.org/news/30072020/inside-clean-energy-electric-vehicle-agriculture-truck-costs/.

Gilbert, Alexander Q., and Benjamin K. Sovacool. 2016. "Looking the Wrong Way: Bias, Renewable Electricity, and Energy Modelling in the United States." *Energy*, 94:533–541.

Gimon, Eric, Mike O'Boyle, Christopher T.M. Clack, and Sarah McKee. 2019. "The Coal Cost Crossover: Economic Viability of Existing Coal Compared to New Local Wind and Solar Resources." Vibrant Clean Energy and Energy Innovation, March.

Global Commission to End Energy Poverty (GCEEP). 2020. "2020 Report—Electricity Access." MIT Energy Initiative.

Gold, Russell. 2014. "How to Make Fracking Safer." *Wall Street Journal*, April 4.

Grunwald, Michael. 2015. "Why Are the Government's Energy Forecasts So Bad?" *Politico*, June 24. www.politico.com/agenda/story/2015/06/why-are-the-federal-governments-energy-forecasts-so-bad-000111/.

Gürsan, C., and V. de Gooyert. 2020. "The Systemic Impact of a Transition Fuel: Does Natural Gas Help or Hinder the Energy Transition?" *Renewable and Sustainable Energy Reviews*. https://doi.org/10.1016/j.rser.2020.110552.

Harris, Jonathan M., and Brian Roach. 2018. *Environmental and Natural Resource Economics: A Contemporary Approach,* 4th edition. New York: Routledge.

Harto, Chris. 2020. "Electric Vehicle Ownership Costs: Today's Electric Vehicles Offer Big Savings for Consumers." Consumer Reports, October.

International Energy Agency (IEA). 2010. *World Energy Outlook 2010*. Paris.

International Energy Agency (IEA). 2012. *World Energy Outlook 2012 Factsheet*. Paris.

International Energy Agency (IEA). 2015. *World Energy Outlook 2015*. Paris.

International Energy Agency (IEA). 2019. *The Role of Gas in Today's Energy Transitions*. Paris.

International Energy Agency (IEA). 2020a. *World Energy Outlook 2020*. Paris.

International Energy Agency (IEA). 2020b. "The COVID-19 Crisis Is Reversing Progress on Energy Access in Africa." November 20. www.iea.org/articles/the-covid-19-crisis-is-reversing-progress-on-energy-access-in-africa.

International Energy Agency (IEA), IRENA, UN Statistics Agency, The World Bank, and WHO. 2020. *Tracking SDG 7: The Energy Progress Report*. Washington, DC: World Bank.

International Energy Agency, Organization for Economic Cooperation and Development, Organization of the Petroleum Exporting Countries, and World Bank. 2011. "Joint Report by IEA, OPEC, OECD and World Bank on Fossil-Fuel and Other Energy Subsidies: An Update of the G20 Pittsburgh and Toronto Commitments." Report prepared for the G20 Meeting of Finance Ministers and Central Bank Governors (Paris, October 14–15) and the G20 Summit (Cannes, November 3–4).

International Renewable Energy Agency (IRENA). 2017. "Synergies between Renewable Energy and Energy Efficiency." Working Paper, August.

International Renewable Energy Agency (IRENA). 2019a. *Global Energy Transformation: A Roadmap to 2050,* 2019 edition. Abu Dhabi.

International Renewable Energy Agency (IRENA). 2019b. *Renewable Power Generation Costs in 2019.* Abu Dhabi.

International Renewable Energy Agency (IRENA). 2020. "How Falling Costs Make Renewables a Cost-effective Investment." June 2. www.irena.org/newsroom/articles/2020/Jun/ How-Falling-Costs-Make-Renewables-a-Cost-effective-Investment.

Jacobson, Mark Z., Mark A. Delucchi, Zach A.F. Bauer, and 24 other authors. 2017. "100% Clean and Renewable Wind, Water, and Sunlight All-Sector Energy Roadmaps for 139 Countries of the World." *Joule,* 1:108–121.

Kelly, Éanna. 2020. "Germany Announces €100M Injection into Battery Research." *Science | Business,* July 9. https://sciencebusiness.net/news/germany-announces-eu100m-injection-battery-research.

Kilian, Lutz, and Xiaoqing Zhou. 2020. "Gasoline Demand More Responsive to Price Changes than Economists Once Thought." Federal Reserve Bank of Dallas, June 16. www. dallasfed.org/research/economics/2020/0616.

Kuchment, Anna. 2019. "Even if Injection of Fracking Wastewater Stops, Quakes Won't." *Scientific American,* September 9.

Lazard. 2018. "Levelized Cost of Energy Analysis—Version 12.0." November.

Lazard. 2020. "Levelized Cost of Energy Analysis—Version 12.4." October.

Li, Kewen. 2013. "Comparison of Geothermal with Solar and Wind Power Generation Systems." Thirty-Eighth Workshop on Geothermal Reservoir Engineering, Stanford University, February 11–13.

Loss, Scott R., Tom Will, and Peter P. Marra. 2015. "Direct Mortality of Birds from Anthropogenic Causes." *Annual Review of Ecology, Evolution, and Systematics,* 46:99–120.

Lu, Xi, Michael B. McElroy, and Juha Kiviluoma. 2009. "Global Potential for Wind-generated Electricity." *Proceedings of the National Academy of Sciences of the United States of America (PNAS),* 106(27):10933–10938.

McKinsey & Company. 2010. "Energy Efficiency: A Compelling Global Resource."

McKinsey & Company. 2020. "McKinsey Electric Vehicle Index: Europe Cushions a Global Plunge in EV Sales." July 17. www.mckinsey.com/industries/automotive-and-assembly/ our-insights/mckinsey-electric-vehicle-index-europe-cushions-a-global-plunge-in-ev-sales.

Merrill, Laura, and Nina Quintas. 2019. "One Step Forward, Two Steps Back: Fossil Fuel Subsidies and Reform on the Rise." Global Subsidies Initiative, May 23. www.iisd.org/ gsi/subsidy-watch-blog/fossil-fuel-subsidies-and-reform-on-the-rise.

Miller, G. Tyler, Jr. 1998. *Living in the Environment,* 10th edition. Belmont, CA: Wadsworth.

Nasralla, Shadia. 2020. "Satellites Reveal Major New Gas Industry Methane Leaks." *Reuters,* June 25. www.reuters.com/article/us-climatechange-methane-satellites-insi/satellites-reveal-major-new-gas-industry-methane-leaks-idUSKBN23W3K4.

National Renewable Energy Laboratory (NREL). 2020. "News Release: Research Determines Financial Benefit from Driving Electric Vehicles." June 22. www.nrel.gov/news/press/2020/research-determines-financial-benefit-from-driving-electric-vehicles.html#:~:text=Motorists%20can%20save%20as%20much,Idaho%20National%20Laboratory%20(INL).

Nealer, Rachel, David Reichmuth, and Don Anair. 2015. *Cleaner Cars from Cradle to Grave.* Union of Concerned Scientists. https://www.ucsusa.org/sites/default/files/attach/2015/11/Cleaner-Cars-from-Cradle-to-Grave-full-report.pdf.

Nykvist, Björn, and Måns Nilsson. 2015. "Rapidly Falling Costs of Battery Packs for Electric Vehicles." *Nature Climate Change,* 5:329–332.

Organisation for Economic Co-operation and Development (OECD). 2019. *Taxing Energy Use 2019.* https://www.oecd.org/tax/taxing-energy-use-efde7a25-en.htm

Organization of the Petroleum Exporting Countries (OPEC). 2020. *2020 World Oil Outlook 2045.* Vienna.

Oseni, Musiliu O. 2017. "Self-Generation and Households' Willingness to Pay for Reliable Electricity Service in Nigeria." *The Energy Journal,* 38(4):165–194.

Oswald, Yannick, Anne Owen, and Julia K. Steinberger. 2020. "Large Inequality in International and Intranational Energy Footprints between Income Groups and across Consumption Categories." *Nature Energy,* 5:231–239.

Ouedraogo, Nadia S. 2013. "Energy Consumption and Economic Growth: Evidence from the Economic Community of West African States (ECOWAS)." *Energy Economics,* 36:637–647.

Plant, Genevieve, Eric A. Kort, Cody Floerchinger, Alexander Gvakharia, Isaac Vimont, and Colm Sweeney. 2019. "Large Fugitive Methane Emissions from Urban Centers Along the U.S. East Coast." *Geophysical Research Letters,* 46(14):8500–8507.

Poushter, Jaboc. 2015. "Car, Bike, or Motorcycle? Depends on Where You Live." *Fact Tank: News in the Numbers,* Pew Research Center, April 16. www.pewresearch.org/fact-tank/2015/04/16/car-bike-or-motorcycle-depends-on-where-you-live/.

Randall, Tom, and Hayley Warren. 2020. "Peak Oil Is Suddenly upon Us." *Bloomberg Green,* November 30. www.bloomberg.com/graphics/2020-peak-oil-era-is-suddenly-upon-us/.

Ritchie, Hannah. 2020. "What Are the Safest and Cleanest Sources of Energy?" *Our World in Data,* February 10. https://ourworldindata.org/safest-sources-of-energy.

Schlachter, Fred. 2012. "Has the Battery Bubble Burst?" *American Physical Society News,* 21(8):8.

Shahan, Zachery. 2014. "13 Charts on Solar Panel Cost & Growth Trends." *CleanTechnica,* September 4. https://cleantechnica.com/2014/09/04/solar-panel-cost-trends-10-charts/.

Shahsavari, Amir, and Morteza Akbari. 2018. "Potential of Solar Energy in Developing Countries for Reducing Energy-related Emissions." *Renewable and Sustainable Energy Reviews,* 90:275–291.

Taylor, Michael. 2020. "Energy Subsidies: Evolution in the Global Energy Transformation to 2050." International Renewable Energy Agency, Abu Dhabi.

Trinomics. 2020. "Final Report, External Costs: Energy Costs, Taxes and the Impact of Government Interventions on Investments." European Commission, October.

UK Aid, Energy for Economic Growth, and ESMAP. 2020. "Energy Efficiency for More Goods and Services in Developing Countries." Research report, November.

Union of Concerned Scientists (UCS). 2013a. "Environmental Impacts of Renewable Energy Technologies." March 5.

Union of Concerned Scientists (UCS). 2013b. "Environmental Impacts of Geothermal Energy." March 5. www.ucsusa.org/resources/environmental-impacts-geothermal-energy

U.S. Energy Information Administration (EIA). 2000. *Annual Energy Outlook 2000*. Washington, DC.

U.S. Energy Information Administration (EIA). 2010. *Annual Energy Outlook 2010*. Washington, DC.

U.S. Energy Information Administration (EIA). 2016. "Hydraulically Fractured Wells Provide Two-thirds of U.S. Natural Gas Production." *Today in Energy*, May 5.

U.S. Energy Information Administration (EIA). 2019a. "Energy Expenditures per Dollar of GDP Are Highest in Energy-producing States." *Today in Energy*, August 6.

U.S. Energy Information Administration (EIA). 2019b. "EIA Forecasts Renewables Will Be Fastest Growing Source of Electricity Generation." *Today in Energy*, January 18.

U.S. Energy Information Administration (EIA). 2020a. *International Energy Outlook 2020*. Washington, DC.

U.S. Energy Information Administration (EIA). 2020b. *Annual Energy Review 2020*. Washington, DC.

U.S. Energy Information Administration (EIA). 2020c. Levelized Cost and Levelized Avoided Cost of New Generation Resources in the *Annual Energy Outlook 2020*. Washington, DC. www.eia.gov/outlooks/aeo/pdf/electricity_generation.pdf.

U.S. Energy Information Administration (EIA). 2020d. "New Electric Generating Capacity in 2020 Will Come Primarily from Wind and Solar." *Today in Energy*, January 14.

U.S. Energy Information Administration (EIA). 2020e. "Utility-scale Battery Storage Costs Decreased Nearly 70% between 2015 and 2018." *Today in Energy*, October 23.

U.S. Energy Information Administration (EIA). 2020f. *Battery Storage in the United States: An Update on Market Trends*. July, Washington, DC.

U.S. Environmental Protection Agency (EPA). 2016. "Hydraulic Fracturing for Oil and Gas: Impacts from the Hydraulic Fracturing Water Cycle on Drinking Water Resources in the United States." Final Report. EPA/600/R-16/236F, Washington, DC.

Woodward, Michael, Bryn Walton, Jamie Hamilton, Geneviève Alberts, Saskia Fullerton-Smith, Edward Day, and James Ringrow. 2020. "Electric Vehicles: Setting a Course for 2030." *Deloitte Insights*, July 28.

World Bank. 2020a. "Global Photovoltaic Power Potential by Country." Energy Sector Management Assistance Program, June.

World Bank. 2020b. "Lighting Up Africa: Bringing Renewable, Off-grid Energy to Communities." *World Bank News*, August 13. www.worldbank.org/en/news/

feature/2020/08/13/lighting-up-africa-bringing-renewable-off-grid-energy-to-communities.

World Health Organization (WHO). 2018. "Ambient (Outdoor) Air Pollution Fact Sheet." May 2. www.who.int/news-room/fact-sheets/detail/ambient-(outdoor)-air-quality-and-health.

Zhang, Huiming, Kai Wu, Yueming Qiu, Gabriel Chan, Shouyang Wang, Dequn Zhou, and Xianqiang Ren. 2020. "Solar Photovoltaic Interventions Have Reduced Rural Poverty in China." *Nature Communications*, 11. https://doi.org//10.1038/s41467-020-15826-4.

Zhu, Xing, Lanlan Li, Kaile Zhou, Xiaoling Zhang, and Shanlin Yang. 2018. "A Meta-analysis on the Price Elasticity and Income Elasticity of Residential Electricity Demand." *Journal of Cleaner Production*, 201:169–177.

Zinecker, Anna. 2018. "How Fossil Fuel Subsidy Reform Could Get Us on Target Towards Universal Energy Access." *Global Subsidies Initiative*, July 30. www.iisd.org/gsi/subsidy-watch-blog/how-fossil-fuel-subsidy-reform-could-get-us-target-towards-universal-energy.

第十二章　全球气候变化科学与经济学

焦点问题：

- 全球变暖/全球气候变化的影响是什么？
- 未来人们可以期待什么结果？
- 经济理论能帮助评估气候变化的影响吗？
- 如何模拟气候变化的长期影响？

第一节　气候变化的原因和后果

19 世纪以来，科学家就已意识到大气中的二氧化碳和其他**温室气体**对地球的影响。近几十年来，人们越来越关注这些气体累积所导致的全球气候变化问题，通常被称为全球变暖问题，更准确地称为全球气候变化。基本的变暖效应将对气候模式产生复杂影响，包括不均匀的变暖模式、气候变率增加和极端天气事件。近年来，随着对物理过程科学认知的加深，对气候变化主要后果的预测范围更为接近。由于很多国家已经在经历气候变化的一些破坏性后果，以前将其作为对后代威胁的问题，在 21 世纪末后期及之后，越来越被理解为急切且紧迫的问题（见专栏 12-1）。

通过同行评议发表在科学期刊上的多项研究表明，97％以上积极发表论文的气候科学家认为：过去一个世纪的**全球变暖**趋势极有可能是由人类活动造成的。[1] 政府间气候变化专门委员会(IPCC)明确地将最近观察到的大部分全球气候变化归因于人为温室气体排放。[2]

> **温室气体**(greenhouse gases)：二氧化碳和甲烷等气体通过吸收太阳辐射，其浓度增加会影响全球气候。
>
> **全球变暖**(global warming)：由人类活动排放温室气体导致的全球平均气温上升。

美国全球研究计划和美国地球物理学会的声明表示，科学界普遍接受气候变化的现实，以及人类在其近期模式中的作用：

从大气层顶部到海洋深处，气候变化的证据比比皆是。来自世界各地的科学家和工程师仔细收集了这些证据，他们利用卫星和气象气球网络，观察和测量物种位置、行为以及生态系统功能的变化。综合来看，这些证据说明了一个明确的事实：地球正在变暖，半个世纪以来，这种变暖主要是由人类活动驱动的。[3]

人类是过去50年以来**全球气候变化**的主要影响因素。快速的社会反应可显著减少负面结果。[4]

将气候变化纳入经济分析的框架中，可将导致全球气候变暖和其他天气模式变化的温室气体排放视为环境外部性的原因，也可将其视为对**公共财产资源**的过度使用。

大气是**全球共享资源**，个人和企业都可以向大气中释放污染物。全球污染给每个人造成了"公共问题"(public bad)，是一种具有广泛影响的负外部性。正如在前几章中所讨论的，很多国家都有环境保护法以限制向地方和区域空气中排放污染物。这些法律在一定程度上把与当地和区域污染物有关的外部性内部化。但直至今日，对主要温室气体二氧化碳的控制还很少，温室气体和大气中二

---

① Cook et al. , 2016.
② IPCC, 2014a; IPCC, 2021.
③ U. S. Global Change Research Program, 2014, p. 7.
④ American Geophysical Union, 2014.

氧化碳的浓度一直在上升,2015 年已经超过了大气中二氧化碳浓度的基准值——400ppm(图 12 - 1)。

> **全球气候变化**(**global climate change**):大气中温室气体浓度增加导致的全球气候变化,包括温度、降水、风暴频率和强度,以及碳和水循环的变化。
>
> **公共财产资源**(**common property resource**):人人可用的资源(无排他性),但资源的使用可能会减降低其他人(竞争者)可用的数量或质量。
>
> **全球共享资源**(**global commons**):全球共同财产资源,如大气和海洋。

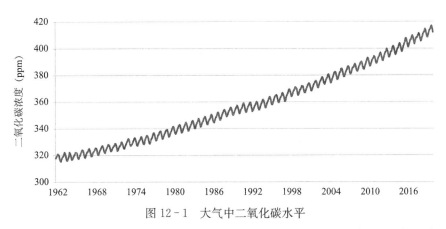

图 12 - 1 大气中二氧化碳水平

注:季节变化意味着二氧化碳浓度每年随着植被和其他生物系统的生长和衰退而上升和下降,但长期趋势是因人类排放二氧化碳而稳步上升。

资料来源:National Oceanic and Atmospheric Administration,Earth System Research laboratory,Global Monitoring Division,www. esrl. noaa. gov/gmd/CCGG/trends/data. html。

气候变化的效应已开始影响气候模式(见专栏 12 - 1)。如果气候变化的影响确实非常严重,那么为了共同利益而降低排放,将符合每个人的利益。因此,气候变化可以被视为一个**公共物品**,需要采取合作行动来制定适宜的政策,如第四章所述。就气候变化而言,此类行动需要所有利益相关者的参与,包括政府、公共机构、私营公司和公民个人。

> **公共物品(public goods)**:所有人都可获得(非排他性)且一个人使用该物品不会减少其他人(非竞争性)对该物品的使用。

几十年来,在国际层面未能达成一项包括所有国家在内的协议。此后,2015年12月在巴黎取得了重大进展,195个国家在《联合国气候变化框架公约》的支持下,签署了第一份全球协议,目标是将全球平均气温的总体升幅控制在2℃以内(与工业化前时期相比),更远大的目标是不超过1.5℃。除了国家政府采取的行动外,数百个城市、地区和企业已承诺在未来5~25年内大幅减少其二氧化碳排放量。在特朗普执政期间,美国没有遵守并短暂退出《巴黎协定》,但自拜登执政后又重新加入了该协定。在第十三章中将详细分析《巴黎协定》。

专栏 12-1　温室效应是什么?

太阳射线穿过含温室气体的大气层到达地表使空气变暖,大气层作为保护层使热量不外泄。因此,需要适应温暖天气的植物可以在寒冷的气候中生长。1824年,法国科学家让·巴蒂斯特·傅立叶(Jean Baptiste Fourier)首次描述了全球温室的影响,地球的大气如同温室玻璃。

云层、水蒸气和二氧化碳、甲烷、一氧化二氮和臭氧天然温室气体等允许太阳辐射通过,但又能阻挡红外热传出。这便创造了自然**温室效应**,使地球适合生存。没有这种效应,地球上的平均表面温度将达到-18℃(0°F),而不是适合的15℃(60°F)。

1896年,瑞典科学家阿伦尼乌斯(Svante Arrhenius)提出了增强和人为温室效应的可能性。阿伦尼乌斯假设与工业化进程同时出现的煤炭燃烧增加,将会导致大气中二氧化碳浓度提高,从而使地球变暖。[①] 自阿伦尼乌斯时代以来,温室气体的排放量急剧增加。与工业化前水平相比,大气中二氧化碳的浓度增加了40%以上(图12-1)。除了煤炭、石油和天然气等化石燃料的燃烧增加外,氯氟烃等人造化学物质以及农业和工业排放的甲烷和一氧化二氮也会造成温室效应。

---

① Fankhauser, 1995.

科学家们已开发出复杂的计算机模型，来估计当前和未来温室气体排放对全球气候的影响。虽然这些模型仍然存在较大的不确定性，但形成了一个广泛的科学共识，人为温室效应对全球生态系统构成了严重威胁。20 世纪，全球平均气温上升了约 0.7℃(1.3℉)。政府间气候变化专门委员会(IPCC，2014b，2021)的结论：

　　　　人类对气候系统的影响是显而易见的，近期人为排放的温室气体达到历史最高……气候变暖是确切的，自 20 世纪 50 年代以来，很多观测到的变化在几十年以至在几千年中都是前所未有的，包括大气和海洋变暖，冰雪融化，海平面上升。

　　　　政府间气候变化专门委员会预测，全球平均气温将在 2100 年上升1.5～4.8℃(2.7～8.6 ℉)，高于工业化前的水平。2020 年，世界的平均气温与1880 年相比已上升 1 ℃以上，其中三分之二的气候变暖发生在 1975 年以来。

　　　资料来源：Fankhauser, 1995；IPCC, 2014a, 2014b, 2014c；NASA, Earth Observatory, https://earthobservatory. nasa. gov/world-of-change/global-temperatures。

　　　温室效应(greenhouse effect)：地球大气中某些气体捕获太阳辐射，导致全球气温上升和其他气候影响的效应。

　　由于二氧化碳和其他温室气体，如甲烷、一氧化二氮和氟化气体(包括氯氟烃和氢氟烃)在大气中不断累积，[①]因此稳定或"冻结"年排放量并不能解决问题。人类排放的温室气体在大气中持续存在了几十年甚至数百年，在温室气体被排放很长时间后，依然持续影响地球的气候。这是一个**累积污染物(囤积污染物)**的例子。正如第八章所说，只有将囤积污染物排放量大幅降低(理想情况下为零)，才能防止累积量的不断增加。因此，应对全球气候变化的国家和国际层面的政策将是一个巨大的挑战，涉及很多科学、经济和社会问题。例如本章使用

---

　　①　www. epa. gov/ghgemissions/overview-greenhouse-gases.

前几章中提出的技术和概念及解决气候变化分析的问题。第十三章转向政策含义的探讨。

> **累积污染物（囤积污染物）（cumulative / stock pollutant）**：不会随时间消散或者显著降低或者显著降解而在环境中不断累加的污染物，例如碳和氯氟烃。

330

一、全球碳排放趋势

大约自 1950 年以来，化石燃料燃烧产生的二氧化碳排放量急剧增加，如图 12-2 所示。2019 年二氧化碳排放量创下 364 亿吨的新纪录，其中煤炭排放占 39%，石油占 34%，天然气占 21%，其余来自水泥生产、气体燃烧和其他来源。[1] 图 12-2 显示了 1900～2019 年的排放量。

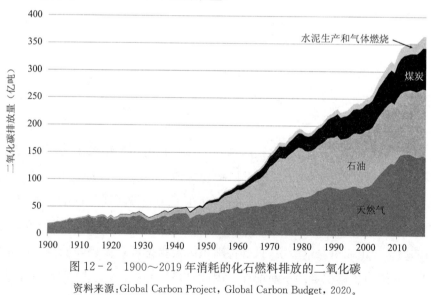

图 12-2　1900～2019 年消耗的化石燃料排放的二氧化碳

资料来源：Global Carbon Project, Global Carbon Budget, 2020。

---

[1]　Global Carbon Project，2020.

　　图 12-3 侧重于两类国家的排放量分布：一组为包括美国和欧洲在内的发达工业化国家；另一组为包括中国在内的发展中国家所在的世界其他地区。自2007 年以来，因发达工业化国家的排放量所占比重稳步下降，发达工业化国家的排放量也绝对下降。同时，发展中国家所占比重显著增加，自 2007 年以来增长了 46％。然而，大约自 2012 年以来，发展中国家排放量增长率有所放缓。

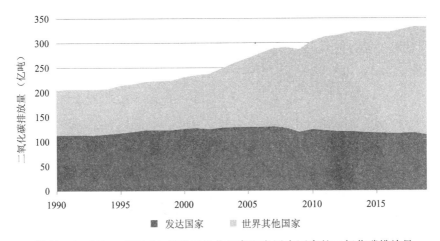

图 12-3　1990～2019 年，发达工业化国家和发展中国家的二氧化碳排放量

资料来源：International Energy Agency, www. iea. org/articles/global-co2-emissions-in-2019。

331

　　排放量与经济周期密切相关，2008～2009 年的衰退在图上清晰可见。图 12-3 中没有包括 2020 年经济衰退的数据，但 2020 年排放量下降幅度更大，估计大约为 8％。[①] 即使在 2020 年经济衰退之前，排放量增长也有所放缓，部分是因为全球经济增长放缓（中国经济增长率下降）。排放增长率的下降还影响到对太阳能和风能等可再生能源和新能源的投资，正如第十一章所述，可再生能源近年来主导了额外的能源生产能力。

　　在发达国家，能源利用从煤炭迅速转向天然气和可再生能源，降低了二氧化碳总排放量（尽管天然气是化石燃料，但其每单位能源的二氧化碳排放量比煤炭低 50％左右）。在发展中国家，煤炭生产仍在扩大，但新能源生产中来自可再生

---

① International Energy Agency, 2020，www. iea. org/reports/global-energy-review-2020/global-energy-and-co2-emissions-in-2020.

能源的比重越来越高。①

　　图 12-4 显示了主要排放国家的二氧化碳排放量的分布:中国(29%)、北美(17%)、欧洲(12%)、印度(6%)、俄罗斯(6%)、中东(6%)、非洲(4%)和不包括中国的亚洲/太平洋地区(22%)。未来碳排放的大部分增长预计将来自印度等迅速壮大的发展中国家。然而,值得注意的是,就历史累积排放量而言,60%以上来自当前发达国家。②

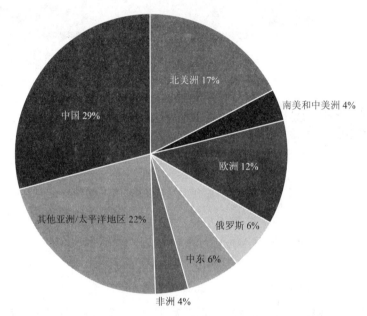

图 12-4　按国家/地区划分的全球二氧化碳排放量所占比重

资料来源:BP Statistical Review of World Energy,2020。

　　除了当前和累积总排放量外,还需要考虑人均排放量。如图 12-5 所示,发达国家的人均排放量普遍较高,美国的人均二氧化碳排放量最高,为 15.7 吨/人。俄罗斯次之,为 12.3 吨/人,其他发达国家人均排放量在 4 吨/人至 10 吨/

---

　　① International Energy Agency,March 16,2016,www.iea.org/news/decoupling-of-global-emissions-and-economic-growth-confirmed.

　　② Hannah Ritchie and Mark Roser,"CO_2 Emissions,"*Our World in Data*,https://ourworldindata.org/co2-emissions.

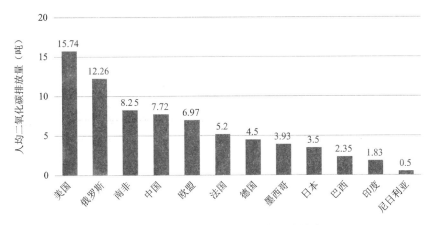

图 12 - 5　按国别分列的人均二氧化碳排放量

资料来源：European Commission，2020（数据为 2017 年）。

人之间。大多数发展中国家的人均二氧化碳排放量较低，一般低于 4 吨/人。

二、全球气候趋势和预测

自 19 世纪末保存可靠的天气记录以来，地球上气温一直处于显著上升状态（图 12 - 6）。自 1900 年以来，全球平均气温上升了约 1℃，即约 1.8℉。现代气象记录中 10 个最暖年份中有 9 年在 2005～2019 年之间。[1] 2015～2020 年是温度记录中最高的 6 年。在这篇文章付梓之际，2020 年被记录为与 2016 年并列为有记录以来最热的一年。[2]

有证据表明，全球变暖的速度正在增加，目前约为每 10 年增加 0.13℃。美国能源部西北太平洋国家实验室的一项研究表明，到 2020 年气温上升的速度可

---

[1]　Rebecca Lindsey and LuAnn Dahlman，*Climate Change：Global Temperature*，NOAA Climate. gov，August 14，2020. www. climate. gov/news-features/understanding-climate/climate-change-global-temperature；Climate Central，"Top Ten Warmest Years on Record," January 15，2020，www. climatecentral. org/gallery/graphics/top-10-warmest-years-on-record.

[2]　NOAA，2020；Fountain et al. ，2021.

能是每 10 年 0.25℃。[①] 北极和南极地区的变暖速度大约是全球变暖速度的两
333 倍,[②]但并非所有地区都在变暖。

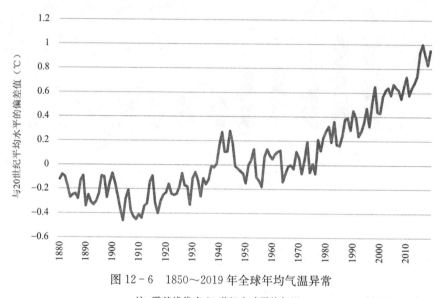

图 12-6　1850～2019 年全球年均气温异常

注:零基线代表 20 世纪全球平均气温。

资料来源:NOAA Global Time Series, https://www.ncdc.noaa.gov/cag/global/time-series。

　　气温升高对生态系统产生了显著影响。世界上大多数地区,冰川正在消逝。
例如,蒙大拿州冰川国家公园在 1910 年建立时有 150 座冰川,到 2021 年,仅剩
余 25 座冰川。据估计,该公园所有冰川将在 21 世纪末消失。[③]

　　气候变化也会导致海平面上升。海平面上升的主要原因是冰川和冰盖融化、
水受热时发生膨胀。2015 年,全球平均海洋温度比 1971～2000 年高近 1℉。[④] 温
暖的海洋和融化的冰相结合,导致海平面每年上升约 2 毫米,2012 年海平面已比

---

① *The Guardian*, March9, 2015. "Global Warming Set to Speed Up to Rates Not Seen for 1 000 Years," www.theguardian.com/environment/2015/mar/09/global-warming-set-to-speed-up-to-rates-not-seen-for-1000-years.

② IPCC, 2007a, Working Group I: The Physical Science Basis.

③ Maxouris and Rose, 2020.

④ U. S. EPA, *Climate Change Indicators: Sea Surface Temperature*, www.epa.gov/climate-indicators/climate-change-indicators-sea-surface-temperature.

1880年高9英寸(23厘米)(图12-7,专栏12-2)。[1] 海平面上升的影响威胁很多沿海地区,例如,美国政府已确定有31个阿拉斯加的城镇面临着迫在眉睫的风险,佛罗里达州城市已因洪水大幅增加而受到严重损害。[2]

图12-7 1880～2018年海平面上升

注:截至1993年的蓝线代表使用验潮仪测量的数据。灰色线表示来自卫星测量的数据。

资料来源:Global Change Research Program, www.globalchange.gov/browse/indicators/global-sea-level-rise。

最近对南极西部冰盖的研究表明,这个面积比墨西哥国土面积还大,很容易因微小的全球变暖而解体,若这种情况发生,能使海平面上升12英尺以上。研究人员发现,即使南极西部冰盖没有解体,到2100年海平面上升总量也可能达到5～6英尺,并将持续增加。到22世纪中叶,海平面每10年上升1英尺以上。研究人员还发现,"自20世纪90年代以来,由于山地冰川、南极洲、格陵兰和南极冰架造成的损失增加,每年的冰损失率上升57%,从0.8万亿吨上升到1.2万亿吨。"[3]

① NOAA,2012a；USGS.gov,"Retreat of Glaciers in Glacier National Park,"http://npshistory.com/publications/glac/glacier-retreat-2017.pdf, accessed July 2021.

② Erica Goode,"A Wrenching Choice for Alaska Towns in the Path of Climate Change,"New York Times,November 29, 2016;"Intensified by Climate Change,'King Tides'Change Ways of Life in Florida,"New York Times,November 17,2016.

③ DeConto and Pollard, 2016；Mooney and Friedman et al.,2021；Slater et al.,2021.

专栏 12-2 太平洋岛屿随海平面上升而消失

基里巴斯是一个由 33 个珊瑚岛屿和礁石岛屿组成的岛国,位于太平洋沿岸,海拔不足 6 英尺,面积约为阿拉斯加的两倍。基里巴斯在未来几十年内面临着沉没的风险。

由于海平面上升,其两个岛屿 Tebua Tarawa 和 Abanuea 已经消失。基里巴斯国家的其他岛屿和邻近的太平洋国家图瓦卢的岛屿也几乎消失了。到目前为止,海洋只是完全吞没了无人居住、相对较小的岛屿,但世界各地珊瑚礁海岸面临的危机正在加剧。

人口稠密的岛屿已经遭受威胁。基里巴斯、图瓦卢的主要岛屿和马绍尔群岛(也在太平洋)同样遭受了严重的洪水,潮汐摧毁了海堤、桥梁和道路、沼泽、房屋和种植园。

马绍尔群岛有 29 个岛屿的海岸线都在遭受侵蚀。在马朱罗环礁上的第二次世界大战残骸都被冲走了,道路和底土被卷入海中,尽管有一个高海堤的保护,但是机场已经被淹没了数次。

图瓦卢的居民发现,由于海平面上升引起的土壤盐渍化问题使庄稼很难种植。很多岛屿在它们消失之前很久就会变得无法居住,因为海洋中的盐污染了地下水,影响了居民赖以生存的淡水供给。在基里巴斯和马绍尔群岛,很多家庭都在拼命地将卡车、汽车和其他旧机器倾倒进海里,并用岩石包围,以防止海浪。生存环境变得如此恶劣,基里巴斯领导人正在考虑将 11 万人口全部迁往斐济,一些村庄的居民已经搬走了。

资料来源:Mike Ives, "A Remote Pacific Nation, Threatened by Rising Seas," *New York Times*, July 2, 2016; "Kiribati Global Warming Fears: Entire Nation May Move to Fiji," *Associated Press*, Mar 12, 2012。

除了海洋温度上升外,大气中二氧化碳的增加也会导致**海洋酸化**。美国国家海洋和大气管理局认为:

自工业革命以来,人类产生的二氧化碳中约有一半已经溶解到全球海水中。这种溶解减缓了全球变暖,但也降低了海水的 pH 值,使海水酸性更强。酸性更强的水会腐蚀很多海洋生物依靠矿物质建造的保护性外壳和骨骼。[①]

> **海洋酸化（ocean acidification）**：由于溶解了大气中排放的二氧化碳，致使海水酸度增加。

《科学》杂志在 2012 年的一份报告显示，海洋正在以 3 亿年来最快速度变酸，可能会对海洋生态系统造成严重后果。[②] 海洋变暖和酸化的首批受害者之一是珊瑚礁，因为珊瑚只能在特定的海水温度和酸度范围内形成。

2015 年，珊瑚礁死亡创纪录，被称为珊瑚白化，这是由于一个世纪以来最强大的厄尔尼诺（太平洋变暖）气候循环和气候变化导致的水温升高的综合结果。[③] 牡蛎育苗场也受到影响，威胁到太平洋西北部的贝类工业。牡蛎育苗场被称为"煤矿中的金丝雀"，因为它们可预测一定范围内海洋酸化的增加对各种海洋生态系统的影响。[④] 森林等其他生态系统也受到气候变化的严重影响（见专栏 12-3）。

> **专栏 12-3　森林、气候变化和野生动植物**
>
> 野火主要发生在炎热干燥的夏季，曾经主要是一种季节性威胁。现在美国西部、加拿大和澳大利亚几乎全年都会有野火出现。2016 年 5 月，艾伯塔省被蔓延 350 多英里的野火袭击，麦克默里堡市遭受了广泛的破坏，导致 80 000 名居民撤离。近年来，加利福尼亚州遭受了创纪录性的火灾损失。2020 年加利福尼亚州、俄勒冈州和华盛顿与火灾相关的二氧化碳排放量至少是 21 世纪历史平均水平的三倍。

---

① NOAA，2010.

② Hönish，2012；Deborah Zabarenko，"Ocean's Acidic Shi May Be Fastest in 300 Million Years," *Reuters*，March 1, 2012.

③ Roger Bradbury，"A World Without Coral Reefs," *New York Times*，July 14, 2012；NOAA，2010；Michelle Inis，"Climate-Related Death of Coral Around the World Alarms Scientists," *New York Times*，April 9, 2016；Damien Cave and Justin Gillis，"Large Sections of Australia's Great Reef Are Now Dead, Scientists Find," *New York Times*，March 15, 2017.

④ Coral Davenport，"As Oysters Die, Climate Policy Goes on the Stump," *New York Times*，August 3, 2014.

> 全球变暖被认为是野火增加的主要原因。气候变暖对北部地区的影响尤其严重:
>
> 那里的气温上升速度快于全球,积雪过早融化,森林比过去更快干枯。干燥的冬天意味着陆地上的水分减少,过多的热量甚至可能导致闪电的增加,这通常会导致最具破坏性的野火。
>
> 根据美国林务局一位生态学家的说法:
>
> 在某些地区,现在有全年的火灾季节,可以说这是最糟糕的情况。从这些变化中可以预见,情况可能会变得更糟。
>
> 科学家们看到了这样一种风险:如果火灾和昆虫对森林的破坏持续增加,被封存在森林中的碳,将以二氧化碳的形式返回到大气中加速全球变暖的步伐——这将是一个危险的负反馈循环。
>
> 资料来源:Richtel and Santos, 2016;Austen, 2016;World Resources Institute, "6 Graphics Explain the Climate Feedback Loop Fueling US Fires," www.wr.org/blog/2020/us-fires-climate-e-missions;Center for Climate and Energy Solutions, "Wildfires and Climate Change," www.c2es.org/content/wildfires-and-climate-change/。

气候变化预测取决于温室气候未来排放的路径。即使当前不再排放任何温室气体,全球仍然将在接下来的几十年中持续变暖,海平面上升等现象也将持续几个世纪。毕竟,温室气体排放的最终环境效应有滞后现象。[1] 图 12-8 给出了 2020～2100 年全球温室气体排放的三种情景。数据包括所有温室气体的排放量,二氧化碳以外的气体转化为**二氧化碳当量**(CO_2e)

图 12-8 中温室气体排放量最高情景是基于各国目前制定的国家政策构建的。在这种情况下,全球温室气体排放量将在 20 世纪 40 年代趋于稳定,然后逐渐下降。到 2100 年,排放量比目前降低 15% 左右。在这种情况下,预计到 21 世纪末,气温将上升 2.7～3.1℃(相对于工业化前的气温),显著超过《巴黎协定》设定的 2℃ 目标。

---

[1] Jevrejeva et al., 2012;www.skepticalscience.com/Sea-levels-will-continue-to-rise.html;IPCC, 2021.

在中间情景下，各国实施高效政策，以履行其在《巴黎协定》下的现有承诺。值得注意的是，这需要在现有政策之外制定更多的国家政策。在这种情况下，全球温室气体排放量在 2030 年左右达到峰值，到 2100 年下降到目前水平的一半左右。但即使所有国家都履行了它们现有的承诺，到 21 世纪末，全球变暖预计气温将升高 2.3～2.6℃，依然不能达到 2℃ 的目标。

图 12-8 中的最低排放情景与保持气温升高 2℃ 的目标是一致的。为了实现这一目标，温室气体排放量必须立即开始下降，并在未来半个世纪继续迅速下降。在这种情况下，2100 年的温室气体排放量比当前水平低 95% 以上。显然，为了实现这一目标，需要进一步加强当前的政策承诺，将在下一章中讨论这一目标。

二氧化碳当量（carbon dioxide equivalent, $CO_2 e$）：将所有非二氧化碳气体转化为它们在变暖影响中的二氧化碳当量，用来衡量温室气体总量或浓度的度量单位。

337

实际上，全球气候变暖和其他影响的程度主要取决于二氧化碳和其他温室气体稳定的大气浓度，工业化前的浓度水平约为 280ppm。在一篇题为《大气中二氧化碳的目标：人类应瞄向何处？》（"Target Atmospheric CO_2: Where Should Humanity Aim?"）的文章中，气候科学家认为："如果人类希望保护一个与文明发展和地球上生命适应的星球，古气候证据和持续的气候变化表明，二氧化碳需要达到 350ppm。"[①]

2015 年，大气中二氧化碳浓度超过了 400ppm，现在接近 420ppm（图 12-1）。[②]当将其他温室气体的贡献包括在内时，总体效应相当于约为 450ppm 的二氧化碳当量浓度。这一水平二氧化碳当量浓度已经超过 80 万年没有出现过，按照目前的增长速度，很快将相当于 1 500 万年前的水平，当时气

---

① Hansen et al. ,2008.

② Adam Vaughan,"Global Carbon Dioxide Levels Break 400ppm Milestone,"*The Guardian*, May 6, 2015.

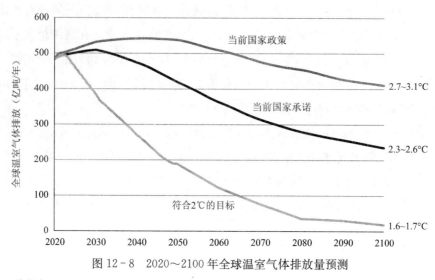

图 12-8　2020～2100 年全球温室气体排放量预测

资料来源：Climate Action Tracker, https://climateactiontracker.org/global/temperatures/。

温比现在高 3～4℃，海平面比现在高 20 米。[①] 350ppm 的稳定目标意味着与目前的大气浓度水平相比有显著降低，正如已讨论过的，对于囤积污染物而言是很难达到的。

第二节　对全球气候变化的响应

应对气候变化既需要**预防性措施(预防策略)**，还需要**适应性措施(适应性策略)**。例如，考虑海平面上升造成的损害，阻止这个过程的唯一方式是完全防止气候变化——现在是不可能的。在某些情况下，可能会建造堤坝和海堤来阻挡升高的海平面。那些住在海边的人——包括可能因海平面上升而失去

---

① Andrea Thompson, "2015 Begins with CO_2 Above 400ppm Mark," *Climate Central*, January 12, 2015, www.climatecentral.org/news/2015-begins-with-co2-above-400-ppm-mark-18534; Jonathan Watts, "CO_2 in Earth's Atmosphere Nearing Levels of 15 Million Years Ago," *Guardian*, July 9, 2020. www.theguardian.com/environment/2020/jul/09/co2-in-earths-atmosphere-nearing-levels-of-15m-years-ago.

大部分领土的海岛国家——在适应性政策下会遭受巨大损失。但是，一项能减缓(但不能阻止)海平面上升的预防性政策需要说服世界上大多数国家参与。2015 年的《巴黎协定》是 195 个签署国家朝着实现应对气候变化的共同利益迈出一步。即使所有成员确实采取了重大行动，但适应气候变化的成本仍然非常高。

预防性措施(预防性策略)(**preventive measures/preventive strategies**)：通过减少温室气体的排放量计划来降低气候变化程度的行动。

适应性措施(适应性策略)(**adaptive measures/adaptive strategies**)：降低全球气候变化损害程度或风险的行动。

科学家们已经通过模拟了大气中累积的二氧化碳增加一倍所造成的结果。预测的部分不利影响结果如下：

- 海平面上升导致土地消失，包括沙滩和湿地。
- 物种和森林面积损失。
- 风暴、飓风和其他极端天气事件的强度增加。
- 严重干旱和洪水的增加。
- 城市和农业供水中断。
- 热浪和热带疾病传播对健康的损害和致死。
- 极端天气变化导致农业产量损失。
- 空调成本增加。

有利的结果可能包括：

- 寒冷气候下的农业生产增加。
- 供暖成本降低。
- 严寒导致的死亡人数减少。

潜在的有益结果将主要出现在北半球的北部地区，如冰岛、西伯利亚和加拿大，这些地区的农业产出可能会增加(尽管这些地区也会受到显著的负面影响)。世界其他大部分地区，尤其是热带和半热带地区，可能会经历额外变暖带来的强烈负面影响。

此外，其他很难预测但可能更具破坏性和永久性的影响包括：

· 突发的重大气候变化，比如大西洋墨西哥湾流的变化，可能会将欧洲的气候改变为阿拉斯加的气候或热盐环流的变化（由热流和淡水流驱动的大规模洋流）引起的其他剧烈变化。

· 正反馈效应，如北极苔原变暖导致二氧化碳的释放增加，将加速全球变暖。（当系统中的原始变化导致进一步的变化时，**反馈效应**就发生了，这些变化要么加强了原始变化（正反馈），要么抵消了原始变化（负反馈。）

· 新出现的疾病，包括可能造成比新型冠状病毒感染更具破坏性的流行病的新病原体，要么是由于扩大了现有疾病的范围，如蚊子传播的登革热和疟疾，要么是由于永久冻土的融化，可能会"释放"休眠数百万年的病毒。[1]

· 格陵兰或南极冰盖迅速崩塌，导致海平面急剧上升，很可能淹没沿海城市。[2]

> **反馈效应**（feedback effect）：系统中导致其他变化的变化过程，这些变化或抵消或加强原有的变化。

根据政府间气候变化专门委员会的预测，随着排放量的增加和气温的升高，负面效应将加剧，正面效应将减少（表 12-1）。如图 12-8 所示，下个世纪全球变暖的预期存在相当大的不确定性。在评估全球气候变化的经济分析时，需要考虑这些不确定性。

鉴于这些不确定性，一些经济学家试图将全球气候变化分析置于**成本收益分析**的背景下。另一些人批评这种方法，认为它试图将货币价值放在社会、政治和生态问题上，而这些问题远远超出了美元价值。将首先审查经济学家通过成本收益分析来阐述应对全球气候变化的努力，然后回到如何评估潜在的温室气体减排政策的讨论。

---

[1] Bottollier-Depois, 2020.
[2] Fountain, 2020；Kelleher, 2021.

> **成本收益分析**（cost-benefit analysis，CBA）：试图将拟议行动的所有成本和收益货币化，以确定净收益的政策分析工具。
> **避免成本**（avoided costs）：通过环境保护或改善环境可避免的成本。

第三节　气候变化的经济分析

很多经济分析估计了各种气候变化情景下的成本和收益。当经济学家进行成本收益分析时，他们会权衡预计碳排放增加的后果与当前稳定甚至减少二氧化碳排放政策行动的成本。防止气候变化采取强有力的政策行动，将带来与避免的损害价值相等的收益。这些防止损害的益处也可称为**避免成本**。然后，经济学家必须将估计的收益与采取行动的成本进行比较。各种经济研究都试图估计这些收益和成本。

试图以货币化的方式或占 GDP 的百分比来衡量气候变化的成本会带来一些固有的问题。一般而言，这些研究只能在气候变化影响经济生产或产生可用货币表示的非市场影响情况下（如第六章和第七章所述）气候变化影响。一些经济部门特别容易受到气候变化的影响，包括农业、林业和渔业、沿海房地产和交通。但这些部门的经济仅占 GDP 的 10% 左右。其他主要领域，如制造业、服务业和金融，可能只受到气候变化的轻微影响。[1] 因此，对 GDP 影响的估计可能会忽略气候变化中一些强度较大的生态影响。威廉·诺德豪斯（William Nordhaus）撰写了很多气候变化成本收益研究报告：

气候变化最具破坏性的方面——在无人管理和无法管理的人类和自然系统中——远远超出了传统市场。我确定了四个特别关注的领域：海平面上升、飓风加剧、海洋酸化和生物多样性丧失。对于每一种变化，目前的规模都超出了人类能够阻止的能力。在这个列表中必须增加对地球系统奇点和临界点的关注，比

340

---

[1] Nordhaus，2013，p. 137.

如那些涉及不稳定冰原和逆转洋流的问题。这些影响不仅很难从经济角度衡量和量化，而且从经济和工程的角度也很难控制。但说它们很难量化和控制，并不意味着它们应被忽视。恰恰相反，这些系统是最应该仔细研究的系统，因为从长远来看，它们可能是最危险的。[1]

表 12 - 1　气候变化的可能影响

影响类型	相对于工业化前的最终气温上升				
	1℃	2℃	3℃	4℃	5℃
淡水供给	安第斯山脉的小冰川消失，威胁着5 000万人的供水。	在一些地区（南非和地中海），减少20%～30%的潜在水供给。	在南欧，每10年发生一次严重干旱；有10亿～40亿以上人口遭受用水短缺。	南非和地中海的潜在供水减少30%～50%。	喜马拉雅山的大型冰川可能会消失，影响中国1/4的人口。
粮食与农业	在温带地区，产量略有增加。	热带地区（5%～10%在非洲）作物产量下降。	高达1.5亿～5.5亿人口面临饥饿风险；高纬度地区的产量可能达到顶峰。	非洲的产量下降了15%～35%；一些区域已经不再适合农业生产。	海洋酸度增加，可能减少鱼类资源。
人类健康	每年至少有30万人死于气候相关疾病；高纬度地区冬季死亡率降低。	在非洲，超过4 000万～6 000万人遭受疟疾的危害。	每年可能有100万～300万人死于营养不良。	在非洲，超过8 000万人遭受疟疾的危害。	疾病的进一步增加给卫生保健服务带来持续性的巨大负担。
沿海地区	沿海洪水造成的损失增加。	多达1 000万人暴露在沿海洪水中。	多达1.7亿人暴露在沿海洪水中。	超过3亿人遭受沿海洪灾。	海平面上升威胁着纽约、东京和伦敦等大城市。
生态系统	至少10%的陆地物种面临灭绝；野火风险增加。	高达15%～40%的物种可能面临灭绝。	多达20%～50%的物种可能面临灭绝；亚马孙森林可能开始消失。	北极苔原丧失一半；珊瑚礁大范围消失。	全球范围内的物种重大灭绝。

341　　资料来源：IPCC，2007b；Stern，2007。

---

[1]　Nordhaus，2013，p. 145.

如第七章所述,成本收益分析也可能会引起争议,因为它用美元来衡量人类健康和生命的价值。正如第七章所指出的,大多数研究都采用一种共同的成本收益分配,即人的一生大约值 800 万美元到 1 100 万美元。大量研究表明,这是人们为避免危及生命的风险而愿意支付的金额或愿意接受金钱(例如,危险工作的额外工资)所承担的风险。但是,正如第七章所指出的那样,发展中国家往往评估弱势群体的生命价值,因为确定"统计生命价值"的方法取决于货币措施,如收入和条件估值。由于很多最严重的气候变化影响将发生在发展中国家,这种经济估值偏差显然会引发讨论和道德问题。

不确定性问题也在第七章中讨论,这也是气候变化成本收益分析的核心问题。这些估计可能遗漏了天气会造成比预期更严重的灾难性后果。例如,一次飓风除了造成生命损失外,还可能造成数百亿美元的经济损失。例如,2005 年 8 月的卡特里娜飓风除了造成 1 800 多人死亡外,还造成 1 000 多亿美元的损失。2012 年,桑迪飓风造成了大约 500 亿美元的损失,中断了近 500 万用户的电力供给,并在纽约和新泽西的大片海岸线上留下了持久影响。玛利亚飓风是 100 年来美国最致命的自然灾害,2017 年 9 月袭击波多黎各,造成 2 975 人死亡。它损坏了岛上数十万所房屋和大部分基础设施,使 300 万人持续断电几个月,并造成了大约 900 亿美元的损失。[①]

若气候变化导致严重飓风变得更加频繁,成本收益分析将必须比之前估计的破坏成本更高。若由于气候变暖而导致热带疾病的发生范围扩大,那么人类发病率或疾病损失将作为另一个未知值,很可能变得非常巨大。

科学家和经济学家使用"综合评估"模型,将人口和经济增长情景以及由此产生的温室气体排放模式转化为大气组成和全球平均气温的变化。进而,这些模型应用"损害函数"来近似气温变化与海平面变化、飓风强度、农业生产力和生态系统功能等影响的经济成本间的全球关系。最后,模型试图将未来损害转化为当前货币价值。[②]

342

如图 12-9 所示,气温变化范围越大,全球范围内的损失估值就会大大增

---

① www.nbcnews.com/news/latino/puerto-rico-sees-more-pain-little-progress-three-years-after-n1240513.

② Revesz et al. , 2014.

加。不同模型对未来损失做出了不同估计,进而对经济也产生了不同影响。根据全球平均气温上升的判断,其影响范围从每年占全球 GDP 的 2%～10% 以上。对美国经济损失的建模显示了类似的趋势,即"随着气温升高,影响变得不成比例地增大"。[①]

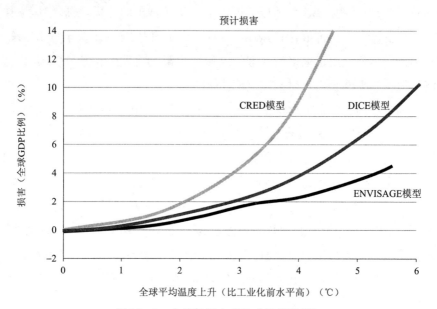

图 12-9　全球气温上升造成的损害增加

注:本图中所示的三个不同模型(ENVISAGE、DICE 和 CRED)给出的损害估计在低到中等气温变化水平下相似,但在较高水平下会发散,这反映了建模中使用了不同假设。

资料来源:Revesz et al. , 2014; Ackerman et al. , 2013。

图 12-9 中的数值显示了三种广泛使用的模型结果,其损害估计基于政府间气候变化专门委员会对 2100 年前可能发生的气温变化的估计。损害估计的货币化可能会引起争议,它可能无法涵盖损失额的所有方面。但是假设决定接受损害额货币化,至少它是一个粗略的估计。此后,必须权衡预防气候变化政策的估计收益与此类政策的成本。为了估计这些成本,经济学家使用模型来显示劳动力、资本和资源等投入如何产生经济产出。

---

① Hamilton Project and Stanford Institute for Economic Research, 2019; Hsiang et al. , 2017.

为了降低碳排放,必须减少化石燃料的使用,用其他能源代替,并投资于可再生能源、能源效率和其他碳减排战略的新基础设施。经济学家计算了**边际减排成本**的一个衡量标准,即通过各种措施额外减少一个单位的碳成本,比如能源效率提升、太阳能和风能的利用,或者避免乱砍滥伐。其中一些措施是低成本的,甚至是负成本的(这意味着除了它们的碳减排贡献外,还带来了净经济效益,更多内容见第十三章)。但是,对于规模非常大的碳减排,大多数经济模型预测其将会对 GDP 产生一些负面影响。一项被称为**元分析**的广泛研究总结发现,对GDP 影响的估计因对新能源替代可能性、技术学习和一般经济灵活性的假设而异。[①]

> **边际减排成本**(marginal abatement costs):额外一个单位的污染,如碳排放的减排成本。
>
> **元分析**(meta-ananlysis):一种基于对现有研究进行定量审查的分析方法,以确定产生研究结果差异的因素。

据估计,要达到《巴黎协定》有关气温上升不超过 2℃的目标,需要损失大约1.5%的全球 GDP(大约相当于一年的 GDP 增长量)。但这是在国际合作最佳情况下的假设。在不太有利的假设下,成本估计将上升至全球 GDP 的 4%以上。[②] 同样,前面提到的元分析发现,在最不利情况下,成本可能占全球 GDP 的3.4%,而在最佳情况下,成本将占全球 GDP 的 3.9%。[③]

一、平衡气候行动的成本和收益

若激进碳减排政策的成本和收益占 GDP 较多比例,应该如何应对? 这主要取决于对**未来成本和收益**核算。采取行动的代价必须在今天或不久的将来承担。采取行动的收益(避免损失的成本)更多是在未来体现。那么,当前的任务

---

① Stern, 2007, chap. 10, "Macroeconomic Models of Costs."
② Nordhaus,2013,chap. 15,"The Costs of Slowing Global Climate Change."
③ Stern,2007,p. 271.

就是决定如何平衡这些未来的成本和收益。

正如在第七章中所述，经济学家使用**折现率**来评估未来的成本和收益。与折现相关的问题和隐含的价值判断增加了在评估成本和收益时的不确定性。这也意味着，应考虑一些替代方法，包括可以结合生态、经济成本和效益的技术。

有关气候变化成本收益分析的经济研究在政策上得出了截然不同的结论。根据威廉·诺德豪斯（William Nordhaus）及其同事们的早期研究（2000～2008年），减缓气候变化的"最佳"经济政策包括在短期内适度减少排放，随后在中长期增加减排量，有时被称为逐步"加速"的气候政策。[1]

未来成本和收益（**future costs and benefits**）：预期未来会发生的成本和收益，通常与通过折现的当前成本相比较。

折现率（**discount rate**）：将未来预期收益和成本折算成现值的比率。

大多数关于气候变化的早期经济研究得出的结论与诺德豪斯研究相似，但也有一些研究人员建议采取更激进的行动。2007年，世界银行前首席经济学家尼古拉斯·斯特恩（Nicholas Stern）发布了由英国政府赞助的长达700页的报告。报告的题目为《气候变化经济学——斯特恩报告》（*The Stern Review on the Economics of Climate Change*，以下简称《斯特恩报告》），讨论了有关气候变化经济学的重大变化。尽管以往大多数关于气候变化的经济分析都建议采取相对温和的政策应对，但《斯特恩报告》强烈建议立即采取实质性的政策行动：

现在的科学证据不容置疑：气候变化是一个严重的全球威胁，亟需采取全球性紧急应对措施。本评论评估了关于气候变化影响和经济成本的广泛证据，并使用了多种技术来评估成本和风险。从这些角度来看，《斯特恩报告》所收集的证据都指向一个结论：尽早采取有力行动的收益远大于不采取行动的收益。[2]

《斯特恩报告》使用了传统的经济模型预测：如果不采取行动，气候变化的总体成本和风险将相当于每年至少损失全球 GDP 的 5%，并将永远持续下去。如

---

[1] Nordhaus, 2007, 2008; Nordhaus and Boyer, 2000.

[2] Stern, 2007.

果考虑到更广泛的风险和影响，损失估计可能上升到 GDP 的 20％ 或者更多。相比之下，采取行动的成本即为了避免气候变化的最坏影响而降低温室气体的排放，每年只占全球 GDP 的 1％ 左右。[①] 利益成本比至少为 5∶1 成为最有说服力的经济理由，这意味着需要立即采取重大政策行动而非缓慢的"加速"的气候政策。

如何解释这两种气候变化经济分析方法的差异？一个主要的不同在于计算未来成本和利益时折现率的选择。

正如在第七章中指出的，长期的收益或成本的现值（PV）主要取决于折现率。较高的折现率将导致在长期利益估值较低，短期成本估值较高。相比之下，较低的折现率将导致长期收益的估值较高。因此，如果选择低折现率，激进减排政策的估计净现值将变高。

虽然斯特恩和诺德豪斯的研究都基于传统的经济方法，但是斯特恩的方法更重视长远的生态和经济影响。《斯特恩报告》采用 1.4％ 的低折扣率来平衡当前和未来的成本。虽然在几十年的时间里，积极行动的成本可能会高于收益，但潜在的较强的长期损害影响了当下采取积极行动。然而，使用标准折现率可将重大的未来损害的现值降低至相对不重要的程度。（如第七章表 7-2 所示，例如，在 5％ 的折现率下，未来 50 年价值 100 美元的损害价值以今天的美元评估为 8.71 美元，未来 100 年评估为 76 美分。）

这两项研究间的另一个不同之处在于对不确定性的处理。斯特恩的方法对潜在的灾难性影响给予了更高权重。这反映了**预防性原则**的应用：若某一特定结果可能是灾难性的，即使不太可能发生，也应采取强有力的措施来避免这种情况。这一原则已在环境风险管理中得到更广泛的应用。由于温室气体持续积累可能带来很多未知的灾难性后果，所以对全球气候变化来说，预防性原则也特别重要（见专栏 12-4）。马丁·韦茨曼（Martin Weitzman）的一项研究认为，重视灾难性气候变化的可能性可能会超过折现的影响，这为当前在减排方面进行大量投资，以避免未来灾难提供了理由。这与防止未来住宅火灾的不确定性

---

① Stern，2007，Short Executive Summary，vi.

相同。[1]

> **预防性原则**（precautionary principle）：认为政策应考虑到不确定性，采取措施避免低概率的灾难性事件。

第三个不同之处是缓解气候变化行动经济成本的评估。为防止全球气候变化而采取的措施将对 GDP、消费和就业产生经济影响，这就解释了政府不愿采取严厉措施减少二氧化碳排放的原因。但这些结果并非都是负面的。

《斯特恩报告》全面分析了二氧化碳减排成本的经济模型。这些成本估计主要取决于所使用的建模假设。如第十二章第一节所述，将大气中二氧化碳累积稳定在 450ppm 的预测成本，可能在占全球 GDP 下降 3.4% 到上升 3.9% 的区间，结果取决于一系列假设包括：

- 经济对能源价格信号反应的效率或低效率。
- 非碳**"后备"能源技术**的可获得性。
- 各国是否可以使用可交易的许可证方案**作为最低成本选择**的碳减排方案（第八章介绍了可交易的许可证的经济性）。
- 碳基燃料税（taxes on carbon-based fuels）的收入是否用于降低其他税收。
- 是否考虑到碳减排的外部收益，包括减少地面空气污染。[2]

> **"后备"能源技术**（"backstop" energy technologies）：能够替代现在能源资源，特别是化石燃料的技术。例如太阳能、风能和地热等。
> **最低成本选择**（least-cost options）：可以采取最低总体成本的行动。

根据所作假设的不同，减排政策的结果范围，可能从轻微减少排放的极简方法到大幅度减少 80%～100% 的二氧化碳排放（有可能通过负净排放来减少现

---

① Weitzman，2009.
② Weitzman，2009.

有累积量）。

然而，近年来诺德豪斯和斯特恩的立场已趋同。诺德豪斯在他的最新出版物中使用了模型的更新版本（DIC-2013），预测到 2100 年气温将升高 3℃以上。他主张每排放一吨二氧化碳征收 21 美元的碳税，并随着时间的推移迅速增加（碳税的经济性将在第十三章详细讨论）。[①]　西蒙·迪茨（Simon Dietz）和尼古拉斯·斯特恩（Nicholas Stern）对其模型进行了修改，为了将大气中二氧化碳累积量限制在 425～500ppm 之间，将全球气温变化限制在 1.5～2.0℃之间。[②]　并考虑到损害的增加和气候"临界点"的可能性（见专栏 12-4），建议碳税应高出 2～7 倍。尽管仍存在差异，但总体趋势是建议采取更严厉的政策措施：

虽然诺德豪斯和斯特恩可能会就碳税是应作为"斜坡"还是"陡坡"征收，以及将预期未来损害转化为现有条款的适当折现率存在分歧，但随着模型的完善和碳税的进一步推迟，这一争论的相关性将逐渐减弱。[③]

可以发现，实现《巴黎协定》中 1.5～2℃的目标所需的成本估算的数量级约为全球 GDP 的 1.5%～4%，远低于 2020～2021 年新冠病毒感染疫情导致全球收入损失 8.3%。[④]　这表明，目前值得大量投资，以避免气候变化造成的灾难，包括未来可能发生的疫情（见专栏 12-4）。值得注意的是，一些主要国家为应对新冠疫情危机而实施的经济刺激政策已超过其 GDP 的 10%，这为利用新冠病毒感染疫情危机余波作为扩大气候行动和"绿色"复苏的间接杠杆打开了一扇机会之窗。[⑤]

346

专栏 12-4　气候临界点和意外

气候变化预测的不确定性在很大程度上与反馈循环（feedback loops）的问题有关。当初始变化（如较高的气温）在物理过程中产生变化，然后放大或减少最初效应时，就会出现反馈循环（一种增加最初效应的反应成为正反馈

---

① Nordhaus，2013.

② Dietz and Stern，2014.

③ Komanoff，2014.

④ UN News，January 2021，https://news.un.org/en/story/2021/01/1082852.

⑤ Shan et al.，2020.

循环;减少最初效应反应成为负反馈循环)。正反馈循环的一个事例是,全球变暖导致北极苔原的融化加剧,释放出二氧化碳和甲烷,增加了大气温室气体的积累,从而加快了变暖过程。

由于与气候变化相关的不同反馈循环,最新证据表明,全球变暖的速度较5年或者10年以前科学家预测的速度更快了。这使得人们越来越担心反馈循环"失控",它可能会在短时间内导致巨大变化。一些科学家认为,可能接近某些气候临界点,一旦超过临界点,就有可能发生灾难性后果。

或许最令人不安的可能是格陵兰和南极西部冰原的迅速崩塌。2016年的一项研究认为,大块极地冰可能在未来50年内融化,导致海平面上升20～30英尺。陆地融化冰形成的淡水流入海洋将形成一个反馈循环,导致格陵兰和南极洲冰盖迅速解体。本书的主要作者詹姆斯·汉森(James Hansen)博士说"这将意味着所有沿海城市、世界上大多数大城市及其历史将消失。"

虽然快速融化的情况仍然存在争议,但人们已经发现了其他危险的反馈循环。在最新研究中,科学家们发现北极的甲烷排放量在短短五年内增加了近1/3。这一发现源于近年来该地区的一系列报告,称此前冻结的沼泽土壤正在融化,并释放出大量甲烷。这种北极土壤目前锁住了数十亿吨甲烷,而甲烷是一种比二氧化碳更强的温室气体,这使得一些科学家将永久冻土的融化描述为一颗嘀答作响的定时炸弹,可能会摧毁前期所做的一切努力。他们担心,甲烷排放增加所导致的变暖本身将释放更多的量,并将世界锁定在一个破坏性循环之中,迫使气温上升比预期的更快。

永久冻土融化的另一个可能结果是,数千年来被封锁的微生物被释放出来,这可能导致毁灭性的流行病。更广泛地说,气候变化和其他人类干预导致生物多样性的丧失和生态系统的破坏,与人畜共患病(从动物传播到人类的新疾病)的出现以及登革热和疟疾等现有疾病的传播有直接关系。

资料来源:Adam,2010;Gillis,2016;DeConto and Pollard,2016;Bottollier-Depois,2020。

二、气候变化与不平等

全球气候变化的恶果落在贫困人口身上。非洲等地区可能面临严重的粮食和水资源短缺,而南亚、东亚和东南亚的沿海地区则面临洪水泛滥。由于气候干燥,拉丁美洲的热带森林和农业区将受到损害,在南美洲,降水模式的变化和冰川的消失将显著提高水资源的可用性。[①]

虽然较富裕的国家可能有经济资源来适应气候变化,但较贫穷的国家若没有明显的援助将无法实施预防措施,尤其是那些依赖最新技术的国家。

这就涉及经济和政治力量对全球范围内环境政策的影响,提出了环境正义的基本问题(见第三章,专栏 3-4)。**环境正义**是一个术语,用来将全球变暖视为一个道德和政治问题,而不是一个纯粹的环境或物理性质的问题。**气候正义**的原则意味着公平分担气候变化的负担和制定应对政策的成本(在第十三章中进一步讨论)。[②]

> **环境正义**(environmental justice):在制定、实施和执行环境法律、法规和政策时,对不同种族、肤色、国籍或收入的人给予公平对待。
>
> **气候正义**(climate justice):公平分担气候变化的负担和政策应对的成本。

最新研究使用了地理分布影响模型来估计全球范围内气候变化影响。从表12-2看出,到2080年,大多数发展中国家所在的非洲、南美和亚洲的沿海洪灾受害者和面临饥饿风险的人口相对其他地区数量更多。

发表在《自然》杂志上的一项研究预测:

如果社会继续像目前这样运转,与没有气候变化的世界相比,气候变化预计会大幅减少全球经济产出,并可能扩大现有的全球经济不平等,从而重塑全球经

---

① IPCC, 2007b；Stern, 2007, chap. 4；Cohen, 2021；Mamalakis, 2021.

② Mary Robinson Foundation for Climate Justice, www. mrfcj. org/principles-of-climate-justice/.

济。前所未有的创新或防御性投资等适应措施可能会减少这些影响,但社会冲突或中断的贸易可能会加剧这些影响。[1]

　　总之,该研究预测,"全球损失巨大的可能性很大",最严重的比例损失将由最贫困国家来承受。

表 12 - 2　2080 年气候变化对区域尺度的影响(万人)

地区	居住在水资源压力增加流域内的人口	沿海洪水增加的年平均受害人数	面临饥饿的额外人口(括号内的数字是假设二氧化碳最大浓度时的影响)
欧洲	38 200~49 300	300	0
亚洲	89 200~119 700	1 470	26 600(-2 100)
北美洲	11 000~14 500	10	0
南美洲	43 000~46 900	40	8 500(-400)
非洲	69 100~90 900	1 280	20 000(-200)

　　注:这些预测基于一切照旧情景(IPCC A2 情景)。二氧化碳有助于增加植物的生产力,可以最大限度地减少遭受饥饿的人口数。

　　资料来源:IPCC,2007b,有改动。

　　经济学家将不平等纳入分析的方式,这将可能会对他们的政策建议产生重大影响。如果所有成本都用货币来评估,例如,以美元衡量,贫困国家 10% 的 GDP 损失可能比富裕国家 3% 的 GDP 损失要少得多。因此,贫困国家气候变化所造成的损害可能占很大的 GDP 比重,进而对人类福利的影响更大。但由于以美元计算的损失相对较小,因此受到的影响相对较小。《斯特恩报告》认为,气候变化对世界贫困人口不成比例的影响,会增加气候变化的估计成本。斯特恩估计,如果没有不公平的影响,一切照旧的成本每年可能高达全球 GDP 的 11%~14%。考虑贫困人口受到的影响将会使估计成本提升为全球 GDP 的 20%。[2]

---

[1]　Burke et al. , 2015.

[2]　Stern,2007,chap. 6.

三、气候稳定

对社会与环境成本和收益的假设不同,政策建议也会不同。正如所看到的,成本收益分析大多都建议采取行动来缓解气候变化,但其基于风险和折扣假设的建议强度不同。生态经济学家认为,根本问题是物理和生态系统的稳定性,这两个系统是地球气候的控制机制。这也意味着**气候稳定**,而非成本和效益的经济选择。稳定温室气体排放是不够的,按照目前的排放速度,二氧化碳和其他温室气体将继续以潜在的灾难性速度在大气中积累。

> **气候稳定**(climate stabilization):指将化石燃料的使用减少到不会增加全球气候变化的可能性水平的政策。

349

要想稳定温室气体的积累,就需要大幅削减当前排放水平。如图 12-8 所示,为了达到《巴黎协定》设定的 2℃目标,全球温室气体排放需要在 21 世纪末稳步下降到接近零。只有在大幅增加全球二氧化碳吸收的情况下,才能实现这一目标。除了大幅减排外,还可能扩大森林面积和提升农业技术。[①] 为了实现《巴黎协定》中雄心勃勃的目标,即将全球气温变化限制在不超过 1.5℃的范围内,则需要长期的负净排放。

显然,如此大规模的削减意味着全球经济使用能源的方式以及农业和林业等方式将发生重大变化。"要想将全球气温变化限制在 1.5℃以内,就需要在能源、土地、城市和基础设施(包括交通和建筑)以及工业系统方面进行迅速而深远的转型。"[②]正如在第十一章所述,能源效率和可再生能源的使用可对减少排放产生重大影响。其他政策也可减少其他温室气体的排放,促进森林和土壤吸收二氧化碳。什么样的政策组合能提供有效的反应?迄今为止,世界各国对这一问题的反应如何?将在第十三章详细讨论这些问题。

①　IPCC,2019;IPCC,2021.

②　IPCC,2018.

小　结

由温室气体的温室效应引起的气候变化是一个全球性问题，所有国家都涉及其原因和后果。发达国家对历史排放负有主要责任，并且拥有最高的人均排放量，但发展中国家的排放量将在未来几十年大幅增长。

最新科学证据表明，如果各国不实施额外政策，21世纪全球气温可能上升3℃以上。除了简单地使地球变暖之外，其他预期的影响还包括对突发性重大气候变化的破坏。

气候变化的经济分析包括估计成本和收益。在这个问题中，收益是通过采取措施预防气候变化可能减少的损失。成本是摆脱对化石燃料依赖的经济成本，以及减少温室气体的其他经济影响。

成本和收益的相对评估在很大程度上取决于所选择的折现率。由于损害往往随着时间的推移而恶化，使用高折现率会导致对避免气候变化收益的评估较低。此外，诸如物种损失和对生命和健康的影响，以及不确定但可能潜在灾难性"失控"影响，都无法用货币来衡量。同时，根据经济模型中所使用的假设，避免气候变化的政策成本可能从GDP下降4%到增加4%不等。

全球气候变化对发展中国家的影响将最为严重。大多数经济分析都建议采取某种形式的措施来缓解气候变化，但所提议的补救措施的紧迫性和程度不同。要实现《巴黎协定》设定的目标，就需要采取严厉措施减少排放，这意味着全球能源使用模式和促进碳减排的其他政策将发生重大变化。

关键术语和术语

adaptive strategies 适应性策略

avoided costs 避免成本

"backstop" energy technologies "后备"能源技术

carbon dioxide equivalent（CO_2 e）二氧化碳当量

climate justice 气候正义

climate stabilization 气候稳定

common property resource 公共财产资源

cost-benefit analysis(CBA) 成本收益分析

cumulative or stock pollutant 累积污染物或 囤积污染物

discount rate 折现率

environmental justice 环境正义

feedback effect 反馈效应

future costs and benefits 未来成本和收益

global climate change 全球气候变化

global commons 全球共享资源

global warming 全球变暖

greenhouse effect 温室效应

greenhouse gases 温室气体

least-cost options 最低成本选择

meta-analysis 元分析

marginal abatement costs 边际减排成本

ocean acidification 海洋酸化

precautionary principle 预防性原则

preventive strategies 预防策略

public goods 公共物品

问题讨论

1. 全球气候变化的主要证据是什么？这个问题有多重要？其主要原因是什么？对关于解决这个问题的全球公平性和责任提出了什么困难？

2. 你认为使用成本收益分析来解决气候变化问题是否合适？如何才能有效评价北极冰川融化和岛屿国家被淹没等问题？在涉及全球生态系统和未来子孙后代的问题时，经济分析的适当作用是什么？

3. 应对气候变化的目标是什么？既然完全阻止气候变化是不可能的，那么应如何在适应性努力和预防/缓解性努力之间取得平衡？

相关网站

1. www. epa. gov/climate-indicators. The U. S. Environmental Protection Agency's report on the causes, impact, and trends related to global climate change.

2. www. ipcc. ch. The website for the Intergovernmental Panel on Climate Change, a UN-sponsored agency "to assess the scientific, technical, and socio-economic information relevant for the understanding of the risk of human-induced climate change." Its website provides comprehensive assessment reports on climate change, including the scientific basis, impacts, adaptation, and

mitigation，as well as special reports on related topics.

3. www. climatecentral. org. Climate Central is an independent organization of scientists and journalists that "surveys and conducts scientific research on climate change and informs the public of key findings."

参 考 文 献

Ackerman, Frank, Elizabeth A. Stanton, and Ramón Bueno. 2013. "CRED: A New Model of Climate and Development." *Ecological Economics*, 85:166–176.

Adam, David. 2010. "Arctic Permafrost Leaking Methane at Record Levels, Figures Show." *The Guardian*, January 14. www.guardian.co.uk/environment/2010/jan/14/arctic-permafrost-methane/.

American Geophysical Union. 2014. *Human-Induced Climate Change Requires Urgent Action*. www.agu.org.

Austen, Ian. 2016. "Wildfire Empties Fort McMurray in Alberta's Oil Sands Region." *New York Times*, May 3.

Bottollier-Depois, Amélie. 2020. "How Climate Change Could Expose New Epidemics." *Phys. Org*, August 16. https://phys.org/news/2020-08-climate-expose-epidemics.html.

Burke, M., S. Hsiang, and E. Miguel. 2015. "Global Nonlinear Effect of Temperature on Economic Production." *Nature*, 527:235–239.

Cohen, Li. 2021. "Climate Change will Cause a Shift in Earth's Tropical Rain Belt—threatening Water and Food Supply for Billions." *CBS News*, January 24. www.cbsnews.com/news/climate-change-tropical-rain-belt-water-food-supply/?ftag=CNM-00-10aac3a.

Cook J., *et al.* 2016. "Consensus on Consensus: A Synthesis of Consensus Estimates on Human-caused Global Warming." *Environmental Research Letters*, 11(4). https://doi.org/10.1088/1748-9326/11/4/048002.

DeConto, R., and D. Pollard. 2016. "Contribution of Antarctica to Past and Future Sea-level Rise." *Nature*, 531:591–597.

Dietz, Simon, and Nicholas Stern. 2014. "Endogenous Growth, Convexity of Damages and Climate Risk: How Nordhaus' Framework Supports Deep Cuts in Carbon Emissions." *Grantham Research Institute on Climate Change and the Environment*, Working Paper No. 159, June. www.lse.ac.uk/GranthamInstitute/publication/endogenous-growth-convexity-of-damages-and-climate-risk-how-nordhaus-framework-supports-deep-cuts-in-carbon-emission/.

European Commission. 2020. *EDGAR Database for Atmospheric Research*. https://edgar.jrc.ec.europa.eu.

Fankhauser, Samuel. 1995. *Valuing Climate Change: The Economics of the Greenhouse*. London: Earthscan.

Fountain, Henry. 2020. "Loss of Greenland Ice Sheet Reached a Record Last Year." *New York Times*, August 20.

Fountain, Henry, Blacki Migliozzi, and Nadja Popovich. 2021. "Where 2020's Record Heat was Felt the Most." *New York Times*, January 14.

Gillis, Justin. 2016. "Scientists Warn of Perilous Climate Shift Within Decades, Not Centuries." *New York Times*, March 22.

Global Carbon Project. 2020. *Global Carbon Budget*. https://www.globalcarbonproject.org/carbonbudget/index.htm

Hamilton Project and Stanford Institute for Economic Policy Research. 2019. *Ten Facts about the Economics of Climate Change and Climate Policy*. https://siepr.stanford.edu/research/publications/ten-facts-about-economics-climate-change-and-climate-policy.

Hansen, J., *et al.* 2008. "Target Atmospheric CO_2: Where should Humanity Aim?" *Open Atmospheric Science Journal*, 2:217–231.

Hönisch, Bärbel, 2012. "The Geological Record of Ocean Acidification." *Science*, 335(6072): 1058–1063.

Hsiang, Solomon, *et al.*, 2017. "Estimating Economic Damage from Climate Change in the United States." *Science*, 356:1362–1369.

Intergovernmental Panel on Climate Change (IPCC). 2007a. *Climate Change 2007: The Physical Science Basis*. Cambridge, UK; New York: Cambridge University Press.

Intergovernmental Panel on Climate Change (IPCC). 2007b. *Climate Change 2007: Impacts, Adaptation, and Vulnerability*. Cambridge, UK; New York: Cambridge University Press.

Intergovernmental Panel on Climate Change (IPCC). 2014a. *Climate Change 2013, The Physical Science Basis*. http://ipcc.ch/.

Intergovernmental Panel on Climate Change (IPCC). 2014b. *Climate Change 2014 Synthesis Report*. http://ipcc.ch/.

Intergovernmental Panel on Climate Change (IPCC). 2014c. *Climate Change 2014: Impacts, Adaptation, and Vulnerability*. https://www.ipcc.ch/site/assets/uploads/2018/02/WGIIAR5-FrontMatterA_FINAL.pdf.

Intergovernmental Panel on Climate Change (IPCC). 2018. *Global Warming of 1.5°C. An IPCC Special Report*. www.ipcc.ch/sr15/.

Intergovernmental Panel on Climate Change (IPCC). 2019. *Climate Change and Land: An IPCC Special Report*. www.ipcc.ch/srccl/.

Intergovernmental Panel on Climate Change (IPCC). 2021. *Climate Change 2021: The Physical Science Basis*. http://ipcc.ch/.

International Energy Agency. 2020. *Global Energy Review 2020: The Impacts of the Covid-19 Crisis on Energy Demand and CO_2 Emissions*. https://www.iea.org/reports/global-energy-review-2020.

Jevrejeva, S., J.C. Moore, and A. Grinsted. 2012. "Sea Level Projections to AD 2500 with a New Generation of Climate Change Scenarios." *Journal of Global and Planetary Change*, 80/81:14–20.

Kelleher, Suzanne Rowan, 2021. "Hundreds of Airports will Disappear if the Paris Agreement Fails." *Forbes*, January 24.

Komanoff, Charles. 2014. "Is the Rift between Nordhaus and Stern Evaporating with Rising Temperatures?" *Carbon Tax Center*, August 21. www.carbontax.org/blog/2014/08/21/is-the-rift-between-nordhaus-and-stern-evaporating-with-rising-temperatures/.

Mamalakis, Antonios, *et al.* 2021. "Zonally contrasting shifts of the tropical rain belt in response to climate change." *Nature Climate Change*, 11:143–151.

Maxouris, Christina, and Andy Rose. 2020. "Glacier National Park Is Replacing Signs that Predicted its Glaciers Would Be Gone by 2020." *CNN*, January 8. www.cnn.com/2020/01/08/us/glaciers-national-park-2020-trnd/index.html.

Mooney, Chris, and Andrew Freedman. 2021. "Earth is Now Losing 1.2 Trillion Tons of Ice Each Year. And It's Going to Get Worse." *The Washington Post*, January 25.

National Oceanic and Atmospheric Administration (NOAA). 2010. *Ocean Acidification, Today and in the Future.* www.climatewatch.noaa.gov/image/2010/ocean-acidification-today-and-in-the-future/.

National Oceanic and Atmospheric Administration (NOAA). 2012a. *Global Climate Change Indicators.* www.climate.gov/news-features/understanding-climate/global-climate-indicators.

National Oceanic and Atmospheric Administration (NOAA). 2012b. *State of the Climate, Global Analysis Annual 2012.* National Climatic Data Center. www.ncdc.noaa.gov/sotc/global/.

National Oceanic and Atmospheric Administration (NOAA). 2020. *2019 was Second Hottest Year on Record for Earth.* www.noaa.gov/news/2019-was-2nd-hottest-year-on-record-for-earth-say-noaa-nasa.

Nordhaus, William. 2007. *The Stern Review on the Economics of Climate Change.* http://nordhaus.econ.yale.edu/stern_050307.pdf.

Nordhaus, William. 2008. *A Question of Balance: Weighing the Options on Global Warming Policies.* New Haven: Yale University Press.

Nordhaus, William. 2013. *The Climate Casino.* New Haven; London: Yale University Press.

Nordhaus, William D., and Joseph Boyer. 2000. *Warming the World: Economic Models of Global Warming.* Cambridge, MA: MIT Press.

Revesz R., K. Arrow, *et al.* 2014. "Global Warming: Improve Economic Models of Climate Change." *Nature*, April 4. www.nature.com/news/global-warming-improve-economic-models-of-climate-change-1.14991.

Richtel, Matt, and Fernanda Santos. 2016. "Wildfires, Once Confined to a Season, Burn Earlier and Longer." *New York Times*, April 12.

Shan, Yuli, *et al.* 2020. "Impacts of COVID-19 and Fiscal Stimuli on Global Emissions and the Paris Agreement." *Nature Climate Change*, December. www.nature.com/articles/s41558-020-00977-5.

Slater, Thomas, *et al.* 2021. "Earth's Ice Imbalance," *The Cryosphere*, 15:233–246.

Stern, Nicholas. 2007. *The Economics of Climate Change: The Stern Review.* Cambridge: Cambridge University Press. www.hm-treasury.gov.uk/independent_reviews/stern_review_economics_climate_change/sternreview_index.cfm.

U.S. Global Change Research Program. 2014. *Third National Climate Assessment*, (May) Overview and Report Findings.

Weitzman, Martin. 2009. "On Modeling and Interpreting the Economics of Catastrophic Climate Change." *Review of Economics and Statistics*, 91(1):1–19.

第十三章 全球气候变化应对政策

焦点问题：

- 应对全球气候变化可能采取哪些政策？
- 经济理论如何有助于制定气候政策响应措施？
- 在地方、国家和全球层面都提出并实施了哪些气候政策？

第一节 气候紧急状况的应对

正如第十二章所述，关于全球气候变化严重性的科学证据支持了强有力的政策行动。《气候变化经济学——斯特恩报告》呼吁"亟需全球紧急响应"，其他对气候变化的经济分析都强调了抵御灾难性风险的保障，以及适应不可避免的气候变化影响的必要性。[①] 随着问题日益严重，经济分析已将重点放在越来越雄心勃勃的经济应对措施上。著名经济学家最近发表的一份声明称，"我们能够而且必须结束碳经济……政府必须积极淘汰化石燃料行业"。[②] 越来越多的国家和企业承诺到 2050 年实现净零排放。这些目标意味着全球能源经济和农业、林业等其他经济部门要大规模转型。

应对气候变化政策大致可分为两类：旨在缩减气候变化幅度或时间的**预防性措施**，以及应对气候变化后果的**适应性措施**。主要预防性措施方法包括：

357

① Stern，2007；Rosen and Guenther，2014；Heal and Millner，2014；Vale，2016.

② Sachs et al.，2020.

> **预防性措施（预防性策略）（preventive measures/preventive strategies）**：通过减少温室气体的排放量计划来降低气候变化程度的行动。
>
> **适应性措施（适应性策略）（adaptive measures/adaptive strategies）**：降低全球气候变化损害程度或风险的行动。

- 通过满足温室气体排放量较低或为零的能源需求（例如，从化石燃料转向太阳能、风能和地热能），减少温室气体排放。
- 通过提高能源效率来降低整体能源需求（例如，需求侧管理，如第十一章所述）。
- 增强天然碳汇。**碳汇**是可以储存碳的介质；天然碳汇包括土壤和森林。人为干预可通过森林管理和农业实践减少或扩大这些汇。
- 人工碳捕获和储存。大规模**碳捕获和储存**技术仍在开发过程中，尚未证明其经济可行性。但支持者认为，碳捕获和储存技术越来越有能力为 21 世纪中叶左右实现净零排放做出重大和必要的贡献。[1]

本章大部分内容侧重于缓解性措施，但越来越明显的是，缓解性措施需要辅以适应性措施。气候变化已经发生，即使在不久的将来实施重大的缓解性措施，变暖和海平面上升仍将持续很长一段时间，甚至几个世纪。[2] 适应性措施包括：

- 建造堤坝和海堤，以防止海平面上升和极端天气事件，如洪水和飓风。
- 改变农业种植模式以适应不断变化的气候条件。
- 建立能调动所需人力、物力和资源的机构，以应对气候相关灾害。

> **碳汇（carbon sinks）**：生态系统中有能力吸收一定量二氧化碳能力的部分，包括森林和海洋。
>
> **碳捕获和储存（carbon capture and storage，CCS）**：捕获废弃二氧化碳，并将其储存在大气以外地方的过程。

---

[1] World Economic Forum, "Carbon Capture Can Help Us Win the Race Against Climate Change," www. weforum. org/agenda/2020/12/carbon-capture-and-storage-can-help-us-beat-climate-change/.

[2] IPCC, 2007, p. 46, 2014a, *Summary for Policymakers*, p. 16; Kahn, 2016.

经济分析可以为几乎所有的预防性或适应性措施提供政策指导。第七章和第十二章所讨论的**成本收益分析**，可以为评估一项政策是否应该实施提供依据。然而，正如第十二章所述，经济学家对气候变化成本收益分析的适当假设和方法有不同意见。经济理论中一个争议较少的结论是，在考虑采取何种政策时应该采用**成本效益分析**。成本效益分析的使用避免了许多与成本收益分析有关的复杂问题。成本收益分析试图为决定政策目标提供基础，而成本效益分析则接受了由社会给定的目标，并使用经济技术来确定实现该目标的最有效方式。

> **成本收益分析**（cost-benefit analysis，CBA）：试图将拟议行动的所有成本和收益货币化，以确定净收益的政策分析工具。
>
> **成本效益分析**（cost-effectiveness analysis）：一种在给定目标下决定最低成本方法的政策工具。

358

一般而言，经济学家通常倾向于通过市场机制来实现目标。以市场为导向的方法被认为是成本有效的。它们不是试图直接控制市场参与者，而是改变激励措施，从而使个人和企业改变行为并将外部成本和收益考虑在内。基于市场的政策工具的案例包括**排污税**和**可转让的（可交易的）许可证**。这两种方法都是减少温室气体有效的潜在工具。其他相关经济政策包括采取措施鼓励采用可再生能源和节能技术，如太阳能和风能的税收抵免。

> **排污税**（pollution tax）：根据污染程度征收的单位税。
>
> **可转让的（可交易的）许可证**（transferable/tradable permits）：允许一个企业排放一定污染数量的许可证。

第二节 减缓气候变化：经济政策选择

大气中温室气体的排放是负外部性事件，在全球范围内造成了巨大成本。

用经济理论的说法,目前碳基燃料(如煤、石油和天然气)市场只考虑了私人成本和收益,导致了市场均衡并不是社会最优。如第十一章所述,从社会角度来看,化石燃料市场价格太低而消耗量太高。

一、碳税

将外部成本内部化的通行经济补救办法是对污染物从量征税。在这种情况下,需要根据生产和使用涉及的碳量对碳基化石燃料征收**碳税**。这种税收将提高碳基能源的价格,从而鼓励消费者节约能源(这将减轻其税收负担),并将需求转向产生较低碳排放的替代能源(税率较低)。从经济角度讲,这种税收水平应基于**碳的社会成本**来估计碳排放对社会经济影响。美国环境保护署根据不同假设,估计 2016 年碳的社会成本为 11～212 美元之间,中位数在 50 美元左右[①](如第十二章所述,导致估算结果不一致的主要原因是关于折现率和风险/不确定性的假设)。

> **碳税**(**carbon tax**):根据生产或消费过程中排放的二氧化碳量,对每单位商品和服务征收的税费。
>
> **碳的社会成本**(**social cost of carbon**):每单位碳排放的财务成本估计,包括当前成本和未来成本。
>
> **碳红利**(**carbon dividend**):将碳税收入作为一次性付款退还给纳税人。

低收入家庭燃料支出占收入的比例较高,所以碳税对低收入家庭的影响可能更大。很多经济学家主张通过一次性退税将碳税收入返还给纳税人。征税的目的不是增加收入,而是鼓励减少使用化石燃料并采用其替代品。包括 28 位诺贝尔奖得主、15 位前白宫经济顾问委员会主席和 4 位前美联储主席在内的 3 000 多名经济学家发表了一份声明,呼吁征收碳税并返还给纳税人,即**碳红利**

---

① U. S. EPA, *The Social Cost of Carbon*, htpps://www. epa. gov/sites/default/files/2016-12/doc-uments/social_cost_of_carbon_fact_sheet. pdf.

（见专栏 13 - 1）。

专栏 13 - 1　经济学家关于碳红利的声明

全球气候变化形势严峻，需要各国立即采取行动。在健全的经济原则指导下，一致提出以下政策建议：

1. 碳税是以必要的规模和速度减少碳排放的最成本有效的手段。通过纠正众所周知的**市场失灵**，碳税将发出强有力的价格信号，利用市场无形的手引导经济参与者走向低碳未来。

2. 碳税应每年增加，直到实现减排目标，并保持收入中立，以避免关于政府规模的争论。持续上涨的碳价格将鼓励技术创新和大规模基础设施建设，还将加速普及碳效率高的商品和服务。

3. 足够有力且逐步提高的碳税政策将取代各种效率较低的碳法规。用价格信号取代烦琐的监管将促进经济增长，并为企业利用清洁能源而进行长期投资所需的监管提供确定性。

4. 为防止**碳泄漏**，保护美国竞争力，应建立边境碳调整体系。这一体系使得比全球竞争对手能源效率更高的美国企业更具竞争力，它还将鼓励其他国家采用类似的碳定价。

5. 为了最大限度地提高碳税上升的公平性和政治可行性，所有碳税收入都应通过同等的一次性退税直接返还给美国公民。大多数美国家庭，包括最脆弱的家庭，将通过获得比能源价格上涨更多的"碳红利"而受益。

资料来源：www.econstatement.org，published in the Wall Street Journal，January 17，2019。

市场失灵（market failure）：不受监管的市场无法产生对整个社会最有利结果的情况。

碳泄漏（carbon leakage）：为应对碳税或其他碳减排政策而进行的生产或消费转移，从而规避或降低了原有措施的有效性。

碳税有什么作用？表 13 - 1 列出了不同碳税水平对煤炭、石油和天然气价格的影响。此处是以每吨二氧化碳的美元价格计算的（税负有时是以每吨碳为

单位计算的,若要转换成每吨二氧化碳的美元价格,需乘以 3.667)。[①] 以英国热单位英热(Btus)衡量的能量含量,煤炭是碳密集度最高的化石燃料,而每英热天然气产生的碳排放量最低(图 13-1)。通过计算碳税相对于每种燃料源的标准商业单位影响发现,如每吨二氧化碳征收 50 美元的碳税,会使 1 加仑汽油的价格(基于 2021 年的价格)提高约 45 美分或约 20%(图 13-2);每吨二氧化碳征收 100 美元的碳税相当于每加仑汽油价格上涨 89 美分。

360 　　碳税对煤炭价格的影响将更大——每吨二氧化碳征收 50 美元的碳税将使煤炭价格提高 200%以上;每吨 100 美元的碳税将使煤炭价格提高 400%以上。对于天然气,尽管其碳含量低于汽油,但其低价(在 2021 年时)意味着碳税对价格的影响百分比与汽油大致相同。

　　这些税收金额是会极大地影响人们的驾驶或家庭取暖习惯? 还是会影响行业对燃料的使用? 这取决于燃料的需求弹性。如前所述(见第三章附录),**需求弹性**定义为:

$$需求弹性 = \frac{需求量变化比例}{价格变动比例}$$

　　需求弹性(elasticity of demand):需求量对价格的敏感性;弹性需求是指价格比例增长导致需求量变化比例较大;非弹性需求是指价格比例增长导致需求量变化比例很小。

　　经济学家衡量了不同化石燃料,尤其是汽油的需求弹性。(需求弹性通常为负,因为价格的正比例变化导致需求量的负比例变化。)研究表明,在短期内(约一年或更短),弹性估计值范围为-0.25~-0.03。这意味着,汽油价格上涨 10%,预计短期内汽油需求将减少约 0.3%~2.5%。[②]

---

　　① 税制转换是基于碳和二氧化碳的相对分子量。碳的分子量为 12,而二氧化碳的分子量为 44。例如,如果想换算每吨二氧化碳 50 美元的税收,可将税收乘以 44/12=3.67,得到每吨碳 183.33 美元。
　　② Goodwin et al. , 2004; Hughes et al. , 2008.

表 13 - 1　化石燃料的替代碳税

碳税对汽油零售价格的影响	
每加仑二氧化碳数量（千克）	8.89
每加仑二氧化碳数量（吨）	0.00889
每吨征收 50 美元的碳税，价格增长（美元/加仑）	0.45
每吨征收 100 美元的碳税，价格增长（美元/加仑）	0.89
2021 年每加仑零售价（美元）	2.20
每吨征收 50 美元的碳税，价格增长百分比（%）	20.5
每吨征收 100 美元的碳税，价格增长百分比（%）	41
碳税对煤炭零售价格的影响	
每美吨二氧化碳数量（千克）	2 100
每美吨二氧化碳数量（吨）	2.1
每吨征收 50 美元的碳税，价格增长（美元/美吨）	105
每吨征收 100 美元的碳税，价格增长（美元/美吨）	210
2021 年每美吨零售价（美元）	40
每吨征收 50 美元的碳税，价格增长百分比（%）	220
每吨征收 100 美元的碳税，价格增长百分比（%）	440
碳税对天然气零售价格的影响	
每 1 000 立方英尺的二氧化碳数量（千克）	53.12
每 1 000 立方英尺的二氧化碳数量（吨）	0.05312
每吨征收 50 美元的碳税，价格增长（美元/1 000 立方英尺）	2.66
每吨征收 100 美元的碳税，价格增长（美元/1 000 立方英尺）	5.31
2020 年每 1 000 立方英尺零售价格（美元）	12
每吨征收 50 美元的碳税，价格增长百分比（%）	22.2
每吨征收 100 美元的碳税，价格增长百分比（%）	44.4

注：1 吨＝1.1 美吨。

资料来源：Carbon emissions calculated from carbon coefficients and thermal conversion factors available from the U. S. Department of Energy. All price data from the U. S. Energy Information Administration.

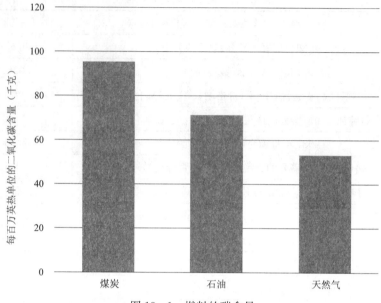

图 13 - 1　燃料的碳含量

资料来源:Calculated from U. S. Department of Energy data。

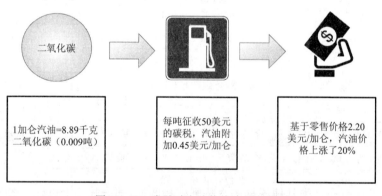

图 13 - 2　碳税对汽油价格来源的影响

资料来源:Calculated from U. S. Department of Energy data。

　　长期看(五年左右),人们对汽油价格上涨的反应更明显,因为他们有时间购买不同的交通工具并调整驾驶习惯。根据51项研究结果,汽车燃料长期需求的平均弹性为－0.64。① 根据表 13-1，每吨二氧化碳征收 50 美元的税收将使汽油价格上涨约 20%，基于 2021 年的价格，每加仑汽油价格将增加 45 美分。长期弹性为－0.64 表明，人们完全有时间为适应这种价格变化而做出调整，对汽油的需求将下降约 13%。

图 13-3 显示了不同国家汽油价格和人均消费之间的关系。（由于各国每加仑汽油的生产成本差别不大，不同国家每加仑汽油的价格变化几乎完全是因为税收的差异。）这种关系类似于需求曲线：价格越高，消费越低；价格越低，消费越高。

然而，这里显示的关系与需求曲线并不完全相同。由于观察到的是不同国家的数据，因此构建需求曲线所需"其他条件相同"假设不成立。例如，需求差异部分可能是因为收入水平差异导致的，而非价格差异的作用。此外，美国人驾车频率较高，部分原因是行驶距离（尤其是在美国西部）比很多欧洲国家要远，公共交通的选择也更少。但似乎确实存在一项明确的价格/消费关系。数据显示，需要相当大的价格涨幅（每加仑 0.50 美元到 1.00 美元或更高）才能大幅影响燃料的使用量。

大幅增加汽油税或广泛征收碳税在政治上是否可行？尤其是在美国，对汽油和其他燃料征收高税收将面临众多反对的声音。如图 13-3 所示，截至目前，美国人均汽油消耗量最高，而汽油价格是中东以外最低的。但是，关于大规模碳税提议，有两点要注意：

第一，税收循环可将碳税和其他环境税的收入转向降低其他税收。对高能源税的政治反对很大程度上来自这样一种看法：除了人们已缴纳的所得税、财产税和社会保障税之外，高能源税将是一种额外的税收。若碳税的征收与像收入税或社会保障税之类其他税种的大幅削减相匹配，那么政治上可能更容易接受，也更公平（见专栏 13-2）。这不是净增税，而是**收入中性的税收转移**，公民向政府缴纳的税款总额基本上没有变化。或者税收可一次性返还给纳税人（见专栏 13-1）。

第二，如果这种收入中性的税收转移确实发生，更高效率的个人或企业实际

① Goodwin et al.，2004.

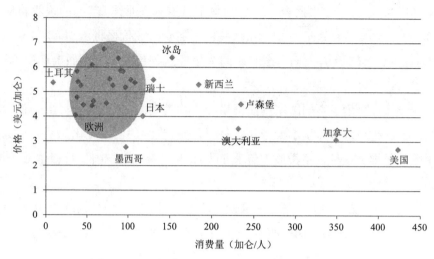

图 13-3　2020 年工业国家汽油价格与消费的关系

注：阴影区域代表欧洲国家价格/消费的典型范围。

资料来源：Gasoline Price：https://data. worldbank. org/indicator/EP. PMP. SGAS. CD? end
=2016&. start=2015；Gasoline Consumption：Global Petrol Prices，www. globalpetrolprices.
com/data/。

上可以节省整体资金。能源成本的提高也将强有力地激励节能技术创新、刺激
新市场。如果随着时间推移逐步实施更高的碳税(以及更低的所得税和资本
税)，那么经济上更容易适应。

> **收入中性的税收转移**(revenue-neutral tax shift)：旨在通过减少其他税
> 种来平衡某些产品或活动税收增加的政策，如减少所得税来抵消碳税。

专栏 13-2　美国分配中性的碳税

对碳排放定价会对不同收入水平的家庭造成不平等的影响。具体来说，
碳税将是一种**累退税**，占收入的一定比例，碳税对低收入家庭的影响将大于
高收入家庭。原因在于，低收入家庭将更高比例的收入用于碳密集型产品，
如汽油、电力和取暖燃料。因此，单独实施碳税将增加整体收入的不平等。

但碳税可以与一项或多项现有税收的减少相结合,这样平均每户家庭缴纳的总税额就会保持不变。对分配的影响将取决于减少的税种。一些税种是累退税,对低收入家庭的影响更大,而另一些税种则是**累进税**,对高收入家庭的影响更大。大多数关于收入中性碳税的提案都建议通过减少累退税来实现收入中性。在美国,累退税包括销售税、工资税和消费税。[①] 通过降低工资税来抵消碳税,可能会产生近似分配中性的结果,这意味着不同收入水平的家庭缴纳的税收占收入的比例几乎相同。[②]

累退税(regressive tax):随着收入水平的提高而降低的税收(占收入的比例)。

累进税(progressive tax):收入水平越高,征收越高的税收。

364

二、可交易的许可证

碳税的替代性选择是可交易的许可证制度,也称为**总量管制与排放交易**。碳排放交易可在州、地区或国家层面实施,也可包括多个国家。如第八章所述,许可证制度的工作原理如下:

总量管制与排放交易(cap-and-trade):一种可交易的污染排放许可证制度。

· 每个排放机构都分配了特定的碳排放许可水平。发放的碳许可证总量等于预期的排放目标。例如,若某一特定区域的碳排放量目前为 4 000 万吨,并且政策目标是将碳排放量减少 20%(800 万吨),那么将发放排放 3 200 万吨的许

---

① 消费税是对香烟、酒精等特定产品征收的税收。
② Metcalf,2007.

可证。随着时间推移，碳减排目标可能会提高，那么未来发放的许可证将减少。

· 许可证分配给各碳排放源。将所有碳排放源(如所有机动车辆)纳入交易计划通常是不切实际的。最有效的做法是在涉及生产过程的"上游"尽可能实施许可证，以简化程序的管理，并覆盖最多的排放。(此处"上游"指生产过程的早期阶段，见第三章。)碳排放许可证可分配给最大的碳排放企业，如电力公司和制造厂，甚至是碳燃料进入生产过程的上游供应商——石油生产商和进口商、煤矿和天然气钻探商。

· 最初，这些许可证根据过去的排放量免费分配，也可拍卖给出价最高者。正如第八章所述，无论许可证如何分配，交易制度的有效性都应是相同的。然而，在成本和收益的分配上存在明显差异。免费发放许可证基本上相当于给污染者带来了意外收获，而拍卖许可证会给企业带来实际成本，并产生公共收入。

· 企业可在彼此之间自由交易许可证。污染排放超过许可证数量的企业必须购买额外的许可证，否则将面临处罚。同时，那些能以低成本将排放量降低到其限额以下的企业，可出售其许可证以换取利润。交易价格由市场供求决定。环保团体或其他组织也可购买许可证并将其保留，从而降低整体的排放量。

· 在国际体系中，国家和企业也可以从投资其他国家碳减排项目中获得碳信用。例如，一家德国企业可从发展中国家用高效可再生发电设备取代高污染燃煤电厂中获得碳信用。

可交易的许可证制度鼓励实施成本最低的碳减排方案，因为理性的企业将实施比市场许可证价格更低的减排行动。如第八章所述，可交易的许可证制度已成功地以低成本减少硫和氮氧化物的排放。根据国际计划中许可证的分配，这也可能意味着发展中国家可通过选择能源发展的零碳路径，将许可证转化为一种新的出口商品。然后，他们就可向那些难以满足减排要求的工业化国家出售许可证。农民和林业工作者也可通过使用在土壤中储存碳或保护森林的方法获得碳信用。

虽然政府规定了可获得的许可证数量，但许可证价格却是由市场决定的。在这种情况下，供给曲线是固定的或者垂直的，位于分配的许可证数量水平上，如图 13-4 所示。许可证的供给量设定为 Q_0。许可证需求曲线代表企业愿意为许可证支付的价格。它们支付许可证的最大意愿等于通过碳排放所能获得的潜在收益。

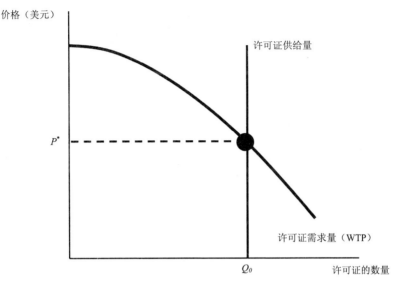

图 13-4　碳许可价格的确定

注:WTP 表示支付意愿。

市场均衡价格设定为 P^*。也可将 P^* 解释为有权排放第 Q_0 个单位碳的边际收益或者边际利润。

许可证交易制度的一个重要观点是,每个企业都可选择以一种具有成本有效性的方式减少其碳排放。企业有各种各样的选择来减少碳排放。图 13-5 显示了三个碳减排策略:取缔旧的制造厂、投资效率高的能源和设立资金来扩大森林面积以增加生物量的碳储存。在每种情况下,图示为通过该策略减少碳排放的边际成本。这些边际成本通常随着更多单位碳的减少而增加,但一些选择的边际成本可能会更高并且增加得更快。

在这个例子中,取缔使用现有碳排放技术的制造厂是可行的,但边际成本往往很高,如图 13-5 中的左图所示。中图展示了通过使用更高效率的能源来减少排放的边际成本较低。右图展示,通过扩大森林面积来储存碳具有最低的边际成本。许可证价格 P^*(图 13-4)将决定每种策略的相对实施水平。企业会发现,只要该选择的成本低于购买许可证的成本,使用特定的策略来减少排放是

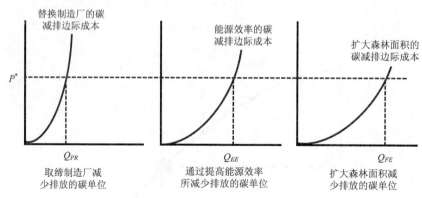

图13－5　许可证制度下的碳减排选择

注：此处所示的边际成本是假设的。

可以获得利润的。

　　分析表明，森林增加将贡献最大份额的减排量（Q_{FE}），但在市场均衡条件下，取缔制造厂和提高能源效率也将贡献份额（Q_{PR}和Q_{EE}）。因此，参与这种交易制度的企业（在国际性背景下则可为国家）可决定每种控制策略的实施程度，并倾向于采用成本最低的方法。这可能涉及不同方法的组合。

　　在一个国际计划中，假设一个国家进行大规模的植树造林，它很可能会获得超额的许可证，可将这些许可证出售给几乎没有低成本减排选择的国家。最终的效果将是在全球范围内实施成本最低的减排技术。

　　该制度结合了经济有效性的优点和有保证结果：将总排放量减少到所期望的水平。自1995年开始实施的美国酸雨计划被广泛认为是一项成功的排放交易计划（见第八章）。

　　当然，主要问题是就许可证的初始数量达成一致，并决定许可证是免费分配还是拍卖。也可能存在度量问题，例如，是否只核算商业碳排放，或是否包括土地利用变化（如与农业和林业相关的变化）导致的排放变化。将农业和林业包括在内的优势是，可以扩大该计划，涵盖更多的减排战略，而且成本可能会显著降低，但要准确衡量土地利用变化带来的碳储存和碳排放可能会更加困难。

三、碳税还是总量管制与排放交易

关于应采用何种经济方法来减少碳排放一直众说纷纭。碳税和总量管制与排放交易方法有很多相似之处,但也有很大的分歧。

正如第八章所述,理论上,排污税和总量管制与排放交易都能以最低的总成本实现一定水平的污染减排。这两种方法都会给终端消费者带来相同价格的上涨,都给技术创新带来了强大的激励。假设所有许可证都被拍卖,这两种方法都给政府增加了相同水平的收入,并且可在生产过程的上游实施,以达到相同比例的总排放量。然而,这两种方法也有显著差异。碳税的一些优点包括:

• 一般而言,碳税被认为比总量管制与排放交易方法更容易理解并且更加透明。总量管制与排放交易可能很复杂,需要新的政府机构来运作。

• 正如在第八章中看到的,随着技术变革,碳减排成本逐渐降低,碳税将进一步减少碳排放。在总量管制与排放交易中,技术变革反而会降低许可证的价格,实际上可能会导致一些企业排放更多的碳。

• 碳税通常可以更快地实施。如果需要尽快解决气候变化问题,那么花费数年时间来解决总量管制与排放交易的细节和实施问题,可能并不可取。

• 或许碳税最重要的优势是能够在更大程度上对价格进行预测。如果企业和家庭能够了解未来将对化石燃料或者其他排放温室气体产品的征税量,那么他们就可相应地进行投资。例如,一个企业是否投资节能供暖和制冷系统取决于其对未来燃料价格的预期。在总量管制与排放交易制度中,许可证价格可能会有很大差异,会导致**价格波动**,从而使决策变得更加困难。相比之下,碳税在一定程度保持了价格稳定,尤其是在公布未来几年碳税水平的情况下。①

> **价格波动**(price volatility):迅速而频繁的价格变化,导致市场不稳定。

总量管制与排放交易制度的优势包括:

---

① 碳税优势总结主要来自 www.carbontax.org/faqs/。

• 尽管总量管制与排放交易制度最终会给消费者和企业带来相同水平的价格上涨，但它避免了"税收"的负面含义。因此，与碳税相比，总量管制与排放交易制度通常在政治反对声音较少。

• 一些企业支持总量管制与排放交易制度，因为这些企业相信可以成功地游说政府以获得免费许可，而不必在拍卖会上购买。在总量管制与排放交易制度的早期阶段免费发放许可证，能够使政策被企业所接受。

• 总量管制与排放交易制度的最大优势是，由于政府设定了可用许可证的数量，所以最终的排放量是可确定的。由于政策的目标最终是减少碳排放，总量管制与排放交易制度可以直接实现，而碳税则需要通过价格上涨间接实现。使用总量管制与排放交易制度，可通过设置许可证数量来实现特定排放量。在碳税体系中，实现特定排放量目标，可能需要对税率进行多次调整，这在政治上非常困难。

对于是选择碳税还是选择总量管制与排放交易制度，主要取决于决策者更关心价格不确定性还是排放量不确定性（见第八章）。关于价格工具和数量工具的讨论，如果决策者认为价格确定更重要，则碳税更可取，因为便于更好地长期计划；若决策者认为政策目标是确定性地减少特定数量的碳排放，那么最好采用总量管制和交易制度；尽管它会导致一些价格波动。

另一个实际区别可能是，碳税收入更多的是返还给纳税人或用于一般的政府支出，而限额交易拍卖收入更多的是用于支持诸如可再生能源、能源效率和森林保护等的"绿色"投资。[①]

四、其他政策工具：补贴、标准、研究与开发和技术转让

政治障碍可能会阻碍全面实施碳税或可交易的许可证制度。即使实施了广泛的碳税或碳排放总量管制与排放交易制度，仍有必要采取补充政策来有效减少碳排放，以将全球变暖控制在可接受的范围内。有助于全面减排的政策包括：

• 将补贴从碳基燃料转向非碳基燃料。如第十一章所述，很多国家目前对

---

① Carl and Fedor，2016.

化石燃料提供直接或间接补贴。如果取消这些补贴将改变竞争平衡，会使替代燃料源更具竞争优势。如果这些补贴支出转向可再生能源，尤其是以投资退税的形式转向可再生能源（例如，购买电动汽车的税收抵免），那么可能会促进可再生能源投资的扩大。

369

- 能效、可再生能源、零排放汽车、电网现代化、高铁、公共交通、工人教育和再培训等基础设施投资。由于气候变化对现有系统（往往是老化的）造成损坏，基础设施升级变得越来越紧迫（见专栏 13 - 3）。基础设施投资涉及创造大量就业机会，并具有可延续几代人的长期效益。

- 机械和电器的**效率标准**，以及低碳燃料经济性标准或要求。通过实施要求可提高能源效率或降低碳使用标准，从而改变技术和实践，最终转向采用低碳路径。

- 研究与开发（R&D）促进了替代技术的商业化。政府的研发计划、对企业采用替代能源研发的税收优惠都能加快商业化进程。非碳后备技术的存在显著降低了碳税等措施的经济成本，如果这种后备技术能够与化石燃料充分竞争，那么碳税就失去了征收的必要。

- 向发展中国家的**技术转让**。预计大部分碳排放增长将来自发展中国家。一些机构为很多能源发展项目提供资助，例如世界银行和区域开发银行等。只要这些资金可用于非碳能源系统，并辅以其他专门用于替代能源发展的基金，发展中国家从经济上摆脱化石燃料密集型道路就是可行的，同时也能够实现地区显著的环境效益。

效率标准（efficiency standards）：规定效率标准的法规，如汽车的燃油经济性标准。

技术转让（technology transfer）：分享技术信息或设备的过程，特别是在国家之间。

专栏 13 - 3　随着极端气候的出现，基础设施崩溃更加频繁

2021 年，一场大型冬季风暴在得克萨斯州和其他南部各州造成了广泛的破坏。

越来越极端的天气给美国老化的基础设施带来风险的迹象正在全国各地显现……随着气候变化带来更频繁、更强烈的风暴、洪水、热浪、野火和其他极端事件，给国家公路和铁路网络、饮用水系统、发电厂、电网，工业废弃物处理场甚至住宅等经济基础带来了越来越大的压力。这些基础设施大部分是在几十年前建成的，人们期望周围的环境保持稳定，或者至少在可预测的范围内波动。而现在的气候变化正在推翻这样的假设……当强大的暴雨超过其设计能力时，下水道系统会更频繁地遭到破坏。随着径流侵蚀了悬崖，沿海的房屋和高速公路正在坍塌。煤灰是燃煤电厂产生的有毒残留物，随着洪水冲破阻碍其扩散的屏障，煤灰也正流入河流中。曾经远离野火影响范围的房屋正在熊熊燃烧，因为房屋的设计标准使根本无法承受这种大火。

尽管全球"变暖"会导致常年温暖的得克萨斯州出现异常严酷的冬季天气，这似乎很奇怪，但科学家认为，气候变化破坏极地涡旋的影响是造成这种不寻常天气模式的原因。发展适应极端气候的运应性基础设施意味着数万亿美元的投资，但在通过减少排放以减轻进一步损害和防止"锁定"气候变化的不可避免结果方面，可能会带来巨大的益处。

资料来源：Christopher Flavelle, Brad Plumer, and Hiroko Tabuchi, "Texas Blackouts Point to Coast-to-Coast Crises Waiting to Happen," *New York Times*, February 20, 2021; https://climate-change. ucdavis. edu/climate-change-definitions/what-is-the-polar-vortex/。

第三节　实现净零排放

正如第八章和第十二章所述，就二氧化碳和其他温室气体等累积污染物而言，实施限制排放仍是不够的。当前的损害是因一段时间以来累积排放而产生的，为避免进一步损害，排放必须降低至零。就温室气体而言，目标有时被称为

"净零",这意味着任何剩余的排放都必须通过增加大气中二氧化碳的吸收来平衡。在第十二章中发现,为了实现《巴黎协定》的目标,到 21 世纪下半叶,全球温室气体排放水平需要降至接近零,甚至低于零。

根据政府间气候变化专门委员会的说法,"除非在未来几十年内二氧化碳和其他温室气体排放大幅减少,否则 21 世纪的全球气温变化将超过 1.5℃ 或 2℃。"即使在超过 1.5℃ 的条件下,预计也会产生严重的影响,包括"大多数陆地和海洋区域平均气温上升,大多数居民区出现极端高温,一些区域出现强降水,一些地区出现干旱和降水不足",但与 2℃ 或更高的气温变化相比,影响的程度相对要轻。为将气温变化限制在 1.5℃ 以内,净零排放目标需要在 2050 年左右实现。①

是否有可能做到这一点?与这种快速减排相关的经济成本和收益是什么?应对气候变化挑战需要行为改变也需要技术变革。碳税、总量管制与排放交易制度、补贴等经济政策工具利用激励措施来激励行为改变。经济政策可为技术变革创造强有力的激励。碳税或碳排放总量管制和交易制度激励个人和企业寻找低排放替代方案,反过来又推动了提高效率和可再生能源新技术的发展。

从技术角度考虑应对气候变化需要做些什么是值得的,这不仅是为了更好地理解这些问题,也是为了获得一些关于政策适当性的见解。一旦意识到哪些政策具有较大的碳减排潜力,就可以分析与这些政策相关的经济成本和收益。

一、减排潜力

减少到净零的技术潜力是存在的,并不取决于未来的技术发展,可以通过已知的、现有的技术来实现。普林斯顿大学安德林格能源与环境中心(Andlinger Center for Energy & the Environment)的一份报告指出了美国到 2050 年实现净零排放的五种不同的技术途径。研究者们得出如下结论:

> 每一条净零途径都会导致能源部门就业的净增加,并显著减少空气污染,从而在转型的第一个十年即开始提供公共卫生福利……如果每年的能源支出占国

① IPCC,2018;IPCC,2021.

内生产总值的比重与目前国家每年的能源支出相当或更低，就可以实现成功的净零过渡。但是，为了使成本最低，需要有远见和积极主动的政策和行动。[①]

普林斯顿的研究列举了六个具有高减排或碳吸收潜力的主要领域：

1. 终端使用效率和电气化，包括工业效率、电动汽车和高效热泵。

2. 清洁电力，包括将风力和太阳能装置增加 $300\%\sim500\%$，改善电池储存，以及（在某些情况下）新增核电容量。

3. 利用农业废弃物中的生物质和甲烷，以氢气作为能源载体。

4. 用于工业利用和储存的碳捕获。

5. 减少甲烷、一氧化二氮和氟氢化合物的非二氧化碳排放。

6. 通过改进森林管理和再生农业管理，增强陆地对碳的封存。[②]

在全球范围内，同样也有可能确定到 21 世纪中叶达到净零排放的政策。"减排计划"组织（Project Drawdown）估计了这些主要削减碳排放的潜力，包括[③]：

·陆上风力涡轮机，有可能在 2020～2050 年间减少 1 470 亿吨二氧化碳当量的排放量。

·地面集中式大型光伏电站（117 0 亿吨还原电位）。

·电动汽车、高效卡车和航空（680 亿吨还原电位）。

·减少食物垃圾和富含植物的饮食（1 850 亿吨还原电位）。

·对卫生和教育的投资，导致人口增长放缓（850 亿吨还原电位）。

·热带和温带森林恢复（1 130 亿吨还原电位）。

·改进清洁炉灶和分布式集中太阳能（1 640 亿吨还原电位）。

·制冷剂管理和替代制冷剂（1 080 亿吨还原电位）。

·改善土地管理，包括再生农业技术、管理放牧和农林业（2 780 亿吨还原电位）。[④]

再加上交通、工业和土地利用方面的政策，2020～2050 年期间，总减排量可

---

① Larson et al. , 2020.

② 再生农业的概念详见第十六章。

③ Project Drawdown, https：//drawdown.org/.

④ Project Drawdown, Table of Solutions，https：//drawdown.org/solutions/table-of-solutions.

达到 15 760 亿吨二氧化碳当量,足以实现全球变暖引起气温变化不超过 1.5℃ 的目标。

当然,实施这些政策将涉及重大承诺和数万亿美元的投资。但是通过这些投资将在减少燃料使用以及其他"附带"环境效益方面获得可观的经济回报,如减少地面空气污染、改善公共卫生、改善粮食安全和营养状况。(有关普林斯顿建议对美国的一些影响,见专栏 13 - 4。)

专栏 13 - 4　美国能否实现净零排放?

到 2050 年,美国能把温室气体净排放量减少到零吗?这一目标得到了拜登总统以及很多州和企业的支持。但它会涉及什么?

· 2020 年,能源公司安装了 42 吉瓦的新风力涡轮机和太阳能电池板,创历史纪录。为了实现净零排放的目标,这一年增长率将需要在未来 10 年翻一番,然后进一步提高。

· 国家电网的容量和复杂程度必须大幅扩大,以适应新电力的输入。

· 到 2030 年,电动汽车在新车销售中的比例需要从 2% 左右增加到至少 50%。

· 到 2030 年,几乎所有剩余的燃煤电厂都必须关闭。

· 大约 25% 的家庭需要安装高效电热泵,到 2030 年,这一数字将翻一番。

· 必须开发碳捕获、储存和氢燃料生产设施,为 2030 年后更广泛的部署做好准备。

风能和太阳能技术成本的迅速下降使这项任务变得更容易。虽然很多与化石燃料相关的工作岗位将被取消,但风电场建设和建筑改造等领域将创造数百万新工作岗位。土地使用将成为一个问题:虽然理论上新风电场和太阳能设施有足够的空间,但随着这些设施变得无处不在,当地对选址的反对可能会增加。出于此原因,一些研究人员设想了一种方案,即用先进的核反应堆和天然气厂来补充可再生能源,这些反应堆和天然气厂配备了碳捕获和储存技术,然而这些技术在经济上还不可行。

资料来源:Brad Plumer, "To Cut Emissions to Zero, U. S. Needs to Make Big Changes in Next 10 Years," *The New York Times*, December 15, 2020; Larson et al. , 2020。

二、温室气体减排成本

不同温室气体减排技术的成本不同。显然,有些技术实施成本比其他技术低。为了进行更完整的经济分析,还需要考虑成本问题。

麦肯锡公司(McKinsey & Company)一项著名分析估计了全球范围内 200 多种温室气体减排方案的成本。各种选项按照成本的顺序设置。经济逻辑是,首先实施以最低单位成本降低碳排放的措施,然后再采取成本高的措施,这是有意义的。其分析结果如图 13-6 所示。成本估计为欧元,但分析涵盖了全球范围内减排的可能性。[①]

需要对这幅图做一点解释。纵轴表示每个减排方案的成本范围,以每年每减少 1 吨二氧化碳当量(或减少甲烷等其他气体相当于减少 1 吨二氧化碳)计算。柱的宽度代表每种方案可减少的二氧化碳排放量。诸如建筑隔热、提高效率、改善农田管理和废弃物回收等政策的成本在负值范围内,意味着不管这些政策对二氧化碳排放的影响如何,实际上都能节省资金。因此,即使不关心气候变化和环境,仅仅基于长期的财务角度,为建筑物隔热、提高电器效率、发展可再生农业、回收废弃物都是有意义的。

横轴表明,如果执行轴上左边任意一点的行动,相对于一切照旧(BAU)情景,二氧化碳当量排放量的累积减少。因此,如果实施所有的负成本方案,包括提高空调、照明系统和水暖的效率,改善农田管理和废弃物回收,每年将减少约 120 亿吨二氧化碳当量排放,同时还能节省资金。

再向右是需要付出正成本的行动。换言之,对于所有这些其他行动来说,确实需要资金来减少二氧化碳排放。图 13-6 显示了以低于每吨 60 欧元的成本减少二氧化碳排放的所有行动,包括发展风能和太阳能、改善森林管理和再造

---

① McKinsey & Company, 2009.

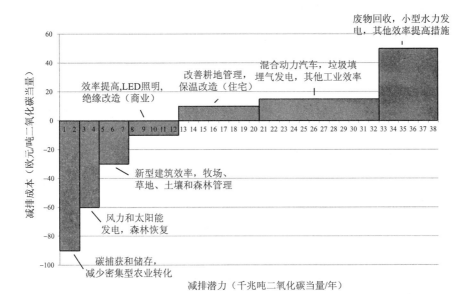

图 13 - 6　2030 年全球温室气体减排成本曲线

资料来源：Adapted from McKinsey & Company,2009。

林、发展核能以及实施碳捕获和储存（CCS）。

　　如果所有这些行动都得到实施，每年排放的二氧化碳当量总量将减少 380 亿吨。全球排放的二氧化碳当量总量包括所有温室气体和土地利用变化造成的排放，目前每年约为 500 亿吨，在一切照旧的情况下，预计到 2030 年将约为 700 亿吨。因此，到 2030 年，将只排放 320 亿吨，而不是 700 亿吨/年——比当前水平减少 180 亿吨，比正常情况下的预期水平减少 50% 以上。实现进一步的消减目标，特别是通过更广泛地发展风能和太阳能。（这一分析并没有考虑到可再生能源可能的成本降低，而且自从该分析形成以来，这些成本确实进一步下降，见第十一章。）

　　预计到 2030 年，图 13 - 6 中所有行动实施的总成本（考虑到一些选项实际上节省了成本）不到全球 GDP 的 1%。该报告指出，仅仅推迟 10 年行动，就会使全球变暖而引起的气温变化保持在 2℃ 以下变得极其困难。

　　实现图 13 - 6 所示的减排政策建议包括：

　　· 对建筑效率和车辆效率设立严格的技术标准。

- 建立长期激励机制,以鼓励能源生产商和企业投资及部署高效技术。
- 通过经济激励和其他政策,为高效率和新兴可再生能源技术提供政府支持。
- 确保发达国家和发展中国家对森林和农业的高效管理。[①]

这些建议意味着制定碳价格只是众多政策的一部分。碳排放税或总量管制与排放交易将为图 13-6 所示的行动创造一个激励机制,但它并不能保证这些行动一定会发生。从理论上讲,即使没有碳价格,也应该使用所有负成本选项,但却没有这样做。设立标准和授权可以是碳价格的有效补充,以确保实施具有成本有效性的行动。潜在政策可包括电器、照明和建筑隔热的效率标准。

这种减排成本曲线分析有多可靠?因低估和高估一些成本,麦肯锡的研究一直受到批评。[②] 尽管如此,麦肯锡研究中提出的减排成本曲线说明了可采取很多低成本或无成本行动来减少碳排放的基本原理。最近一项评估了减排成本的研究发现,每减排一吨二氧化碳的成本低于 100 美元的方案包括太阳能、风能、再造林、控制甲烷燃烧、土地利用管理、土壤和牲畜管理以及奥巴马政府的清洁能源计划(特朗普政府放弃了该计划,但拜登政府可能会重新制定)。研究还指出,随着风力和太阳能等领域投资的增加,二氧化碳减排的成本可能会随时间的推移而显著下降。[③]

第四节　实践中的气候变化政策

气候变化是一个国际环境问题。在经济理论方面,正如第十二章所述,气候变化是一个公益问题,需要全球合作才能取得有效成果。自 1992 年《联合国气候变化框架公约》首次确立以来,国际上进行了旨在达成全球减排协议的广泛讨论(表 13-2),称为"缔约方大会"(COP)。

---

① McKinsey & Company, 2009.
② 关于减排成本曲线分析的批评,参见 Kesicki and Ekins, 2011.
③ Gillingham and Stock, 2018.

表 13 - 2　国际气候变化谈判中的重大事件

年份	地点	结果
1992	里约热内卢	《联合国气候变化框架公约》,各国同意以"共同但有区别的责任"来减少排放。
1995	柏林	第一次缔约方年度会议,即缔约方大会。美国同意免除发展中国家的捆绑责任。
1997	京都	第三届缔约方大会(COP-3)批准了《京都议定书》,要求发达国家在 2008～2012 年温室气体排放量比 1990 年的基准排放量减少。
2001	波恩	COP-6 就合规和融资条款达成一致。然而,布什政府拒绝《京都议定书》,美国成为第六届缔约方大会的谈判观察员。
2009	哥本哈根	COP-15 未能达成具有约束力的《后京都协议》,但宣布将变暖气温变化限制在 2℃ 以下的重要性。发达国家承诺向发展中国家提供 1 000 亿美元的气候援助。
2011	德班	COP-17 参加国同意尽快通过一项关于气候变化的普遍法律协议,不晚于 2015～2020 年生效。
2015	巴黎	COP-21 共有 195 个国家签署了《巴黎协定》,规定采取世界范围内的自愿行动(称为国家自主贡献,NDCs)。

一、2015 年《巴黎协定》

在 2009 年哥本哈根 COP-15 会议上,发达国家和发展中国家在如何分配减排要求方面陷入僵局。在遇到强制性减排阻力后,谈判代表们提出了一个想法,即各国应提出自己的自愿目标,不管目标有多低或多高,希望各国最终能感受到"同侪压力"(peer pressure),在力所能及的范围内设定最雄心勃勃的目标。这一新谈判战略为 2015 年在巴黎举行的第二十一届缔约方大会(COP-21)达成全球协定奠定了基础。在 COP-21 召开前的几个月里,186 个国家提交了**国家自主贡献**,以表明它们愿意为减少全球二氧化碳排放做出贡献。

> **国家自主贡献（nationally determined contribution，NDC）**：2015 年，在第二十一届缔约方大会（COP-21）上，与会国家提交了一份相对于基准排放量的自愿减排计划。

由 195 个国家代表团谈判达成的《巴黎协定》正式表达了将气温控制在比工业化前水平提高不超过 2℃ 的全球目标，并提出了更为雄心勃勃的 1.5℃ 的目标。由于国家自主贡献（NDCs）不足以实现将气温变化控制在 2℃ 以下的全球目标，该协定规定，各国每 5 年重新审视自己的目标，并逐步提高目标，以实现更宏伟的目标。谈判进程的目的是向每个国家施加压力，要求它们遵守承诺，并逐渐增加承诺。

该协定以定期盘存、定期报告各国在实现目标方面取得的进展，并以专家小组定期审查为基础，建立了强有力的透明度和问责机制。截至 2016 年底，占全球排放量 60% 以上的 80 多个国家批准了该协定，《巴黎协定》正式生效，在国际协定谈判一年后就生效的速度创造了历史纪录。尽管各国遵守目标是自愿的，但该协定仍然有效。（2020 年 11 月，特朗普政府正式退出《巴黎协定》，但即将上任的拜登政府于 2021 年 1 月立即重新加入。）2015 年 10 月 22 日，各方达成了一项具有约束力的相关协议，确定了消除生产氢氟碳化合物（HFCs）的具体时间表，这是一种用于空调和冰箱的重要温室气体。[①]

《巴黎协定》还规定持续向发展中国家提供财政和技术支持，帮助它们适应气候变化的破坏性后果，并支持其从利用化石燃料转向更清洁的可再生能源。该协议包括一项损失和损害条款，强调应对发展中国家气候变化不利影响的重要性。虽然协议不承担责任或提供赔偿，但它确实提供了一些可以提供支持的条件。自 2020 年开始，工业化国家承诺每年向发展中国家提供 1 000 亿美元的财政和技术援助，以应对气候变化。[②]

公平气候政策的倡导者警示说，1 000 亿美元远远不够，保守估计接近 6 000

---

① Coral Davenport, "Paris Climate Deal Reaches Milestone as 20 More Nations Sign On, ″*New York Times*, September 21, 2016; Coral Davenport, "Nations, Fighting Powerful Refrigerant That Warms Planet,Reach Landmark Deal,″*New York Times*, October 15, 2016.

② United Nations Framework Convention on Climate Change, "Adoption of the Paris Agreement," http://unfccc. int/resource/docs/2015/cop21/eng/l09r01. pdf.

亿美元,约占工业化国家 GDP 的 1.5%。世界银行和维也纳国际应用系统分析组织的估计结果表明,每年所需的资金将高达 1.7 万亿美元,甚至 2.2 万亿美元。[①]

二、国家行动的承诺

由于《巴黎协定》的目标是自愿做出的,因此不同国家采用的方法存在差异。一些国家选择其基准年为 2005 年,另一些国家选择其基准年为 1990 年,并根据该基准计算其未来排放量。其他国家计算了它们未来的排放量,并与一切照旧(business-as-usual,BAU)情景下的排放量进行了比较。一些国家承诺减少二氧化碳排放量的绝对值,即减少实际排放量,另一些国家承诺相对减少,或减少**碳强度**(即单位 GDP 的碳排放量)。

> **碳强度(carbon intensity)**:单位 GDP 的碳排放。

碳强度的降低在一定程度上使排放与增长"解耦",但总体排放仍可随着经济增长而增加。这通常是发展中国家选择的,包括中国和印度等最大的发展中国家。它们寻求经济增长与二氧化碳排放量增加之间的逐渐解耦,但同时二氧化碳排放量将继续增长。这引入了发展中国家"峰值"排放的重要理念——允许排放总量仅在特定时期内增长,之后必须下降。中国承诺预计到 2030 年排放量将达到峰值。

378

三、主要排放方的承诺

2015 年 3 月,美国向《联合国气候变化框架公约》提交的国家自主贡献报告指出,"美国整个经济体的目标是,在 2025 年将其温室气体排放量比 2005 年减

---

① 　www. scientificamerican. com/article/poorer-nations-demand-more-aid-to-deal-with-climate-change/;http://roadtoparis. info/2014/11/06/climate-finance-too-little-too-late/.

少 26%～28%，并尽最大努力将其排放量减少 28%。"①美国公布的排放目标如图 13-7 所示。这将延续并加速美国实际排放量明显下降的趋势。2015 年 8 月，奥巴马政府宣布了清洁能源计划，该计划旨在到 2030 年电力部门二氧化碳排放量比 2005 年减少 32%。② 2017 年 3 月，特朗普政府发布了一项行政命令，废除了清洁能源计划，使美国的气候行动受到质疑——尽管根据市场发展、州和地区政策，美国的排放量继续下降（例如，参见本节"区域、国家和地方行动"部分对东北和加利福尼亚州承诺的讨论）。到 2018 年，美国二氧化碳当量排放量比 2005 年降低了 10%，而且还在下降（见专栏 13-5）。③ 拜登政府致力于进一步减排，目标是在 2050 年实现净零排放（见专栏 13-4）。

中国的有效承诺包括：

- 到 2030 年前二氧化碳排放量达到峰值，并尽最大努力提前达到峰值。
- 碳强度（单位 GDP 的二氧化碳排放量）比 2005 年降低 60%～65%。
- 非化石燃料在一次能源消费中的比重提高到 20%左右。
- 森林蓄积量比 2005 年增加约 45 亿立方米。④

欧盟及其成员国承诺制定一项具有约束力的目标，即到 2030 年温室气体排放量比 1990 年减少至少 55%。据欧盟称：

欧盟有望在 2020 年实现 20%的减排目标。1990～2019 年间，欧盟温室气体排放量减少了 24%，而同期经济增长了 60%左右。从 2018～2019 年，排放量下降了 3.7%。⑤

美国、中国、欧盟和其他主要排放方的承诺见表 13-3。正如专栏 13-5 所

---

① UN Framework Convention on Climate Change，http://www4. unfccc. int/submissions/INDC/Submission%20Pages/submissions. aspx.

② www. whitehouse. gov/the-press-office/2015/09/25/us-china-joint-presidential-statement-climate-change.

③ U. S. EPA, Inventory of U. S. Greenhouse Gas Emissions and Sinks, www. epa. gov/ghgemissions/inventory-us-greenhouse-gas-emissions-and-sinks; U. S. EPA, Greenhouse Gas Inventory Data Explorer, https://cfpub. epa. gov/ghgdata/inventoryexplorer/#allsectors/allgas/gas/all.

④ UN Framework Convention on Climate Change，http://www4. unfccc. int/submissions/INDC/Submission%20Pages/submissions. aspx.

⑤ European Commission, "Progress Made in Cutting Emissions," https://ec. europa. eu/clima/policies/strategies/progress_en.

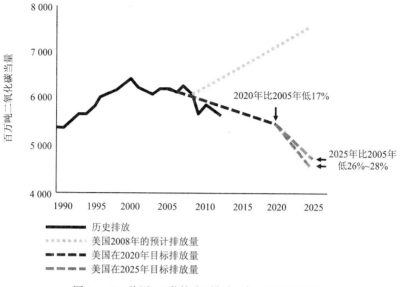

图 13 - 7　美国《巴黎协定》排放目标(彩图见彩插)

注：2018 年，美国实际排放量比 1995 年低 10%。

资料来源：UN Framework Convention on Climate Change，http://unfccc. int/2860. php。

述，由于新冠病毒感染疫情，2020 年全球温室气体排放量大幅下降，但 2021 年，尽管希望实现"绿色"复苏，但排放量却开始反弹。

表 13 - 3　主要排放方的主要承诺

	基准年	减排目标	目标年度	土地利用与技术
中国	2005	排放达到峰值；碳强度降低 60%～65%	2030 年前	增加森林蓄积量约 60 亿立方米，风能和太阳能装机容量达到 1 200 吉瓦
美国	2005	26%～28%	2030	净零排放政策，包括土地利用排放和清除
欧盟	1990	55%	2030	包括土地利用和林业
印度	2005	碳强度降低 33%～35%	2030	包括土地利用和林业
俄罗斯	1990	25%～30%	2030	目标取决于"森林的最大吸收能力"
日本	2013	26%	2030	包括森林和农业部门

资料来源：climateactiontracker. org。

专栏 13 - 5　2020 年排放量大幅下降和绿色复苏？

2020 年,全球经济受到新冠病毒感染疫情的严重打击,GDP 和能源需求均显著下降。据国际能源机构称：

根据对 2020 年的估计,全球电力需求下降了 5%,在一些地区甚至下降了 10%。低碳能源远远超过全球燃煤发电,扩大了 2019 年确立的领先地位。全球二氧化碳排放量预计将下降 8%,或接近 26 亿吨,达到 10 年前的水平。这样的同比降幅是有史以来最大的,也是 2009 年全球金融危机造成 4 亿吨创纪录降幅的 6 倍,更是二战结束以来所有减排总量的两倍。然而,与之前的危机之后一样,排放量的反弹可能大于下降,除非重启经济投资浪潮专门用于更清洁和更有弹性的能源基础设施。

荣鼎咨询(Rhodium Group)的报告发现：

2020 年是不寻常的一年,在很多方面的影响都无法以数量衡量,全球新冠病毒感染疫情及其对经济的影响颠覆了人们的生活。美国排放量比 2005 年下降了 21%,意味着美国预计将远远超过 2020 年《哥本哈根协议》的目标,即比 2005 年下降 17%。然而,无论如何,2020 年不应被视为对美国实现其 2025 年《巴黎协定》目标的首期贡献,即排放量比 2005 年低 26%～28%。

新冠病毒感染疫情下经济复苏的形态将决定排放目标能否实现。出于所有错误的原因,这场疫情创造了一次碳减排的"红利"。这将取决于决策者是否抓住机会,通过大规模转向能源效率和可再生能源而"更环保地重建"。

资料来源：IEA, 2020; Rhodium Group, 2020; Caitlin O'Kane, "Greenhouse Gas Emissions in the U. S. Saw Largest Drop since World War II Due to COVID-19 Shutdowns," CBS News, January 12, 2021, www.cbsnews.com/news/greenhouse-gas-emissions-drop-united-states-covid-19/.

四、这些承诺是否充分？

一个独立的组织作为气候行动监测者，为各国提交的国家自主贡献提供评估和评级。根据其评分系统，大多数国家都远远没有达到其特定目标。截至 2020 年，美国被评为"严重不良"（这先于拜登政府的新政策），中国被评为"高度不足"，欧盟被评为"不足"。气候行动监测机构还将日本和南非评为"高度不足"，将加拿大、澳大利亚、墨西哥和巴西评为"不足"，印度是少数几个获得"2°兼容"（"2° compatible"）评级的国家之一。[1]

正如在第十二章中看到的（图 12-8），即使所有国家都履行了《巴黎协定》规定的现有承诺，全球平均气温也可能上升 2.3～2.6℃。显然需要大大加强承诺，使总排放量保持在 2℃ 的路径，更不用说 1.5℃ 了。[2]（关于达到 2℃ 甚至 1.5℃ 目标重要性的科学观点，见专栏 13-6。）

为了解实现 2℃ 或 1.5℃ 的目标需要什么，**全球碳预算**的概念是有用的。全球碳预算试图量化在不超过特定温度增幅的情况下，可增加到大气中的碳累积排放量。为了达到 2℃ 的目标，有必要将全球累积碳预算控制在不超过 2020 年水平，即排放增量不超过 2 250 亿吨，按照目前的速度大约相当于 25 年的排放量。要达到 1.5℃ 的目标，预算排放仅为 650 亿吨，按目前的速度大约相当于 7 年的排放量。[3] 如果在未来几轮谈判中没有大幅加强承诺，目前的《巴黎协定》承诺不足以实现这些目标。

> **全球碳预算**（global carbon budget）：为了避免全球气候变化带来的灾难性后果，累积碳排放总量必须被限制在一个固定数量。

---

① Climate Equity Reference Project，2015；http://climateactiontracker. org/methodology/85/Comparability-of-effort. html；www. wri. org/blog/2015/07/japan-releases-underwhelming-climate-action-commitment.

② Millar et al. ,2016.

③ The Global Carbon Project，"Global Carbon Budget," www. globalcarbonproject. org/；Schellnhuber et al. , 2016.

专栏 13-6　避免灾难性损失

382

《巴黎协定》制定了不超过2℃的气温升高目标,更雄心勃勃的目标是不超过1.5℃。为什么要设立这些目标? 一项科学研究将这些目标与各种灾难性和不可逆转的损失(如高山冰川或亚马孙雨林的损失)发生的概率进行了比较,表明达到《巴黎协定》温度目标的紧迫性。作者评估了现有的研究,以确定每项影响预计发生时气温升高的范围,如图13-8所示。

每项影响的水平柱反映了科学上的不确定性,即必须增加多少温度才能使影响不可避免。阴影越深,这些影响发生的可能性就越高。例如,如果全球平均气温仅升高1℃,那么高山冰川消失的可能性很小。但根据目前的研究,若气温升高超过2.5℃,几乎可以肯定高山冰川将消失。

灰色柱代表《巴黎协定》中气温升高的目标范围,介于1.5～2℃之间。将这些目标与各种影响进行比较发现,将气温升高限制在1.5℃,可以让世界上的珊瑚礁有机会不消失。但在气温升高2℃的情况下,珊瑚礁将无法存活。若气温升高不超过2℃的目标能实现,那么避免高山冰川、格陵兰冰盖和南极西部冰盖损失的前景会更乐观,尽管仍然存在相当大的不确定性。在气温升高4～6℃的情况下,亚马孙河和北部森林、南极东部和西部冰盖及永久冻土层都濒临消失,海洋中的热盐环流包括墨西哥湾流(尽管纬度较高,但也保证欧洲大部分地区气温相对温和),也可能消失。这篇文章的结论是,虽然实现《巴黎协定》的目标是雄心勃勃的,但却至关重要。

当气温升高超过2℃时,北半球的冰川将完全消失,威胁到很多沿海城市和岛国的生存。新极端事件将危及全球粮食供给,珊瑚礁等主要生态系统将被迫消失。如果气温升高保持在《巴黎协定》目标范围内,整个地球系统的动态将基本保持不变。另一方面,在全球气温升高达到3～5℃的情况下,将会造成严重的影响[风险最大]。若气温升高超过这个范围,目前的世界必然会消失。

资料来源:Schellnhuber et al., 2016。

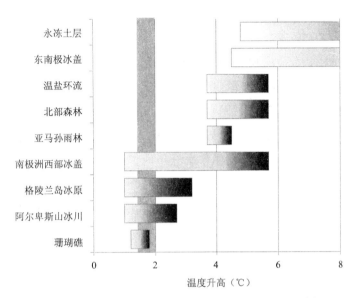

图 13-8　《巴黎协定》目标和全球灾难性影响（彩图见彩插）

注：灰色柱代表《巴黎协定》的气候目标范围，从 1.5～2.0℃。

资料来源：Schellnhuber et al.，2016。

五、区域、国家和地方行动

虽然建立减排框架的国际行动仍在继续，但很多有效的气候政策已在区域、国家和地方实施。其中包括：

·　欧盟建立了碳交易体系，于 2005 年生效（见专栏 13-7）。

·　美国几个地区也建立了碳交易制度。区域温室气体倡议（RGGI）是一项针对东北九个州发电厂排放的总量管制和排放交易计划。许可证大多被拍卖（有些许可证以固定价格出售），所得收益用于清洁能源和能源效率投资。许可证拍卖价格为每吨二氧化碳 2～5 美元不等。[①] 2013 年，加利福尼亚州启动了一项具有法律约束力的总量管制和排放交易计划。"该计划规定了温室气体排放

383

①　Regional Greenhouse Gas Initiative，https://www.rggi.org.

限制，到 2015 年，每年减少 2％，2015～2020 年，每年减少 3％。"[1]

- 碳税已在 40 多个国家实施，包括南非碳排放对新车征税（2010 年颁布）、哥斯达黎加对燃料征收碳税（1997 年颁布）、智利的碳税（2014 年颁布）、加拿大魁北克省的碳税、艾伯塔省和不列颠哥伦比亚省的碳税，并于 2019 年扩展到加拿大所有省份（见专栏 13-8）。[2]

- 2021 年初，中国启动了世界上最大的碳市场，"为发电厂运营商提供财政激励，以减少排放。政府计划在未来五年内扩大市场，以覆盖中国约 80％的二氧化碳排放量，占世界总排放量的五分之一。"[3]

- 城市网络也组织起来应对气候变化。占全球 GDP 25％的特大城市 C40 网络专注于测量和减少城市排放。另一个网络是由 10 000 多个城市组成的全球市长公约，也有类似目标。[4] 到 2050 年，预计全球 65％～75％的人口将生活在城市，每年有 4 000 多万人迁往城市。到 2050 年，城市人口将从现在的约 35 亿增加至 65 亿。据估计，全球 75％的二氧化碳排放来自城市，其中交通和建筑是最大的贡献者之一。[5]

专栏 13-7　欧盟碳交易系统

2005 年，欧盟（EU）启动了排放交易计划（EU-ETS），该计划涵盖了 11 000 多个设施，这些设施的碳排放总量几乎占欧盟排放量的一半。它对排放密集型活动（即电力和热力生产、水泥制造、钢铁生产、炼油和其他工业活动）和航空的排放设定了上限。在排放上限内，企业可减少排放并交易排放配额，以最低成本减少温室气体排放。

---

[1] Center for Climate and Energy Solutions, "California Cap and Trade," www.c2es.org/us-states-regions/key-legislation/california-cap-trade.
[2] www.nytimes.com/interactive/2019/04/02/climate/pricing-carbon-emissions.html.
[3] Kusmer, 2021.
[4] C40 Cities, www.c40.org/; Global Covenant of Mayors for Climate and Energy, www.globalcovenantofmayors.org.
[5] www.theguardian.com/cities/2015/nov/17/cities-climate-change-problems-solution; www.unep.org/urban_environment/issues/climate_change.asp.

尽管价格存在一定波动,但在 2005～2018 年间,欧盟排放交易计划在初始阶段促使排放量较大国家的排放量减少了 28%,随后在 2019 年进一步大幅下降:"2018～2019 年期间,固定装置排放的排放交易计划总量下降了 9.1%,这是 10 年来的最大降幅,原因是发电用煤大幅减少。"作为欧洲绿色协议的一部分,到 2030 年,排放交易计划温室气体减排目标将至少提高到 55%。

资料来源:European Environment Agency,2020,www. eea. europa. eu/themes/climate/the-eu-emissions-trading-system/the-eu-emissions-trading-system; European Commission, https://ec. europa. eu/clima/policies/ets_en。

专栏 13 - 8 不列颠哥伦比亚省的碳税:一个成功的案例

2008 年,位于太平洋沿岸的加拿大不列颠哥伦比亚省实施了每吨二氧化碳 10 美元(加元)的碳税,涵盖了该省约 70% 的温室气体排放量。随后几年税收逐渐上升,2019 年达到 40 美元。

该省削减了所得税和公司税,以抵清其从碳税中获得的收入。不列颠哥伦比亚省现在拥有加拿大最低的个人所得税税率,也是发达国家中最低的企业税率之一。"增加碳税带来的额外收入被用于提供碳税减免,保护人们的负担能力,保持行业竞争力,并鼓励新绿色倡议。"

在这项政策实施的前六年,不列颠哥伦比亚省的燃料消耗量下降了 5%～15%,而加拿大其他地区的燃料消耗量上升了约 3%。在此期间,不列颠哥伦比亚省人均 GDP 继续增长,增速略高于加拿大其他地区。截至 2018 年,加拿大政府将碳税扩展到全国,允许各省灵活实施,包括向纳税人返还收入。

资料来源:The World Bank, "British Columbia's Carbon Tax Shift: An Environmental and Economic Success," September 10, 2014; Government of British Columbia, "Climate Action Legislation," https://www2. gov. bc. ca/gov/content/environment/climate-change/planning-and-action/legislation; Murray and Rivers,2015;Metcalf,2015;www. thegardian. com/environment/climate-consensions-97-per-cent/2018/oct/26/canada-passed-a-carbon-tax-that-will-give-most-canadians-more-money。

六、森林、湿地和土壤

虽然气候政策重点是减少碳基燃料的排放，但森林、湿地和土壤的作用也至关重要。目前，大约 11％的温室气体排放来自森林和土地利用变化，尤其是热带森林的损失。[①] 国际谈判还推动采用了一项名为**减少森林砍伐和退化造成的排放（REDD）**的计划。《哥本哈根协议》（2009）承认有必要就减少毁林和森林退化造成的排放采取行动，并建立了一个称为"发展中国家通过减少毁林与森林退化减排，以及森林保护、可持续管理、增加森林碳库"（REDD＋）的机制。该协议强调为发展中国家提供资金，使其能采取缓解措施，包括为 REDD＋的适应、技术开发和转让以及能力建设提供大量资金（在第十九章将进一步讨论）。

> **减少森林砍伐和退化造成的排放（Reduction of Emissions from Defor-estation and Degradation，REDD）**：是作为《京都议定书》气候谈判进程的一部分而通过的一项联合国计划，旨在通过为森林保护和可持续土地使用提供资金来减少森林砍伐和土地退化造成的排放。

除了减少排放，森林和土壤还具有吸收和储存碳的巨大潜力。地球的土壤中储存了 2.5 万亿吨碳，比大气（7 800 亿吨）和植物（5 600 亿吨）的总和还要多。但据估计，20 世纪土壤中自然碳的 50％～70％已经被消耗。在全球范围内，这些枯竭的土壤每年可通过再生农业（包括复种、覆盖种植、农林业、养分循环、作物轮作、适宜的牧场管理和有机土壤改良剂，如堆肥和生物炭）重新吸收 20 亿吨至 130 亿吨二氧化碳当量（在第十六章进一步讨论）[②]。

森林将二氧化碳通过循环转化成氧气；保护森林面积和扩大再造林可对二

[①] IPCC，2014a，*Summary for Policymakers*，p.5；Harris and Feriz，2011；Sanchez and Stern，2016.

[②] Lal，2010；Chris Mooney，"The Solution to Climate Change That Has Nothing to Do With Cars or Coal," *Washington Post*，February 11，2016；Beth Gardiner，"A Boon for Soils, and for the Environ-ment," *New York Times*，May 17，2016；Center for Food Safety，"Soil & Carbon: Soil Solutions to Cli-mate Problems," 2015；Project Drawdown，2020；IPCC，2019.

氧化碳净排放量产生显著影响。仅让现有的森林继续生长,而非砍伐它们,每年可吸收约 100 亿吨二氧化碳当量。[1] 每英亩湿地的碳储存潜力非常高,因此保护和恢复湿地是有效气候政策的关键组成部分。[2]

这一巨大且未开发的天然碳储存潜力很可能是未来气候政策的一个主要焦点,是从图 13-8 中的中间"承诺"路径转变为将全球气温变化保持在不超过2℃所需"目标"路径的关键努力因素。

第五节　其他气候问题:适应和公平

本章最后一节将探讨在国家和国际范围内平衡碳减排与公平问题的建议。与气候变化相关的主要不平等之一是,由于气候不稳定性增加(包括洪水、干旱和更具破坏性的风暴)造成的最严重破坏负担将落在世界上低收入人群身上,而他们对温室气体排放的责任最小。适应气候变化的成本和减排费用都需要在全球范围内公平分配,这一直是国际谈判讨论的主要问题。

一、适应气候变化

世界各地制定适应气候变化措施的紧迫性和能力各不相同。世界上最需要适应的是贫困人口,但也最缺乏必要的资源。

气候变化对发展中国家的不利影响将最为显著,因为它们的地理和气候条件、对自然资源的高度依赖以及适应气候变化的能力有限。在这些国家,资源最少、适应能力最低、最贫困的人最为脆弱。极端气候(如热浪、强降雨和干旱)发生率、频率、强度和持续时间的预计变化,以及平均气候的逐渐变化,将显著威胁到他们的生计,进一步加剧发展中国家和发达国家之间的不平等。[3]

政府间气候变化专门委员会确定了主要部门的适应需求,见表 13-4。一

---

[1]　Moomaw et al. , 2019；Houghton and Nassikas, 2018.

[2]　Moomaw et al. , 2018；Anisha et al. , 2020.

[3]　African Development Bank et al. , 2003, p. 1.

些最关键的适应领域包括水、农业和人类健康。气候变化预计将导致一些地区降水增多，主要是高纬度地区，包括阿拉斯加、加拿大和俄罗斯，而在其他地区，包括中美洲、北非和南欧，降水将减少。融雪和冰川径流的减少可能威胁到印度和南美洲部分地区超过10亿人的供水。在这些地区提供安全饮用水可能需要采取建造新的水库、提高用水效率以及其他适应战略。

表13-4 按部门分配的气候变化适应需求

部门	适应战略
水	扩大蓄水和海水淡化，改善流域和水库管理，提高水资源利用率和灌溉效率，实现水资源的再利用，加强城市和农村的洪水管理。
农业	调整种植日期和种植地点，开发适应干旱、高温的作物品种，改善土地管理以应对洪水或干旱，加强本土或传统知识和实践。
基础设施	搬迁脆弱社区，建设和加强海堤和其他屏障，创建和恢复湿地，防洪沙丘加固。
人类健康	极端高温健康计划、高温相关疾病预警系统，解决安全饮用水供给威胁，扩展基本公共卫生服务。
运输	重新安置或调整交通基础设施以应对气候变化的新设计标准。
能源	加强配电基础设施以解决日益增长的冷却需求，提高效率，增加可再生能源的使用。
生态系统	减少其他生态系统压力和人类使用压力，提高科学认识并加强监测，减少森林砍伐并加重新造林，加强红树林、珊瑚礁和海草保护。

资料来源：IPCC，2007，2014b。

降水和温度变化对农业有重大影响。随着气候变暖，一些较冷地区（包括北美部分地区）的作物产量预计将增加，但总体而言，对农业的影响预计将是负面的，随着气候变暖，影响将越来越大。在美国，气候变化加剧并延长了西部各州（尤其是加利福尼亚州）的干旱时间，迫使农民需要适应水密集程度较低的作物，用石榴或类似仙人掌的龙果等其他树木作物取代橘子林和鳄梨树。[1] 农业影响预计将对非洲和亚洲最为严重,需要进行更多的研究来开发能在预期的更干燥天气条件下生长的作物。有些地区可能需要放弃农业,而另一些地区则需要扩大农业。[2]

气候变化对人类健康的影响已发生。斯坦福大学经济政策研究所(Stanford Institute for Economic Policy Research)的一项研究显示,"气候变化导致的死亡率上升将在非洲和中东最高"。[3] 世界卫生组织(WHO)估计,每年已经有超过 14 万人直接死于气候变化,主要是在非洲和东南亚。据世界卫生组织估计,2030 年之后,气候变化每年将导致 25 万人因营养不良、疟疾、腹泻和热应激而死亡。到 2030 年,对健康的直接损害成本估计为每年 20 亿到 40 亿美元。世界卫生组织的政策建议包括加强公共卫生系统,还包括加强教育、疾病监测、疫苗接种和防范。[4]

对合适的适应成本有各种估计。联合国环境规划署核算,到 2030 年,发展中国家适应气候变化的成本可能会上升到每年 1 400 亿至 3 000 亿美元之间。到 2050 年,将增加至每年 2 800 亿至 5 000 亿美元之间。这些金额大大超过发达国家在 2015 年《巴黎协定》中承诺的每年 1 000 亿美元的援助。联合国环境规划署警告,这将存在显著的资金缺口,"除非在确保新的、额外的创新性适应措施融资方面取得重大进展,否则未来几十年适应气候变化的成本可能会大幅增长"。适应成本已经比目前用于适应的国际公共资金高出两到三倍。[5]

二、温室发展权

在全球范围内,公平问题涉及国家间的收入差距以及国家内部的收入分配。

---

① www.npr.org/sections/thesalt/2015/07/28/426886645/squeezed-by-drought-california-farmers-switch-to-less-thirsty-crops.

② Cline, 2007; U. S. Global Change Research Program, 2009, Agriculture Chapter; Kahsay and Hansen, 2016.

③ Hamilton Project and Stanford Institute for Economic Policy Research, 2019.

④ World Health Organization, 2009; WHO, *Climate Change and Health*, June 2016, www.who.int/mediacentre/factsheets/fs266/en/.

⑤ UNEP, 2016.

应使用哪些原则来确定各国应如何分配用于减排以及缓解和适应气候变化的成本？考虑到公平、效率和全球共享权利的概念，各种方法都是可能的。[1] **温室发展权**框架建议，只有生活在一定经济发展水平以上的人才有义务解决气候变化问题。[2] 生活在此水平以下的人应被允许专注于经济增长，而不承担任何气候变化义务。

> **温室发展权**（greenhouse development rights，GDR）：一种分配过去温室气体排放责任和应对气候变化能力的方法。

温室发展权分析制定了一种基本方法，确定每个国家为缓解国际气候变化和适应气候变化提供资金的义务。通过考虑两个因素来确定一个国家的义务：

- 能力。一个国家提供资金的能力是基于其国内生产总值，所有低于设定的发展门槛的收入水平都被排除在外。温室发展权的分析将发展门槛设定为人均 7 500 美元，这一水平通常允许人们避免严重贫困的问题，如营养不良、高婴儿死亡率和低受教育程度。

- 责任。温室发展权方法将温室气体排放责任定义为一个国家自 1990 年以来的累积排放，这与《京都议定书》使用的基准年相同。与能力一样，低于发展门槛的相关消费排放不纳入计算责任。每个国家在全球责任中所占的份额是用其累积排放量除以全球总量来计算的。

根据这一分析，累积排放责任最大的美国，将被分配全球应对气候变化费用的三分之一。欧盟将被分配的费用超过四分之一。日本将被要求出资约 8%，中国约 6%，俄罗斯约 4%。最不发达国家将被集体要求支付可忽略不计的全球账单份额。随着发展中国家在全球排放量中所占份额及其应对气候变化能力的提高（假设其发展状况良好），上述份额也会随时间而改变。

遵循温室发展权分析提出的原则将与**气候正义**原则相一致，但需发达国家大幅增加承诺，远远超过《巴黎协定》的 1 000 亿美元。

---

[1] Zhou and Wang，2016.

[2] Greenhouse Development Rights Project，gdrights. org/about/.

> **气候正义**（**climate justice**）：公平分担气候变化的负担和应对政策的成本。

第六节　结论：气候政策的层面

气候变化体现本书讨论的很多分析问题，包括外部性、公共财产资源、公共物品、可再生和不可再生资源，以及随成本和收益时间推移的折现。它包括经济、科学、政治和技术层面的考量。仅依靠经济分析无法充分解决这种范畴内的问题，但经济理论和政策在寻求解决方案时能提供很多支持。

要想有效应对气候变化问题，就需要在全球范围内采取比迄今为止所取得的任何行动都更为全面的行动。但无论是在讨论地方举措还是广泛的全球计划时，都无法回避经济分析的问题。能改变能源使用模式、工业发展和收入分配模式的经济政策工具对于任何缓解或适应气候变化的计划都必不可少。正如第十二章所述，气候变化影响的证据已很明显，随着温室气体积累的继续、损害以及气候适应成本的增加，这个问题将变得更加紧迫（见专栏 13-9）。在全球努力应对这场持续不断的危机之际，经济分析工具将提供关键的洞见。

专栏 13-9　对于美国沿海城市，气候适应现在已经开始

2016 年 8 月，墨西哥湾沿岸的倾盆大雨导致路易斯安那州南部发生致命的洪水。这场自然灾害损失估计达 90 亿美元，是自 2012 年 10 月桑迪飓风造成 700 亿美元损失以来美国最严重的一次自然灾害。2017 年哈维飓风和玛丽亚飓风给得克萨斯州和波多黎各带来了更大的损失，灾害损失分别在 900 亿到 1 000 亿美元之间。[①]

---

① www.wunderground.com/cat6/hurricane-maria-damages-102-billion-surpassed-only-katrina.

390　　　　这些"骇人"的事件与气候破坏的联系并不是简单的因果关系，但科学家建立的模型可给出这些事件发生概率的数量级。这种被认为是千年一遇的现象正在成为沿海地区需要应对的新现实。美国国家海洋和大气管理局发现，由于大气变暖导致水汽增加，全球变暖使这种强降雨的概率增加了40%。

　　　　美国各地的沿海城市已经在进行大规模投资，为未来的洪水做准备。佛罗里达州劳德代尔堡（Fort Lauderdale）正在花费数百万美元修复因潮水泛滥而受损的道路和排水沟。迈阿密海滩增加了当地费用，以资助一项4亿美元的计划，包括修建街道、安装水泵和提升海堤。弗吉尼亚州诺福克这个中等规模城镇适应海平面上升的成本估计约为12亿美元，即每个居民约5 000美元。

　　　　单个城市成本汇总意味着整个东海岸和墨西哥湾的成本数量级将是数万亿美元。到2100年，可能会有多达190万套价值8 820亿美元的海岸线房屋因海平面上升而消失。根据一些经济分析人士的说法，沿海房地产市场崩溃的可能性可以与2000年和2008年的网络泡沫和房地产崩溃的影响相"媲美"。五角大楼也面临着重大的适应问题，因为很多海军基地受到严重威胁，基地所在的土地面临着在21世纪内消失的风险。

　　　　资料来源：Jonah Engel Bromwi, "Flooding in the South Looks a Lot Like Climate Change," *New York Times*, August 16, 2016; Henry Fountain, "Scientists See Push From Climate Change in Louisiana Flooding," *New York Times*, September 7, 2016; Justin Willis, "Flooding of Coast, Caused by Global Warming, Has Already Begun," *New York Times*, September 3, 2016; Ian Urbina, "Perils of Climate Change Could Swamp Coastal Real Estate," *New York Times*, November 24, 2016。

小　结

　　　　气候危机已经达到了全球紧急事件的程度，经济学家和科学家们呼吁采取应对措施，以减少对环境的影响。同时他们呼吁采取应对措施，将温室气体排放减少到零,以避免损害延续和扩大。应对全球气候变化的政策可以是预防性的或适应性的。最广泛讨论的政策之一是碳税,对造成最高碳排放的燃料征收最重的税。这种税收可以循环用于降低经济中其他部分的税收,也可以用来帮助因能源和商品成本的增加而受到最大影响的低收入阶层人群。

另一个政策选择是可交易的碳排放许可证,企业或国家可以根据其碳排放水平进行买卖(也被称为"总量管制与排放交易")。这两种政策都有经济效率的优势,但要获得实施这些政策所需的政治支持可能很困难。其他可能的政策措施包括将补贴从化石燃料转向可再生能源,加强能源效率标准,以及增加替代能源技术的研究和开发。

对温室气体减排成本的估计表明,有许多行动可以减少碳排放,也可以为家庭和企业节省资金,而且能够以较低的成本避免数十亿吨的额外排放。实现净零排放这项更雄心勃勃的政策将涉及一个重大承诺和数万亿美元的投资。但是,这些投资中多数将有可观的经济回报,即减少燃料的使用并"附带"环境效益(如减少地面空气污染),改善公众健康,以及改善食物安全和营养状况。

国际谈判的目的是达成一项全球协议,以实现温室气体排放的大幅减少。2015年签署的《巴黎协定》已被世界上几乎所有国家接受,但其规定是基于自愿承诺。它为工业化国家的大幅减排,以及中国、印度和其他发展中国家降低排放强度(每单位GDP的排放量)建立了一个框架,并为中国碳排放达到"峰值"设定了目标日期。审查过程目的是随着时间推移加强各国的承诺。除国际承诺外,在区域、国家和地方也采取了许多举措。

在区域、国家和地方层面采取的许多举措包括:碳税、总量控制与排放交易以及其他减排措施。通过改善森林和农业实践,可以减少排放并增加森林和土壤中的碳储存,存在额外减排的巨大潜力。建议根据每个国家对过去排放的责任和经济能力来分配缓解和适应气候变化所需的资金,同时仍然允许贫困国家实现经济发展。

关键术语和术语

adaptive measures 适应性措施　　　　　　　cap-and-trade 总量管制与排放交易

carbon capture and storage（CCS）碳捕获和
储存

carbon dividend 碳红利

carbon intensity 碳强度

carbon leakage 碳泄漏

carbon sinks 碳汇

carbon tax 碳税

climate justice 气候正义

cost-benefit analysis 成本收益分析

cost-effectiveness analysis 成本效益分析

efficiency standards 效率标准

elasticity of demand 需求弹性

greenhouse development rights（GDR）温室
发展权

global carbon budget 全球碳预算

market failure 市场失灵

nationally determined contribution（NDC）国
家自主贡献

pollution tax 排污税

preventive measures 预防性措施

price volatility 价格波动

progressive tax 累进税

Reduction of Emissions from Deforestation
and Degradation（REDD）减少森林砍伐和
退化造成的排放

regressive tax 累退税

revenue-neutral tax shift 收入中性的税收
转移

social cost of carbon 碳的社会成本

technology transfer 技术转让

transferable/tradable permits 可转让的（可交
易的）许可证

问题讨论

1. 碳税与总量管制与排放交易制度的优缺点是什么？是否存在其中一种优于另一种的情况？有效实施气候政策的主要障碍是什么？

2. 很多国家、州和地方已经采纳了净零排放的目标，将在 2050 年实现这一目标。这些目标可实现性如何？什么样的政策才能最有效实现这些目标？

3. 2015 年《巴黎协定》提出全球气温变化控制在 2℃ 以内的目标，最优目标为 1.5℃。各国为实现这些目标所作的承诺效果如何？未来哪些机制和政策可加强这些承诺？

练习

1. 假设根据一项国际协议的条款，美国二氧化碳排放量将减少 2 亿吨，巴西二氧化碳排放量将减少 5 000 万吨。以下是美国和巴西减少排放的政策选择：

美国		
政策选择	碳减排(万吨碳)	成本(亿美元)
A：高效机械	6 000	120
B：再造林	4 000	200
C：更换燃煤发电厂	12 000	300

巴西		
政策选择	碳减排(万吨碳)	成本(亿美元)
A：高效机械	5 000	200
B：保护亚马孙森林	3 000	30
C：更换燃煤电厂	4 000	80

(1)哪些政策选择对各国实现减排目标最为有利？若两国必须独立运作，每种选择将减少多少排放，成本如何？假设任何政策选择都以恒定的边际成本个别实施。例如，美国可选择用高效机械减少 1 000 万吨碳排放，成本为 20 亿美元。（提示：首先计算六项政策中每项碳减排的平均成本，单位为美元/吨。）

(2)假设可转让的许可证市场允许美国和巴西交易二氧化碳排放许可证。谁有意愿购买许可证？美国和巴西可达成什么协议，使它们能以最低的成本实现 2.5 亿吨的总减排目标？你能估计出排放一吨碳的许可证的价格范围吗？（提示：使用本练习(1)的平均成本计算。）

2. 假设一个美国家庭的平均年消耗量是 1 000 加仑汽油和 200 000 立方英尺天然气。使用表 13-1 中关于碳税影响的数据，计算出如果需求量不变，每吨二氧化碳的附加税为 50 美元，美国家庭平均每年将支付多少碳税？（假设税前市场价格保持不变。）然后，假设短期需求弹性为 −0.1，长期需求弹性为 −0.5，计算家庭短期和长期对石油和天然气需求的减少。如果美国有 1 亿家庭，那么从短期和长期来看，这种碳税给美国财政带来的收入是多少？政府应该如何使用这些收入？这对一般家庭会有什么影响？讨论短期和长期影响之间的区别。

相关网站

1. www. wri. org/our-work/topics/climate. The World Resource Institute's website on climate and atmosphere. The site includes numerous articles and case studies.

2. https：//unfccc. int/. Homepage for the *United Nations Framework Convention on Climate Change*. The site provides data on the climate change issue and information about the ongoing process of negotiating international a-greements related to climate change.

3. www. rff. org/topics/. A list of publications by Resources for the Fu-ture，including many on issues of energy and climate change. The site includes articles on carbon pricing and the social cost of carbon.

参 考 文 献

African Development Bank, Asian Development Bank, Department for International Development (UK), Directorate-General for Development (European Commission), Federal Ministry for Economic Cooperation and Development (Germany, Ministry of Foreign Affairs), Development Cooperation (The Netherlands), Organization for Economic Cooperation and Development, United Nations Development Programme, United Nations Environment Programme, and World Bank. 2003. *Poverty and Climate Change: Reducing the Vulnerability of the Poor Through Adaptation.* World Bank Group, Washington, DC.

Anisha, N.F., A. Mauroner, G. Lovett, A. Neher, M. Servos, T. Minayeva, H. Schutten, and L. Minelli. 2020. *Locking Carbon in Wetlands: Enhancing Climate Action by Including Wetlands in NDCs.* Corvallis, OR and Wageningen, The Netherlands: Alliance for Global Water Adaptation and Wetlands International. www.wetlands.org/publications/locking-carbon-in-wetlands/.

Carl, Jeremy, and David Fedor. 2016. "Tracking Global Carbon Revenues: A Survey of Carbon Taxes versus Cap-and-trade in the Real World." *Energy Policy*, 96(50):50–77.

Climate Equity Reference Project. 2015. *Fair Shares: A Civil Society Review of NDCs.* http://civilsocietyreview.org/wp-content/uploads/2015/11/CSO_FullReport.pdf.

Cline, William R. 2007. *Global Warming and Agriculture: Impact Estimates by Country.* Washington, DC: Center for Global Development and Petersen Institute for International Economics. www.cgdev.org/content/publications/detail/14090.

Gillingham, Kenneth, and James H. Stock. 2018. "The Cost of Reducing Greenhouse Gas Emissions." *Journal of Economic Perspectives*, 32:4:53–72.

Goodwin, Phil, Joyce Dargay, and Mark Hanly. 2004. "Elasticities of Road Traffic and Fuel Consumption with Respect to Price and Income: A Review." *Transport Reviews*, 24(3): 275–292.

Hamilton Project and Stanford Institute for Economic Policy Research. 2019. *Ten Facts about the Economics of Climate Change and Climate Policy*. https://siepr.stanford.edu/research/publications/ten-facts-about-economics-climate-change-and-climate-policy.

Harris, Jonathan M., and Maliheh Birjandi Feriz, 2011. *Forests, Agriculture, and Climate: Economics and Policy Issues*. Tufts University Global Development and Environment Institute. www.bu.edu/eci/education-materials/teaching-modules/.

Heal, Geoffrey, and Anthony Millner. 2014. "Uncertainty and Decision-Making in Climate Change Economics." *Review of Environmental Economics and Policy*, 8(1):120–137.

Houghton, Richard A., and Alexander A. Nassikas. 2018. "Negative Emissions from Stopping Deforestation and Forest Degradation, Globally." *Global Change Biology*, 24(1):350–359.

Hughes, Jonathan E., Christopher R. Knittel, and Daniel Sperling. 2008. "Evidence of a Shift in the Short-Run Price Elasticity of Gasoline Demand." *Energy Journal*, 29(1):113–134.

Intergovernmental Panel on Climate Change (IPCC). 2007. *Climate Change 2007: Synthesis Report*. http://ipcc.ch/.

Intergovernmental Panel on Climate Change (IPCC). 2014a. *Climate Change 2014 Synthesis Report*. http://ipcc.ch/.

Intergovernmental Panel on Climate Change (IPCC). 2014b. *Climate Change 2014: Impacts, Adaptation and Vulnerability*. http://ipcc.ch/.

Intergovernmental Panel on Climate Change (IPCC). 2018. *Global Warming of 1.5°C. An IPCC Special Report*. www.ipcc.ch/sr15/.

Intergovernmental Panel on Climate Change (IPCC). 2019. *Climate Change and Land: An IPCC Special Report*. www.ipcc.ch/srccl/.

Intergovernmental Panel on Climate Change (IPCC). 2021. *Climate Change 2021: The Physical Science Basis*. http://ipcc.ch/.

International Energy Agency (IEA). 2020. *Global Energy Review*. IEA, Paris. https://www.iea.org/reports/global-energy-review-2020.

Kahn, Matthew E. 2016. "The Climate Change Adaptation Literature." *Review of Environmental Economics and Policy*, 10(1):166–178.

Kahsay, Goytom Abraha, and Lars Gårn Hansen. 2016. "The Effect of Climate Change and Adaptation Policy on Agricultural Production in Eastern Africa." *Ecological Economics*, 121:54–64.

Kesicki, Fabian, and Paul Ekins. 2011. "Marginal Abatement Cost Curves: A Call for Caution." *Climate Policy*, 12(2):219–236.

Kusmer, Anna. 2021. "China Launches World's Largest Carbon Market." *The World*, February 11. www.pri.org/stories/2021-02-11/china-launches-world-s-largest-carbon-market.

Lal, Rattan. 2010. "Managing Soils and Ecosystems for Mitigating Anthropogenic Carbon Emissions and Advancing Global Food Security." *Bioscience*, 60(9):708–721.

Larson, E., *et al.* 2020. *Net-Zero America: Potential Pathways, Infrastructure, and Impacts*, interim report, Princeton University, Princeton, NJ, December 15. https://acee.princeton. edu/acee-news/net-zero-america-report-release/.

McKinsey & Company. 2009. *Pathways to a Low-Carbon Economy.* www.mckinsey.com/ business-functions/sustainability/our-insights/pathways-to-a-low-carbon-economy.

Metcalf, Gilbert E. 2007. "A Proposal for a U.S. *Carbon Tax Swap.*" Washington, DC: Brookings Institution. Discussion Paper 2007–2012.

Metcalf, Gilbert E. 2015. "A Conceptual Framework for Measuring the Effectiveness of Green Tax Reforms." Green Growth Knowledge Platform Third Annual Conference on Fiscal Policies and the Green Economy Transition: Generating Knowledge—Creating Impact. Venice, Italy, January 29–30.

Millar, Richard, Myles Allen, Joeri Rogelj, and Pierre Friedlingstein. 2016. "The Cumulative Carbon Budget and its Implications." *Oxford Review of Economic Policy*, 32(2):323–342.

Moomaw, William R., G.L. Chmura, Gillian T. Davies, C.M. Finlayson, B.A. Middleton, Susan M. Natali, J.E. Perry, N. Roulet, and Ariana E. Sutton-Grier. 2018. "Wetlands in a Changing Climate: Science, Policy and Management." *Wetlands*, 38:183–205.

Moomaw, William R., Susan A. Masino and Edward K. Faison. 2019. "Intact Forests in the United States: Proforestation Mitigates Climate Change and Serves the Greatest Good." *Frontiers in Forests and Global Change*, June 11. www.frontiersin.org/articles/10.3389/ ffgc.2019.00027/full.

Murray, Brian, and Nicholas Rivers. 2015. "British Columbia's Revenue-neutral Carbon Tax: A Review of the Latest 'Grand Experiment' in Environmental Policy." *Energy Policy*, 86:674–683.

Project Drawdown. 2020. *Farming Our Way Out of the Climate Crisis.* https://drawdown.org/ sites/default/files/pdfs/DrawdownPrimer_FoodAgLandUse_Dec2020_01c.pdf.

Rhodium Group. 2020. *Preliminary US Greenhouse Gas Emissions Estimates for 2020.* https:// rhg.com/research/preliminary-us-emissions-2020/.

Rosen, Richard A., and Edeltraud Guenther. 2014. "The Economics of Mitigating Climate Change: What Can We Know?" *Challenge*, 57(4):57–81.

Sachs, Jeffery, Joseph Stiglitz, Mariana Mazzucato, Clair Brown, Indivar Dutta-Gupta, Robert Reich, Gabriel Zucman, and over 100 other economists. 2020. "Letter from Economists: To Rebuild Our World, We Must End the Carbon Economy." *The Guardian*, August 4.

Sanchez, Luis F., and David I. Stern. 2016. "Drivers of Industrial and Non-industrial Greenhouse Gas Emissions." *Ecological Economics*, 124:17–24.

Schellnhuber, Hans Joachim, Stefan Rahmstorf, and Ricarda Winkelmann. 2016. "Why the Right Climate Target was Agreed in Paris." *Nature Climate Change*, 6:649–653.

Stern, Nicholas. 2007. *The Economics of Climate Change: The Stern Review.* Cambridge: Cambridge University Press.

United Nations Environmental Programme (UNEP). 2016. *The Adaptation Gap Report.* Nairobi, Kenya: UNEP. http://drustage.unep.org/adaptationgapreport/2016.

United States Global Change Research Program. 2009. *Second National Climate Assessment.* http://globalchange.gov/publications/reports/scientific-assessments/us-impacts.

Vale, Petterson Molina. 2016. "The Changing Climate of Climate Economics." *Ecological Economics*, 121:12–19.

World Health Organization. 2009. *Protecting Health from Climate Change: Connecting Science, Policy, and People.* https://apps.who.int/iris/handle/10665/44246.

Zhou, P., and M. Wang. 2016. "Carbon Dioxide Emissions Allocation: A Review." *Ecological Economics*, 125:47–59.

第十四章　绿色经济

焦点问题:

- "绿色经济"会实现吗?
- 何种经济理论能洞察经济与环境之间的关系?
- 保护环境对经济有负面影响吗?
- 哪些政策可以促进经济绿色转型?

第一节　绿色经济:导言

经济目标和环境目标常常相互矛盾。近年来政治辩论的一个共同主题是,某些环境规制会损害经济增长。雄心勃勃的环境政策提议,如美国的绿色新政(将在本章后面讨论)被攻击为"就业杀手"。[①] 显而易见的选择是一方面改善环境质量,另一方面是经济稳健。

但选择真的如此简单吗? 能同时拥有高质量的生态环境和高速的经济发展吗? 本章将探讨保护环境与经济增长之间的联系,并基于研究来明确是否有必要对环境和经济做唯一性取舍。

最近一些政策建议表明,积极的环境和能源政策可以成为未来经济发展的引擎。其中一个例子是,创建一个禀赋可持续发展概念的新**"绿色经济"**。联合

401

---

① Brown and Ahmadi, 2019.

国环境规划署对绿色经济的定义是：

> **绿色经济**（green economy）：是一种改善人类福祉和社会公平，同时减少环境影响的经济。

改善人类福利和社会公平，同时显著降低环境风险和缓解生态稀缺。简而言之，绿色经济被认为是低碳、资源高效利用和社会包容的经济模式。

在绿色经济中，由公共部门和私人部门共同投资推动，实现了收入和就业的增长，减少了碳排放和污染，提高了能源和资源利用效率，并防止了生物多样性和生态系统服务的损失。当然，上述投资需要有针对性的公共支出、政策改革和监管改革来推动。在绿色经济道路上，应保持、加强并在必要时重建自然资本，将其作为关键的经济资产和公共福利来源，尤其是对生活和安全严重依赖自然的贫困人口来说更应如此。[1]

绿色经济的概念并不排斥发展经济，而是寻求促进经济与可持续性相适应的增长。它明确反对传统的"工作环境"选择：

也许最普遍的误解是环境可持续性和经济进步之间存在着不可避免的取舍。现有大量证据表明，经济的"绿化"既不妨碍创造财富，也不妨碍就业机会，而且有很多"绿色"部门显示出巨大的投资机会以及财富和就业机会的增长。[2]

除了环境可持续性外，大多数绿色经济提案还关注促进社会公平。绿色经济倡导者反对限制发展中国家经济愿望的观点。

本章后面将讨论绿色经济转型的具体政策和建议，其中包括取消化石燃料补贴和外部性内部化等基于前文论述而提出的对策。还将对绿色经济条件下的经济与环境表现与一切照旧情景做实证比较分析。不过，有必要先讨论经济与环境关系的经济学理论。

---

[1] UNEP，2011，p. 16.

[2] UNEP，2011，*Synthesis for Policymakers*，pp. 1-2.

第二节　经济与环境的关系

可从两个方面研究经济与环境的关系,即研究环境保护如何影响经济表现,以及分析经济增长如何影响环境质量,

一、环境库兹涅茨曲线

经济增长究竟怎样影响环境质量,尤其是一个国家财富积累会如何影响其环境质量? 答案似乎并不明显。一方面,一个富裕的国家可能会使用更多的资源,需求更多的能源,产生更多的废弃物和污染;另一方面,一个富裕的国家可投资于可再生能源,安装最先进的污染控制设备并实施有效的环境政策。

从经济角度讲,人们普遍认为环境质量是一种**常规商品**,这意味着随着收入增加,人们将寻求"购买"更多的环境质量。更有争议的是,环境质量是否也具有**奢侈品**的特性,这意味着随着收入的增长,用于购买环境质量的支出会不成比例地增加。一些经济证据表明,环境质量在某些收入水平上是奢侈品,而在其他收入水平上只是常规商品。[①]

> **常规商品**(**normal good**):总支出通常随着收入的增加而增加。
>
> **奢侈品**(**luxury good**):随着收入的增加,人们倾向于将更高比例的收入用于奢侈品消费。

一个有吸引力的假设是,经济增长最终将为一个国家提供减少其环境影响的资源。根据这种传统观点:

有明确的证据表明,尽管经济增长通常在早期阶段会导致环境恶化,但大多数国家最终将获得优质生态环境的最优方法是变得富有——这也许是唯一变得

---

① Yandle et al. , 2004.

富有的方法。[①]

　　对环境的影响最初往往随着国家变得富裕而增加,但最终随着收入的进一步增加而减少,这一概念被称为**环境库兹涅茨曲线**(EKC)理论。环境库兹涅茨曲线以经济学家西蒙·库兹涅茨(Simon Kuznets)的名字命名,他在20世纪50年代提出了收入不平等与经济增长之间的关系。该假说认为收入与环境影响间的关系是倒 U 型的。如图14-1所示,20世纪80年代二氧化硫排放数据说明了这一概念。随着人均收入增至4 000美元左右,人均二氧化硫排放量增加。但高于这一收入水平后,人均二氧化硫排放量稳步下降。这是一个令人鼓舞的结果,因为"转折点"发生在相对适中的收入水平上。高于这一水平,适度的经济增长可导致二氧化硫排放的大幅减少。2015年一篇论文进一步检验了二氧化硫排放的环境库兹涅茨曲线的有效性,根据1950~2005年的数据,对经济合作与发展组织(简称经合组织)的25个成员国进行检验,其中19个成员国存在倒U型关系。[②]

> **环境库兹涅茨曲线(Environmental Kuznets Curve,EKC)**:是指一个国家在经济发展早期阶段对环境影响随经济发展而增加,但最终在一定收入水平以上随经济发展对环境影响下降的理论。

　　环境库兹涅茨曲线已在很多其他环境因素中得到了检验。一些(尽管不是所有)经济研究发现,该理论对一些局地空气污染物(如颗粒物和氮氧化物)以及某些水污染物有效,而对其他环境污染物结论却并不明确。例如,2015年一项研究支持将环境库兹涅茨曲线假说应用于城市固体废弃物产生的问题,但2017年的一项研究得出结论,"决策者不能将经济发展政策作为减少城市废弃物的手段"。[③]

403

　　最近对环境库兹涅茨曲线的研究主要是探讨它是否适用于碳排放。若碳排

---

① Beckerman,1992,p.482.

② Liddle and Messinis,2015.

③ 参见 Mazurek,2011;Georgiev and Mihaylov,2015;Ichinose et al.,2015;Gnonlonfin et al.,2017。

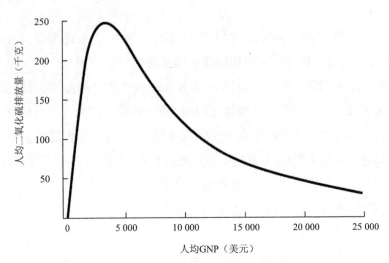

图 14-1　二氧化硫排放源的环境库兹涅茨曲线

资料来源：Adapted from Panayotou，1993。

放随收入水平提高而下降，那么宏观经济增长政策可被视为应对气候变化的有效工具。图 14-2 给出了人均二氧化碳排放量和人均 GDP 间的简单关系，其中一个点代表一个国家。该图还显示了利用数据绘制倒 U 趋势线的统计尝试。[①]虽然排放量在较高收入水平范围内似乎增长较慢，但至少在图中数据范围内未出现二氧化碳排放量最终达峰和下降。

　　作为对环境库兹涅茨曲线假说的检验，图 14-2 所示结论并不是一个精密分析。首先，它没有控制除收入之外可能也会影响二氧化碳排放的其他变量。比如，一个国家的城市化程度、环境规制和贸易水平。其次，它只给出一个时间点的数据。环境库兹涅茨曲线假说详细说明了一个国家的环境影响将如何随时间变化。此外，国家之间排放的巨大差异，尤其是与高收入水平国家之间的差异，使其很难得出明确结论。

　　对二氧化碳排放的环境库兹涅茨曲线假说有效性做更精细化检验所产生的结果则是优劣参半。2015 年一篇论文使用了涵盖 47 个国家的数据集得出如下结论：

---

　　① 趋势线是一个二次多项式，它试图拟合 U 型或倒 U 型图案。

　　总体而言,数据并未有力支持环境库兹涅茨曲线假定……经济增长和二氧化碳排放之间的关系,充其量显示为 N 型曲线,这表明经济增长与环境质量的任何解耦都是暂时的。本文证据表明,环境库兹涅茨曲线所支持的"先污染后清洁"政策具有误导性。"什么都不做",等待经济增长来解决环境问题是没有意义的,而是需要采取积极的政策和措施来缓解这一问题。[①]

404

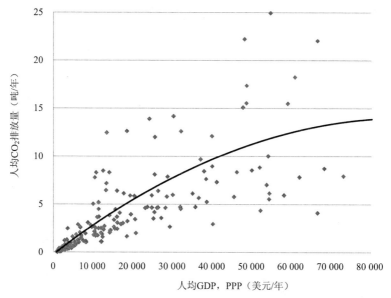

图 14-2　2016 年人均 GDP 和二氧化碳排放量

注:上图未包括收入较高的新加坡、卡塔尔、卢森堡、中国澳门

以及排放量较高的特立尼达和多巴哥、库拉索。

资料来源: World Bank, World Development Indicators database。

　　N 型曲线是指排放量上升后下降,到一定收入水平之后再次上升的趋势线。2015 年另一项研究得出了类似结论,即"很明显,经合组织成员国的收入增加与二氧化碳排放增加有关。样本成员国没有发现收入转折点。"[②]

　　也有其他分析确定了碳排放与经济发展之间存在环境库兹涅茨曲线关系。

---

①　Akpan and Abang,2015,p. 317.

②　Georgiev and Mihaylov,2015.

2018 年一篇文章使用了经合组织成员国 1870～2014 年的数据发现了倒 U 型关系,但转折点处于 4 万美元及以上的高收入水平。[①] 一项基于 1960～2014 年数据的研究发现,中国、哥伦比亚、印度、韩国和菲律宾二氧化碳排放的环境库兹涅茨曲线假说得到了证实。[②]

最后,2018 年一篇期刊论文概述了 100 多篇检验二氧化碳排放环境库兹涅茨曲线假说的文章。[③] 虽然研究通常支持单个国家符合假说,但收入转折点差异仍然很大。鉴于论文所包括的各项研究,作者指出:

> 回顾文献得出的结论是,对于环境库兹涅茨曲线还没有达成共识,即对于任何地理背景,研究人员可得出一组不同甚至相反的结果。[④]

上述结论至少说明,等待收入增长来减少碳排放以达成碳排放目标是无效的。

二、波特假说与环境规制成本

另一个假设着眼于反向考虑经济与环境的相互作用:环境改善如何影响经济增长? 传统经济理论表明,企业为了保持竞争力而将成本降到最低。此外,任何环境规制都会给企业带来额外的成本,从而会降低企业收益。根据这一理论,即使社会效益超过了成本,因为环境规制的影响最终会降低企业盈利能力。

这一观点在 1995 年一篇知名文章中受到了挑战。文章认为,无论是对一个企业还是一个国家来说,竞争力的关键在于不断创新。设计良好的环境规划可以为创新提供动力,降低企业成本并提供竞争优势。

简言之,企业实际上可受益于精心制定的比其他国家竞争对手更严格(或更早实施)的环境规制。通过刺激创新,严格的环境规制实际上可以提升竞争力。[⑤]

[①] Churchill et al. ,2018. Turning points presented in 1990 dollars in the paper have been converted to 2020 dollars.

[②] Bozoklu et al. ,2020.

[③] Shahbaz and Sinha,2018.

[④] Shahbaz and Sinha,2018.

[⑤] Porter and van der Linde,1995.

环境规制可降低企业成本的观点被称为**波特假说**。与环境库兹涅茨曲线假说一样,波特假说也存在争议。主要原因是它与一般企业追求成本最小化的经济假说相矛盾。若这种节省成本的创新是可行的,那么传统经济理论将表明,企业将在不受监管刺激的情况下追求此类选择。但波特假说指出,企业可能没有专注于减少环境影响的方法,因此错过了潜在的成本节约创新。环境规制可能会使企业更加了解新技术,并直接投资于新研究领域。

> **波特假说(Porter hypothesis)**:认为环境规制可以激励企业识别成本节约的创新,否则此类创新不会得以实施。

波特假说并非适用于所有环境规制。很明显,即使在实施技术革新之后,一些规章制度确实增加了企业净成本。很多研究都探讨了波特假说的有效性,与环境库兹涅茨曲线的假说研究一样,结果仍是褒贬不一。一些分析通过观察一个国家内的企业数据来研究波特假说。例如,2015 年对美国化学品制造业的一项分析结论支持了波特假说。[①] 研究发现,随着国家对水污染许可的严格限制,这些公司利润占总销售额的比例也会更高。

2018 年,中国一项研究发现,严格的环境政策基本将企业分成两类:一类是"竞争中落后、跟不上时代"的企业,另一类是能够创新并更具国际竞争力的企业。[②] 总体上,规制的净影响被确定为正向的,尤其是从长期来看更是如此。但其他宏观层面的研究未能支持波特假说。例如,2013 年在瑞典开展的一项研究发现,在环境保护方面投资较大的公司,其效率往往低于平均水平,尤其是在受到高度监管的纸浆和造纸工业中。[③]

其他分析检验了环境规制更严格的国家是否在国际贸易方面占优势。在国家层面,研究结果普遍不支持波特假说。2011 年一项基于 7 个发达国家 4 000 多个工厂数据的研究发现,环境规制确实会激励创新,但监管的净效应仍然是负面的(即增加了企业的净成本)。另一项基于 71 个国家数据的研究发现,有证据

① Rassier and Earnhart, 2015.
② Stavropoulos et al., 2018.
③ Broberg et al., 2013.

表明，环境规制宽松的国家可以在某些行业获得竞争优势，特别是在矿业部门，但不是所有行业。[①]

2019 年对 OECO 成员国的一项研究发现，只要环境规制不过于严格，波特假说就会得到支持。作者的结论是"环境规制是促进绿色经济发展的有效手段"，但政策必须有"合理的严格性"。[②]

环境规制议案往往会因其预期的合规成本和对经济的负面影响而遭到工业界的反对。1997 年一项研究试图找出能够比较环境规制颁布预期合规成本与法律生效后实际合规成本的例子。[③] 美国对二氧化硫、氟氯化碳、石棉和采矿进行规制，在所有情况下初始或事先预期成本都高于实际或事后合规成本，初始预期成本估计至少高出 29%。在大多数情况下，事后合规成本不到初始预期成本的一半。该报告得出结论：

本报告所审查的案例研究清楚地表明，要求从源头减少排放的环境规制的成本通常远低于预期。目前尚不清楚企业出于策略性原因在多大程度上夸大了预期成本，或初始估算成本在多大程度上未能预设工艺和产品技术的变化。然而，投入替代、创新和资本的灵活性使得实际成本始终远远低于早期预测。[④]

2000 年，一项基于美国 28 项规制的研究发现，14 个案例中法规实施前的成本估计值过高，3 个案例估计值过低，其余案例估计值相对准确。[⑤] 分析发现，倾向于过高估计成本是由于"未能预期新技术的使用"。此外，那些在如何满足规制要求方面为企业提供最大灵活性的规制，尤其是依赖于经济激励的规制，往往会使"成本具有最令人满意的惊喜"。[⑥]

遗憾的是，没有关于规制成本预期准确性的全面分析。2014 年一篇文章指出，"我们迫切需要更好的证据"，"对高层决策者而言，了解信息的可靠性很有价值。"[⑦]

---

① Lanoie et al. , 2011；Quiroga et al. , 2007.
② Wang et al. , 2019.
③ Hodges, 1997.
④ Hodges, 1997.
⑤ Harrington et al. , 2000.
⑥ Harrington et al. , 2000. p314.
⑦ Simpson, 2014, pp. 330 and 331.

三、解耦

    强调环境保护和发展经济的联系,但也需考虑如何将两者分开。在很多方面,经济随时间的增长与环境影响增加有关。图 14-3 显示,1960～1977 年间,全球经济增长(以 GDP 衡量)与全球二氧化碳排放量的上升趋势有关。在此期间,经济活动增加了 2.2 倍,而二氧化碳排放量增加了 2 倍。

    图 14-4 显示了 1978～2019 年两者表现出略有不同的趋势。虽然全球经济活动和二氧化碳排放量在此期间都有所增加,但它们之间的联系并不像图 14-3那样紧密。因此可以说,自 20 世纪 70 年代末以来,这两个变量在某种程度上已经"解耦"。1978～2019 年期间,经济活动增加了 3.2 倍,而二氧化碳排放量仅增加了 2.0 倍。

408

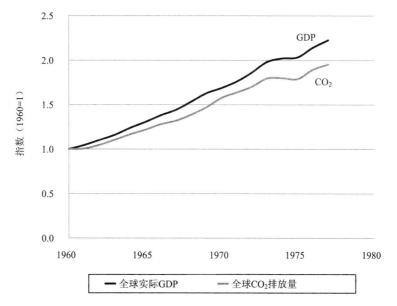

图 14-3   1960～1977 年全球实际 GDP 和二氧化碳排放量

资料来源:World Bank,World Development Indicators database。

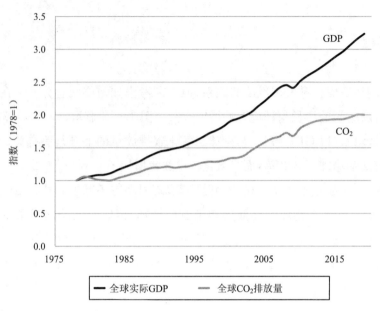

图 14-4 1978～2019 年全球实际 GDP 和二氧化碳排放量

资料来源：World Bank，World Development Indicators database；International Energy Agency，Global Carbon Emissions。

OCEO 将解耦一词定义为打破"环境损害"和"经济产品"之间的联系。[①] 可以分为相对解耦和绝对解耦：

·**相对解耦**。环境损害的增长率为正，但低于经济增长率。例如，可以说自 20 世纪 70 年代末以来，碳排放和经济增长已相对解耦。

·**绝对解耦**。随着经济发展，环境损害或稳定，或下降。绝对解耦打破了经济增长和环境损害之间的联系。

相对解耦（relative decoupling）：打破经济活动增加与环境影响增加之间的相关性，使经济活动的增长率超过环境影响的增长率。

绝对解耦（absolute decoupling）：打破经济活动增加与环境影响增加之间的相关性，使经济活动增长而环境影响保持稳定或下降。

---

① OECD，2002.

图 14-5 展示了绝对解耦事例。英国 GDP 在 1970～2019 年间增长了近三倍,但同一时期该国的二氧化碳总排放量实际减少了近一半。即使在经济快速增长时期,二氧化碳排放量也保持不变或减少。英国 GDP 增长和二氧化碳排放的解耦,归因于能源生产从煤炭转向天然气和可再生能源。

一个重要的限定条件是英国这些二氧化碳数据没有考虑到"**出口排放**"——其他国家为生产出口货物而造成的排放。发达国家一些表面的解耦现象仅仅是因为制造业向发展中国家转移。尽管如此,英国并非是唯一碳排放与经济增长绝对解耦的国家。根据 2019 年一项分析,2005～2015 年,包括瑞典、德国、法国、罗马尼亚和美国在内的 18 个发达国家碳排放减少,而 GDP 却有所增加,[①]关于欧盟解耦问题的详细讨论,见专栏 14-1。

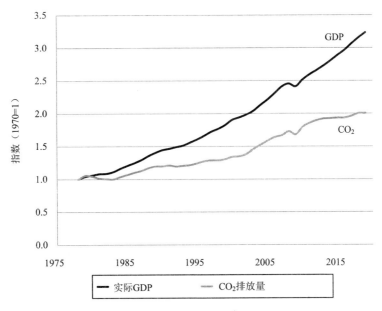

图 14-5 **绝对解耦**:1970～2019 年英国 GDP 和二氧化碳排放量

资料来源:World Bank, World Development Indicators database;CO_2 emissions for 2017-2019 from UK National Statistics, Department for Business, Energy, and Industrial Strategy.

---

① Le Quéré et al., 2019.

出口排放（污染）（exported emissions/pollution）：通过进口对环境有重大影响的商品，将污染影响转移到其他国家。

专栏 14 - 1　欧盟的解耦

大多数解耦分析集中在一种或几种环境影响上，同时往往忽视了外贸出口污染。2019 年一项解耦研究颇具代表性，[1]该研究基于欧盟数据评估了 GDP 与碳排放、矿物消耗、水污染、臭氧层消耗和颗粒物排放等 16 种不同环境影响（包括外贸中的影响）之间的关系，并综合所有环境影响建构了类似于第九章所讨论的"消费足迹"。

研究发现，虽然欧盟 GDP 比 2005～2014 年增长了 8%，但消费足迹指标下降了 0.2%～23%。国内生产之所以对环境的影响减少了，是因为在指标计算中将出口贸易影响对国内污染做了抵消，这足以说明在解耦研究中考虑出口污染的重要性。颗粒物污染、水污染和土地利用影响的解耦率最高。整体来看，有证据表明欧盟作为一个整体具有绝对解耦的特征，但分别来看，法国、波兰和英国等国家被归类为绝对解耦国，西班牙和匈牙利等为相对解耦国，德国和瑞典等为非解耦国。

作者建议，解耦研究不应仅仅是将环境影响与 GDP 进行比较，而是使用真实发展指数等福利测算方法（见第十章）。作者还指出，按照研究中发现的绝对解耦率，可能不足以实现《巴黎协定》和可持续发展目标等环境目标。他们认为，"用解耦来评估资源及环境效率，不足以评估生产和消费系统的可持续性。"

2019 年一项分析发现，尽管未来几十年全球经济增长和经济活动增加，但全球能源需求预计将保持相对解耦水平，化石燃料使用量预计将下降（绝对解耦）。[2] 这种解耦预计主要基于以下四个因素：

---

[1]　Sanyé-Mengual et al. , 2019.

[2]　Sharma et al. , 2019.

1. 中国和印度等经济体正由工业生产向服务业转变。

2. 技术进步和行为变化促使能源效率提高。

3. 电动汽车、电加热器和电炉等电力替代化石燃料产品的推广。

4. 如第十一章所述,风能和太阳能等可再生能源的广泛使用。

411

分析指出,尽管上述因素将会实现到 2050 年全球碳排放量减少约 20%,但要达到《巴黎协定》的 2℃目标,还需要更雄心勃勃的政策。

是否有可能在全球实现经济增长与环境影响的绝对解耦,以便在世界环境保持可持续性的同时,经济增长能无限期地继续? 2019 年一份报告显示,可能过于乐观:

> 结论是非常清晰的:不仅没有经验证据支持经济增长与环境压力解耦的存在,而且(或许更重要的是)这种解耦似乎不太可能会发生。[①]

作者指出的一个问题是"反弹效应"(rebound effect),即增加使用量或其他产品的支出(例如,人们因为拥有更高效的车辆而行驶更多路程)会抵消效率的提高。另一个问题是技术进步有时会引起新的环境问题,如开采用于电池的矿物而造成污染。由于全球绝对解耦的可能性有限,作者主张在发达国家实施"直接降低经济生产规模,同时减少消费"。有关系统缩减经济生产和消费规模的"去增长"想法,将在第二十二章进一步讨论经济减缓主题。

第三节 工业生态

经济增长往往依赖于增强原材料开采和生产能力。生产工艺通常设计为使生产成本最小化,而没有考虑相关的生态成本。向绿色经济过渡需要重新评估生产过程,以便考虑将生态纳入生产决策。

传统制造业是一个"直线"过程,通过这个过程,原材料被转化为最终产品,产生废弃物(包括余热),并排放到空气、土地或水中。如图 14-6 所示,生产的最终产品在消耗时被处理掉,也成为废弃物。

[①] Parrique et al. , 2019, p. 3.

　　与经济系统相比，自然系统通常遵循废弃物回收和再利用的循环模式。健康的自然系统不会产生污染和废弃物，水和氮等无机元素在环境中循环，死亡、腐烂的动植物遗体所含的有机物质构成了肥沃土壤的基础，新的植物可以从中生长，反过来又会支持新的动物生命。废弃物成为循环周期新一阶段的投入，而不是一个需要解决或处理的问题。

　　工业生态学试图以自然界中发现的闭环循环为参照实施建模。如图 14-7所示，在工业生态学的概念体系中，回收率是最大限度地减少原材料消耗，废弃物也有可能成为二次生产原材料，即使是未被利用的余热也可以用于采暖水或生活、工作空间等用途。[①]

412

> **工业生态学**(**Industrial Ecology**)：生态学原理在工业活动管理中的应用。

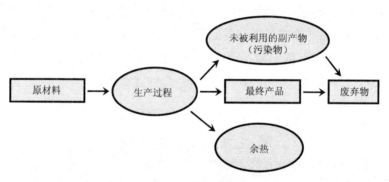

图 14-6　传统制造的流程

　　如图 14-8 所示，美国的回收率在 20 世纪 80 年代和 90 年代普遍上升，但2000 年之后除了纸张和纸板行业外一直保持相对稳定。美国城市垃圾中，按质量计算，大约有 32% 被回收或制成堆肥，另有 12% 被焚烧产生热量或发电。过

---

　　① 关于工业过程中的材料流转参见 Ayres and Ayres，1996 and Socolow et al.，1994，for an overview of Industrial Ecology，and Cleveland and Ruth，1999。

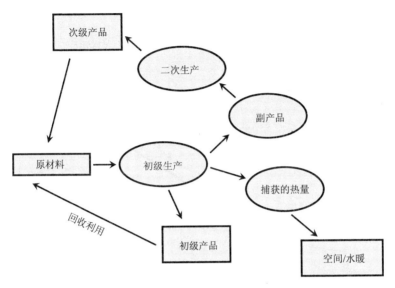

图 14 - 7　工业生态的循环生产过程

去几十年里,运往城市垃圾填埋场的垃圾总量一直相对稳定在每人每天 5 磅左右。[①]

　　回收的可行性取决于对回收产品的需求及其成本。过去几十年里,纸张回收率显著提高的原因之一是,使用回收材料而非原始投入生产的很多纸制品通常更便宜。

　　2007 年新西兰一项关于回收利用的研究发现,在为社会提供净经济效益的同时,整体回收率可从 38% 提高到 80%。[②] 研究发现,纸张、废油、金属、玻璃和混凝土的回收利用尤其有利。塑料回收的经济性好坏参半,虽然回收 PET(聚对苯二甲酸乙二醇酯;回收代码♯1)和 HDPE(高密度聚乙烯;回收代码♯2)通常具有经济意义,但回收 PVC(聚氯乙烯;回收代码♯3)或 LDPE(低密度聚乙烯;回收代码♯4)通常不可行。

413

---

①　U. S. EPA, 2020.

②　Denne et al. 2007.

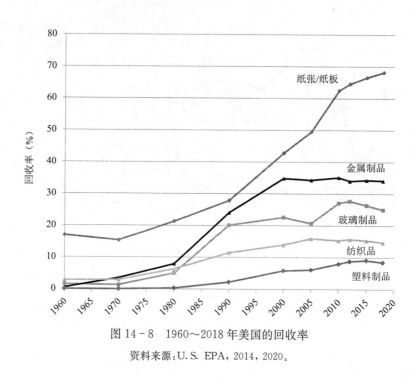

图 14 - 8 1960～2018 年美国的回收率

资料来源：U. S. EPA，2014，2020。

除了提高回收率，工业生态也促进了**去物质化**——用更少的材料实现同样的经济目标。例如，铝饮料罐的金属含量比 20 世纪 70 年代减少约 30%，取代了前几十年使用的重金属罐。使用更少材料实现相同的功能（向消费者提供饮料）对供给商和环境保护均有利，这样不仅可以减少资源使用和运输成本，也会降低浪费（即使空饮料罐没有被回收利用）。

> **去物质化**（dematerialization）：通过减少使用物理材料来实现经济目标的过程，例如用较少的金属制造铝罐。
>
> **材料替代**（materials substitution）：改变用于生产产品的原材料，例如在管道系统中使用塑料管代替铜管。

工业生态学的另一个原则是**材料替代**——用更环保的替代品取代稀有、危险或高污染的材料。例如，铜的很多用途已被塑料、光纤和铝等轻金属取代。政府通过出台相关规定有助于用有机颜料取代涂料中的金属基颜料,减少铅中毒危险以及废弃物中铅和其他重金属的含量。

第四节　保护环境是否危害经济?

绿色经济对经济有何影响? 尤其是环境保护与经济增长、创造就业机会之间是否存在权衡取舍? 从传统观点来看,美国就有这种现象:

美国的环境规制因造成了一系列不良经济后果而遭受指责。环境规制严重损害美国经济的观点根深蒂固,以至于在过去几年中,逐步减少那些显著提升环境质量的规章制度已成为一系列努力的重点。[①]

1999 年提交给美国环境保护署的一份报告考虑了评估环境保护对经济影响的四个问题:[②]

1. 环境保护是否成本高昂?
2. 环境保护是否会导致失业?
3. 环境保护是否会减缓经济增长?
4. 环境保护是否会损害国际竞争力?

现在回答上述问题。

一、环境保护是否成本高昂?

回答这个问题的第一步是评估环境保护支出金额。美国环境保护署计算,1990 年污染(主要是水污染和大气污染)控制总支出占 GDP 的 2.1%(约 1 000 亿美元),2000 年上升至 2.6%~2.8%。[③] 上述成本包括"在遵守环境规制情况下产生的成本"与"在没有基础污水处理及垃圾收集处理等环境规制情况下可能产生的成本"。2009 年美国为联合国环境规划署编制的一份报告明确,2007 年

①　Arnold,1999,Summary.
②　Arnold,1999,Summary.
③　Carlin,1990.

美国环境保护支出为 4 220 亿美元，约占 GDP 的 3%。[1] 该报告预测，2015 年美国环境保护支出将为 4 390 亿美元，相当于 GDP 的 2.4%。

就预算支出而言，环境保护在美国联邦预算中所占比例很小。环境保护署 2021 财年的拨款约为 60 亿美元，仅占联邦预算的 0.12%。[2] 相比之下，联邦预算中国防开支是环境保护署预算的 100 多倍。环境保护署的预算近年来一直在下降，2011～2021 年以美元计算的预算下降了约 40%。

表 14-1　2017 年部分欧洲国家环境保护支出

国家	环境保护支出占 GDP 的比例
奥地利	3.2
比利时	3.2
法国	1.9
德国	2.2
意大利	1.7
荷兰	2.5
挪威	1.5
波兰	1.9
斯洛文尼亚	2.0
瑞典	1.8
英国	1.3

资料来源：Eurostat database, Environmental protection expenditure accounts。

评估美国环境支出的另一种方法是在国家之间进行比较。欧盟各国一致采用包括公共和私人支出的方法来报告年度环境保护支出。从表 14-1 中看到，欧盟国家环境保护支出占 GDP 的比例为 1.3%～3.2% 不等。根据以往数据，美国环境保护支出占 GDP 的 2%～3%。因此，美国环境保护支出占 GDP 的比例与其他工业化国家大致相当。

---

[1]　MIS，2009.
[2]　U. S. OMB，2020.

从经济角度分析,确定环境支出是否合理的最适当方法是将这些成本与社会获得的福利进行比较。不过,目前尚未对美国或其他国家所有环境规制的收益进行全面估计,不过很多联邦法规都分别进行了成本收益分析。根据美国行政命令,从罗纳德·里根(Ronald Reagan)开始,巴拉克·奥巴马(Barack Obama)相继重申,联邦机构颁布重大法规必须尽可能地量化提案的成本和收益。[①] 这一要求适用于非环境法规以及与环境有关的法规。

美国管理和预算办公室每年都会发布一份报告,总结当年颁布的所有主要法规的成本收益分析结果。表 14-2 列出了 2006~2019 年各主要联邦机构的成本收益结果。[②]

416

表 14-2 2006~2019 年主要联邦机构的成本收益

部门	规制数量	年度福利(亿美元)	年度成本(亿美元)
农业部	10	7~20	6~16
能源部	32	251~465	92~134
卫生和公共服务部	21	56~315	17~63
国土安全部	5	6~17	6~10
司法部	4	24~53	12~15
劳工部	12	103~281	29~69
交通部	30	229~417	91~163
美国环境保护署	42	1 945~6 903	454~549
美国交通部和环境保护署	4	446~778	107~199
总 计	160	3 067~9 249	814~1 218

资料来源:U. S. omb,2019a,2019b。

14 年中,美国环境保护署颁布的法规(42 项,以及与交通部联合颁布的 4 项)比任何其他联邦机构都多,约占所有主要联邦法规的 29%。46 项法规的成本估计为 560 亿美元到 750 亿美元。然而,年收益估计为 2 390 亿美元到 7 680

[①] 一项主要法规通常被定义为每年对经济产生至少 1 亿美元影响的法规。

[②] U. S. OMB, 2019a, 2019b.

亿美元,这意味着收益成本比至少为 3∶1,甚至可能高达 14∶1。

虽然美国环境保护署所颁布法规的监管成本占所有联邦监管成本的60%～70%,但这些法规产生的收益占所有法规的 80%。因此,环境保护署颁布法规的收益成本比略高于其他联邦法规。结果表明,虽然环境支出可能很大,环境保护署颁布的法规比任何其他联邦机构都多,但环境法规为社会提供了巨大的净收益。

二、环境保护是否会导致失业?

如前所述,就业与环境之间的取舍是对环境规制的一种常见负面评价。很多经济学研究探讨了就业与环境规制之间的关系。虽然增加环境支出导致某些就业岗位的流失,但同时也创造了其他就业机会。例如,2008 年对美国经济的分析检验了环境保护导致失业的观点。根据美国经济模型,这项研究能估计环境支出和规制如何影响各行业的就业。主要结论是:

与传统观念相反,环境保护、经济增长和创造就业机会是互补且相容的:投资环境保护创造了就业岗位并取代了传统就业机会,对就业的影响是积极的。[1]

2009 年一篇对环境政策与就业之间关系的文献综述得出的结论是,强有力的环境政策将改变社会就业布局,但对整体就业水平影响不大。[2] 这项研究以欧洲为中心,发现良好的环境政策可带来就业净增长。例如,提高环境税带来的额外收入可用于降低劳动力赋税,从而降低雇佣人工的成本,以此提高整体就业率。

2016 年一项研究评估了美国 700 多个企业生产设施有毒气体排放水平与和设施有关的"好"工作数量之间的关系,这些工作岗位包括管理、技术和工艺职业。在国家层面按区域、行业研究了这种关系,发现几乎所有的例子均无显著联系,意味着清洁设施提供的"好"工作数量与"非清洁"设施大致相同。作者指出:

在就业和环境之间缺乏明确的权衡取舍是令人震惊的。越来越多的证据表

---

[1] Bezdek et al. , 2008.

[2] Rayment et al. , 2009.

明,环境规制在收入或就业方面的成本往往比预测的要小,或者环境规制对就业和经济活动的影响实际上是积极的。本研究中,几乎没有证据表明更多的污染与总体上更多或更好的工作有关,这种非权衡性应该告知决策者和当地的公共和个人决策者。[1]

2019 年一项研究开发了一个美国宏观经济分析模型用来评估减少碳排放的环境政策对就业的影响。[2] 结果表明,虽然就业总量起初会下降,但长期来看其他部门的就业增加会抵消不利影响。

经济分析还发现,可再生能源往往比化石燃料能源更具有就业密集性。2017 年一份综述文章总结称,可再生能源投资以每单位发电量和每美元投资算可以创造更多的就业机会。此外,平均而言可再生能源相关工作的薪酬往往高于化石燃料。[3]

可再生能源行业的就业岗位一直在快速增长,2019 年全球就业岗位达到 1 150 万个,较 2012 年增长 57%。太阳能行业就业增长最为迅速,2012~2019 年全球就业增长了 176%。中国在可再生能源的发展中占主导地位,2019 年全球 59% 与太阳能相关的工作岗位和 44% 与风能相关的工作岗位在中国。另一项研究发现,与化石燃料部门相比,妇女在与可再生能源相关工作中所占比例更高。[4]

三、环境保护是否会减缓经济增长?

对环境保护的另一种批评意见是会减缓经济增长,因为有研究表明,环境规制会降低 GDP 增长率。例如,对美国《清洁空气法案》(CAA)的一项综合分析估计,1990 年美国 GDP 比没有该政策的情况下大约低 1%。1973~1990 年间,《清洁空气法案》总体宏观经济损失估计约为 1 万亿美元。对欧洲主要环境规制

---

① Ash and Boyce, 2016.
② Hafstead and Williams, 2019.
③ Russ and Shaeffer, 2017.
④ IRENA, 2020a.

的经济影响分析表明,经济损失约占 GDP 的 0.2%。[1]

估算环境规制的总体宏观经济影响通常借助宏观经济模型分析一个经济部门所受的影响如何影响其他部门的就业和收入变化。这些模型本质上是基于价格、产业政策变化等诸多假设来求得不同部门同时实现均衡的条件。然而,必须谨慎地解释这些模型的评估结果:

模型必须预测因遵守环境而导致的经济增长率下降。毕竟,模型中的污染控制成本被视为产生同等价值产出所需的额外支出……结果隐含于模型的设计中。因此,这一发现并不一定是公众和决策者希望了解的真实且全面的规制图景——即污染控制部门作为经济的组成部分并有助于环境保护,这也是一种有价值的"产出"。[2]

这些经济模型不包括规制的效益,尤其是那些没有出现在市场上的效益。例如,前面提到的《清洁空气法案》宏观经济损失并没有说明该法案的效益,只有通过额外的经济分析才能获得对"效益"的认识。当对《清洁空气法案》的收益进行估计时,发现 1973～1990 年收益的估值为 22 万亿美元,即收益成本比为22∶1。[3]

可以得出这样的结论:虽然按照传统衡量标准,环境规制对经济增长似乎有轻微的负面影响,但需要更全面的分析来确定其对社会福利的影响。正如第十章所述,GDP 从来就不是用来衡量社会福利的,经济学家已经开发了替代的国民经济核算方法来补充或取代 GDP。这些替代办法可能为充分评估环境规制对社会福利的影响提供一个更好的框架。

四、环境保护是否会损害国际竞争力?

最后,考虑环境规制是否会使一个国家的竞争力低于那些规制不严格的国家。假设环境规制导致更高的生产成本,那么必须遵守更严格规制的公司似乎处于竞争劣势。

---

[1]　Commission of the European Communities,2004.

[2]　Arnold,1999,p.10.

[3]　Commission of the European Communities,2004.

各种研究都探讨了这个问题,通常是研究规制如何影响各个经济部门的出口数量。总的来说,这些研究发现,规制会对某些部门,特别是那些依赖化石燃料的部门有负面影响,但对其他部门有积极影响。例如,2010 年一篇文章发现,环境规制对木材、纸张和纺织产品的出口有积极影响,但对大多数其他部门却有负面影响。[①]

2012 年一项关于欧洲规制的研究发现,有证据表明某些规制可以对竞争力产生积极影响:

> 环境政策对制造业出口竞争力似乎没有损害,而具体的能源税政策和创新努力却为出口注入了动力。这些结果表明,公共政策和私人创新模式在多种互补性机制的协同下,激发了生产过程的效率,将环境保护行动作为一种生产成本的感知转化为一种净收益。[②]

2014 年一篇文章分析了经合组织成员国环境政策严格程度与其生产率增长间的关系。结果表明,环境政策严格程度的提高不会损害生产率的增长。相反,收紧环境政策与生产率的短期提高有关。文章指出,在允许技术领先型新公司轻松进入市场的情况下,"严格的环境政策不会对生产率产生不利影响"。[③]

2014 年另一篇文章回顾了关于环境规制、生产率和竞争力之间的联系,并得出"几乎没有证据表明加强环境规制会有损国际竞争力"的结论。[④] 作者指出,通过实施环境规制获得的收益通常远远大于成本,良好的政策可以刺激创新,并在社会由"非清洁"技术向"清洁"技术过渡时促进经济增长。

五、结论是什么?

有证据表明,环境规制损害经济的普遍观点是一个荒诞的说法。虽然环境规制有时可能会损害那些依赖化石燃料的行业,但环境规制的收益总是大于成本。此外,精心设计的环境规制可以对经济增长和竞争力产生积极影响,并且会

---

① Babool and Reed. 2010.
② Constantini and Mazzanti, 2012, p. 132.
③ Albrizio et al. , 2014.
④ Dechezleprêtre and Sato, 2014, p. 3.

创造新的就业机会。

第五节 创建绿色经济

在经济政策与政府制度的推动下，向绿色经济转型已经开始。例如，2019年可再生能源约占全球能源增量的四分之三。[1] 但目前的解耦、回收和去物质化速度通常不足以实现减少二氧化碳排放或生物多样性保护等可持续发展目标。联合国的结论是"我们离绿色经济还很远"。[2]

创建绿色经济需要基础设施和研发投资的重大转变。联合国环境规划署开发了一个复杂的模型来分析投资促进向绿色经济过渡对经济和环境的影响。[3] 联合国环境规划署考虑的是一种绿色情景，将全球 GDP 的 2％投资于促进可持续发展的各种方式，包括能源效率、可再生能源、废弃物管理、基础设施改进、农业生产方法和水资源管理，并将这种绿色经济情景的结果与遵循现有投资率趋势的"一切照旧"情景进行了比较。

模型表明，短期内绿色经济情景会使全球经济产出下降约 1％，但从长期来看，绿色经济表现明显好于一切照旧情景。到 2050 年，绿色经济情景中实际GDP 比一切照旧情景要高出 16％。两种情景之间的环境差异在几十年间将发生巨大变化。到 2050 年，在绿色经济情景下全球能源需求将降低 40％，世界生态足迹也将降低 48％。

绿色投资也是相对就业密集的，特别是在中国的农业、林业和运输部门。在能源领域，随着化石燃料使用效率的提升，与之相关的工作机会虽起初会减少，但从长远来看（大约在 2030 年），大量与能源效率相关的工作岗位会因新的经济增长方式而被创造出来。

联合国环境规划署的模型评估结果表明，绿色投资特别有利于贫困国家。贫困人口过多地依赖自然资源维持生计。发展中国家投资水资源、可持续农业

---

[1] IRENA, 2020b.

[2] UNEP, 2011, *Synthesis for Policymakers*, p. 3.

[3] UNEP, 2011.

和森林等自然资本,不仅会增加收入,又可以改善环境。在能源部门,对可再生能源进行投资也能使目前没有电力供应的低收入人群受益。

向绿色经济转型需要的不仅仅是投资,还包括国家和国际层面的重大政策转变。联合国环境规划署提出的政策建议包括:

· 利用税收和其他基于市场的工具将负外部性内部化。如前所述,污染定价促进了更高效的资源使用,并且鼓励了创新。精心设计的税收或许可证制度也可创造就业机会。

· 减少消耗自然资本的政府支出。第十一章讨论了化石燃料补贴的扭曲影响。同样,不充分的渔业补贴也会导致过度捕捞(在第十八章进一步讨论)。补贴改革应分阶段稳步进行,以减少对经济的不利影响,并辅以保护低收入群体的政策。例如,印度尼西亚在 2005 年和 2008 年削减能源补贴的同时,对低收入家庭进行了现金补贴。

· 效率和技术标准有时比基于市场的工具更具成本收益,也更易于管理。发展中国家往往缺乏复杂的税收和可交易的许可证制度,技术标准更易于实施,并可确保快速过渡到最佳可用技术。

421

· 需要采取临时资助措施,以确保受影响的工人顺利实现就业过渡,如实施培训以为被取代的工人提供在绿色经济中获得新工作的技能。在很多情况下,工人将继续受雇于他们目前的工作,但通过技能提高,他们可学习以新的方式高效完成工作。例如,建筑工人仍将建造房屋,但建筑技术可包括更好的绝缘系统、太阳能光伏板系统和更高效的照明系统。

· 需要加强国际环境治理。即使有绿色经济政策的潜在经济利益,个别国家仍然不愿单独行动。强有力的国际协议创造了一个公平竞争的环境,是处理气候变化和臭氧消耗等全球环境问题的唯一有效方法。

那些率先走向绿色经济的国家已经开始意识到所获得的益处。韩国承诺将其 GDP 的 2% 用于绿色产业投资。一个成功的项目已能够大大减少食物浪费,节省数百万美元。韩国提升了食物垃圾的回收利用率,将 2%～95% 的食物垃圾用于生产化肥和动物饲料。[①] 自 20 世纪 90 年代以来,德国一直主要通过给负外部

---

① Broom, 2019.

性定价、消除低效补贴、支持清洁技术投资追求绿色增长。根据经济合作与发展组织的数据，德国是世界上资源生产率最高的国家之一，拥有具有国际竞争力的环境产品和服务部门。[①] 如前所述，中国在可再生能源就业岗位方面世界领先。当前中国的五年规划（2021～2025）旨在进一步扩大对可再生能源的投资，朝着降低碳排放峰值的目标迈进，以实现 2030 年碳达峰和 2060 年碳中和。[②]

在美国，太阳能和风能技术的进步催生了可再生能源行业数百万个新工作岗位。根据《福布斯》的一篇报道，"可再生能源工作在美国各地蓬勃发展，为蓝领工人创造了稳定、高薪的就业机会。近 330 万美国人在清洁能源领域工作，与在化石能源燃料领域工作工人数量的比例是 3∶1。[③] 加速和扩大这一趋势是国会正在考虑的一项'新绿色协议'提案的焦点"。（更多关于本提案的内容，见专栏 14 - 2。）

尽管越来越多的证据表明，清洁能源投资的环境与经济收益向好，但仍有很多工作要做。根据联合国的数据，目前清洁能源投资仅为实现气候目标所需投资的 30％～40％。[④] 除增加投资外，联合国还呼吁制定促进可再生能源发展的产业政策、帮助从化石燃料行业替代下来的工人的过渡性政策，并将重点放在减少发展中国家的贫困上。

应对气候变化、生物多样性丧失和其他环境问题是 21 世纪人类面临的最大挑战。本章呈现的证据表明，可在不损害经济发展的情况下应对这些挑战。在近期取得阶段性成绩的基础上，亟待通过大胆举措、长期谋划和国际合作来保持并提高这些成绩。

专栏 14 - 2　绿色新政？

美国国会提出了绿色新政（GND）提案，并且绿色新政原则（尽管不是完整的计划）得到了拜登政府的认可。绿色新政的灵感来自富兰克林·罗斯福（Franklin Roosevelt）领导下的初代新政，该新政在 20 世纪 30 年代对抗了

---

① OECD, 2012.
② Xu and Stanway, 2020.
③ Marcacci, 2019.
④ UNIDO and Global Green Growth Institute, 2015.

大规模失业。它设想通过对能源效率、可再生能源、零排放车辆、高速铁路和其他基础设施的投资，进行雄心勃勃的全国动员，以实现温室气体净零排放。虽然绿色新政提案最初包括其他问题，例如"维持家庭的工资"、退休保障、加强工人权利和全民医疗保健，但拜登政府支持的版本更具体地关注气候相关目标。[①] 拜登政府的气候计划要求在 10 年内投资 5 万亿美元，目标是不迟于 2050 年实现净零排放。

反对者批评绿色新政提案的实施成本高得令人望而却步，声称其最终成本可能高达 93 万亿美元。[②] 然而，这一成本估算值与工作和医疗保健保障等社会规定有关，而并非是环境投资。与拜登政府的计划类似，相关气候投资的成本要有限得多，10 年或更长时间在 6 万亿至 8 万亿美元范围内。支持者还指出，不对气候变化采取行动的代价是巨大的。例如，在 2020 年美国因野火、洪水和极端风暴等灾害造成的损失达到创纪录的 950 亿美元，其中很多与气候变化有关。[③]

研究过绿色新政的经济学家指出，成本和收益的估计取决于具体提案。因为能源效率和可再生能源已经非常经济，因此该计划很多方面的初始成本可能相当低。[④] 实现净零排放的最终目标困难得多。提案最初规定了 10 年的时限，这被认为是不现实的。马萨诸塞大学经济学家罗伯特·波林（Robert Pollin）提出，到 2035 年可再生能源的利用占总能源的 80%，到 2050 年实现 100% 是"现实的，即使非常具有挑战性"，并且与《巴黎协定》目标相一致。[⑤] 经济学家爱德华·巴比尔（Edward Barbier）呼吁美国每年投资约 2 000 亿美元来应对气候变化，资金来源包括征收碳排放税、取消化石燃料补贴以及对高收入者征税。[⑥]

---

① U. S. Congress, H. Res, 109.
② Holtz-Eakin et al. , 2019.
③ Cappucci, 2021；McDonald, 2019.
④ Harris, 2019.
⑤ Drollette, 2019.
⑥ Barbier, 2019.

绿色新政计划的一个关键是创造就业机会。拜登计划有减排和创造"数百万个绿色就业机会"的双重目标。摆脱化石燃料意味着煤炭、石油和天然气行业将失去工作岗位，但预计太阳能等其他行业创造的新工作岗位会大得多。这仍然存在一个重大的过渡性援助问题，因为那些在一个部门失去工作的人不一定能够在另一个部门重新获得工作。在某些情况下，需要通过再培训提高获得工作的机会。在其他情况下，创造不同类型的就业机会可能是合适的，例如开展露天采矿受损地区的环境恢复或扩大农村医疗保健等。[①]

欧盟正在实施一项名为"欧洲绿色协议"的类似计划。欧洲绿色协议的目标是到 2050 年实现温室气体净零排放。该战略包括能源部门脱碳、扩大公共交通、推广节能建筑和投资环保技术。欧盟还承诺"提供财政支持和技术援助，以帮助那些受绿色经济影响最大的人"。[②]

资料来源：Friedman et al.，2021；Richards，2021；Rosenbaum，2021。

小　结

"绿色经济"旨在通过投资推动改善人类福利和减少不平等，以减少对环境的影响。它是基于经济增长与保护环境相适应的结论。

经济与环境间的关系可根据几种理论来分析。环境库兹涅茨曲线假说是经济增长最终导致环境影响减少。对某些污染物，实际证据支持环境库兹涅茨曲线假说，但不适用于其他对环境的影响，其中最重要的是碳排放。波特假说指出，精心设计的环境规制事实上可降低企业成本。同样，这一理论在某些情况下是有效的，但证据表明它并不适用于所有规制。解耦的概念表明，经济

---

① Brown and Ahmadi，2019.

② https://ec. europa. eu/info/strategy/priorities-2019-2024/european-green-deal_en.

增长与负面环境影响可"解耦"。在某些情况下出现了绝对解耦，尤其是一些发达国家的碳排放与经济增长解耦，但要实现可持续性目标，还需要在解耦方面取得更大进展。

工业生态学领域致力于资源效率和循环利用的最大化，它推动利用一个行业的废弃物作为额外生产的投入。通过去物质化，产品可用更小体量的材料打造。工业生态学的另一个重点是使用无毒、可回收和低污染的材料。

很多研究都没有证实保护环境会危害经济的普遍观点。证据表明，实施环境规制的收益远超成本。通过精心设计的政策去保护环境，并不会导致长期失业，而实际上会创造就业机会。环境保护不损害国际竞争力，对 GDP 增长率影响并不大。

虽然创造绿色经济需要短期成本，但长期的经济和环境效益预计将是巨大的。向绿色经济过渡需要采取强有力的政策行动，包括增加投资、取消对环境有害的补贴、培训工人、使用诸如税收和可交易的许可证等经济政策工具以及保护环境的国际协议。

424

关键术语和概念

absolute decoupling 绝对解耦

decoupling 解耦

dematerialization 去物质化

exported emissions/pollution 出口排放（污染）

environmental Kuznets curve（EKC）环境库兹涅茨曲线

green economy 绿色经济

Industrial Ecology 工业生态学

luxury good 奢侈品

materials substitution 材料替代

normal good 常规商品

Porter hypothesis 波特假说

relative decoupling 相对解耦

问题讨论

1. 你最近听到了哪些关于环境与经济相互作用的新闻报道？环境保护是

否与经济增长相适应？新闻故事中呈现的各种观点是什么？你对这个新闻故事有什么看法？

2. 你认为你的国家或地区应采取哪些措施促进绿色经济？你认为什么步骤最有效？你能提出企业能够支持的政策吗？

3. 向绿色经济转型会给哪些群体带来损失？哪些群体从转型中受益最大？你能想出一些有效的方法来补偿那些可能受损的人吗？

相关网站

1. http://web. unep. org/greeneconomy/. the United Nations' page on the Green Economy, including their Green Economy report, national case studies, and several videos.

2. http://is4ie. org/. Homepage for the International Society for Industrial Ecology, with links to their journal, job postings, and events.

3. www. epa. gov/learn-issues/learn-about-greener-living. the U. S. EPA's site on green living, including numerous tips on how to reduce your environmental impacts.

4. www. thegreeneconomy. com/. Homepage for The Green Economy magazine, with articles and news stories targeted toward businesses leaders seeking to take advantage of green opportunities.

5. www. theguardian. com/environment/green-economy. Web page assembled by The Guardian, a UK newspaper, which collects stories related to the green economy.

参 考 文 献

Akpan, Usenobong F., and Dominic E. Abang. 2015. "Environmental Quality and Economic Growth: A Panel Analysis of the 'U' in Kuznets." *Journal of Economic Research*, 20:317–339.

Albrizio, Silvia, Enrico Botta, Tomasz Koźluk, and Vera Zipperer. 2014. "Do Environmental Policies Matter for Productivity Growth? Insights from New Cross-country Measures of Environmental Policies." *Organisation for Economic Co-operation and Development, Economics Department* Working Paper No. 1176, December 3.

Arnold, Frank S. 1999. "Environmental Protecting: Is It Bad for the Economy? A Non-Technical Summary of the Literature." Report prepared under EPA Cooperative Agreement CR822795–01 with the Office of Economy and Environment, U.S. Environmental Protection Agency.

Ash, Michael, and James K. Boyce. 2016. "Assessing the Jobs-Environment Relationship with Matched Data from US EEOC and US EPA." Department of Economics Working Paper 2016–03, University of Massachusetts, Amherst.

Ayres, Robert U., and Leslie W. Ayres. 1996. *Industrial Ecology: Towards Closing the Materials Cycle*. Cheltenham, UK: Edward Elgar.

Babool, Ashfaqul, and Michael Reed. 2010. "The Impact of Environmental Policy on International Competitiveness in Manufacturing." *Applied Economics*, 42(18):2317–2326.

Barbier, Edward. 2019. "America Can Afford a Green New Deal—Here's How." *The Conservation*, February 26.

Beckerman, Wilfred. 1992. "Economic Growth and the Environment: Whose Growth? Whose Environment?" *World Development*, 20(4):481–496.

Bezdek, Roger H., Robert M. Wendling, and Paula DiPerna. 2008. "Environmental Protection, the Economy, and Jobs: National and Regional Analyses." *Journal of Environmental Management*, 86:63–79.

Bozoklu, Seref, A. Oguz Demir, and Sinan Ataer. 2020. "Reassessing the Environmental Kuznets Curve: A Summability Approach for Emerging Market Economies." *Eurasian Economic Review*, 10:513–531.

Broberg, Thomas, Per-olov Marklund, Eva Samakovlis, and Henrik Hammar. 2013. "Testing the Porter Hypothesis: The Effects of Environmental Investments on Efficiency in Swedish Industry." *Journal of Productivity Analysis*, 40(1):43–56.

Broom, Douglas. 2019. "South Korea Once Recycled 2% of Its Food Waste. Now It Recycles 95%." *World Economic Forum*, April 12. https://www.weforum.org/agenda/2019/04/south-korea-recycling-food-waste/.

Brown, Marilyn, and Majid Ahmadi. 2019. "Would a Green New Deal Add or Kill Jobs?" *Scientific American*, December 17.

Cappucci, Matthew. 2021. "A Record 22 Billion-dollar Disasters Struck The U.S. in 2020." *Washington Post*, January 8.

Carlin, Alan. 1990. "Environmental Investments: The Cost of a Clean Environment, A Summary." EPA report EPA-230-12-90-084.

Churchill, Sefa Awaworyi, John Inekwe, Kris Ivanovski, and Russell Smyth. 2018. "The Environmental Kuznets Curve in the OECD: 1870–2014." *Energy Economics*, 75:389–399.

Cleveland, Cutler, and Matthias Ruth. 1999. "Indicators of Dematerialization and the Materials Intensity of Use." *Journal of Industrial Ecology*, 2(3):15–50.

Commission of the European Communities. 2004. "The EU Economy: 2004 Review." ECFIN (2004) REP 50455-EN. Brussels.

Constantini, Valeria, and Massimiliano Mazzanti. 2012. "On the Green and Innovative Side of Trade Competitiveness? The Impact of Environmental Policies and Innovation on EU Exports." *Research Policy*, 41(1):132–153.

Dechezleprêtre, Antoine, and Misato Sato. 2014. "The Impacts of Environmental Regulations on Competitiveness." *Policy Brief, Grantham Research Institute on Climate Change and the Environment and Global Green Growth Institute*, November.

Denne, Tim, Reuben Irvine, Nikhil Atreya, and Mark Robinson. 2007. "Recycling: Cost-Benefit Analysis." Report prepared for the Ministry for the Environment (New Zealand), COVEC, Ltd.

Drollette Jr., Dan. 2019. "We Need a Better Green New Deal—An Economist's Take." *Bulletin of the Atomic Scientists*, March 25.

Friedman, Lisa, Coral Davenport, and Christopher Flavelle. 2021. "Biden, Emphasizing Job Creation, Signs Sweeping Climate Actions." *New York Times*, January 27.

Georgiev, Emil, and Emil Mihaylov. 2015. "Economic Growth and the Environment: Reassessing the Environmental Kuznets Curve for Air Pollution Emissions in OECD Countries." *Letters in Spatial and Resource Sciences*, 8(1):29–47.

Gnonlonfin, Amandine, Yusuf Kocoglu, and Nicolas Péridy. 2017. "Municipal Solid Waste and Development: The Environmental Kuznets Curve Evidence for Mediterranean Countries." *Region et Developpement*, 45:113–130.

Hafstead, Marc A.C., and Roberton C. Williams III. 2016. "Jobs and Environmental Regulation." Resources for the Future, Working Paper 19–19, Washington, DC, July 2019.

Harrington, Winston, Richard D. Morgenstern, and Peter Nelson. 2000. "On the Accuracy of Regulatory Cost Estimates." *Journal of Policy Analysis and Management*, 19(2): 297–322.

Harris, Jonathan M. 2019. *Ecological Economics of the Green New Deal*. Tufts University Global Development and Environment Institute Climate Policy Brief #11. https://sites.tufts.edu/gdae/files/2019/10/ClimatePolicyBrief11.pdf.

Hodges, Hart. 1997. "Falling Prices: Cost of Complying with Environmental Regulations Almost Always Less Than Advertised." EPI Briefing Paper No. 69.

Holtz-Eakin, Douglas, Dan Bosch, Ben Gitis, and Philip Rossetti. 2019. "The Green New Deal: Scope, Scale, and Implications." American Action Forum, February 25.

Ichinose, Daisuke, Masashi Yamamoto, and Yuichiro Yoshida. 2015. "The Decoupling of Affluence and Waste Discharge under Spatial Correlation: Do Richer Communities Discharge More Waste?" *Environment and Development Economics*, 20:161–184.

International Renewable Energy Agency (IRENA). 2020a. *Renewable Energy and Jobs, Annual Review 2020*. Abu Dhabi.

International Renewable Energy Agency (IRENA). 2020b. "Renewables Account for Almost Three Quarters of New Capacity in 2019." Press Release, April 6.

Lanoie, Paul, Jeremy Laurent-Lucchetti, Nick Johnstone, and Stefan Ambec. 2011. "Environmental Policy, Innovation and Performance: New Insights on the Porter Hypothesis." *Journal of Economics and Management Strategy*, 20(3):803–842.

Le Quéré, Corinne, Jan Ivar Korsbakken, Charlie Wilson, and 7 other authors. 2019. "Drivers of Declining CO_2 Emissions in 18 Developed Economies." *Nature Climate Change*, 9:213–217.

Liddle, Brantley, and George Messinis. 2015. "Revisiting Sulfur Kuznets Curves with Endogenous Breaks Modeling: Substantial Evidence of Inverted-Us/Vs for Individual OECD Countries." *Economic Modelling*, 49:278–285.

Management Information Services, Inc. (MIS). 2009. "Why Clean Energy Public Investment Makes Economic Sense – Evidence Base." Report prepared for United Nations Environment Programme, UNEP SEF Alliance publication.

Marcacci, Silvio. 2019. "Renewable Energy Job Boom Creates Economic Opportunity as Coal Industry Slumps." *Forbes*, April 22.

Mazurek, Jiří. 2011. "Environmental Kuznets Curve—A Tie between Environmental Quality and Economic Prosperity." *E+M Ekonomie a Management*, 4:22–31.

McDonald, Jessica. 2019. "How Much Will the 'Green New Deal' Cost?" *FactCheck.org*, March 14.

Organization for Economic Cooperation and Development (OECD). 2002. "Indicators to Measure Decoupling of Environmental Pressure from Economic Growth." Report SG/SD(2002)1/FINAL.

Organization for Economic Cooperation and Development (OECD). 2012. *OECD Environmental Performance Reviews: Germany 2012*. Paris: OECD Publishing.

Panayotou, T. 1993. "Empirical Tests and Policy Analysis of Environmental Degradation at Different Levels of Development." *Geneva: International Labour Office* Working Paper WP238.

Parrique, T., J. Barth, F. Briens, C. Kerschner, A. Kraus-Polk, A. Kuokkanen, and J.H. Spangenberg. 2019. *Decoupling Debunked*. European Environmental Bureau.

Porter, Michael E., and Claas van der Linde. 1995. "Toward a New Conception of the Environment-Competitiveness Relationship." *Journal of Economic Perspectives*, 9(4):97–118.

Quiroga, Miguel, Thomas Sterner, and Martin Persson. 2007. "Have Countries with Lax Environmental Regulations Comparative Advantage in Polluting Industries?" *Resources for the Future Discussion Paper* 07–08, Washington, DC, April.

Rassier, Dylan G., and Dietrich Earnhart. 2015. "Effects of Environmental Regulation on Actual and Expected Profitability." *Ecological Economics*, 112:129–140.

Rayment, Matt, Elke Pirgmaier, Griet De Ceuster, Friedrich Hinterberger, Onno Kuik, Henry Leveson Gower, Christine Polzin, and Adarsh Varma. 2009. "The Economic Benefits of Environmental Policy." Report ENV.G.1/FRA/2006/007, Institute for Environmental Studies, Vrije University, The Netherlands, November.

Richards, Heather Richards. 2021. "Biden's Clean Energy Plan: Job Creator or Killer?" *Energy and Environment News*, February 9. www.eenews.net/stories/1063724693.

Rosenbaum, Eric. 2021. "Biden's Climate Change Plan and the Battle for America's Most Threatened Workers," *CNBC Evolve*, February 1. www.cnbc.com/2021/01/31/bidens-climate-change-plan-and-americas-most-threatened-workers.html.

Russ, Abel, and Eric Shaeffer. 2017. "Don't Believe the Hype: Decades of Research Show that Environmental Regulations Are Good for the Economy." Environmental Integrity Project, January 16.

Sanyé-Mengual, E., M. Secchi, S. Corrado, A. Beylot, and S. Sala. 2019. "Assessing the Decoupling of Economic Growth from Environmental Impacts in the European Union: A Consumption-based Approach." *Journal of Cleaner Production*, 236. https://doi.org/10.1016/j.jclepro.2019.07.010.

Shahbaz, Muhammed, and Avik Sinha. 2018. "Environmental Kuznets Curve for CO_2 Emissions: A Literature Survey." *Journal of Economic Studies*, 46(1):106–168.

Sharma, Namit, Bram Smeets, and Christer Tryggestad. 2019. "The Decoupling of GDP and Energy Growth: A CEO Guide." *McKinsey Quarterly*, April 24. www.mckinsey.com/industries/electric-power-and-natural-gas/our-insights/the-decoupling-of-gdp-and-energy-growth-a-ceo-guide#.

Simpson, R. David. 2014. "Do Regulators Overestimate the Costs of Regulation?" *Journal of Benefit-Cost Analysis*, 5(2):315–332.

Socolow, R., C. Andrews, F. Berkhout, and V. Thomas, eds. 1994. *Industrial Ecology and Global Change*. Cambridge: Cambridge University Press.

Stavropoulos, Spyridon, Ronald Wall, and Yuanze Xu. 2018. "Environmental Regulations and Industrial Competitiveness: Evidence from China." *Applied Economics*, 50(12):1378–1394.

United Nations Environment Program (UNEP). 2011. *Towards a Green Economy: Pathways to Sustainable Development and Poverty Eradication*. www.unep.org/greeneconomy.

United Nations Industrial Development Organization (UNIDO) and Global Green Growth Institute. 2015. *Global Green Growth: Clean Energy Industry Investments and Expanding Job Opportunities. Volume I: Overall Findings*. Vienna and Seoul.

United States Environmental Protection Agency (EPA). 2014. "Municipal Solid Waste Generation, Recycling, and Disposal in the United States: Tables and Figures for 2012." Washington, DC, February.

United States Environmental Protection Agency (EPA). 2020. "Advancing Sustainable Materials Management: 2018 Fact Sheet." Washington, DC, November.

United States Office of Management and Budget (OMB). 2019a. "2017 Report to Congress on the Benefits and Costs of Federal Regulations and Agency Compliance with the Unfunded Mandates Reform Act." Office of Information and Regulatory Affairs, December 9.

United States Office of Management and Budget (OMB). 2019b. "Draft 2018–2019–2020 Report to Congress on the Benefits and Costs of Federal Regulations and Agency Compliance with the Unfunded Mandates Reform Act." Office of Information and Regulatory Affairs, December 23.

United States Office of Management and Budget (OMB). 2020. "A Budget for America's Future." Washington, DC.

Wang, Yun, Xiaohua Sun, and Xu Guo. 2019. "Environmental Regulation and Green Productivity Growth: Empirical Evidence on the Porter Hypothesis from OECD Industrial Sectors." *Energy Policy*, 132:611–619.

Xu, Muyu, and David Stanway. 2020. "Xi's Carbon Neutrality Vow to Reshape China's Five-year Plan." *Reuters*, October 25.

Yandle, Bruce, Madhusudan Bhattarai, and Maya Vijayaraghavan. 2004. "Environmental Kuznets Curves: A Review of Findings, Methods, and Policy Implications." PERC Research Study 02–1 Update.

第十五章　人口与环境[①]

焦点问题：

· 全球人口增长有多快？

· 未来人口增长的前景如何？

· 人口与经济发展之间存在什么关系？

· 人口增长如何影响全球环境与气候变化？

· 什么样的人口政策是有效的？

第一节　人口增长的动态变化

在人类历史的大部分时间里，人口增长是缓慢的。只有在过去 200 多年中，全球人口的快速增长成为了现实。图 15-1 显示了 19 世纪至 20 世纪全球人口增长的历史以及联合国对 21 世纪"中等水平变量"（"medium-variant"）的预测。[②] 如图所示，过去 100 多年中全球人口以历史上前所未有的速度增长。目前增长速度正在放缓，但正如图 15-1 所预测的那样，在人口稳定之前，预计还将会有大幅增长。尽管将会看到人口预测可能存在显著变化，但几乎可以确定，全球人口将继续增长数十年。

1800 年，全球人口在经历了数个世纪的缓慢增长后到达 10 亿。到 1950

---

① 本章作者安妮·玛丽·科德尔（Anne-Marie Codur）。

② United Nations，2015，Medium Variant。

年,总人口达到 25 亿。第二次世界大战后,人口增长迅速加快,40 年间(到 1987
年)人口数量达到 50 亿。到 2000 年全球人口已超 60 亿,到 2011 年底达 70 亿。
2021 年,全球人口数量为 78.4 亿。[①] 1960～1975 年,全球人口增长异常迅速,
年增长率约为 2%。可能 2% 的增长率感觉不那么显著,但按照此速率增长,人
口大约在 35 年内翻一倍。[②] 1975 年后,人口增长速率放缓,但总人口规模更大,
意味着每年新增人口的绝对数量尚未显著下降(图 15-2)。

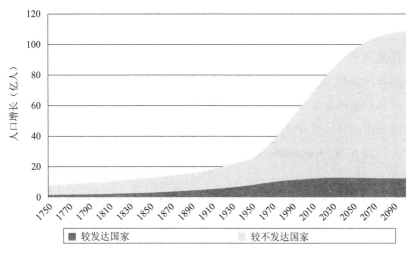

图 15-1　1750～2100 年全球实际人口增长和预测

资料来源:Caldwell and Schindlmayr, 2002；United Nations, 2019。

　　在这个人口极速增长的时期,很多学者就**指数增长**的危险发出了警告。例如,50
亿人口持续以每年 2% 的速率增长,70 年后将达到 200 亿,一个多世纪后将达到 400
亿。为如此大规模的新增人口找寻食物、水和生存空间几乎是不可能的。

　　自 20 世纪 60 年代末以来,保罗(Paul)和安妮·埃利希(Anne Ehrlich)等学
者一再警告,人类正处于与自然界相互碰撞的过程中,失控的人口增长可能会抵
消现代科学和经济增长带来的所有益处,唯独留下一个满目疮痍的悲惨地球,此

---

① Population Reference Bureau, 2021.

② 一个给定的人口 P 每年以 2% 的速率增长,意味着下一年的人口将是 $1.02 \times P$,再下一年的人口是
$1.02 \times (1.02 \times P) = (1.02)^2 P$,以此类推。在第 35 年,人口将为 $(1.02)^{35} P = 2P$。人口在 35 年内翻一倍。

时可以重新审视本书第二章所述托马斯·马尔萨斯（Thomas Malthus）19 世纪的预测，即人口增长将会超过粮食供给量。[①] 这种**新马尔萨斯主义观点**得到了广泛关注，并且是现代人口增长辩论的起点。

那些认为这个观点过于消极的人经常指出，**人口增长率**自 20 世纪 70 年代以来一直在下降。2015～2020 年，全球人口总体增长率是 1.09%，预计增长率还会持续下降（图 15-3）。这是否就意味着人口将会很快稳定下来？对人口快速增长的恐惧仅仅是危言耸听？可惜答案是否定的。

> **指数增长（exponential growth）**：在每个时间段以相同速率增长的值，例如人口每年都以相同速率增长。
>
> **新马尔萨斯主义观点（neo-Malthusian perspective）**：托马斯·马尔萨斯关于人口增长可能导致灾难性的生态后果和人类死亡率增加观点的现代版本。
>
> **人口增长率（population growth rate）**：某地区人口的年度变化率，以百分数表示。

434

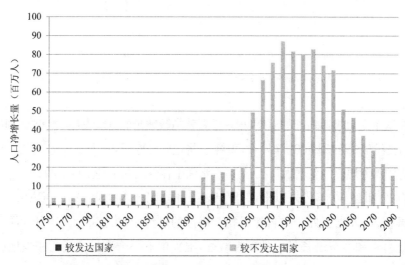

图 15-2 按 10 年分列的人口净增长量（1750～2100）

资料来源：Repetto，1991；United Nations，2019。

[①] Ehrlich, 1968; Ehrlich and Ehrlich, 1990, 2004.

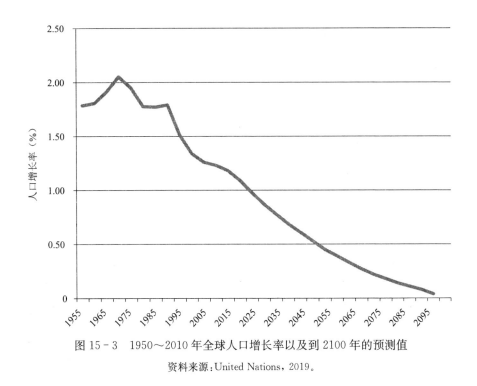

图 15 - 3　1950～2010 年全球人口增长率以及到 2100 年的预测值

资料来源：United Nations，2019。

根据联合国的数据，截至 2019 年，全球**总人口年增长量**为 8 200 万，每年新增人口几乎相当于德国总人口（2019 年德国人口为 8 300 万）。每年人口增长量都超过了增长率处于最高值（以百分数表示）的 20 世纪 60 年代（表 15 - 1，图 15 - 2，图 15 - 3），即相当于每 10 个月新增一个法国，每 16 年新增一个印度。

> **总人口年增长量**（gross annual population increase）：某地区一年内人口增长的总量。

2019 年联合国人口报告中提出的当前中等水平变量预测（medium-variant projections）显示，全球人口在 2060 年前将达到 100 亿，然后以较慢的速度增长，到 21 世纪末达到 108 亿。[①] 联合国提出的中等水平变量情景（the medium-variant

435

---

① United Nations，2019. https://population. un. org/wpp/.

表 15 - 1　全球人口增长率和总人口年均增长量

	1950s	1960s	1970s	1980s	1990s	2000s	2010s
人口增长率(%)	1.80	2.00	1.90	1.80	1.40	1.23	1.18
年平均增长量(万人)	5 060	6 570	7 560	8 530	8 160	7 650	8 410

资料来源:For all decades except 2010s: United Nations Department of Economic and Social Affairs, Population Division (2015). For 2010s: United Nations Department of Economic and Social Affairs, Population Division (2019)。

scenario)可以被描述为一种"一切照旧"的情景,基于人口增长率将不会迅速下降的前提假设。人们还提出了其他可能的情况,即人口增长率会更快地下降,也更早地趋于稳定。根据联合国《全球人口展望 2019》,"在 2100 年之前,全球人口趋于稳定或者甚至开始减少的可能性有 27%"。[1] 后文将更详细地研究这种可能性。

人口增长的一个重要方面是地区分布,最低收入国家的人口增长速度是最快的。预计 90% 的人口增长将来自当前亚洲、非洲和拉丁美洲等发展中国家,其中非洲的增长会尤其迅速(表 15 - 2,图 15 - 4)。按照当前增长率,到 2050 年,非洲 13 亿人口将翻一倍,达到 26 亿左右。[2]

2019 年,亚洲人口占全球人口的 59%,非洲占 17%。根据联合国中等水平变量预测,21 世纪末情况将有很大不同,亚洲人口占全球人口比例将降至 43%,而非洲将上升到 39%。同时,欧洲(包括俄罗斯)人口占比将从 10% 下降为 6% 左右。

很多人口增长最快的国家,尤其是撒哈拉以南的非洲地区,已难以提供充足的粮食和基本生活物资。这些国家在未来 10 年面临的人口增长,无疑将给本已稀缺的自然资源带来更大压力。出于这个原因,有关人口及其未来发展对任何关于全球环境问题的讨论都至关重要。

---

[1]　United Nations Department of Economic and Social Affairs, Population Division, 2019. https://population. un. org/wpp/Publications/Files/WPP2019_Highlights. pdf.

[2]　Population Reference Bureau, 2020.

第二节　预测未来的人口增长

人们能在多大程度上预测人口增长？图 15-1 所示的人口预测是中等水平变量预测的基线。实际数字会高还是低呢？如图 15-5 所示，出生率变化的假设会显著影响人口预测结果。联合国人口司（Population Division of the United Nations）的预测是基于对未来生育率（每名妇女生育人数）的各种假设。

中等水平变量预测考虑了每个国家过去的实际，同时也反映了基于其他国家在类似条件下的历史经验、未来变化等不确定性变量……在高水平变量中，总生育率将比中等水平变量中的生育率高 0.5。在低水平变量中，总生育率将比中等水平变量的生育率低 0.5。[①]

表 15-2　2020 年各大洲的人口和增长率

地区	2020 年人口（亿人）	人口占全球人口的比例（%）	年增长率（%）
亚洲	46.4	59.5	0.86
非洲	13	17.2	2.49
欧洲	7.47	9.6	0.06
南美洲	4.31	5.5	0.83
北美洲	3.96	4.7	0.62
大洋洲	0.43	0.6	1.31

资料来源：World Population Review, 2020. https://worldpopulationreview.com/continents。

如图 15-5 所示，差异化假设条件导致了预测值不同。2050 年人口的最高估计值和最低估计值相差约 15 亿，2100 年相差高达 80 亿。

显然，生育率和出生率的模式将对人类未来产生巨大影响。这些模式不是随机的，而是受到教育和计划生育政策以及其他社会、经济、政治因素的强烈影

---

① United Nations, 2019, "Definition of Project Variants." https://population.un.org/wpp/DefinitionOfProjectionVariants.

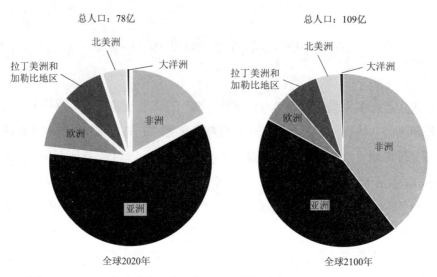

图 15 - 4 2019 年全球人口在六大地理区域的分布以及 2100 年联合国中等
水平变量的预测值

资料来源：United Nations，2019。

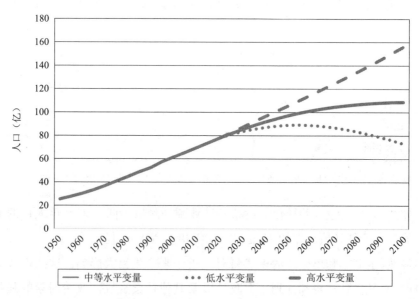

图 15 - 5 联合国对未来人口的估计

资料来源：United Nations，2019。

响,本章后续将详细讨论这些影响因素。在众多可能的人口特性中,影响未来人口规模预测可信度的主要因素就是**人口增长势头**。

为理解人口增长势头,设想一个国家叫"赤道"(Equatoria),并且假定该国经历了几代人的人口快速增长。为简化分析,将一代定为 25 年且"赤道"的人口分为三个年龄段:25 岁以下、25～50 岁之间和 50 岁以上。"赤道"的人口年龄结构取决于前几代人的出生率。假设到目前为止,每一代人的人数大约是前一代人的两倍。这就会创造一个金字塔形状的**人口年龄分布**(图 15 - 6)。在这种年龄结构下,总人口会每 25 年翻一倍,因为每一代人口都是其父辈的两倍。该国的人口总体增长率平均每年约为 3%。①

> **人口增长势头**(population momentum):使生育率下降到更替水平,只要人口中年轻人群体占比大,总人口仍可持续增长的趋势。
>
> **人口年龄分布**(population age profile):一个国家在某一时间点对特定年龄组人口数量的估计。

对于发展中国家而言,这是一个很高但并非史无前例的人口增长率。例如,乌干达、坦桑尼亚、南苏丹、尼日尔、刚果(布)和马里目前的人口增长率为 3%或更高。

现在考虑"赤道"的未来人口结构。如果一直以目前的人口增长率持续下去,人口每 25 年翻一倍,就会出现指数级增长的状况。如图 15 - 6 所示,如果2000 年的人口是 700 万,到 2025 年将达到 1 400 万,到 2050 年将达到 2 800万,到 2075 年将达到 5 600 万。没有一个国家能长期承受这种人口增长带来的环境和社会压力。但可以确定的是,增长率能够下降。

为了人口增长率能够真正下降,平均**生育率**就必须下降。生育率被定义为每位妇女一生中平均生育的子女数量。"赤道"的生育率是每位妇女约生育 5 个子女,才能解释如此高的增长率。需要强调的是,这在发展中国家并不罕见。2015～2019 年,撒哈拉以南的非洲地区平均生育率通常高于 5;尼日利亚的生育

---

①　以每年 3%的增长率计算,人口在 25 年内会翻一倍:(1.03)^{25}=2.09。利用"70 法则",25=70/x,x=70/25,或者大约是 3%。

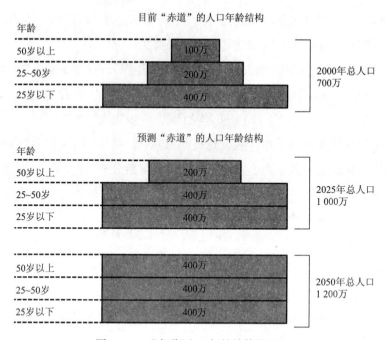

图 15-6 "赤道"人口年龄结构的预测

率为 5.3,马里为 6.3,尼日尔为 7.1。在全球其他地区也存在高生育率,比如阿富汗(生育率为 4.5)、巴基斯坦(3.6)、伊拉克(3.6)等国。[1]

　　保持人口数量稳定需要达到**生育率更替水平**,即每位妇女生育子女的数量刚刚超过两个(具体数字取决于婴儿和儿童死亡率)。在生育率更替水平上,每一代人的人口规模会恰好与前一代人相同。在一个像"赤道"这样的国家,降低生育率通常需要很多年。假设"赤道"达到了这个目标,是否就意味着人口增长问题已经解决了? 答案当然是否定的!

　　生育率(fertility rate):一个社会中每位妇女生育子女的平均存活数量。

　　生育率更替水平(replacement fertility level):保持人口数量稳定的生育率水平。

---

[1] Population Reference Bureau,2020.

　　设想一个可以立即使生育率降低到更替水平的有效人口政策。"赤道"的未来人口正如图 15-6 所示的第二部分和第三部分所示,每一代人的人口规模恰好和上一代人一样。然而,目前 25 岁以下的这一代是"赤道"有史以来人口规模最大的时期。即使按照更替水平的生育率,人口仍将继续增长两代。

　　下一代的儿童数量将是当前 50 岁以上这代人的四倍,意味着在接下来的 25 年中,出生率将是死亡率的数倍。在这之后的 25 年内,出生率仍将是死亡率的两倍左右。人口增长率(出生率和死亡率之间的差异)将持续为正。只有当现在年龄为 0~25 岁之间的人死亡后,他们孙辈的人口数量才不会超过他们。因此,"赤道"的人口将持续增长 50 年,在人口稳定之前达到 1 200 万,比目前水平高出 71%。

　　这就是人口增长势头的含义。当一个国家存在过一段人口快速增长期,未来几代人口的持续增长几乎是确定的,除非发生大规模灾难出现高死亡率。对于"赤道"一个更现实的预测可能是,生育率不会像假设的那样瞬间下降,而是需要大约一代人的时间才能达到更替水平。在这种情况下,人口将在未来 75 年持续增加,最终稳定在 2000 年人口水平的两倍以上。

　　"赤道"案例不仅是一个抽象案例(见专栏 15-1)。如图 15-7 所示的简化版人口金字塔已非常接近撒哈拉以南多数非洲地区的现实,预计 2050 年这些国家的人口将翻一倍。(使用图 15-7 设想一个未来的非洲,其中所有人口年龄组或者**人口群体**至少会和当前的幼童群体有同样的人口规模。)

　　人口群体(population cohort):一个国家在特定时期内出生的群体。

　　图 15-7 中的西欧人口金字塔显示出完全不同的情景,人口基数较小、年轻一代的人口规模实际略有下降。也如图 15-7 所示,中国的人口金字塔非常清楚地说明了人口增长趋势的变化。该图显示,与前几代人口规模相比,出生于 20 世纪 70 年代和 80 年代早期(2015 年年龄在 30~44 岁之间)的人口群体规模急剧下降。这是因为那些年实施了"独生子女政策",使生育率明显下降。

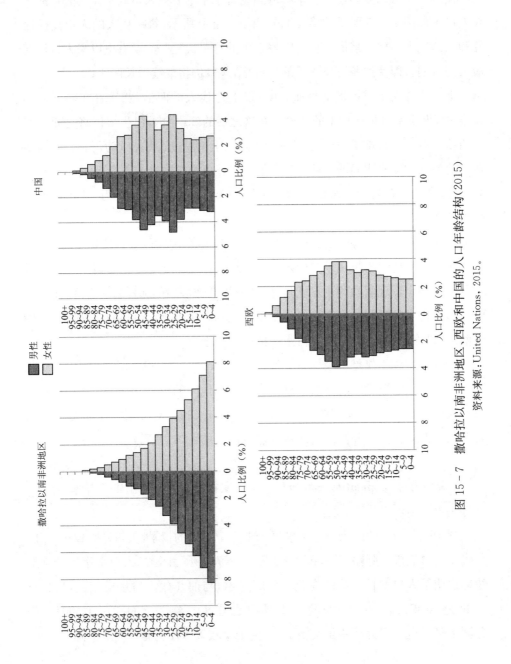

图 15 - 7　撒哈拉以南非洲地区、西欧和中国的人口年龄结构(2015)

资料来源：United Nations，2015。

就中国的情况来说,可以发现出生于 20 世纪 80 年代末和 20 世纪 90 年代早期的人口群体(2015 年年龄在 20～29 岁之间)比之前的规模要大,这反映了 20 世纪 60 年代和 70 年代出生的人口规模。第二次"人口高峰"指的就是这一时期,此时尚未实施独生子女政策。20 世纪 60 年代和 70 年代出生的那一代人即使生育率有明显下降,但因为人口基数巨大,导致年轻一代的人口规模与这一代人相差不大。因此,20 世纪 60 年代和 70 年代几代人的人口增长势头,作为一种涟漪效应自动复制到了 20 世纪 90 年代和 21 世纪初出生的这一代人身上。现在,中国 20 世纪 80 年代出生的这一代人正在进入生育阶段,而最年轻的一代(2015 年年龄在 0～19 岁之间)的人口规模比上一代要小。

440

人口增长势头会使人口不可避免地大幅增长,但 2050 年及以后的"低"预测和"高"预测情景之间仍存在巨大差距(图 15 - 5)。不同预测模型中的关键变量是未来生育率下降的速度。如果所有发展中国家的生育率迅速下降,全球人口年龄金字塔可能在未来 35 年内达到一个更为稳定的状态。否则,全球人口将持续保持增长趋势。图 15 - 8 所显示的对 2050 年两种截然不同的预测就说明了这一点,其中,一个是基于教育投资相对较高和生育率相对较低的假设;另一个是基于教育投资相对较低和生育率相对较高的假设。

专栏 15 - 1　快速的人口增长给尼日利亚带来压力

尼日利亚人口居世界第六,截至 2021 年,尼日利亚有 2.1 亿人。按照尼日利亚的人口增长速度,到 21 世纪中叶,尼日利亚将有 4 亿人(这比美国人口还要多),但是国土面积大致相当于亚利桑那州、新墨西哥州和内华达州的总和。尼日利亚的人口增长率与其他撒哈拉以南的非洲国家相似,因为政府难以满足资源和基础设施需求而带来了非常严重的问题。因此,很多政府开始扭转鼓励家庭生育政策。在 2011 年,尼日利亚免费提供避孕用品,并开始正式宣传小家庭的优势。

位于伊莱伊芙(Ile-Ife)中部小城市的奥巴费米・阿沃洛沃(Obafemi Awolowo)大学人口统计学家彼得・奥金古伊格贝(Peter Ogunjuyigbe)说:"人口是关键,如果不能解决好人口问题,学校、医院都难以招架,住房也会紧缺,也就无法实现经济发展。"据新的调查显示,2020 年在实施计划生育的

15～49 岁尼日利亚已婚妇女中，只有 34% 能使用现代避孕方法。

资料来源：E. Rosenthal, "Nigeria Tested by Rapid Rise in Population," *New York Times*, April 14, 2012; Population Reference Bureau, 2020, https://interactives.prb.org/2020-wpds/storymap/。

第三节　人口转型理论

如前所见，未来全球人口增长有多种不同的可能性。历史经验能预告未来的前景吗？关于人口与经济增长的关系，很多思考是都基于西欧的经验。西欧目前的情况被认为是人口结构从高出生率高死亡率到低出生率低死亡率过渡的最后阶段。图 15-9 显示了这种**人口转型**。

> **人口转型（demographic transition）**：随着社会经济发展，死亡率先下降，随后出生率下降的趋势；人口增长率首先会上升，最终会下降。

在第一阶段，对应于工业化前的欧洲，出生率和死亡率都很高。大家庭很常见，但医疗条件很差，很多儿童早夭。平均而言，一个家庭只有两个幸存的孩子。因此，人口世代保持稳定。这些社会条件在很多方面类似于自然状态，在这种条件下，鸟类和动物通常会繁殖大量的后代，从而抵消高捕食率和高患病率，这是一个严酷但生态稳定的机制。

在第二阶段，工业化开始，对应于 19 世纪的欧洲。随着生活水平、公共卫生和医疗水平的提高，死亡率迅速下降。然而，出生率仍然居高不下，因为家庭仍然认为生育大量孩子是有价值的，孩子既可以在农场或者工厂工作（童工仍是合法且普遍的），也可以是一种养老保险形式（不存在社会保障机构）。由于人口净增长率等于出生率减去死亡率（图 15-9 中两条线之间的距离代表的数值），其结果就是人口迅速增长。

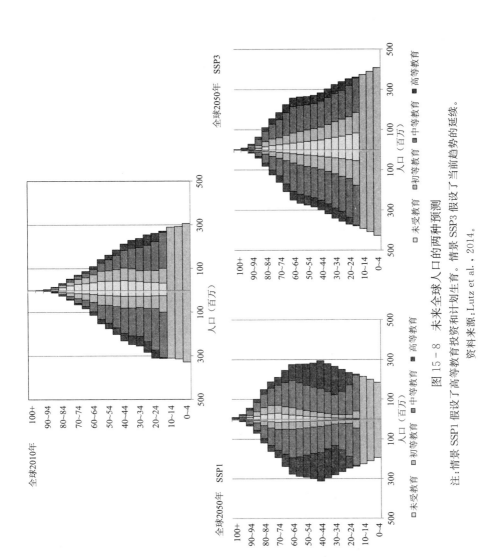

图 15-8 未来全球人口的两种预测

注:情景 SSP1 假设了高等教育投资和计划生育。情景 SSP3 假设了当前趋势的延续。

资料来源:Lutz et al.,2014。

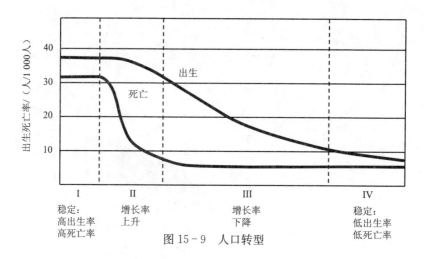

图 15 - 9　人口转型

　　人口增长对整个国家来说是好事还是坏事？如果资源是丰富的，该国的领导人可能会对此表示欢迎。大量劳动力会促进国家经济快速发展，使利用未开发资源和新技术成为可能。然而，人口和经济快速增长期可能包含着一些自限性因素。

　　其中一个因素是伴随经济增长而出现的社会条件改善。这种发展并非是自发的，往往需要为社会和经济改革进行艰苦斗争。但最终可能会实现经济发达国家特有的社会变革，包括限制使用童工法、失业补偿、社会保障体系、私人养老金计划和提供更多的教育机会。

　　人口转型的第三阶段对应于社会和文化氛围的改变。受教育程度最高的人群越来越青睐小家庭，这些新家庭的价值观随后会影响到社会。在这个阶段，生育的机会成本越来越被视为一种负担，而不是一种收益。尤其是对女性而言，随着更多就业机会的出现，家庭规模在逐步缩小（见专栏 15 - 2）。如图 15 - 9 所示，第三阶段人口增长率在下降。

　　图 15 - 9 仅显示了人口增长率（出生率和死亡率之间的差异）。当然，第三阶段的总人口要大得多，因此较低的增长率可能仍然意味着每年有更高的人口净增量（总人口年增长量）。正如所看到的，在出生率下降时期，人口可能会呈两倍或三倍增加。但如果出生率继续下降，国家最终会进入第四阶段，也是稳定人口的最后阶段，即低出生率和低死亡率。

　　回顾欧洲历史，人口转型的过程看起来相对温和。尽管早期阶段经历了巨大的困难,但总体而言,人口增长、经济增长和社会进步是同时发生的,而且人口增长最终是自限性的。马尔萨斯的设想未能实现,相反的是,更多的人口通常会带来更好的生活条件。

在欧洲和美国,人口转型的第三阶段,即生育率下降的阶段,与生活条件的改善密切相关。事实上,无论是从长期趋势看还是从比较的角度来看,都能普遍观察到经济状况改善与生育率降低之间的密切关系。图 15 - 10 显示了生育率(纵轴)通常随人均 GDP(横轴)的增加而下降这一态势。这种公认的相关性证实了"发展就是最好的避孕手段"这一说法。[①] 其他分析人士指出,与人均 GDP 增长相比,人力资本其他方面的改善,包括教育(尤其是女性的教育)和医疗水平(尤其是生殖健康)的改善,更是生育率大幅下降的关键决定因素(见专栏 15 - 2,专栏 15 - 3)。

专栏 15 - 2　赋权女性和生育转型

促进生育率下降的一个社会关键变化是,女性在与谁结婚、何时结婚、何时生育方面的自主权不断提高。她们相对于家庭男性成员(父亲、兄弟、丈夫)的独立程度与受教育水平以及就业市场的参与度呈正相关,这会使她们具有更大的经济独立性。受过良好教育的女性往往倾向于晚婚,对避孕更有了解,能更有效地使用避孕措施,在生育决策方面有更大的自主权,而且由于意外生育的机会成本很高,她们更愿意推迟生育。例如,埃塞俄比亚人口普查数据显示,没有受过正规教育的女性平均有 6 个以上的子女,而受过中等或高等教育的女性只有两个孩子。正如伊朗的人口轨迹所示(见专栏 15 - 3),即使在宗教保守的文化环境中,女性的高等教育水平,再加上能提供避孕措施的医疗体系,也能使得生育率快速转变。

资料来源:Bongaarts, 2010; W. Lutz and V. Skirbekk, "How Education Drives Demography and Knowledge Informs Projections," in Lutz et al. , 2014.

[①]　1974 年,印度人口部部长在布加勒斯特举行的联合国人口会议上首次表达了这一观点。

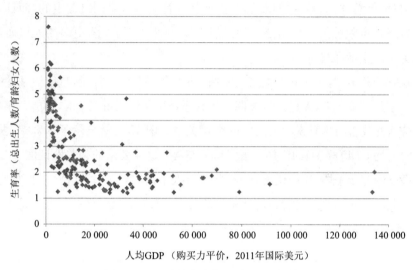

图 15 - 10　总生育率与人均 GDP 的关系

　　注:图中为人口超过 500 万的国家的数据。这些虽为 2009 年数据,但是与所显示的一般模式(生育率和人均 GDP 之间的反比关系)仍然是一致的。

　　资料来源:World Bank, World Development Indicators, http://data. worldbank. org/datacatalog/world-development-indicators。

专栏 15 - 3　伊朗的生育革命

　　在 1979 年伊斯兰革命时,伊朗的生育率很高,平均每位妇女生育约 6 个子女,这是人口转型早期的一个特点。由一群非常保守的神职人员领导的新政权取消了所有已经实施的计划生育项目。结果,生育率上升,达到了每位妇女生育 7 个子女的水平。在这样的速度下,人口增长极为迅速(通常每年增长 3%,每一代人口增加一倍以上)。

　　1986 年的人口普查数据使政府认识到,人口增长保持在如此高水平时,不可能不给经济发展带来重大负面影响。保守的伊斯兰领导人不得不承认,强有力的计划生育政策是绝对有必要的,于是在 1989 年启动了一项全国计划生育方案。从那时起,宗教领袖积极支持这个方案,并在清真寺宣传计划生育的好处。国家公共卫生系统在全国所有地区和村一级的宣传推广意味

446

着该方案可以有效地传达给全国大多数女性。在伊朗,大约 90% 的人口可以在一小时步行范围内享受免费计划生育服务。然而,这些神职人员可能没有预料到的是,伊朗女性会以多快的速度抓住这些机会,实现有史以来最快的生育转型,从 20 世纪 80 年代初每名妇女生育 7 个子女下降到 2006 年低于更替水平的每名妇女生育 1.9 个子女。

资料来源:Abbasi-Shavazi et al. ,2006。

人口转型理论在多大程度上适用于当前的全球人口趋势? 人口转型理论的前两个阶段很好地适用于 20 世纪下半叶发展中国家的经验。死亡率下降速度远远快于出生率;1950~1975 年,生育率和人口增长率升至历史最高水平。强有力的证据表明大多数国家已经进入了第三阶段,总体人口增长率在下降。然而在很多方面,目前发展中国家正在经历一个较欧洲截然不同的、更困难的人口转型:

· 发展中国家的人口总数要比欧洲大得多,而且是前所未有的。

· 欧洲和美国在扩张过程中,利用了全球其他地区的自然资源供给。目前发达国家已经不成比例地利用了全球环境对废弃物吸收的能力(到目前为止贡献了最高比例的温室气体排放、消耗臭氧层的化学物质和其他环境污染物)。发展中国家显然不会有这些选择。

· 生育率下降的速度存在极大的不确定性。导致生育率下降的因素,比如女性的教育、获得医疗的机会、获得避孕措施的机会,一些国家可以提供,而其他国家则可能没有。关于人口稳定的预测很大程度上取决于生育率的迅速下降,但这种下降可能会发生、也可能不会发生。目前生育率差别很大,非洲、中东和拉丁美洲的一些地区生育率仍然很高。

· 一些发展中国家虽然经历了欧洲式人口增长会促使经济增长的历程,但这种情况并没有出现在所有的发展中国家。尤其是非洲国家同时经历了人口高速增长、人均 GDP 和人均粮食产量有限增长的情况。在经济增长强劲的地方,经济增长的益处往往没有惠及贫困群体,进一步加剧了不平等,导致了极端贫困人数的增加。在拉丁美洲和南亚很多国家的"二元经济"中,现代城市发展与贫困农村、城市贫民窟并存。很多人都没有享受到生育率下降带来的福利。

西欧的经验与当前全球人口转型之间的显著差异表明,"回顾"人口和经济增长的历史不会对未来 40～50 年的人口发展趋势颇有启示。社会、经济、环境因素与人口问题交织在一起。人口增长的影响不仅限于发展中国家;在自然增长和移民的共同作用下,美国也面临着人口的持续大幅增长(见专栏 15-4)。

专栏 15-4　美国人口持续增长

当考虑人口问题时,倾向于关注发展中国家的高人口增长率。但美国的人口远远没有稳定。尽管欧洲已经完成了人口转型,达到了人口稳定水平,但自然增长和移民使美国人口保持了增长。美国的生育率处于更替水平,但自 1950 年以来的人口增长产生了大量仍处于生育年龄的人群,进而创造了明显的持续增长势头。

20 世纪 90 年代,美国的人口增长比其历史上任何十年间的人口增长都要多,甚至超过了 20 世纪 50 年代的 10 年婴儿潮。在此期间,人口从 2.487 亿增长到 2.814 亿。2000～2010 年,人口又增加了 2 740 万。2020 年,美国人口达到 3.3 亿。

预计美国人口将继续增长,但在 2030 年后增长速度会放缓,这将是美国人口结构的转折点。到 2030 年,所有婴儿潮出生的那代人都将超过 65 岁。美国人口普查局预测,到 2034 年老龄人口数量将在美国历史上首次超过儿童;2030 年以后,美国人口预计将缓慢增长、老龄化明显、种族和民族更为多样化;到 2060 年,预计人口将达到 4 亿。虽然远期的预测存在一些不确定性,但这些数据表明了人口增长势头与移民相结合的长期力量。

由于美国居民资源消耗率和废物生产率非常高,因此新增加的 7 000 万人口产生的消费对环境的影响将远远高于低收入国家相近人口数量所带来的影响。尽管预计的美国人口增长仅为全球人口增长的 3% 左右,但它对温室气体排放等全球环境问题仍然相当重要。

美国人口增长也将给土地等自然资源施加更大压力。城市和郊区扩张、供水过度、国家公园等保护区面临的压力都将更加难以管理。在考虑多种环境问题时,不应该忘记人口的重要性。很显然,人口政策对美国和发展中国家同等重要。

资料来源:Population Reference Bureau, 2020; U. S. Census Bureau, 2020。

第四节 人口增长与经济增长

经济理论是如何讨论人口的?传统经济模型柯布-道格拉斯(Cobb-Douglas)生产函数将经济产出定义为劳动力投入、资本投入和技术参数的函数:

$$Q_t = A_t K_t^{\alpha} L_t^{\beta}$$

其中 Q 是总产出;K 是资本存量;L 是劳动力;α 和 β 分别是与资本生产率和劳动生产率相关的参数;A 是一个给定的技术状态,t 是一个特定的时间段。假设 α 和 β 是 0 和 1 之间的数,若 $\alpha + \beta = 1$,则该函数显示出**规模报酬不变**。这意味着如果劳动力和资本投入都翻一倍,产出也会翻一倍。

假设只增加劳动力这种投入要素,产出也会增加,但产出增加的百分比会小于劳动力的投入,因为指数 α 小于 1。[①] 如果劳动力与总人口大致成比例,**人均产出**就会下降。随着越来越多的劳动力增加,**产出递减规律**开始发挥作用,每增加一单位劳动力投入,产出的增加就会更小。因此在这个经济模型中,如果只有人口增长,生活水平会下降。这是**金融浅化**的结果,这意味着每个工人可使用的资本更少,因此生产率降低。

---

① 例如,如果 $\alpha = \beta = 1/2$,那么仅增加一倍的劳动力就会使产出增加到原来的 1.414 倍。劳动力和资本都增加一倍,产出将增加到原来的 2 倍。

> **规模报酬不变**（**constant returns to scale**）：一项或多项投入按比例增加（或减少）会导致产出按比例增加（或减少）。
>
> **人均产出**（**per capita output**）：一个社会的总产值除以人口。
>
> **产出递减规律**（**law of diminishing returns**）：持续增加投入要素最终导致边际产出递减的规律。
>
> **金融浅化**（**capital shallowing**）：每个工人的可用资本减少，导致每个工人的生产率降低。

449

　　然而，很少有经济学家会将这一简单逻辑视为人口增长效应的准确表达。他们会指出如果资本存量 K 的增长率不低于 L 的增长率，人均产出就会保持不变或上升。此外，他们认为：随着时间推移，**技术进步**会增加变量 A，从而使每单位劳动力或每单位资本投入的产出都会增加。在该理论框架下，只要**资本形成**和技术进步是充足的，人口和劳动力的增长可以伴随着生活水平的提高。

　　那么**自然资源限制**问题会如何？可以修改柯布-道格拉斯（Cobb-Douglas）生产函数，将**自然资本**（比如用于农产品的耕地和水、矿物质、化石燃料等自然资源）作为所有经济活动的关键投入。如果用 N 表示自然资本，用指数 γ 表示其生产率，能得到一个修正方程：

$$Q_t = A_t K_t^\alpha L_t^\beta N^\gamma$$

　　在这个公式中，即使劳动力和资本都增加了，自然资本限制可能会导致产出递减。例如，如果 $\alpha = \beta = \gamma = 1/3$，在自然资本保持不变的情况下，劳动力和人造资本翻一倍将使产出增至 1.59 倍，导致人均产出下降约 20%。[1] 这种下降仍然可以通过足够快的技术进步来避免，但自然资源限制将一直拖累产出增长。

　　有证据表明，在某些情况下，人口增长实际上可以激励技术进步。埃斯特·博瑟鲁普（Ester Boserup）认为，人口压力增加迫使人们采用更高效的农业技术。[2] 至少在早期发展阶段，**规模经济**可能会占上风；人口密度增加可能会发展

---

　　[1]　由于在这个例子中，产出增加到原来的 1.59 倍，而劳动力增加了一倍，所以人均产出的变化可以计算为 1.59/2.00=0.795，或者说下降约 20%。

　　[2]　Boserup, 1981.

出更具生产力、规模更大的工业。

从经济理论的角度看,人口增长本质上既不好也不坏,其实际影响取决于发生的背景。如果经济制度强有力、市场运行良好、环境**外部性**不大,那么人口增长就可以伴随着更高的生活水平。

技术进步(technological progress):用于开发新产品或改进现有产品的知识增加。

资本形成(capital formation):一个国家资本存量中新增的资本。

自然资源限制(natural resource limitations):由于自然资源的可得性有限而对生产造成的限制。

自然资本(natural capital):现有的土地和资源禀赋,包括空气、水、土壤、森林、渔业、矿产和生态生命支持系统。

规模经济(economies of scale):扩大产出水平会增加每单位投入的回报。

外部性(externalities):市场交易对交易之外各方产生的积极或消极的影响。

(一)人口增长促进还是阻碍经济发展?

经济理论还认识到人口增长可能对经济发展产生负面影响的一些方式,包括:

· 抚养比率增加。将不工作的总人数(主要是儿童和老年人)与总人口作比,得出一个国家的抚养比率。如前所示,人口增长通常包括高比例的儿童群体。家庭必须花费更多的钱来抚养儿童,从而减少储蓄、降低国民储蓄率。需要增加医疗和教育方面的支出,减少可用于资本投资的资金。这些影响往往会减缓资本积累和经济增长。随着人口最终趋于稳定,老年人占比较高也会使抚养比率增加,从而产生一系列不同的经济问题(见专栏15-5)。

· **收入不平等**加剧。快速的人口增长造成劳动力过剩,从而降低收入。失业率和就业率不足可能居高不下,一大部分极度贫困人口得不到经济增长带来的益处。这种情况在很多拉丁美洲国家和印度普遍存在,在那里,失业的农村劳动力迁移到大城市寻找工作,从而在市中心周围形成了巨大的贫民窟。

· 自然资源限制。如前所述,将有限的土地供给或不可再生自然资源等**固定投入要素**纳入生产函数中,可能会导致劳动力和资本的收益递减。一般而言,经济学家倾向于假设技术进步能克服这些限制,[1]但随着资源和环境问题变得更加普遍和复杂,这种假设可能不成立。

· **市场失灵**。正如第四章所述开放存取的渔业案例,人口增长加速了资源的消耗。在私人产权或社会产权界定不清的地方,比如非洲萨赫勒或巴西亚马孙地区,人口压力可能导致荒漠化和森林砍伐加快。此外,在空气和水污染等外部因素不受控制的地方,人口增长将加剧现有的污染问题。

收入不平等(income inequality):一种收入分配形态,其中一部分人口的收入远远高于其他人。

固定投入要素(fixed factors):短期内数量不变的生产要素。

市场失灵(market failure):不受监管的市场无法产生对整个社会最有利结果的情况。

这种对于人口和经济发展之间关系更为复杂的观点强调"快速人口增长与市场失灵的相互作用"。[2] 经济和社会政策也发挥着关键作用:

人口增长率较高的国家往往经济增长率较低。对"亚洲经济奇迹"中人口的作用进行的分析强烈表明,生育率下降导致年龄结构变化创造了一定时期的"人口红利"或机会之窗,此时处于劳动年龄的人口需要抚养的人(无论是年轻人还是老年人)相对较少。认识并抓住这一机会的国家可以像亚洲四小龙那样实现经济产出的健康增长。

但这样的结果绝不是完全确定的:只有对拥有健全经济政策的国家来说,机会之窗才会产生如此大的效果。最后,几项研究表明高生育率与贫困之间存在因果关系的可能性。虽然因果关系的方向并不总是清晰的,还很有可能是相互

---

[1] 参见 Solow, 1986。

[2] Birdsall, 1989;Kelley, 1988.

的(贫困导致高生育率,高生育率加剧贫困),这些研究支持一种观点,即整个国家层面的低生育率有助于为很多家庭开辟一条走出贫困的道路。[①]

451

鉴于这些观察,一个问题出现了:人口增长的"积极"效应是否主要体现在全球历史的早期阶段? 该阶段就是赫尔曼·戴利所说的"空世界"(empty world)阶段,在这个阶段,资源和环境的吸收能力相对于人类经济的规模来说十分充足。[②] 随着全球人口增长到 90 亿甚至更多,负面影响是否会占主导地位? 要回答这些问题,需要从更广泛、更注重生态的角度来看待人口增长。

专栏 15-5　生育率下降:是出生率低吗?

生育率是人口预测中最不稳定的变量,在全球范围内很多国家的生育率下降速度已经超出预期。这是否意味着"人口问题"已经逆转,人口下降成为一个主要问题?

出生率下降在不同的地方有不同的影响。在欧洲和日本等地区,生育率已经基本降至更替水平之下。这些国家面临着对老年人的抚养比率增加,而抚养老年人的劳动力却减少的现状。一些发展中国家正在接近或已经达到生育率更替水平。至少对其中一些发展中国家而言,人口增长放缓可能有益,它降低了儿童的抚养比率,有更高比例的处于劳动年龄的人口来为国家生产力做贡献。

例如,印度较低的生育率与女性地位的提高以及经济福利的改善相辅相成。稳定的人口也减少了对稀缺水资源供给、可耕地和其他资源的压力。一个人口问题专家小组指出"通过减缓人口增长,高生育率国家的生育率下降使很多环境问题更容易解决,发展也更容易实现"。

日本的情况与印度不同。自 20 世纪 50 年代以来,日本的出生率一直在急剧下降,生育率已经达到历史最低点,即每位妇女生育约 1.3 个子女。如果这种趋势持续下去,日本人口预计将从 2020 年的 1.26 亿下降到 2050 年

---

① Birdsall et al. , 2001.
② Daly, 1996, Chap. 2.

的 1.1 亿。日本老年人口数量一直在稳步增长，到 2040 年，超过三分之一的人口将超过 65 岁，而且"几乎每一个日本新生儿都会有一位百岁老人来迎接"。在劳动力不断减少的情况下，赡养越来越多老年人的问题也影响到了欧洲，在未来几十年内，这些问题也将对中国和其他发展中国家产生重大影响。

然而，为了防止全球人口无限制地增长，必须面对人口稳定的问题。如前所示，中期全球预测显示，到 2050 年人口将增加约 20 亿，而非洲等地仍然存在高生育率地区，到 2050 年人口可能会翻一倍。对于大多数发展中国家来说，试图通过提高生育率来应对这种情况的处理方式似乎并不明智，这种处理方式可能与欧洲或日本更相关，因为欧洲或日本的生育率已经远远低于更替水平。

资料来源：Longman，2004；B. Crossette，"Population Estimates Fall as Poor Women Assert Control," *New York Times*，March 10，2002；International Institute for Applied Systems Analysis，2001；Eberstadt，2012；Population Reference Bureau，2020。

第五节　人口增长的生态学视角

传统经济观点认为，人口增长或产出增长没有内在的限制，而基于**承载力**概念的生态学方法表明，某一区域所能承载的人口存在一些实际限制。

> **承载力**（**carrying capacity**）：在现有自然资源基础上能够维持的人口和消费水平。

承载力是用来描述自然界中的动物种群。例如，如果放牧的动物超过了土地承载力，食物就会短缺，很多个体会挨饿，种群将减少到更可持续的水平。基于可获得的猎物种群，捕食者物种在数量上受到更严格的限制。由于动物靠消耗植物或其他动物为生，而地球上所有生命又都依赖于绿色植物吸收太阳能的能力。因此,可用的**太阳能通量**或者流向地球表面的阳光就是决定承载力的最终因素。

太阳能通量(solar flux):太阳能持续不断地流向地球。

人类能否摆脱承载力逻辑? 人类当然已经非常成功地扩大了承载力的极限。人工肥料的使用大大提高了农业产量。化石燃料为工业化提供的电力历史性地远远超过直接通过太阳能系统或间接通过水力和风力发电获取的太阳能。通过这些方法,70多亿人口可以生活在一个世纪前只能维持20亿人的星球上。

然而,这种承载力的扩大带来了巨大的生态成本。大量开采化石燃料和矿藏通过生产过程和产生的废弃物造成了环境退化。废弃物和污染物逐渐累积,它们对环境的负面影响会随着时间的推移而显现。

燃烧化石燃料导致全球气候变化就是一个典型例子。土壤侵蚀、含水层枯竭、有毒物质和核废料长期堆积也是累积过程。在提高地球承载力的同时,也给未来制造了问题,其中很多问题已经成为亟待解决的难点。如果更大规模人口的人均消费水平高于现今,问题会变得更糟糕吗? 怎样才能容纳额外20亿或者更多人口的食物需求、碳排放和其他生态影响?[1]

除了气候变化外,生态学家还确定了当前经济活动正在系统性破坏地球长期承载力的三个主要问题。第一个问题是表层土壤的侵蚀和退化。目前全球表土流失量估计为每年240亿吨,全球近11%的植被土地遭受中度至极度退化。第二个问题是淡水供给的过度使用和污染。这一问题几乎在每个国家都存在,尤其中国、印度和前苏联的部分地区已经达到了临界水平。第三个问题也许是最严重的,就是生物多样性的丧失,每年灭绝的物种比过去6 500万年的任何时候都要多。[2]

在综合数十位科学家收集的证据后,保罗(Paul)和安妮·埃利希(Anne Ehrlich)得出结论:

453

---

[1] 有关人口和其他环境问题之间的关系,参见 Ryerson,2010。

[2] Ehrlich et al. , 2003;Postel, 2003.

有相当多的证据表明，人类事业大幅扩张已经使智人（Homo sapiens）超越了地球的长期承载力，即在不减少未来维持同等人口规模所需资源的情况下，可以持续多代的人口规模的能力。[①]

如何评价这样的论断？

可以将人口、经济增长和环境之间相互关系概化为一个方程式，即所谓的IPAT：

$$I = P \times A \times T$$

其中，I 为生态影响（例如，污染或自然资源枯竭）；P 为人口；A 为以人均产出衡量的富裕程度；T 为衡量单位产出生态影响的技术变量。

这个方程式是一个**恒等式**，一个定义为真的数学陈述。方程式的右边可以用数学公式表示，如下：

恒等式（**identity**）：无论其变量如何取值，等式永远成立的算式。

$$生态影响 = 人口 \times \frac{产出}{人口} \times \frac{生态影响}{产出}$$

因为"人口"和"产出"分别出现在分子和分母中，二者可以分别抵消，只留下了与恒等式左侧变量相同的生态影响。因此，方程式本身无可争议。唯一的问题是变量水平是什么，以及是什么决定了它们？对这些问题了解多少？

如前所示，根据联合国中等水平变量预测（图 15 - 4），全球人口（P）预计在未来 30 年内增长 20 亿，或者说 30% 左右。全球人均消费（A）正在稳步增长。如果人均消费以每年 2% 的速度增长（大多数经济学家将其视为一个令人满意的最低速度），50 年后人均消费会增长到 2.7 倍。因此 A 和 P 的综合影响将使方程式右侧乘以 3.5 或者更大的系数。

那么 T 呢？技术进步可以降低单位 GDP 的生态影响，比如降低到原来的二分之一。但这仍将使整体的环境影响水平显著提高（在碳排放、污染以及对自然资源、土地、水、森林、生物多样性的压力等方面）。鉴于目前对环境问题的关

454

[①]　Ehrlich and Ehrlich, 2004.

注程度,这似乎不可接受。为了降低对整体环境的影响,需要通过技术进步将环境影响降低到原来的四分之一或者更多。

当然,像 IPAT 这样的数学抽象对这些宽泛概念背后的细节几乎没有深入了解。IPAT 之所以受到批评,是因为它假设 P、A、T 相互独立,而事实上它们是相关的。如前所述,这种关系的本质是一个有争议的话题。根据一篇关于使用 IPAT 方程式理论意义的综述性文章:

人口还是技术对环境破坏的影响更大? 这一争论点类似“鸡生蛋还是蛋生鸡”。是人口增长需要技术进步,还是技术进步提升了承载力?(Boserup,1981;Kates,1997)。跨国比较表明,不同类型的生态影响与富裕程度(A)或以人均 GDP 衡量的经济繁荣水平之间存在不同类型的关系。例如,很多类型的空气污染物通常随人均 GDP 的提高而减少,而二氧化碳排放量随富裕程度的提高而增加(Shafik and Bandyopadhyay,1992)。[①]

虽然 IPAT 方程式主要由科学家(生物学家、生态学家、工程师等)使用,但它却遭到了社会科学家和经济学家的强烈批评,理由是它掩盖了有关人口增长、消费、分配和市场运行的一些基本问题。产业生态学领域(见第十四章)主要关注 IPAT 的 T,强调重大技术飞跃的必要性,因为这会使 T 减少至原来的四分之一,也可能会减少到原来的十分之一。[②]

一个明显的问题是全球人均消费的极大不平等。很多发展中国家的贫困、缺乏基本卫生服务和教育水平低下造成了人口增长率居高不下。这表明迫切需要关注不平等问题,而不仅仅是总人口量或者经济产出。

通过高人均资源需求及污染产出,发达国家目前造成的环境影响最大。如果发展中国家能像中国和其他东南亚国家那样在人口不断增长的情况下提高生活水平,那么他们对粮食和资源的人均需求以及产生的污染也将增加。人口增长和经济增长的综合效应将以非常不可持续的方式大大增加环境压力。

在气候变化领域,人口增长率明显产生重大影响。根据一项研究,人口增长因生育率的降低而放缓,到 2050 年,能使碳排放量至少减少 10 亿吨,而且在后

455

---

① Chertow,2000.

② Von Weizsäcker et al.,1997.

续年份,减少的量会更多。① 一项经济研究表明,不管如何缓解气候变化,很快将实施的所有学龄儿童受教育这项人口政策对发展中国家会产生积极效果,如果它也有助于缓解气候变化,这就构成了重要的"双赢"战略。②

经济和生态的观点也许可以融合。即使无法确定一个固定的地球承载力,但现在所经历的人口增长水平显然对几乎所有的资源和环境构成压力。这意味着在减少人口增长、调节消费增长和性质、改善社会公平和引进环保技术等各方面取得进步至关重要。③

第六节　21世纪的人口政策

近年来,关于人口政策的讨论发生了变化。以往讨论主要是"乐观主义者"和"悲观主义者"之间的冲突,前者认为人口增长不会出现问题,后者则预测人口增长会带来灾难。现在,两者达成的共识正在出现。大多分析人士都承认,人口增长会给环境和资源带来额外的压力,并认为未来人口增长放缓是至关重要的。如何才能实现这一目标?

印度曾在一定程度上使用过严格的强制性人口政策,20世纪80年代在农村地区开展了几次绝育运动。20世纪90年代中期,强制性计划生育政策引起强烈不满,导致强制性绝育政策中止。1994年开罗会议(国际人口与发展会议或人发会议,ICPD)是关于人口政策问题的最后一次重要国际会议,这次会议达成了一项共识,即不再从数量的角度考虑人口目标,而是将人口作为发展政策的一个方面,并且把重点放在发展质量上。国际捐助者将重点转移到促进包括防治艾滋病病毒和其他致命疾病的全面医疗改革上来。20年后的2014年,联合国重新审视开罗会议,没有对其措辞进行重大改变,而是重新评估了更广泛发展目标(如《千年发展目标》所述,第二十章将进一步讨论)的重要性,但没有提及人

---

① O'Neill et al. 2010.
② Wheeler and Hammer, 2010.
③ Cohen, 1995; Engelman, 2008; Harris et al., 2001, part IV; Halfon, 2007.

口政策。①

批评者认为,由于开罗计划把生育率下降当作《千年发展目标》的附带副产品而不是明确目标,削弱了人口稳定工作的政治支持和财政支持。非洲和亚洲部分地区的生育率仍然很高。从现在到 2050 年间,非洲人口有可能翻一倍,批评者建议重新考虑联合国自 20 世纪 90 年代以来使用的"人口中性"(population-neutral)相关措辞和政策。②

毛里求斯、突尼斯和摩洛哥等几个非洲国家近期的生育率下降较快,当前非洲南部生育率为每位妇女平均生育约 2.4 个子女,但想要减缓非洲其他国家的人口增长,就需要整个非洲大陆层面的共同努力。部分国家(包括伊朗,见专栏 15 - 3)的经验表明,当人们(尤其是女性)达到更高的教育和知识水平、获得更好的就业机会和计划生育服务时,出生率能迅速下降。由于基础教育、医疗保障和就业保障水平的提高,很多东亚国家以及印度很多地区的出生率都相应出现明显下降。③ 非洲国家也理应走类似的道路,但这还是取决于对医疗卫生、营养、教育、赋权女性和避孕药具供给等方面的特别关注并实行有效的政策。

通过人口增长自然减缓,一些政策既有利于经济又有利于环境,此类政策可以被视为"双赢"政策。健全的宏观经济政策、更完善的信贷市场和农业条件对促进有广泛基础的经济增长和减贫也很重要,这反过来对人口与环境的平衡也很关键。④

这些政策对于很多发展中国家避免出现严重的环境问题和社会崩溃至关重要。随着人们努力应对更高的土地需求,人口增长放缓为创新和适应提供了关键的喘息空间和时间。较高的人口增长率可能会将农村地区推向新马尔萨斯陷阱的边缘,这不是因为承载力的绝对限制,而是因为没有及时提供采用新技术的手段和激励措施。

由于自然增长和移民的共同作用,人口增长最快的城市地区经常遇到重大

457

---

① Population Council, 2014.
② Engelman, 2016.
③ Sen, 2000, 219-224. Pandya, 2008.
④ 参见 Birdsall et al. ,2001;Engelman,2008;Halfon,2007; Singh,2009。

社会和基础设施问题。亚洲和非洲的城市人口预计将在未来 30 年翻一倍。[①]
住房和卫生设施不足、拥堵、空气污染和水污染、森林砍伐、固体废弃物和土壤污染是发展中国家大城市的典型问题。由于持续快速和无计划的增长，尝试应对城市大规模社会和环境问题变得更加困难。总体人口增长放缓必须要成为实现城市可持续发展的重要组成部分。[②]

人口增长是 20 世纪下半叶发展模式变化的一个主要因素，并将在 21 世纪上半叶继续发挥核心作用。经济学家、生态学家、人口学家和其他社会理论家的不同观点，都有助于制定旨在保持人口与环境平衡的有效人口政策。

在后续章节中，将以人口问题概况作为基础，研究与人口增长、农业消费提高、能源使用、自然资源需求以及污染相关的具体压力。第二十二章将讨论人口不断增长的全球可持续发展问题。

小　结

在 20 世纪下半叶，全球人口增长非常迅速。虽然人口增长率目前正在放缓，但每年全球人口数量的总增长量仍然接近历史最高水平，2021 年全球人口为 79 亿。预计人口增长将持续至少 30 年，到 2050 年全球人口将达到 90 亿至 100 亿，一些更长期的预测是到 2100 年人口将达到 110 亿或者更多。预计 90% 以上的人口增长来自亚洲、非洲和拉丁美洲的发展中国家。

人口预测无法确定未来的实际人口数量，但人口增长势头确保人口数量进一步显著增长。目前，所有发展中国家的平均生育率（每位妇女生育的子女数）仍然很高。尽管生育率普遍在下降，但人口稳定还需要几十年的时间。一些基于生育率加速下降情景的预测显示，到 2050 年全球人口将稳定在 85 亿左右，此后将下降。

欧洲人口已经实现从快速增长到相对稳定的转型。由于人口增长势头和每

---

① United Nations,2015.
② 参见 Harris et al.，2001，part IV.

年的移民,美国的人口增长仍在继续。发展中国家人口转型还远未结束,未来出生率仍存在很大不确定性。经济增长、社会公平、避孕措施普及和文化因素都起到了作用。

对人口增长的经济学分析强调了技术进步等其他因素抵消人口增长影响的潜力。在经济增长和技术进步的有利条件下,人口增长可能伴随着生活水平提高。但是,伴随着社会不平等和严重环境外部性的快速人口增长可能会导致生活水平下降。

从生态学角度来看,区域和全球生态系统的人口承载力受到了严格限制。人口增长增加了对材料、能源和自然资源的需求,这反过来又增加了对环境的压力。鉴于目前的环境损害程度,尤其是在这种损害是累积的或者不可逆转的情况下,供养更大量的人口给地球生态系统带来了严峻挑战。

强制性人口控制政策通常无法改变影响生育率的基本激励因素。更有效的人口政策措施包括改善营养和医疗卫生、强化社会公平、加强女性教育和普及避孕措施。

关键术语和概念

capital formation 资本形成

capital shallowing 金融浅化

carrying capacity 承载力

constant returns to scale 规模报酬不变

demographic transition 人口转型

economies of scale 规模经济

exponential growth 指数增长

externalities 外部性

fertility rate 生育率

fixed factors 固定投入要素

gross annual population increase 总人口年增
  长量

identity 恒等式

income inequality 收入不平等

law of diminishing returns 产出递减规律

market failure 市场失灵

natural capital 自然资本

natural resource limitations 自然资源限制

neo-Malthusian perspective 新马尔萨斯主义
  观点

per capita output 人均产出

population age profile 人口年龄分布

population cohort 人口群体

population growth rate 人口增长率

460

population momentum 人口增长势头   solar flux 太阳能通量

replacement fertility level 生育率更替水平   technological progress 技术进步

问题讨论

1. 新马尔萨斯主义者认为人口增长是人类面临的主要问题，另一部分人认为人口增长是经济增长的中性因素，甚至是积极因素，你会用什么标准来评价他们之间的争论？如何评估美国（人口增长率为每年 0.5%）、印度（每年 1.4%）和索马里（每年 3.1%）人口问题的相对紧迫性？

2. "每多出一张嘴，就多出一双手。因此不必担心人口的增长。"将此说法与对劳动力和生产更正式的经济分析联系起来。这种说法在多大程度上是正确的？又在多大程度上具有误导性？

3. 承载力的概念对于动植物种群的生态分析是有用的。承载力概念对分析人口增长也有用吗？为什么？

相关网站

1. www. prb. org. Homepage for the Population Reference Bureau, which provides data and policy analysis on U. S. and international population issues. Its World Data Sheet provides demographic data for every country in the world.

2. https://population. un. org/wpp. Website for the United Nations Population Division, which provides international information on population issues including population projections.

3. www. populationconnection. org. Homepage for Population Connection, a nonprofit organization that promotes population stabilization through ensuring access to health care and contraception.

参 考 文 献

Abbasi-Shavazi, Mohammad Jalal, Peter McDonald, and Meimanat Hosseini-Chavoshi. 2006. *The Fertility Transition in Iran, Revolution and Reproduction*. London: Springer.

Birdsall, Nancy. 1989. "Economic Analyses of Rapid Population Growth." *World Bank Research Observer*, 4(1):23–50.

Birdsall, Nancy, Allen Kelley, and Stephen Sinding. 2001. *Population Matters: Demographic Change, Economic Growth, and Poverty in the Developing World*. New York: Oxford University Press.

Bongaarts, John. 2010. "The Causes of Educational Differences in Fertility in Sub-Saharan Africa." *Vienna Yearbook of Population Research*, 8:31–50.

Bongaarts, John, and Christophe Guilmoto. 2015. "How Many More Missing Women? Excess Female Mortality and Prenatal Sex Selection, 1970–2050." *Population and Development Review*, 41(2):241–269.

Boserup, Ester. 1981. *Population Growth and Technological Change: A Study of Long-Term Trends*. Chicago: University of Chicago Press.

Caldwell, John C., and Thomas Schindlmayr. 2002. "Historical Population Estimates: Unraveling the Consensus." *Population and Development Review*, 28(2):183–204.

Chertow, Marian R. 2000. "The IPAT Equation and Its Variants: Changing Views of Technology and Environmental Impact." *Journal of Industrial Ecology*, 4(4):13–29.

Cohen, Joel E. 1995. *How Many People Can the Earth Support?* New York: W.W. Norton.

Daly, Herman E. 1996. *Beyond Growth: The Economics of Sustainable Development*. Boston: Beacon Press.

Eberstadt, Nicholas. 2012. "Japan Shrinks." *Wilson Quarterly*, (Spring):30–37.

Ehrlich, Paul R. 1968. *The Population Bomb*. New York: Ballantine Books.

Ehrlich, Paul R., and Anne H. Ehrlich. 1990. *The Population Explosion*. New York: Simon and Schuster.

Ehrlich, Paul R., and Anne H. Ehrlich. 2004. *One with Nineveh: Politics, Consumption, and the Human Future*. Washington, DC: Island Press.

Ehrlich, Paul R., Anne H. Ehrlich, and Gretchen Daily. 2003. "Food Security, Population, and Environment," in *Global Environmental Challenges of the Twenty-first Century* (ed. David Lorey). Wilmington, DE: Scholarly Resources.

Engelman, Robert. 2008. *More: Population, Nature, and What Women Want*. Washington, DC: Island Press.

Engelman, Robert. 2016. "Africa's Population Will Soar Dangerously Unless Women Are More Empowered." *Scientific American*, February 1.

Gordon, Stephanie. 2015. "China's Hidden Children." *The Diplomat*, March 12. http://thediplomat.com/2015/03/chinas-hidden-children/.

Halfon, Saul. 2007. *The Cairo Consensus: Demographic Surveys, Women's Empowerment, and Regime Change in Population Policy*. Lanham, MD: Lexington Books.

Harris, Jonathan M., Timothy A. Wise, Kevin Gallagher, and Neva R. Goodwin, eds. 2001. *A Survey of Sustainable Development: Social and Economic Perspectives*. Washington, DC: Island Press.

International Institute for Applied Systems Analysis. 2001. *Demographic Challenges for Sustainable Development: The Laxenburg Declaration on Population and Sustainable Development*. www.popconnect.org/Laxenburg/.

Kates, R. 1997. "Population, Technology, and the Human Environment: A Thread Through Time," in *Technological Trajectories and the Human Environment* (eds. J. Ausubel and H. Langford), 33–55. Washington, DC: National Academy Press.

Kelley, Allen C. 1988. "Economic Consequences of Population Change in the Third World." *Journal of Economic Literature*, 26:1685–1728.

Longman, Phillip. 2004. "The Global Baby Bust." *Foreign Affairs*, 83(May/June). www.foreignaffairs.com/articles/59894/phillip-longman/the-global-baby-bust.

Lutz, Wolfgang, William P. Butz, and Samir K.C., eds. 2014. *World Population and Human Capital in the Twenty-First Century*. International Institute for Applied System Analysis. Oxford: Oxford University Press.

O'Neill, B.C., *et al.* 2010. "Global Demographic Trends and Future Carbon Emissions." *Proceedings of the National Academy of Sciences*, 107(41):17521–17526.

Pandya, Rameshwari, ed. 2008. *Women, Welfare and Empowerment in India: A Vision for the 21st Century*. New Delhi: New Century Publications.

Population Council. 2014. "Cairo+20: The UN on Population and Development beyond 2014," *Population and Development Review* (December): 755–757.

Population Reference Bureau, 2021. *World Population Data Sheet*. https://interactives.prb.org/.

Postel, Sandra. 2003. "Water for Food Production: Will There Be Enough in 2025?" in *Global Environmental Challenges of the Twenty-first Century* (ed. David Lorey). Wilmington, DE: Scholarly Resources.

Repetto, Robert. 1991. *Population, Resources, Environment: An Uncertain Future*. Washington, DC: Population Reference Bureau.

Rosenthal, Elisabeth. 2012. "Nigeria Tested by Rapid Rise in Population." *New York Times*, April 14.

Ryerson, William N. 2010. "Population: The Multiplier of Everything Else," in *The Post-Carbon Reader: Managing the 21st Century's Sustainability Crisis* (eds. Richard Heinberg and Daniel Lerch). Healdsburg, CA: Watershed Media.

Sen, Amartya. 2000. *Development as Freedom*. New York: Alfred A. Knopf.

Shafik, N., and S. Bandyopadhyay. 1992. "Economic Growth and Environmental Quality: Time Series and Cross-country Evidence." World Bank, Policy Research Working Paper Series, No. 904. Washington, DC.

Singh, Jyoti Shankar. 2009. *Creating a New Consensus on Population: The Politics of Reproductive Health, Reproductive Rights and Women's Empowerment*. London: Earthscan.

Solow, Robert. 1986. "On the Intertemporal Allocation of Natural Resources." *Scandinavian Journal of Economics*, 88(1):141–149.

Taylor, Adam, 2015. "The Human Suffering Caused by China's One Child Policy." *The Washington Post*, October 29.

United Nations Department of Economic and Social Affairs, Population Division. 2015. *World Population Prospects: The 2015 Revision*. New York: United Nations.

United Nations Department of Economic and Social Affairs, Population Division. 2019. *World Population Prospects 2019*. https://population.un.org/wpp/.

U.S. Census Bureau, 2020. *Demographic Turning Points for the United States: Population Projections for 2020 to 2060*. www.census.gov/library/publications/2020/demo/p25-1144.html.

Von Weizsäcker, Ernst, Amory B. Lovins, and Hunter Lovins. 1997. *Factor Four: Doubling Wealth, Halving Resource Use*. London: Earthscan.

Wheeler, David, and Dan Hammer. 2010. "The Economics of Population Policy for Carbon Emissions Reduction in Developing Countries." Center for Global Development. Working Paper 229, November. www.cgdev.org/publication/economics-population-policy-carbon-emissions-reduction-developing-countries-working.

World Population Review. 2020. *Continent and Region Populations*. https://worldpopulation review.com/continents.

第十六章　农业、粮食与环境[①]

焦点问题：

· 能否为全球不断增长的人口生产足够的粮食？

· 农业生产系统是否会破坏环境？

· 新农业技术的影响是什么？

· 未来怎样才能形成一个可持续农业系统？

第一节　养活世界：人口和粮食供给

食物供给是任何人类社会与其环境之间的基本关系。在野外，动物种群的兴衰很大程度上取决于食物供给情况。几百年以来，人口数量也与食物的丰富或稀缺密切相关。在过去两个世纪中，农业技术不断提高促进了第十五章所述的人口快速增长。

尽管人口空前增长，但在过去 60 年间，世界人均粮食产量稳步上升（图 16 - 1）。很多经济理论家基于这一趋势断言，历史已经驳斥了**马尔萨斯假说**（见第二章），即粮食供给不能满足人口增长的需求。然而，在消除对粮食限制的担忧之前，必须考虑几个让人们对人口、农业和环境问题有不同认识的因素：

· 土地使用。自 1960 年以来，农业用地扩大了约 15%，2018 年可耕地总

467

---

① 本章作者安妮-玛丽·科杜尔（Anne-Marie Codur）。

面积从 1.35 亿公顷增加到 15.7 亿公顷(图 16 - 2),但进一步大幅扩大的可能性不大。最适合农业的土地已在耕种,其余大部分土地质量都很差。此外,城市和工业侵占农业用地,一些农业用地因退化而丧失,随着人口的持续增长,人均可用耕地逐渐减少,从 1960 年每人 0.43 公顷下降到 2018 年每人 0.2 公顷(图 16 - 3)。为了更好地养活世界,必须在人均土地面积不断缩小的情况下提高生产力。

• 粮食分配不平等。平均而言,粮食生产足以为地球上所有人提供充足的饮食。然而,实践中很多低收入地区存在营养不足的问题。联合国粮食及农业组织估计,2018 年约有 8.2 亿人,占全球 77 亿人口的九分之一以上正遭受**营养不足**。[①] 在持续下降几十年之后,用营养不足发生率来衡量的世界饥饿率几乎保持在略低于 11% 的水平。

马尔萨斯假说(**Malthusian hypothesis**):马尔萨斯在 1798 年提出的人口最终将超过粮食供给的理论。

营养不足(**nutritional deficit**):未能满足人类对基本营养水平的需求。

• 农业对环境的影响。随着农业用地的扩大,更多的边角地和脆弱土地开始耕种,导致了侵蚀加剧、森林砍伐和野生动物栖息地的丧失。土壤中养分的侵蚀和枯竭意味着**可再生资源**正在变成**枯竭性资源**,随时间推移,土壤肥力正在被"开采"。增加灌溉对现代农业至关重要,但随之而来的则是包括盐渍化、碱化和内涝,以及地下水超采和地表水污染在内的很多环境问题。

• 化肥和农药污染。使用化肥和杀虫剂会污染土壤和水,而甲烷、一氧化二氮和其他农业排放物会导致全球气候变化。**生物多样性**丧失和对杀虫剂具有抗药性的"超级害虫"产生也是集约农业的结果。至少,处理这些问题是农业经济学中的一个重要事项。更广泛地说,这些环境问题引发了在环境友好的情况下全球农业系统能否应对人口不断增长的反思。

---

① FAO, 2019; "2018 World Hunger and Poverty Facts and Statistics," www. worldhunger. org/; World Food Program, www. wfp. org/hunger/stats.

> **可再生资源**（renewable resources）：随着时间推移，通过生态过程再生的森林和渔业资源等，但通过开发也可能耗尽。
>
> **枯竭性资源**（depletable resource）：一种可被开发和耗尽的不可再生资源，如土壤或清洁空气。
>
> **生物多样性**（biodiversity/biological diversity）：在一个生态群落里维持的多样化相关物种。

　　这些因素有助于讨论人口增长与自然资源供给之间复杂的关系。研究必须考虑人口、人均粮食消费和环境之间的相互作用，而不能仅仅关注人口和粮食。

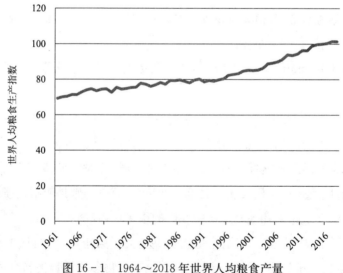

图 16-1　1964～2018 年世界人均粮食产量

注：每种商品的生产数量均按国际商品平均价格加权，并按年求和。

（人均净生产指数：2004～2006 年为 100）

资料来源：FAO，2020。

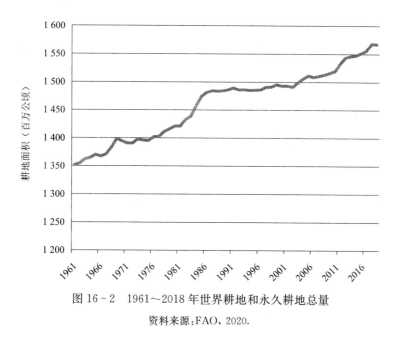

图 16-2　1961～2018 年世界耕地和永久耕地总量

资料来源：FAO，2020.

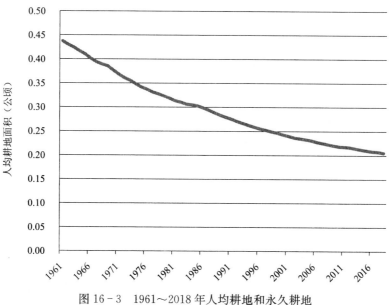

图 16-3　1961～2018 年人均耕地和永久耕地

资料来源：FAO，2020。

第二节　全球粮食生产趋势

首先仔细研究一下全球粮食生产趋势。图 16-4 显示全球谷物总产量和人均产量的趋势。谷物或谷类的产量很容易衡量并且意义重大，因为它们是全球饮食的基础，尤其是在较贫困的国家。谷物消费量约占全球粮食消费量的一半，在很多发展中国家高达 70%。

1961～2018 年谷物总产量虽在增长，但人均产量数据情况却不同。1961～1985 年，人均产量缓慢而稳定地增长。1985 年之后，虽然总产量继续增长，但人均产量不再增加——或者在 21 世纪前 10 年中仅略有增加。如何评估这种人均谷物消费增长模式的减缓或停滞？这是否表明人类正在达到供给能力的极限，或者仅仅是需求模式的变化？

从经济角度来看，其主要问题之一是价格。若农业确实经历了供给限制，预计食品价格会随着需求的增长而上涨。图 16-5 中的简单供需关系显示了这一原理。在**供给弹性**高的地方，如图 16-5 左半部分所示，需求从 D_1 增加到 D_2，价格没有显著的上行压力。在图 16-5 的右侧部分，由于供给缺乏弹性，需求上升(D_2 到 D_3)导致价格急剧上涨。

供给弹性(elasticity of supply)：供给量对价格的敏感性；弹性供给是指价格比例增长导致供给量变化比例较大；非弹性供给是指价格比例增长导致供给量变化比例较小。

如图 16-6 所示，大约在 2006 年之前，粮食价格没有持续上涨。然而，从 2006 年开始，全球趋势发生了变化。粮食价格开始上涨，并随着 2008 年"粮食危机"爆发，价格大幅上涨，导致很多国家出现了粮食危机并由此引起骚乱。2009 年和 2010 年粮食价格有所回落后，在 2011 年和 2012 年再次达到历史高位，然后在 2013～2020 年有所下降，但仍远高于 2000 年初的水平。

粮食价格上涨的一部分原因是"全球中产阶级"不断壮大，他们对肉类和其

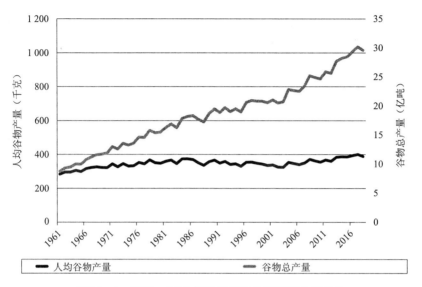

图 16 - 4　1961～2018 年世界谷物总产量和人均产量

资料来源：FAO，2020。

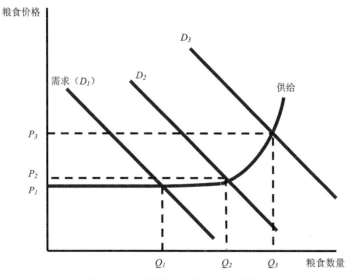

图 16 - 5　弹性和非弹性粮食供给

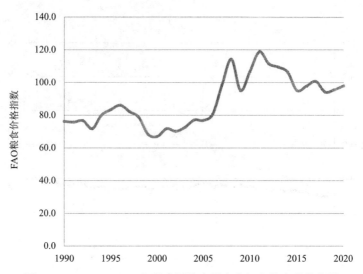

图 16-6　1990～2020 年联合国粮食及农业组织粮食价格指数

注:联合国粮食及农业组织粮食价格指数衡量一揽子食品的国际价格变化。它由五个大宗商品集团价格指数的平均值组成,这些指数以 2014～2016 年各集团的平均出口份额加权。

资料来源:FAO,2020。

他奢侈食品的需求增加,另一部分原因是对**生物燃料**需求的增加,这会与粮食作物生产争夺有限的耕地。在美国政府强制要求在燃料中使用乙醇的政策颁布之后,玉米乙醇占美国玉米产量的比重从 2000 年的 5％左右上升到 2020 年的 40％以上,这意味着需求增加,并导致玉米出口价格显著上涨(图 16-7)。[①]

生物燃料(biofuels fuels):从作物、作物废弃物、动物废弃物或其他生物来源获得的燃料。

在很多发展中国家,贫困人口承受着粮食价格上涨的最大负担,加剧了分配不均的问题。此外,农业对环境的影响是不平等的,因为贫困人口耕种的土地更

---

① Wise, 2012;Wise and Murphy, 2012.

易受到侵蚀及其他环境问题的破坏性影响。

粮食价格不断上涨的趋势表明发展中国家粮食安全问题仍然存在。根据联合国粮食及农业组织(FAO)的说法,"粮食**价格波动**使小农户和比较穷的消费者更容易陷入贫困状态。"[①]

价格波动(**price volatility**):迅速而频繁的价格变化,导致市场不稳定。

同样,国家和地区之间存在显著差异。考虑到人均粮食生产指数显示了人均粮食生产的加权平均值,可以从中看到明显的对比。在中国,人均粮食产量在1990~2013年间翻了一倍多。而在非洲,自20世纪60年代以来仅略有增加,2014~2018年呈现下降趋势(图16-8)。1995~2014年,世界上43个最不发达国家的粮食生产指数(不同作物的加权平均数)有所增加,在长期停滞或下降后出现明显改善(图16-9)。然而,2014~2018年,粮食生产指数又有所下降。 472

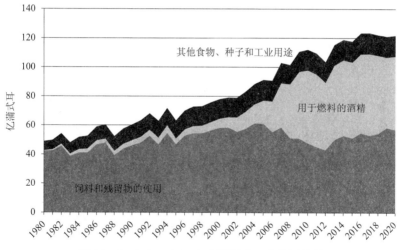

图16-7 1980~2020年美国国内玉米使用情况

资料来源:U.S. Department of Agriculture,www.ers.usda.gov/topencies/corres/backgroun.d.aspx。

---

① FAO,2011a.

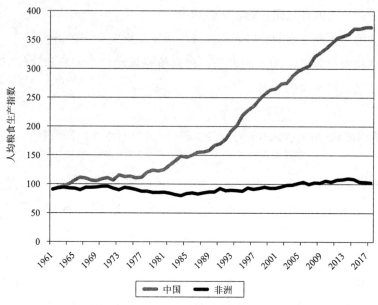

图 16-8　1961～2018 年中国和非洲人均粮食生产指数

资料来源:FAO,2020。

473

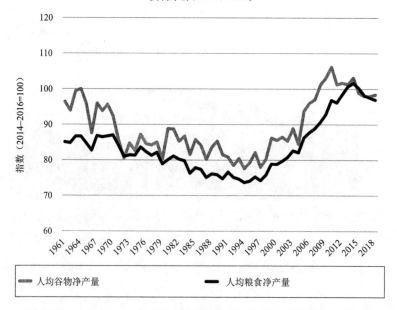

图 16-9　1961～2018 年最不发达国家人均粮食和人均粮食生产指数

注:每种商品的生产量以国际商品平均价格加权,每年加总。

资料来源:FAO,2020。

分配不均的问题与土地使用有关。大多数高质量的农业用地目前都在生产中。在市场经济中，土地通常用于种植价值最高的作物，如图 16 - 10 所示。

图中横轴按质量对土地进行评级，左侧土地质量最高，向右移动质量下降。纵轴显示土地上种植的作物价值指数。作物价值指数因土地的不同使用方式而有所不同。一些作物需要更高质量的土地，每英亩产值更高。其他作物生长的土地质量参差不齐，但每英亩的市场价值较低。用经济学术语来说，**作物价值指数代表土地的边际收益产品**，即**边际物质产品**（特定作物的额外数量）乘以作物的价格。

　　作物价值指数（crop value index）：表示不同作物在一定数量土地上的相对产量的指数。

　　边际收益产品（marginal revenue product）：通过增加一个单位的投入而获得的额外收益，等于边际实物产品乘以边际收益。

　　边际物质产品（marginal physical product）：通过增加一个单位的投入而产生的额外产量。

例如，在墨西哥，大量土地用于种植玉米和豆类供当地消费。但种植用于出口的西兰花和草莓会产生更高的收入。两条作物价值线 D_1 和 E_1 的交点显示了土地将如何在出口生产和国内生产之间分配。在 A 点左侧的优质土地上，最有价值的产品是出口作物，土地将用于此用途。玉米和豆类将在 A 点右侧的低质量土地上种植。

现假设对出口作物的需求增加，而对国内作物的需求保持不变。如作物价值线如 E_2 所示，出口作物价值上升，反映西兰花和草莓价格上涨。因此，土地利用模式发生变化，出口生产扩大到 B 点，而国内生产被挤压到 B 点右侧的低质量土地上。在墨西哥，这种土地利用趋势加速了北美自由贸易协定（NAFTA）的实施。[①]

这种变化对环境和人口营养状况意味着什么？一个可能的结果是较大的商

　　[①] Wise，2011.

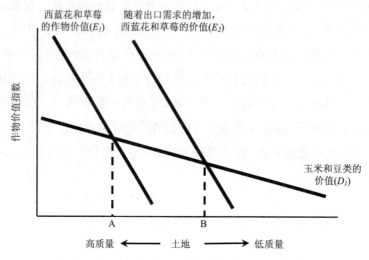

图 16 - 10　土地质量、作物价值指数和土地利用关系

业农场将取代那些无法进入出口市场的小农户。这将增加对边远农田的压力（图 16 - 10 右侧）。由于流离失所者迁徙过程中对土地不当使用，山坡、森林边缘和干旱土地都特别容易受到环境退化的影响。在非洲、拉丁美洲和亚洲的大部分地区都看到了这种影响。

　　如果出口作物的收入分配不均，用于国内消费的玉米和豆类产量会减少，较贫困人口的饮食状况将会恶化。分享出口收入的弱势农户可以用经济作物的收入购买进口食品，但更多时候他们会在出口市场上输给较大的生产者。

第三节　对未来的预测

　　正如第十五章所述，对 21 世纪上半叶人口的预测显示，到 2050 年，世界总人口将达到 90 亿到 100 亿。对粮食的额外需求会给环境带来哪些新的压力？会超过农业**承载力**吗？会遭遇到粮食短缺吗？

> **承载力**（**carrying capacity**）：在现有自然资源基础上能够维持的人口和消费水平。

截至 2018 年，全球生产了约 30 亿吨谷物（图 16 - 4）。如果平均分配，约为每人每年提供 388 千克的谷物——每天约 1.06 千克或 2.3 磅[①]。生产粮食作物需要世界一半左右的耕地，另一半耕地则用于蔬菜、水果、油料种子、块根作物和棉花等非粮食作物生产。[②]

这种粮食生产水平足以为每个人提供以素食为主的饮食，并辅以少量肉类、鱼类或蛋类——这是大部分发展中国家的饮食特征。然而，大多数发达国家的饮食以肉类为主，每个人所需的肉类需要将大量的谷物用于饲养牲畜，而不是直接食用。例如，美国大约有四分之三的谷物消费用于喂养牛、猪和家禽。

因此，在全球范围内现有粮食产出的分配明显不平等。美国每年的粮食消费量约为人均 1 100 千克，包括直接消费、燃料酒精和牲畜饲料。在发展中国家，人均消费量低于 300 千克。发展中国家大部分地区的消费水平足以满足以非肉类为主的饮食，但国家内部分配不均导致很多最贫困人口的粮食消费水平不足。

随着经济发展，人均粮食需求上升。部分原因是贫困人口可以负担起更多的基本食物，部分原因是中产阶级消费者转向以肉为主的饮食，导致肉类消费增加（图 16 - 11）。

展望未来，人类必须为总人口和人均粮食消费的增加做好准备。

一、未来生产和产量要求

根据最近的一项研究，"普遍的共识是，全球农业产量必须在当前水平的基础上增加 60％～70％，才能满足 2050 年的粮食需求"。[③] 要应对这一挑战，不仅

---

① 1 磅＝0.453 592 千克。

② FAO，Statistics Division.

③ Silva，2018.

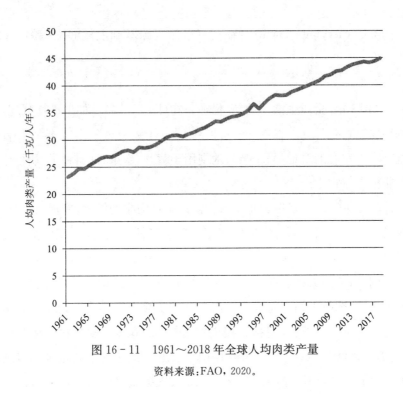

图 16-11　1961～2018 年全球人均肉类产量

资料来源：FAO，2020。

需要增加农业产量，还需要改善获得粮食的机会，大幅减少收获前和收获后的粮食损耗和浪费，以及提高水和其他自然资源的利用效率。[①] 事实上，仅仅解决粮食浪费就可以为人类节省大量的粮食。联合国粮食及农业组织估计，全世界每年生产供人类消费的粮食的三分之一（约 13 亿吨）被损耗或浪费了。工业化国家的粮食损耗和浪费约为 6 800 亿美元，发展中国家为 3 100 亿美元。[②]

改变饮食结构也有助于满足全球粮食需求。理论上，用植物性替代品取代大多数肉类和乳制品，以及将目前喂养动物的农作物（尤其是玉米）作为直接消费的人类粮食，可能意味着目前的作物生产水平将足养活 2050 年的人口。[③] 因为这种极端的饮食结构变化不太可能会发生，即使假设饮食结构有所改善并减

[①] Wise，2013.

[②] FAO，SAVE FOOD：Global Initiative on Food Loss and Waste Reduction，2018，www.fao.org/save-food/en/.

[③] Berners-Lee et al.，2018.

少浪费,农业产量很可能需要继续按照历史性趋势增长(约每年 1.1%),以满足 2050 年的需求预计。

若干因素可能会对未来粮食产量增长的预测产生不利影响。[①] 其中包括:

· 生物燃料扩张。假设专用于种植生物燃料作物的土地面积不会超过目前的水平,联合国粮食及农业组织通过模型预计,到 2050 年农业生产将增长 60%,这可能与目前不断增长的生物燃料需求不符(见专栏 16 - 1)。

· 气候变化。联合国粮食及农业组织的模型没有考虑气候变化对农业生产的影响,而这在 2050 年之前可能是显著的。

· 由于集约化农业生产,环境退化、水资源供给过剩、土壤肥力丧失等会对产量造成其他负面影响。

477

二、气候变化对世界农业的影响

如第十二章和第十三章所述,气候变化的潜在影响因不同全球变暖情景而异。政府间气候变化专门委员会(IPCC)专门分析了气候变化对粮食生产系统的潜在影响。[②] 全球变暖已经影响到全球农业模式。虽然一些高纬度地区受益于气温升高,但预计低纬度地区将受到越来越多的负面影响,尤其是在非洲、亚洲、中南美洲。南欧国家也将受到全球变暖的负面影响。这些影响包括:

· 作物产量的年际变化增加,这主要是由于降水的变化。"随着破坏粮食供给的极端天气事件规模和频率增加,预计粮食供给的稳定性将下降。"[③]

· 入侵杂草、害虫和农作物病害的蔓延增加。

· 世界大多数地区的主要作物(小麦、水稻和玉米)会随着全球平均气温升高超过 2℃ 左右而削减产量。[④]

· 食物和饲料的营养质量(包括蛋白质和微量营养素)将受到二氧化碳浓

---

① Wise, 2013.

② IPCC, 2014, 2020.

③ IPCC, 2020.

④ Martin and Sauerborn, 2013.

度升高的负面影响。

- 全球气温上升3℃或更高，再加上食品需求的增加，将对全球和地区粮食安全构成更大的风险。

专栏 16-1　生物燃料与粮食安全

因为土地从用于粮食生产转移到了种植生物燃料作物（通常是玉米或大豆），这对粮食供给产生直接影响。目前，美国种植的玉米约有40%用于乙醇生产，而2001年这一比例不到10%（图16-7）。第二代生物燃料的快速部署（以每公顷种植的能源产量计），可以减轻对粮食生产的一些负面影响。但是，即使假设生产效率再高，若对生物燃料的需求增加，也将与粮食需求争夺有限的农业供给。

除了将土地从粮食生产中转移出来，种植玉米和大豆等作物来生产生物燃料还需要投入大量的水（见第二十章）。鉴于世界很多地区的水资源短缺问题且在气候变化的影响下可能会进一步恶化，人类对生物燃料的日益依赖可能会对**水安全**和**粮食安全**构成严重威胁。[①]

水安全（water security）：可持续地获得足够数量的合格水资源，以维持人类福祉和社会经济发展。

粮食安全（food security）：所有人都能获得优质、安全、有营养的粮食，以维持健康和活力的生活。

环境可持续性（environmental sustainability）：生态系统处于健康状态，可能随着时间推移而改变，但不会显著退化。

政府间气候变化专门委员会预测，包括粮食获取、利用和价格稳定在内，粮食安全的所有方面都可能受到气候变化的影响。到2050年，气温和降水的变化将导致全球粮食价格上涨，模型预测的增长幅度从3%~84%不等，具体数值取

[①]　Wise, 2013；United Nations University, 2013.

决于模型假设。

鉴于粮食和生物燃料需求增加的压力,以及气候变化对农业造成的威胁,农业生产的**环境可持续性**成为关键问题。为了评估充分解决粮食问题的可能性,必须更详细地考虑将全球农业系统推向极限所带来的环境压力。

第四节　农业对环境的影响

一、土壤侵蚀和退化

除了水培和水产养殖,几乎所有农业都依赖于土壤。如前所述,土壤既是可再生资源,也是枯竭性资源。在理想情况下,农业技术不应使土壤退化,并且应随着时间推移,通过作物残留物中的**养分循环**来补充土壤生产力。

> **养分循环**(**nutrient recycling**):生态系统将碳、氮和磷等营养物质转化为不同化学形式的能力。

遗憾的是,世界上几乎所有主要农业地区的情况都很不一样,水土流失和土地退化普遍存在。"土地退化"一词覆盖各种类型的土地条件,如沙漠化、盐碱化、内涝、压实、杀虫剂污染、物种入侵及土壤结构质量下降、肥力丧失和风水侵蚀。[1]

所有形式的退化都是严重的问题,影响着全世界的土地。根据联合国粮食及农业组织的一份报告,地球 33% 的土地是中度到高度退化的,其中大部分土地位于贫困率高的地区。[2] 每年有 500 万～700 万公顷的农业用地因土壤退化而损失。在所有退化原因中,侵蚀最为普遍:

土壤侵蚀是灾难性环境问题。侵蚀是一个持续且缓慢的潜在问题。事实

---

① Gliessman,2015,p. 8.
② FAO,2011b.

上,1毫米的土壤在一次降雨或风暴中就会流失,但由于减少如此之小以至于都不会注意到它的损耗。然而,每1公顷农田上土壤的损失就达到近15吨。补充这一数量符合农业条件的土壤大约需要20年时间;同时,流失的土壤无法支持作物生长。[1]

全世界土壤流失速度是自然补充速度的10至40倍,在密集耕作的土壤上流失速度高达100倍。[2] 发展中国家的土壤流失速度通常最高;在亚洲、非洲和南美洲,农田土壤侵蚀率在每年每公顷20～40吨之间。[3] 土壤侵蚀通过减少水、养分、土壤有机质和土壤生物群的可用性而损害作物生产力。与侵蚀有关的沉积物和污染物也使水资源退化。除了侵蚀造成的土壤损失外,过度灌溉、过度放牧、林木和林地破坏还会导致土壤进一步退化。

二、侵蚀经济学与侵蚀控制

在很多情况下,农民可通过**作物轮作和休耕**等技术减少水土流失和土壤退化。农民的成本包括在土地停止生产年份中放弃的收入,以及在土地生产作物而非价值最高作物的年份中,可能为收入降低买单。农民必须对是否值得长期控制侵蚀作成本效益评估。

作物轮作和休耕(crop rotation and fallowing):包括同一块土地在不同时间种植不同作物,以及定期使部分土地停止生产的农业制度。

折现率(discount rate):将未来预期收益和成本折算成现值的比率。

现值(present value):未来成本或收益流的当前值。

考虑一个简单的例子。假设一个农民可通过持续种植价值最高的作物获得10万美元的年收入,而不需要修复土壤或控制侵蚀。在这种条件下,侵蚀将导致产量每年下降约1%。一个有效的侵蚀控制计划可使每年减少15 000美元的

---

[1] Pimentel and Burgess,2013.

[2] IPCC,2020.

[3] Shiva,2016;Zuazo and Pleguezuelo,2009.

收入。这个项目对农民而言值得吗？

答案取决于用来平衡当前成本与未来成本的**折现率**。1％的收益损失意味着 1 000 美元的货币损失。但这不仅仅是一次性的损失，它将持续至未来。如何评估由于一年的侵蚀而造成的损失流？采用第五章和第七章所述的折现率，假设选择 10％的折现率，间接造成未来损失流的**现值**（PV）等于：

$$PV = (-1000 \text{ 美元}) \times (\frac{1}{0.10}) = -10000 \text{ 美元}$$

因此，侵蚀控制得到的收益是 10 000 美元——在本例中，不足以证明 15 000 美元的收入损失是合理的。在这种情况下，经济上最好的做法是继续遭受侵蚀，但在生态上肯定是不可持续的。按照这种经济逻辑，农民将把严重退化的土地留给下一代。

不幸的是，很多农民正面临着实现短期收入最大化的经济压力。注意，若使用较低的利率（比如 5％），侵蚀损失流的现值将更大：

$$PV = (-1000 \text{ 美元}) \times (\frac{1}{0.05}) = -20000 \text{ 美元}$$

因此，侵蚀控制的收益将是 20 000 美元，理论上控制侵蚀在经济上具有优势。即便如此，短期损失可能仍难以接受。因此，生态健全的土壤管理政策依赖于农民的远见、相对较低的利率以及当前投资于侵蚀控制以获得长期收益的财务灵活性。有针对性的政府低息贷款项目可促进控制水土流失，以支持水土保持措施。

侵蚀的外部影响是另外一个问题。在很多地区，大型水坝被侵蚀的土壤**淤塞**，最终摧毁了它们的发电潜力，浪费了数十亿美元的投资。严重淤积还会对河流和河流生态造成大范围破坏。因为从农民的角度来看，这些成本是**外部性**，因此需要社会决策来应对这方面的侵蚀影响。

淤塞（siltation）：泥沙浓度增加导致水污染。

外部性（externalities）：市场交易对交易之外各方产生的积极或消极的影响。

三、化肥使用的环境影响

现代农业所特有的平均产量稳定增长很大程度上依赖于施用更多的化肥，图 16 - 12 显示了 1950 年以来世界主要地区的这种模式。随着各国发展农业系统，化肥使用量的增加显然与产量的提高有关。每个地区的关系线从左下到右上表示趋势，每十年表示为线上的一个点。随着时间推移，各国倾向于从传统的农业低施肥量转向现代农业的高施肥量和高产。除非洲以外的所有主要地区都遵循了这一趋势，导致粮食产出长期普遍超过人口增长。在非洲，化肥使用量和其他农业投入几乎没有增加，相应的产量也几乎没有增加。在西欧和日本，近几十年来化肥使用量从极高水平减少到了正常水平，而产量仍然很高，这是化肥使用量增加总趋势的唯一例外。

农业现代化进程对环境的影响是什么？一般而言，集约化农业技术依赖于包括化肥、农药、灌溉、机械化和高产作物品种在内的"一揽子"投入。在图 16 - 12 中，每公顷化肥使用量被经济学家称为"一揽子"计划的**代理变量**。化肥的高用量与其他投入的高用量密切相关，因此仅测量化肥的用量就可以很好地了解农业集约化程度。然而，每一种投入都与特定环境问题有关，随着对产量增加相关影响因素的投入增加，所产生环境问题的严重性也随之增加。

代理变量（proxy variable）：指代表一个更广泛概念的变量，例如化肥施用量代表农业生产的投入强度。

富营养化（eutrophication）：河流、湖泊和海洋中耗氧植物和藻类因营养过剩造成的污染。

化肥为土壤提供养分，进而为作物提供养分。大多数化肥提供氮（硝酸盐）、磷（磷酸盐）和钾三大营养元素。但施用的相当大一部分养分并没有被利用，而是进入地下水和地表水，成为严重的污染物。

水中过量的硝酸盐对人体健康有害。硝酸盐和磷酸盐也会导致河流、湖泊甚至海洋的**富营养化**，因为它们为藻类的生长提供了丰富的营养，而影响其他生

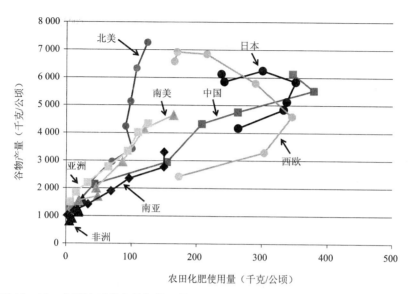

图 16-12 主要地区的产量与化肥使用量的关系(期间的平均数据)(彩图见彩插)

注:每条线显示一个主要地区在过去70年中(从20世纪50年代到现在)施肥量和产量模式的演变。

资料来源:FAO,2020。

物。美国中西部和西部大部分农业区都遭受这些问题。在墨西哥湾,一个由农业径流造成的巨大"死亡区",面积在2019年夏季达到7 800平方英里(约20 000平方千米,相当于马萨诸塞州的面积),对商业和娱乐性渔业构成了威胁。[①] 在地中海,农业径流污染对海洋造成了严重的生态破坏,巨大的海藻席覆盖了爱琴海和其他地方的海岸线。在俄罗斯和东欧,过度使用化肥造成了特别严重的农业问题。内海(如黑海和里海)很多物种已经灭绝。

过量使用化肥的另一个危害更微妙。随着大量硝酸盐、磷酸盐和钾被年复一年地添加到土壤中,当前少量存在的其他营养物质——称为**微量营养素**——也会被耗尽。微量营养素包括硼、铜、钴和钼。虽然其中一些物质可能会对环境造成大量损害,但微量元素对植物生长和人类营养非常重要。当作物吸收的养分超过通过化肥添加的养分时,土壤养分就会耗尽,会逐渐降低作物产量和营养

---

① National Oceanic and Atmospheric Administration (NOAA),2019.

价值。

> **微量营养素**(micronutrients)：土壤中植物生长或健康所需的低浓度微量营养素。

如同侵蚀一样，富营养化也是长期的。只要目前产量很高，农民就没有动力去应对。这个问题在实行集约农业的地区很普遍。例如，印度的大部分地区(如旁遮普邦、哈里亚纳邦、北方邦和比哈尔邦)生产了印度50%的谷物，养活了大约40%的印度人口，土壤正经历着多重营养不足。[①]

化肥生产也是能源密集型的。现代农业用从化石燃料中提取的能量取代太阳能和人类劳动。因此，农业能源消费导致与第十一章至第十三章讨论的化石燃料能源消费相关的环境问题，包括气候变化。在温室气体排放方面，农业部门不仅排放二氧化碳，还排放甲烷和一氧化二氮。2007~2016年，农业、林业和其他土地利用活动排放二氧化碳占全球人类活动排放的二氧化碳的13%左右，甲烷(CH_4)的44%，一氧化二氮(N_2O)的81%，占同期温室气体净人为排放量的23%。[②]

农业消耗的能源通常只占全国能源总消耗量的2%~5%，在加利福尼亚州等农业规模较大的地区这一比例可能更高(6%~8%)。[③] 尽管这不是能源相关问题的主要部分，但这一比例并非微不足道，尤其是对于人口不断增长、必须购买进口能源的发展中国家更是如此。[④]

施加到作物的人造氮现在超过了土壤微生物通过自然固氮提供的量。正如第九章所述，人类对地球**氮循环**的干预已超过了安全边界(图9-3)。最近的一项研究表明，全球人类对氮循环的添加量为1.5吨/平方千米/年，是高风险上限的3倍；在美国为4.1吨/平方千米/年，是上限的7倍；在一些最密集的农业地区，如加利福尼亚州的圣华金山谷，达到10.1吨/平方千米/年，是上限的18倍，

482

---

① Bhushan，2016.

② IPCC，2020.

③ Beckman et al.，2013；California Department of Agriculture，"Energy and Agriculture," www.cdfa.ca.gov/agvision/docs/Energy_and_Agriculture.pdf.

④ Hall，1993.

造成严重的空气污染和水资源污染,这两者都会对健康造成严重影响。[1]

> **氮循环(nitrogen cycle)**:不同生态系统中氮的不同形式的转化,包括某些植物(如豆类)中的共生细菌固定氮。

此外,化肥使用预计将稳步增加以提高粮食产量满足 21 世纪所需,尤其是在发展中国家。图 16 - 12 中最令人鼓舞的趋势可能是近年来西欧和日本化肥使用量的减少,意味着产量继续增加的同时,化肥使用效率有所提高。若能更广泛地复制这种模式,农业生产力就能以较低的环境成本实现提升。

四、农药使用

与化肥使用一样,随着现代农业的普及,农药使用也迅速增加。大多数发达国家和中国的农药使用量已经达到顶峰并趋于平稳(图 16 - 13)。

农药使用量增加伴随着很多健康和环境问题。农药可能会直接影响农业工人——农药中毒在很多发展中国家都是一个严重且普遍的问题。[2]"发展中国家只使用了世界上 20% 的农药,但却导致 99% 的农药中毒死亡。"[3]食品中的农药残留物影响消费者:母乳中发现达到可测量水平的氯化农药,很多农药对人体的累积影响是一个严重的问题。很多杀虫剂的致癌作用众所周知,最近研究重点是其对生殖系统的影响。[4]

农药还以各种方式影响生态系统。农药对地下水的污染是农业区常见问题(见专栏 16 - 2)。使用农药过程中可能会消灭有益物种,将导致比使用农药前更严重的害虫问题。自"二战"以来(当时很多杀虫剂的化学成分出现了),杀虫剂的迅速使用伴随的**抗药性害虫物种**同样迅速扩大(图 16 - 14)。同样,在动物饲料中过度使用抗生素也促进了抗药性微生物的进化。

---

[1]　Horowitz, et al. , 2016.

[2]　Wesseling et al. , 1997;Wilson and Tisdell, 2001;Karlsson, 2004.

[3]　Kesavachandran et al. , 2009.

[4]　www. panna. org/human-health-harms/reproductive-health.

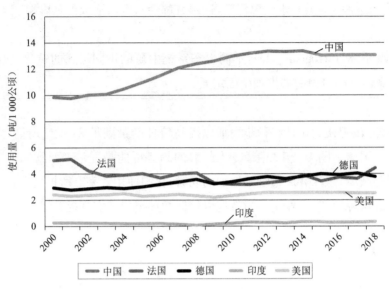

图 16-13 2002～2013 年部分国家杀虫剂使用量

注：数据代表所有使用的农药总量除以耕地总量。

资料来源：FAO，2020。

> **抗药性害虫物种（resistant pest species）**：害虫物种进化出对杀虫剂有抗性，需要更高的杀虫剂施用量或新杀虫剂来控制该物种。

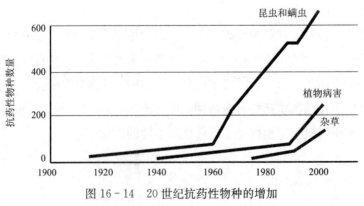

图 16-14 20 世纪抗药性物种的增加

来源：Adapted from Gardner，1996。

专栏 16 - 2 控制农业污染

侵蚀、化肥和杀虫剂造成的农业污染,往往是比精心规划治理工业源污染更为棘手的政策问题。农业径流被称为**非点源污染**,这意味着它来自广泛的区域,影响供水系统和下游地区。此外,工厂化农场造成了动物废弃物排放到供水系统中的巨大问题。

根据美国环境保护署的数据,猪、鸡和牛的粪便已经污染了 22 个州 35 000 英里的河流,并污染了 17 个州的地下水。在美国,天然氮和磷循环因肥料而严重失衡,其中 80% 可归因于肉类生产。工厂化农场(也称为集中式动物饲养作业(CAFO))是美国最大的用水主体之一,其中牲畜污染、多种水传播疾病、细菌爆发及赤潮问题与其他农业污染一起,造就了墨西哥湾的死亡地带。[①]

减少非点源污染需要改变农业生产方式。使用化肥、杀虫剂和集约化耕作方法可为消费者带来降低价格的益处。但是,尽管这些益处被自动内化到市场机制中——能以较低成本生产的农民将获得更大的市场份额——但外部成本并没有被考虑在内。因此,政府政策必须以确保农业投入和产出价格反映真实的社会成本和收益为导向。

这意味着减少对农业投入的补贴以及对旨在提高产量的补贴。应支持研究和推广替代性、低污染技术,理由是将正外部性内部化。对工厂化养殖的严格监管和对非工厂化牲畜生产的激励措施可能会提高消费者的价格,但低价不能反映全部社会成本,就无法从经济角度证明其合理性。

非点源污染(**nonpoint-source pollution**):难以确定来自某一特定来源的污染,如大面积使用农业化学品对地下水的污染。

---

① U. S. Environmental Protection Agency, "Animal Feeding Operations,"https://www.epa.gov/npdes/animal-feeding-operations-afos;Wilson and Tisdell, 2001;Obenchain and Spark, 2015.

这些对于生态学家来说并不奇怪，他们明白破坏生态平衡的危害。但这样的后果很难用货币来量化，也很难引入到农场层面的决策中。此外，既得利益者——农药制造商——不断寻求推广农药的使用。

信息不对称——市场经济中的参与者获得信息的渠道不同——是农药监管的特点。就农业技术而言，农产品消费者甚至政府监管机构可能不知道农药残留的性质和危险。农药制造商通常最了解农药的化学成分和潜在影响。由于市场上有数千种不同的化学物质，即便农民和消费者可以获取相关信息，但是掌握并了解这些专业知识几乎是不可能的。政府监管机构难以跟上新化学物质引入的速度，通常必须将重点缩小到检测极端致癌性，就可能无法检测内分泌、神经、生殖和其他方面的问题。

信息不对称（information asymmetry）：指市场上不同主体获取信息的来源不同。

外部成本（external cost）：指未反映在市场交易中的成本，不一定是货币成本。

在这种情况下，农药使用的**外部成本**不太可能得到充分理解和内部化。随着转基因作物的引入，监管问题变得更加复杂。因为转基因作物往往是由同为农业杀虫剂主要生产商的化工企业引进的（见专栏 16-3）。

485

专栏 16-3　转基因食品：一项有争议的技术

2015 年，全球约有 1.8 亿公顷耕地种植了转基因作物，约占所有耕地的10%。美国（7 100 万公顷）、巴西（4 400 万公顷）和阿根廷（2 400 万公顷）是主要生产国，其次是印度（1 200 万公顷）和加拿大（1 100 万公顷）。种植面积最高的转基因作物是大豆（9 200 万公顷）和玉米（5 400 万公顷）——这两种作物都是生产生物燃料的主要原料——其次是棉花（2 400 万公顷）和油菜（850 万公顷）。2018 年全球种植面积达到 19 100 万公顷。

尽管支持者列举了转基因作物的各种潜在益处,反对者仍认为转基因产品的广泛使用会对健康和环境造成危害。反对引进转基因生物和将转基因成分加入普通消费品的声音最初在欧盟很强烈,但现在似乎是一个世界性问题,很多国家已经开始或正在考虑限制转基因食品。

根据支持者的说法,高产的转基因作物可以取代发展中国家的低产作物。大米等作物中的维生素可以为低收入消费者提供更有营养的饮食。提高作物产量意味着农民仅需要开垦更少的边远土地,并有助于满足全球人口日益增长的需求。新的作物品种可能意味着更有效地控制杂草和虫害,并增加抗病能力和在干旱、退化或盐碱地生长的潜力。

转基因作物对健康的影响更有争议。一些研究表明,转基因食品对实验室和农场动物存在有毒性和过敏性影响。另一方面,美国国家科学院最近的一份报告发现,转基因作物通常可以安全食用。但是科学院也发现转基因作物并没有增加作物产量,并且确实导致了广泛且代价昂贵的抗药性杂草问题。

跨国公司主导了全球转基因种子市场,这对小规模农民和发展中国家不利,因为他们必须购买种子和杀虫剂等相关产品,而不能保持自己对种子和生产技术的控制。

生态和健康影响也是一个重要问题。耐除草剂作物与除草剂草甘膦的广泛使用导致草甘膦使用量增加了近十倍。由于马利筋属植物来源的丧失,以及对抗草甘膦杂草的扩散,导致了帝王蝶种群的快速下降。[①] 草甘膦最近也被世界卫生组织(WHO)确定为"可能的"致癌物。

一些国家坚决反对转基因食品的立场导致了美国转基因食品制造商和进口国之间的贸易冲突。欧洲国家政府、一些亚洲和非洲国家政府以及美国活动人士正在呼吁标识含有转基因成分的食品,并有权将转基因产品排除在它们的市场之外。以美国为代表的一些农民和行业游说者认为这将导致更高的消费价格,因为转基因和非转基因食品必须分开种植、运输、储存和加工,并且标签会使消费者对产品有不同的态度。

---

① Freese and Crouch, 2015.

转基因标签在美国向前迈出了有限的一步。在佛蒙特州通过强制性转基因食品标签法后，美国于2016年通过了一项不太严格的国家法律，取代了佛蒙特州的法律。该法律要求食品包装提供快速响应代码或电子链接间接形式的标签，用以扫描食品成分信息。

关于转基因食品的争论可能会继续下去，对农业和国际贸易都有重大影响（见第二十一章）。

资料来源：U. S. Department of Agriculture, 2012; Royal Society, 2015; Pollack, 2014; Hakim, 2016; Vargas-Parada, 2014; National Academy of Sciences, 2016; Newton, 2014, pp. 88-94; Cressey, 2015; U. S. Geological Survey, 2014。

五、灌溉与水资源

在扩大农业产量方面，灌溉的普及与增加化肥使用同样重要。灌溉极大地提高了产量，并且帮助了依赖季节性降雨的地区实施**多熟种植**。发展中国家农业产量进一步增加的最乐观预测严重依赖扩大灌溉。但与化肥和杀虫剂一样，灌溉的短期效益往往与长期的环境破坏有关。

排水不畅导致灌溉水在地下积聚，最终导致农田被淹。在热带地区，到达地表的水迅速蒸发，留下溶解盐累积，导致**土壤盐化和碱化**。例如，在印度旁遮普邦[①]，数百万公顷的土地已经被盐碱化破坏。灌溉也增加了化肥和杀虫剂的流失，污染了地表和地下水。

最依赖灌溉的农田往往位于缺水的干旱地区。在农民个体缺乏节水激励的情况下，会导致地下水过度开采——以比自然水循环更快的速度抽出地下含水层——这是第四章中讨论的**公共财产资源**案例。因此，在含水层枯竭之后，农业生产区面临着无水的未来。

---

① 旁遮普邦（Punjab Pradesh），位于印度西北部一邦。

> **多熟种植**(multiple cropping):包括一年当中在同一块土地上种植两种以上的作物。
>
> **土壤盐渍化和碱化**(salinization and alkalinization of soils):由于水分蒸发沉积溶解盐而在土壤中累积盐或碱浓度,从而降低土壤生产力。
>
> **公共财产资源**(common property resource):人人可用的资源(无排他性),但资源的使用可能会降低其他人(竞争者)可用的数量或质量。

支撑着美国西部大部分灌溉农业的奥加拉含水层,在一些地区已开采了50%,而且其水位还在继续下降。印度、中国北部地区和中亚地区的地下水位也在迅速下降(见第二十章)。[1]

从干旱地区的河流中取水同样具有破坏性。农业用水需求导致美国西部科罗拉多河出现严重的盐碱化问题,并引发了一场关于越境流入墨西哥的河水含盐量增加的国际争端。过度灌溉需求最严重的例子可能是前苏联的咸海;1960～2009 年,由于从河流取水(主要用于棉花生产),这个内陆海失去了88%的表面积和92%的水量。(近年来,通过世界银行和哈萨克斯坦政府的努力出现了缓慢的部分恢复,但大部分海洋已经永远消失了。[2])

对于世界大多数地区,供水可能是限制未来农业扩张的最显著因素。灌溉占全世界总取水量的70%,在发展中国家占80%以上(见第二十章)。中国和印度次大陆大部分地区城市和工业用水需求在稳步上升。非洲大部分地区为干旱或半干旱气候,西亚、中亚和美国西部的大片地区也是如此。如前所述,气候变化可能会加剧水资源供给问题,山地积雪因降水模式发生变化而消失。鉴于扩大灌溉具有明显的经济激励,与用水有关的外部性和公共财产资源问题意味着这种扩大可能加剧资源和环境问题。

---

[1] Mascarelli,2012.

[2] www.nationalgeographic.com/history/article/100402-aral-sea-story.

第五节 未来可持续农业

前述问题都与高投入工业、农业技术的推广有关。一些问题可通过提高效率来缓解——减少化肥、水和杀虫剂的使用同时提高产量。但农业生产还有其他方法，表明农业生产体系将发生更大的变化。生态分析使我们对农业与环境的关系有了一些不同的认识。**农业生态学**的分析表明，农业必须被理解为对植物生长中自然**生物物理循环**包括碳循环、氮循环、水循环和其他植物营养物的类似循环的干预过程，而不能被看作聚合各种投入（包括土地、水、化肥、农药）以实现产出最大化的过程。[①]

在自然状态下，太阳能驱动这些循环。传统农业很少偏离这些自然循环。现代化农业依赖于能源、水、氮和合成化学物质的额外投入，这会提高收益率，但会在所有自然循环过程中造成失衡。从这个角度来看，土壤退化、化肥和农药污染以及水资源过度开采都是破坏自然循环的结果。使用另一个生态概念描述则是现代农业扩大了承载力，但这是以增加生态压力为代价的。

经济和生态观点都会影响对可持续农业的认识。**可持续农业**应在不损害环境支持系统的情况下保持稳定水平的产出。从经济角度讲，这意味着没有明显未内部化的外部性、用户成本或对公共财产资源的过度使用。从生态学角度看，可持续农业最大限度地减少对自然循环的破坏，促进长期土壤肥力和生态平衡。

鉴于对环境有害的农业技术已造成了大范围破坏，农业还保持足够的可持续性吗？可持续性"不能确保减轻或扭转对人类以及自然系统的危害，也不能确保提供益处"。[②] 因此，**再生农业**的概念得到了关注。这一概念仍在发展过程中。最近一项针对这一新兴研究和实践领域的调查表明，[③]该概念的核心是通过"整体土地管理实践，利用植物光合作用关闭碳循环，建立土壤健康、作物恢复

---

① Gliessman, 2015.

② FAO, 2014, p. 6, www. fao. org/3/a-i4729e. pdf.

③ Newton et al. , 2020, www. frontiersin. org/articles/10. 3389/fsufs. 2020. 577723/full.

能力和养分密度,""改善土壤健康或恢复高度退化的土壤,提高水质及植被和土地的生产力"。[1]

再生农业的一个主要目标是促进土壤中的碳储存,助力减缓气候变化。据估计,20世纪土壤已耗尽了其天然碳的50%~70%。正如第十三章所述,适宜的土壤管理可使土壤每年重新吸收高达800亿吨到1 000亿吨的碳。[2]

农业生态学(**Agroecology**):将生态学概念应用于可持续粮食系统的设计和管理。

生物物理循环(biophysical cycles):生态系统中有机和无机物质的循环流动。

可持续农业(**sustainable agriculture**):不消耗土地生产力或环境质量的可持续农业生产系统,包括虫害综合治理、有机技术和多熟种植等技术。

再生农业(**regenerative agriculture**):一套耕作原则和实践的系统,该系统提高了土壤肥力,增加了生物多样性,改善了流域生态,并提高了生态系统服务。

适合再生农业的生态技术包括:

· 通过植物和动物废弃物循环利用、作物轮作、施有机肥、谷物和豆类间作等方法保持土壤养分平衡,并尽量减少对人工肥料的需求。

· 使用减少耕作、梯田、休耕和**农林业**(在农田内外植树)的方法有助于减少侵蚀。

· **病虫害综合管理**(IPM)利用自然害虫控制方法(如捕食者物种、作物轮作和劳动密集型早期害虫清除),最大限度地减少化学农药的使用,以促进**物种多样性**。

· 利用高效灌溉技术以及使用耐旱和耐盐性作物品种,可减少用水。

· 实施多熟种植(在同一地区种植几种不同作物),而非现代农业典型的**单

489

---

① Rhodes, 2017.

② Lal et al. , 2004 and Lal, 2010；IPCC, 2020.

一种植（单一作物的广泛种植）模式。

间作农业系统（intercropping）：包括在一块土地上同时种植两种或两种以上作物的农业系统。

农林业（Agroforestry）：在同一块土地上种植树木和粮食作物的农业和林业。

病虫害综合管理（integrated pest management，IPM）：利用自然捕食者、作物轮作和害虫清除等方法来降低杀虫剂的使用率。

物种多样性（species diversity/biodiversity）：在一个生态群落里维持的多样化相关物种。

单一种植（monoculture）：一种农业系统，每年只在一块土地上种植同一种作物。

很多上述技术已由在小块土地上耕作的小规模农民使用，他们以往通常采用传统的耕作技术。[1] 联合国粮食及农业组织强调了农业生态学在实现可持续粮食系统以及应对气候变化和水资源短缺方面的潜力。联合国粮食及农业组织称：

可以毫不夸张地说，未来的可持续粮食系统从整体上来看，将代表着一种范式的转变。像传统本土农业生态系统一样，它将保存资源和尽量减少外部投入。就像工业化农业一样，它会非常高产。与地球上迄今存在的任何粮食生产系统不同，它将结合这些属性，同时在人类和社会之间公平分配其利益，避免将其成本转移到日益濒临崩溃的自然生态系统。[2]

农业生态系统的广泛发展需要扩大获取信息的途径。替代技术往往是**劳动密集型**和**信息密集型**的。在发达国家，只有少数农民对有机和低投入（最少化学品使用）农业的复杂技术足够了解，能够让他们有支付意愿，毕竟他们阅读一袋肥料或一罐杀虫剂上的说明要容易得多。在发展中国家，传统的低投入农业系统经常被政府和国际机构推动的现代化"绿色革命"技术所取代。重要的是要改

---

[1] Shiva，2016. For case studies of Agroecology in Africa，see www. oaklandinstitute. org/agroecology-case-studies.

[2] FAO，2014.

变政策，以支持当地农民掌握生态农业所需的知识。

劳动密集型（labor-intensive techniques）：严重依赖劳动投入的生产技术。

信息密集型（information-intensive techniques）：需要专业知识的信息密集型生产技术，通常用知识代替能源、生产资本或物质投入，减少环境影响。

农业系统可被认为是可持续的或可再生的，而非完全有机。很多农业生态学家青睐有机系统，越来越多的消费者也同样偏好有机。近年来，有机农业发展迅速，但仍仅占农业总产量的一小部分（见专栏 16-4）。政府制定有机标准、改革农业补贴政策等将对有机农业的未来发展产生重要影响。值得注意的是，一些大规模的单一种植有机农业会导致土壤退化，不能被认为是再生的。在 20 世纪 70 年代至 21 世纪初的有机运动中发挥了关键作用的罗代尔研究所（Rodale Institute）最近提出了一个超越有机的前进方向，即 2018 年推出的再生有机认证（ROC）标签。[①]

490

若没有强有力的经济激励来改变生产方式，再加上广泛的信息和对替代技术的支持，大多数农民将继续采用既定的生产方式。转向更具可持续性的农业需要政府政策和市场激励相结合。

市场激励措施主要包括化肥、杀虫剂、灌溉水和能源价格。很多政府已出台直接或间接补贴这些农业投入品的政策。根据公认的农业经济学原则，农业投入品的价格比决定了农业**诱发性创新**进程。[②] 若化肥相对于土地和劳动力便宜，农业部门将开发和实施化肥密集型方法。政府通过提供低成本的化肥、农用化学品和灌溉用水，提高了农业生产率，却付出了环境代价。

诱发性创新（induced innovation）：在某个行业中，创新来自相对价格的变化。

---

①　Rodale Institute，2018.
②　Ruttan and Hayami，1998.

专栏 16 - 4   有机农业正在兴起

有机生产是增长最快的农业版块，2018 年在美国和全球分别实现 480 亿美元和 1 140 亿美元。186 个国家实行有机农业，约有 280 万农民在 7 150 万公顷农田上种植有机作物，面积是 2000 年的 5 倍。在美国，2019 年认证的有机业务超过 16 500 个，占地 220 万公顷。有机食品增长是为了响应消费者的需求，消费者通常愿意为没有杀虫剂或转基因的食品支付溢价。人们认为有机食品的优点包括对健康和环境的益处、改善食品质量和口感、获得新鲜农产品以及对当地小规模生产者的援助。

虽然有机农场的产量往往较低，劳动力成本较高，但由于价格溢价以及在某些情况下政府的支持性补贴，利润率也较高。促进有机农业的市场化机制方法包括认证和标签计划，现在几乎所有经济合作与发展组织成员国（基本上是世界上收入较高的国家）都采用这种方法。欧盟有一项统一的有机农业标准，美国有联邦有机农业标准。遵守这些标准有助于出口商扩大有机产品的生产，但各种不同的标准有时会令人困惑。

一些欧洲政府已开展了促销活动鼓励有机产品的消费。一些国家要求学校和医院等公共机构购买有机食品。很多政府向生产有机食品的农民提供直接财政支持，并将这种补贴解释为是提供环境保护外部收益的回报，例如减少硝酸盐、磷酸盐和杀虫剂流入供水系统。一小部分公共农业研究也致力于有机系统。

资料来源：Sources：Saltmarsh, 2011; Organic World, 2020; U. S. Department of Agriculture, 2019; Berkeley News, 2014.

能源补贴政策也促进了农业机械化。改变这些政策将有助于挖掘更多的劳动力和信息密集型农业，从而减少对环境的影响。在有大量失业和未充分就业的发展中国家，促进劳动密集型农业发展可能会带来可观的就业和环境效益。

取消能源和投入补贴将向农民发出价格信号，让他们使用信息密集型技术。然而，在农民能对这些价格激励做出反应之前，他们需要知晓与替代技术相关的信息，否则，更高的投入价格只会使食品更昂贵。发展中国家可将传统农业技术的宝贵知识与现代创新结合起来，但前提是能源密集型的单一种植不会清除传统知识。

全球农业补贴总额为 7 000 亿美元,其中 5 360 亿美元是对生产者的直接支持,其余用于补贴消费者和基础设施。2019 年,经合组织对生产者补贴了 2 320 亿美元,其中欧盟为 1 010 亿美元,美国为 490 亿美元。中国提供了 1 860 亿美元的生产者补贴。[①] 从表 16 - 1 可以看出,发达国家和新兴国家的补贴占农民收入的很大比例。

这些补贴是为了激励投入和能源使用,使得补贴政策大多对环境有害。虽然发达国家通常会促进生产导致农业盈余,但发展中国家往往会因政策降低了支付给农民的产品价格而减少了对农业生产的激励。政策目的是为消费者提供便宜的粮食,但结果是阻碍了当地的生产。

表 16 - 1 补贴占农民收入的比例(%)

国家/地区	1986~1988	2000~2002	2017~2019
美国	20.5	19.5	10.7
欧盟	38.4	30.1	19.1
日本	57.4	53.6	41.4
OECD 平均值	35.6	28.9	17.6
巴西	——	7.6	1.6
俄罗斯	——	7.5	10.5
中国	——	5.2	13.3

资料来源: OECD, 2020, Statistical Annex。

这些适得其反的经济政策在农业中的广泛使用为未来改革留下了很大的空间,这将有利于粮食供给和环境保护。破坏性补贴可被取消或转移到有利于无害环境的技术和农业研究。提高农产品价格和完善信用体系可鼓励增加土壤保护的生产和投资。

环境友好型农业补贴的一个事例是美国保护储备计划。这项计划始于1985 年,现在覆盖了 3 000 万英亩的农田。农民因实施在环境敏感土地上停止生产、减少侵蚀、保护湿地和水源以及为包括濒危物种在内的野生动物提供栖息

[①] OECD, 2020;Calder, 2020

地而获得报酬。该计划将正外部性内部化，有助于保护家庭农场，并为未来提供更多的土地使用选择。①

在需求方面，很明显人口规模是粮食需求的主要决定因素，间接决定农业对环境的压力。第九章和第十五章讨论的承载力概念意味着地球资源可持续支持的最大人口。对农业前景的讨论表明，若继续当前的农业和饮食方式，未来将接近达到土壤的承载力，若考虑土壤侵蚀、水资源过度开采和气候变化等长期问题，可能已超过了土壤的承载力。

另一个主要的需求变量是饮食。如前所示，以肉类为主的饮食结构意味着人均对土地、水和肥料的需求比大多数以素食为主的饮食结构高得多。利用土地资源生产出口肉类也增加了发展中国家的环境压力。因此，减少发达国家的肉类消费和减缓新兴工业化国家以肉类为主的饮食结构是农业长期可持续性的重要组成部分。

与更多投入高效型食物相比，取消投入补贴将提高肉类的价格，健康导向型饮食结构改变可能导致发达国家对肉类的需求减少。随着消费者饮食结构转为以蔬菜为主（包括更有机的农产品），生产者使用对环境损害较小型技术的激励将会增加。

与农业有关的环境问题是复杂的，不能通过简单的成本内部化政策来解决——尽管这些政策会有所帮助。要向可持续农业系统迈进，需要在消费行为、生产技术、政府价格和农业政策等方面做出重大改变。这些问题的紧迫性将随着人口、累积型土壤和水影响的增加而显著。近几十年来在提高世界产量方面取得如此成功的高投入农业，若不进行重大变革以促进可持续性，将无法满足21世纪的需求。

小　结

自20世纪60年代以来，粮食生产的速度超过了人口，这使得全球人均消

---

① www. fsa. usda. gov/programs-and-services/conservation programs/conservation-reserveprogram/index for examples of the impact of the Conservation Reserve Program.

费量缓慢上升。然而,粮食分配明显不平等,约 8 亿人营养不足。最适宜的农业用地已在耕种,进一步扩张的耕作空间相对较小。农产品产量增加并继续增长,但生产率提高衍生了更严重的环境问题,包括侵蚀、土壤退化、化肥和农药用量等。

　　农业产出的增长率已放缓,近年来基本粮食价格也大幅上涨。在一些发展中国家,尤其是非洲,人均消费增长缓慢、停滞或下降。粮食获得的不公平意味着基本粮食作物可能被奢侈消费或出口粮食作物所取代,这增加了贫困人口和环境脆弱性边远土地的压力。

　　对未来需求的预测显示,到 2050 年,发展中国家的粮食需求将增长 60%。由于土地扩张的潜力很小,这一需求将需要大幅提高产量。所带来的挑战是以环境可持续的方式实现这一目标。与农业生产有关的现有环境效应使其成为一项艰巨的任务。

　　侵蚀导致土壤肥力下降,同时对农田造成严重损害。面临短期经济压力的农民往往会在长期保护措施方向投资不力。化肥的使用导致了大范围径流污染和过量的硝酸盐排放,影响了供水和大气系统。施用农药与抗药性害虫物种的逐步增加,一直伴随着对生态系统的破坏。规划不当的灌溉系统导致了水资源被透支、污染以及土壤被破坏。

　　未来的政策必须促进发展可持续性农业。再生农业生态实践(如作物轮作、间作、农林业和害虫综合管理),可减少投入需求和环境影响,同时保持高产。高效灌溉和土地管理技术具有巨大潜力,但需要适宜的经济激励来鼓励农民采用这些技术。取消能源和投入补贴、发展和推广无害环境技术,要配套更加公平和高效的分配及消费模式。

关键术语和概念

Agroecology 农业生态学

Agroforestry 农林业

biodiversity/biological diversity 生物多样性

biofuels 生物燃料

biophysical cycles 生物物理循环

carrying capacity 承载力

common property resource 公共财产资源

crop rotation and fallowing 作物轮作和休耕

494

crop value index 作物价值指数

depletable resource 枯竭性资源

discount rate 折现率

elasticity of supply 供给弹性

environmental sustainability 环境可持续

eutrophication 富营养化

external cost 外部成本

externalities 外部性

food security 粮食安全

induced innovation 诱发性创新

information asymmetry 信息不对称

information-intensive techniques 信息密集型

integrated pest management（IPM）病虫害综合管理

intercropping 间作农业

labor-intensivetechniques 劳动密集型

Malthusian hypothesis 马尔萨斯假说

marginal physical product 边际物质产品

marginal revenue product 边际收益产品

micronutrients 微量营养素

monoculture 单一种植

multiple cropping 多熟种植

nitrogen cycle 氮循环

nonpoint-source pollution 非点源污染

nutrient recycling 养分循环

nutritional deficit 营养不足

present value 现值

price volatility 价格波动

proxy variable 代理变量

regenerative agriculture 再生农业

renewable resources 可再生资源

resistant pest species 抗药性害虫物种

salinization and alkalinization of soils 土壤盐化和碱化

siltation 淤塞

species diversity/biodiversity 物种多样性

sustainable agriculture 可持续农业

water security 水安全

问题讨论

1. 你会用什么证据来评估世界在粮食供给方面正达到其最大承载力的说法？一些分析人士认为，世界农业生产能力足以容纳 90 亿到 100 亿人口。你认为这个断言正确吗？在评估是否有可能满足人口增长所带来的粮食需求增加时，哪些因素最重要？

2. 农业对环境的哪些影响最适合市场解决方案？例如，考虑土壤侵蚀对农场内外的影响。需要什么样的激励措施来加强侵蚀控制？通过个体激励能做到什么程度？通过调整政府政策能做到什么程度？

3. 如何定义可持续农业和再生农业? 高投入农业能否持续发展? 有机农业可持续吗? 当前农业系统在哪些方面是不可持续的? 什么样的技术和政策适合应对不可持续问题? 如何评估这些政策的经济成本和效益?

495

相关网站

1. www. ers. usda. gov. Website for the Economic Resear Service, a division of the U. S. Department of Agriculture, with a mission to "inform and enhance public and private decision-making on economic and policyissues related to agriculture, food, natural resources, and rural development. "their website provides links to a broad range of data and analysis on U. S. agricultural issues.

2. www. fao. org. Website for the Food and Agricultural Organization of the United Nations, an organization "with a mandate to raise levels of nutrition and standards of living, to improve agricultural productivity, and to better the condition of rural populations. " their website includes extensive data on agriculture and food issues around the world.

3. www. ota. com. Homepage for the Organic Trade Association, "a membership-based business association representing the organic industry in Canada, the United States, and Mexico. "their website includes press releases and facts about the organic agriculture industry.

4. www. oecd. org/agriculture. Website for the Agriculture and Fisheries division of the Organization for Economic Co-operation and Development. the site includes data, trade information, and discussions of environmental issues. Note that the OECD also maintains a webpage on biotechnology.

5. www. isric. org. Website for the International Soil Resource Information Center, providing information on global soil degradation and agricultural productivity loss, and on measures to conserve and reclaim soil productivity.

参 考 文 献

Beckman, Jayson, Alison Borchers, and Carol A. Jones. 2103. "Agriculture's Supply and Demand for Energy and Energy Products." Economic Information Bulletin 149033, U.S. Department of Agriculture, Economic Research Service.

Berkeley News. 2014. "Can Organic Crops Compete with Industrial Agriculture?" December 9. http://news.berkeley.edu/2014/12/09/organic-conventional-farming-yield-gap/.

Berners-Lee, M., C. Kennelly, R. Watson, and N. Hewitt. 2018. "Current Global Food Production is Sufficient to Meet Human Nutritional Needs in 2050 Provided there is Radical Societal Adaptation." *Elementa: Science of the Anthropocene*, 6:52. University of California Press. https://online.ucpress.edu/elementa/article/doi/10.1525/elementa. 310/112838.

Bhushan, Surya. 2016. *Agriculture and Environment in India*. New Delhi: New Century Publications.

Calder, Alice. 2020. "Agricultural Subsidies: Everyone's Doing It." *Trade Vistas*. Hinrich Foundation, October 15.

Cressey, Daniel. 2015. "Widely used Herbicide Linked to Cancer." *Nature*, March 24. www.nature.com/news/widely-used-herbicide-linked-to-cancer-1.17181.

Food and Agriculture Organization (FAO). 2011a. *The State of Food Insecurity in the World 2011*. Rome, Italy: FAO.

Food and Agriculture Organization (FAO). 2011b. *State of the World's Land and Water Resources for Food and Agriculture*. Rome, Italy: FAO.

Food and Agriculture Organization (FAO). 2014. *Agroecology for Food Security and Nutrition: Proceedings of the FAO International Symposium*. FAO: Rome, Italy. www.fao.org/3/a--i4729e.pdf.

Food and Agriculture Organization (FAO). 2019. *The State of Food Security and Nutrition in the World*. www.fao.org/3/ca5162en/ca5162en.pdf.

Food and Agriculture Organization (FAO). 2020. *FAOSTAT Agriculture Database*, accessed January 2020. http://faostat3.fao.org.

Freese, Bill, and Martha Crouch. Center for Food Safety. 2015. "Monarchs in Peril: Herbicide-resistant Crops and the Decline of Monarch Butterflies in North America." Report.

Gardner, Gary. 1996. "Preserving Agricultural Resources," Chapter 5 in Worldwatch Institute, *State of the World 1996*. New York; London: W.W. Norton.

Gliessman, Stephen R. 2015. *Agroecology: The Ecology of Sustainable Food Systems*. Boca Raton: CRC Press.

Hakim, Danny. 2016. "Doubts about the Promised Bounty of Genetically Modified Crops." *New York Times*, October 29.

Hall, Charles A.S. 1993. "The Efficiency of Land and Energy Use in Tropical Economies and Agriculture." *Agriculture, Ecosystems and Environment*, 46(1):1–30.

Horowitz, Ariel I., William R Moomaw, Daniel Liptzin, Benjamin M Gramig, Carson Reeling, Johanna Meyer and Kathleen Hurley. 2016. "A Multiple Metrics Approach to Prioritizing Strategies for Measuring and Managing Reactive Nitrogen in the San Joaquin Valley of California." *Environmental Research Letters*, 11(6).

Intergovernmental Panel on Climate Change (IPCC). 2014. *Climate Change 2014: Impacts, Assessment, and Vulnerability*. Chapter 7, "Food Security and Food Production Systems." www.ipcc.ch/pdf/assessment-report/ar5/wg2/WGIIAR5-Chap7_FINAL.pdf.

Intergovernmental Panel on Climate Change (IPCC). 2020. *Climate Change and Land: An IPCC Special Report on Climate Change, Desertification, Land Degradation, Sustainable Land Management, Food Security, and Greenhouse Gas Fluxes in Terrestrial Ecosystems*. www.ipcc.ch/site/assets/uploads/sites/4/2020/02/SPM_Updated-Jan20.pdf.

Karlsson, Sylvia I., 2004. "Agricultural Pesticides in Developing Countries." *Environment Science and Policy for Sustainable Development*, 46(4):22–42.

Kesavachandran, Chandrasekharan Nair, *et al.* 2009. "Adverse Health Effects of Pesticides in Agrarian Populations of Developing Countries." *Reviews of Environmental Contamination and Toxicology*, 200:33–52.

Lal, Rattan. 2004. "Soil Carbon Sequestration Impacts on Global Climate Change and Food Security." *Science*, 304:1623–1627.

Lal, Rattan. 2010. "Managing Soils and Ecosystems for Mitigating Anthropogenic Carbon Emissions and Advancing Global Food Security." *Bioscience*, 60(9):708–721.

Martin, Konrad, and Joachim Sauerborn. 2013. *Agroecology*. Dordrecht: Springer.

Mascarelli, Amanda. 2012. "Demand for Water Outstrips Supply." *Nature*, August 8.

National Academy of Sciences. 2016. *Genetically Engineered Crops: Experiences and Prospects*. Committee on Genetically Engineered Crops.

National Oceanic and Atmospheric Administration (NOAA). 2019. *NOAA Forecasts Very Large 'Dead Zone' for Gulf of Mexico*. www.noaa.gov/media-release/noaa-forecasts-very-large-dead-zone-for-gulf-of-mexico.

Newton, David E. 2014. *GMO Food: A Reference Handbook*. Santa Barbara, CA: ABC-CLIO.

Newton, Peter, *et al.* 2020. "What Is Regenerative Agriculture? A Review of Scholar and Practitioner Definitions Based on Processes and Outcomes." *Frontiers in Sustainable Food Systems*, October 26.

Obenchain, Janel, and Arlene Spark. 2015. *Food Policy: Looking Forward from the Past*. Boca Raton: CRC Press.

OECD. 2020. *Agricultural Policy Monitoring and Evaluation*. Paris: OECD Publishing.

Organic World. 2020. *The World of Organic Agriculture*. www.organic-world.net/yearbook/yearbook-2020.html.

Pimentel, David, and Michael Burgess. 2013. "Soil Erosion Threatens Food Production." *Agriculture*, 3(3):443–463.

Pollack, Andrew. 2014. "Genes from Engineered Grass Spread for Miles," *New York Times*, September 21.

Rhodes, Christopher J. 2017. "The Imperative for Regenerative Agriculture." *Science Progress*, 100(1), 80–129.

Rodale Institute. 2018. *Regenerative Organic Agriculture*. https://rodaleinstitute.org/why-organic/organic-basics/regenerative-organic-agriculture/.

Royal Society. 2015. "What GM Crops are Currently being Grown and Where?" https://royalsociety.org/topics-policy/projects/gm-plants/what-gm-crops-are-currently-being-grown-and-where/.

Ruttan, Vernon W., and Yujiro Hayami. 1998. "Induced Innovation Model of Agricultural

Development," in *International Agricultural Development*, 3rd edition (eds. Carl K. Eicher and John M. Staatz). Baltimore: Johns Hopkins University Press.

Saltmarsh, Matthew. 2011. "Strong Sales of Organic Foods Attract Investors." *New York Times*, May 23.

Shiva, Vandana. 2016. *Who Really Feeds the World? The Failures of Agribusiness and the Promise of Agroecology*. Berkeley, CA: North Atlantic Books.

Silva, George. 2018. "Feeding the World in 2050 and Beyond." Michigan State University College of Agriculture & Natural Resources, December 3. www.canr.msu.edu/news/feeding-the-world-in-2050-and-beyond-part-1#.

United Nations University. 2013. *Water Security and the Global Water Agenda, 2013*. Institute for Water, Environment, and Health. www.unwater.org/downloads/watersecurity_analyticalbrief.pdf.

U.S. Department of Agriculture (USDA). 2012. "Adoption of Genetically Engineered Crops in the U.S." *Economic Research Service*. www.ers.usda.gov/data-products/adoption-of-genetically-engineered-crops-in-the-us.aspx.

U.S. Department of Agriculture (USDA). 2019. *Organic Survey*. www.nass.usda.gov/Publications/AgCensus/2017/Online_Resources/Organics/index.php.

U.S. Geological Survey. 2014. *Estimated Annual Agricultural Pesticide Use*. http://water.usgs.gov/nawqa/pnsp/usage/maps/index.php.

Vargas-Parada, Laura. 2014. "GM Maize Splits Mexico." *Nature*, 511(July):7507.

Wesseling, Catharina, Rob McConnell, Timo Partanen, and Christer Hogstedt. 1997. "Agricultural Pesticide Use in Developing Countries: Health Effects and Research Needs." *International Journal of Health Services*, 27(2):273–308.

Wilson, Clevo, and Clem Tisdell. 2001. "Why Farmers Continue to Use Pesticides Despite Environmental, Health, and Sustainability Costs." *Ecological Economics*, 39(3):449–462.

Wise, Timothy A. 2011. "Mexico: The Cost of U.S. Dumping." *NACLA Report*, January/February. https://nacla.org/news/mexico-cost-us-dumping.

Wise, Timothy A. 2012. "The Cost to Mexico of U.S. Corn Ethanol Expansion." *Tufts University Global Development and Environment Institute*, Working Paper 12–01. sites.tufts.edu/gdae/working-papers/.

Wise, Timothy A. 2013. "Can We Feed the World in 2050? A Scoping Paper to Assess the Evidence." *Tufts University Global Development and Environment Institute*, Working Paper 13–04. sites.tufts.edu/gdae/working-papers/.

Wise, Timothy A., and Sophia Murphy. 2012. *Resolving the Global Food Crisis: Assessing Policy Reforms Since 2007*. Tufts University Global Development and Environment Institute and Institute for Agriculture and Trade Policy. www.iatp.org/documents/resolving-food-crisis-assessing-global-policy-reforms-2007.

Zuazo, Victor H.D., and Carmen R.R. Pleguezuelo. 2009. "Soil Erosion and Runoff Prevention by Plant Covers: A Review," in *Sustainable Agriculture* (eds. Eric Lichtfouse, *et al.*). Berlin; New York: Springer.

第十七章　不可再生资源:稀缺与丰富

焦点问题:

- 不可再生资源快要耗竭了吗?
- 金属、矿产和其他不可再生资源的价格如何随时间变化?
- 矿产资源开采的环境成本是多少?
- 经济激励如何影响不可再生资源的回收?

第一节　不可再生资源的供给

地球拥有大量的**不可再生资源**,包括金属和非金属矿产、煤炭、石油和天然气等。有些资源供给充足,如铁;有些资源供给相对有限,如汞、银。全球经济正以不断增长的速度消耗着这些资源,这是否敲响了警钟?

> **不可再生资源**(nonrenewable resources):至少在人类时间尺度上,不会通过生态过程再生,例如石油、煤炭和矿产资源。

有限且不可再生资源不可能永远存在。但是,有关不可再生资源的使用问题却十分复杂,涉及资源供需矛盾以及消费过程中产生的废弃物和污染。在本章中,重点研究矿产资源等不可再生资源的动态使用。(第十一章讨论了不可再生能源问题,例如煤炭、石油和天然气。)

一、实物供给与经济供给

第五章对不可再生资源的分析中,假设资源数量和质量是固定的,考虑了矿产资源在两个时期内的分配。从简单案例中得到的经济理论(包括用于资源定价的使用成本分析等)是很重要的,但更精细的分析还需要考虑现实情况。通常会看到很多不同质量的资源(例如不同品位的铜矿石),但是很少能够完全确定资源矿床的位置和总量。

首先将不可再生资源的**经济储量**和**实物储量**区分开来。地壳中实物供给是可用总量,它是有限的,但数量多少通常并不精确。经济储量是指根据当前价格和技术可以获得利润而开采的已知储量。经济储量常用于测算,例如,假设了价格、技术和耗竭率(也称为**资源寿命**)等条件后,可以计算出不可再生资源可持续的时间。经济储量随时间变化的主要原因有以下三个:

- 随着时间推移,资源被开采和利用,储量减少。
- 随着时间推移,新的资源矿床被发现,储量增加。
- 不断变化的价格和技术条件可以使更多(或更少)的已知储量在经济上可开采。

上述因素使资源寿命预测成为一门不精确的科学。

(一种资源的)经济储量(economic reserves of a resource):在当前价格和技术条件下,可以有利润地开采的资源数量。

(一种资源的)实物储量(physical reserves of a resource):在不考虑开采经济可行性的情况下,可用的资源总量。

资源寿命(resource lifetime):在对价格、技术和耗竭率做出假设的情况下,对不可再生资源预计持续多长时间的估计。

通过地质和经济相结合的方法,可以将像铜这样的矿产资源进行分类,如图17-1所示。

在地质术语中,资源可以根据可用性的确定程度进行分类,如图17-1横轴

所示。**确定性储量**是数量和质量已知,但置信度有不同。置信度最高的储量为
已探明储量,意味着这些数量通常具有高度确定性。**推断储量**的置信度较低,是
根据地质原理估算的,但没有准确测量。此外,**假设和推测储量**是指尚未发现但
很可能存在于不同地质区域的储量。

502

  确定性储量(**identified reserves**):以不同的置信度确定的资源数量,包括
经济储量和非经济储量。

  已探明储量(**demonstrated reserves**):以高置信度确定的资源,其数量在
一定程度上是已知的。

  推断储量(inferred reserves):已确定的、置信度较低且数量不确定的资
源储量。

  假设和推测储量(**hypothetical and speculative reserves**):无法确定但假
设存在的资源储量。

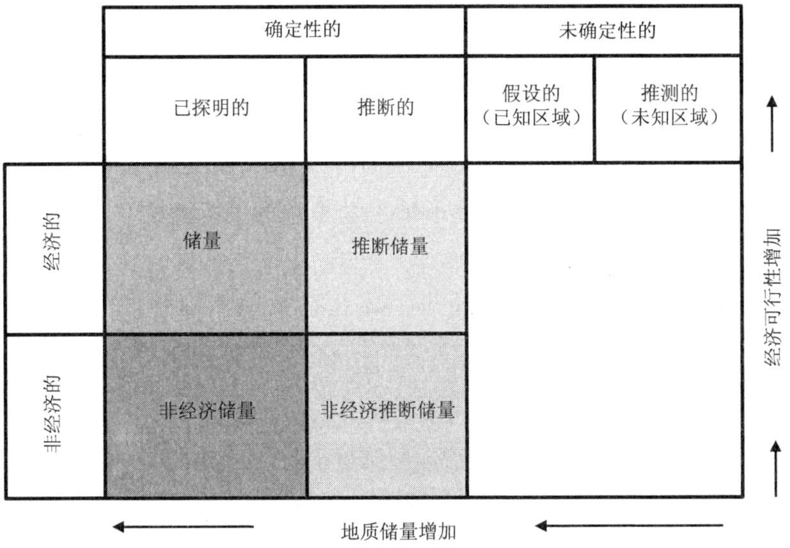

图 17-1　不可再生资源分类

  注:存在几种与此略有不同的资源分类方法。具体案例参见 U. S. Bureau of Mines and U. S. Geo-
logical Survey, 1976。

  资料来源:Rocky Mountain Institute, https://rmi. org/wp-content/uploads/2017/06/RF_McKelvey
_diagram_for_coal_gas_resources. jpg。

如图 17-1 纵轴所示，经济因素为资源分类创造了另一个维度，最经济的资源位于顶部。在现行价格和技术条件下，品位较高并适合开采的资源被确定为**经济储量**。**非经济资源**是指那些因开采成本过高，在当前价格和技术条件下难以产生生产价值的资源。然而，如果价格上涨或开采技术改进，开采这类资源也可能获得利润。请注意，未确定的储量不计入经济储量，因为它们的存在是不确定的。储量数据通常仅反映已探明且具有经济性的数量。

衡量不可再生资源供给的一种方法是**静态储量指数**。静态储量指数是将经济储量除以当前的年使用率来估算资源寿命：

$$预期的资源寿命 = \frac{经济储量}{当前使用率}$$

资源储量可以在地质和经济两个方面进行扩展，让人不得不怀疑采用静态储量指数的可靠性。此外，当前的资源消耗量不一定能够很好地预测未来消耗量。因为随着人口和经济增长，可以预测不可再生资源的消费将增加——尽管资源替代品、消费模式改变以及资源回收等情况可能会影响增长速度。**指数型储量指数**假设资源消费量将随着时间推移而呈指数增长，从而会加速资源枯竭。

非经济资源（subeconomic resources）：以当前技术和价格无法开采的矿产资源。

静态储量指数（static reserve index）：将资源的经济储量除以该资源的当前使用率的指数。

指数型储量指数（exponential reserve index）：基于消费呈指数增长的假设，对矿产资源可用性的估算。

1972 年使用静态储量指数和指数型储量指数的计算表明，主要矿产资源储量将在几十年内耗尽——预测显然没有得到证实。[①] 为什么？因为随着新发现资源和开采技术进步，储量会不断增加。然而，不能简单地否定对资源枯竭的预测，尤其是对于某些资源的预测。不过，即使资源储量增加，资源最终也是

---

① Meadows et al. , 1992.

有限的。

相关问题是资源消耗、新技术和新资源的发现将如何相互作用以影响价格，而价格又将如何进一步影响未来资源供需模式。为了更好地理解这些因素，需要一个关于不可再生资源利用的更精细化的经济理论。

第二节　不可再生资源利用的经济学理论

哪些因素决定了开采和使用不可再生资源的速度？如第五章所述经营矿产或其他资源开采业务的个体企业按照**稀缺性租金**最大化原则进行决策。考虑一家经营铝土矿（铝矿石）的公司，假如该公司处于一个竞争激烈的行业，是一个**价格接受者**，以市场价格出售其产品，对市场价格没有任何控制力，但是该公司在任何时期都可以决定资源开采的数量。

稀缺性租金（scarcity rent）：支付给资源所有者的款项超过了维持这些资源生产所必需的数额。

价格接受者（price taker）：竞争市场中无法控制产品价格的卖方。

一般而言，随着更多资源被开采，开采的边际成本最终会上升。显然，如果开采的边际成本高于市场价格，那么开采铝土矿将无法获得利润。价格必须至少等于边际成本，才能使生产有价值。与其他竞争性企业市场均衡时价格等于边际成本不同的是，资源开采型企业一般都选择价格高于边际成本时的产量（图17-2）。虽然企业可以从生产的最后几个单位产品中获得微薄利润，但其可以选择推迟开采，直到生产的产品有更高的利润。因此，企业并非在 Q_m 处实现当前利润最大化，而是为了实现长期利润最大化，可能在 Q^* 处从事生产。企业放弃的当前利润（阴影面积A）将被未来更高的利润所抵消。

除了对未来价格和成本的预期外，现行利率也会影响企业的生产决策。由于企业有强烈的意愿来赚取即期利润，并以高利率进行投资获取利润，因此更高的利率往往会激励公司增加当前的产量。但产量的增加将压低资源的当前价

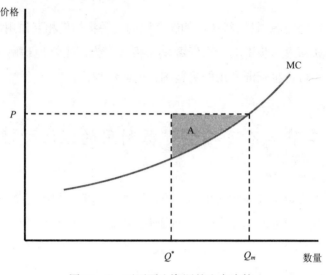

图 17－2 不可再生资源的生产决策

资料来源：Hartwick, Olewiler, 1998, which provides a more advanced discussion of the economic theory of nonrenewable resource extraction。

格，同时减少可用储量并提高预期的未来价格。这两个因素都会改变未来的生产。

　　如第五章所示，这种调整的预期结果是，当企业的稀缺性租金和利率以相同的速度增长时，即达到均衡，即**霍特林定律**。请注意，霍特林定律将**净价格**（市场价格减去开采成本）而非市场价格的增长率等同于利率。因此，仅关于资源市场价格的信息不足以检验霍特林定律的有效性。还需要关于开采成本和外部要素的额外信息，这些因素可能至少暂时会使资源租金偏离霍特林定律。

> **霍特林定律**（**Hotelling's rule**）：均衡时资源的净价格（价格减去生产成本）必须以与利率提高相同的速率提高的理论。
>
> **净价格**（**net price**）：一种资源的价格减去生产成本。

经济学家通过研究资源价格、开采成本和其他变量的趋势，检验了霍特林定

律的准确性。1998 年的一篇论文总结了霍特林定律的实证检验结果,并进行了如下分析:

不可再生资源的经济理论和观测数据并不完全吻合……所得结果的多样性使得很难做出对价格和开采成本总体影响的一般性预测。[1]

该论文指出,迄今为止,新矿床的发现和技术进步足以避免不可再生资源日益增加的经济稀缺性。然而,仅仅因为以往的技术进步与不断增长的需求保持同步,并不能保证这种情况会无限期持续下去,仍然需要改进对不可再生资源的管理:

鉴于这些资源和服务的开放获取和公共物品的属性,有必要进行市场干预,以防止这类资源的低效利用。正因为这样,随着人们越来越重视生态交互影响和全球公共资源管理的细节,对非可再生资源利用所产生环境影响的关注将持续增加。[2]

一个关于不可再生资源管理争议较小的理论是要最先开发更高质量的资源。例如,假设一个企业拥有两个边际开采成本不同的铝土矿。理性的企业显然会先开采成本较低的矿床以获得较高的资源租金,可能会等到市场价格上涨或采矿技术改进后再开采其他矿床。这就部分地解释了为什么今天不经济的资源(图 17-1)在未来会变得经济,还可能会增加经济可采储量,但同时开采也减少了实物储量。

这个一般性原则助力构建了一个理论,说明不可再生资源的开采和价格将如何随时间推移而变化。在开采的早期阶段,高质量的供给可能很丰富。随着勘探规模扩大和技术进步,预计资源价格初期会随着资源开采的迅速增加而下降。这在图 17-3 中的阶段 I 中反映出来,该图展示了长时期内不可再生**资源利用框架**。图 17-3 还显示了资源储量随着时间推移不断被开采的**价格路径**和**开采路径**。

505

---

[1]　Krautkraemer, 1998, p. 2102.

[2]　Krautkraemer, 1998, p. 2103.

> **资源利用框架**(**resource use profile**):随着时间推移的资源消耗率,通常适用于不可再生资源。
>
> **价格路径**(**price path**):随着时间推移的资源价格,通常对不可再生资源而言。
>
> **开采路径**(**extraction path**):随着时间推移的资源开采率。
>
> **溢价**(**choke price**):需求数量等于零时,需求曲线上的最低价格。

在阶段Ⅱ,资源价格相对稳定,因为需求增加(倾向于拉高价格)平衡了进一步的新资源发现和技术改进(倾向于拉低价格)。在阶段Ⅲ,资源需求开始逼近资源供给上限,价格逐步上涨,之前经济不可行的资源储量变得经济可行了。技术进步已经不足以抵消日益严重的资源短缺。

在阶段Ⅳ,随着资源储量进一步枯竭,此时价格上涨开始抑制需求。最终,资源价格会达到**溢价**,此时资源需求量降为零。当达到溢价点时,生产商已开采并出售所有经济可采储量,尽管一些经济不可行的实物储量还是可利用的。随着资源价格达到溢价点,对于寻求适宜性替代资源和提高资源回收率的激励将有所增加。

目前关于各种重要的不可再生资源处于第几阶段存在相当大的争议。这对于预测未来价格稳定、下跌或上涨有影响。下一节将探讨这些问题。

第三节　资源是稀缺还是丰富?

20世纪60年代一项经典研究发现,从工业革命到20世纪中叶,大多数矿产资源价格都在下跌。[①] 与此同时,全球不可再生资源消费稳步增加。这些发现与图17-3的阶段Ⅰ和阶段Ⅱ一致。产生这些趋势的主要因素有三个:

---

① Barnett and Morse, 1963.

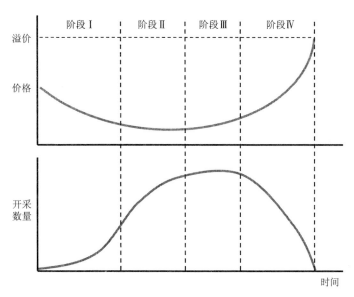

图 17-3　假定的不可再生资源利用框架

资料来源:Hartwick,Olewiler,1998。

506

- 持续的资源发现。
- 改进的资源开采技术。
- **资源替代**,如用塑料代替金属。

> **资源替代(可替代性)**(resource substitution/substitutability):在生产过程中使用一种资源替代另一种资源,例如在电线中使用铝代替铜。

20 世纪下半叶,矿产品价格继续普遍下降或保持稳定。然而,从 2004 年左右开始,由于全球需求激增,很多矿产品价格上涨,如图 17-4 所示常见的铜、铅、铝和锌。在 2008 年和 2009 年全球金融危机之后,不可再生资源价格普遍下降。按实际价值计算,2019 年铝和锌的价格略低于 1990 年,铜和铅的价格略高。

根据观察到的价格路径,这些矿产品似乎还不可能进入到阶段Ⅲ。通过查看矿产储量数据可以进一步发现,资源短缺似乎并非迫在眉睫。虽然全球矿产

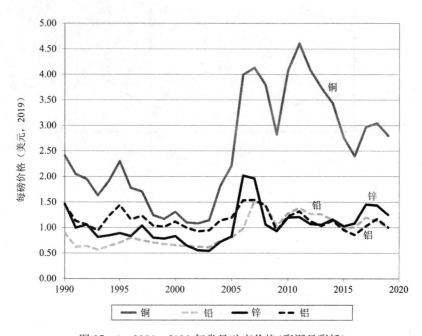

图 17-4　1990～2019 年常见矿产价格(彩图见彩插)

资料来源:Geological Survey，Minerals Commodities Summaries，various years。

开采量有所增加,但许多矿产储量实际上处于或接近创纪录水平,如图 17-5 所示铜、铅和锌的储量。[1]

　　考虑到更大范围的矿产品种类,表 17-1 列出了矿产品当前经济储量的预期资源寿命。静态储量指数表明,部分矿产品供给较为丰富,如锂、铝和铜。相比之下,铅、锡和锌的储量仅够满足不到 20 年的需求。如前所述,静态储量指数的应用性有限制,因为它没有考虑到新资源的发现、需求的变化和技术的改进。例如,虽然目前铅储量仅能满足全球约 20 年的需求,但图 17-5 显示的铅储量近年来保持稳定或增长。

---

[1]　没有可以进行比较的铝储量数据。

表 17-1　常见矿产的预期资源寿命

矿产	2019 年全球产量（万吨）	全球储备（万吨）	预期资源寿命（静态储量指数）（年）
铝	37 000	3 000 000	81
钴	14	700	50
铜	2 000	87 000	44
铁	150 000	8 100 000	54
铅	450	9 000	20
锂	7.7	1 700	221
水银	0.4	60	150
镍	270	8 900	33
锡	31	470	15
钨	8.5	320	38
锌	1 300	25 000	19

注：铝数据为铝土矿，铝的主要来源。

资料来源：Rocky Mountain Institute，https://rmi.org/wpcontent/uploads/2017/06/RF_McKelvey_diagram_for_coal_gas_resources.jpg。

总体而言，短期内全球矿产供给似乎并没有减少，但这并不意味着不应该担心未来供给。根据最近的分析：

至少在理论上，全球矿产储量足以满足未来 50 年的世界矿产需求。目前估计的全球矿产储量是年产量的 20 到近 1 000 倍，这取决于矿产品种类……确切来讲，什么时候供给成为主导因素，这是很难预料的，还会因商品不同而有所不同，并且严重依赖于工业能源的形式和成本。事实上，很多人预言在 2000 年将出现矿产短缺，但这些关于矿产资源供求关系的预测是失败的，这已经导致了对未来世界矿产供给的自满情绪，并可能导致误解这些令人安心的储量数据。

尽管矿产储量很大，如果将其作为一个数字来考虑，似乎完全可以满足未来 50 年左右的需求，但重要的是，这些储量是由许多单独的资源储备组成的，所有这些资源储备都必须在当地背景下加以考虑，因为它们是当地资源的一部分。每个资源储备都受到地质、工程、经济、环境和政治方面的制约，这些方面的因素

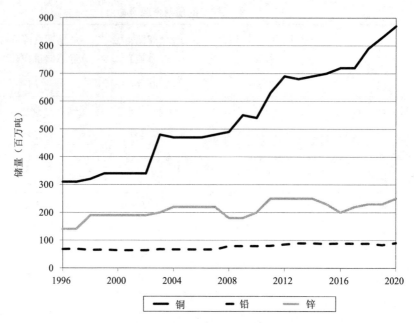

图 17-5　1996～2020 年常见矿产的全球经济储量

资料来源：Geological Survey，Minerals Commodities Summaries，various years。

还在不断变化。[1]

英国地质调查局也表达了类似的观点，同时指出了环境影响这一潜在问题。

受亚洲和南美洲新兴经济体不断增长的推动，对金属和矿产的需求增加，资源的竞争也随之越来越激烈。地缘政治、资源民族主义等人为因素以及罢工和事故等事件最有可能破坏供给。政策制定者、工业界和消费者应该关注供给风险和地球资源供给多样化的必要性，以及新兴消费对环境的影响，以回收更多资源达到事半功倍的效果。[2]

根据 2015 年的一项分析，供给中断风险最大的矿产品包括稀土元素（主要用于电子产品）、锑（用于电池、电缆和阻燃剂）和铋（用于保险丝和化妆品）。[3]这三种矿产的储量都高度集中在中国。此外，这三种矿产回收也很困难，每一种

509

---

① Kesler，2007，p. 58.

② British Geological Survey，2015.

③ 同上。

矿产的替代品都极为有限。

　　除了对资源枯竭的担忧之外,矿产开采对环境的影响也是显著的,并且随着低品位矿石开采,环境压力也在巨增,因为这些低品位矿石通常需要更多的能源来处理,并且每开采一单位矿产就会产生更多的废弃物。下一节将更详细地讨论采矿对环境的影响。

第四节　采矿对环境的影响

　　如第三章所述,产品价格应该反映生产的私人成本和社会(或外部)成本。尽管为减少采矿对环境的影响已经实施了一些法规:

　　采矿的全部社会和环境成本未包含在矿产品的价格中,因而还需要将产品生产的私人和社会边际成本纳入其中。[1]

　　表 17-2 列出了矿产开采对环境的一些影响。当从土壤中开采矿石时,必须对其进行加工,以分离出具有经济价值的材料。被称为**尾矿**的无价值废弃物会通过污染河流和湖泊、渗入地下水或被吹到空气中而污染环境(见专栏 17-1)。矿石提炼也被称为**冶炼**,是环境破坏的潜在来源,包括污染空气和水。

> **尾矿**(**tailings**):采矿作业中不需要的材料,通常具有剧毒。
>
> **冶炼**(**smelting**):从金属矿石中生产金属。

　　遗憾是,没有经济分析可以估算采矿总的外部成本。最近一些造成重大环境影响的采矿活动案例包括:

　　• 秘鲁亚马孙地区的金矿开采。小规模的非法金矿开采,利用有剧毒的汞从矿石中提取黄金。除了影响人类健康外,至少有 2 000 平方英里的森林因采矿而被砍伐。[2]

---

[1]　Darmstadter, 2001, p. 11.
[2]　Ashe, 2012.

表 17-2 采矿对环境的潜在影响

活动	潜在影响
采矿和出矿	· 破坏动植物栖息地、人类居住地和其他地貌特征(露天开采) · 地面沉降(地下开采) · 侵蚀加剧;湖泊和溪流淤积 · 产生废弃物 · 湖泊、溪流和地下水中酸性废水排放和金属污染
矿石堆积	· 产生废弃物(尾矿) · 有机物污染 · 酸性废水排放和金属污染
冶炼/提炼	· 产生废弃物(矿渣) · 生产能源的影响(用于矿产品生产的大部分能源都进入提炼环节)

资料来源:Young,1992。

· 瑙鲁的磷矿开采。这个小岛国大约 80% 的土地都是露天矿。在 2000 年,磷酸盐储量基本耗尽。该岛不仅经历了一场环境灾难,而且采矿收入被存放在一个信托基金中,该基金也因投资不足和腐败而被耗尽。[1]

· 巴布亚新几内亚的铜矿和金矿开采灾害。自 1984 年以来,巴布亚新几内亚的奥克泰迪铜矿每年向当地河流排放近 1 亿吨的尾矿。尾矿废弃物污染了下游渔业和农业用地,影响了 5 万人的生活。2013 年,该国政府控制了该矿,表面上是为了减少对环境的破坏,但该矿被没收时,恰逢该国立法禁止人们就过去的损害起诉该矿的私营主体。[2]

· 美国蒙大拿州的铜矿和金矿。蒙大拿州比尤特附近的伯克利露天矿于 1955～1982 年运营。该矿自关闭以来,水已经渗入露天矿坑,并形成了世界上污染最严重的湖泊之一。一个特别令人担忧的问题是,矿井中的有毒废化学物质最终可能会渗入该地区的地下水循环系统中。[3]

---

[1] https://en.wikipedia.org/wiki/Phosphate_mining_in_Nauru.

[2] https://en.wikipedia.org/wiki/Ok_Tedi_environmental_disaster.

[3] Bland,2014。

专栏 17－1　巴西的矿业灾害

尾矿是从开采材料中去除有价值的矿产品后留下的废弃物。当采矿作业时，尾矿通常被堆放在建造水坝时所形成的池塘中。当储存在尾矿池中的有毒废水慢慢渗漏到周围土地或地下到含水层时，尾矿池可能会对环境造成破坏。

最具破坏性的是当尾矿池所在的大坝倒塌时，会将大量废弃物排放到环境中。最严重的此类事故发生在 2019 年 1 月，当时巴西小镇布鲁马迪纽的一座尾矿坝决堤了。据巴西国家水务局称，大坝倒塌排放了约 1 200 万立方米的有毒尾矿，污染了约 200 英里的河流。泥石流吞没了该矿的行政设施，造成了 270 人死亡，其中大部分是淡水河谷大坝运营公司的员工。

淡水河谷是巴西最大的矿业公司，也是全球最大的铁矿石生产商。该公司还拥有一座尾矿坝，该坝于 2015 年倒塌，造成 19 人死亡，污染了 400 多英里①的河流。据说，布鲁马迪纽的大坝有一个紧急警报系统，本应挽救更多生命，但目击者表示未听到警报。淡水河谷表示，坍塌发生得太快，警报系统在发出响声之前就被摧毁了。圣保罗大学采矿工程教授塞尔吉奥·梅迪奇·德·埃斯顿(de Eston S. M.)说，"如果说警报器没有响是因为事件发生得太快，这就是一个笑话。当事情开始变得危急时，警报器应该响起，有时会提前几周，以便人们保持警惕。"

2020 年初，巴西检察官宣布，他们以谋杀和环境罪指控包括淡水河谷前首席执行官在内的 16 人。检方称，该公司"一直以来向社会、股东和投资者隐瞒了真相"，以"避免对淡水河谷产生任何可能影响其市值的负面声誉"。

资料来源：Senra, 2020；Phillips, 2020；https://en. wikipedia. org/wiki/Brumadinho_dam_disaster。

511

另一个环境问题是废弃矿山污染。例如，在美国：

硬岩开采的一个遗留问题是在美国西部存在许多废弃矿山，其中一些废弃点正在造成严重的环境问题。其中最主要的一个问题是酸性废水排放，即从矿井泄漏到溪流和河流中的废水。目前政府应对这些废弃矿山的政策适得

---

① 1 英里＝1 609.34 米。

其反……这些地区会进行生态修复，但是可用资金却有很多限制，使其无法得到有效利用。可获得的资金总额与实际需求相比微不足道。[①]

一、矿业政策改革

美国矿产开采的主要法律依据是《1872 年通用矿产开采法案》。自 19 世纪中叶以来，该法案几乎没有变化，它允许在公共土地上开采矿产，而且无需向政府支付特许权使用费。只要申请人每年获得 100 美元的开采或挖掘收入，就可以继续拥有采矿权。[②] 一些公共土地可以由个人或公司以每英亩[③]最高 5 美元的价格购买——价格是 1872 年设定的，至今从未调整。自该法案通过以来，矿业公司购买了超过 300 万英亩的公共土地，面积相当于一个康涅狄格州。该法案没有包含关于环境损害的规定，尽管从那时起已经颁布了一些相关条例。很多力图更新该法案的尝试均以失败告终（见专栏 17-2）。

> 512 **《1872 年通用矿产开采法案》**（General Mining Act of 1872）：一项美国联邦法律，用于规范联邦土地上经济矿产的开采。

如第三章所述，解决采矿污染的一项政策是庇古税。然而，由于采矿污染的准确计量存在问题，按采矿污染比例征税就难以实施。相反，可以对矿山的矿产产出征税，而不是直接对污染征税。但是这个提议的问题在于，对于给定的产量，公司没有动力来减少其污染，因为与减少污染相比纳税金额是一样的。

在获得采矿权之前，可以要求矿业企业交保证金，以防止因采矿出现环境损害时，无法对公众进行赔偿。保证金缴纳数额需要足够支付潜在的环境损害治理成本。例如，科罗拉多州要求一家经营金矿的公司提供 230 万美元的现金保证金，但当该公司在 1992 年破产时，该保证金不足以支付已经超过 1.5 亿美元

[①] Buck and Gerard，2001，p. 19.

[②] General Accounting Office，1989.

[③] 1 英亩＝4.046 856×10³平方米。

的环境治理成本。①

采矿污染最好通过有效的标准和操作要求来解决。可以持续监测附近的地表水和地下水水质,以便尽早发现污染问题。更严格的法规可以规范最佳实用性强的技术运用于管理尾矿(见第八章)。此外,还可以通过增加现有金属产品回收来减少采矿活动。下一节将讨论回收的潜力。

专栏 17-2 时代已逝的矿业法

《1872年通用矿产开采法案》旨在通过将采矿优先于联邦土地的其他用途来刺激美国西部发展。开采铜、金、铀和其他矿产要覆盖数百英亩土地,无论潜在的环境影响如何,该法案使得矿山开采极难受到限制。近年来矿产品价格上涨,刺激了采矿申请。

俄勒冈州切特科河就是一个例子。切特科河河水清澈,盛产野生鳟鱼和鲑鱼。1998年,国会将切特科河指定为"为了今世后代的利益而受到保护的国家级景观河"。但是从2002年开始,一个开发商开始在这条本应受保护的河段上开采金矿。该开发商提议使用吸入式挖泥船,将河底吸干,以寻找黄金,这使河水变得浑浊,破坏鲑鱼产卵所需的砾石。由于1872年的法律,在没有国会立法的情况下,环保主义者和州立法者基本上无法阻止采矿。直到2011年开发商因未能支付年度申请费,采矿计划才停止。

正如前美国林务局局长迈克尔·P. 唐贝克(Michael P. Dombeck)在2008年向参议院委员会解释的那样,"在1872年采矿法的框架下,无论影响有多严重,几乎不可能禁止采矿。"

根据美国环境保护署(EPA)的数据,西部流域40%的河流受到了采矿污染。2006年,环境组织"地球工程"对25座西部煤矿进行了分析,得出的结论是超过四分之三的煤矿造成了水污染。根据采矿法,矿主可以放弃矿山,而无须对环境损害承担任何责任。环保署估计,清理废弃矿区将花费200亿至540亿美元。

---

① Buck and Gerard, 2001.

该法案的潜在改革措施包括赋予政府权力，通过全面审查环境影响来阻止采矿，为运营矿山制定明确的环境标准，由矿山运营商支付矿山治理基金以及收取反映矿产市场价值的特许权使用费。2007年、2009年、2014年、2015年和2017年，国会提出了改革方案，对采矿主张征收特许权使用费，并将收入的一部分用于修复受污染的废弃矿山。每一次改革提案都因为矿业州议员的游说和反对而失败。

资料来源：Hughes and Woody，2012；https://en.wikipedia.org/wiki/Chetco_River。

第五节 矿产回收潜力

如图17-3所示资源使用框架的阶段Ⅰ和阶段Ⅱ，由于**原生资源**的价格正在下降，回收的动力很小。但在阶段Ⅲ，当价格开始上涨但需求仍然很高时，资源回收可能会变得更具经济吸引力。随着时间推移，阶段Ⅲ和阶段Ⅳ的开采成本不断上升，回收资源而非原生资源满足的总需求比例将上升。即使在阶段Ⅳ，减少原生资源开采，并加上有效的资源回收，矿产总供给量也不会下降。

> **原生资源**（virgin resource）：从自然中获得的资源，而不是使用可回收材料。

图17-6进行了相应的阐述。虚线显示了不考虑循环利用的开采路径，类似于图17-3中所示的路径，但仅限于阶段Ⅲ和阶段Ⅳ。现在考虑矿产回收的影响。在阶段Ⅲ开始时，因为原生资源仍然可以相对便宜地获得，资源的回收率很低。但随着原生资源开采成本增加和需求持续上升，更多的供给量来自回收资源。最终，总供给的大部分来自回收资源，而不是原生资源。请注意，资源回收可用低使用率延长使用原生资源的周期。同时，随着技术改进和回收率提升，将会推迟资源溢价的到来。

如果价格能够反映环境外部性，资源回收甚至会更早发生。一般而言，通过

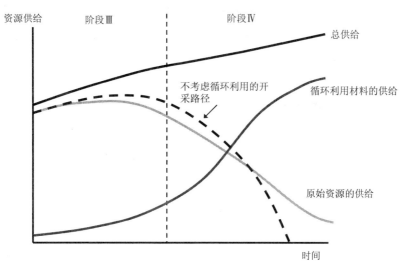

图 17-6 回收对原生资源开采路径的影响

使用回收资源而不是原生资源生产产品，可以减少对环境的影响。例如，从回收的饮料罐中获取铝比提取原生铝需要的能源少 90％～95％。[1] 使用再生钢可以将能源需求减少约四分之三。[2] 因此，基于环境外部性的税收将增加回收资源相对于原生资源的优势。

原生资源的另一种替代是**支持资源**，它被定义为一旦原生资源产品价格过高，就可以替代原生资源产品的资源。因此，可以将溢价视为转向用更便宜的支持资源进行生产的价格。通过高效回收，向支持资源的转变将被推迟或可能不会发生。

> **支持资源**（backstop resource）：在原生资源的价格达到一定水平后成为可行性替代品的替代资源。

---

① 新泽西州环境保护部，《回收的环境效益》，www. state. nj. us/dep/dshw/recycling/env_benefits. htm。

② 马萨诸塞大学安姆斯特分校，废物管理办公室，www. umass. edu/recycle/recycling_benefits. shtml。

当前资源回收减少了原生资源的当前成本和未来成本。回收过程也有其自身的成本，包括回收设施的资本成本以及劳动力、运输和能源成本。因此，深入研究回收经济性和回收对资源使用的影响具有一定的价值。

一、矿产回收的经济性

理论上，有效回收矿产资源可以显著延长很多不可再生资源的寿命。然而，回收资源既有经济上的限制，也有物理上的限制。**热力学第二定律**(熵增原理，如第九章所述)意味着资源完全回收是不可能的。在制造、使用和回收的过程中，总会损失一些资源。此外，回收资源需要新的能源投入。在经济方面，必须将回收成本与使用原生资源的成本(包括环境影响)进行比较，以确定何时回收资源具有经济优势。

> **热力学第二定律**(second law of thermodynamics)：物理定律，指出所有物理过程都会导致可用能量减少，即熵的增加。

图 17-7 从工业和社会福利角度展示了回收资源的经济性。横轴表示工业对回收资源的需求比例。分析时假设回收资源(MC_r)的边际成本最初很低，但随着接近理论上的 100%回收，提高回收资源的比例变得困难且昂贵。开采原生资源(MPC_v)的边际私人成本最初也相对较低，因为最便宜的储量首先被开采。随着地下资源储量埋藏越来越深或品位更低，开采成本则越来越高。(MPC_v曲线应从右向左读取，表明在较低的回收水平下越来越依赖原生资源。)

从左到右，只要资源回收的边际成本低于原生资源的边际成本，增加对回收资源的依赖就是有意义的。在这个简单的例子中可以看出，当 40%的供给依赖于回收资源时，工业将最大限度地降低生产成本。

从社会角度来看，还需要考虑环境外部性。MSC_v曲线代表了开采原生资源的边际社会成本，MSC_v和 MPC_v的差代表了与原生资源开采相关的额外环境外部性。因此，社会最优水平为 60%的总供给依赖于回收资源。这类似于第三章所示，将外部性内部到私人供给成本中以获得社会最优。通过对原生资源开

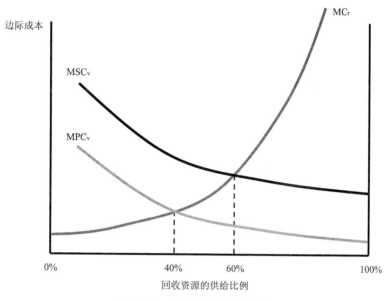

图 17 - 7 资源回收的边际成本

注:MPC_v代表原生资源的边际私人成本;MSC_v代表原生资源的社会边际成本;MC_r代表边际回收成本。

采征税使环境成本内部化实现了社会最优。

回收常见矿产的潜力因技术、基础设施和经济状况而异。图 17 - 8 显示了随着时间推移美国常见矿产的回收废金属占总供给量的比例。从图中看到,对回收废金属的依赖程度差异很大,从铅的 70% 或更多到锌的 25% 左右。随着时间推移,一些矿产(如铜和锌等)的回收率相对稳定。对于铝和钢铁,回收率在 21 世纪前几年一直在上升,直到 2017 年却持续下降,自 2017 年以来略有反弹。从矿产供给总量看,2003～2009 年,来自回收废金属的供给份额从大约一半增至四分之三。[①] 但从此后,矿产回收量下降,最近下降到供给量的 50%。

不同矿产回收率的变化通常反映了复杂的经济因素。美国回收的废金属大部分用于出口,近年来有很大一部分出口到中国。21 世纪,中国矿产需求快速

516

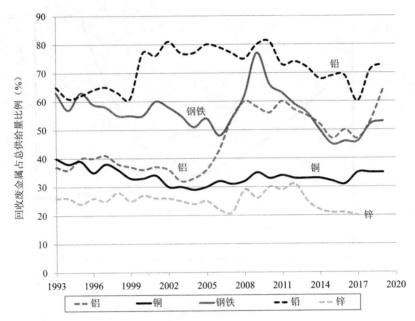

图 17-8 1993～2019 年美国常见矿产回收废金属占供给的比例

资料来源:Various editions of Minerals Yearbook, USGS, and Mineral Commodity Summaries, USGS。

增加,而世界其他地区的矿产需求相对稳定。[①]

　　尽管金属回收的环境效益可能很显著,但经济因素常常导致回收率低于最佳水平。下文将考虑提高矿产回收率的政策。

二、促进矿产回收的政策

　　正如本书多次所述,精心设计的经济政策可以提高产出效率并改善环境质量。矿产回收是亟需进行政策改革的领域。联合国表示,尽管许多国家和地区做出了巨大努力,但很多金属回收率低得令人沮丧,"循环社会"似乎只是一个遥不可及的希望。对于很多关键新兴技术所需的特殊金属而言尤其如此。目前迫

517

----

① IMF, 2015.

切需要改变这种状况的政策和技术举措。[①]

　　什么样的政策最能促进不可再生矿产资源的回收? 增加资源回收的政策选择包括:

　　• 改变鼓励快速资源开采的公共政策。政府经常造成矿产资源开采成本极低的局面。如前所述,美国显然需要改革《1872 年通用矿山开采法案》。除了财政收入损失外,资源低价还会导致过度使用和社会代价过高。

　　• 对原生资源产品征税。如图 17 - 7 所示,通过税收将环境成本内部化,可以增加对回收资源的利用。然而,由于原生资源的成本通常只占最终产品成本的一小部分,因此单独征税可能对消费模式的影响不大。[②]

　　• 将促进回收的市场激励措施与所需技术和基础设施措施相结合。一种被称为**技术锁定**的现象表明,如果一个产业部门已经具备一定的厂房、设备,则技术锁定(指利用非可再生资源的生产技术)会导致该产业部门重复投资。将整个行业从一种生产系统转变为另一种生产系统涉及高昂的成本,并且需要大量的初始资本。税收优惠、对回收技术研究、开发支持以及**政府采购**(保证政府对回收资源的一定需求的计划)可以帮助启动这一过程。

　　• 需要增加制造商"回收"(take-back)的责任。金属资源的回收通常留给消费者和处理公司。另一种方法是让制造商承担更大的回收责任。20 世纪 90年代,在德国发起并随后扩展到许多其他欧洲国家的绿点回收系统,通过向制造商收取费用来资助回收工作。在某些情况下,一旦消费者丢弃使用完的产品,制造商就有义务收回。这不仅提高了资源回收率,而且还鼓励制造商使用更少的资源制造产品。

　　技术锁定(technological lock-in):尽管有更有效或更先进的技术可用,但是在工业或社会中仍继续使用某种技术的趋势。

　　政府采购(government procurement):保证政府对某种商品或服务有一定需求的计划。

---

① UNEP, 2011, p. 23.
② Ackerman, 1996a, p. 2.

更多关于全球金属回收状况的信息也很必要。许多矿产品的全球回收率尚不清楚。[①] 统一测量回收表现可为政策讨论提供动态信息。除了经济和技术，增加资源回收还取决于社会行为习惯。因此，可以使回收变得容易的宣传活动和各方努力（如路边垃圾的捡拾）也可能是有效的。

小　结

不可再生资源的供给是有限的，但是可以通过发现新储量或技术革新来扩大可用储量。迄今为止，对不可再生矿产资源枯竭的担忧尚未得到证实。尽管需求不断增长，但新发现储量和技术改进已经增加了关键矿产的可用储量。近年来，大多数矿产的价格总体上保持稳定，这也表明供给限制并不严重。

尽管储量通常是充足的，但仍需要改进矿产资源管理以应对环境影响。采矿过程会产生大量有毒废弃物，并对土地和水产生广泛的负面影响。将资源回收的全部环境成本内部化，会鼓励可再生资源利用或资源回收，而不增加对原生资源的消耗。虽然完全回收是不可能的，但大多数主要金属的回收率可以显著提高。除了能延长不可再生资源的使用寿命，资源回收还极大减少了与原生资源生产相关的环境损害。

推进资源回收的公共政策包括提高矿产开发特许使用费、征收原生资源使用税、技术研发、基础设施建设，以及政府采购资源回收产品。

关键术语和概念

backstop resource 支持资源

choke price 溢价

demonstrated reserves 已探明储量

economic reserves（of a resource）（一种资源

的）经济储量

exponential reserve index 指数型储量指数

extraction path 开采路径

General Mining Act of 1872《1872 年通用矿

---

① UNEP，2011.

产开采法案》

government procurement 政府采购

Hotelling's rule 霍特林定律

hypothetical and speculative reserves 假设和
推测储量

identified reserves 确定性储量

inferred reserves 推断储量

net price 净价格

nonrenewable resources 不可再生资源

physical reserves(of a resource) (一种资源
的)实物储量

price path 价格路径

price taker 价格接受者

resource lifetime 资源寿命

resource substitution 资源替代

resource use profile 资源利用框架

scarcity rent 稀缺性租金

second law of thermodynamics 热力学第二
定律

smelting 冶炼

static reserve index 静态储量指数

subeconomic resources 非经济资源

tailings 尾矿

technological lock-in 技术锁定

virgin resource 原生资源

519

问题讨论

1. 稀缺是不可再生资源的主要问题吗？什么样的实物和经济测算方法与理解这一问题相关,其中一些测算方法会以何种方式产生误导？你认为与不可再生资源使用相关的主要问题是什么？

2. 你认为未来矿产资源的价格会上涨还是下跌？哪些因素决定未来矿产价格？

3. 哪些经济因素会影响回收资源的比例？哪些政策可以提高资源回收率？如何在生产周期的不同阶段内化环境成本？

相关网站

1. www. usgs. gov/centers/nmic. The website for the National Minerals Information Center of the U. S. Geological Survey. The site includes links to extensive technical data as well as publications.

2. https://earthworks. org/. The website for Earthworks，a nonprofit en-

vironmental organization "dedicated to protecting communities and the environment from the impacts of irresponsible mineral and energy development while seeking sustainable solutions."

参 考 文 献

Ackerman, Frank. 1996. *Why We Recycle*. Washington, DC: Island Press.

Ashe, Katy. 2012. "Gold Mining in the Peruvian Amazon: A View from the Ground." *Mongabay.com*, March. http://news.mongabay.com/2012/0315-ashe_goldmining_peru.html.

Barnett, Harold J., and Chandler Morse. 1963. *Scarcity and Growth: The Economics of Natural Resource Availability*. Baltimore: Johns Hopkins University Press.

Bland, Alastair. 2014. "The Environmental Disaster that is the Gold Industry." *Smithsonian Magazine*, February 14.

British Geological Survey. 2015. *Risk List 2015*. www.bgs.ac.uk/mineralsuk/statistics/riskList.html.

Buck, Stuart, and David Gerard. 2001. "Cleaning Up Mining Waste." *Political Economy Research Center*, Research Study 01–1, November.

Darmstadter, Joel. 2001. "The Long-Run Availability of Minerals: Geology, Environment, Economics." Summary of an Interdisciplinary Workshop, Resources for the Future, April.

General Accounting Office. 1989. "The Mining Law of 1872 Needs Revision." GAO/RCED-89–72, March.

Hartwick, John M., and Nancy D. Olewiler. 1998. *The Economics of Natural Resource Use*, 2nd edition. Reading, MA: Addison Wesley Longman.

Hughes, Robert M., and Carol Ann Woody. 2012. "A Mining Law Whose Time Has Passed." *New York Times*, January 11.

International Monetary Fund (IMF). 2015. "Commodity Special Feature." *World Economic Outlook*, October.

Kesler, Stephen E. 2007. "Mineral Supply and Demand into the 21st Century." Proceedings, Workshop on Deposit Modeling, Mineral Resource Assessment, and Sustainable Development.

Krautkraemer, Jeffrey A. 1998. "Nonrenewable Resource Scarcity." *Journal of Economic Literature*, 36(4):2065–2107.

Meadows, Donella, Dennis Meadows, and Jorgen Randers. 1992. *Beyond the Limits: Confronting Global Collapse, Envisioning a Sustainable Future*. Post Mills, VT: Chelsea Green Publishing.

Phillips, Dom. 2020. "Brazil Prosecutors Charge 16 People with Murder in Dam Collapse that Killed 270." *The Guardian*, January 21.

Senra, Ricardo. 2020. "Brazil's Dam Disaster." *BBC News*. www.bbc.co.uk/news/resources/idt-sh/brazil_dam_disaster.

United Nations Environment Programme (UNEP). 2011. *Recycling Rates of Metals: A Status Report*.

United States Geological Survey (USGS). *Mineral Commodity Summaries 2020*. Reston, VA.

United States Geological Survey (USGS). *Minerals Yearbook*. Various years.

United States Geological Survey (USGS). *Mineral Commodity Summaries*. Various years.

Young, John E. 1992. *Mining the Earth*. Worldwatch Paper 109. Washington, DC: Worldwatch Institute.

第十八章　可再生资源利用:渔业

焦点问题:

- 渔业的生态原则和经济原则是什么?
- 为什么世界上很多渔业都在过度开采?
- 哪些政策可有效地保护和重建渔业?

第一节　可再生资源管理原则

人类经济活动扩张对可再生资源产生了巨大影响。21世纪初,全球很多重要的渔业资源已经枯竭或正在衰退,[①]森林面积每年减少约 1 100 万英亩,[②]多数地下水含水层也因过度开采而面临枯竭。[③] 显然,可再生资源管理仍是一个持续存在的重要问题。可再生或不可再生资源管理的经济和生态原则是什么?

可以将可再生资源简单地看作是经济生产过程中的投入,或者从更广泛的角度去分析可再生资源的物理和生态特征。在一些资源管理方法中,这两种视角是兼容的,但在其他情况下它们表现为相互冲突。例如,管理自然系统的指导原则是偏重生态多样性还是产量最大化? 整合经济和生态目标问题对于管理渔

---

① FAO,2020a.
② FAO,2020b.
③ "Groundwater: Unseen but Increasingly Needed". www. pewtrusts. org/en/trend/archive/spring-2019/groundwater-the-resource-we-cant-see-but-increasingly-rely-upon.

业等自然资源系统至关重要。

523

人类经济依赖于自然系统的**源功能**和**汇功能**。源功能为人类使用提供材料,而汇功能是吸收人类活动产生的废弃物。在讨论农业和不可再生资源时,已经考虑到了这些功能的诸多方面。可再生资源的可持续管理包括维持资源的源和汇功能,使其质量和可用性随时间推移而保持稳定。然而这似乎是一个理想目标,一些管理形式往往鼓励不可持续地利用资源。

第四章案例展示了将渔业作为一种**公共资源**来管理会如何导致过度捕捞和鱼存量枯竭。由于经济原则与生态原则之间存有差异,由私人所有者或政府当局管理也可能会采用不可持续的做法。

资源管理的经济原则包括利润最大化、高效生产和高效跨时空资源配置(intertemporal resource allocation)。在第四章和第五章中看到了这些原则如何应用于资源利用,而当具体研究渔业、森林、土地和水系时,发现这些经济原则与生态可持续性可能并不一致。

可再生资源系统的生态学原理难以用简单术语表达。一个基本的生态目标是,可再生资源的收获或提取率不应超过自然过程再生或补充的量。换言之,生态再生定义了资源的**最大可持续产量**。

大多数自然系统是复杂的。渔业通常包括很多种鱼类以及其他形式的海洋生物;天然林树种繁多,为很多动物以及共生或寄生的昆虫、真菌和微生物提供了栖息地;水系统通常包括不同种类的水生生境在平衡水循环和维持水质方面发挥着重要作用。

源功能(source functions):环境为人类使用提供服务和原材料供的能力。

汇功能(sink functions):自然环境吸收废弃物和污染的能力。

公共资源(open-access resource):一种不受限制和不受监管的资源,如海洋渔业或大气。

最大可持续产量(maximum sustainable yield,MSY):在不耗尽资源存量或种群的情况下,每年收获自然资源的最大数量。

　　人类对自然生态系统的管理必然是在经济目标和生态目标之间进行平衡。几乎在所有情况下，人类对自然生态系统的利用都会在一定程度上改变其状态。即便如此，也应在不破坏生态系统的**恢复力**（即从不利影响中修复的能力）或不超过其最大可持续产量（MSY）的前提下进行管理。然而，要做到这一点，需要一定程度的约束，而这种约束可能与利益最大化等经济原则冲突。在本章、第十九章和第二十章中，将研究经济和生态原则间的紧张关系，从而为渔业、森林、土地和水系统管理提供参考。

恢复力（resilience）：生态系统从不利影响中修复的能力。

第二节　渔业的生态和经济分析

　　在第四章对渔业的初步分析中，将渔业视为一个生产系统，其产出——鱼是一种经济物品。但从本质上看，渔业是一类基于生物系统的行业，因此更普遍的观点是从生物学分析着手，检验其经济含义。

　　种群生物学确定了自然环境中生物体（如鱼类）种群变化的一般理论。图18-1展示了自然状态下一些物种随时间变化的基本模式。该图显示出种群随时间变化的两条路径。在生存所需的最小临界种群 X_{min} 以上，种群将从 A 点增长到自然均衡，与食物供给相平衡，随时间增长而遵循**逻辑斯谛曲线**。

　　在低基数和充足的食物供给条件下，种群最初以稳定速度增长。而随着时间推移，受食物供给和生活空间的限制，种群的增长速度减缓。超过 B 点，即所谓的**拐点**，年增长率下降，种群最终接近上限 X_{max}。[①] 即使种群超过这一限制，由于可用食物暂时性增加而达到了 C 点，但食物的正常供给条件恢复后，种群将从 C 点下降到 X_{max}。

---

① 在拐点处，线的曲率从正（向上）变为负（向下）。在微积分术语中，二阶导数从正到负，在拐点处等于零。

> **种群生物学**(**population biology**):研究一个物种的种群如何随环境条件而变化的科学。
>
> **逻辑斯谛曲线**(**logistic curve**):一种趋向上限的 S 型增长曲线。
>
> **拐点**(**inflection point**):曲线上二阶导数等于零的点,该点表示曲率从正(负)值向负(正)值的变化。
>
> **承载力**(**carrying capacity**):在现有自然资源基础上能够维持的人口和消费水平。

若种群数量降到临界值 X_{min} 水平以下,它将一直下降直至灭绝(D 点)。若疾病、捕食或人类过度捕捞将种群数量减少到不可持续的低水平,就会发生这种情况。北美的旅鸽就是一个典型例子,由于人类过度捕杀导致了一个野生物种的灭绝。北美洲森林中丰富的食物供给曾经使旅鸽成为该大陆上数量最多的物种,但在无节制的猎捕下,旅鸽数量越来越少,最终于 20 世纪初灭绝。

一般来说,自然状态下的物种数量是由环境**承载力**——自然界可提供的食物供给和其他生命支持所决定的。人类对可再生资源的开发必须与这种承载力相一致,以避免造成生态破坏和可能的种群崩溃。

图 18-1 所示的种群增长模式可以通过将存量(种群规模)与年增长联系起来(图 18-2)。横轴为存量大小,纵轴为年增长量,曲线上的箭头表示种群变化的方向。当增长率为正(高于种群数量 X_{min})时,种群数量向 X_{max} 扩张;当种群数量低于 X_{min} 时,物种数量将逐渐下降到 0。

由以上分析可知,X_{min} 是一个**不稳定的均衡点**。在这一种群数量下,物种数量稍有增加就会使该物种进入恢复阶段,稍有减少就会使其灭绝。很多濒临灭绝的物种都处于这种情况。例如,北美的美洲鹤几乎没有足够的存活量来维持筑巢的数量,科学家们希望能将其种群数量推高至可恢复的水平。但是一次重大自然灾害或疾病就能消灭这一物种。

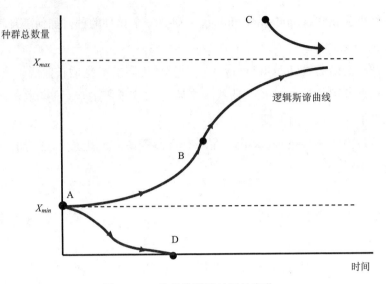

图 18-1　物种种群随时间的变化

> **不稳定的均衡**（**unstable equilibrium**）：一种暂时的平衡，例如可再生资源的存量水平，条件的微小变化可导致存量水平的大幅变化。
>
> **稳定的均衡**（**stable equilibrium**）：例如可再生资源存量水平的均衡，在影响资源存量水平的条件下发生短期变化，系统将趋于恢复到该均衡。

　　相比之下，X_{max} 是一个**稳定的均衡**。在自然状态下，种群数量将接近这一平衡。在种群数量减少后 X_{max} 将增长，种群数量较大时 X_{max} 则会缩减。种群数量可能会在平衡点周围波动，但种群不会出现爆发或崩溃的趋势。[1]

　　在图 18-2 中，种群数量增长图清楚地表明，最大可持续产量（MSY）在曲线的顶部。这等同于图 18-1 中的 B 点。若这一数量是人类所用的捕捞量，种群数量将保持不变。若种群数量介于 X_{min} 和 X_{MSY} 之间，则可通过允许种群存量扩大来增加可持续捕获捞。若种群数量在 X_{MSY} 和 X_{max} 之间，则可通过减少种群存量来增加年捕获量。

---

[1]　关于峡湾动力学的高级研究，见克拉克（Clark）（1990）。

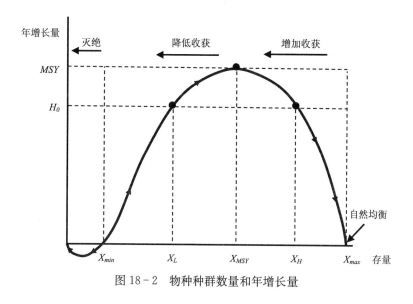

图 18-2 物种种群数量和年增长量

526

由图 18-2 还可以看到出,一个特定的可持续年捕捞量在两个不同的种群水平下均可实现。假设试图收获 H_0 的年捕捞量,可以在 X_L 和 X_H 之间实现。注意,X_H 代表具有相对高的种群数量的可持续年捕捞量,而 X_L 是同一可持续年捕捞量下相对低的种群数量。

一、从生物学原理推导经济规律

到目前为止,一直在遵循严格的生物学分析,而没有考虑经济影响。图 18-2 与第四章中的图 4-1 类似,图 4-1 体现的是渔业的**总产量**。与图 4-1 不同的是图 18-2 中高于 X_{min} 的捕捞量都是可持续的。换言之,当年捕捞量与年增长量相等,并且假设该资源的状况没有其他变化(如暴发疾病或栖息地减少),就可避免第四章中可能出现的**公地悲剧**。

第四章曾指出,与公共资源相比,**经济最优**更可能是生态可持续的。但由于第四章没有涉及渔业的生物学问题,因此无法保证经济最优状态是否真正可持续。现在可以从基于生物学和经济学的综合角度来处理渔业管理问题,即在经济收益与生态可持续的双向目标下确定最佳捕捞水平。

> **总产量**（total product）：给定投入品数量所能生产的产品或服务的总数量。
>
> **公地悲剧**（tragedy of the commons）：公共财产资源被过度开采的趋势，因为没有人有动机去保护资源，而个人的财务激励却促使他们更大规模地开采资源。
>
> **经济最优**（economic optimum）：使经济指标（如效率或利润）最大化的结果。

采取与第四章基本相同的步骤进行分析，将鱼的数量乘以价格，把图 18-2 中的每个可持续捕捞水平转换成总收入值，比较总收入和总成本，在假设鱼价稳定的情况下，确定能带来最高行业利润的捕捞水平。

以图 18-2 中 H_0 的可持续年捕捞量为例，以鱼的吨数为计量单位。从收入的角度来看，从存量小（X_L）还是存量大（X_H）的鱼群中捕捞到这一数量的鱼并不重要。因为捕捞的鱼数量完全相同，在这两种情况下获得了相同的总收入。

由图 18-2 可知。捕捞 H_0 的总收入可通过存量相对较低或相对较高的两种不同方式获得。图 18-3 中的 X_H、X_{MSY} 和 X_L 对应图 18-2 中相同的鱼存量，在 X_H 处鱼存量较高，随着向右移动到 X_L，鱼存量会下降。

虽然可以在 X_L 或 X_H 的存量下可持续地捕捞 H_0，但两者所需的捕捞努力量是不同的。当鱼种群数量相对较多时，因为鱼量丰富，捕捞到 H_0 的年收获相对容易，且只需要 E^* 的努力量即可达到。但当鱼种群数量较低时，要捕捞相同数量的鱼，需要付出更多的捕捞努力量 E_0。图 18-3 中的总收入曲线实质上是图 18-2 中增长曲线的镜像。当鱼群数量较低时，需要付出更多的努力量进行捕捞。

正如在第四章中所做的那样，假设每单位捕捞努力量（例如每趟船）的成本恒定。如图 18-3 中的线性总成本曲线所示，当总收入和总成本间的差值最大时，行业利润就达到了最大化，此时两条曲线的斜率相等，如图 18-3 中与总成本曲线平行的虚线。经济最优值在捕获努力量 E^*、年收获量 H_0、种群存量相对较高的 X_H 水平下实现。可以看到，这种经济最优状态同时也保证了生态上的可持续性。虽然可以在 E_0 的捕捞努力量下获得相同的收入，但这时成本更

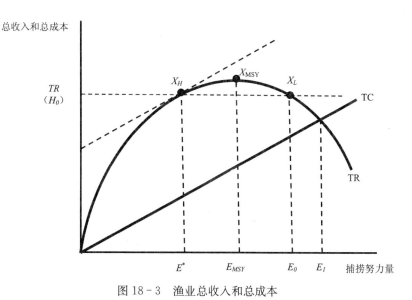

图 18-3　渔业总收入和总成本

注:点 X_H、X_{MSY} 和 X_L 对应于图 18-2 中相同的鱼存量。捕捞努力量在图 18-3 中是从左到右的,但在图 18-2 中是从右到左的。

高,因此利润会更低。在捕捞努力量为 E_1(即第四章讨论的公共资源)时,总成本和总收入相等,此时利润为 0。

也可以通过比较边际成本和边际收益来确定经济最优值,如图 18-4 所示。正如在第四章所述,可以从总收入曲线中推导出边际和平均收入曲线。边际成本不变,在 MR=MC 条件下达到经济最优,此时捕捞努力量为 E^*。在 E^* 的捕捞努力量水平下,渔业总利润高于在 E_{MSY} 的捕捞努力量水平时收获最大可持续产量(MSY),或是在种群存量较低时在 E_0 的捕捞努力量水平下收获 H_0 时的利润。同理,捕捞努力量为 E_1 时,渔业的总利润为零。[1]

从以上分析可得出两个重要结论:

1. 经济最优和生态可持续的捕捞努力量将低于收获最大可持续产量(MSY)时所需的努力量。若增加的捕捞努力量超过了获得最大可持续产量

528

----

[1]　你可能会认为这与第四章中的开放存取均衡相对应,当时渔业利润也为零。但本分析中的收获水平都被认为是可持续的。因此,E_1 代表着在鱼量相当低的情况下,需要付出很大努力才能捕捞到少量和可持续的鱼量。

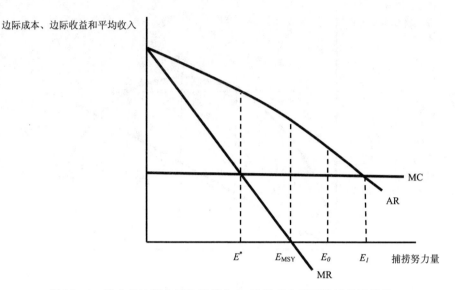

图 18-4　渔业的边际收益和平均收入、边际成本及可持续经济最优

（MSY）所需的量，那么收入和总捕捞量就会下降，而总成本则会增加（图 18-3），这是说明经济效率低的有力证据。

2. 鱼类种群数量相对较高时，可以实现经济最优和生态可持续的捕捞努力量。若鱼类种群数量下降即可证明此时经济无效率且生态不可持续。

第三节　实践中的渔业经济学

如何将这些理论原则应用于现实中的渔业？尤其是，如何确定当前的捕捞水平是否经济高效且具有生态可持续性？回答这个问题的关键是将捕捞努力量与收获水平进行比较。在一个处于相对未开发状态的渔场，例如欧洲殖民者到达新英格兰时，当地的鳕鱼渔场。[①] 最初鱼种群数量处于图 18-2 中的自然平衡点 X_{max}。随着欧洲人开始捕捞鳕鱼，存量在图中从右向左变化，鳕鱼的存量

---

① 在欧洲殖民之前，美洲原住民部落的捕鱼强度对自然平衡几乎没有影响。

下降,导致鱼群的年增长量更高。这是因为在食物供给不变的情况下,数量稍小的鱼群繁殖更快。鱼存量从 X_{max} 变化至 X_H,若捕捞量即为年增长量,那么经济效率提高,同时该渔场仍然是生态可持续的。

但假设捕捞努力量增加,捕获量超过了年增长量,该渔场将试图通过自然繁殖来恢复,但数量仍将继续下降。当鱼存量降至 X_{MSY} 以下时,鱼群密度就会降低,可能需要付出更多的努力来捕获相同数量的鱼。最终,随着持续开采,鱼密度和年增长量将变得极低,以至于尽管捕捞量有所增加,但年捕捞量仍在下降。这表明鱼存量可能正在接近 X_{min},鱼群面临灭绝。

全球渔业的实际数据表明,鱼存量已经远远超出了经济高效和生态可持续的水平。图 18-5 基于渔船的功率和每年捕鱼的天数,比较了过去几十年的全球海上渔获量与全球捕捞努力量的变化情况。可以看到,1950~1970 年,全球捕捞努力量相对稳定,但总捕捞量增加了 200% 以上。这表明在此期间渔业资源相对丰富,而且捕鱼技术在不断提高。由第四章中讨论可知,这可能是一个恒定回报期,该时期每个渔民的捕捞量对其他渔民的捕捞量没有负面影响。结合本章的分析,这一时期的捕捞活动可能是经济高效且可持续的。在 1970~1990 年期间,捕捞力度和收获水平都在增加。需要更多的信息来评估这一时期的捕捞量是高于还是低于最大可持续产量(MSY),但似乎在这一时期的某个时间达到了全球最大可持续产量(MSY),因为此后全球捕捞量没有进一步增加。

自 20 世纪 90 年代以来,捕捞努力量一直在稳步增加,但全球海洋鱼类捕捞量一直相对稳定。正如在上一节中所讨论的,这与低于 X_{MSY} 的种群数量和经济效率低的捕捞水平是一致的,从长期来看可能是不可持续的。

另一种解释图 18-5 的方式是,单位捕捞努力量的捕获量正在下降。根据 2012 年的一项分析,目前单位捕捞努力量的捕获量只有 20 世纪 50 年代的一半左右[9]。世界银行和联合国粮食及农业组织的结论是:

> 目前的海洋捕获量可用当前全球捕捞努力量的大约一半来获得。换言之,全球捕捞船队存在着巨大的产能过剩。而过剩的船队争夺有限的鱼类资源会导致生产力停滞不前,经济效率低下。[1]

---

① World Bank and FAO, 2009, p. xviii.

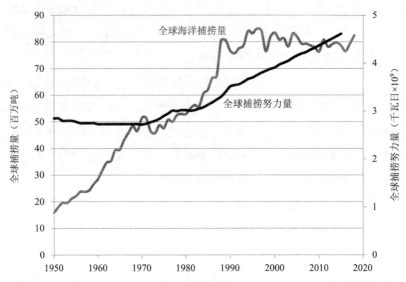

图 18-5　1950～2018 年全球海洋捕捞量和 1950～2015 年全球捕捞努力量

注：海洋捕获物包括海洋鱼类、甲壳类、软体动物和海洋哺乳动物。右侧纵轴上的单位千瓦日×10⁹ 表示渔船的功率和它们每年钓鱼的天数。

资料来源：Food and Agriculture Organization of the United Nations (FAO)，Global Capture Production Statistics；Anticamara et al.，2011；Rousseau et al.，2019。

　　显然，如果只用一半的努力就能捕获同样数量的鱼，经济效率就会提高。此外，单位捕捞努力量捕获量下降表明鱼类种群数量可能接近不健康的水平。

　　公海捕捞就是一个典型的案例，在这种情况下，第四章所讨论的公地悲剧很可能发生。个别渔民往往没有什么动机保护资源，因为他们知道，如果他们不捕捞可用的鱼，那么其他人可能会捕捞。在没有限制的情况下，渔民会试图尽可能多地捕捞鱼。技术的进步使寻找和捕捞鱼群变得更加容易，而这只会使情况变得更糟。

　　图 18-5 所示的全球捕捞努力量的增长导致很多渔场的生物健康状况勘忧。通过粗略比较捕获率与最大可持续产量(MSY)，鱼群可分为三类①：

----

　　① 联合国粮食及农业组织设计的分类标准还考虑了产卵潜力、大小和年龄组成以及鱼苗丰度。见联合国粮食及农业组织(2012)。

捕捞不足:捕获量低于最大可持续产量(即捕获量随着捕捞力度的增加而增加)。

最大可持续捕捞:捕获量达到或接近最大可持续产量。

过度捕捞量:捕获量高于最大可持续产量(即收获量从峰值显著下降,但捕获力度没有下降)。

捕捞不足(underfished):表示捕获量低于最大可持续产量。

最大可持续捕捞(maximally sustainably fished):表示捕获量达到最大可持续产量。

过度捕捞量(overfished):表示捕获量超过最大可持续产量。

只有被归类为捕捞不足的鱼群,其捕获量才能持续增加。对处于最大可持续捕捞或过度捕捞的鱼群进一步加大捕捞力度只会降低捕获量。图18-6显示了全球层面的鱼类种群状况。2017年,只有约6%的鱼类资源可被定义为捕捞不足,60%为最大可持续捕捞,34%为过度捕捞。自20世纪70年代以来,被归类为捕捞不足的鱼类资源比例已从40%下降到不足10%,而同时期被归类为过度捕捞的鱼类资源比例则翻了四倍。正如在上一节所讨论的,这是经济低效和生态不可持续的又一佐证。

531

2008年的一份报告指出:

人类现在有能力在全世界最富饶的生境中寻找和捕获海洋资源,而且比以往任何时候都做得更好。因此,我们不再期望能找到任何隐藏的鱼群储量。事实上,很多科学家警告说,几十年内鱼类种群将面临崩溃。虽然确切的时间有待商榷,但这种趋势已很明显。此外显著的气候变化等新的压力,有可能使情况变得更糟……正如联合国粮食及农业组织所指出的,"世界海洋渔业的最大长期潜力已被开发"。[①]

图18-6显示,自2008年以来,情况进一步恶化,越来越多的鱼类资源被过度捕捞。

---

① Freitas et al.,2008,Introduction.

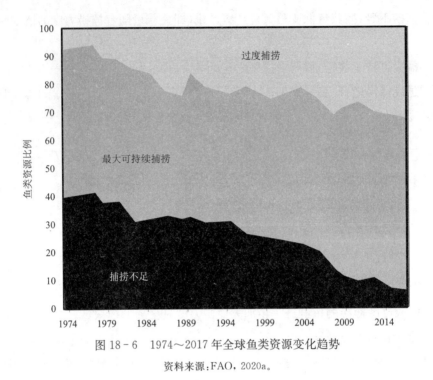

图 18 - 6　1974～2017 年全球鱼类资源变化趋势

资料来源：FAO，2020a。

进一步增加捕捞努力量只会减少收益，并更接近于公共资源状态。公共资源不但在经济上是不合理的，而且还会带来进一步的生态问题，因为现代捕捞方法经常导致非目标物种的高死亡率。此外，很多被捕获的目标物种因为尺寸过小或无法销售而被丢弃。这种全球捕获物中被浪费的部分被称为"**副捕获物**"。2009 年的一篇论文发现：

　　每年有 3 850 万吨的副捕获物，约占全球每年 9 520 万吨海洋捕获物的40.4％。由于没有任何有效管理，大量生物被迫脱离海洋。很少有行业能容忍40％左右的浪费及可持续管理的缺失。[1]因此，本书将揭露"副捕获物"这一问题。

　　尽管确定一个渔场的最大可持续产量有助于维持单一物种的生存，但生态可持续性问题更为复杂。一个物种数量大幅减少会导致海洋生态发生不可逆转

---

[1]　Davies et al. ，2009，pp. 669-670.

的变化,因为其他物种会填补之前被捕获物种所占据的生态位。[①] 例如,在北大西洋的主要渔业地区,狗鱼和鳐鱼已取代了被过度捕捞的鳕鱼和黑线鳕,但现在它们也面临被过度捕捞的威胁。拖网是在海底拖动渔网的捕捞技术,其对各种底栖生物都具有高度破坏性。在大西洋的大部分地区,以前富饶的海底生态群落已经被反复的拖网捕捞作业严重破坏。

副捕获物(bycatch):捕获的目标商业品种之外的水生生物。

第四节　可持续渔业管理政策

世界银行和联合国粮食及农业组织强调迫切需要对渔业制度进行改革:

不采取行动意味着鱼类资源崩溃的风险会增加,且补贴带来的政治压力也在增加,此外这个领域并非全球财富的净贡献者,反而对社会的消耗越来越大……改革的关键是取消海洋捕捞渔业的开放存取条件,建立安全的海洋使用权和产权制度。在一些情况下,可以减少或取消导致过度捕捞努力量和捕捞能力的补贴。世界银行强调应将资金投资到科学、基础设施和人力资本等优质公共物品领域,以及自然资源的良好治理、改善投资环境等方面,而不是补贴。[②]

从经济角度来看,**市场失灵**发生在开放存取的渔业中,重要的生产性资源——湖泊和海洋——被视为免费资源,因此被过度使用。任何一个小湖泊的私有者都不会允许无限量的免费捕鱼,将鱼存量耗尽,直到毫无价值。湖泊所有者会对捕鱼者收取费用,从而为其带来收入(其中一部分收入可能用于补充湖中资源),并限制捕鱼的人数。尽管所有者的动机是收取稀缺性租金,但捕鱼的人也会受益——尽管必须支付费用——因为他们可以进行持续良好的捕捞,而不需受鱼类资源匮乏的困扰。

---

① Hagler,1995; Ogden, 2001.
② World Bank and FAO, 2009, p. xxi.

> **市场失灵**（market failure）：不受监管的市场无法产生对整个社会最有利结果的情况。

　　私人所有权的解决方案并不适用于海洋渔业。海洋被称为共同遗产资源——它们可以被认为是属于每个人的，也可以是不属于任何人的。但根据1982年在联合国主持下达成的《海洋法公约》，各国可对一些重要的近海渔场享有其领土权。接下来他们可通过要求在其**专属经济区**内获得捕捞许可证来限制对这些渔场的使用。

> **《海洋法公约》**（Law of the Sea）：1982年制定的规范海洋渔业的国际条约。
>
> **专属经济区**（Exclusive Economic Zone，EEZ）：一个国家对海洋资源拥有专属管辖权的区域，通常位于该国海岸200海里以内。

　　捕捞许可证可以固定的费用出售，也可以通过拍卖出售有限的数量。实际上，这为获取资源确定了一个价格。也可将其视为负外部性的内部化。每个渔民现在必须为增加一艘船而给渔业带来的外部成本支付价格。这种价格发出的经济信号将导致进入渔业的人减少。

　　然而，这种方法并不一定能解决过度投资的问题。购买捕捞许可证的船主将通过投资新设备，例如跟踪鱼鳍的声呐装置、更大的渔网和行程更远更强大的发动机，获得最大捕获量的额外收益。正如第四章所讨论的，**个人可转让配额**制度可以对捕捞量施加总体最大限制，同时仍然允许市场的灵活性和效率。任何购买此类许可证的人都可捕捞并出售一定数量的鱼，或可将捕捞许可证和捕捞权出售。假设配额限制能够得到执行，那么渔场的总捕获量将不会超过预定水平。

> **个人可转让配额**（individual transferable quotas，ITQs）：可交易的收获资源的权利，例如允许捕捞特定数量鱼的捕捞许可证。

新西兰和澳大利亚等国已经率先使用了可转让的捕捞配额。实际上,这确立了海洋渔业的产权。新进入该行业的人必须从现有所有者那里购买许可证。由于总体捕获量受到严格限制,鱼存量激增,捕捞许可证的价值稳步上升。因为捕捞许可证成了一种重要的资产,其价值可以通过可持续的做法来保持或增加,这使渔民也有了保护渔业资源的动力。有时可转让配额制度会遭到一些人的反对,他们担心公司会通过购买捕捞许可证来接管公共水域。但可以通过限制任何个人或公司可以拥有的捕捞许可证数量来保护小规模经营者。[①]

无论选择何种经济政策手段,必须与海洋生物学家协商以确定最大允许捕捞水平。如图 18-3 所示,可持续收获的最佳经济水平将低于最大可持续产量,并且也将是生态可持续的。在一个渔场已经严重枯竭的极端情况下,需要在一段时间内暂停捕捞,使鱼存量逐渐恢复,通过谨慎的管理,最终可恢复捕捞。在一次重大崩溃后,纽芬兰的鳕鱼渔场经历了部分反弹,但该渔场现在再次面临过高捕捞配额的威胁(见专栏 18-1)。

涉及高度洄游的物种时,有一个更棘手的问题。例如,金枪鱼和箭鱼在国家捕捞区和公海之间不断穿梭。即使国有海域有良好的资源管理政策,这些物种也会被当作一种开放存取的全球资源而被捕捞,这几乎不可避免地会导致这些物种存量的减少。只有国际协定才能解决涉及全球公域的问题。

534

专栏 18-1 大西洋鳕鱼渔业的复苏受到威胁

几百年来,大西洋的鳕鱼渔场一直是一个重要的产业,为新英格兰和加拿大部分地区带来了就业机会和财富。虽然科学家们警告说,该渔场正在被过度开发,但在该行业的游说下,政治家们没有采取行动。在纽芬兰,鳕鱼的捕获量从 20 世纪 80 年代开始下降,但鱼存量仍处于相对健康的状态,因此政府没有实施任何法规。随后,鱼群数量在五年内暴跌了 60%,导致 1992 年暂停了鳕鱼捕捞。在纽芬兰约有 40 000 人因此而失去了工作。美国沿海也对商业鳕鱼捕捞进行了严格限制,2014 年美国沿海的鳕鱼数量估计仅为健康水平的 3%。

---

① Arnason,1993;Duncan, 1995;Young, 1999.

尽管实行了禁令，但受异常寒冷的水域影响，纽芬兰的鳕鱼存量仍持续几年下降。20 世纪 90 年代，该渔场开始缓慢恢复，从 20 世纪 90 年代中期仅有 1 万吨，到 2015 年纽芬兰约 30 万吨的鳕鱼存量。加拿大政府 2016 年的一份报告预测，短期内该渔场将恢复到健康水平的三分之二，因此允许的总捕获量将增加。然而，2017 年，该地渔业经历了一次挫折，当时鱼存量水平下降了 30%。部分下降是由于自然条件变化，但海洋生物学家认为捕捞压力的增加也是原因之一。

2018 年，允许的捕捞量从 13 000 吨减少至 9 500 吨。但代表鳕鱼渔民的渔业、食品和联合工会则游说提高捕捞量。工会主席 Bill Broderick 表示："现在必须以不同的方式工作，必须开始着手准备。没有人再质疑科学了。只是不想看到我们这个团体被'风吹走'。"

2020 年的捕捞量被定为 12 350 吨，环境组织 Oceana 称之为"不负责任"的水平，因为鱼存量并没有显示出有进一步恢复的迹象。关于鳕鱼可捕捞量的争论说明了现实世界中实施渔业政策的困难，即生态和经济目标经常发生冲突。即使资源使用者认识到可持续管理的必要性，短期经济利益仍然支配着巨大的政治权力。

资料来源：Abel, 2016；CBC Radio, 2018；Anonymous, 2020。

1995 年签署了第一份此类协议，即《高度洄游和跨海域种群公约》。该公约体现了第九章中介绍的生态经济学原则：**预防性原则**。这一原则表明，与其等到出现枯竭，不如在问题出现之前控制渔业准入，采取措施限制总捕获率，建立数据收集和报告系统，并通过使用更具选择性的渔具将副捕获物降至最低。[1]

预防性原则（precautionary principle）：认为政策应考虑到不确定性，采取措施避免低概率的灾难性事件。

---

[1] McGinn, 1998.

一、需求侧问题：不断变化的消费模式

除了渔业法规外，改变对鱼和鱼产品的需求模式也有助于实现渔业可持续发展。开展公众教育活动，辨别对环境有害技术所生产的鱼和海产品，引导消费者避开这些类型。如 seatoodwatch. org 网站就提供消费者指南，指出哪些种类是可持续的选择，哪些种类应避免。一般而言，食用在食物链中较低端的鱼类可减少对环境的影响。这种"低营养级"的物种包括罗非鱼、鲶鱼和软体动物。[1]

生态标签，即识别以可持续方式生产的产品，能鼓励可持续捕捞技术运用。经认证的可持续捕捞方法的产品通常可以获得稍高的市场价格。通过接受这种溢价，消费者默认同意为他们食用鱼以外的东西付费。他们为海洋生态系统健康和实现可持续的鱼类供给支付了一点额外费用。消费者的这种选择为捕鱼业使用可持续方法提供了经济激励。

> **生态标签（ecolabeling）**：在产品上贴上标签，提供有关生产该产品所造成的环境影响信息。

用经济学术语来说，就是支持可持续做法的消费者选择购买生态标签产品的意愿，支持可持续捕捞技术正外部性内部化。政府或受人尊敬的私人机构，如海洋管理委员会，可以监督可持续鱼类产品的认证。[2] 一个著名的案例是"海豚安全"生态标签，在金枪鱼捕捞过程中减少作为副捕获物被杀死的海豚数量方面发挥了重要作用。

全球捕获的鱼类有约 12% 被用于非食品用途，如动物饲料中的油和鱼粉。[3]在动物饲料中使用豆粕和其他来源的蛋白质将缓解渔业压力，并有可能使更多的鱼类直接供人类食用。当然，这需依靠陆地种植的蛋白质产品（如大豆）产量增加，而正如第十六章所述，这可能会带来其他环境问题。

---

[1]　Waite and Phillips，2014.

[2]　the Marine Stewardship Council'website：www. msc. org.

[3]　FAO，2020a.

二、水产养殖：新的解决方案，新的问题

发达国家目前消费了全球鱼类捕获总量的 16% 左右，另外 84% 是在发展中国家消费的。对发展中国家来说，鱼是一种重要的蛋白质来源。[1] 发展中国家人口和收入的增加可能会使全球对鱼和鱼类产品的需求稳定增长，但供给量扩大导致来自野生鱼供给几乎接近极限，如图 18-5 所示。

随着全球野生海洋鱼类捕获量趋于平稳，全球鱼类供给中**水产养殖**——鱼类养殖(通常在大型近海围栏中养殖)所占比例越来越大。如图 18-7 所示，水产养殖是近年世界鱼类产量增加的主要原因。近年来，水产养殖鱼类的供给超过了野生(或"捕获")鱼类的供给。中国是世界上最大的水产养殖鱼类生产国，

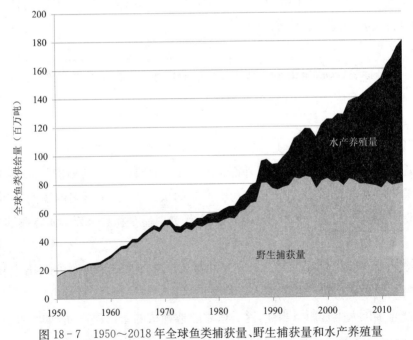

图 18-7　1950～2018 年全球鱼类捕获量、野生捕获量和水产养殖量

资料来源：Food and Agriculture Organization of the United Nations (FAO)，Global Capture Production Statistics；Global Aquaculture Production Statistics。

---

[1]　FAO，2020a.

占全球产量的 70% 以上。尽管野生捕获量稳定或下降，但水产养殖业的扩张使全球人均鱼类消费量稳步增长。发达国家的人均鱼类消费增长最为显著，1961～2018 年期间，人均消费从每人每年 5 千克增加至 19 千克。[①]

536

> **水产养殖（aquaculture）**：有控制地培养水生生物，包括鱼类和贝类等，供人类使用或消费。
>
> **单一种植（monoculture）**：一种农业系统，每年只在一块土地上种植同一种作物。

但从环境角度来看，水产养殖带来的问题可能与它所解决植物的问题一样多。虽然传统的水产养殖系统通常以生态健康的方式将几种鱼类与作物、动物一起养殖，但现代系统通常依赖于经济性物种（如鲑鱼和虾）的**单一种植**。这类系统可能具有显著负外部性。过量食物和鱼的排泄物会污染水生环境，圈养的鱼会将疾病传播给野生鱼群，若它们逃出养殖场会使野生鱼类基因库退化。养虾场经常取代红树林，造成了极为严重的生态破坏。

从短期来看，集约化养虾是非常经济的：一年中，在每公顷 4～5 吨的集约化生产率下，每位养虾者每公顷可以赚取高达 10 000 美元。相比之下，像遮目鱼或鲤鱼这样的品种每公顷大约赚取 1 000 美元。但这些经济回报并没有考虑到生境退化等生态和经济损失。通过将多样化的生态系统转化为简单的生态系统，养殖者和公众失去了大量的生态产品，如鱼类、贝壳、木材、木炭。他们也失去了沿海生态系统提供的服务，如过滤和净化水、循环养分、清除污染物，以及缓冲海岸风暴和恶劣天气对陆地的影响。一项对马来西亚马塘红树林区的研究表明，仅其对海岸的保护价值就超过养殖虾价值的 170%。[②]

537

随着全球对鱼类的需求持续增长，以及未来野生捕获量的稳定或下降，预计水产养殖产量将进一步增长。根据世界资源研究所的数据，到 2050 年水产养殖产量增加两倍以上才能满足人口增长和更高收入推动的需求。[③]

---

① AO，2020a.

② McGinn，1998，pp. 48-49.

③ Waite and Phillips，2014.

专栏 18-2　洪都拉斯的可持续水产养殖

罗非鱼已成为利用水产养殖生产的优势鱼种之一。罗非鱼生长迅速，能耐受高密度且利润可观。但如果管理不善，养殖罗非鱼会破坏当地生态系统。尼加拉瓜的 Apoyo 湖就是一个例子。20 世纪 90 年代，一些鱼从该湖的一个罗非鱼养殖场逃出来。这种外来物种迅速消灭了湖中一种重要的植物性食物，湖中的生态系统也随之崩溃。2000 年，罗非鱼养殖场在短短五年后就关闭了，而该湖泊正在逐步恢复。

最近，洪都拉斯的一个罗非鱼养殖场证明，水产养殖可通过管理以实现环境可持续发展。阿奎芬卡(Aquafinca)养殖场持续监测其水域，以确保氧气和营养水平保持在可接受的水平，同时利用渔网笼防止罗非鱼逃到周围水域。此外养殖场的废弃物也被加工成鱼粉和鱼油。该养殖场的首席运营官马丁·苏克尔(Martin Sukkel)说，

我们的理念始终是打造一个在生态环境和社会意义上长期可持续发展的企业。若水出现问题，那么养殖场环境也将恶化。若这种影响只在五年或十年，可能影响不大，但会在这里长期存在……可持续发展并不容易，而且短期看来很昂贵，但如果从长远来看，这是一项非常有收益的投资。

2012 年，阿奎芬卡成为洪都拉斯首家获得全球水产养殖联盟颁发的最佳水产养殖实践认证的罗非鱼养殖场。阿奎芬卡还获得了水产养殖管理委员会的认证，该委员会要求养殖场限制污染，使用无害饲料，尽量减少鱼群泄漏，并为工人提供安全的工作条件和体面的工资。

资料来源：Anonymous, 2016；WWF, 2012；www.regalsprings.com。

过去的几十年里，在减少水产养殖对环境的影响方面已经取得了一定进展。例如，由环境组织 WWF 共同创立的水产养殖管理委员会(ASC)制定了可持续水产养殖标准，重点关注虾和鲑鱼的养殖。这些标准旨在限制使用抗生素，减少因过度喂养抗生素造成的污染，防止破坏红树林生境，以及保持周围水域的清洁。水产养殖管理委员会制定的标准还确保水产养殖工人得到公平对待，并保护原住民权利。水产养殖管理委员会认证了 600 多个养殖场，主要分布在欧洲和亚洲。2018 年的一项研究显示，水产养殖管理委员会认证的 87% 的养殖场

通过认证获得了新市场机会，67％的报告指出养殖场与当地社群关系有所改善。[①]

小　结

管理一个如渔业这样的可再生自然资源系统，会同时涉及经济和生态两项并行原则。在自然状态下，鱼类种群会达到基于环境承载力的均衡水平。只要人类对资源的开发是在自然承载力之内，可持续利用便可实现。

对渔业的经济分析表明，经济高效的资源利用可以与生态可持续性相容。设定年捕获量等于自然增长量，就可确定一个经济最优均衡下的捕获水平，使社会净收益最大化，同时也是生态可持续的。但是，在没有捕获量限制的情况下，开放存取条件在很多渔场中造成了过度开采的严峻趋势，甚至可能导致渔场崩溃。

在全球范围内，船队捕捞能力的持续增加造成全球90％以上渔场的捕捞量已达到或超过最大可持续产量。近年来，尽管全球捕捞努力量有所增加，但野生捕捞水平保持相对稳定。

维持可持续产量和重建枯竭渔场的政策包括监管、市场机制及其结合。国际公约为领土权利和管理实施制定了准则。各国可以要求提供捕捞许可证或实行配额制，以限制渔业准入。区域范围内的配额可能难以执行，但个人可转让配额制度已成功实施。

鱼是一种重要的蛋白质来源，尤其在发展中国家，随着人口和收入的增加，对鱼类的需求也会增加。可以通过改变消费者意愿、实施认证，或采用生态标签计划，来促进更加可持续的渔业管理。由于增加全球野生鱼类捕获量的潜力很小，因此需要通过扩大水产养殖来满足日益增长的鱼类需求。水产养殖具有巨大的潜力，但也可能涉及高额的环境成本。近年来为减少水产养

---

① 　www.foodsafetystrategies.com/articles/344-study-reveals-growth-in-asc-certified-foods.

殖对环境的影响所做的努力已经呈现出一定效果，但还需要更多改变。

关键术语和概念

aquaculture 水产养殖

bycatch 副捕获物

carrying capacity 承载力

539　ecolabeling 生态标签

economic optimum 经济最优

Exclusive Economic Zone(EEZ)专属经济区

individual transferable quotas(ITQs)个人可

　转让配额

inflection point 拐点

Law of theSea《海洋法公约》

logistic curve 逻辑斯谛曲线

market failure 市场失灵

maximally sustainably fished 最大可持续

　捕捞

maximum sustainable yield(MSY) 最大可持

　续产量

monoculture 单一种植

open-access resource 公共资源

overfished 过度捕捞量

population biology 种群生物学

precautionary principle 预防性原则

resilience 恢复力

sink functions 汇功能

source functions 源功能

stable equilibrium 稳定的均衡

total product 总产量

tragedy of the commons 公地悲剧

underfished 捕捞不足

unstable equilibrium 不稳定的均衡

问题讨论

1. 渔业枯竭的根本原因是什么？哪些因素导致这个问题在当前十分严峻？这个问题为什么与渔业经济和生态分析之间的差异相关？

2. 描述以下渔业管理政策的优点和缺点：私有制、政府通过许可进行监管、使用个人可转让配额。每种政策在什么情况下可能是合适的？

3. 解释以下与渔业有关概念之间的相互关系：稀缺性租金、最大可持续产

540　量、经济效率、生态可持续性。应如何使用这些概念来指导渔业管理政策？

练习

假设渔业总储量和年增长之间的关系特点如下(暂时不考虑第三栏):

数量(吨生物量)	年增长量(吨)	捕捞年增长量所需的捕鱼次数
10 000	0	—
20 000	800	2 300
30 000	1 600	2 200
40 000	2 300	2 100
50 000	2 800	2 000
60 000	3 100	1 600
70 000	3 200	1 300
80 000	3 000	1 000
90 000	2 700	800
100 000	2 300	600
110 000	1 800	400
120 000	1 200	200
130 000	500	100
140 000	0	0

1. 首先,参照图 18-2 构建一个显示储量和年增长量之间的关系图。在图中标出与最大可持续产量相对应的种群数量,以及该鱼群在自然状态下稳定的均衡水平定和不稳定的均衡水平。

2. 然后,画一个表,标示每个种群数量水平下的人口增长率。例如,如果种群数量为 50 000 吨,年增长量为 2 800 吨,即 5.6%。什么种群数量水平能使人口增长率最大化? 该增长率对应于图 18-1 中的哪一点(A、B、C 或 D)?

3. 假设你是监督该渔业的资源管理者,想通过要求年捕捞量等于年增长量来确保渔业生态的可持续性。参考前述表的第三栏,已收集关于不同鱼类种群的年增长量所需的捕捞次数数据。假设每次捕捞成本为 1 000 美元,鱼的售价为每吨 1 000 美元。

假设，必须确定每年的捕鱼配额（以吨为单位）和希望保持的人口水平。捕鱼量达到多少能使经济效益最大化且生态可持续？（提示：计算出 0～2 300 次捕捞量每次捕捞的行业收入、成本和利润）。做一个类似图 18-3 的图以呈现总收入和总成本，以支持你的答案。

相关网站

1. www. fao. org/fisheries/en/. The Food and Agriculture Organization's main fisheries webpage. It includes links to their biennial "State of World Fisheries and Aquaculture" report，which contains detailed data on fish production and consumption.

2. www. worldbank. org/en/topic/environment/brief/global-program-on-fisheries-profish. The World Bank's Global Program on Fisheries（PROFISH）webpage. It includes links to various publications and projects.

3. http：//oceana. org/. Website of Oceana，the "largest international organization focused solely on ocean conservation. " The site describes various ocean conservation projects that Oceana is working on，as well as links to publications.

参 考 文 献

Abel, David. 2016. "Something New in the Chill, Salt Air: Hope." *The Boston Globe*, August 6.

Anonymous. 2016. "Four-Star BAP Tilapia Is First for Honduras." *Best Aquaculture Practices*, July 11. https://bapcertification.org/blog/four-star-bap-tilapia-is-first-for-honduras/.

Anonymous. 2020. "Oceana Castigates 'Irresponsible' Newfoundland Cod Quota Decision." *Undercurrent News*, July 16. www.undercurrentnews.com/2020/07/16/oceana-castigates-irresponsible-newfoundland-cod-quota-decision/.

Anticamara, J.A., R. Watson, A. Gelchu, and D. Pauly. 2011. "Global Fishing Effort (1950–2010): Trends, Gaps, and Implications." *Fisheries Research*, 107(1–3):131–136.

Arnason, Ragnar. 1993. "The Icelandic Individual Transferable Quota System." *Marine Resource Economics*, 8:201–218.

CBC Radio. 2018. "Newfoundland's Cod Comeback Faces a Setback—Is Fishing to Blame?" June 16.

Clark, Colin. 1990. *The Optimal Management of Renewable Resources*, 2nd edition. New York: John Wiley.

Davies, R.W.D., S.J. Cripps, A. Nickson, and G. Porter. 2009. "Defining and Estimating Global Marine Fisheries Bycatch." *Marine Policy*, 33(4):661–672.

Duncan, Leith. 1995. "Closed Competition: Fish Quotas in New Zealand." *Ecologist*, 25(2/3):97–104.

Food and Agriculture Organization (FAO). 2012. "Review of the State of World Marine Fishery Resources." FAO Fisheries and Aquaculture Technical Paper 569. Rome.

Food and Agriculture Organization (FAO). 2020a. *The State of World Fisheries and Aquaculture 2020: Sustainability in Action*. Rome, Italy: FAO.

Food and Agriculture Organization (FAO). 2020b. *Global Forest Resources Assessment 2020: Key Findings*. Rome, Italy: FAO.

Freitas, B., L. Delagran, E. Griffin, K.L. Miller, and M. Hirshfield. 2008. "Too Few Fish: A Regional Assessment of the World's Fisheries." *Oceana*, May.

Hagler, Mike. 1995. "Deforestation of the Deep: Fishing and the State of the Oceans." *The Ecologist*, 25:74–79.

Hartwick, John M., and Nancy D. Olewiler. 1998. *The Economics of Natural Resource Use*. Reading, MA: Addison Wesley Longman.

McGinn, Anne Platt. 1998. "Rocking the Boat: Conserving Fisheries and Protecting Jobs." Worldwatch Paper No. 142. Washington, DC: Worldwatch Institute.

Ogden, John C. 2001. "Maintaining Diversity in the Oceans." *Environment*, 43(3):28–37.

Rousseau, Yannick, Reg A. Watson, Julia L. Blanchard, and Elizabeth A. Fulton. 2019. "Evolution of Global Marine Fishing Fleets and the Response of Fished Resources." *Proceedings of the National Academy of Sciences of the United States of America (PNAS)*, 116(25):12238–12243.

Waite, Richard, and Michael Phillips. 2014. "Sustainable Fish Farming: 5 Strategies to Get Aquaculture Growth Right." World Resources Institute, www.wri.org/blog/2014/06/ sustainable-fish-farming-5-strategies-get-aquaculture-growth-right.

World Bank and FAO. 2009. "The Sunken Billions: The Economic Justification for Fisheries Reform." Washington, DC.

World Wide Fund for Nature (WWF). 2012. *Better Production for a Living Planet*. Gland, Switzerland: WWF Market Transformation Initiative.

Young, Michael D. 1999. "The Design of Fishing Rights Systems: The New South Wales Experience." *Ecological Economics*, 31(2):305–316.

第十九章 森林和土地管理

焦点问题：

- 森林经营在经济和生态方面的原则是什么？
- 森林减少的原因是什么？世界上哪些地区的森林覆盖率正在减少或增加？
- 哪些政策可以促进林业可持续发展？
- 经济学对土地保护有什么影响？
- 针对私人土地和公有土地，应分别采取哪些政策来促进土地保护？

第一节 森林管理中的经济学

本章考虑森林管理和土地保护中的经济学问题。首先关注森林，然后更广泛地考虑土地保护。基于两者讨论，将分析促进公共和私人资源所有者进行可持续土地管理的政策。

森林是生物系统，与渔业类似，它会以与资源存量相关的速度自然再生。森林管理政策中的一个重要因素是森林生长的累积性：若不受干扰，多年、几十年甚至几百年积累的生物量将在很大程度上保持可用，要么在之后供人类使用，要么提供生态系统服务，如碳汇、水土保持和维持生物多样性。因此，在森林管理中，确定采伐时间以及进行经济和生态方面的考虑十分重要。

若测量森林中现存木材的体积随时间的变化情况，就会得到一个类似于养鱼场发展的**逻辑斯谛曲线**(图 19-1)。① 然而,森林的砍伐逻辑与养鱼场的收获逻辑有些不同。从经济角度来看,森林代表两种不同的经济价值:一种是可立即转化为货币的**存量**资源,另一种是可随着时间推移产生稳定经济价值的**流量**资源。若森林属私人所有,所有者将平衡存量木材的当前价值与森林可提供的未来收入流。一个简单的案例可以展示所涉及的经济原则。最初,假设森林所有者在管理森林时只考虑木材的经济价值,而不考虑其他使用价值、生态系统服务价值或非使用价值。

> **逻辑斯谛曲线**(**逻辑斯谛增长模型**)(logistic curve/logistic growth):一种趋向上限的 S 型增长曲线。
>
> **存量**(stock):一个变量在给定时间点的数量,如给定时间湖中的水量或森林中的木材量。
>
> **流量**(flow):在一段时间内测量的变量的数量,包括物理流量,如以立方英尺每秒为单位衡量河流经过给定点的流量,或金融流量,如一段时间内的收入。
>
> **全部砍伐**(clear-cut):采伐特定区域内所有树木的过程。
>
> **可持续森林管理**(sustainable forest management):对森林进行管理,使其在不改变森林实际存量的情况下产生具有经济价值的持续流动。
>
> **折现率**(discount rate):将未来预期收益和成本折算成现值的比率。

一片具有 10 万吨直立木材和每年有 5 000 吨额外生物量增长率的森林。以每吨 100 美元的净价计算,若森林被**全部砍伐**(一次全部砍伐),其价值为 1 000 万美元。另一种选择是**可持续森林管理**政策,即每年的砍伐量不超过每年的生长量,从而使木材存量保持不变。使用这种方法,每年可获得 50 万美元。

从经济学角度,哪一个选择更好? 正如在其他涉及成本和收益的事例中看到的,**折现率**是一个关键因素。可以使用折现率来确定可持续森林经营方案的

---

① 图 19-1 至图 19-3 中的曲线由逻辑斯蒂谛函数生成,时间 t 时的人口(木材体积)等于 $K/(1+ae^{-rt})$,其中 K 是承载力,a 是常数,r 是人口增长率。图 19-1 中,$K=1000$,$a=40$,$r=0.15$。图 19-2 中,假设木材的价格为每单位 1 美元(即产量和收入相等)。成本函数为 $[150+500/(1+20e^{-0.11t})]$。

现值(PV)。若假设可持续管理将创造不变的年收入 X 美元(本例中为 500 000 美元)，可使用公式计算现值：[①]

$$PV = \sum_{i=1}^{\infty} \frac{\$X}{(1+r)^n}$$

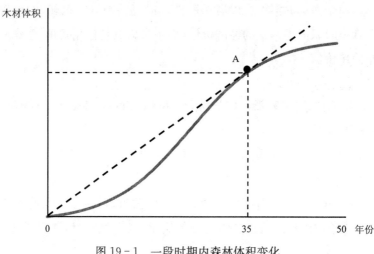

546

图 19 - 1　一段时期内森林体积变化

可以简化为：

$$PV = \frac{\$X}{r}$$

折现率为 4% 时，可持续管理替代方案的现值(PV)为：

$$PV = \frac{500000 \text{ 美元}}{0.04} = 1250 \text{ 万美元}$$

若折现率为 6%，PV 将为：

$$PV = \frac{500000 \text{ 美元}}{0.06} = 833 \text{ 万美元}$$

随着折现率增加，可持续管理替代方案的 PV 降低。将该数值与当即全部砍伐的 1 000 万美元现值进行比较可以发现，在 4% 的折现率下，可持续管理在

---

①　这个定值流总和的简化公式可用数学推导出来。此处省略了证明。此外，虽然假设可持续管理的收入在不确定的未来每年保持不变是不现实的，但它可以使分析简化。

经济上更为可取,但在6%的折现率下,所有者会选择将森林全部砍伐。

另一种从所有者角度分析。1 000万美元的明确收入可以6%的利率投资,每年赚取60万美元,这是一个比通过可持续管理每年获取50万美元收益更高的选择。而在折现率为4%时,每年只获得40万美元的收益。因此,商业利率这个金融变量,将显著影响私人森林管理政策。森林所有者可获得的利率越高,就越有吸引力进行完全砍伐并将利润用于投资。

这个简单的事例,没有考虑森林的重新种植和再生长。可用更复杂的模型去确定经济最佳的采收期(从种植到砍伐的年数)。图19-1显示,考虑森林在生物学上的生长模式,相对年轻的森林比成熟的森林生长得更快。**平均年生长量**或平均生长率,是由总**生物量**或木材质量除以林龄得到的。在图形上,增长曲线上任何点的平均年生长量由从原点到该点连线的斜率表示。最大平均生长量出现在过原点与曲线完全相切的切线的切点(图19-1中的点A)。

> **平均年生长量**(mean annual increment,MAI):森林的平均生长率,用木材的总质量除以林龄得到。
>
> **生物量**(biomass):森林中木材的总质量。

一个可行的采伐原则是,在平均年生长量最大化的时期(图19-1中为35年)清除森林。假设木材价格不变,这将使年平均收入在一段时间内达到最高。

然而,要找到最佳经济条件,还必须考虑另外两个因素。第一个是采伐成本——劳动力、机器和切割木材并将其运输到市场所需的能源。第二个因素,如前文所示的折现率。为计算各种收获策略的现值,必须对收入和成本进行折现。

为了确定经济最优值,首先得到不同数量的木材总收入(TR)和总成本(TC),如图19-2所示。总收入是木材体积(图19-1)乘以单价。因此,TR曲线的形状反映了图19-1中增长曲线的形状。由于存在机器使用等固定成本,总成本最初高于总收入。随着时间推移,成本会与木材砍伐量成比例地上升,也包括重新种植的成本。总收入减去总成本(TR－TC)表示在未来某个时间获得的收益。

为计算其现值,必须对未来时间的预期利润进行折现。从经济盈利的角度

547

来看,(TR － TC)的折现值最大化的点给出了**最佳轮作周期**,如图 19-3 所示。若利润不需要折现,基于本案例,经济上最佳轮作周期为 45 年。在 2% 的折现率下,最佳轮作周期降至 37 年左右。在折现率为 5% 的情况下,最佳轮作周期降至 30 年。[①]

> **最佳轮作周期(optimum rotation period)**:使收获的经济收益最大化的可再生资源轮伐期;由总收益与总成本之间的贴现差额最大化决定。

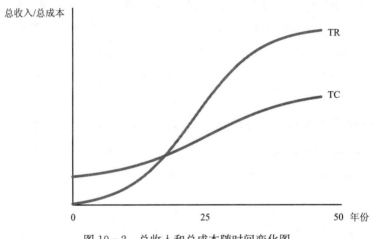

图 19-2　总收入和总成本随时间变化图

　　折现率越高,预期未来收入的现值就会缩水。因此,折现率越高,最佳砍伐期越短。这个事例有助于解释为什么人工林通常是以生长更快的软木树为基础,这样森林所有者可更频繁地收获,也有助于缓解原始森林面临的压力。经过数百年生长的原始森林是一种经济资产,可以通过采伐立即获得收益。重新种植的往往是生长较快的物种或农作物。虽然这种转换对资源管理人员而言可能是最佳的,但它可能导致显著的生态损失(见专栏 19-1)。

[①]　关于木材砍伐经济和最佳轮作周期更详细的介绍,见 Hartwi and Olewiler,1998。

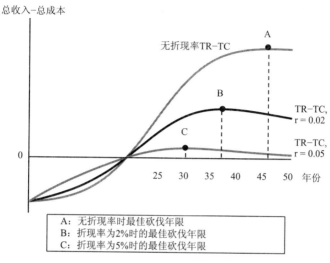

图 19-3　不同折现率下的最佳砍伐年限

专栏 19-1　南美洲的森林砍伐

　　查科(Chaco)森林覆盖了巴拉圭、阿根廷、玻利维亚和巴西的部分地区，被认为是拉丁美洲仅次于亚马孙森林的第二大森林。查科地区占地面积与波兰相当，数百年来大部分地区人类一直无法进入，保护着其生态和文化资源。但是现在，大片土地正被夷为平地，人们争先恐后地将原始森林改作牧场和耕地。巴拉圭前环境部长何塞·路易斯·卡萨奇亚(José Luis Casaccia)说："巴拉圭已有成为砍伐森林冠军的特征"。巴拉圭东部的大部分查科森林已被砍伐，用于大豆种植，只剩下不到 10% 的原始森林。2010～2018 年间，查科森林的砍伐量总计 720 万英亩，主要是由阿根廷引进转基因大豆造成的。如此多的土地被摧毁，如此多的树木被烧毁，以至于白天的天空有时会变"灰暗"。"若继续这种疯狂操作"，卡萨奇亚说，"几乎整个查科森林可能在 30 年内被摧毁"。

　　该地区的大豆主要出口用于提供动物饲料。伊利诺伊大学(University of Illinois)经济学家玛丽·保拉(Mary Paula)指出："毫无疑问，大豆需求将继续增长，因为中国、巴西、俄罗斯和印度等国家的中产阶级人数不断增加，这些国家的人们吃的肉会越来越多。"全球大豆产量已从 20 世纪 60 年代的不到 3 000 万吨增加至 2018 年的约 3.5 亿吨。

嘉吉（Cargill）和阿彻丹尼尔斯米德兰（Archer Daniels Midland）等美国大型农业公司从查科地区购买了大部分大豆，并将其进一步加工成饲料或其他食品。这些大买家的存在改变了该地区的农业，鼓励了工业规模的农业，而很少关注生物多样性。包括世界自然基金会（WWF）在内的环保组织正在向美国公司施压，要求它们同意保护准则，重点是保护剩余的生态敏感区。

资料来源：Romero，2012；MacDonald，2014；Christleanschi，2019。

第二节　毁林：趋势和驱动因素

森林占世界陆地面积的 31%。根据联合国粮食及农业组织的数据，2010～2020 年期间，世界每年损失 470 万公顷的森林。[①] 全球森林砍伐的总速度正在放缓，1990～2000 年期间，世界每年损失 780 万公顷森林，2000～2010 年期间每年损失 570 万公顷森林。

图 19-4 显示了全球不同地区森林面积的净变化。从图中可以看出，亚洲和欧洲的森林面积在增加，而南美洲和非洲的森林面积却在减少。亚洲森林的净增加主要是由于中国的大规模植树计划。中国"退耕还林"计划于 1999 年启动，被认为是历史上最大的生态恢复计划，该计划将易受水土流失影响的农业用地转为森林。2013～2018 年间，中国种植了超过 3 000 万公顷的树木（大约相当于美国新墨西哥州的面积），耗资 830 亿美元。[②]

随着用于农作物和牧场的土地减少，欧洲和美国的森林总面积总体上一直在增加。美国当前的森林总面积比 100 年前高出约 7%。[③] 尽管森林总面积在

---

① FAO，2020.

② Sheng，2019.

③ U. S. Forest Service，2014.

增加,但"二次生长"的新森林的生物多样性往往不如原始森林。一些鸟类物种,如北方斑点猫头鹰和石貂,高度依赖原始森林作为栖息地。此外,2019年的一项研究发现,原始森林不太容易受到野火的破坏,因此,当气候变化导致野火越来越频繁时,原始森林可为野生动物提供避难所。[①]

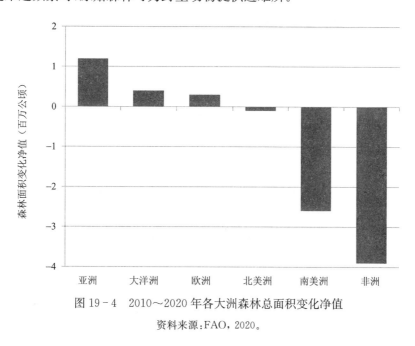

图 19-4　2010～2020 年各大洲森林总面积变化净值

资料来源:FAO,2020。

550

从生态角度来看,热带森林尤其重要。虽然热带森林覆盖的土地面积不到全球陆地面积的 10%,但它们为全球三分之二的生物提供了栖息地。[②] 2015 年对巴西亚马孙流域的一项研究表明,在从森林转向农业和牧场的地区,生物多样性显著减少。研究还发现,经过精心管理,即使有些地区森林被砍伐,但生物多样性也可在很大程度上得到保留。关键是建立一个广泛的多样化和相互联系的森林保护区网络,这比保护少数但更大的保护区更有效,将在本章后面作进一步讨论。[③]

①　Lesmeister et al.,2019.

②　Giam,2017.

③　Solar et al.,2015.

热带森林也是一个重要的碳汇，以目前速率储存的碳量相当于人类 90 年的排放量。[1] 当树木被焚烧时，储存的碳会释放到大气中，这在热带森林被转化为农田时很常见。2018 年的一项研究发现，砍伐热带森林释放的碳超过欧盟的年度碳排放量。[2]

全球砍伐森林的主要原因是森林变成农田，而非直接砍伐森林。2018 年的一篇论文发现，全球 26％的森林砍伐归因于林业，23％是由于野火，只有约 1％源于城市化。全球森林砍伐的另外 50％源于农业的扩张，包括农业和牧场的小规模和大规模扩张。[3] 在非洲，砍伐森林的最大原因是小规模和自给自足的农业。在拉丁美洲，近 70％的森林砍伐归因于更大规模的商业农业。[4]

据关注科学家联盟（Union of Concerned Scientists）称，导致全球砍伐森林的四种主要产品为：牛肉、大豆、棕榈油和木材产品。[5] 其中，牛肉产生的影响最大，尤其是在南美洲，牛肉与 70％的森林砍伐有关。大豆的种植主要是为了喂养动物，包括牛、鸡和猪；世界上只有大约 6％的大豆种植用于生产直接供人类消费的产品。因此，减少全球肉类消费是减缓森林砍伐的一个途径。棕榈油主要生长在东南亚，那里的棕榈树种植园正日益取代热带森林（见专栏 19 - 2）；棕榈油的大部分需求是为了生产生物燃料。

专栏 19 - 2　棕榈油和砍伐森林

棕榈油的产量在过去十年中翻了一倍多，全球 80％以上的棕榈油产自印度尼西亚和马来西亚的大型工业种植园。棕榈油是发展中国家的主要食用油，是很多食品以及肥皂、洗涤剂和化妆品的成分。棕榈油是世界上最便宜的食用油，印度和中国是世界上最大的消费国。同时，它也越来越多地被用于制造生物燃料。

---

[1]　Cockburn, 2020.
[2]　Gibbs et al. , 2018.
[3]　Curtis et al. , 2018.
[4]　Kissinger, et al. , 2012.
[5]　Union of Concerned Scientists, 2016.

棕榈油生产的扩大与严重的森林砍伐有关。2000～2018 年间,印度尼西亚失去了 16％的树木覆盖率。政府的政策为棕榈油生产扩张提供了补贴,在印度尼西亚,政府向政治影响较大的生产棕榈油的大公司提供低成本、长期的公共土地租赁。印度尼西亚和马来西亚的热带森林具有高度的生物多样性,为世界上大约 10％的哺乳动物、爬行动物和鸟类提供了栖息地。

棕榈油种植园是气候变化的重要贡献者,有以下几个原因。首先,棕榈油种植园通常建在以前富含碳的沼泽森林上,这类土地的排水使泥炭土暴露直至腐烂,释放出大量的二氧化碳和甲烷。其次,焚烧树木、释放碳以及排放烟雾造成污染会导致疾病暴发和机场关闭。最后,棕榈油的生产和再加工是能源密集型的,生产每吨棕榈油会导致大约 0.86 吨二氧化碳的释放。

改善政府政策可减少棕榈油生产对环境的影响。除了取消政府补贴外,还可以把未来的种植园限于现有的农业用地或已砍伐森林及退化的土地。由于消费者和环境组织的压力,2004 年成立了可持续棕榈油圆桌会议(RS-PO),并制定了自愿认证准则,尽量减少棕榈油生产对环境和当地社区的负面影响。获得可持续棕榈油圆桌会议认证的棕榈油生产商比例迅速增加,到 2020 年达到全球总量的 19％。

在取得一些进展的同时,印度尼西亚政府仍在继续支持棕榈油产业。2019 年,欧盟对关于是否取消棕榈油基生物燃料进行了投票,因此印度尼西亚威胁要退出《巴黎协定》,并与马来西亚一起对欧盟实施报复性贸易措施。此外,印度尼西亚总统还表示,希望该国的柴油最终将是 100％由棕榈油生产的。

资料来源:Schlanger,2019;Boucher et al.,2011;www.rspo.org/。

第三节　可持续森林管理政策

从全球到各个地方，存在多层次破坏森林的经济力量。从最广泛的角度来看，木材产品、肉类和农作物的全球市场稳步增长，伴随着生态不友好的单一种植，导致天然林面积逐渐下降。由于全球市场的存在，经济力量推动森林砍伐的现象遍布多个地区。根据 2011 年的一份报告：

> 限制供给量和提高价格会减少一个地区的森林砍伐，但会增加其他地区森林砍伐的压力。有时，同一个公司可以从一个地方转移到另一个地方。例如跨国木材公司。但即使没有这一点，砍伐森林的需求也会由于全球市场的存在而转移（或"泄漏"）到其他地方。就如同气球一端被挤压，另一端总会有挤出的压力。在全球化的背景下，必须假设砍伐森林的驱动力是流动的，市场的力量会将它们带到世界各地。[①]

这表明需要采取协调一致的国际应对方式，而非每个国家孤立地应对。联合国于 2000 年设立了森林论坛（UNFF），以促进"所有类型森林的管理、养护和可持续发展，并加强为此宗旨的长期政治承诺"。[②] 联合国森林论坛于 2017 年制定了一项战略计划，明确了六个全球森林目标，到 2030 年要扭转全球森林覆盖率减少的现状，改善以森林为生的居民生计，以及显著增加林地等。[③] 该计划还制定了到 2030 年全球森林面积增加 3% 的具体目标。

然而，森林论坛遵循自愿原则，没有约束力。虽然一项具有法律约束力的国际森林协议可以促使对世界森林进行更可持续管理，但包括美国、巴西和俄罗斯在内的主要林业国家一直反对制定一项强有力的国际协议，他们认为每个国家都应保留对本国森林的主权。[④]

或许在国际层面，促进可持续林业发展的最大可能是制定并通过与气候变

---

① Boucher et al. ,2011,p. 9.
② www. un. org/esa/forests/forum/index. html.
③ United Nations Forum on Forests,2017.
④ Maguire,2010.

化有关的协定。森林砍伐和森林退化产生的碳排放约占全球碳排放量的 11％，超过全球汽车和卡车的总排放量。① 根据 2016 年的一项研究，有效的全球森林管理可减少 20％～40％的温室气体排放量，从而实现联合国的气候目标，即相对于工业化前的水平气温最高提升 2 ℃。此外，相比从化石燃料中捕获发电产生的碳，森林能够以更低的成本储存碳。②

自 21 世纪第一个 10 年中期以来，联合国一直在探索将气候政策与可持续林业发展结合起来的机制。目前的方法被称为 REDD＋，为各国提供了通过有效森林管理实现气候缓解目标的可能。③ 有关 REDD＋与 2015 年《巴黎协定》有关作用的更多信息，详见专栏 19－3。

在国家层面，各国森林管理差异很大。薄弱的森林政策往往是经济压力造成的。政府会向木材公司授予伐木特许权，有时甚至是垄断权，或者出售、租赁公共土地。2020 年的一项研究分析了拉丁美洲、非洲和亚洲的私营实体进行了 8 万多宗大规模土地收购交易。2000～2018 年期间，喀麦隆、刚果共和国和加蓬三国一半以上的森林被私人实体收购。在印度尼西亚、莫桑比克和马拉维等 6 个国家，超过 10％的林地被私人伐木公司收购。④

553

专栏 19－3　REDD＋和《巴黎协定》

联合国指出，如果不减少森林碳排放，就不可能将气候变化限制在可接受的水平。联合国 REDD＋诞生于 2008 年，通过向发展中国家提供财政激励，换取减少森林排放行动和推行低碳发展战略。截至 2020 年，REDD＋与 65 个发展中国家建立了合作关系。例如，2018 年，科特迪瓦制定了一项计划，建立零毁林可可产业供给链。印度尼西亚正在制定一项试点计划以更

---

① www. unredd. net/about/what-is-redd-plus. html.

② Ni et al. ,2016.

③ REDD＋ is a more comprehensive approach than the original REDD version. REDD focused only on reducing deforestation in developing countries. REDD＋ adds the role of conservation, sustainable forest management, and enhancement of forest carbon stocks. 参见，https://en. wikipedia. org/wiki/Reduce_emissions_from_degraining_and_forest_degradati。

④ Davis et al. , 2020.

好地管理森林火灾。厄瓜多尔使用联合国资金，进行了符合土著居民需求的森林管理。[1]

这些措施需要进一步推进，才会对限制气候变暖产生显著的可衡量影响。将 REDD＋ 纳入 2015 年《巴黎协定》是一项重大突破，其中第 5 条呼吁"为减少毁林和森林退化所引起排放的活动制定政策和出台激励措施，以及发挥保护、可持续管理的作用。"[2]在巴黎会议上，包括德国、挪威和英国在内的几个国家承诺增加对发展中国家可持续林业项目的资助，目标为每年为 REDD＋ 提供 10 亿美元资金直至 2020 年。[3] 然而，到 2020 年，实际收到的资金仅为该目标的三分之一左右，这意味着可持续林业项目需要继续推进。[4]

木材公司通常通过向国家政府支付税费获得在公共土地上砍伐森林的权利，而非获得土地。然而，这些费用通常不足以补偿娱乐价值、栖息地、碳排放和水质退化等资源损失。例如，2016 年，对俄勒冈州公共土地的木材租赁分析发现，特许权使用费收入只占损失资源总经济成本的约 2%。[5] 政府的低成本木材租赁政策是对伐木公司的补贴，也是腐败行为的诱因，伐木公司会通过贿赂政府官员来争取特许权。

正如在全书中看到的很多其他问题一样，通过外部性内部化使价格"合理"是经济政策的重要组成部分。正如在第十章中所讨论的，世界银行调整后的净储蓄指标考虑了森林枯竭。对包括尼日尔、索马里和乌干达在内的一些非洲国家而言，这一损失占国民收入的 10% 以上。[6] 森林税可用于将森林砍伐的负外

---

[1]　UN-REDD Programme，2020.

[2]　Online Document：http://unfccc. int/files/essential _ background/convention/application/pdf/english_paris_agreement. pdf.

[3]　www. worldbank. org/en/news/feature/2015/12/18/outcomes-from-cop21-forests-as-a-key-climate-and-development-solution.

[4]　截至 2020 年 8 月，承诺资金支持为 3.26 亿美元，http://mptf. undp. org/factsheet/fund/CCF00.

[5]　Natural Resource Economics，2016.

[6]　Based on 2017 data from the World Development Indicators database.

部性内部化,例如,2012 年加利福尼亚州对木材和其他木材产品征收 1%的税,税收用于资助公共森林管理机构。①

　　政府政策可通过其他措施鼓励健全的森林管理,如对可持续林业进行税收减免、限制采伐和进行重新种植。俄勒冈州将净采伐面积限制在 120 英亩,在净采伐区重新种植的新树木高度达到 4 英尺之前,相邻地区也无法采伐树木。②2018 年,挪威成为世界上第一个完全禁止砍伐森林的国家,并且还承诺从其他国家购买的产品将采用无毁林供应链。③

　　政策还鼓励木材产品的可持续消费,一种方法是建立可持续生产木材的**认证标准**。经验表明,很多消费者愿意为可持续生产的木材支付高于市场价格的溢价。例如,爱尔兰 2020 年的一项既有价值评估研究发现,消费者愿意为认证的低成本木材项目支付 87%的溢价。④ 成立于 1993 年的森林管理委员会(FSC)是世界上最大的木材产品认证机构。为了获得森林管理委员会的认证,公司必须制订可持续森林管理计划,尊重土著居民权利,保护生物多样性,并满足其他要求。截至 2020 年,森林管理委员会已在 89 个国家认证了超过 2 亿公顷的森林。⑤

> **认证(certification)**:对符合某些标准的产品进行确认的过程,如对使用有机耕作技术种植的产品进行认证。

　　再生木制品的生产和消费减少了现有砍伐压力,回收一吨纸张可节省 17 棵成熟树木或者 7 000 加仑的水,可以为一个典型的美国家庭供电 6 个月。⑥ 纸张回收率最高的国家有韩国(85%)、日本(72%)和德国(70%)。据地球政策研究所(Earth Policy Institute)估计,若每个国家回收的纸张数量都和韩国一样多,

554

---

① Lifsher,2012.

② Oregon Forest Resources Institute,https://oregonforests. org/harvest-regulations.

③ Nace,2016.

④ Higgins et al. ,2020.

⑤ FSC,https://fsc. org/en/facts-figures.

⑥ https://en. wikipedia. org/wiki/Paper_recycling.

生产纸张所需的木材数量将减少三分之一。[1]

最后，促进发展中国家可持续森林管理的一项重要政策是确保低收入森林相关工作者能获得有保障的财产权。对于个人、社区和很多移民来说，若土地使用权不稳定，那么他们几乎没有动力保护森林，经济上的需要迫使他们为了获得最大的短期收益而开发森林，并且一直继续这项行为。若获得有保障的使用权，他们将乐意从森林中获得源源不断的收入，包括木材以外的林产品，如水果、乳胶（来自橡胶开采）或树荫下生长的咖啡。[2]墨西哥和哥伦比亚近期的一项研究表明，授予小规模的公共财产权对减少森林砍伐尤其有效。[3]

第四节 土地保护的经济价值

本章第一节中介绍的森林管理模式的重点是木材和木材生产利润最大化。但是利润最大化与社会福利最大化并非一致。通过管理森林或者土地，以实现社会福利最大化，还必须考虑消费者利益、外部性和非市场价值。生态经济学家也会考虑与土地管理相关的内在价值，例如经济发展是否会危及广泛动植物物种的生存。

必须考虑在不同决策下森林或其他土地的**总经济价值**，以确定最具经济效益的选择。第六章图6-1列出了森林总经济价值的不同组成部分。现在需要扩大对土地管理的思考：何时限制为获得市场价值而开发土地（例如，进行木材或农业转换）？换言之，经济学应如何帮助人们确定应保留多少土地而非开发多少土地？

总经济价值（total economic value）：资源使用价值和非使用价值的总和。

---

[1] Earth Policy Institute. "Reduce, Recycle, and Replant—Restoring the World's Forests, Data Highlights,"April28,2010, www. earth policy. org/data_highlights/2010/highlights10.

[2] Shade-grown coffee leaves forest trees standing, with coffee bushes beneath, while sungrown coffee requires complete removal of forest cover.

[3] Miteva et al. ,2019；Romero and Saavedra,2018.

在第六章和第七章学到的很多知识,可以帮助确定最佳的土地管理政策。原则上,可使用非市场估值和成本收益分析来估算不同管理的净经济效益。当然,前面讨论过的所有注意事项都适用于此,例如关于或有估值的有效性问题、选择折现率的重要性以及敏感性分析的重要性。此外,很多经济研究为不同土地管理方案的经济效益提供了宝贵意见。

一、土地保护的直接使用价值

保护地可以为社会提供直接使用价值、间接使用价值和非使用价值。直接使用价值包括休闲活动,如徒步旅行、钓鱼和露营。近年来在美国,人们对户外娱乐的需求一直在增加。2007~2018 年期间,美国进行跑步训练的人数增加了137％,背包旅行的人数增加了 59％,山地自行车手数量增加了 26％。[1] 据 2015年的一项研究估计,在全球范围内,保护区每年接待约 80 亿人次的游客,产生6 000亿美元的直接支出和 2 500 亿美元的消费者盈余。这项研究的作者指出,此数值远远超过全球每年对保护区不到 100 亿美元的支出,"强调了保护投资不足的风险,并建议大幅增加对保护区维护和扩张的投资,这将产生可观的回报。"[2]秘鲁的一项研究与此类似,该研究发现,投资于保护区发展旅游的每一美元,都会给国民经济带来 147 美元的收益。[3]

娱乐活动产生的直接使用价值,可使用旅行成本模型(一种显示偏好方法)和或有估值(一种陈述偏好方法)来估算。2016 年的一篇论文评估了保护区的娱乐效益,该论文使用旅行成本模型估算了游客前往法国生态脆弱的自然地区,每次旅行费用为 78 美元,消费者盈余分析发现,游客愿意为参观科罗拉多州落基山国家公园支付单次旅行 73 美元的盈余。[4]

越来越多的游客将可持续发展目标纳入旅行中。**生态旅游**可被定义为对环

[1]　Outdoor Foundation,2019.

[2]　Balmford et al. ,2015.

[3]　Secretariat of the Convention on Biological Diversity,2008.

[4]　Roussel et al. ,2016；Richardson et al. ,2006.

境和社会负责任的旅行，即前往保护环境和改善当地人福利的自然地区。[1] 生态旅游者通常愿意为可以减少对环境影响的旅行、住宿、食物和远足支付额外费用。一项研究发现，相较于其他旅行者，参加可持续型旅行的美国人平均每次多花费 600 美元，并会在目的地多保留三天。2019 年，哥斯达黎加、尼泊尔、贝宁和斐济被评为最佳"道德目的地"。[2]

> **生态旅游**（ecotourism）：对环境和社会负责的自然区旅游，保护环境并改善当地人的福祉。

556

土地保护也可与某些市场化用途相兼容。例如，提取树液作为糖浆、收获坚果和土著居民的生计活动。又如，埃塞俄比亚西门山国家公园的边界有几片土著社区用于自给农业种植的土地。[3] 公共土地可以被用于多种用途，例如美国国家森林体系中的森林，既可以提供娱乐休闲服务，也可用于木材采伐、化石燃料开采和狩猎。

二、土地保护的间接使用价值

保护地的间接使用价值或者说生态系统服务包括碳汇、土壤保持、防洪、蜜蜂传粉和水净化。根据世界自然保护联盟（IUCN）的观点：

保护地在确保长期提供生态系统服务方面发挥着至关重要的作用，因为自然环境在其他地方，包括在周边地区正变得日益退化或丧失。因此，保护这些关键区域不仅对保护生物多样性很重要，而且对维持人类福利也很重要。[4]

保护区不成比例地提供了重要的生态系统服务，比如碳汇。世界上最大的

---

① 这一定义与国际生态旅游协会（International Ecotourism Society）的定义类似，即"负责任地前往自然保护区旅行，保护环境、维持当地人民福利并参与宣传和教育"；参见 https:///ecotourim.org/what-is-ecotourism/。教育可以推动旅行，但并不是一段旅行被认为是可持续的关键因素。

② Center for Responsible Travel，2017；Lefevre et al.，2019.

③ Beltrán，2000.

④ IUCN，2018.

100个城市中,三分之一的城市从森林保护区获得相当大部分的饮用水。^①很多保护地的设立,是为了保护濒危物种。例如,建于1963年的法国瓦努瓦斯国家公园是法国的第一个国家公园,其目的就是保护因狩猎而数量锐减的阿尔卑斯山野山羊的栖息地。

划定保护区对于维持生态系统服务是远远不够的。2019年欧洲的一项研究发现,保护区对碳汇有效,但对维持生物多样性无效。^②中国的另一项研究发现,自然保护区在保护哺乳动物和鸟类物种多样性方面"适度"有效,但在保护其他物种和维持生态系统服务(如土壤保持和碳汇)方面效果较差。^③这些研究结果表明,需要更好地管理保护区,以维持生态系统服务,并在生态系统服务受到最大威胁的地方建立新保护区。

三、土地保护的非使用价值

虽然有些保护区每年会接待数百万游客,但其他保护区则很少有人参观。东格陵兰国家公园是世界上最大的国家公园,按陆地面积计算,相当于世界第30大国家面积,然而公园每年只接待大约500名游客。^④与此同时,印度完全禁止任何人前往老虎栖息地旅游。在这些事例中,土地主要的经济价值可能是非使用价值。

保护区的非使用价值只能用或有估值进行货币计量,一些关于现值的研究,采访了受访者是否愿意为保护区的非使用价值买单。2020年的一项研究测量了乌干达森林的现有价值,样本中的贫困村民每年愿意为土地保护支付15美元,这使得研究人员呼吁"政府领导人、林业工作者、私营部门和其他利益相关者共同努力拯救已受到威胁的森林"。^⑤一项来自荷兰的现值研究发现,人们对受

557

---

① Stolten et al. ,2015.

② Lecina-Diaz et al. ,2019.

③ Xu et al. ,2017.

④ "Greenland National Park by the Numbers,"National Geographic, www. expeditions. com/blog/greenland-national-park-by-the-numbers/.

⑤ Bamwesigye et al. ,2020.

保护河岸地区的非使用价值的平均支付意愿比对娱乐价值的支付意愿高出 17 倍。[1]

四、土地保护的成本

虽然保护地会为社会提供很多益处,但也必须考虑保护成本。将一片土地归类为保护地意味着需要雇佣劳动力执行法规、监测生态健康并提供游客服务。例如,非洲克鲁格国家公园每年在反偷猎动物上花费约 1 400 万美元(尽管付出了如此大的代价,2019 年公园里仍然有 300 多只濒临灭绝的犀牛被屠杀)。[2] 2020 年,美国国会通过了《美国户外法》,提议在五年内提供近 100 亿美元的资金,以解决部分联邦公共土地所需的 200 亿美元基础设施投资问题。[3]

留出保护地意味着限制人们砍伐木材、获取化石燃料和矿物等自然资源。在综合成本收益分析中,需要考虑预测机会成本,如利润损失、消费价格上涨和失业。对于生活在保护区附近(甚至在保护区内)的低收入家庭和土著居民,这类机会成本可能尤其显著。

例如,一项经济分析估计,由于失去了农业用地,马达加斯加建立的拉诺玛法纳(Ranomafana)国家公园每年给当地家庭带来了 19～70 美元的机会成本,[4] 这些成本相当于一个家庭年收入的 2%～6%,对于已经相当贫困的家庭而言是一个巨大的损失。经济研究表明,低收入家庭的收入往往更依赖自然资源。[5] 通过将所有利益相关者纳入土地管理决策、尊重当地文化价值观,以及为非传统的生计提供资金,土地保护措施可以更加有利于贫困人口。

---

[1] Ruijgrok and Nillesen, 2004.
[2] Fynn and Kolawole, 2020.
[3] Anonymous, 2020.
[4] Ferraro, 2002.
[5] Heltberg, 2010.

五、土地保护与其他用途

通过衡量总经济价值,可深入了解保护特定地带的土地是否比其他用途提供更多的社会价值。可以将一块土地的总经济价值(包括直接使用价值、间接使用价值和非使用价值)与用于采伐木材或采矿等目的的经济价值相比。例如,2019 年澳大利亚的一项研究将保护区的娱乐收益与土地用于农业、畜牧业或林业的收益进行了比较。研究发现:

558

保护区娱乐服务可能与传统上被赋予经济价值的采掘用途具有类似的数量级,甚至更大。因此,不考虑这些价值的土地利用决策不可能从土地利用分配中获得最佳的社会效益。[1]

另一项在荷兰进行的研究,评估了森林保护与转为农田的益处。研究结果表明,森林保护所产生的收益比农业用地的经济价值高三倍多。[2] 其他研究发现,泰国保留完整红树林的收益超过了转为养殖虾的收益;加拿大湿地的收益超过了转为集约化农业生产的收益;意大利森林的休闲服务与流域保护的收益超过了木材的价值。[3]

当然,土地保护的收益并不总是超过采掘用途所带来的益处。在一些情况下,经济上最佳的土地管理选择主要是为了农作物、木材或其他市场商品。在其他情况下,若没有对生态系统服务等某些收益进行估算,经济分析可能不完整。但即使考虑到经济分析的局限性,"对保护区进行估值可以提供经济依据,补充生物多样性的理由,说明政府和其他部门要投资保护区的原因。"[4]

六、城市土地保护的经济效益

本章前面讨论的重点是保护城市以外的土地。但是由于世界上 55% 的人

---

① Heagney et al. , 2019.

② Hein,2011.

③ Millennium Ecosystem Assessment,2005.

④ Phillips. 1998,p. 8.

口生活在城市地区，预计到 2050 年这个数字将增至 68％，保护和创造城市"自然"区域的必要性开始被广泛重视。[1] 城市绿地的好处有以下几点：[2]

- 提高生活质量。绿地的使用者可从徒步旅行、观鸟、自行车骑行和野餐等娱乐活动中受益。越来越多的研究表明，接触大自然可显著提高人们的幸福指数。例如，2019 年在丹麦，一项针对近 100 万人的研究得出结论："儿童时期接触的绿地越多，晚年患各种精神类疾病的风险就会越低。"[3]

- 提供更高的财产价值。一些针对快乐指数的研究表明，绿地增加了居民财产价值。例如，2015 年奥地利维也纳的一项快乐主义分析发现，距离绿地的距离每增加 1％，财产价值就会下降 0.13％～0.26％。[4]

- 提供生态系统服务。城市绿地除了提供其他保护区所提供的生态系统服务，如碳汇、养分循环和野生动物栖息地，还可为城市"热岛"降温。据美国环境保护署（U. S. Environmental Protection Agency）称，由于吸收和反射热量的建筑物高度集中，以及存在汽车和空调等热源，城市地区白天的温度可能比城郊地区高 7 华氏度。树木不仅能提供荫凉，而且它们的蒸散也能提供降温效果。[5]

- 加强社区凝聚力。通过提供公共聚集场所，城市绿地可以帮助创造社区的团结意识。2019 年的一篇论文指出，"对自然与健康之间关系的综述表明，公园和森林等城市绿地的存在和质量对社会凝聚力有积极影响。"[6]

- 促进经济发展。拥有绿地的城市地区有更大可能吸引商业投资，反过来又为市政当局提供了更多税收。2008 年在得克萨斯州休斯敦市建立的发现绿色公园被认为是吸引数百万美元私人投资、振兴周边城市地区的一个主要因素。[7]

基于以上益处，世界卫生组织指出，"城市绿地是地方政府为提升公民福祉

① United Nations, News, May 16, 2018. www. un. org/development/desa/en/news/population/2018-revision-of-world-urbanizationprospects. html＃：～：text＝Today％2C％2055％25％20of％20the％20world％27s,increase％20to％2068％25％20by％202050.

② Kastelic, 2014.

③ Engemann et al. , 2019. 63. Herath et al. , 2015.

④ Herath et al. , 2015.

⑤ U. S. EPA, Heat Island Effect，www. epa. gov/heatislands.

⑥ Jennings and Bamkole, 2019.

⑦ Anonymous, 2009.

进行的一项重要投资"。大量的经济分析表明,城市绿地带来的收益明显超过了成本。2020 年,一项针对北爱尔兰贝尔法斯特城市中绿地成本收益的分析发现,基于分析假设,收益成本比在 2.9～5.8 之间。一项类似的研究发现,在马萨诸塞州,每投资 1 美元用于土地保护,就会从自然产品和服务中获得 4 美元的收益。[①]

本节表明,土地保护为社会提供了显著的经济价值,往往超过了林业、农业和城市商业开发等替代用途的价值。此外,支持美国民主党和共和党的群众对土地保护也有广泛的支持(新冠病毒感染疫情对保护土地和森林产生了积极和消极两方面的影响,见专栏 19－4)。[②]

在本章的最后一节,考虑了可以促进现有保护地有效管理和有助于创建新保护地的政策。

专栏 19－4　新型冠状病毒流行病对森林和保护地的影响

新冠病毒感染的流行对森林和保护地产生了积极和消极两方面的影响。例如,新冠病毒感染大流行导致全球经济衰退,减少了对木制品的需求,至少暂时减缓了森林砍伐。但在很多国家,这种流行病导致对森林的更大开采,原因之一是疫情封锁减少了森林保护区的管理人员,使土地容易受到非法砍伐和转为农业用地。在尼泊尔,旅游禁令的第一个月发生的非法森林砍伐案件比去年全年都多。[③] 根据 2020 年的一篇论文,全球新冠病毒感染大流行是"一场资金减少的风暴,是对保护机构运行的限制,是对非洲保护区人民的严重威胁"。与此同时,用于管控偷猎的资金减少、收入下降和粮食危胁造成了偷猎者数量增加。[④] 贫困加剧迫使很多人将森林视为"最后的资源",尤其是在依赖森林发展旅游业的地区。[⑤]

[①]　WHO, 2017；Hunter et al. , 2020；The Trust for Public Land, 2013.

[②]　参见,Hart Research Associates,2016。

[③]　Fair, 2020.

[④]　Lindsey et al. , 2020.

[⑤]　ILO, 2020.

虽然旅行禁令减少了很多去往森林和保护区的旅游,但由于人们寻求户外安全空间,其他公园的游客量激增。[1] 例如,由于新冠病毒感染大流行,德国波恩的城市森林游客量增加了一倍多;[2]在挪威奥斯陆,对城市绿地的访问量增加了近300%,"突出了建成与密集建筑物交织的绿色开放空间的重要性"。[3] 美国国家公园和州立公园的访问量增加,加上维护和工作人员减少,导致垃圾、涂鸦和非法车辆使用等方面的问题。[4] 新冠病毒感染大流行的经验表明,需要在保护地给游客带来的诸多好处与维护环境完整性之间取得平衡。

第五节　土地保护政策

虽然有关保护地政策的争议通常集中在公共土地上,但管理私人土地同样可以实现保护目标。本节首先讨论促进私人土地的生态保护政策,之后再考虑公共土地的保护政策。

一、私人土地保护政策

为达成保护目标,一些组织会专门获取私人土地,例如由自然保护协会(见第四章,专栏4-2)和国家奥杜邦协会(National Audubon Society)等利益集团管理的土地。这些组织会收到一些土地作为礼物,并从愿意出售土地的人那里购买其他土地。

大多数私人土地在一定程度上受到保护是市场政策起作用的结果。出于保

---

[1] The Trust for Public Land，2020.

[2] Derks et al.，2020.

[3] Venter et al.，2020.

[4] Chow，2020.

护目的,这类政策为私人土地所有者提供了金融激励,用于管理土地。**保护地役权**是一项自愿协议,土地所有者同意永久限制其土地的使用,以换取资金补偿。一般情况下,土地役权的限制包括禁止商业开发、分割住房、采矿和砍伐;一些保护地役权可能允许耕种、放牧和可持续的树木砍伐。由于保护地役权降低了土地的市场价值,对土地所有者来说,优点是减少房产税或扣减所得税。土地所有者通常不需要将其全部土地置于保护地役权限制之下,可以保留一部分土地用于住宅或商业用途。大多数地役权"随土地一起运行",即当土地被出售或继承时,地役权的条件被转移给新的所有者。

> **保护地役权**(**conservation easement**):一种以保护为目的,土地所有者同意永久限制土地使用,并换取经济利益的自愿协议。

在美国,受保护地役权保护的土地数量急剧增加,从 2005 年的约 600 万英亩增加至 2015 年的 1 700 万英亩,[1]这个数字在其他国家也在增加,例如智利、加拿大、澳大利亚和欧盟。[2] 在发展中国家,保护地役权的作用更为有限,因为这些国家往往缺乏实施保护地役权政策的法律和政府机构。[3]

另一种实现保护目的的管理私人土地的方法是土地分区。通过**分区限制**,政府规定在特定土地上哪些用途是被允许的。例如,一种普遍的分区限制是某些土地只能用于住宅开发,而不能用于商业或工业开发;另一种分区限制是每块住宅用地必须至少有一定的面积,例如一英亩或更大。虽然将每个地块保持在一定规模以上会降低开发密度,并有助于维持土地提供野生动物栖息地和生态系统服务,但这种分区在历史上一直被用于区分种族的住房开发。由于较大的地块会导致更高的地产价值,这实际上排除了少数低收入群体。[4] 将一部分土地用于多户和面向低收入人群的住房开发,有助于保持多样性,同时也可以达到保护目标。

---

① Land Trust Alliance,2015.
② Jacobs,2014.
③ Kamal et al. ,2014.
④ 参见 Barrie,2020。

> **分区限制（zoning restrictions）**：政府规定在特定的土地上允许和禁止使用何种类型的用途。

正如本章前文所说，促进私人土地保护管理的最后一项政策是正式承认土著居民的土地所有权。承认并执行土著土地所有权限制了伐木、采矿和其他商业行为的"土地掠夺"。土著居民往往没有组织，没有合适的法律代表，容易受到不道德和非法土地交易的影响。此外，政府的腐败行为往往不尊重土著居民现有的财产权。

世界资源研究所（World Resources Institute）2016 年的一份报告指出，玻利维亚、哥伦比亚和巴西由于土著居民拥有安全的土地使用权，森林砍伐现象至少减少了 50%。[1] 该报告还得出，在碳汇、养分循环和其他生态系统益处方面，确保土著居民土地使用权收益远远超过了成本。

承认和加强土著居民的财产权一般可以确保土地管理获得最显著的长期经济和环境收益。土著居民正逐渐与国家和国际机构合作，从而将其土地列为正式保护区。例如，2018 年，加拿大的皮玛希旺·阿奇地区（Pimachiowin Aki，北美印第安人族群阿尼希纳比族的祖居地）被联合国教科文组织认定为世界遗产；[2]另一个事例是肯尼亚的印怀西保护区（Il Ngwesi），土著居民为了保护土地而放弃放牧，以便建立一个向游客开放的野生动物生态保护区。[3]

二、公共土地保护政策

虽然保护地役权提供了一个市场机制，用于激励私人土地所有者管理其土地以获得生态服务，但仅采取自愿措施会使受保护土地供给不足，从而导致市场失灵。

市场本身并不能支持保护区系统，因此，社会必须通过各级政府以提供卫

---

[1] Ding et al., 2016.

[2] https://en.wikipedia.org/wiki/Pimachiowin_Aki.

[3] http://ilngwesi.com/content/visit/2016/04/04/the-il-ngwesi-story/.

生、教育、国防和法律系统等方式,将环境保护作为公共服务提供。未能提供这些公共服务会使个人乃至整个国家的生活质量下降。[①]

几乎所有国家都会留出一些公共保护土地,如国家公园、森林保护区、荒野地区、国家森林、野生动物保护区和其他公共土地等。虽然有些土地由联邦政府管理,但其他土地由州、省和市政府管理。有时,不同类型公共土地的分类十分复杂。以美国为例,拥有"努力为子孙后代保持景观不受损害,同时提供娱乐机会"的国家公园;国家森林按照"多用途"战略管理,可允许木材砍伐和矿物开采;国家野生动物保护区保护动植物栖息地,但也允许狩猎和捕捞;土地管理局主要管理用于牲畜放牧的土地、"未被人类驯服"的荒野地区(在所有以前的土地类别中都有)和很多其他类型的土地。[②]

因此,无论在国家间还是在一个国家内,确定多少土地应被"保护"是很困难的。考虑到这一点,图19-5世界银行数据展示了16个国家保护地所占的比重。从图中看到,委内瑞拉、不丹和德国保护地占本国国土面积的三分之一以上,美国占13%,而俄罗斯、加拿大、印度和沙特阿拉伯所占比例不足10%。

据世界银行估计,全球15%的土地都受到了一定程度的保护。大多数生态学家和环境科学家认为,这一比例急需提高,特别是在气候变化威胁到很多物种栖息地时的情况下。2020年,在北京举行的联合国生物多样性会议上,包括世界自然基金会、大自然保护协会和国家地理在内的众多环保组织呼吁将全球保护地的面积增加一倍,达到全球面积的30%。[③]

正如本章前面所提,若土地管理不力、资金不充足,简单地将土地划为保护地可能不利于实现生物多样性和其他目标。保护地的收入可通过一般所得税和销售税或通过针对性措施来提高,例如哥斯达黎加对化石燃料征税等;一些保护地向游客收取门票,以资助维护和保护项目;美国佐治亚州对露营和钓鱼等户外设备征税,以资助土地保护。

[①]　Phillips,1998,p. ix.

[②]　U. S. Department of the Interior. America's Public Lands Explained,www. doi. gov/blog/americas-public-lands-explained.

[③]　Joint Statement on Post-2020 Global Biodiversity Framework, https://presspage-productioncontent. s3. amazonaws. com/uploads/1763/jointstatement-905923. pdf? 10000.

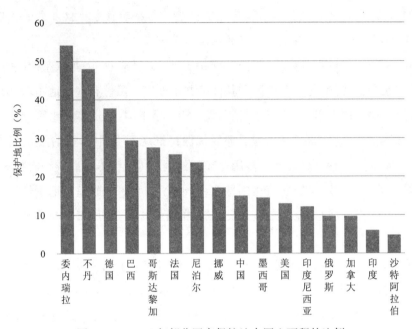

图 19-5　2018 年部分国家保护地占国土面积的比例

资料来源:World Bank, World Development Indicators database。

　　保护区可能会受到邻近地区开发的影响,因为开发会损害空气、水质量,限制物种获得食物。2018 年发表在《科学》杂志上的一篇文章发现,世界上三分之一的保护地正受到农业和木材砍伐等经济行为中的"巨大人为压力"。鉴于此,全球陆地面积的 10% 左右应被考虑保护,而非 15%。论文作者呼吁:

　　为解决全世界保护区长期资金不足的问题,需要确认和量化管理良好的保护区通过保护文化遗产、改善经济和社会福利所提供的投资回报以及它们所拥有的自然资本。[①]

　　一种更有效的管理公共保护地的方法是将其视为一个整体网络,而不仅仅是一片孤立的土地。很多生态学家呼吁用**保护(野生动物)廊道**连接不同的保护地。以非洲季节性迁徙超过 1 000 英里的斑马和角马为例,仅仅保护这些物种冬季和夏季的栖息地是不够的,还必须确保它们有一条连接这两个栖息地且受

---

① Jones et al. , 2018, p. 790.

保护的路线。气候变化迫使很多物种放弃现有的栖息地并寻找新的栖息地,保护廊道将变得更加重要。例如,随着气温升高,一些物种将需要从海拔较低的地方迁移到海拔较高的地方。

保护(野生动物)廊道(conservation(wildlife)corridors):在连接保护区之间允许物种迁移和适应的土地。

特莱弧形地貌(TAL)是世界上最大的天然保护廊道系统之一,它沿着印度和尼泊尔的边界延伸约 500 英里,包括 13 个保护区,可以为犀牛、大象和老虎提供栖息地。印度和尼泊尔政府正在共同努力,将这些保护区与野生动物走廊连接起来,服务于大型哺乳动物和其他物种因气候变化或栖息地退化而迁徙。[1]

若在公园以外进行密集开发,会导致空气污染、水质恶化和对公园造成其他负面影响,从而保护区的保护收益也会减少。在核心区周围设计缓冲区,可以减少周边发展对生态脆弱地区的影响,即使是在荒野地区或野生动物保护区周围的**缓冲区**,也被允许有限的开发和自然资源开采。缓冲区本质上是高度保护的核心区域和周围的未保护区域间的过渡区域,旨在将未保护区域对核心保护区域的负面影响降至最低。

564

缓冲区(buffer zone):生态敏感核心区周围允许有限人类使用的区域,旨在将远离核心区的更密集人类使用的影响降至最低。

除了生态福利,在农村和土著居民可能被禁止获得核心保护区资源的情况下,缓冲区可为他们提供资源。例如,赞比亚国家公园周围的缓冲区允许进行传统的农业种植和狩猎;布泽尔地区的村民还获得了引导游客狩猎旅行的许可证,这为村民们提供了额外的收入来源。[2]

---

[1] WWF, "About Terai Arc Landscape," www. wwfindia. org/about_wwf/critical_regions/terai_arc_landscape/about_terai_arc_landscape/.

[2] Richardson et al. , 2012.

小　结

经济分析有助于制定森林管理原则。一个重要的变量是折现率，较高的折现率使未来收益贬值，更有可能激励砍伐森林而非可持续管理。

过度开采森林导致毁林。尽管全球森林砍伐率有所下降，但每年仍损失近 500 万公顷的森林。砍伐森林的主要驱动因素包括农田改造、木材采伐和野火。

承认森林是重要的碳汇是促进更可持续森林管理的一种方法。其他林业政策还包括通过税收和收费将外部性内部化，对来自可持续管理森林的木材产品进行认证，以及为土著居民提供有保障的财产权。

经济分析表明，森林和其他土地的管理应使包括使用价值和非使用价值在内的总经济价值最大化。大量经济研究表明，土地保护通常为社会提供比商业开发更大的总经济价值。针对私人土地所有者，激励他们为了生态利益而管理土地的措施包括保护地役权和分区限制。

碳汇、生物多样性和其他生态服务等全球生态目标要求政府将土地作为公共物品进行管理。全球大约 15% 的土地被归类为保护地，但生态学家呼吁划定新保护区的同时更好地管理现有保护区。例如，保护廊道和缓冲区等政策可以提升保护区的功能。

关键术语和概念

biomass 生物量

buffer zone 缓冲区

565 certification 认证

clear-cut 全部砍伐

conservation(wildlife)corridors 保护(野生动物)廊道

conservation easement 保护地役权

discount rate 折现率

ecotourism 生态旅游

flow 流量

logistic curve/logistic growth 逻辑斯谛曲线(逻辑斯谛增长模型)

mean annual increment(MAI) 平均年生长量　　管理

optimal rotation period 最佳轮作周期　　　　total economic value 总经济价值

stock 存量　　　　　　　　　　　　　　　zoning restrictions 分区限制

sustainable forest management 可持续森林

问题讨论

1. 森林与海洋渔业不同,是可以私人所有的。事实上,数百万英亩的森林由私人公司拥有和管理。在经济学理论中,私有制会激励企业进行高效管理。私人拥有的森林在多大程度上是这样的? 高效管理是否也有利于环境改善?

2. 讨论市场力量为什么会导致森林砍伐? 但也可利用市场力量来减少森林砍伐。

3. 请解释你将如何确定某一特定的土地是否应被保护或用于农业生产、住宅开发等商业目的? 你的答案会因你是传统的环境经济视角或生态经济视角而有所不同吗?

练习

XYZ 森林产品公司拥有 2 000 英亩的林地,其中 1 000 英亩目前种植硬木树(橡树、山毛榉等),1 000 英亩种植软木树(松树)。每英亩的任何一种森林都含有 200 吨的生物量(现存木材)。但硬木生长较慢:一英亩的硬木每年增加 10 吨生物量,而一英亩的软木每年增加 20 吨生物量。

现行价格为每吨硬木 500 美元,每吨软木 300 美元。预计此价格(实际价值)在未来将保持稳定。有两种可能的管理方式:砍伐所有的树木;可持续的木材管理,即每年去除的树木和生长的生物量相等。砍伐树木的成本是每吨 40 美元(每种树木),而进行可持续木材管理的成本是每吨 70 美元。

分析 XYZ 森林产品公司在以下情况下为实现利润最大化而采取的森林管理政策:

(1)实际利率为每年 3%。

(2)实际利率为每年 5%。

现在假设 XYZ 森林产品公司被加尔干图亚企业集团接管，该集团以 10%的实际利率负债 1 亿美元。分析其可能的森林经营模式。

评价利率在这里的作用，并以政府视角提出针对森林经营的政策建议。这里给出的数据中是否有其他不明显的因素会影响政策决定？若森林是公共的而非私人的，你会怎么建议？你对发达国家和发展中国家的森林管理决策的建议会有何不同？

相关网站

1. www. cifor. org. Website of the Center for International Forestry Research, anonprofit, global facility that conducts research to enable more informed and equitable decision making about the use and management of forests in less developed countries, including analysis of the underlying drivers of deforestation and degradation.

2. www. wri. org/our-work/topics/forests. The World Resources Institute page on forest loss and policies for sustaining forests.

3. www. ran. org/issue/forests/. Information about rainforests from the Rainforest Action Network, an environmental group that campaigns to protect rainforests around the world.

4. www. iucn. org/theme/protected-areas/our-work/world-database-protected-areas. The IUCN's World Database on Protected Areas, which provides a map of protected areas across the world.

参 考 文 献

Anonymous. 2009. "Placemaking Pays off: How a Green Space Advances Economic Development." Project for Public Spaces, December 30. www.pps.org/article/placemakingpaysoff.

Anonymous. 2020. "Trump signs Great American Outdoors Act to Fund Conservation." *Aljazeera*, August 4.

Balmford, Andrew, Jonathan M.H. Green, Michael Anderson, James Beresford, Charles Huang, Robin Naidoo, Matt Walpole, and Andrea Manica. 2015. "Walk on the Wild Side: Estimating the Global Magnitude of Visits to Protected Areas." *PLOS Biology*, 13(2). https://doi.org/10.1371/journal.pbio.1002074.

Bamwesigye, Dastan, Petra Hlavackova, Andrea Sujova, Jitka Fialova, and Petr Kupec. 2020. "Willingness to Pay for Forest Existence Value and Sustainability." *Sustainability* 12:891. https://doi.org/10.3390/su12030891.

Barrie, Thomas. 2020. "To Fight Racism, Throw Out Neighborhood Zoning Laws that Lead to Segregated Housing." *The News & Observer* (North Carolina), June 13.

Beltrán, Javier. 2000. "Indigenous and Traditional Peoples and Protected Areas: Principles, Guidelines and Case Studies." World Commission on Protected Areas, Best Practice Protected Area Guidelines Series No. 4. IUCN and WWF International.

Boucher, Doug, Pipa Elias, Katherine Lininger, Calen May-Tobin, Sarah Roquemore, and Earl Saxon. 2011. *The Root of the Problem: What's Driving Tropical Deforestation Today?* Cambridge, MA: Union of Concerned Scientists.

Center for Responsible Travel. 2017. *The Case for Responsible Travel: Trends & Statistics 2017.* www.responsibletravel.org/docs/The%20Case%20for%20Responsible%20Travel%20 2017_Final%20for%20Release.pdf.

Chow, Andrew R. 2020. "National Parks Are Getting Trashed During COVID-19, Endangering Surrounding Communities." *Time*, July 22.

Chrisleanschi, Rodolfo. 2019. "Gran Chaco: South America's Second-largest Forest at Risk of Collapsing." *Mongabay*, September 19. https://news.mongabay.com/2019/09/gran-chaco-south-americas-second-largest-forest-at-risk-of-collapsing/.

Cockburn, Harry. 2020. "Tropical Forests' Ability to Absorb Carbon Nearing 'Tipping Point' and Could Soon Accelerate Climate Crisis, Study Finds." *Independent (UK)*, March 4.

Curtis, Philip G., Christy M. Slay, Nancy L. Harris, Alexandra Tyukavina, and Matthew C. Hansen. 2018. "Classifying Drivers of Global Forest Loss." *Science*, 361(6407): 1108–1111.

Davis, Kyle Frankel, Heejin Irene Koo, Jampel Dell'Angelo, and 10 other authors. 2020. "Tropical Forest Loss Enhanced by Large-scale Land Acquisitions." *Nature Geoscience*, 13:482–488.

Derks, Jakob, Lukas Giessen, and Georg Winkel. 2020. "COVID-19-induced Visitor Boom Reveals the Importance of Forests as Critical Infrastructure." *Forest Policy and Economics*, 118:102253. https://doi.org/10.1016/j.forpol.2020.102253.

Ding, Helen, Peter Veit, Erin Gray, Katie Reytar, Juan-Carlos Altamirano, Allen Blackman, and Benjamin Hodgdon. 2016. "Climate Benefits, Tenure Costs: The Economic Case for Securing Indigenous Land Rights in the Amazon." World Resources Institute, October.

Engemann, Kristine, Carsten Bøcker Pedersenc, Lars Arge, Constantinos Tsirogiannis, Preben Bo Mortensen, and Jens-Christian Svenning. 2019. "Residential Green Space in Childhood Is Associated with Lower Risk of Psychiatric Disorders from Adolescence into Adulthood." *Proceedings of the National Academy of Sciences of the United States of America*, 116(11):5188–5193.

Fair, James. 2020. "COVID-19 Lockdown Precipitates Deforestation across Asia and South America." *Mongabay*, July 3. https://news.mongabay.com/2020/07/covid-19-lockdown-precipitates-deforestation-across-asia-and-south-america/.

Ferraro, Paul. 2002. "The Local Costs of Establishing Protected Areas in Low-income Nations: Ranomafana National Park, Madagascar." *Ecological Economics*, 43(2–3):261–275.

Food and Agriculture Organization (FAO). 2020. *Global Forest Resources Assessment 2020, Key Findings.* Rome, Italy: FAO.

Fynn, Richard, and Oluwatoyin Kolawole. 2020. "Poaching and the Problem with Conservation in Africa." *Mongabay*, March 3. https://news.mongabay.com/2020/03/poaching-and-the-problem-with-conservation-in-africa-commentary/.

Giam, Xingli. 2017. "Global Biodiversity Loss from Tropical Deforestation." *Proceedings of the National Academy of Sciences of the United States of America (PNAS)*, 114(23): 5775–5777.

Gibbs, David, Nancy Harris, and Frances Seymour. 2018. "By the Numbers: The Value of Tropical Forests in the Climate Change Equation." World Resources Institute, October 4. www.wri.org/blog/2018/10/numbers-value-tropical-forests-climate-change-equation.

Hart Research Associates. 2016. "Public Opinion on National Parks." Report to Center for American Progress. https://cdn.americanprogress.org/wp-content/uploads/2016/04/11070242/CAP_Polling-Slide-Deck-National-Parks2.pdf.

Hartwick, John M., and Nancy D. Olewiler. 1998. *The Economics of Natural Resource Use*, 2nd edition. New York: Addison Wesley.

Heagney, E.C., J.M. Rose, A. Ardeshiri, and M. Kovac. 2019. "The Economic Value of Tourism and Recreation across a Large Protected Area Network." *Land Use Policy*, 88. https://doi.org/10.1016/j.landusepol.2019.104084.

Hein, Lars. 2011. "Economic Benefits Generated by Protected Areas: The Case of the Hoge Veluwe Forest, the Netherlands." *Ecology and Society*, 16(2):13.

Heltberg, Rasmus. 2010. "Natural Resources and the Poor: Introduction to a Special Issue of the Journal of Natural Resources Policy Research." *Journal of Natural Resources Policy Research*, 2(1):1–6.

Herath, Shanaka, Johanna Choumert, and Gunther Maier. 2015. "The Value of the Greenbelt in Vienna: A Spatial Hedonic Analysis." *The Annals of Regional Science*, 54:349–374.

Higgins, Kieran, W. George Hutchinson, and Alberto Longo. 2020. "Willingness-to-Pay for Eco-Labelled Forest Products in Northern Ireland: An Experimental Auction Approach."

Journal of Behavioral and Experimental Economics, 87. https://doi.org/10.1016/j.socec.2020.101572.

Hunter, Ruth F., Mary A.T. Dallat, Mark A. Tully, Leonie Heron, Ciaran O'Neill, and Frank Kee. 2020. "Social Return on Investment Analysis of an Urban Greenway." *Cities and Health*. https://doi.org/10.1080/23748834.2020.1766783.

International Labour Organization (ILO). 2020. "Impact of COVID-19 on the Forest Sector." ILO Brief, June.

IUCN. 2018. "New IUCN Report Helps Choose the Right Tools to Assess How Key Natural Areas Benefit People." *IUCN News*, August 7. www.iucn.org/news/world-heritage/201808/new-iucn-report-helps-choose-right-tools-assess-how-key-natural-areas-benefit-people.

Jacobs, Harvey M. 2014. "Conservation Easements in the U.S. and Abroad: Reflections and Views toward the Future." Lincoln Institute of Land Policy Working Paper.

Jennings, Viniece, and Omoshalewa Bamkole. 2019. "The Relationship between Social Cohesion and Urban Green Space: An Avenue for Health Promotion." *International Journal of Environmental Research and Public Health*, 16(3):452. https://doi.org/10.3390/ijerph16030452.

Jones, Kendall R., Oscar Venter, Richard A. Fuller, James R. Allan, Sean L. Maxwell, Pablo Jose Negret, and James E.M. Watson. 2018. "One-Third of Global Protected Land Is under Intense Human Pressure." *Science*, 360:788–791.

Kamal, Sristi, Malgorzata Grodzińska-Jurczak, and Gregory Brown. 2014. "Conservation on Private Land: A Review of Global Strategies with a Proposed Classification System." *Journal of Environmental Planning and Management*, 58(4):576–597.

Kastelic, James. 2014. "The Economic Benefits of Greenspace." The Trust for Public Land. Ohio Land Bank Conference, September 11. www.wrlandconservancy.org/documents/conference2014/Economic_Benefits_of_Greenspace.pdf.

Kissinger, Gabrielle, Martin Herold, and Veronique de Sy. 2012. "Drivers of Deforestation and Forest Degradation: A Synthesis Report for REDD+ Policymakers." Lexeme Consulting, Vancouver, Canada. August.

Land Trust Alliance. 2015. *National Land Trust Census Report: Our Common Ground and Collective Impact*. https://www.landcan.org/pdfs/2015NationalLandTrustCensusReport.pdf.

Lecina-Diaz, Judit, Albert Alvarez, Miquel De Cáceres, Sergi Herrando, Jordi Vayreda, and Javier Retana. 2019. "Are Protected Areas Preserving Ecosystem Services and Biodiversity? Insights from Mediterranean Forests and Shrublands." *Landscape Ecology*, 34:2307–2321.

Lefevre, Natalie, Karen Blansfield, Molly Blakemore, and Jeff Greenwald. 2019. "Best Ethical Destinations for 2019." *Earth Island Journal*, January 21.

Lesmeister, Damon B., Stan G. Sovern, Raymond J. Davis, David M. Bell, Matthew J. Gregory, and Jody C. Vogeler. 2019. "Mixed-severity Wildfire and Habitat of an Old-forest Obligate." *Ecosphere*, 10(4). https://doi.org/10.1002/ecs2.2696.

Lindsey, Peter, James Allan, Peadar Brehony, and 20 other authors. 2020. "Conserving Africa's Wildlife and Wildlands through the COVID-19 Crisis and Beyond." *Nature, Ecology and Evolution*. https://doi.org/10.1038/s41559-020-1275-6.

Lifsher, Marc. 2012. "California to Collect 1% Fee on Lumber and Wood Products." *Los Angeles Times*, December 3.

MacDonald, Christine. 2014. "Green Going Gone: The Tragic Deforestation of the Chaco." *Rolling Stone*, July 28.

Maguire, Rowena. 2010. "The International Regulation of Sustainable Forest Management: Doctrinal Concepts, Governing Institutions, and Implementation." Thesis submitted for Doctor of Philosophy, Queensland University of Technology (Australia), November 9.

Millennium Ecosystem Assessment. 2005. *Ecosystems and Human Well-being: Synthesis*. Washington, DC: Island Press.

Miteva, Daniela A., Peter W. Ellis, Edward A. Ellis, and Bronson W. Griscom. 2019. "The Role of Property Rights in Shaping the Effectiveness of Protected Areas and Resisting Forest Loss in the Yucatan Peninsula." *PLOS ONE*, 14(5). https://doi.org/10.1371/journal.pone.0215820.

Nace, Trevor. 2016. "Norway Just Banned Deforestation." *Forbes*, July 18.

Natural Resource Economics. 2016. *Below-Cost Timber Sales on Federal and State Lands in Oregon: An Update*. NRE Working Paper 16-04. July.

Ni, Yuanming, Gunnar S. Eskeland, Jarl Giske, and Jan-Petter Hansen. 2016. "The Global Potential for Carbon Capture and Storage from Forestry." *Carbon Balance and Management*, 11(3):1–8.

Outdoor Foundation. 2019. *2019 Outdoor Participation Report*. https://outdoorindustry.org/resource/2019-outdoor-participation-report/.

Phillips, Adrian, ed. 1998. *Economic Values of Protected Areas: Guidelines for Protected Area Managers*. World Commission on Protected Areas (WCPA), Best Practice Protected Area Guidelines Series No. 2. IUCN and The World Conservation Union.

Richardson, Rober B., Ana Fernandez, David Tschirley, and Gelson Tembo. 2012. "Wildlife Conservation in Zambia: Impacts on Rural Household Welfare." *World Development*, 40(5):1068–1081.

Richardson, Robert B., John Loomis, and Stephan Weiler. 2006. "Recreation as a Spatial Good: Effects on Changes in Recreation Visitation and Benefits." *The Review of Regional Studies*, 36(3):362–380.

Romero, Mauricio, and Santiago Saavedra. 2018. "Communal Property Rights and Deforestation: Evidence from Colombia." Working Paper 017508, Universidad del Rosario.

Romero, S. 2012. "A Forest Under Siege in Paraguay." *New York Times*, January 20.

Roussel, Sebastian, Jean-Michel Salles, and Lea Tardieu. 2016. "Recreation Demand Analysis of Sensitive Natural Areas from an On-site Survey." *Revue d'Economie Regionale et Urbaine*, 2:355–383.

Ruijgrok, E.C.M., and E.E.M. Nillesen. 2004. "The Socio-Economic Value of Natural Riverbanks in the Netherlands." Social Science Research Network Electronic Paper Collection. http://dx.doi.org/10.2139/ssrn.545903.

Schlanger, Zoë. 2019. "The Global Demand for Palm Oil is Driving the Fires in Indonesia." *Quartz*, September 18. https://qz.com/1711172/the-global-demand-for-pgamonalm-oil-is-driving-the-fires-in-indonesia/.

Secretariat of the Convention on Biological Diversity. 2008. "Protected Areas in Today's World: Their Values and Benefits for the Welfare of the Planet." CBD Technical Series No. 36.

Sheng, Yang. 2019. "Extensive Reforestation in China Makes World Greener." *Global Times,* February 16.

Solar, Ricardo Ribeiro de Castro, Jos Barlow, Joie Ferreira, and 12 other authors. 2015. "How Pervasive Is Biotic Homogenization in Human-Modified Tropical Forest Landscapes?" *Ecology Letters,* 18:1108–1118.

Stolten, Sue, Nigel Dudley, Başak Avcioğlu Çokçalişkan, and 11 other authors. 2015. "Values and Benefits of Protected Areas," in *Protected Area Governance and Management* (eds. Worboys *et al.*). Canberra, Australia: ANU Press.

The Trust for Public Land. 2013. "The Return on Investment in Parks and Open Space in Massachusetts." September.

The Trust for Public Land. 2020. *Parks and the Pandemic.* https://www.tpl.org/parks-and-the-pandemic.

Union of Concerned Scientists. 2016. "What's Driving Deforestation?" February 8. www.ucsusa.org/resources/whats-driving-deforestation.

United Nations Forum on Forests. 2017. *United Nations Strategic Plan for Forests: Briefing Note.* www.un.org/esa/forests/wp-content/uploads/2017/09/UNSPF-Briefing_Note.pdf.

United States Forest Service. 2014. "U.S. Forest Resource Facts and Historical Trends." FS-1035, August.

UN-REDD Programme. 2020. "2018 10th Consolidated Annual Progress Report of the UN-REDD Programme Fund." Report of the Administrative Agent of the UN-REDD Programme Fund for the period January 1–December 31, 2018.

Venter, Zander S. David N. Barton, Vegard Gundersen, Helene Figari, and Megan Nowell. 2020. "Urban Nature in a Time of Crisis: Recreational Use of Green Space Increases during the COVID-19 Outbreak in Oslo, Norway." *Environmental Research Letters,* 15(10). https://doi.org/10.1088/1748-9326/abb396.

World Health Organization (WHO). 2017. *Urban Green Spaces: A Brief for Action.* Regional Office for Europe.

Xu, Weihua, Yi Xiao, Jingjing Zhang, and 15 other authors. 2017. "Strengthening Protected Areas for Biodiversity and Ecosystem Services in China." *Proceedings of the National Academy of Sciences of the United State of America,* 114(7):1601–1606.

第二十章　水利经济与政策[①]

焦点问题：

- 全球水资源短缺程度如何？
- 水资源短缺能通过扩大供给来解决吗？
- 水资源的市场化能提高水效率吗？
- 水属于私人所有还是公共资源？

第一节　全球水供给和需求

　　水是一种独特的自然资源，是地球生命的基础。地球 97％ 的水是海水，只有 3％ 是淡水，其中 70％ 的淡水是极地冰盖和冰川（图 20 - 1）。在 30％ 的液态淡水中，大部分是地下水。河流和湖泊等构成所有陆地淡水的来源，其只占地球淡水资源的 1％。

　　水是可再生资源，只要不被严重污染，通常可以被再利用。此外，水在**水文循环**的过程中不断被净化（图 20 - 2）。水文学是对地球表面、地下和大气中水分布和运动的科学研究。水从湖泊、河流、海洋蒸发到大气中，通过植物和其他植被的蒸腾作用进入大气，然后作为补充淡水来源的降水返回地球表面。

575

---

　　① 本章作者安妮-玛丽·科杜尔（Anne-Marie Codur）。

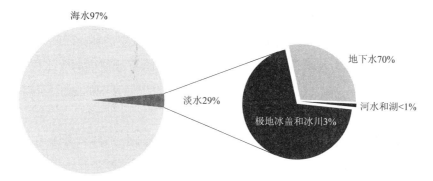

图 20-1　地球水资源的组成

资料来源:World Business Council for Sustainable Development,2005。

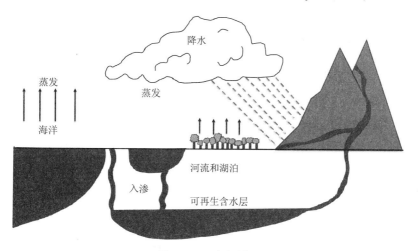

图 20-2　水文循环

水文循环(hydrologic cycle):水通过蒸发和沉淀过程自然净化。

存量(stock):一个变量在给定时间点的数量,如在给定时间湖中的水量或森林中的木材量。

流量(flow):在一段时间内测量的变量的数量,包括物理流量,如以立方英尺每秒为单位衡量河流经过给定点的流量,或金融流量,如一段时间内的收入。

可再生资源管理中的很多原则也适用于水系统,尽管地表水被视为可再生资源,其供给仍然有限。水循环中淡水资源的**流量**可成为两种类型的**存量**天然

水库：地表水的主体如湖泊和河流，以及含水层中的地下水。

含水层是通过地表水渗入而被补充的，大多数含水层的补充时间非常长，其在人类历史上基本可视为不可再生资源。例如，撒哈拉沙漠下的含水层有几千年历史，被称为"化石水"（fossil water）。因此，对水资源系统的分析应结合可再生资源和不可再生资源的理论。

太阳每年蒸发 50 万立方千米的水分到大气中，其中 86％ 来自海洋，14％ 来自陆地。这部分水资源以雨、雨雪或雪的形式返回地球，但分布比例不同：陆地通过蒸发损失约 7 万立方千米，通过降水增加 11 万立方千米。因此，每年大约有 4 万立方千米的水从海洋转移到陆地。[1]

4 万立方千米的总供给量相当于每人每年 5 500 立方米。水文学家考虑到现代社会对水的需求，认为舒适地区人口每人每年约需 2 000 立方米水。尽管全球供水总量足以满足人类需要，但并非所有的水资源都能供人类使用。总供水量中的三分之二为洪水，此外还需要一些水来满足生态需求，例如供给湿地和野生动物栖息地。

最重要的是，水在地理和季节上的分布并不均匀。世界上一些地区有丰富的水资源，而另一些地区面临缺水的困境。如果一个国家的可用供水在每人每年 1 000 立方米到 1 700 立方米之间，则被认为**供水紧张**。[2] 若供水低于每人每年 1 000 立方米，则被认为**水资源短缺**，对粮食生产、经济发展和自然系统保护造成严重威胁。当淡水供给下降到人均每年 500 立方米以下时，一个国家面临**绝对缺水**的局面。

> **供水紧张**（**water stressed**）：淡水供给在每人每年 1 000 立方米到 1 700 立方米间的供水状况。
>
> **水资源短缺**（**water scarce**）：每年人均淡水供给不足 1 000 立方米的供水状况。
>
> **绝对缺水**（absolute water scarcity）：淡水供应量低于每人每年 500 立方米的供水状况。

---

[1] Figures 20.1 and 20.2；Postel，1992.

[2] Center for Strategic and International Studies，2005.

表 20-1 显示了世界主要地区的淡水供给情况。中东和北非地区正面临着绝对缺水的境地(平均每人每年 500 立方米),目前人口数量为 5.12 亿(2020),预计 2050 年将增加至 7.35 亿。[①] 撒哈拉以南非洲地区水资源短缺(人均每年 1 000 立方米),2020 年人口超过 10 亿,预计到 2050 年将翻一番,达到 20 亿以上。[②] 联合国环境规划署在 2008 年预测其状况更糟糕,当前的实际证实了此预测:

577

表 20-1　各区域的可用水量

地区	平均可用水量(立方米/人)
中东和北非	500
撒哈拉以南非洲	1 000
加勒比	2 466
亚洲/太平洋	2 970
欧洲	4 741
拉丁美洲	7 200
北美洲(含墨西哥)	13 401

资料来源:FAO, Aquastat, 2013; UNESCO, 2015。

根据预测,到 2025 年 48 个国家超过 28 亿人将面临水压力或缺水状况。其中 40 个国家位于西亚、北非或撒哈拉以南非洲。在未来 20 年里,人口的增加和水需求的增长预计将使所有西亚国家进入缺水状态。到 2050 年,面临供水紧张或水资源短缺的国家数量可能会增加至 54 个,总人口为 40 亿。[③]

由于气候变化,一些地区的水资源短缺将加剧。政府间气候变化专门委员会(IPCC)比较了几种预测方案,指出"总体而言,预计很多中纬度和干燥亚热带地区的水资源将减少,而高纬度和很多中纬度潮湿地区的水资源将增加。"[④]

578

[①]　UN Population Division, 2020, https://population.un.org/wpp/Download/Standard/Population/.

[②]　UN Population Division,2020.

[③]　UNEP,2008.

[④]　IPCC,2014,p. 251.

假设全球平均气温比 1980～2010 年上升 2℃，并结合 5 个气候模型与 11 个水文模型（55 个情景），政府间气候变化专门委员会预测，全球以下地区的径流量很大可能下降 30%～50%：南欧、东欧、北非（摩洛哥、阿尔及利亚、突尼斯）、中东（土耳其、叙利亚、黎巴嫩、以色列、巴勒斯坦、约旦、伊拉克、伊朗、阿富汗）、南非、拉丁美洲南部（智利、巴西南部、乌拉圭、巴拉圭、阿根廷）及乌克兰和澳大利亚西南部。相反，印度和孟加拉国等潮湿地区的径流量可能会增加 30%～50%。

由于气温升高，水循环加快，潮湿地区变得更加湿润，增加了洪水泛滥的可能性（尤其是在印度次大陆）。同样地，干旱和半干旱地区可能会变得更干燥，从而增加发生干旱的可能性。[1]（关于气候变化对美国西部降水的影响，见专栏 20-1）。联合国秘书长警告道，到 2030 年全球估计有 7 亿人因严重缺水而流离失所。[2]

专栏 20-1　美国西部：百年干旱？

20 世纪初以来，美国西部普遍存在干旱现象。近年来有九个州经历了严重干旱：加利福尼亚、亚利桑那州、科罗拉多州、堪萨斯州、内华达州、俄克拉荷马州、俄勒冈州、得克萨斯州和犹他州。西部三分之一地区正在经历美国干旱监测机构所认定的"极端"或"异常"干旱，这也是加利福尼亚州和科罗拉多州地区出现野火（wildfire）现象的主要原因。2020 年，美国有 7 250 万人直接受干旱影响。美国国家航空航天局预测"21 世纪后半叶美国西南部和中部平原的干旱很可能比以往 1 000 年中的干旱更加干燥、时间更长"。

假设没有重大政策变化，政府间气候变化专门委员会的预测显示，美国西部的平均降雨量将低于 2000～2004 年干旱期间的平均水平。气候变化模型表明，在美国西部大概率会发生一场即将到来的长时间、降雨量远低于平均降雨量的几十年大旱。

---

[1]　Dore，2005；United Nations，2019.

[2]　Worldwat Institute，November 2012，quoted in Croplife，2012.

579

近期干旱期间采取的紧急措施,如草坪浇水和其他限制措施,可能需要永久实施。灌溉农业的范围可能需要减少。虽然可能还有时间去避免特大干旱的风险,但"毫无疑问,曾经被认为是未来的威胁因素,突然间对我们造成了灾难性的影响"。

资料来源:Schwalm et al. , 2012;NASA, 2014;Frohlich and Lieberman, 2015;Cappucci, 2020;U.S.。

一、水需求、虚拟水和水足迹

为深入思考以上问题,转向对现代社会用水进行详细分析。水需求可用多种方法来衡量,最简单的方法是考察各经济部门使用的淡水总量。

最大的用水部门是农业。尽管世界上80%的农田是雨水灌溉的,但需要灌溉的20%耕地生产了全球40%的粮食。[1] 灌溉农业用水占全球取水量的69%。[2] 另外19%的水量用于工业需求,包括发电。只有12%的水用于满足城市和生活需求(图20-3)。[3]

上述数据是全球平均水平,但各国之间差异很大。例如,在美国,灌溉用水占全国淡水总取水量的41%,而工业占46%,尤其是热电发电,蒸汽驱动涡轮发电机需要大量水冷却。[4] 在发展中国家,淡水主要用于农业(例如,农业用水占埃及取水量的86%,埃塞俄比亚占94%,越南占95%)。

为全面分析人类活动对水资源的影响,科学家提出了**虚拟水**的概念,[5]这一概念包含了在整个生产过程中用于特定商品或服务的水。生产农产品需要水来灌溉庄稼和饲养牲畜,工业产品需要水作为原材料或作为生产过程的一部分,农业和工业部门也通过对能源的需求间接消耗水(能源耗水量尤其大)。

580

---

[1] Worldwat Institute,November 2012,quoted in Croplife,2012.

[2] UN-Water,2021.

[3] FAO,2016

[4] Gleick et al. ,2014,pp. 227-235.

[5] Concept and term coined by Allan, 2011, p. 9.

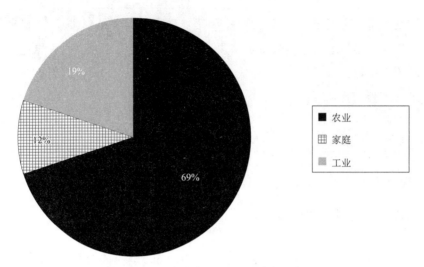

图 20 - 3   全球农业、工业和城市用水量

资料来源:FAO,Aquastat(updated January 2021),www. fao. org/nr/water/aquastat/ tables/WorldData-Withdrawal_eng. pdf。

> **虚拟水(virtual water)**:隐含在商品或服务中的水,以整个生产过程中投入的水为基础。

能源部门在能源提取、生产和消费的整个阶段都需要水。常规天然气是用水较少的燃料,只消耗常规石油所用水的五分之一,而使用非常规油砂需要比常规石油多 20 倍的水。通过水力压裂或"压裂"生产的天然气也需要比生产常规天然气消耗更多的水。用灌溉的玉米田或大豆田生产的生物燃料需要比常规石油多 3 000 倍的水。

以下是通过能源使用虚拟用水的一个例子,在纽约市和华盛顿特区之间开车往返需要 200 万英热(Btus)的能量,若使用天然气作为车辆动力,需要使用 5 加仑的虚拟水,若使用常规石油产生的汽油,则需要 32 加仑的水。但是若汽油来自焦油砂(tar sands)[①]，则需要 616 加仑的水。若车辆使用生物燃料，使用玉米基生物燃料需要 35 616 加仑的水，使用大豆基生物燃料需要 100 591 加仑的水。[②] 表 20 - 2 列出了一些常见商品中嵌入的虚拟水量。

度量虚拟水引申出了**水足迹**的概念。个人、家庭、公司、城市或国家的水足迹是影响淡水资源的指标，包括直接用水和间接用水。普通人的水足迹每天为 1 056 加仑，足以装满 21 个标准浴缸。[③] 美国公民的平均水足迹是全球平均水平的两倍多，相当于每天 2 200 加仑的水，可以将 44 个标准浴缸装满水。在美国，人均每年的水足迹相当于一个奥林匹克游泳池(2 842 立方米)所需的水。[④]

图 20 - 4 显示了部分国家的水足迹，以每人每年立方米计算。各国的水足迹并不一定是其 GDP 的函数，比如尼日利亚和巴基斯坦等低收入国家的水足迹与日本的水足迹相当。美国的水足迹最高，几乎是中国或印度的三倍。

该图显示了每个国家的两个数值：①有多少水足迹位于该国边境内(内部足迹)；②有多少与进口货物用水有关(外部足迹)。一个经济体对水的全部影响取决于所消耗的水量，无论是在国内生产还是在世界其他地方生产。

> **水足迹(water footprint)**：人类(个人、家庭、城市、公司或国家)直接或间接消耗的水资源总量，该数值可通过将嵌入该实体使用的产品、能源和服务中的所有虚拟水相加计算得到。

表 20 - 2　单位产品嵌入的虚拟水

产品	虚拟含水含量(升)
1 张纸(80 克/平方米)	10
1 个番茄(70 克)	13

---

① 焦油砂(也称为油砂)主要是砂子、黏土、水和沥青的厚浆状混合物。沥青由碳氢化合物制成(液态油中的相同分子)，被用于生产汽油和其他石油产品。从焦油砂中提取沥青并将其精炼成汽油等产品比提取和精炼液态油要昂贵得多，也更加困难。参见：https://www.ucsusa.org/resources/what-are-tar-sands。

② Virtual water uses calculated based on data from World Policy Institute, 2011.

③ Allan, 2011, p. 4; Hoekstra and Hung, 2007.

④ Water Footprint Network, 2016.

续表

产品	虚拟含水含量(升)
1 片面包(30 克)	40
1 个橙子(100 克)	50
1 个苹果(100 克)	70
1 杯啤酒(250 毫升)	75
1 杯葡萄酒(125 毫升)	120
1 个鸡蛋(40 克)	135
1 杯橙汁(200 毫升)	170
1 袋薯片(200 克)	185
1 杯牛奶(200 毫升)	200
1 个汉堡(150 克)	2 400
1 双鞋(牛皮)	8 000

注：1 加仑(美制)＝3.785 43 升。

资料来源：Hoekstra and Chapagain，2008，15。

二、虚拟水贸易

水足迹考虑了一个国家消费的商品和服务中包含的水，无论这些水是来自该国境内还是来自世界其他地区。国家之间通过贸易实现了一种无形的水循环：缺水国家可以消费进口产品，而这些产品因耗水量太大而无法自己生产。

然而，贸易不一定遵循水转移(water transfer)逻辑。例如，棉花工业属于水密集型产业，一件棉质 T 恤包含 2 700 升虚拟水。棉花通常在印度、巴基斯坦或埃及等缺水的国家生产。印度向欧洲出口棉花的水足迹每年超过 50 亿立方米，[1]而印度三分之二的人口(7.69 亿)无法获得改善的卫生设施，7 700 万人无法获得安全用水。[2]

---

① Hoekstra and Chapagain，2008，p.85.

② Website Water.org (formerly WaterPartners International)，http://water.org/country/india/.

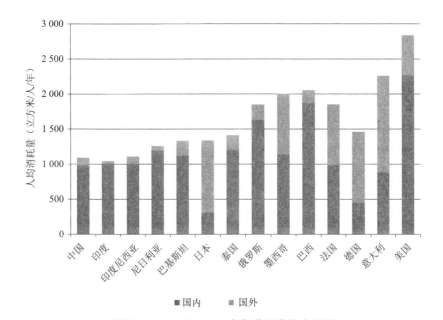

图 20-4　1997～2001 年部分国家的水足迹

注：“国内”指国内用水，“国外”指与进口商品有关的用水。

资料来源：Mekonnen and Hoekstra，2011. National Water Footprint Accounts，UNESCO-IHE；also available at www.waterfootprintassessmenttool.org/national-explorer。

另一方面，并不缺水的欧洲国家需要大量进口水密集型产品。因此，欧洲 40% 的水足迹位于国外（德国为 69%）。[1] 基于各国对水密集型产品进口的依赖情况，得出了各国水足迹差异。如图 20-4 所示，欧洲国家（德国、法国和意大利）以及日本的水足迹表明，它们的水影响在很大程度上（日本几乎完全是）来自从世界其他地区进口的商品。相比之下，巴西、俄罗斯、印度、中国和南非（金砖国家）等新兴经济体的水足迹大部分来自国内，其水消耗主要用于国内生产。美国是净水出口国（主要是由于农业出口）。

大多数水资源丰富的国家往往是虚拟水的净出口国，而水资源匮乏的国家往往是虚拟水的净进口国。然而也有一些例外，比如很多正在经历水资源压力的亚洲国家实际上是虚拟水的出口国，包括印度、巴基斯坦和中国。而水相对丰

583

---

① Water Footprint Network，2016.

富的国家，如意大利或日本却是虚拟水的进口国。

水文学家较为关注的是，一旦水从流域（通过输出虚拟水）中排出，水也会不可逆地从当地水文循环中排出，从而减少蒸发，使气温升高。[1] 因此，虚拟水净出口国在不知不觉中陷入恶性循环，出口的虚拟水越多，气候就越干燥。这是缺水或水短缺的发展中国家需要特别关注的问题。

发达国家也注意到虚拟水转移中的异常现象。在美国，虚拟水贸易正在消耗科罗拉多河和里奥格兰德河的水，耗尽了为美国八个州供给淡水的奥加拉拉（Ogallalaaquifer）地下含水层。[2] 在澳大利亚，每年虚拟水的净出口量为 640 亿立方米，出口量超过进口量。"一个国家不断与不确定降雨和严重干旱作斗争，使虚拟水的损失比其他任何国家都要多。"[3]而在水资源丰富的加拿大，由于预期肉类出口需求巨大，在集约化畜牧业的压力下，艾伯塔省（Alberta）将会成为第一个缺水省。

三、水的未来：2050 年的视角

如图 20-5 所示，预计 2000～2050 年的全球水需求量将增长 55%。预计所有需求增长都会发生在发展中国家，主要是中国和印度。由于灌溉效率的提高，全球灌溉用水需求预计在未来几十年将下降，但制造业、家庭和电力用水需求预计将显著增长。根据经济合作与发展组织的结论，"若没有重大的政策变化和更好的水管理，用水情况将恶化，水供给也将变得越来越不确定。"[4]

联合国 2000 年制定的千年发展目标之一是在 1990～2015 年期间，使世界上无法获得安全饮用水的人口比例减半。这一目标提前在 2010 年已实现，当时全世界约有 89% 的人口能获得安全饮用水。[5] 联合国已明确承认享有水和卫生设施的权利是一项人权，[6]但在扩大获得安全饮用水方面取得的进展并不均衡。

---

[1]　Barlow, 2013 pp. 168-169.

[2]　Pearce, 2008.

[3]　Douglas, 2011, quoted in Barlow, 2013, p. 169.

[4]　OECD, 2012, p. 1.

[5]　Ford, 2012.

[6]　United Nations, 2021.

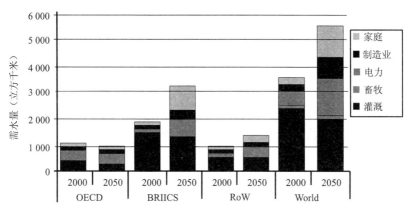

图 20 - 5　2000 年和 2050 年全球需水量(彩图见彩插)

注:BRIICS 即巴西、俄罗斯、印度、印度尼西亚、中国、南非;OECD 即经济合作与发展组织;RoW 即世界其他地区。

资料来源:OECD,2012。

大约有一半的进展出现在中国和印度,而一些非洲国家的安全用水供给从 1990 年以来有所下降。2020 年,全世界仍有 22 亿人没有安全管理的饮用水服务,42 亿人没有安全管理的卫生服务,30 亿人缺乏基本的洗手设施。[①]

第二节　解决缺水问题

可以使用两种基本方法解决水资源短缺问题:从供给侧或从需求侧。鉴于某些地区预计的水资源短缺程度,解决水资源短缺并不存在"灵丹妙药",而是需要一系列的解决方案。

我们并非束手无策。在美国,应对水资源短缺的常用对策是从河流中调出更多的水,建造更多的水坝,以及钻更多的地下水井。这些传统方法并不可行。有些超现实的想法——包括从北极运冰,从不列颠哥伦比亚省(British Columbia)进口水,以及人工制造云层,这些想法反映了像是在某处有一个新绿

[①]　United Nations,2020.

洲的虚幻希望,而忽略了如何和为什么需要用水。更明智的方法包括保护、淡化和再利用处理过的市政污水。然而,即使是已经采用这些措施的社区仍然面临着不利的水资源前景。[①]

专栏 20 - 2　水与冲突

历史上因为水资源稀缺,人类曾爆发了很多冲突。据考证,最早可追溯至公元前 2500 年美索不达米亚地区。在现代冲突中,水是一些地区问题中的主导因素之一。2011 年叙利亚内战与水资源短缺问题密切相关。2006～2011 年,一场历时 6 年的气候事件导致数十万规模的农民破产,迫使他们和家人一起搬迁到阿勒颇(Aleppo)、大马士革(Damascus)、哈马(Hama)、霍姆斯(Homs)和达拉(Dara)等大城市的郊区。这些贫穷和赤贫人口构成了2011 年反对阿萨德政权的民众革命的人口基础,由此形成一段极端不稳定的内战时期。

获取西岸山区地下含水层中的水是以色列和巴勒斯坦之间持久冲突的一个重要因素。世界银行的一份报告指出,以色列人使用西岸地下水资源的五分之四,而巴勒斯坦人使用五分之一。以色列人每人每年使用 240 立方米的水,而西岸巴勒斯坦人每人每年使用 75 立方米。在西岸的一些地区,巴勒斯坦人每天只能靠 10～15 升的水维持生计,这一水平已达到或低于为避免流行病而建议的人道主义救灾水平。世界卫生组织建议的用水量至少为每人每天 100 升。

对加沙地带的巴勒斯坦人而言,供水取决于沿海含水层(与以色列共用),该含水层含盐量越来越高,污染也越来越严重。由于冲突,几十年来对水基础设施的投资很少或根本没有,而且只有 5%～10% 的可饮用水。1990年以来,水资源问题一直是以色列人和巴勒斯坦人之间多轮外交谈判的一个重要议题。

资料来源:Gleick et al. , 2014, p. 147; "the Syrian Conflict and the Role of Water" and p. 174; "Water Conflict Chronology"; World Bank, 2009; B'Tselem, 2017.

[①] Gleick, 2011, pp. xi-xii.

一、增加水供给:含水层、大坝和海水淡化

以往水资源管理一般侧重于增加水供给上。在淡水供给不能满足需求的地区,通常通过从含水层中提取地下水来获得更多的水。虽然地下含水层通常通过渗水来补给,但在大多数情况下,取水率大大超过补给率。

沙特阿拉伯和利比亚等国家利用沙漠地区古老含水层的"化石"地下水,这些地下水现在几乎没有补给,很可能在未来 40 年到 60 年内枯竭。在美国西部,奥加拉拉地下含水层(Ogallala aquifer)也趋于枯竭,导致其灌溉面积开始缩小。中国北方和印度的含水层也存在类似问题。(有关世界各地含水层开采的更多信息,见专栏 20 - 3。)

另一种增加供水的方法是建造水坝。大坝可以收集人类无法使用的季节性洪水,并用于水力发电和灌溉。全球约有 58 000 座大型水坝在运行。[1] 这些水坝提供了世界 16% 的电力。[2] 更多的水坝仍在建设中,主要分布在中国、伊朗、日本和土耳其,最适宜建水坝的位置已投入使用。

现有水坝经常存在淤积问题,新建大型水坝的提议也因大面积洪水对环境和社会造成破坏而备受争议。世界自然基金会的一份报告指出:用于水电和森林灌溉而建造的大型水坝(超过 15 米高)正在破坏世界主要河流的生态系统。世界上最长的河流只有 21 条(12%)从源头自然流向海洋。世界上的大型水坝摧毁了物种,淹没了大片湿地、森林和农田,使数百万人背井离乡。水坝减少了生物多样性,减少了鱼类数量,降低了作物产量,破坏了水中所需正常营养物质的流动,并在水库中聚集甲烷和腐烂的植被来加剧全球变暖。加拿大科学家已做出初步估计,全世界的水库每年释放多达 7 000 万吨甲烷和大约 10 亿吨二氧化碳。有毒藻类泛滥使一些水库中的水无法饮用,因为大坝极大增加了水的表面积,增加了蒸发量。全球每年大约有 170 立方千米的水库水量蒸发,相当于所

586

---

[1] International Commission on Large Dams,2020. Large dams are defined as those over 15 meters in height.

[2] Urpelainen et al. 2018.

有人类活动消耗淡水量的 7% 以上。[1]

专栏 20 - 3　水的需求超过供给

根据 2012 年公布的一份全球地下水供给分析报告，世界上近四分之一的人口生活在地下水开采速度快于地下水补给速度的地区。这包括世界上很多主要的农业区，比如加利福尼亚的中央山谷、埃及的尼罗河三角洲和印度恒河上游。除了灌溉水外，储存在地下含水层中数千年的水还为人类的基本需求、生产需求和野生动物栖息地提供用水。

这项研究的主要作者魁北克蒙特利尔麦吉尔大学的水文地质学家汤姆·格利森（Tom Gleeson）说："这种过度取水会导致饮用和灌溉所需的地下水可用性下降"。他补充说，"这会导致河流干涸并产生生态问题。"

研究发现，一些含水层正在以惊人的速度枯竭。例如，恒河上游含水层供给的地理区域是含水层面积的 50 倍以上。格里森指出，"那里的开采速度非常不可持续"。

格利森还指出，总体来说，全球剩余的地下水供给量相当大。地球上多达 97% 未冻结的淡水是地下水。"正是这个巨大的水库才使我们有潜力进行可持续管理"，"如果我们选择这样做的话。"

　　资料来源：Mascarelli，2012。

　　由于地球上有大量的海水，**海水淡化**作为一种几乎无限供给的潜在资源非常具有吸引力。然而，成本问题是海水淡化的一个重大障碍。从海水中除去盐分需要大量能源。虽然海水淡化成本随着技术的进步会下降，当前海水淡化的成本约为每立方米 0.50~1.00 美元，[2]这通常比从地表水或地下水中获得水更昂贵。例如，在对加利福尼亚州圣地亚哥（San Diego，California）供水方案的分析中，海水淡化成本预计为每英亩英尺 1 800~2 800 美元，而地表水的供给成本为每英亩英尺 400~800 美元，地下水的供给成本为每英亩英尺 375~1 100 美

---

①　Barlow，2013，pp. 142-143.

②　WaterReuse Association，2012.

元。[1] 虽然海水淡化在一些非常干燥的地区可能具有经济意义，但在未来不太可能为地球提供大量淡水。

> **海水淡化（desalination）**：将海水中盐分除去，使其可用于灌溉、工业或市政供水。

尽管海水淡化技术有了重大进步，但与传统淡水处理技术相比，海水淡化仍然是高耗能的。此外，人们还担心大型海水淡化工厂对环境的潜在影响，这些工厂必须处理海水淡化的副产品——含盐量极高的盐水。[2]

二、需水量管理

提高用水效率是改变图 20-5 中用水需求增加趋势的方法之一。其中农业效率可提升的空间最大。传统灌溉或重力引水灌溉效率低下（60％的水因蒸发或渗透而损失），而采用**滴灌**新技术可使效率提升 95％。[3] 此外，能更好地监测土壤和天气状况的技术可以更准确地确定灌溉需求。

> **滴灌（micro-irrigation）**：通过在靠近植物的地方少量供水来提高用水效率。

对于非农业用途，再循环利用废水可减少用水需求。例如，通过洗涤水系统，洗衣和洗澡水也可用于灌溉景观。改变洗碗机、厕所和淋浴喷头等设备的用水标准也可减少生活用水需求。市政供水管道泄漏检测和维修也有助于减少用水量。

经济研究表明，保护水资源通常是解决水短缺最经济的方法。在上述对圣地亚哥[4]的研究中，根据一系列保护方案，每英亩英尺的养护成本估计在 150～

---

[1] Equinox Center，2010.

[2] Elimelech and Phillip，2011，712.

[3] postel，1992，chap. 8.

[4] 圣地亚哥（San Diego）是美国加利福尼亚州的一个太平洋沿岸城市。

1 000美元之间。研究结论是：

保护水资源似乎是解决圣地亚哥水资源问题的七种方法中最具吸引力的一个。这一迹象表明，解决圣地亚哥的水资源问题可能主要取决于需求。[①]

节水可通过几种方法实现，包括基于价格的和非价格的方法。非价格方法可分为四个基本类别：[②]

1. 要求或自愿采用节水技术。包括为设备效率制定标准或者给用水客户优惠政策，甚至提供低流量淋浴喷头等免费物品。

2. 强制实行用水限制。这一措施通常在干旱条件下实施，包括对浇灌草坪、洗车或游泳池的用水限制。

3. 教育与宣传。包括向客户介绍节水方法、科普讲座，或在电视或互联网播放公共服务信息。

4. 公共财产资源的创新制度设计。在一些地方，可推广或重建传统的公共用水模式，以替代大规模供水（见本章第五节）。

虽然非价格方法有助于抑制水需求，但经济学家倾向于将**水价**作为最有效的节水方法。价格应作为经济稀缺、反映物理限制和环境外部性的指标，但由于各种社会和政治原因，政府维持了低水价，尤其是农业用水低价。下面从理论和实践转向讨论水定价。

水价（water pricing）：设定水价以影响用水量。

第三节　水价

讨论水价需要回顾前文中的几个概念。首先，需要区分价值和价格。[③] 正如第三章和第六章所讨论的，水对消费者的价值体现在为水付费的意愿上。水

---

① 　Equinox Center, 2010, p. 18.

② 　Olmstead and Stavins, 2007.

③ 　参见 Hanemann, 2005, for a discussion of the value and price of water.

的支付意愿与价格之间的差异是其净收益,或者说是消费者剩余。理论上,只要消费者愿意支付的价格高于水价,他们就会继续购买水。但是这种市场分析并不能说明全部情况。虽然水有明显用于家庭和灌溉等使用价值,但它也有用于娱乐和野生动物栖息地保护的非市场和非使用价值。[1]

还必须区分供水的平均成本和边际成本。边际成本是额外供给一单位水的成本。平均成本就是供给总成本除以供给单位数量。这一区别很重要,因为自来水公司通常是**受监管的垄断企业**。追求利润最大化的公司只要边际收益超过边际供给成本(也就是说,只要每单位产品都有利润)就会生产。虽然不受监管的垄断者可以设定价格以实现利润最大化,但受监管的垄断企业(如水务公司)通常在定价能力方面受到限制。

> **受监管的垄断企业**(regulated monopolies):指由外部实体监管的垄断,例如可对价格或利润进行控制。

美国自来水公司要么是私有的,要么是公有的。私人水务公司可获得合理的利润,而市政公用事业公司的价格仅为其总供给成本(固定成本和可变成本)。在这两种情况下,监管机构通常使用**平均成本定价**,而不考虑边际成本。对于市政公用事业公司而言,将价格设定为平均成本意味着它们将收支平衡。[2] 私人水务公司被允许收取略高于平均成本的价格以获得利润。

> **平均成本定价**(average-cost pricing):一种对水的定价策略。在该策略中,价格等于平均生产成本(若水公用事业公司以盈利为目的,则等于平均成本加上利润)。

但平均成本价格是否会提高供水效率呢？当边际收益等于边际成本时,一种商品的社会有效供给水平就会出现。因此,平均成本定价不太可能带来有效的供水水平。通常,供水的边际成本相对于平均成本要低得多,因为供水需要大

---

[1]　回应了第六章关于使用和非使用价值的讨论。

[2]　Carter and Milton,1999.

量的前期资本成本，例如管道和处理设施。这似乎意味着水的有效价格应该低于其平均成本。但还需要考虑供水的外部成本，其中可能包括湿地和野生动物栖息地丧失等影响。如第三章所述，对于具有社会效益的价格，在计算平均供给成本时应考虑所有的外部成本。不考虑水的外部成本意味着平均成本价格可能导致价格过低。因此，从经济效率的角度来看，还不清楚平均成本定价是否会导致价格过高。

对于地下水这种不可再生资源的管理和定价，还需要结合第五章的分析。随着时间推移，要考虑不可再生资源的有效分配，如果未来的供给不足以满足未来的需求，就必须考虑到强加给后代的外部成本。这些成本可以通过向当前用户收取成本来内部化。但实践中地下水很少这样做，再次表明水的分配效率低下。

复杂的是，水通常会获得政府补贴，尤其是灌溉用水。

很多学者呼吁取消灌溉补贴，他们认为水是商品，应由市场定价。他们列举了灌溉效率的潜在收益和基于市场价格信息不对称的公共价值。也有学者认为，补贴是合理的，因为灌溉工程提供公共和私人产品，更高的水价将减少农业净收入，而不会显著减少灌溉。[1]

在灌溉对环境有重大影响的地区，对水征税可能比补贴水费更合适。考虑灌溉造成的一些环境破坏：

过度抽取水用于灌溉确实影响某些地区的环境。例如，由于城市和农业用水，科罗拉多河（Colorado River）在穿越边境进入墨西哥时基本上没有水。事实上，在大多数年份里，科罗拉多河水并没有流入海洋。这对河流及其河岸生态系统，以及河口三角洲和河口系统造成了影响，河流系统不再像以往那样获得淡水和养分。加利福尼亚州圣华金河河水已断流，河床长满了树木，开发商建议在那里建造房屋。在过去的 33 年里，由于取水灌溉棉花，咸海已失去了 50% 的面积和 75% 的体积，水盐度增加了三倍。[2]

供需图有助于说明补贴灌溉水的效率低下，即使它的取用具有负外部性。

---

[1]　Wichelns, 2010, p. 7.

[2]　Strockel, 2001, pp. 4-5.

在图 20-6 中，灌溉水的市场均衡出现在边际成本曲线（MC）与需求曲线的相交点，结果是 P_E 价格和 Q_E 数量。但假设灌溉得到补贴，其价格为 P_S，低于均衡价格。销售量将从 Q_E 增加到 Q_S。

为分析福利效应，还需要考虑负外部性。灌溉用水的真实边际社会成本由曲线 MSC 表示，该曲线包含外部成本。对于 Q^* 以上的每个单位，边际社会成本超过边际收益（参考需求曲线表示边际收益）。

面积 A 代表灌溉用水量为 Q^* 时的净收益。换言之，供给 Q^* 以上的灌溉水是经济高效的。在市场均衡 Q_E 条件下，净社会福利为（A－B）。按补贴数量 Q_S 计算，净社会福利为（A－B－C），即社会福利水平低于市场均衡水平。B 和 C 代表由于没有将负外部性内部化和补贴水价而造成的净损失。

在本例中，最大的社会福利将在 Q^* 数量下获得。如第三章所述，可以通过对水征税而不是补贴来获得该水平的福利。

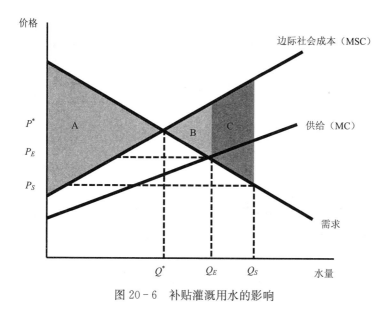

图 20-6　补贴灌溉用水的影响

截至目前，假定所讨论的水价仅为单一价格。但是水价在几个方面是不同的。首先，水价通常取决于其用途。尤其是，公用事业部门对家庭、农业和工业用户收取的水价是不同的。美国农业用水的成本约为每千立方米 5～100 美元;[1]普通家庭每月水费为每月 20～120 美元,相当于每千立方米 400～2 500 美元的成本。[2] 虽然对不同用户收取不同费率最初看起来不恰当,也许也不公平,但对农业和工业用户收取低于家庭的费用却有一定道理。因为家庭用水必须要满足饮用水标准,需要经过严格处理。灌溉用水不需要满足相同的水质标准,因此更便宜。生活用水在使用之后也必须进行处理。在很多城市,除了供水费用外,家庭用户还需要上交单独的"污水处理费"。

592   图 20-7 显示了与平均降水量相关的美国不同城市的每月平均水费。图中价格范围表明水价可能因地区而异。预计在水最稀缺的地方(降水量最低),水价会最高。虽然一些干旱地区,如圣达菲(Santa Fe)和圣地亚哥,收取高水费,但其他干旱地区,如拉斯维加斯和弗雷斯诺(Fresno),却收取非常低的水费。反映了图 20-6 所示的政府对水费补贴的类型。

    在相对湿润的城市,水费也会有差异。事实上,水价和降水量之间似乎没有明显联系。当然,除了降水之外,还有其他因素决定水资源的供给量。五大湖附近的水相对便宜,因为它们供水成本较低。一些城市可能有充足的地下水,而另一些城市可能没有。一些城市将水储存在水库中,以保持全年稳定供水。

    水价普遍上涨,尤其是在供水短缺且人口增加的地区。更多水源只能通过成本更昂贵的方式(如海水淡化)获取。随着地下含水层水位下降,抽水费用变得更加昂贵。如上所述,获得额外供给的另一种选择是管理需求。通过提高价格,公用事业公司向消费者发出了水资源日益稀缺的信号。

    较高的水价将引起家庭和其他用水者的行为反应。灌溉者更倾向于投资高效灌溉方法,家庭更倾向于购买低流量淋浴喷头和减少洗车次数。但水资源使用者需减少多少用水量以应对更高的费率? 这取决于**需求价格弹性**(如第三章附录 3-1 所述)。水需求往往是缺乏弹性的,这意味着需求量变化比例的绝对值往往小于价格变化的比例。

---

① Wichelns,2010.

② Walton,2010.

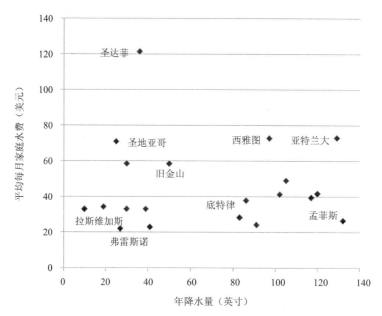

图 20-7　美国城市月平均家庭水费与降水量的比较

注:水费以每人每天使用 100 加仑的四口之家为基础。大约 264 000 加仑相当于 1 000 立方米。

资料来源:Walton,2010。

> **需求价格弹性(price elasticity of demand)**:需求量对价格的反应,等于需求量变化的百分比除以价格变化的百分比。

对水需求弹性估计已开展了大量研究,尤其是对于住宅用户。2003 年的一项分析从 64 项研究中确定了 300 多个弹性估计值。平均弹性为-0.41,中位数为-0.35。[1] 对灌溉水研究的元分析发现,基于 53 项估计,平均弹性为-0.51,中位数为-0.22。[2] 几项关于工业用水的经济研究表明,不同行业的用水量弹性差异很大,从大约-0.10 到-0.97 不等。[3] 正如预期,用水量的长期弹性也往往大于短期弹性。

---

[1]　Dalhuisen et al.,2003.

[2]　Scheierling et al.,2004.

[3]　Olmstead and Stavins,2007.

根据上述研究，水资源管理者可决定如何调整价格以达到水资源保护的目的。例如，假设水公用事业公司正经历潜在水短缺的问题，需要将水使用量降低10%。若需求弹性为-0.41，那么该公司需要将价格提高41%，以实现需求量减少10%的目标。

但是水需求和价格间的关系并不如事例那么简单。原因之一是弹性在不同地区或不同季节之间并不恒定。前面提到的对住宅用水的元分析中，美国西部干旱州的水需求往往比美国东部的水需求更具弹性。此外，水需求在冬季月份往往比夏季月份弹性更小。在夏天，大量的水用于非必要用途，例如灌溉草坪和洗车。在冬季，洗澡和洗碗用水占总用水量的比例更高。因此，在夏季，家庭更容易减少用水以应对价格上涨。

水定价的另一个复杂性是水通常不是以单位固定价格出售。通常情况下，用水者只需每月支付一笔不固定的费用，就能得到所需的水，其边际成本没有增加。在美国，水是以单位标准计量的，但在加拿大、墨西哥、挪威和英国等国家通常不计量水。[1] 在用水计量的地方，有三种基本的定价结构，如图 20-8 所示：

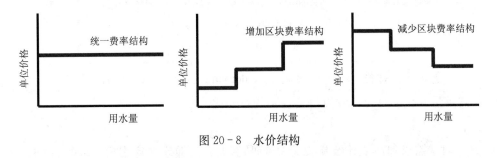

图 20-8 水价结构

· 统一费率结构。无论用水量如何，每单位水的价格都是恒定的。

· 增加区块费率结构。单位水的价格随着用水量的增加而增加。每个区块内的价格是恒定的，但是对于下一个区块，每单位的价格会更高。

· 减少区块费率结构。单位水的价格随着用水量的增加而降低。

不断增加的区块费率结构鼓励节约用水，因为用水者希望避免进入价格较高区块。减少区块费率结构背后的基本原理是，它为大型用水者(通常是商业或

---

① OECD,2009.

工业用水者)提供了较低的价格。水也可按季节定价,通常在夏季费率更高,以避免不必要的水消耗。

　　过去,降低区块费率结构曾是美国公用事业公司最常见的定价方法。[1] 随着人们对水资源保护意识提升,提高区块费率已成为最常见的方法。如图 20-9 所示,各州采用的方法各有不同。在威斯康星州,82%公用事业公司的供水定价为递减结构。在伊利诺伊州,94%的水价是统一费率。在亚利桑那州,76%的水定价为递增结构。[2]

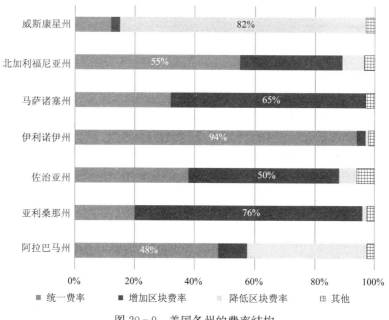

图 20-9　美国各州的费率结构

　　注:除"统一费率"、"增加区块费率"和"降低区块费率"三个主要类别外,第四类"其他"包括先增加后减少或反之的混合结构、浮动费率、分层浮动费率等。

　　资料来源:https://efc.web.unc.edu/2016/10/12/water-system-rate-structures/。

　　国际上,利率结构差异很大。一项关于水务设施的国际调查发现,经济合作与发展组织成员,49%使用提高的区块费率定价,47%使用统一费率,只有 4%

　　[1]　Tietenberg and Lewis,2012.
　　[2]　Irvin,2016.

使用降低区块费率。非经济合作与发展组织成员，63％的供水公司采用统一定价，几乎所有其他国家均采用提高区块费率的方法定价。[①] 虽然增加区块费率结构有助于提高节水效率，但在确定采用哪种费率结构和价格时，其他因素又会产生影响：

- 费率是受监管的。并不能简单地通过提高费率来保护水资源。

- 提高水费会不同程度地影响低收入家庭。因此，公用事业公司在制定水费时需考虑公平。在南非，"充足水"的权利被写入宪法。通过在第一区块免水费（连续区块通常使用递增的区块结构收费）来实现，这样即使是贫困家庭也能负担得起基准水量的水费。

- 增加水费的区块结构比较难以理解。用户应清楚地了解用水量何时转移到更高的价格区块。

- 提高水价或改变水费结构在政治上可能是不利的。虽然让客户参与费率讨论可以增加对水资源保护计划的支持率，但公用事业公司需要在政治可行性与保护水资源之间取得平衡。

第四节　水权、水市场和私有化

经济高效的水分配，意味着应将水分配给产生最高边际价值（即支付意愿最高）的用途。从理论上讲，将水从低价值用途转移到高价值用途会增加整体社会福利。在有效分配情况下，不同用途水的边际价值将保持不变，因此进一步调水不会明显增加整体福利。

表 20-3 是对 20 世纪 90 年代中期美国现有研究的回顾，提供了几种不同用途的水边际价值估值。从表中可以看到，水的价值在不同用途之间存在明显差异。其中，工业和家庭用途最高，发电、娱乐和野生动物用途最低。但这些用途并非都是相互排斥的。例如，水可以用于娱乐，然后再用于下游灌溉。

---

① OECD，2009.

表 20-3 各种用途下每英亩英尺水的边际价值

用途	每英亩英尺平均值(美元)	每英亩英尺中位数(美元)
导航	146	10
娱乐/野生动物栖息地	48	5
水力发电	25	21
热电	34	29
灌溉	75	40
工业	282	132
家庭	194	97

注:平均值和中位数之间的较大差异表明,较大估值中相对小的数值使平均值上移。

资料来源:Frederick et al. , 1996。

还需要说明水质的差异。居民用水的边际支付意愿不等于在效率分配时支付灌溉用水的边际意愿,因为这些用户对两种用途的水质需求不同。

一般来说,美国和其他地方的水分配很少取决于对经济效率。相反,水权的分配通常基于各种历史和法律考虑。在美国东部,水权通常根据**河岸水权**进行分配。根据这一原则,合理用水权就要授予那些拥有靠近水源的人们。在需求超过可用水供给的情况下,可以根据每个业主的临水量分配权利。河岸水权一般不允许取水或将水转移到不毗邻水体的土地上。若需求量超过了可用供水量,可以根据每个所有者的临水水量分配权利。河岸用水权一般不允许灌溉用水或将水转移到与之不相邻的地区。

虽然河岸水权最初适用于美国西部,但到 19 世纪第一个 10 年的后期,农业和采矿业的用水需要不同用途的水权制度。**优先占有水权**将水权与土地所有权分开。在该体系下,当有人确定水的**有益使用**时,如灌溉或市政用途,水权即被承认。该系统也被称为"时间优先,权利优先",因为权利的分配是基于首次发生有益使用的时间。

> **河岸水权(riparian water rights)**:以邻近土地所有权为基础的水权分配制度。

> **优先占有水权**（prior appropriation water rights）：是一种水权分配制度，其中的权利不是基于土地所有权，而是基于既定的有益用途。
>
> **有益使用**（beneficial use）：将水用于生产目的，如灌溉或市政供给。

例如，一个农民每年从河流中抽取 1 000 英亩英尺（acre-foot）的水。假设几年后，一个工厂希望每年从同一河流中抽取 5 000 英亩英尺的水。农民被认为"高级占有者"，工厂则是"次级占有者"，只有在农民抽取完 1 000 英亩英尺的水后工厂才能获得水。任何在工厂确立其权利后开始取水的人，仍然可确立优先占有水权，但前提是农民和工厂都已全额获得分配。在干旱的情况下，若河流中只有 3 000 英亩英尺的水可用，农民可得到分配的 1 000 英亩英尺的水，工厂将得到剩余的 2 000 英亩英尺的水，而其他更次级的用水者得不到水。

显然，优先占有水权原则并没有以经济高效的方式分配水资源。事实上，它往往不利于保护水资源，因为如果高级水权持有者开始使用少于其分配的水，随着时间推移，与其权利相关的水量可能会合法减少。此外，优先占有水权忽略了生态需要。在水资源短缺的情况下，生态系统可能会受到严重损害。

有人提议建立**水市场**，将其作为在有优先占有水权的情况下提高水分配经济效率的一种方式。在水市场中，水权持有者可将部分水出售给愿意购买的人。如农民把他或她的一些水卖给市政府，市政当局可一次性购买水（或称为租赁），也可购买实际的水权，使其成为每年一定水量的高级占有者。

> **水市场**（water markets）：向潜在买家出售水或水权。

如同其他市场交易，水市场理论上增加了社会福利，因为买卖双方都意识到他们将从交易中受益。但效率提高也需要衡量水市场现存的不平等影响。若贫困人口拥有稳定的水权，那么水市场可提供额外的收入来源。然而，更大的概率是水从贫困人口所需转向大规模农民、公司或其他利益相关者的获利用途。例如，智利于 20 世纪 80 年代初建立了水市场，但由于投机和水权垄断，导致水价上涨。2005 年，智利的水市场法律被修订，以限制投机和垄断的可能性。

水市场并不需要直接运输水。上游水权持有者可将其权利出售给下游用户。上游水权持有者只需使用更少的水,下游用户便可使用更多的水。下游用户向上游用户出售水权也可类似地进行。但在某些情况下,出售水权可能需要通过运河或管道输送水。美国西部已建立了一个相当复杂的水运系统,加利福尼亚州和亚利桑那州中部的水利工程就是将水输送给数百英里外最终用户的实例。

建立水市场的必要条件为:

· 水权必须明确。

· 需水量必须超过供水量。必须存在一些用水者或潜在用户不能以现行价格获得他们所需要的水。

· 供水必须可转移到需要购买和可使用的地方。此外,交易成本必须相对较低。

· 购买者须确信将履行购买合同,并有适当规则与监管。

· 须有一个机构来解决冲突。这可能涉及法律诉讼和非正式的解决方案。

· 必须考虑文化和社会背景。若一个地区的大多数人认为水是不可销售的商品,他们可能会抵制水市场。[①]

澳大利亚、智利、南非、英国和美国等一些国家都有水市场。一项对美国水市场的分析发现,1990~2003 年期间,约有 1 400 份水权出售。[②] 大部分水权转让为短期租赁,而非直接购买。市政当局是最常见的水购买者(通常来自灌溉者),灌溉者间的交易也很常见。

大约 17% 的水权购买出于环保目的,包括市政当局和环保组织的水采购。通过水市场交易而转移的水以满足环境目标(例如为野生动物栖息地维持足够的河流流量)的潜力,正受到越来越多的关注。一些分析师认为水市场在改善环境方面具有巨大潜力:

随着人口和经济的持续增长,克服水市场交易障碍是一个越来越重要的挑

598

---

① Conditions adapted from Simpson and Ringskog, 1997.

② Brown, 2006.

战。随之而来的是对环境和娱乐设施需求的增加……消除贸易壁垒将降低交易成本，促进流域和内陆用水之间更高效的水量分配，为改善用水创造激励机制，并改善环境质量。[①]

即使水对环境的价值超过其他用途的价值，也必须有适宜的机构来获得必要的资金用于购买水权。这个问题类似于第四章中对公共物品的讨论。通过环境组织自愿捐款可筹集一些资金用来购买水权，但搭便车者的存在意味着购买的环境用水不足以供给社会需要。此外，水市场的存在对环境既有害又有益。水的转移会降低水质并造成含水层过量开采。[②] 与其他市场一样，需要政府干预其负外部性以使其内在化。

一个相关的问题是，水应由公共部门作为公共物品提供，还是应由私营公司作为商品供给。世界银行和国际货币基金组织等国际组织推动了**水务私有化**，因为私营公司比公共部门，尤其是发展中国家的公共部门，能提供更高效、更可靠的服务。理论上，若一个私营公司能以较低的成本提供水，那么节约成本就可转嫁给客户，使更多人获得用水。但若没有适宜的监管，私营公司可能会收取过高的水费，或无法满足低收入家庭的用水需求。

水务私有化（water privatization）：由私人部门以盈利为目的（而非公用事业）管理水资源。

在巴西、中国、哥伦比亚、法国、墨西哥和美国等国家，水务私有化在某种程度上已实施。水务私有化的经验好坏参半。世界银行称，菲律宾马尼拉的水务私有化成功地增加了对贫困家庭的供水量：

通过向客户提供更加可靠和可接受的服务，该计划自 1997 年开始实施以来，已惠及约 10.7 万户贫困家庭。低收入居住区几乎可正常获得饮用水/管道供水，并且增加了社区卫生设施。此外，还建立了用户专区，鼓励居民讨论和参与拓展服务的过程，并解决他们关心的问题。[③]

---

① Scarborough, 2010, p. 33.
② Chong and Sunding, 2006.
③ World Bank, 2010, p. 2.

然而,水务私有化也有不成功的情况。玻利维亚就是一个典型的实例。

2000 年 4 月,经过七天的公民街头愤怒抗议,玻利维亚总统被迫终止了授予巨型贝克特尔(Bechtel)公司子公司阿瓜斯德尔图纳里(Aguas del Tunari)的水务私有化合同。玻利维亚政府于 1999 年授予阿瓜斯德尔图纳里(Aguas del Tunari)一份为期 40 年的合同……水费立即增加了——有的甚至增加了100%~200%。小农户和个体经营者受到的打击尤其严重。在一个最低工资低于每月 100 美元的国家,很多家庭支付的水费就要 20 美元或更高。[①]

水务私有化也会导致水资源的过度开发。在世界各地的很多农村地区,地下水的使用权被卖给了可口可乐和雀巢等软饮料公司。这些跨国公司经常以不可持续的方式开采水资源,比如在印度喀拉拉邦的普拉奇马达村(Plachimada),可口可乐公司的装瓶厂运行不久后,农民发现抽取的地下水被污染,有毒物质也被释放出来,公众抵制最终让该工厂停止运营。[②] 在印度的另一个村镇卡拉德拉(Kala Dera),可口可乐装瓶厂在 2000 年运营后,科学家们测量发现,当地的地下水位急剧下降,正如图 20 - 10 所示。

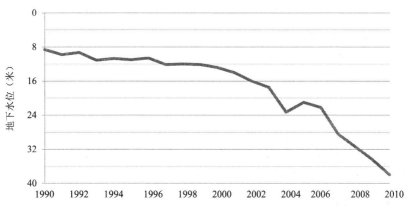

图 20 - 10　2000 年可口可乐装瓶厂开始运营前后印度卡拉德拉的地下水水位

注:可口可乐装瓶厂于 2000 年开始运行,之后地下水水位急剧下降。

资料来源:India Resource Center, 2011。

① Public Citizen, 2003.

② Koonan,2007.

世界银行继续倡导水务私有化，认为提高水价是保护水资源的必要条件。公用事业很少收取高价费用以反映水的真实经济和社会成本，私有化倡导者认为这是不可持续用水的根本原因。从社会福利角度来看，若市场价格没有考虑到外部性，那么市场价格也相对较低。但经济效率可能违背公平，若将确保贫困者能获得足够的水以满足其基本需要的政策结合起来，私有化可能最有效。在免费提供基本水供给的南非，需要更多的水就需要支付更高的水费。

专栏 20 - 4　新石油：私人公司应该控制最宝贵的自然资源吗？

人们普遍认为全球水资源的使用是不可持续的。私有化通过市场价格刺激对水资源的保护是否能使其更可持续？

水务私有化最初是在发展中国家实施的。20 世纪 90 年代末，世界银行推动几十个贫穷国家将水务私有化作为接受急需经济援助的一个条件。

在几个案例中，负面影响最大的是玻利维亚，私营公司将水价提高至很高的水平，以至于贫困家庭无法支付足够的费用来满足基本需求。

但最近，水务私有化重点已经转移到较富裕国家。水权律师詹姆斯·奥尔森（James Olson）说："这些国家有能力支付……他们有巨大的基础设施需求，水储备不断减少，而且较富裕。"

资料来源：Interlandi，2010。

水市场和私有化依然存在争议。主要问题在于确保市场和私有化在更大范围内满足社会需求的同时实现环境保护，而不只是追求利润最大化。（见专栏 20 - 4。）私有化的一个主要问题是，它没有认识到水是一种公共财产资源，这将在下一节进一步讨论。

第五节　水是公共财产资源

尽管世界银行和其他国际金融机构致力于推动水务私有化，但社区的反对意见已将很多地区的政策推向了相反的方向，即重新将供水市政化：

跨国研究所(TNI)、公共服务国际研究部门(Public Services International Research Unit)和多国观察站(The Multinational Observatory)的一份报告显示,过去十年,布宜诺斯艾利斯、约翰内斯堡、巴黎、阿克拉、柏林、拉巴斯、马普托和吉隆坡等35个国家的180个城市和地区都已将其供水系统"再市政化"。超过100个"返回者"在美国和法国,14个在非洲,12个在拉丁美洲。相比发达国家来说,发展中国家更趋向于集中在大城市。[①]

市政化可改善供水服务的便利条件和质量,并通过让公民参与集体决策过程、加强问责制和透明度,提供公民参与民主治理的机会。它可以向市政当局施压,要求在确保基本水权方面对最贫困居民的需要给予积极回应,而纯粹以市场为基础的水管理制度可能不会这样做。

市政管理是将水作为公共财产资源进行管理的一种方法,另一种方法是传统公共管理。如第四章所述,通过公共机构管理公共财产资源的历史由来已久。很多地区的水资源都是如此。几个世纪以来世界上的很多地区都证明了集体灌溉系统的可持续性(见专栏20-5)。

为了借鉴传统公共管理系统的优势,有水文学者提出了一种新的水管理范式,即基于小规模自然水循环的**流域恢复**。通过收集的雨水补充地下水,并通过重建和保护湿地净化水将其保留在土壤中,自然水循环即可恢复。

> **流域恢复(watershed restoration)**:通过对小规模自然水循环的管理,恢复自然流域功能。

将水循环作为更大生态系统图景的一部分进行反思,意味着未来水管理会有不同方法。作为新模式的一部分,水循环在减缓气候变化方面所起的作用应该得到认可和加强。通过增加大气中的雾和水分,重建地区的生态系统和恢复小规模自然水循环,可以防止气候干燥和土地沙漠化,应对气候变化的一些负面影响。[②]

---

① Transnational Institute, 2015, p. 3.
② Kravčik et al. , 2007.

更大规模的流域保护和恢复也是大城市水管理的主要方法,例如拥有美国最大市政供水系统的纽约市,得益于卡茨基尔山区的乡村湖泊和水库周围100万英亩流域土地的保护,每天有超过100万加仑的水通过渡槽和隧道网络流向纽约。因此,高质量的供水不需要依赖昂贵的过滤设备。这一令人信服的事例说明了当流域生态系统得到保护时会对生态系统服务产生有益的影响。[①]

探讨不同的水管理方法,反映了水作为私人和公共物品的双重性质。没有任何一种方法是标准答案,显然需要平衡考虑生态循环、经济效率和水的社会功能。

专栏 20 – 5　灌溉水渠系统

灌溉水渠管理系统在中东的沙漠中存在了10 000多年(这个名字来源于"as-Saaqiya",在古典阿拉伯语中意思是"水管"),由摩尔人(Moors)引入西班牙南部。西班牙殖民者把灌水器带到了新大陆,在那里他们发现美洲土著几百年来使用的古代土著集体灌溉系统与之类似。灌溉水渠农业生态系统促进了土壤保护和土壤形成,为陆地野生动物提供栖息地和活动区域,保护了水质和鱼类栖息地,有利于保护生物多样性。通过对灌溉水渠的集体管理,促进了地区的发展,形成了当地的水资源管理规则。

在上里约格兰德生物保护区,传统的以地区为基础的阿基里亚系统提供的非金融服务包括生态系统服务以及社会和文化服务(如宗教价值、教育价值和审美价值),极大提高了农业生态系统区域居民的生活质量。近年来,这一传统的建立在物物交换制度基础上的公共财产资源管理系统,正经受着占主导地位的货币市场经济压力,其方式破坏了古老的习俗和社区惯例。市场压力导致一些人将自己的权利出售给更大的利益群体,比如拉斯维加斯。但市场机制可能不是分配稀缺水权的最佳方式,因为将水权转让给出价最高的人可能对穷人来说不公平。

资料来源:Ostrom, 1990, pp. 69-82; Raheem, 2014。

---

① Winnie Hu, 2018.

小　结

农业、工业和城市对其需求稳步增长给水资源带来了供给压力。目前,很多国家面临长期的的水资源压力,人均可用供给量不到 1 700 立方米。随着人口增长、气候变化进而影响降水和冰川融化,水短缺将变得更加严重。人类活动依赖作为最基本投入的水资源消耗。

虚拟水的概念通过直接和间接使用水来创造商品和服务。这个概念可用来计算个人、地区、公司、城市或国家的"水足迹"。虚拟水贸易使水短缺国家能进口水密集型产品,但一些水短缺国家正通过水密集型产品出口耗尽其稀缺的水资源。

通过从含水层中抽水来增加供给已导致世界主要缺水地区的地下水超采。大坝的建设也增加了可用水供给,但大多数主要的坝址已被开发,新大坝的建设往往涉及沉重的环境和社会成本。海水淡化有几乎无限的淡水供给,但它需要大量能源并且很昂贵。收集雨水、保护流域和水道的创新方法是水管理的新模式,它恢复了当地水循环并补充地下水的自然过程。

适宜的水价可以促进节约用水和鼓励更高效的用水技术。然而,政府政策往往对用水进行补贴,从而鼓励过度用水。较高的价格将减少需求,但由于水需求缺乏弹性,因此需要相对较大的价格上涨来促使节约。精心设计的价格结构,如提高区块定价,也可促进节约用水。

理论上,水市场可以通过允许低价值用途向高价值用途的转移来提高水分配的经济效益。水市场也可以实现环保目标,尽管结果好坏参半。水务私有化也产生了好坏参半的结果,在某些情况下扩大了可利用的取水渠道,而在其他情况下则导致价格大幅上涨和取水渠道减少。

研究表明,虽然私营部门和公共部门在应对水挑战方面都可发挥作用,但需要适宜的法规和机构来确保可持续管理水资源,包括将水作为市场上的商品和作为公共财产资源进行管理。

关键术语和概念

absolute water scarcity 绝对缺水	riparian water rights 河岸水权
average-cost pricing 平均成本定价	stock 存量
beneficial use 有益使用	virtual water 虚拟水
desalination 海水淡化	water footprint 水足迹
flow 流量	water markets 水市场
hydrologic cycle 水文循环	water pricing 水价
micro-irrigation 滴灌	water privatization 水务私有化
price elasticity of demand 需求价格弹性	water scarce 水资源短缺
prior appropriation water rights 优先占有水权	water stressed 供水紧张
regulated monopolies 受监管的垄断企业	watershed restoration 流域恢复

问题讨论

1. 假设你正在管理一个公共水务公司,由于干旱条件而面临水资源短缺。你会采取什么措施来应对干旱?

2. 人类对水的需求会导致对湿地和鱼类栖息地等自然资源的供给不足。你如何在人类和环境需求之间平衡水分配?

3. 你是否认为获得安全饮用水是一项基本人权? 考虑水的可获得性和水资源保护的潜在问题,发展中国家应如何对水定价?

相关网站

1. www. epa. gov/environmental-topics/water-topics. The U. S. Environmental Protection Agency's water portal, with links to information about watershed protection, oceans, drinking water, and freshwater.

2. www. unesco. org/new/en/natural-sciences/environment/water/wwap/

wwdr/. Website for the United Nations' World Water Development Report，published every three years. Current and past reports can be freely downloaded.

3. www. fao. org/nr/water/ and www. fao. org/aquastat/en/. The Food and Agriculture Organization's water portals，with reports and links to a database of water information.

4. www. waterfootprint. org/en/resources/interactive-tools/national-water-footprint-explorer/. Water Footprint Network's National Water Footprint Explorer，showing water footprints for each country and each person in a country.

5. https://droughtmonitor. unl. edu/. The U. S. Drought Monitor tracks the frequency and intensity of droughts throughout the United States. 6. https://www. worldwater. org/. The Pacific Institute's website with comprehensive reports on "The World's Water：Information on Freshwater Resources. "

参 考 文 献

Allan, Tony. 2011. *Virtual Water: Tackling the Threat to Our Planet's Most Precious Resource.* London: I.B. Tauris.

Barlow, Maude. 2013. *Blue Future: Protecting Water for People and the Planet Forever.* Toronto: House of Anansi Press.

Brown, Thomas C. 2006. "Trends in Water Market Activity and Price in the Western United States." *Water Resources Research*, 42. https://doi.org/10.1029/2005WR004180.

B'Tselem. 2017. "Water Crisis." November 11. www.btselem.org/topic/water.

Cappucci M. 2020. "Drought in the Western U.S. is Biggest in Years and Predicted to Worsen during Winter Months," *Washington Post*, October 13.

Carter, David W., and J. Walter Milton. 1999. "The True Cost of Water: Beyond the Perceptions." Paper presented at the CONSERV99 meeting of the AWWA, Monterey, February 1.

Center for Strategic and International Studies. 2005. "Addressing Our Global Water Future." Sandia National Laboratory.

Chong, Howard, and David Sunding. 2006. "Water Markets and Trading." *Annual Review of Environment and Resources*, 31:239–264.

Croplife. 2012. "Global Irrigated Area at Record Levels, but Expansion Slowing." November 30. www.croplife.com/management/global-irrigated-area-at-record-levels-but-expansion-slowing/.

Dalhuisen, Jasper M., Raymond J.G.M. Florax, Henri L.F. de Groot, and Peter Nijkamp. 2003. "Price and Income Elasticities of Residential Water Demand: A Meta-Analysis." *Land Economics*, 79(2):292–308.

Dore, Mohammed H.I. 2005. "Climate Change and Changes in Global Precipitation Patterns: What Do We Know?" *Environment International*, 31(8):1167–1181.

Douglas, Ian. 2011. "The Driest Inhabited Continent on Earth—Also the World's Biggest Water Exporter!" Fair Water Use Australia media release, June 7, quoted in Barlow, 2013, p. 169.

Elimelech, Menachem, and William A. Phillip. 2011. "The Future of Seawater Desalination: Energy, Technology, and the Environment." *Science*, 333:712–717.

Equinox Center. 2010. *San Diego's Water Sources: Assessing the Options.* www.equinoxcenter. org/assets/files/pdf/AssessingtheOptionsfinal.pdf.

Food and Agriculture Organization (FAO). 2016. *Aquastat Database.* www.fao.org/nr/water/ aquastat/main/index.stm and www.fao.org/nr/water/aquastat/tables/WorldData-Withdrawal_eng.pdf.

Ford, Liz. 2012. "Millennium Development Goal on Safe Drinking Water Reaches Target Early." *The Guardian*, March 6.

Frederick, Kenneth D., Tim Vanden Berg, and Jean Hanson. 1996. "Economic Values of Freshwater in the United States." *Resources for the Future Discussion Paper*, 97–03.

Frohlich, Thomas, and Mark Lieberman, 2015. "Nine States Running Out of Water." *24/7 Wall St Special Report*, April 22. http://247wallst.com/special-report/2015/04/22/9-states-running-out-of-water/.

Gan, Nectar. 2020. "China's Three Gorges Dam is One of the Largest Ever Created. Was it Worth it?" *CNN*, August 1. https://edition.cnn.com/style/article/china-three-gorges-dam-intl-hnk-dst/index.html.

Gleick, Peter H. 2011. *The World's Water Volume 7: The Biennial Report on Freshwater Resources.* Washington, DC: Island Press.

Gleick, Peter H., *et al.* 2014. *The World's Water Volume 8: The Biennial Report on Freshwater Resources.* Washington, DC: Island Press.

Hanemann, W. Michael. 2005. "The Value of Water." *University of California, Berkeley.* www.ctec.ufal.br/professor/vap/Valueofwater.pdf.

Hoekstra, Arjen Y., and Ashok K. Chapagain. 2008. *Globalization of Water: Sharing the Planet's Freshwater Resources.* Oxford: Blackwell Publishing.

Hoekstra, Arjen Y., and P.Q. Hung. 2007. "Water Footprints of Nations; Water Use by People as a Function of their Consumption." *Water Resource Management*, 21:35–48.

Hu, Winnie. 2018. "A Billion-Dollar Investment in New York's Water." *New York Times*, January 18.

India Resource Center, 2011. "Coca Cola Extracts Groundwater Even as Farmers and Community Left without Water." September 21. www.indiaresource.org/news/2011/1008.html.

Interlandi, Jeneen. 2010. "The New Oil: Should Private Companies Control Our Most Precious Natural Resource?" *Newsweek*, October 18.

International Commission on Large Dams. 2020. *General Synthesis.* www.icold-cigb.org/article/GB/world_register/general_synthesis/general-synthesis.

IPCC. 2014. *Climate Change 2014: Impacts, Adaptation and Vulnerability*, Chapter 3, Freshwater Resources, p. 251. https://ipcc-wg2.gov/AR5/images/uploads/WGIIAR5-Chap3_FINAL.pdf.

Irvin, D. 2016. "Fun Facts about Water Systems Rate Structures." *Environmental Finance Blog*, Environmental Finance Center at Chapel Hill, N.C., October 12. https://efc.web.unc.edu/2016/10/12/water-system-rate-structures/.

Koonan, Sujith. 2007. *Legal Implications of Plachimada: A Case Study.* www.ielrc.org/content/w0705.pdf.

Kravčík, Michael, *et al.* 2007. *Water for the Recovery of the Climate: A New Water Paradigm.* www.waterparadigm.org/.

Mascarelli, Amanda. 2012. "Demand for Water Outstrips Supply." *Nature*, August 8.

Mekonnen, M., and A. Hoekstra. 2011. *National Water Footprint Accounts: The Green, Blue and Grey Water Footprint of Production and Consumption.* Vol. 1: Main Report, May. UNESCO-IHE. www.waterfootprint.org/media/downloads/Report50-NationalWaterFootprints-Vol1.pdf.

NASA. 2014. *11 Trillion Gallons to Replenish California Drought Loss.* www.nasa.gov/press/2014/december/nasa-analysis-11-trillion-gallons-to-replenish-california-drought-losses.

Olmstead, Sheila M., and Robert N. Stavins. 2007. "Managing Water Demand: Price vs. Non-Price Conservation Programs." Pioneer Institute White Paper, No. 39. www.hks.harvard.edu/fs/rstavins/Monographs_&_Reports/Pioneer_Olmstead_Stavins_Water.pdf.

Organization for Economic Cooperation and Development (OECD). 2009. *Managing Water for All: An OECD Perspective on Pricing and Financing.* Paris: OECD. www.oecd-ilibrary.org/environment/managing-water-forall_9789264059498-en.

Organization for Economic Cooperation and Development (OECD). 2012. *Environmental Outlook to 2050: The Consequences of Inaction, Key Findings on Water.* Paris: OECD. www.oecd.org/env/indicators-modelling-outlooks/49844953.pdf.

Ostrom, Elinor. 1990. *Governing the Commons: The Evolution of Institutions for Collective Action.* Cambridge: Cambridge University Press.

Pearce, Fred. 2008. "Virtual Water." *Forbes.com*, December 19. www.forbes.com/2008/06/19/water-food-trade-tech-water08-cx_fp_0619virtual.html.

Postel, Sandra. 1992. *Last Oasis: Facing Water Scarcity.* New York: W.W. Norton.

Public Citizen. 2003. "Water Privatization Fiascos: Broken Promises and Social Turmoil." March. www.citizen.org/documents/privatizationfiascos.pdf.

Raheem, Nejem. 2014. "Using the Institutional Analysis and Development Framework to Analyze the Acequias of El Rio De Las Gallinas, New Mexico." *The Social Science Journal*, 51(3):447–454.

Scarborough, Brandon. 2010. "Environmental Water Markets: Restoring Streams Through Trade." *PERC Policy Series, No. 46.* http://perc.org/sites/default/files/ps46.pdf.

Scheierling, Susanne M., John B. Loomis, and Robert A. Young. 2004. "Irrigation Water Demand: A Meta Analysis of Price Elasticities." Paper presented at the American Agricultural Economics Association Annual Meeting, Denver, August 1–4.

Schulz, Christopher, and William M. Adams. 2019. "Debating Dams: The World Commission on Dams 20 Years On." *Wiley Online Library*, July 21. https://onlinelibrary.wiley.com/doi/abs/10.1002/wat2.1369.

Schwalm, Christopher R., Christopher A. Williams, and Kevin Schaeffer. 2012. "Hundred-Year Forecast: Drought." *New York Times*, August 11.

Simpson, Larry, and Klas Ringskog. 1997. "Water Markets in the Americas." Directions in Development, World Bank, Washington, DC.

Strockel, Claudio O. 2001. "Environmental Impact of Irrigation: A Review." State of Washington Water Research Center. *Pullman, Washington: Washington State University.* www.swwrc.wsu.edu/newsletter/fall2001/IrrImpact2.pdf.

Tietenberg, Tom, and Lynne Lewis. 2012. *Environmental and Natural Resource Economics*, 9th edition. Boston: Pearson.

Transnational Institute. 2015. *Here to Stay: Water Remunicipalization as a Global Trend.* www.tni.org/en/publication/here-to-stay-water-remuncipalisation-as-a-global-trend.

UNESCO. 2015. "World Water Development Report." United Nations World Water Development Report (WWDR) series.

United Nations. 2019. "Marking World Observance, Secretary-General calls for Upholding Right of Access to Water for All amid Climate Change Challenges." March 21. www.un.org/press/en/2019/sgsm19503.doc.htm.

United Nations. 2020. Sustainable Development Goals: "Goal 6: Ensure Availability and Sustainable Management of Water and Sanitation for All." https://sdgs.un.org/goals/goal6.

United Nations Environment Programme (UNEP). 2008. *Vital Water Graphics, An Overview of the State of the World's Fresh and Marine Waters*, 2nd edition. Nairobi, Kenya: UNEP. www.unep.org/dewa/vitalwater/index.html.

UN Population Division. 2020. *World Population Prospects.* https://population.un.org/wpp/Download/Standard/Population/.

UN-Water. 2021. *Water, Food and Energy. Facts and Figures.* www.unwater.org/water-facts/water-food-and-energy/.

Urpelainen, Johannes, Wolfram Schlenker, and Alice Tianbo Zhang. 2018. "Power of the River: Introducing the Global Dam Tracker." Columbia Center on Global Energy Policy. www.energypolicy.columbia.edu/research/report/power-river-introducing-global-dam-tracker-gdat.

Walton, Brett. 2010. "The Price of Water: A Comparison of Water Rates, Usage in 30 U.S. Cities." *Circle of Blue*, April 26. www.circleofblue.org/waternews/2010/world/the-price-of-water-a-comparison-of-water-rates-usage-in-30-u-s-cities/.

Water Footprint Network. 2016. *National Water Footprint Explorer.* http://waterfootprint.org/.

WaterReuse Association. 2012. "Seawater Desalination Costs." *White Paper*, January. www.watereuse.org/sites/default/files/u8/WateReuse_Desal_Cost_White_Paper.pdf.

Wichelns, Dennis. 2010. "Agricultural Water Pricing: United States." Paris: Organization for Economic Cooperation and Development.

World Bank. 2009. "Middle East and North Africa Region Sustainable Development." West Bank and Gaza: Assessment of Restrictions on Palestinian Water Sector Development.

World Bank. 2010. "Private Concessions: The Manila Water Experience." IBRD Results. Washington, DC.

World Business Council for Sustainable Development. 2005. *Facts and Trends: Water*. www. unwater.org/downloads/Water_facts_and_trends.pdf.

World Commission on Dams. 2000. *Dams and Development: A New Framework for Decision-Making*. London: Earthscan.

World Policy Institute. 2011. *The Water-Energy Paper*. http://worldpolicy.org/wp-content/uploads/2011/05/THE-WATER-ENERGY-NEXUS_0.pdf.

Worldwatch Institute. 2012. *Vital Signs 2012*. Washington, DC: Island Press.

第二十一章 世界贸易和环境

焦点问题：

- 扩大国际贸易对环境有哪些影响？
- 区域和全球贸易协定如何解决环境问题？
- 哪些政策可以促进可持续贸易？

第一节 贸易的环境影响

世界近三成的经济产出通过国际贸易走向市场。[①] 近几十年来，世界贸易不断扩张，贸易和环境间的关系也越来越受到关注。贸易对环境的影响到底是好还是坏？ 贸易是如何影响出口国、进口国以及整个世界的？ 应由谁对贸易活动引起的环境问题负责？ 这些问题十分复杂，不过一些经济理论可以帮助深入理解贸易政策对社会和环境的影响。

1991 年，墨西哥政府对美国一项禁止从墨西哥进口金枪鱼的法律提出了质疑，这是国际社会首次关注贸易政策引起的环境问题。起因是美国出台了《海洋哺乳动物保护法》(The U. S. Marine Mammal Protection Act)，禁止杀死大量海豚的金枪鱼捕捞方法，并禁止从使用这种捕捞方法的国家（包括墨西哥）进口金枪鱼。墨西哥政府认为，美国禁止进口墨西哥金枪鱼的做法违反了《关税及贸

[①] 根据世界银行的世界发展指数数据库 2019 年货物贸易和服务贸易数据。

易总协定》的规定。

《关税及贸易总协定》创立于 20 世纪 40 年代,是一项旨在减少关税和其他贸易壁垒的国际协定。《关税及贸易总协定》在 1995 年被**世界贸易组织**所取代,将在本章后部分进行详细讨论。根据为《关税及贸易总协定》和后来成立的世界贸易组织提供依据的自由贸易原则,除了保护本国公民的健康和安全等特殊情况外,履约国不能以进口产品可能引起的环境问题为由限制进口。《关税及贸易总协定》的争端解决小组裁定:美国不能利用其国内立法来保护领土范围之外的海豚,因此也不能禁止从墨西哥进口金枪鱼。虽然墨西哥没有要求执行这一裁定,但这项裁定却引发了一场关于贸易和环境问题的长期争议。

611

> **《关税及贸易总协定》**(General Agreement on Tariffs and Trade,GATT):一项多边贸易协定,旨在逐步消除关税和其他贸易壁垒提供解决框架,是世界贸易组织的前身。
>
> **世界贸易组织**(World Trade Organization,WTO):致力于通过降低或消除关税和非关税贸易壁垒来扩大贸易的国际组织。

这场争议又扩展到了其他国际环境问题,如森林保护、臭氧层空洞、有害废弃物和全球气候变化,这些问题在某种程度上都与国际贸易政策有关。一方面,若禁止个别国家使用贸易措施保护本国环境,像金枪鱼/海豚案例那样,那么国际贸易法似乎更倾向于扩大贸易,而非保护环境。另一方面,也可以通过重构国际贸易协定来促进环境保护目标的实现。

从国家尺度看,如前几章所述,针对环境影响,传统的经济政策应当是将外部性内部化。然而,从全球尺度看,情况十分复杂,贸易活动的环境外部性在贸易进口国、出口国及其他国家都存在。制定和执行环境政策的主体通常是国家政府。由于国际贸易协定中的环境保护条款往往效力薄弱或者缺失,一旦存在跨国性的环境影响,往往会引发更严重的新问题,这个问题将在本章后部分进行讨论。为了解决上述问题,首先结合贸易的传统经济理论与环境外部性理论,检验与贸易和环境相关的基本经济理论。

一、比较优势和环境外部性

传统经济理论的一个基本原理是,扩大贸易通常有利于促进贸易国家的效率提高、财富积累。**比较优势理论**认为,为达到效率最优,两个国家在分工基础上进行专业化生产,出口其具有比较优势的商品,进口其处于比较劣势的商品,从而两国都能从贸易中得到收益,达到无贸易活动就无法达到的消费水平。但若扩大贸易会造成环境破坏? 如何进行贸易成本和收益分析?

> **比较优势理论**(**comparative advantage theory**):指通过专业化的商品生产达到相对高效的双边贸易受益理论。

运用第三章的经济福利分析法分析贸易对环境影响相关的收益和损失。在不考虑生产或消费商品与服务所产生的环境外部性条件下,进行图形化的贸易福利分析,如图 21-1 所示,以汽车行业为例,分析进口汽车对消费者和生产者福利的影响。

在无贸易活动的情况下,国内的供给与需求将在 Q^* 点达到均衡,价格为 P^*。在这个汽车市场上,可得到的市场福利为消费者和生产者剩余之和,消费者剩余为 A,生产者剩余为(B+C),故无贸易的总福利为(A+B+C)。

612

假设某个国家可以开展贸易活动,如进口汽车,随着贸易的发展,这个进口国的汽车生产和消费都将发生变化。如若不存在贸易壁垒,汽车可以全球价格 P_w 进口,P_w 通常低于国内市场价格(假设该国的需求不足以影响全球价格)。[①] 由于进口产品的价格相对便宜,汽车价格被迫降至 P_w,国内生产商只愿意生产 Q_1 需求量的汽车。由于生产 Q_1 需求量的汽车价格相对较低,国内需求量增至 Q_2。Q_2(国内需求)和 Q_1(国内供给)之间的差异表示进口汽车的数量。所得到的平衡点即为(P_w,Q_2)。

---

① 此例表明,较小国家的贸易对产品世界价格影响不大,故全球价格比较稳定(无线弹性供给曲线位于 P_w),而对于可以影响产品全球价格的较大国家,全球供给曲线则向上倾斜。

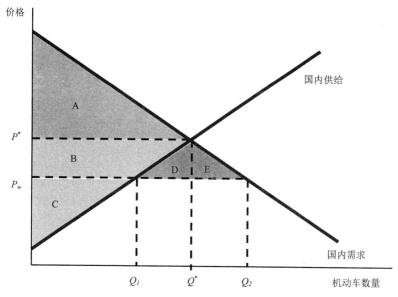

图 21-1　进口汽车的福利收益和损失（彩图见彩插）

　　那么,贸易是如何影响国内经济福利的? 随着价格降低和消费量增加,消费者剩余从无贸易时的 A 增加至(A+B+D+E)。但国内生产者剩余则减少到 C,因为国内生产商仅以 P_w 的价格销售 Q_1 需求量的汽车。贸易的总体社会福利为(A+B+C+D+E),大于无贸易时的总体社会福利(A+B+C)。贸易的净收益是三角形区域(D+E)。此即比较优势理论的基本逻辑,展示了一种贸易净收益(需注意的是,此处指一国的总体收益,有些社会群体反而会在贸易中受损,譬如国内汽车工厂中的工人可能会因为行业萎缩而失去工作。比较优势理论只能说明整体收益大于损失的情况)。

613

　　生产外部性(production externalities):与商品或服务生产相关的外部性,如工厂污染物的排放。

　　消费外部性(consumption externalities):与商品消费相关的外部性,如车辆污染物的排放。

　　但这一理论忽略了与贸易相关的环境外部性。第三章中,没有强调与特定商品相关的外部性是否是商品的生产或消费的结果。现在需要区分汽车生产引起的**生产外部性**和汽车使用(如燃油)和最终处置过程中产生的**消费外部性**。正如第三章所述,生产外部性可表示为私人供给曲线的额外成本。在图21-2中是生产外部性的社会成本 S'。值得注意的是,与进口汽车生产相关的外部性并未在图中表示,因为本处仅考察当前进口国的福利影响(将在另一个案例中考察与出口相关的环境影响)。

　　回顾第三章,生产负外部性福利效应可用 S 和 S' 间的平行四边形表示,一直延伸到国内汽车生产量。交易前,这个平行四边形会延伸到 Q^*。但随着国际贸易的开展与国内生产的下降,生产负外部性会延伸到 Q_1。国际贸易导致生产外部性降低,即图21-2中的阴影区域(F+G+H)。因此,除了市场参与者的贸易收益(D+E)外,生产外部性减少也提供了一种福利收益。

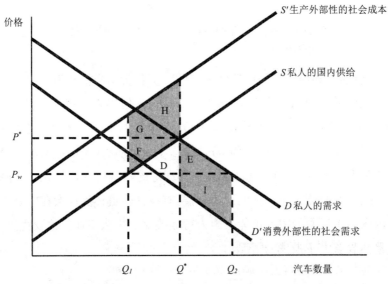

图 21-2　进口汽车的福利影响与外部效应(彩图见彩插)

　　同时,也需要考虑消费外部性。随着贸易发展,汽车销售总量从 Q^* 增加至 Q_2,燃油增加势必导致空气更严重的污染、原油流失、公路拥堵、碳排放量增加,还有大量汽车达到使用寿命后产生的垃圾问题。上述消费外部性至少在某种程度上将抵消国内生产外部性降低产生的福利收益。

图中需求曲线代表消费者的边际收益,但由于消费外部性的存在,与汽车消费相关的社会收益不断减少。将生产外部性作为私人国内供给曲线的附加社会成本,从私人收益中减去消费外部性,从而获得汽车的真正社会收益。

如图 21-2 所示,可从私人的需求中减去消费外部性,得到曲线 D' 即汽车消费的社会边际收益,显示出比未经调整的私人需求曲线 D 更低的收益。消费外部性将由 D 和 D' 间的平行四边形表示,一直延伸到汽车消费量。在交易之前,这个平行四边形会延伸到 Q^*。但在贸易之后,它进一步延伸到 Q_2。国际贸易引起的消费外部性增加如图中灰色阴影区域(E+I)所示。

之后,可以根据这三个因素来评估这个国家贸易的总体福利效果:市场收益变化、生产外部性减少和消费外部性增加。净福利为:

福利净变化=(D+E)+(F+G+H)-(E+I)=(D+F+G+H)-I

根据福利理论,如果不考虑环境外部性,国际贸易无疑能带来进口国的总体净福利收益。此时,国际贸易是否真正能增加净福利则取决于(D+F+G+H)是否大于区域 I。如图 21-2 所示,(D+F+G+H)明显大于区域 I,即使考虑到外部性,国际贸易也会产生净收益。当然,事实并非总是如此。就汽车业而言,每辆汽车的消费外部性远远超过其生产外部性,这将增加 I 相对于(F+G+H)的规模,并可能造成贸易活动降低进口国的总体社会福利。

以上结果对贸易理论有重要的启示。在无外部性的基本贸易案例中,可以推定贸易的总体收益。即使一些群体(如汽车生产商和工人)有利益受损,消费者的收益也大于损失。然而,当引入外部性后,就不能再如此推定贸易的净收益值,因为此时的净收益值取决于生产外部性和消费外部性的大小。进口国采取的汽车使用税等相关政策,可能会使这些外部成本内部化。因此,除非能确定这些政策能够实施,否则将无法确认贸易带来的实际净收益。

二、出口和环境外部性

要分析国际贸易对出口国的福利影响,依旧可从假定无外部性的贸易福利分析开始,再考虑环境影响如何改变社会福利。以发展中国家的木材出口为例,如图 21-3 所示。

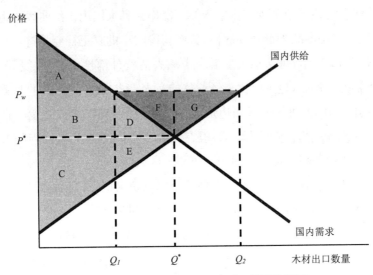

图 21-3　出口木材的收益和损失(彩图见彩插)

在无国际贸易的情况下,国内木材价格为 P^*,木材销售量为 Q^*,消费者盈余为(A+B+D),生产者盈余为(C+E)。假设一个国家能够出口木材,而发展中国家可在世界市场上获得更高的木材价格,其中包括来自发达国家的市场需求。如果进入世界市场并获得较高的市场价格 P_w,国内木材供给商也将把国内价格提高到 P_w。换言之,供给商将不再愿意以之前的国内价格 P^* 向国内消费者出售木材,因为他们总是可以 P_w 的价格出口木材。[①]

由于价格抬高,国内消费者将木材采购量减少到 Q_1,故而消费者盈余下降到 A。当价格等于 P_w 时,供给商愿意出售的木材供给量为 Q_2。Q_1 和 Q_2 之差即为木材出口量。结果是价格越高、销量越高,生产者剩余从(C+E)增加至(B+C+D+E+F+G)。生产者剩余的增加量(B+D+F+G)可以抵消国内消费者剩余的损失(B+D),即净社会收益(F+G)。该理论再次证明了不考虑环境外部性的国际贸易总收益(同样,也可能会有一些群体在国际贸易中利益受损,如本例中的国内消费者)。

---

① 与进口国相同,假定出口国能够以现行国际贸易价格水平出售所有预出售的木材。

　　当引入木材生产的外部性时——这种外部性包括土地退化、流域退化及其
使用价值和非使用价值的减少,情况就不是那么确定了。如图 21-4 所示,此时
的生产外部性由私人的国内供给曲线 S 和生产外部性的社会成本曲线 S′之差
表示,即生产成本和环境外部性之和。贸易活动前,木材的生产外部性是两条曲
线间的平行四边形,一直延伸到 Q^*。随着贸易发展和生产规模的扩大,外部性
不断增加,直至木材总产量达到 Q_2。生产外部性的增长值为(G+H)。随着国
内木材消费减少,消费外部性也可能发生变化,但这些变化可能远低于汽车业,
故在图 21-4 中忽略不计。

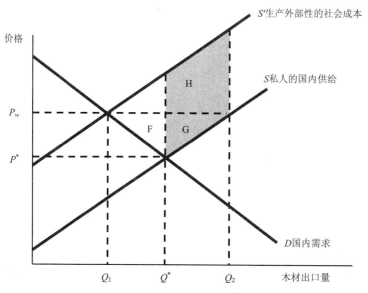

图 21-4　具有外部性出口木材的福利影响

　　如果考虑环境外部性,就不能完全确定出口国从贸易中获得了净收益。市
场收益增加了(F+G),但外部性增加了(G+H),福利净变化则为(F-H)。若
F 大于 H,那么将在贸易中获得净社会收益。但若 H 大于 F,则有净损失。如
图 21-4 所示,福利净损失意味着木材生产对环境的损害大于从贸易中获得的
市场净收益。与前例一样,出口净收益或损失取决于不同市场的规模及其外
部性。

当然，以上案例仅是十分简单的贸易模型，得出了环境成本可能对贸易净收益有显著影响等结论。现实中，各国交易价值数万亿美元的产品，哪里存在显著的环境外部性，哪里的国际贸易就会重置各国间的外部性，并可能由于生产规模的扩大而继续增加总体外部性。

进口可能有严重环境影响的货物会出现新的**出口污染**问题，将污染排放转移到其他国家。当然，污染通常是由发达国家向发展中国家输出，这个问题将在后文讨论。贸易过程中有时涉及运输能源使用，容易产生空气污染、外来入侵物种等其他环境后果。[①] 贸易活动也有可能产生一些间接影响，例如大规模发展出口农业会迫使农民迁居到坡地或森林边缘等相对偏远的地方，从而导致森林砍伐和水土流失。又如有毒废弃物或濒危物种等贸易活动会对环境产生显著的负面影响。

> **出口排放（污染）**（exported emissions/pollution）：通过进口某些对环境会造成重大影响的商品，将污染影响转移到其他国家。

贸易活动也会对环境产生正面影响。自由贸易有助于环境友好型技术的推广，也能促进高效的生产，降低每单位产出的材料和能源投入。此外，当产品质量或跨界影响存在争议时，例如食品的农药残留或跨界河流的水污染问题，各国贸易可能会面临提高环境标准的压力。

对于贸易问题，"亲贸易者"和"反贸易者"的观点迥异。国际贸易已经是现代经济生活的一部分，更重要的是，如何在贸易带来的经济收益和贸易带来的环境影响之间取得平衡，有时需要增加，有时则需要降低总外部成本（同样，对于贸易的社会影响也有类似的讨论，该问题往往与环境影响问题重叠，此处不进行深入讨论）。要回答这个问题，需要进一步研究当前贸易政策背景。

---

① Gallagher，2009.

第二节　贸易与环境：政策与实践

根据国际贸易的环境影响案例，很多发展中国家种植农作物，不仅用于国内销售，往往也用来出口。随着世界贸易的发展，发展中国家将更多的土地用于种植出口作物。如图 21 - 5 所示，20 世纪 90 年代前，被联合国粮食及农业组织（Food and Agriculture Organization）列为低收入缺粮国家[1]之间的农业出口量都相对稳定。这些国家普遍存在粮食安全问题，也更容易受到价格变化、自然灾害等粮食供给冲击的影响，弱势群体甚至面临着营养危机。[2] 尽管如此，1990 年以来这些国家的粮食出口量增长了约 5 倍。多数情况下，发展中国家的农业出口增长受国际货币基金组织、世界银行等国际机构要求的"结构调整"政策的影响，此问题在后文将深入讨论。扩大出口的目的是为国家带来更多的收入和经济增长。但一些经济分析认为，农业出口对刺激经济增长的效果不明显。[3] 即便农业出口促进了经济增长，也需要考虑社会和环境成本，以确定这种贸易对出口国是否真正有利。

618

扩大农业出口对环境有哪些影响？正如在第十九章中所看到的，扩大农业出口会导致森林被砍伐，因为热带森林被砍伐土地用来种植咖啡、棕榈油树和大豆等作物，以及开拓牧场来饲养牲畜以出口肉类。2019 年的一项研究发现，为出口而扩大农业和植树造林约占所毁林相关碳排放的 30%～40%。[4] 除了生物多样性和生态系统服务的损失外，由于很多出口农作物需要密集灌溉，农作物出口规模增长往往也会对该国水资源提出更高的要求。[5]

扩大农业出口也可能意味着农药使用量的增加。2008 年一项研究发现，出

---

① Most low-income food-deficit countries are in Africa，as well as some in Asia and other regions. As of 2021 there were 51 such countries.

② World Health Organization，http://apps. who. int/nutrition/landscape/help. aspx? menu = 0&helpid=401.

③ Sanjuán-López and Dawson，2010.

④ Pendrill et al. ，2019.

⑤ Scyaeffer，2009.

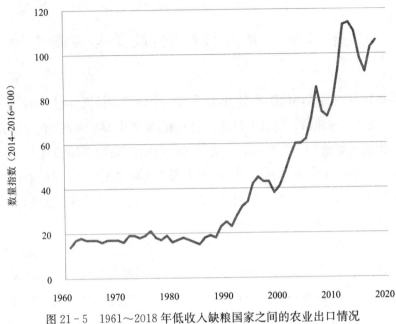

图 21-5　1961～2018 年低收入缺粮国家之间的农业出口情况

资料来源:Food and Agriculture Organization,FAOSTAT database。

口为主的国家,农业生产往往与使用化肥和杀虫剂之间存在显著的正相关。因此,本书结论是:

　　传统经济模型假设自由贸易将使市场机制减少破坏环境的生产方式,并能形成一个资源效率更高的贸易体系。我们的研究不能确定这一假设在农产品贸易和化肥、杀虫剂使用上是同样适用的,但至少世界贸易组织等国际组织所声称的"扩大出口农业规模将有利于相关国家的人口福利和环境福利"等相关论断,还需更深入的推敲。[①]

　　2020 年的一篇论文回顾了 43 项关于农业贸易与地方污染、碳排放等环境问题的关系。[②] 结果发现,其中 21 项研究得出了农业贸易对环境有负面影响的结论,10 项研究证明贸易对环境有积极影响,其他 12 项研究显示不存在明显关系。负面环境影响最有可能出现在发展中国家,而积极影响的受益方往往是发

　　① Longo and York,2008,p. 101.

　　② Balogh and Jámbor,2020.

达国家。进口国也可能遭受负面环境影响,如越来越依赖进口大豆的国家往往在国内转向种植对环境更具破坏性的作物,比如谷物和大米需要更多水且易引起水污染。[①]

通常社会和环境影响的大小不仅取决于贸易,还取决于多变的政治条件。**二元土地所有权**,即大的土地所有者拥有相当大的政治权力,而小农场则被导向型农业所取代,最终导致环境破坏加剧。例如,在中美洲,运输和贸易基础设施的改善导致了向更高利润、投入依赖型的农业技术转型。玉米、豆类等粮食作物被棉花、西红柿、草莓和香蕉等经济作物所取代,农田价值不断提升,这为享有特权的土地所有权者带来了利好,但也导致贫困农民被驱逐至森林、山坡、干旱或贫瘠的土地上。

> **二元土地所有权**(**dualistic land ownership**):发展中国家很常见的一种土地所有权模式,指大的土地所有者拥有相当大的权力,而小的土地所有者往往流离失所或被迫迁入劣质土地。

同时,富裕的农民则"利用自己的影响力获取环境损害的相关补贴,这反过来又引起过度机械化、过度灌溉和过度喷洒等问题"。[②]

无论在国家尺度,还是全球尺度,因贸易而产生的健康和安全问题都不容易解决。例如,一些国家出台了禁止销售有毒农药的法规,但却难以适用于所有国家。

一些在一个国家因为对人、对动物或对植物的生命、健康或环境存在威胁而受到限制的商品,很可能被合法出口到其他国家。那么,对进口国而言,是因为该国未能全面掌握对有关产品是否被禁止和为什么被禁止的信息:出口商可能会虚假申报,海关当局(尤其是发展中国家)可能缺乏必要的产品检测设施。[③]

根据**世界贸易组织第二十条**,一个国家可以采取措施限制贸易,以"保护不可再生自然资源(exhaustible natural resources)"或"保护人类、动物、植物的生

---

① Sun et al. , 2018.
② Paarlberg, 2000, p. 177.
③ Brack,1998, p. 7.

命和健康"。然而,各国对自由贸易规则中的"一般例外"(special exception)的解释仍存在争议。

> **世界贸易组织第二十条(WTO's Article XX)**:世界贸易组织的一项规则,该规则允许各国限制贸易,以保护不可再生自然资源或保护人类、动物、植物的生命与健康。

　　例如,从 20 世纪 90 年代开始,欧洲国家拒绝进口美国和加拿大使用激素补充剂生产的牛肉。美国和加拿大政府认为,没有证据表明牛肉激素对人体健康有害,这项禁令本质是一项非法的贸易壁垒。然而,欧洲人引用了**预防性原则**,既然消费者担忧激素可能产生的影响,难道政府就没有权利决定允许哪些可以进入国内消费市场吗? 这场旷日持久的贸易争端最终在 2012 年得到了解决,达成了一项协议,即允许欧盟继续禁止进口经过激素处理的牛肉。作为交换,欧盟提高了从美国和加拿大进口优质牛肉的配额。[①]

> **预防性原则(precautionary principle)**:认为政策应考虑到不确定性,采取措施避免低概率的灾难性事件。

一、产品和加工问题

　　在转基因作物的使用上也出现了类似问题。尽管美国允许使用未标识的转基因食品,但却遭到了欧洲国家的反对。那么,欧洲国家能禁止转基因食品的进口吗? 这对看到转基因工程巨大利润的农业企业和强烈反对转基因食品的消费者有巨大影响。

　　更复杂的问题是,反对转基因作物并非仅仅是为了人类健康(如若被证明则

---

① www.europarl.europa.eu/news/en/pressroom/content/20120314IPR40752/html/Win-winending-to-the-hormone-beef-trade-war/.

是世界贸易组织第二十条贸易限制的有效理由），也包括转基因作物可能对环境造成的影响。当转基因作物的花粉扩散到环境中时，会危及邻近的有机农场，并可能产生对除草剂有抗性的"超级杂草"，破坏脆弱的生态系统。但根据世界贸易组织的规则，产品的生产过程并不能作为贸易限制的理由，只有当产品本身有害时，政府才能实施管制，这就是**加工和生产方法**规则。

例如，若在水果或蔬菜上检测到农药残留达危险水平，则可以禁止进口此产品。但若过度使用农药造成了产地的环境破坏，进口国则无权采取措施。同样，若热带雨林因过度砍伐遭到破坏，则不允许各国禁止进口不可持续生产的木材。

实施加工和生产方法规则取消了国际环境保护作为重要工具的可能性。若一个国家不能采取行动保护自己的环境，其他国家不会通过贸易杠杆改善其生态环境。只有制定专门的**多边环境协定**，如《濒危野生动植物国际贸易公约》（Convention on International Trade in Endangered Species，CITES），才允许限制出口。

加工和生产方法（process and production methods，PPMs）：是指进口国不能因另一国的生产过程未达到相关环境标准或社会标准，而对该国设置贸易壁垒或进行处罚的国际贸易规则。

多边环境协定（multilateral environmental agreements，MEAs）：各国之间关于环境问题的国际条约，如《濒危野生动植物贸易公约》。

在金枪鱼/海豚的案例中，根据 PPMs 规则，最终裁定各国对域外环境问题没有管辖权，这一结果是饱受争议的。但随着全球化的不断深入，这样的问题越来越普遍。仅仅等待生产国"自我清理"（clear up its act）很可能效果不明显。

贸易会削弱各国制定自身环境和社会政策的自主权，从而影响国内政策和国际政策。各国为获得相对竞争优势而降低环境和社会标准，因而人们越来越担忧这种**"竞次现象"**。

621

> **竞次现象**（race to the bottom）：指各国为了吸引外资企业或阻止企业转移到其他国家而竞相削弱本国环境标准的趋势。

成员国的厂商，执行严格生产标准的往往比执行不太严格标准的厂商处于竞争劣势。与执行低标准的辖区公司相比，成员国可能不去提高环境标准，甚至可能降低现行的标准。[1]

通过对相关经济研究的梳理发现，几乎没有证据表明竞争国家之间存在普遍的"竞次现象"。[2] 即使各国没有通过设置较低的环境标准以获得竞争贸易优势，跨国公司为了降低生产成本，也可能会选择在环境法规相对宽松的国家开展生产活动。这被称为**污染避难所**效应，即外资和污染都转移到环境标准较低的国家。20 世纪 90 年代和 21 世纪初，通过对污染避难所假说的实证检验发现，几乎没有证据表明一国的国际贸易水平与严格的环境法规有关。[3] 但最近一些使用更复杂统计技术的研究提供了一些支持证据。例如，2015 年的一项研究发现，美国的外国投资与这个国家对二氧化硫和二氧化碳的管制程度呈负相关。此外，如果一个国家的邻国环境法规更严格，则国外投资将更多流入这个国家。[4]

> **污染避难所**（pollution haven）：指由于环境规制水平低而吸引高污染工业的国家或地区。

2016 年经济合作与发展组织的一项研究发现，所有的制造业产品生产中，几乎没有证据能证实污染避难所的假说，但严格的环境法规确实促使化学品和燃料产品等"污染"产业形成了一种相对劣势。另一方面，严格的环境法规可能会吸引"清洁"产业。[5] 也有研究发现，在亚洲发展中国家的外国投资"可能会导

---

[1]　Brack，1998，p. 113.
[2]　Frankel，2009.
[3]　Kellog，2006.
[4]　Tang，2015.
[5]　Koźluk and Timiliotis，2016.

致污染类产业投资的增长",亟需通过适宜的环境法规予以防治。①

　　值得担忧的是,竞争压力可能会给环境法规严格的国家带来"寒蝉效应"(Chilly effect)。《北美自由贸易协定》(North American Free Trade Agreement, NAFTA,2020 年被《美国—墨西哥—加拿大协定》(USMCA)所取代)产生一些案例,一些公司根据条约中投资者—国家争端解决制度(the investor-state dispute settlement, ISDS),对将环境法规作为贸易壁垒的做法提出了质疑。加拿大试图取消美国对销售致癌石棉产品的限制,美国农药产业对加拿大强制约力的农药法规提出质疑。总部设在美国的乙基公司(Ethyl Corporation)则成功推翻了加拿大禁止进口和销售汽油添加剂 MMT 的禁令(MMT 被认为是一种可能会造成神经损伤的化学品),此例中加拿大不仅必须要取消禁令,还需支付 1 300 万美元的赔偿,以补偿乙基公司的诉讼费用和销售损失。②

　　有研究指出,贸易协定是防止化石燃料公司等加剧全球气候变化的强有力的工具。然而,很多公司认为,过于严格的环境法规不公平地降低了它们的收益,要解决这一问题,就要明确 2015 年出台的《巴黎协定》等国际环境协定在效力上优先于现有的贸易协定。③

二、贸易对环境的有益影响

　　贸易扩张也可能对环境产生直接或间接的有益影响。根据比较优势理论,贸易使各国在资源利用上更加高效,从而更好地节约资源、避免浪费。贸易自由化可以提高资源配置的效率,消除**交叉补贴**和不合适的定价政策。例如,广泛使用化肥和杀虫剂是对环境有害的农业生产方式,但国际贸易协定通常禁止为国内生产者提供此类补贴,取消此类补贴有利于提高经济效率和促进环境可持续性。

---

①　Guzel and Okumus,2020.

②　Global Affairs Canada,"NAFTA-Chapter11-Investment," https://www.international.gc.ca/trade-agreements-accords-commerciaux/topicsdomaines/disp-diff/ethyl.aspx? lang=eng.

③　Tienhaara,2017.

> **交叉补贴(distortionary subsidies)**：以损害经济效益的方式改变市场均衡的过程。

贸易也可促进环境友好型技术的发展。例如在能源生产领域，很多发展中国家高度依赖旧的、低效的、高污染的发电厂，而国际贸易可促进这些发电厂替换为更加现代化的、更加高效的设施设备，或像印度一样大力发展风力发电。跨国公司有时被视为发展中国家资源开发的"罪人"，但有时也为工业部门引进了更高效的技术。跨国公司可能会在国内政治压力下不得不做出一些反应，推进更清洁的工业生产流程，然后在全球范围内推广此流程。[①] 制造业的外资引入很可能促进资源节约型和低污染的新型生产方式，并推动老旧技术和设备的更新换代。[②]

三、贸易与全球气候变化

贸易对导致全球气候变化的二氧化碳及其他气体的排放有着重要影响。贸易扩张带来运输量增加，导致与运输相关的碳排放量增加。贸易也改变了碳排放模式，产生了大量的"出口污染"，即与进口商品消费相关的碳排放。

回顾第十四章中对**解耦**的讨论，英国似乎已将其二氧化碳排放与经济增长解耦(图 14 - 5)。虽然英国 GDP 在 1970～2019 年间增长了约三倍，但其二氧化碳排放量却下降了近一半。不过，二氧化碳排放量减少没有考虑出口排放。若考虑其他国家出口到英国的货物排放量，该国的总排放量是否仍在减少？

> **解耦(decoupling)**：打破经济活动增加与环境影响增加之间的相关性。

从图 21 - 6 1997～2017 年英国住宅和工业消费相关的国内碳排放量和出口碳排放量看。第一，英国消费排放量产生的很大一部是在国外产生的。2017

---

① Zarsky，2004.

② Neumayer，2001.

年,英国在境外出口产生的排放量占英国需求产生的碳排放总量的42%。20世 623
纪90年代的出口产生的碳排放量仅占排放总量的三分之一左右。第二,英国在
温室气体减排上取得了进展,但并非按国内排放量统计所显示的那样显著。如
图21-6所示,1990～2017年间,英国的国内碳排放量减少了25%,但若加上出
口排放量,总排放量则只下降了11%。[①] 如果对英国出口排放量产生地点进行
详细估算,英国的出口排放量遍布世界各地,其中23%来自其他欧洲国家,20%
来自中国,11%来自中东,9%来自美国。

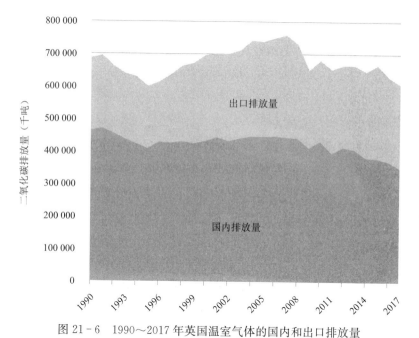

图21-6　1990～2017年英国温室气体的国内和出口排放量

资料来源:UK Department for Environment, Food, and Rural Affairs, "UK's Carbon
Footprint," www. gov. uk/government/statistic s/uk-carbon-footprint。

　　像英国这样碳排放净出口的国家,应该对进出口贸易中的国内统计数据之
外的碳排放量负责。像中国这样碳排放净进口的国家,政府需要的不是像国内
统计数据显示的那样对排放量负责,因为相当大的部分是为出口生产而产生的

---

① UK Department of Environment, Food, and Rural Affairs, "UK's Carbon Footprint,"
www. gov. uk/government/statistics/uks-carbon-footprint.

碳排放量。

　　图 21-7 展示了 2018 年部分国家贸易净碳排放的结果。除中国外，卡塔尔和南非也是碳排放的重要净进口国(碳排放量为负值的国家)。在卡塔尔、巴林和科威特等中东国家，化石燃料开采产生的大部分碳排放最终都与其他国家的需求有关。除英国外，碳排放净出口国还包括瑞典和哥斯达黎加，两者都以大量减少国内碳排放而闻名，但很大程度上都归功于碳排放出口。

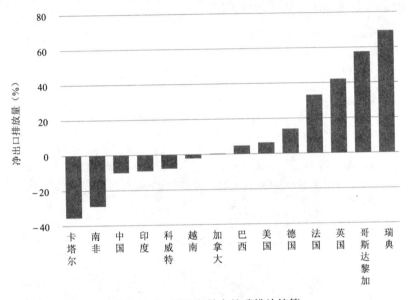

图 21-7　国际贸易中的碳排放核算

资料来源：Our World in Data, "CO$_2$ Emissions Embedded in Trade," with data compiled from several sources。

　　以上数据对全球气候变化的国际谈判具有重要意义。如此看来，应该是商品消费者，而非商品生产者，来承担减排的职责。[1] 然而，2015 年的《巴黎协定》采用了传统的方法来测度碳排放，只考虑了碳排放的源地。另一种选择是，让净碳出口国对在本国消费、在国外生产而产生的碳排放负责。为此，可以测度一个国家的**碳足迹**，同时计算国内生产与国外进口相关的各种碳排放量。

---

[1]　Davis and Caldeira, 2010; Giljum and Eisenmenger, 2004.

> **碳足迹(carbon footprint)**：由一个国家、机构或个人消费直接和间接产生的总体碳排放量。

第三节 贸易协定与环境

人们提出了各种制度性和政策性方法来达到平衡贸易获益、环境保护之间关系的目标，有些是类似于标准化的自由贸易模式，有些则是差异化的自由贸易模式，此节重点探讨其中的几个方法。

一、世界贸易组织方法

这一方法以《关税及贸易总协定》及其后来的世界贸易组织"多轮"贸易协定为载体，形成了 70 年的自由贸易政策或"自由化"贸易政策的总体目标。世界贸易组织目前由 164 个成员组成，致力于降低关税(对贸易货物征税)、破除贸易壁垒、取消对出口产业的补贴。

虽然世界贸易组织承认第二十条中关于资源节约和环境保护的贸易规则是一个特殊例外，但在专家组裁定中对此条款的解释却相当狭隘。世界贸易组织当局往往对"绿色保护主义"(即以环境监管的名义利用贸易壁垒保护本国产业免受竞争)持怀疑态度，也不赞同各国通过贸易措施在境外实施环境政策。

世界贸易组织设立了一个贸易和环境委员会，此委员会涉及的领域相当广泛，其中就包括环境问题领域。根据世界贸易组织官方网站的说法，该委员会"为识别和理解贸易与环境间的关系，促进可持续发展等方面做出了贡献"。[1]但一些批评者认为，该委员会只有一些"微弱的效果"，且这一情况要到环境问题能完全纳入世界贸易组织的使命才能有所改变。[2]

---

[1] www. wto. org/english/tratop_e/envir_e/wrk_commiee_e. htm.

[2] Gabler，2010.

对世界贸易组织而言,环境政策责任应首先落在国家的尺度上。国际贸易政策应尽可能避免与环境问题交织一起复杂化。这与经济原则中所谓的**特殊规则**一致:政策解决方案应直接以问题为导向。因此,使用贸易措施来实现环境政策目标并非最直接的方法,反而可能会导致"贸易限制造成经济损失"等难以预期的结果。

特殊规则(**specificity rule**):认为政策解决方案应直接针对问题的根源。

将环境政策责任推给各国政府的观点也受到了批判,因为它既没有考虑到是竞争压力使一些贸易国减少了对环境保护的投入,也没有考虑到是很多发展中国家弱化了监管机构。这些环境政策也不能解决气候变化、生物多样性等跨越国界的全球环境问题。

世界贸易组织副总干事艾伦·沃尔夫(Alan Wolff)最近承认:世界贸易组织的成员需要就贸易及相关措施如何能有效促进全球气候变化的目标愿景开展建设性的聚焦讨论。他警告说,如若边境碳调节(border carbon adjustment)等措施从贸易影响上被视为不公平的、不准确的,那么势必将引发冲突。[①]

二、《北美自由贸易协定》与《美国—墨西哥—加拿大协定》的方法

1993年,美国、加拿大和墨西哥签署了《北美自由贸易协定》,降低了北美的贸易壁垒。在谈判期间,各环保组织强烈主张,自由贸易可能会对环境产生负面影响,并指出墨西哥边境沿线加工厂(maquiladoras)已存在严重的环境问题,这些加工厂的材料和设备可免税进口,然后组装、再出口。此次谈判的成果之一是签订了一个附属协议,成立了环境合作委员会(Commission for the Environmental Cooperation, CEC)。环境合作委员会旨在"加强缔约方的合作,养护、保护和改善环境,应对环境挑战及相关优先事项",并加强对环境的监管。[②] 尽

---

① UNWTO, 2021, "Focused WTO Talks Needed on Trade and Climate Change," www.wto.org/english/news_e/news21_e/ddgaw_14jan21_e.htm.

② www.cec.org/about/agreement-on-environmental-cooperation/.

管环境合作委员会对环境问题的认识得到了美国一些环境保护组织的支持,但环境合作委员会几乎没有执行权,它虽然会对一国环境法的执行问题做出回应,但其作用通常仅限于以调查报告的形式向相关政府提出建议。

2018 年签署的《美国—墨西哥—加拿大协定》于 2020 年生效,它取代了《北美自由贸易协定》。《美国—墨西哥—加拿大协定》的第二十四章专门讨论了环境问题,并表明支持环境合作委员会的相关工作。《美国—墨西哥—加拿大协定》在某些方面加强了《北美自由贸易协定》中相关环境规定,解决了塑料污染、野生动物非法交易、遗传资源以及土壤污染等 30 多项环境问题。[①]《美国—墨西哥—加拿大协定》增加了一项禁止渔业补贴的规定,因为渔业补贴政策加剧了过度捕捞,《美国—墨西哥—加拿大协定》还认识到生物多样性对土著居民的重要性。[②] 另一个重要变化是,根据修正后的"投资者—国家争端解决条款"(investor-state dispute settlement clause,ISDS),外资企业将更加难以挑战各个国家的环境法规。[③]

虽然《美国—墨西哥—加拿大协定》明确了每个国家对相关国际环境协议的承诺,但并未提到气候变化和《巴黎协定》,而且未能解决化石燃料的补贴问题。

三、欧盟方法

欧盟是一个拥有立法和行政机构的特殊自由贸易区。与北美环境合作委员会不同,欧盟有权使相关环境法规对其成员形成约束力,这被称为"**环境标准的协同化**"。但值得注意的是,这一政策解决方案不仅仅涉及自由贸易,更需要有一个超越国家的权威主体来制定相关环境标准。

> **环境标准的协同化**(**harmonization of environmental standards**):各国环境标准的标准化,如欧盟。

[①] Laurens et al., 2019.
[②] Vaughn,2018 and Simeu,2020.
[③] Bernasconi,2018.

　　区域性的贸易政策存在"向上协同"与"向下协同"问题。为达到欧盟标准，一些国家可能不得不加强环境规制，而另一些国家则选择弱化环境规制。欧盟把一项丹麦可回收瓶子的法律认定为"贸易壁垒"。挪威选择不加入欧盟，部分原因正是担心被迫修改本国相对更严格的环境法规。

　　贸易协定中很少会纳入欧盟现行的强制性多国环境法规。1992 年关税及贸易总协定乌拉圭回合贸易谈判后通过的《标准守则》（Standard Code）呼吁各国统一环境标准，但这一进展除了自愿性之外没有其他依据。

　　英国和欧盟的一些学者发现，英国在 2020 年脱欧后，陷入了一种环境退化（environmental regression）风险。脱欧后，英国大约有 500 项单行的欧盟环境法和政策失效，造成了环境保护领域的巨大政策缺口。[①]

四、多边环境协定

　　人们很早就认识到，一些环境问题需要国际层面的解决方案。第一个涉及贸易和环境的国际公约是 1878 年的《根瘤蚜协定》（Phylloxera Agreement），此协定提出限制葡萄藤贸易，以防止葡萄园的害虫传播。1906 年通过了禁止在火柴中使用磷的国际公约，因为磷被鉴定为火柴场工人职业病的"罪魁祸首"，也是火柴成分中最便宜的，需要通过国际公约的约束来防止出口国使用磷来获得竞争优势。[②]

　　此后，出现了一些针对海豹、候鸟、北极熊、鲸鱼和濒危物种保护等环境公约，如《关于消耗臭氧层物质蒙特利尔议定书》（1987）、《巴塞尔公约》（1989）、《南极洲条约》（1991）、《跨界鱼类种群和高度洄游鱼类种群的养护与管理协定》（1995）、《生物多样性公约》（2002）、《水俣公约》（2013）和《巴黎协定》（2015）等，这些公约都力求解决单一国家无法解决的环境问题。

　　然而，多边环境协定与世界贸易组织规则仍存在兼容性严重不足的问题。当存在冲突时，应该优先执行哪项国际协定？譬如，《巴黎协定》主张向发展中国家转移能效技术，但这一规定可能违反世界贸易组织禁止出口补贴的相关规定

① Olivieri, 2020.
② Charnovitz, 1996, pp. 176-177.

(《巴黎协定》与世界贸易组织的贸易协议间其他潜在兼容性问题,见专栏21-1)。尽管美国《海洋哺乳动物保护法》(U. S. Marine Mammal Protection Act)等国家法律与世界贸易组织规则不相符,但迄今为止尚未出现有效解决多边环境协定与多边贸易协定间冲突的案例。一些分析人士认为,世界贸易组织规则间的冲突对多边环境协定达成目标的能力会形成"寒蝉效应"。[①]

专栏 21-1 《巴黎协定》和《服务贸易总协定》

多数关于贸易的公开争议集中在农产品、燃料、制成品和原材料等货物贸易上。但根据世界贸易组织的数据,全球20%以上的贸易额是商业服务出口,且这一比例在不断上升。[②] 国际贸易服务主要包括运输、金融服务、通信和商业服务等类别。

2012年,欧盟、墨西哥和美国等23个国家谈判起草了一项被称为《服务贸易总协定》(TISA)的条约。[③] 当然,《服务贸易总协定》的谈判过程因其高度保密而受到了批评,尽管一份泄露的《能源服务提案》(Energy Services Proposal)表明,《服务贸易总协定》缔约方需要支持"能源中立",成员不能有"市场扭曲"的行为,如应当支持可再生能源项目而不是支持化石燃料项目。[④]

2015年的《巴黎协定》呼吁出台可再生能源补贴等政策,使"资金流动与降低温室气体排放的方向相一致"。绿色和平组织(Greenpeace)发言人苏珊·科恩·约兰(Susan Cohen Jehoram)在《能源服务提案》发布时指出:

若想达到(巴黎气候目标),各国政府需要一个能为清洁能源提供激励的"工具箱",通过《服务贸易总协定》增加跨国公司的力量,以组织各国政府出台降低国内二氧化碳水平的相关措施。

[①] Gallagher, 2009.

[②] WTO, 2015.

[③] European Commission, "Trade in Services Agreement," http://ec. europa. eu/trade/policy/in-focus/tisa/.

[④] Neslen, 2016.

628

第四节　可持续贸易战略

21 世纪的全球经济更加关注环境可持续性,发展中国家发挥着更重要的作用。过去几十年来,全球贸易额从 1960 年占全球经济产出的 12％左右增长到 1990 年的 20％和 2019 年的 30％,[1]未来将继续增长,但增速将放缓。[2]

全球贸易扩张为提高效率、技术转让和可持续生产的产品进出口带来利好。但也有必要从社会和生态角度评估贸易活动产生的影响,因为这些影响可能导致经济政策与环境政策的冲突。

全球经济发展引起了环境破坏,而世界贸易在全球经济中占比越来越大,成为引起环境变化的主要因素。随着经济全球化的深入推进,很多环境问题越来越具有全球性。因此,经济全球化和环境问题的治理中多边法律体系和政策体系间必然存在摩擦。[3]

贸易和环境问题治理国际政策框架的复杂性意味着,很难确定哪些法律应该优先执行或哪些组织应该更具权威性。若未来的贸易协定能更明确地考虑到环境可持续性,此类问题也许可以得到解决。当然,将可持续性纳入贸易政策需要全球层面、区域层面和地方层面的制度变革。

全球曾掀起过一场建立世界环境组织的体制改革倡议,以达到通过**世界环境组织**(WEO)与世界贸易组织(WTO)相互制衡的目的,就像国家层面通过环境保护机构来平衡金融部门、商业部门一样。

> **世界环境组织(World Environmental Organization,WEO)**:一个拟议中的负责监督全球环境问题的国际组织。[4]

---

① Data from World Bank, World Development Indicators database.
② WTO, 2016.
③ UNEP and IISD, 2005, p. 2.
④ Biermann and Bauer, 2005; www. unep. org/environmentalgovernance/PerspectivesonRIO20/ZakriAbdulHamid1/tabid/78591/Default. aspx.

为确保健康的世界环境,有必要建立一种全球治理机制,通过建设结构优化的、权威性的世界环境组织等国际机构来实现全球治理。世界环境的公地悲剧并非不可避免,建立世界环境组织机构,治理全球资源环境领域的共性问题,规避全局性的悲剧,需要遵循明确的科学和道德标准,更需要有决心、有行动和有牺牲。[①]

世界环境组织可以在农业补贴贸易协定谈判和促进"农业补贴转向土壤保护、低投入农业技术"等方面发挥作用,还可为逐步取消"化石燃料补贴"提供更大的杠杆作用。随着全球二氧化碳排放量的持续增加,如第十三章所述,能源行业贸易可能需要适应碳税或可交易许可计划。全球森林和生物多样性保护协议也可能涉及特殊贸易限制、关税偏好或标识体系。在以上各领域,如果能建立一个环境机构,将对重新制定贸易条约和规则产生重大影响。

如果创建世界环境组织有困难,还可以对已有机构进行"绿色化",扩大世界贸易组织第二十条对环境和社会相关规定的适用范围,推动世界银行和国际货币基金组织将可持续贸易发展纳入组织目标(在第二十二章将进一步讨论),为双边和多边贸易条约制定标准的环境保护条款。已有机构的绿色化可以使贸易协定成为协调国际环境标准的有力工具。当然,国家政府和地方政府是否有能力制定超出国际标准的环境法规也是非常重要的。尽管可以禁止有明显保护主义的政策,但这种柔性方式往往解决的是向下协同的环境政策问题。

显然,可以用多种方法来协调贸易政策和环境政策目标的关系。有一篇贸易和环境研究综述得出了如下结论:

是否应该论证贸易与环境之间的联系,这不是该不该论证的问题。因为这种联系是事实存在的。问题是,如何以成熟的、系统性的方式在贸易制度设计中兼顾解决环境问题,这不仅在贸易领域,在环境保护领域也是同样感兴趣的。[②]

可以预见,实现这一目标将是区域性和全球性贸易谈判面临的重大挑战。

630

---

① Rabb and Ogorzalek, 2018, p. 34.
② Esty, 2001, pp. 114, 126-127.

小　结

　　贸易扩张往往会对环境产生影响。贸易可能增加区域、国家乃至全球层面的环境外部性。虽然各国通过贸易获得比较优势通常对经济发展是有利的，但也可能会出现污染加剧、自然资源退化等负面的环境影响。相关经济理论也表明，一旦考虑到环境影响，就不能简单地将贸易归结为能让国家变得更好的手段。

　　贸易对环境既有积极影响，也有消极影响。扩大农业贸易加剧了森林砍伐和化肥、杀虫剂的使用，贸易驱动下的外国投资会导致污染工业的发展，与贸易相关的运输业发展会导致温室气体排放的增加。贸易对环境也有积极影响，如提高了获得无害环境技术的机会，又如逐步淘汰贸易协定中的交叉补贴问题。

　　国际贸易协定对资源节约和环境保护做出了规定，但此类条款通常是自由贸易中一般原则的特例。根据世界贸易组织的协定，各国可考虑产品对环境的影响，但无需考虑其生产过程造成的环境影响。这导致了国际社会的激烈争议，人们在反思，世界贸易组织出台的政策到底是保护生命和健康的理由，还是变相的一种保护主义。

　　对贸易和环境问题的政策响应有国家、区域或全球等多个尺度。其中欧盟是一种包括跨国环境标准执行机构在内的自由贸易区。《美国—墨西哥—加拿大协定》虽然包含了一些有益的环境条款，却遗漏了对气候变化的讨论。多边环境协定旨在解决跨国界的或全球性的环境问题，虽然与世界贸易组织可能存在规则冲突，但基本都被规避了。将来的主要挑战是如何减少碳排放对国际贸易的影响，包括发达国家的"出口排放"。除了对现有贸易组织进行"绿色化"，还提出了设立世界环境组织监管世界环境政策，由世界环境组织在发起世界贸易体系中更多关注环境利益等倡议。

关键术语和概念

comparative advantage theory 比较优势理论

consumption externalities 消费外部性

decoupling 解耦

distortionary subsidies 交叉补贴

dualistic land ownership 二元土地所有权

exported emissions/pollution 出口排放（污染）

General Agreement on Tariffs and Trade (GATT)《关税及贸易总协定》

harmonization of environmental standards 环境标准的协同化

multilateral environmental agreements (MEAs) 多边环境协定

pollution haven 污染避难所

precautionary principle 预防性原则

process and production methods (PPMs) 加工和生产方法

production externality 生产外部性

race to bottom 竞次现象

specificity rule 特殊规则

World Environmental Organization (WEO) 世界环境组织

World Trade Organization (WTO) 世界贸易组织

WTO's Article XX 世界贸易组织第二十条

问题讨论

1. 有毒废弃物贸易对福利有何影响？这种贸易应被禁止，还是能起到有用的作用？谁有责任监管有毒废弃物贸易，是国家、地方社区，还是某个全球机构？

2. 环境标准能够协同性地解决贸易环境外部性问题吗？《美国—墨西哥—加拿大协定》、欧盟和世界贸易组织的环境标准协同问题有何区别？环境标准协同能促进经济效率和环境改善吗？会导致环境标准降低吗？

3. 若多边环境协定的规定与世贸组织的原则不一致，应如何处理？哪个应当优先执行？应由谁来决策？应使用哪些经济、社会和生态原则来解决以上问题？关于贸易的哪些特殊问题与国际气候协定有关？

相关网站

1. www. wto. org/english/tratop _ e/envir _ e/envir _ e. htm. The World Trade Organization's website devoted to the relationship between international trade issues and environmental quality. The site includes links to many research reports and other information.

2. www. cec. org. Homepage for the Commission on Environmental Cooperation, created under the North American Free Trade Agreement "to address regional environmental concerns, help prevent potential trade and environmental conflicts, and to promote the effective enforcement of environmental law. " The site includes numerous publications on issues of trade and the environment in North America.

3. www. oecd-ilibrary. org/environment. The website for the environment division of the Organization for Economic Cooperation and Development, including many publications dealing with trade and environmental policy.

4. www. iisd. org/library/environment-and-trade-handbook-second-edition. This handbook, a joint effort of the International Institute for Sustainable Development and the United Nations Environment Programme, provides a guide to trade, environment, and development issues.

5. www. fairtradefederation. org. Homepage for the Fair Trade Federation, an organization dedicated to promoting socially and ecologically sustainable trade.

参 考 文 献

Balogh, Jeremiás Máté, and Attila Jámbor. 2020. "The Environmental Impacts of Agricultural Trade: A Systematic Literature Review." *Sustainability*, 12:1152. https://doi.org/10.3390/su12031152.

Bernasconi, Nathalie. 2018. "USMCA Curbs How Much Investors Can Sue Countries—Sort of." International Institute for Sustainable Development, October 2. www.iisd.org/articles/usmca-investors.

Biermann, Frank, and Steffen Bauer. 2005. *A World Environment Organization: Solution or Threat for Effective International Environmental Governance?* Aldershot, UK: Ashgate Publishing.

Brack, Duncan, ed. 1998. *Trade and Environment: Conflict or Compatibility?* London: Royal Institute of International Affairs.

Charnovitz, Steve. 1996. "Trade Measures and the Design of International Regimes." *Journal of Environment and Development*, 5(2):168–169.

Davis, Steven J., and Ken Caldeira. 2010. "Consumption-based Accounting of CO_2 Emissions." *Publications of the National Academy of Sciences*, March 8. www.pnas.org/content/early/2010/02/23/0906974107.full.pdf+html.

Esty, Daniel C. 2001. "Bridging the Trade-Environment Divide." *Journal of Economic Perspectives*, 15(3):113–130.

Frankel, Jeffrey. 2009. "Environmental Effects of International Trade." Report for the Swedish Globalisation Council, Harvard University.

Gabler, Melissa. 2010. "Norms, Institutions, and Social Learning: An Explanation for Weak Policy Integration in the WTO's Committee on Trade and the Environment." *Global Environmental Politics*, 10(2):80–117.

Gallagher, Kevin P. 2009. "Economic Globalization and the Environment." *Annual Review of Environment and Resources*, 34:279–304.

Giljum, Stefan, and Nina Eisenmenger. 2004. "North-South Trade and the Distribution of Environmental Goods and Burdens: A Biophysical Perspective." *Journal of Environment and Development*, 13(1):73–100.

Guzel, Arif Eser, and Ilyas Okumus. 2020. "Revisiting the Pollution Haven Hypothesis in ASEAN-5 Countries: New Insights from Panel Data Analysis." *Environmental Science and Pollution Research*, 27:18157–18167.

Kellog, Ryan. 2006. "*The Pollution Haven Hypothesis: Significance and Insignificance.*" Paper presented at the American Agricultural Economics Association Annual Meeting, Long Beach, CA, July 23–26, 2006.

Koźluk, Tomasz, and Christina Timiliotis. 2016. "Do Environmental Policies Affect Global Value Chains? A New Perspective on the Pollution Haven Hypothesis." OECD Economics Department Working Papers No. 1282.

Laurens, Noemie, Zachary Dove, Jean Frederic Morin, and Sikina Jinnah. 2019. "NAFTA 2.0: The Greenest Trade Agreement Ever?" *World Trade Review*, 18(4):659–677.

Longo, Stefano, and Richard York. 2008. "Agricultural Exports and the Environment:

A Cross-National Study of Fertilizer and Pesticide Consumption." *Rural Sociology*, 73(1):82–104.

Neslen, Arthur. 2016. "Global Trade Deal Threatens Paris Climate Goals, Leaked Documents Show." *The Guardian*, September 20.

Neumayer, Eric. 2001. *Greening Trade and Investment: Environmental Protection without Protectionism*. London: Earthscan.

Olivieri, Flavia. 2020. "Brexit and Environment, Risks and Opportunities for the UK in an Uncertain Climate." *Lifegate*, December 29. https://www.lifegate.com/brexit-environment-risks-opportunities.

Paarlberg, Robert. 2000. "Political Power and Environmental Sustainability in Agriculture," in *Rethinking Sustainability: Power, Knowledge, and Institutions* (ed. Jonathan M. Harris). Ann Arbor: University of Michigan Press.

Pendrill, Florence, U. Martin Persson, Javier Godar, Thomas Kastner, Daniel Moran, Sarah Schmidt, and Richard Wood. 2019. "Agricultural and Forestry Trade Drives Large Share of Tropical Deforestation Emissions." *Global Environmental Change*, 56:1–10.

Rabb, George, and Kevin Ogorzalek. 2018. "The Case for a World Environment Organization." *Minding Nature*, 11(2):26–35.

Sanjuán-López, Ana I., and P.J. Dawson. 2010. "Agricultural Exports and Economic Growth in Developing Countries: A Panel Cointegration Approach." *Journal of Agricultural Economics*, 61(3):565–583.

Schaeffer, Robert K. 2009. *Understanding Globalization: The Social Consequences of Political, Economic, and Environmental Change*, 4th edition. Lanham, MD: Rowman and Littlefield.

Simeu, Brice Armel. 2020. "Free Trade 2.0: How USMCA Does a Better Job than NAFTA of Protecting the Environment." *The Conversation*, September 24. https://theconversation.com/free-trade-2-0-how-usmca-does-a-better-job-than-nafta-of-protecting-the-environment-146384.

Sun, Jing, Harold Mooney, Wenbin Wu, and 9 other authors. 2018. "Importing Food Damages Domestic Environment: Evidence from Global Soybean Trade." *Proceedings of the National Academy of Sciences of the United States of America (PNAS)*, 115(21):5415–5419.

Tang, Jitao. 2015. "Testing the Pollution Haven Effect: Does the Type of FDI Matter?" *Environmental and Resource Economics*, 60(4):549–578.

Tienhaara, Kyla. 2017. "Regulatory Chill in a Warming World: The Threat to Climate Policy Posed by Investor-State Dispute Settlement." *Transnational Environmental Law*, 7(2):229–250.

United Nations Environment Programme (UNEP) and International Institute for Sustainable Development (IISD). 2005. *Environment and Trade: A Handbook*, 2nd edition.

Vaughn, Scott. 2018. "USMCA Versus NAFTA on the Environment." International Institute for Sustainable Development, October 3. www.iisd.org/articles/usmca-nafta-environment.

World Trade Organization (WTO). 2015. *International Trade Statistics 2015*. https://www.wto.org/english/res_e/statis_e/its2015_e/its15_toc_e.htm.

World Trade Organization (WTO). 2016. "Trade Growth to Remain Subdued in 2016 as Uncertainties Weigh on Global Demand." WTO Press Release, April 7.

Zarsky, Lyuba. 2004. *International Investment Rules for Sustainable Development: Balancing Rights with Rewards*. London: Earthscan.

第二十二章 可持续发展政策

焦点问题:

- 关于可持续发展有哪些不同的观点?
- 发展中国家和发达国家的可持续发展目标有何不同?
- 如何改革全球机构以促进可持续性?
- 经济增长和全球环境的未来趋势是什么?

第一节 可持续发展的概念

过去几十年,环境问题在经济发展目标中的地位从边缘化逐渐走向中心化。然而,这种变化下国家层面和全球层面却未有更有效的应对政策。究其原因,人们认为,在环境可持续性政策的制定和执行过程中,环境可持续政策可能会妨碍就业增长和经济增长(见第十四章)。20 世纪 80 年代末出现的"可持续发展"概念,找到了一些解决方案——在过去 30 年中可持续发展概念获得了广泛支持,但也有人批评可持续发展概念过于模糊,并未给世界真正带来重大变化。本章将梳理对可持续发展的相关界定,及其作为贫困国家和富裕国家新政策蓝图的优势和局限性。

如第二章所述,几乎所有国家都追求经济发展,而经济发展历来是以 GDP 或人均 GDP 的增长来衡量的。然而,经济发展政策制定过程中很少关注环境问题。20 世纪末,人们发现环境问题和经济发展已不可分割,可持续发展的概念

637

应运而生。1987 年，世界环境与发展委员会（World Commission on Environment and development，WCED)提出了**可持续发展**的概念。

> **可持续发展（sustainable development)**：布伦特兰委员会将其定义为既能满足当代人的需要，又不对后代人满足其需要的能力构成危害的发展。[1]

根据世界环境与发展委员会的《布伦特兰报告》（Brundtland Report)，可持续发展的定义必须能厘清两个关键概念：

第一，"需要"的概念。需要特别关注世界上贫困人口的基本需要，因此解决伦理问题时，要按照公平合理的价值来设定政策的优先事项。

第二，"有限性"理念。指环境满足当前和未来需求能力的有限性，提出了平衡当前和未来需要的问题。

世界环境与发展委员会的可持续发展概念是基于三个维度的概念架构，即生态维度、社会维度和经济维度。如图 22-1 所示，完全的可持续发展位于三个维度的交叉区域，指既能满足环境韧性（自然生态系统自我更新和再生的能力），又能满足社会公平（有必要满足人类基本需要，让每个人都能过上有尊严的生活）并提高经济效率（促进高效经济生产和就业），以上每个维度都很重要。

可持续发展概念可以有多种解释。如果从严谨的经济视角阐释，可持续发展可以理解为促进当前福利增长的一种直接原则，即当前的福利增加不应导致未来的福利减少，例如人均福利不随着时间推移而下降。如果财富获取以耗尽自然资本存量为前提，那就不能被判定为可持续发展。

虽然本章侧重于图 22-1 中所示的环境和经济组成部分，但相关的社会公平问题也同样重要。公平并不意味着收入、教育等方面的完全平等，而是指人人都应受到公正对待，并有能力发挥自己的潜力。环境问题与社会公平也存在着联系，包括：

- 处理社会发展和生态约束的关系，需要明确社会规范和文化规范（包括

---

[1]　World Commission on Environment and Development，1987.

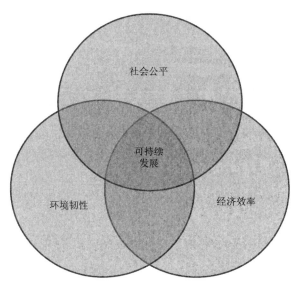

图 22-1 可持续发展概念

如宗教文化)是如何促进或阻碍生态可持续性的。这些规范可以通过教育来实现在社会、文化和政治上都能被接受。

· 生态约束也引发了"谁将是受此约束影响最大的人"的问题。比如,减少碳排放的任务应如何在富裕国家和贫困国家之间平衡?

· 当考虑性别、种族、收入及其他措施对不同群体的负面环境影响时,就需分析**环境正义**问题。

世界环境与发展委员会对可持续性的定义,与第九章、第十章对**弱可持续性**和**强可持续性**的定义有何关系?如果仅考虑人类的需要,而没有明确提及自然资本或生态条件,世界环境与发展委员会的可持续性则更接近弱可持续性。也有人认为,世界环境与发展委员会的定义比较模糊且应用范围有限,需要从生态限制和环境完整性角度完善概念。[①]

---

① Cheever and Dernba,2015.

> **环境正义**（environmental justice）：在制定、实施和执行环境法律、规章和政策时，对不同种族、肤色、国籍或收入的人给予公平对待。
>
> **弱可持续性**（weak sustainability）：即只要能通过人造资本的增加来补偿自然资本的消耗，自然资本的消耗就是合理的；假设人造资本可取代大多数类型的自然资本。
>
> **强可持续性**（strong sustainability）：即自然资本和人造资本一般不可替代，因此应保持自然资本水平。

尽管面临质疑，"可持续发展"概念成为刻画经济、社会和环境目标一体化的常用术语，得到了商界、政界、科学界和环境保护倡导者的广泛认同和推广，当然他们的观点也不尽相同。[①] 本章试图从理论和实践两个层面更具体地阐明可持续性的涵义，并围绕关键问题——"发达国家和发展中国家的可持续发展政策有哪些相同和不同之处"进行讨论。

第二节　可持续发展：对发达国家和发展中国家的启示

发达国家和发展中国家在社会和生态上的可持续发展意义不同。发达国家通常有大量的**制造资本**，如发电厂、高速公路、工厂、高度密集的城市商业和郊区商业、住宅建筑、水坝、灌溉系统以及其他现代经济生产必需的要素。当然，环境可持续性是把双刃剑，可能是有利的，也可能是不利的。

> **制造资本**（manufactured capital）：由人类生产的生产性资源，如工厂、道路和计算机，也称为生产型资本或人造资本。

---

① Harris et al. , 2001.

经济扩容和技术更新,让建立环境保护体系更加必要、更加可行。同时,现在的资本致力于资源的大量利用,造成了浪费和污染,加上消费者的需求增长,都把发达国家锁定在不可持续的生产方式中。例如,由于社会规范和现有基础设施的原因,发达国家的人们非常依赖使用汽车。根据图 22-1 所示的三部分,生态可持续性的障碍可能是经济和社会因素。

对发展中国家而言,以经济发展满足社会基本需求是至关重要的,但环境问题也不可被忽视。像中国和印度这样的国家,经济快速发展意味着必须同时面对产业发展对环境的影响问题,确保经济发展能持续性满足社会基本需要(见专栏 22-1,表 22-1)。

专栏 22-1　中国与全球环境的未来

中国影响未来全球环境的主要因素是中国是否具有在不造成严重的、不可逆转的生态破坏前提下发展的经济能力。中国人口超过 14 亿,能源总消费量占全球 24%,二氧化碳排放量占全球总量的 29%,是世界上最大的能源消费国和最大的二氧化碳排放国。中国经济增长迅速,21 世纪的 GDP 年均增长超过 10%,20 世纪前 10 年年均增长约 8%。

工业和农业生产的快速增长使中国正面临着生态危机和健康风险。有研究表明,2017 年中国有近 120 万人死于空气污染,随着环境保护工作的推进,空气污染对国民总体健康水平的负面影响正在下降。[①]

在过去 10 年间,中国政府开始重视气候变化,大量投入风能和太阳能建设,成为世界上最大的风力涡轮机、太阳能电池板制造国以及碳汇技术开发的领先国。2015 中国政府承诺在 2030 年前实现碳排放。如果中国扩大碳排放交易体系,进一步提高能效标准,其进程可能会更快。[②]

640

从表 22-1 可以看出,孟加拉国、埃塞俄比亚和印度等发展中国家的人均能源消耗量、碳排放量、人均汽车保有量较低,对这些国家而言,首要任务是促进

---

①　Yin et al.,2020.
②　Gallagher et al.,2019.

经济增长和提高物质生活水平。另一方面，经济发展往往导致人均碳排放量增加，见表中德国、日本和美国等国的数据。为实现全球气候目标，发展中国家就不能再走上大多数发达国家曾经走过的碳密集型（carbon-intensive）道路。如果世界上人均碳排放量都与美国平均水平相同，全球二氧化碳排放量将增加两倍以上。

　　发达国家必须率先大幅减少碳排放，向发展中国家提供金融和技术援助。幸运的是，正如第十一章中所提及的，可再生能源的成本正在迅速下降，这意味着发展中国家和发达国家越来越有能力获得低碳能源。

　　从表 22-1 也可以看到，发展中国家的空气污染水平通常很高。虽然世界贸易组织建议的最大颗粒物浓度为每立方米 10 微克，但孟加拉国、印度和尼日利亚等国的污染水平高出了数倍。很多低收入国家的经济发展受到空气污染和水污染等不利环境影响的制约，导致劳动生产率下降和国民生活质量降低。发达国家则通过提供知识、资金支持，帮助相对发展中国家掌握减排技术（见第十四章讨论的环境库兹涅茨曲线）。

表 22-1　部分国家的环境数据

国家	人均能耗 （千焦/人）	人均 CO_2 排放 （吨/年）	CO_2 总排放 （百万吨）	可吸入颗 粒物浓度 （微克/立方米）	机动车数量 辆/千人
孟加拉国	11	0.7	107	61	3
巴西	59	2.1	441	13	249
中国	99	6.9	9 826	53	83
埃塞俄比亚	3	0.1	15	39	3
法国	149	4.6	299	12	578
德国	157	8.1	684	12	572
印度	25	1.8	2 480	91	18

续表

国家	人均能耗（千焦/人）	人均 CO_2 排放（吨/年）	CO_2 总排放（百万吨）	可吸入颗粒物浓度（微克/立方米）	机动车数量辆/千人
印度尼西亚	33	2.3	632	17	60
日本	147	8.8	1 123	12	591
墨西哥	61	3.6	455	21	275
尼日利亚	10	0.5	95	72	31
俄罗斯	204	10.5	1 533	16	293
泰国	81	4.4	302	26	206
美国	288	15.1	4 965	7	797
世界	76	4.4	34 169	46	219

注:"可吸入颗粒物浓度"数据为 2017 年,机动车保有量数据为 2014 年,其他数据年份均为 2019 年。

资料来源:BP,2020 (energy use,CO_2 emissions); UN,2019a (population to calculate CO_2 per capita); World Bank,World Development Indicators database (PM concentrations); Nationmaster.com, www.nationmaster.com/country-info/stats/Transport/Road/Motorvehicles-per-1000-people (vehicle ownership)。

发达国家和发展中国家之间影响可持续性目标的很多互动,多是在世界银行和世界贸易组织等国际组织推动下实现的。为此,需要关注如何发挥这些国际组织的积极作用,明确改革思路。

第三节　全球性机构的改革

国际组织提出的议程通常极为复杂,要能综合反映经济增长、人类发展、环境保护等多重需求及其矛盾关系。世界银行和国际货币基金组织(IMF)成立于1944 年,旨在稳定世界金融体系、促进经济发展。国际货币基金组织负责监督国际货币体系,维持汇率的稳定,鼓励成员国取消国际贸易中的汇兑限制。世界银行不是一般意义上的银行,是以减少贫困和支持发展为目标的一种特殊伙伴关系,通过为发展中国家提供贷款(有时以较低的利率)支持发展中国家教育、卫生、行政管理、基础设施、金融和私营部门发展、农业、环境和自然资源管理等广泛领域的投资。[①] 第三大国际组织是 1995 年成立的世界贸易组织(WTO),该组织取代了《关税及贸易总协定》(GATT),以规范国家间的国际贸易行为、促进经济发展为目标,工作重点是降低贸易壁垒。世界银行、国际货币基金组织、世界贸易组织的首要目标都是促进经济发展,而这种发展往往是以环境为代价的。

正如第二十一章讨论过的,在世界贸易组织内部对环境问题仍然存在争议。虽然国际货币基金组织的任务宗旨不包括环境因素,但它的货币政策对环境的影响、对发达国家和发展中国家关系的影响都极为重大。为此,世界银行尝试在政策制定过程中增加对环境的考量以实现其业务的"绿色化",但一些人仍坚持主张发展经济的首要性。

20 世纪 80 年代和 90 年代,世界银行经常因为资助大型水坝和毁林等破坏环境的项目而遭到指责。20 世纪 90 年代,世界自然基金会(WWF)开展的一项研究发现,世界银行支持的**结构调整**政策导致了可再生资源和不可再生资源的消费增加,产生了环境污染等负面影响,削弱了环境组织的能力。针对这些批评,世界银行试图将环境保护也纳入治理和决策管理之中。[②]

> **结构调整(structural adjustment)**:通过贷款以控制通货膨胀、减少贸易壁垒和企业私有化等,促进发展中国家的市场化经济改革政策。

根据《环境和社会框架》(Environmental and Social Framework,ESF),对截至 2018 年的世界银行项目进行评估。按照《环境和社会框架》条款,借款必须评估项目对环境的影响,采取措施防止污染、保护生物多样性和高效利用能源、水等资源。但《环境和社会框架》并不鼓励借款国提高其环境标准,世界银行的一些融资项目并不受《环境和社会框架》指南的约束。[③] 2018 年,世界银行承诺将对气候变化方面的资助资金增加一倍,并将工作重点放在发展中国家的适应性

---

① www.imf.org and www.worldbank.org.
② Reed,1997:351.
③ Reed,1997:351.

项目上。世界银行指出,在农业、水、基础设施和其他相关适应性项目上投资 18 亿美元,可产生超过 70 亿美元的收益。①

世界银行曾提出《碳发展倡议》(Carbon Initiative for Development, Ci-Dev),该倡议动员私募资金通过碳交易计划(见第十三章)支持发展中国家的清洁能源项目。到 2025 年,《碳发展倡议》预计将为撒哈拉以南的非洲地区 1 000 多万人口提供低碳能源。② 世界银行的另一个倡议是"点亮全球"(Lighting Global),它为电力匮乏的农村地区提供了离网太阳能。截至 2021 年,约有 1.8 亿人从"点亮全球"倡议中受益。③ 肯尼亚的"点亮全球"项目概况见专栏 22 - 2。

专栏 22 - 2　肯尼亚的离网太阳能

截至 2015 年,肯尼亚只有 16% 的农村家庭接入了电网。④ 没有电的情况下,大多数肯尼亚人靠煤油灯照明,使用煤油灯照明不仅价格昂贵,而且还会造成室内空气污染甚至有火灾隐患。世界银行的"点亮全球"倡议旨在向发展中国家的农村地区提供离网太阳能。

"点亮全球"倡议项目组与制造商、金融机构、消费者、政府和企业等相关主体合作,力求为肯尼亚提供更可靠的、可负担得起的太阳能产品,用以满足居民照明或手机充电等能源需求。该项目为太阳能产品设立了认证标准,帮助肯尼亚家庭和其他消费者享受补贴价的太阳能产品。随着新冠病毒感染疫情暴发,"点亮全球"倡议工作转为向医疗保健和测试中心提供离网太阳能。⑤ 在疫情大停电期间,肯尼亚电网的电力供应不充足,因此发展太阳能变得更加有价值。

"点亮全球"倡议的一个关键要素是赋权女企业家。通过为女性提供商业技能培训,帮助她们开办小微企业,销售合格的太阳能产品。通过降低库

---

①　Malpass,2019.

②　World Bank,Ci-Dev, www. ci-dev. org/who-we-are.

③　World Bank, Lighting Global, www. lightingglobal. org/about/.

④　Moner-Girona et al. ,2019.

⑤　World Bank,2020.

存要求,帮助她们减少投资,通过提供补贴和分期付款的方式,提高消费者购买力。[①]

2009~2013 年,"点亮全球"倡议在肯尼亚的最初执行期,共创立了 1 500 多家销售太阳能产品的小微企业。2013~2018 年,"点亮全球"倡议开始侧重于金融支持和消费者教育领域。2018~2023 年,"点亮全球"倡议项目组将工作重点拓展到肯尼亚最贫困的北部地区,那里的电网接入率仅为 7%,贫困率高达 70%。[②]

尽管世界银行的环境政策方面取得了显著改善,但仍有人批评世界银行在退出化石燃料开发的融资上做得不够。世界银行曾承诺,在 2013 年停止直接资助煤炭项目,并在 2019 年停止所有化石燃料开发。但至今仍通过直接资助一些商业银行,让这些商业银行间接资助煤炭项目。世界银行承认存在这一问题,计划要求得到资助的所有商业银行到 2030 年逐步取消煤炭项目融资,转为支持绿色能源。也有人认为,气候危机已经相当紧迫,2030 年这一期限应当提前。[③]

有批评者还关注到世界银行促进自然资源开发的过程,多以提供贷款为主,而非以赠款的方式。为了偿还债务,贷款方多选择出口导向型经济,从而倾向于变现自然资源资产,破坏长远的经济前景。

国际组织还建立了多个供资机制来支持贫困国家的可持续发展。全球环境基金(The Global Environmental Facility, GEF)成立于 1992 年,由包括世界银行、联合国、非营利组织和区域开发银行(如非洲开发银行和南美洲开发银行)在内的 18 个机构组成。全球环境基金向发展中国家和经济转型国家提供赠款,用于与生物多样性、气候变化、国际水域、土地退化、臭氧层和化学品有关的项目。在过去 30 年中,全球环境基金为 170 个国家的 4 800 多个项目拨款 200 多亿美元(无需偿还),另外还有 1 100 多亿美元的资金筹措。[④]

644

---

① IFC, 2017.
② Lighting Africa, 2018.
③ Jong, 2019.
④ https://en.wikipedia.org/wiki/Global_Environment_Facility.

另一个可持续发展融资机制是绿色气候基金（the Green Climate Fund, GCF），成立于 2010 年并由世界银行管理。绿色气候基金是世界上最大的帮助发展中国家减少温室气体排放、增强应对气候变化能力的基金。[①] 绿色气候基金设定到 2020 年每年筹集 1 000 亿美元的目标，但目前仍远远未实现此目标。

在启动阶段（截至 2019 年），绿色气候基金仅认捐了约 100 亿美元。奥巴马执政期间，美国政府向绿色气候基金提供了 30 亿美元的捐款。但特朗普执政期，只提供了 10 亿美元的捐款，甚至宣布美国不再履约。2019 年各成员国对绿色气候基金进行了修订，又增加了 100 亿美元捐款，捐款额增加了一倍多。[②] 近期，拜登政府宣布有意履行美国的最终承诺。2021 年初，全球气候变化行动的倡导者们正积极敦促美国政府对绿色气候基金作出新的承诺。[③]

一、可持续发展目标

1972 年，在斯德哥尔摩举行了第一次联合国人类环境会议，发起了一项请求全球各国齐力向人类需求和环境可持续性做出更大承诺的议程。尽管在具体目标上，让所有国际组织达成共识往往是困难的，但联合国会员国在 2000 年通过了一项称为"千年发展目标"的声明，目标期限为 2015 年。2015 年，该目标被**可持续发展目标**取代和拓展，成为"为全人类实现更美好和更可持续未来的蓝图"。[④] 其中，第一组目标的重点是人类需要，第二组目标则更多地指向环境问题。可持续发展目标主要包括消除贫困、改善教育、性别平等和改善医疗保健等传统发展目标，但也包括一些主要的环境目标，其主要包括：[⑤]

[①]　www. greenclimate. fund/about.

[②]　Linn，2020.

[③]　Farand，2021.

[④]　www. un. org/sustainabledevelopment/sustainable-development-goals/.

[⑤]　https://sdgs. un. org/goals.

> **可持续发展目标(Sustainable Development Goals(SDGs))**:联合国在 2015 年制定了一套至 2030 年的 17 项全球发展目标,这是一个"为所有人实现更美好、更可持续未来的蓝图"。

- 确保可持续的消费和生产模式。
- 采取紧急行动应对气候变化及其影响。
- 保护和可持续利用海洋和海洋资源,促进可持续发展。
- 保护、恢复和促进陆地生态系统的可持续利用,森林的可持续管理,防治荒漠化,遏制和扭转土地退化,遏制生物多样性丧失。
- 所有人都能获得可负担的可靠的和可持续的能源。

17 个可持续发展目标中包含有至 2030 年的 169 个目标。有些目标是定量的,而另一些则比较笼统。例如,可持续发展目标♯12(负责任的生产和消费),其目标之一是到 2030 年全球食物垃圾数量减半;而可持续发展目标♯7(可再生能源和清洁能源)的目标则指在不设定具体目标的情况下"大幅增加"可再生能源在全球能源利用中的比例。

实现可持续发展目标有利于环境保护,也有利于经济发展。正如联合国所言:

有证据表明,投资可持续发展目标在经济上是有意义的,据估计,实现可持续发展目标可以开辟 12 万亿美元的市场机会,创造 3.8 亿美元的新就业机会,而气候变化行动到 2030 年将节省约 26 万亿美元。[①]

就像绿色气候基金一样,国际货币基金组织当前的资金量难以支撑实现可持续发展目标。国际货币基金组织估测,发展中国家在教育、电力、水和卫生方面的投资每年面临 2.6 万亿美元的资金缺口。联合国也在 2019 年提出,"需要更多的资金来支持实现可持续发展目标"。[②]

[①]　United Nations, UN Secretary-General's Strategy for Financing the 2030 Agenda, www. un. org/sustainabledevelopment/sg-finance-strategy/.

[②]　UN, 2019b.

二、发展中国家的地方倡议

虽然国际组织的作用至关重要,但多数成就还是在地方倡议下获得的,并没有获得国际组织的援助。近几十年来,通过农业、林业、资源管理、生物多样性保护、能源生产、工业循环利用及其他领域的不断创新,数以千计的地方倡议在推动生态可持续性的同时,也改善了人们的生计。[1] 此类倡议包括以下典型案例:

- 菲律宾的有机农业合作社;
- 巴西热带雨林促进产品多元化的森林管理和保护的**采掘保护区**;
- 秘鲁亚马孙和哥斯达黎加的可持续林业和再造林;
- 多米尼加共和国的农村太阳能装置;
- 洪都拉斯的土壤恢复与保护;
- 尼日利亚的农业、食品加工和轻工业妇女合作社;
- 危地马拉、海地和印度尼西亚的**农林业**;
- 保护亚洲、非洲和拉丁美洲本地谷物品种(小麦、大麦、玉米等)的社区种子库;
- 印度、肯尼亚、海地和摩洛哥的造林计划。[2]

> **采掘保护区(extractive reserves)**:为可持续收获非木材产品(如坚果、树液和提取物)而管理的林区。
>
> **农林业(Agroforestry)**:指在同一块土地上种植树木和粮食作物的农业和林业。

646

以上可持续发展的地方案例表明,经济发展、减贫和环境改善等目标是可以共同实现的。遗憾的是,这些小规模项目中能得以体现的可持续原则却很少成为全国性乃至全球性经济发展中的优先原则,说明经济发展政策仍需要重大

---

① Examples drawn from Barnes et al., 1995;www. thegef. org/gef/.

② Sadhana Forest,http://sadhanaforest. org/;High Atlas Foundation,www. highatlasfoundation. org.

调整。

　　可持续性问题对城市地区也越来越重要。今天，世界上一半以上的人口生活在城市地区，到 2050 年这一比例将接近 80%。城市虽然只占地球陆地面积的 3%，却产生了约 50% 的废弃物，60%～80% 的温室气体排放量，消耗了 75% 的自然资源。[①] 越来越多的城市采纳了全球可持续发展议程（见专栏 22-3）。

专栏 22-3　巴西库里蒂巴市的可持续城市管理

　　自 20 世纪 80 年代，巴西库里蒂巴市一直是投资可持续性、公共交通系统和减少碳排放的全球示范区。库里蒂巴市被誉为其他发展中国家和发达国家城市的榜样，但在人口快速增长的情况下，其履行可持续性承诺仍面临若干挑战。

　　库里蒂巴市成功的一个关键是对交通问题的关注。分区法律（zoning laws）的实施促进了公交车系统的高密度发展。库里蒂巴市的公交车系统每天运送 100 多万乘客，但人均汽油使用量和空气污染水平是巴西最低的。尽管库里蒂巴市 60% 的人拥有汽车，但公交车、自行车和步行仍是主要交通工具，约占该市所有出行方式的 80%，这座城市的人均碳排放量比大多数巴西城市低 25%。

　　库里蒂巴市人均拥有 52 平方米的绿地。城市公园既具有生态功能，又具有公共设施功能，400 平方千米的公园中大部分都是自然的、分散的雨水管理设施。

　　库里蒂巴市无力建造大型回收工厂，但公共教育计划在减少废弃物和提高回收率等方面取得了成功。在街道太窄而垃圾车无法进入的地区，库里蒂巴市通过将纤维垃圾袋换成公共汽车币、食余包裹和学校笔记本等方式，鼓励社区协助垃圾收集。

---

　　① UN News Center, "UN and Partners Unveil New Initiative to Achieve Sustainable Cities, June 18, 2012, https://news. un. org/en/story/2012/06/413532.

库里提巴市的案例表明,人口集聚和贫困率高的城市地区也可能在环境可持续性方面取得进展,但是这些进展的意义仍十分有限。库里蒂巴市的人口从 1950 年的 30 万增加至大约 300 万,结果城市发展落后于人口增长,垃圾填埋(landfill)的压力剧增,库里蒂巴市所在的巴拉那州 99% 的森林遭到滥伐,而库里蒂巴市正是巴拉那州最大的城市。尽管 40 年前开始实施的积极城市规划取得了成功,但库里蒂巴市仍需不断创新,以适应新时代的新需要。

资料来源:Adler,2016;Barth,2014;Green Planet Monitor,2012。

城市化发展使城市发挥愈来愈重要的角色,因此国际组织也要深化改革以应对这种变化,正如研究发现的:

当前的全球金融架构仍以主权国家为中心,国际信贷倾向于流向主权国家而非最需要帮助的地方社区。以主权国家为中心的方式存在的问题是,国际融资不会流向那些最受激励或最有能力推动可持续发展项目的主体……但在走向"可持续发展目标"的新时代,地方社区成为促进发展的主要行动者。事实上,已有研究表明,几乎 65% 的可持续发展目标由地方政府实施,而全球金融架构却不能以地方政府为主体来运行。[1]

目前,各国政府在世界银行等组织提供的国际可持续发展资金和当地需求之间充当"看门人"的角色,但腐败和低效率会阻碍资金的有效分配,需要授权地方社区直接获得资金。加纳、印度尼西亚和印度等国家正在推进法律体系改革,让城市有更多机会直接进入国际资本市场。[2]

第四节　经济增长的再思考

从表 22-1 可以明显地看出,发达国家的人均环境影响(如碳排放量)往往

---

[1]　Michon and Machano,2020.

[2]　Michon and Machano,2020.

更高。此外，如第二十一章所述，发展中国家的很多环境影响是发达国家消费者需求导致的**出口污染**造成的。根据 2018 年的一项分析，国际贸易约占全球二氧化碳排放量的 25%，占全球能源使用量的三分之一，占 60% 以上的金属矿石开采和 70% 的煤炭开采。[①] 总体而言，人类对环境的大部分影响大都来自世界上最富有的人。

> **出口排放（污染）（exported emissions/pollution）**：通过进口对环境造成重大影响的商品，将污染影响转移到其他国家。

图 22-2 呈现了环境影响分布的不均匀性。1990~2015 年的全球累计碳排放中，最贫困人群只占 7%，收入前 10% 人群（年收入超过 3.8 万美元）造成超过一半的碳排放，而 15% 的累积碳排放量来自最富裕的 1% 人群。这项研究的作者将"碳不平等"总结为：

过去 20 年中，关于气候变化的多数公众性的、政治性的辩论都集中在中国、印度等国的中产阶级带来的影响上。虽然中产阶级很重要，但也有研究表明，为促进更公平地使用剩余的全球碳预算，需要更密切地关注世界上最富裕人群所带来的巨大影响（无论他们住在哪里）。[②]

以上结果表明，越来越多的人担忧发达国家多数民众（以及发展中国家越来越多的富裕人口）的典型生活方式是否符合可持续性。若地球上所有人都有同样的生活方式，发达国家典型的物质生活水平显然是不可持续的。正如第九章的阐述，即使从目前全球平均生活水平看，人类生态足迹已经超过了地球的承载力。若地球上所有人都过着典型的美国人生活方式，人类生态足迹也将超过地球承载力的四倍。[③]

---

① Wiedmann and Lenzen，2018.

② Oxfam，2020：6.

③ Center for Sustainable Systems，2020.

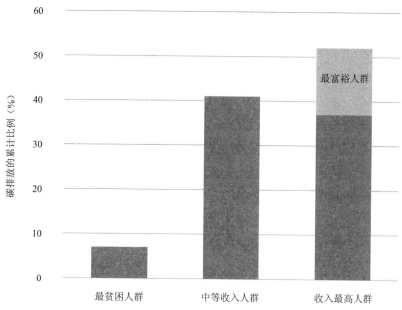

图 22-2　1990～2015 年按收入组别划分的全球累计碳排放分布情况

资料来源：Oxfam，2020。

一、经济增长的其他观点

发达国家实现可持续发展有两个主要选择。如通过推进可再生能源使用、提高能源效率和循环利用率等，促进经济继续增长的同时将环境影响控制到更小的技术改进。很多经济学家和相关国际组织，包括世界银行和联合国（见第十四章中对联合国绿色经济模式的相关讨论）支持"**绿色增长**"的观点。全球经济与气候委员会 2018 年的一份报告总结了绿色增长支持者的观点：[①]

我们正处在一个新经济时代的顶端：在这个时代，经济增长是由快速的技术创新、可持续的基础设施投资和持续增长的资源生产率相互作用驱动的……我们可实现强劲的、可持续的、平衡的和包容性的增长。

649

---

① The Global Commission on the Economy and Climate，2018.

在绿色增长情景中，消费者行为应越来越转向**绿色消费主义**，即一个人的消费决策至少要一部分遵循环境标准。可把绿色消费主义分为"浅"与"深"两种类型。其中，浅绿色消费主义意味着在不改变整体消费水平的情况下选择环保，例如购买电动汽车而非汽油汽车，或购买有机棉或再生塑料制成的衬衫。深绿色消费主义消费者同样倾向于环保消费，却会显著降低其整体消费水平，例如深绿色消费主义的消费者可能不会购买任何车辆，而是选择公共交通或拼车，也不会购买不必要的衣服。[①] 深绿色消费主义的理念与缩小经济整体规模的目标相一致，下面将对此进行讨论。

> **绿色增长**（green growth）：经济增长与生态可持续性具有高水平解耦的兼容性。
>
> **绿色消费主义**（green consumerism）：指基于（至少部分基于）环境标准做出消费决策。

虽然截至目前，技术进步可能已经阻止了马尔萨斯陷阱的出现（Malthus crash）（见第二章），但消费者的自愿行为无法保证可以起到防止环境灾难的作用。技术进步通往可持续世界并非是简单的路线。以绿色技术为例：

绿色技术需要大量的资源。太阳能电池板作为替代煤炭的首选技术，是由稀土矿物制成的，而稀土矿物是通过对环境极其有害的技术开采的……有时需要保持怀疑的态度来看待贴上"绿色"标签的技术。这也提醒我们，技术就像人类其他工具一样也有外部性。这些外部性往往指向更脆弱的社会成员，这些人甚至难以预见技术能为之带来的好处。[②]

值得注意的是，根据第十四章的讨论，绿色增长需要绝对解耦。在绝对解耦的情况下，经济持续增长伴随着环境影响的减少。如果人均 GDP 增加，但碳排放、水污染、森林砍伐和其他环境影响下降，理想情况下可以达到可持续水平。但问题在于，绝对解耦力的大小到底能否促成可持续的结果？

---

① Lennox and Hollender，2020.

② Miller，2017.

2016 年的一篇论文基于全球和国家尺度的绝对解耦研究发现：GDP 增长最终不能与材料和能源使用的增长解耦。因此，根据可能解耦的预期来制定以增长为导向的政策存在误导性。[①] 作者进一步指出，即使解耦是可能的，用 GDP 增长值衡量幸福也是值得怀疑的，应予以摒弃。此观点在第十章已有讨论。

2018 年的一篇对经济增长与可持续性关系的文献，通过回顾得出了"绿色增长路径不太可能是可持续的"结论，主要是因为碳减排进展太慢，无法满足全球气候目标。[②] 有研究梳理关于解耦的 179 篇论文，得出了类似的结论，找到了一些国家的解耦证据，但没有找到"国家尺度和全球尺度经济范围内的资源解耦"，故而提出"应关注不将经济增长作为实现生态可持续性和人类福祉的关键途径的经济概念"。[③]

鉴于绿色增长概念的局限性，实现可持续发展的另一条途径是从根本上改变发达经济体的经济增长和物质增长方向。这一思路源自生态经济学创始人之一的赫尔曼·戴利（Herman Daly），他在 20 世纪 70 年代创造性地提出了**稳态经济**（SSE）的概念。[④]

戴利提出的稳态经济有三个主要特征：

1. 持衡的物质资源存量或人造物存量；

2. 持衡的人口数量；

3. 人造物和人口数量维持在材料和能源最小的**吞吐量**（见第九章）。

稳态经济的概念与经济增长的标准观点截然不同，传统的经济增长强调 GDP 以**指数增长**方式所呈现的无限期增长特征，如 GDP 年均增长 4％。相反，稳态经济遵循**逻辑斯谛增长模型**，即经济活动（至少在资源消耗方面）接近最大值（图 22 - 3）。根据戴利的观点，稳态经济要求区分增长和发展的不同。他将"增长"定义为"物理资源或输出增长（即传统 GDP 增长）所带来的人类福祉的改善"。将"发展"定义为"对物质资源的更有效利用所带来的福利改善"。戴利断

---

① Ward et al. , 2016：1

② Kallis et al. , 2018.

③ Vadén et al. ,2020：236，243.

④ Daly,1974.

言,"稳态发展但不增长就像地球发展而不增长一样"。①

> **稳态经济**(steady-state economy,SSE):保持物质资源和人口的恒定水平,同时使物质和能源资源的吞吐量最小化的经济。
>
> **吞吐量**(throughput):能源和材料作为过程的输入和输出的总使用量。
>
> **指数增长**(exponential growth):在每个时间段内以相同速率增长的值,例如人口每年以相同速率增长。
>
> **逻辑斯谛增长模型**(logistic growth):一种趋向上限的 S 型增长曲线。

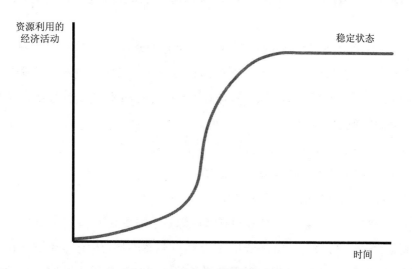

图 22-3　趋于稳定的增长状态

　　戴利之后的其他生态经济学家呼吁向**后增长经济**转型,后增长经济强调可持续性的而非进一步的经济增长。蒂姆·杰克逊(Tim Jackson)在《无增长的繁荣》(*Prosperity Without Growth*)一书中得出结论,绝对解耦的现实速度不足以防止重大环境破坏,若不打破消费主义的社会压力,从根本上改变政策重点,从以经济增长为重心转向关注人类福祉和生态约束,人类就无法实现可持续。②

---

①　Daly,1993:330.

②　Jackson,2009.

> **后增长经济**（**post-growth economy**）：一个发达的、可持续的、具有高水平福祉的经济，在资源使用和环境影响方面不再增长。

651

　　蒂姆·杰克逊和其他生态经济学家呼吁制定"可持续性宏观经济学"，以详细说明稳态经济在现实中如何运作。例如，如果 GDP 不增长，一个经济体能否维持就业水平、投资和宏观经济的稳定性？加拿大经济学家彼得·维克托（Peter Victor）是致力于模拟可持续宏观经济转型的经济学家之一，他在《不依赖增长的治理：探寻发展的另外一种可能》（*Managing without growth：slower by design，not disaster*）一书中提出了加拿大宏观经济和环境影响的三个情景模拟，即基本情景、相对宏大的碳减排情景和更宏大的"可持续繁荣"情景。[①]

　　如图 22-4 所示，彼得·维克托与蒂姆·杰克逊对 2017～2067 年间的以上三种情景进行了模拟，研究发现：在基本情景下，加拿大实际人均 GDP 年均增长率为 1.3%，而在碳减排情景下，实际人均 GDP 年均增长率为 1.1%。在可持续繁荣情景下，实际 GDP 人均增长开始缓慢，35 年后仍处于起步水平。因此，可持续繁荣情景的人均实际 GDP 最低，总体福祉水平最高。可持续繁荣指数（sustainable prosperity index）是一个由经济、社会和环境等过程性因素构成的真实发展指数，详见本书第十章。

　　在基本情景中，加拿大碳排放总量 50 年不断增加；在碳减排情景下，碳减排量显著下降；但在可持续繁荣情景中，达到了 25 年降至零的效果。在基本情景和碳减排情景中，经济不平等的现状没有改变，但在可持续繁荣情景中，经济不平等的情况通过政府的再分配政策下降了 40%。

652

　　其他模拟结果发现，三种情景的失业率大致相同，可持续繁荣情景下的政府债务与 GDP 占比最高（主要是由于 GDP 下降），而在可持续繁荣情景下，随着GDP 增长降至零，企业利润也降至最低。彼得·维克托和蒂姆·杰克逊认为，向稳态经济发展会面临来自政治的压力，但也总结到这些利好除了获得生态可持续性，还可体现在以下方面：

[①]　Victor，2019.

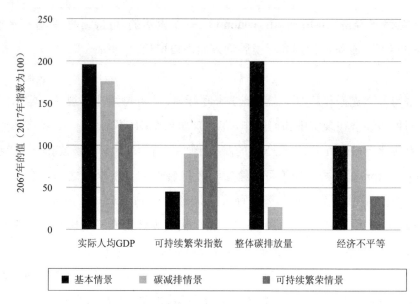

图 22-4　2017～2067 年加拿大生态宏观经济模拟模型

注：可持续繁荣情景下 2067 年碳排放总量预计为零。

资料来源：Jackson and Victor，2020。

　　要实现可持续繁荣，社会发展的工作重点就需转向促进社会公平、保障经济安全和提升环境质量。虽然这些转向会导致一种准静态经济（quasi-stationary），但同时会带来生活质量的提高。[①]

　　图 22-3 和图 22-4 展示了经济从正增长向稳态零增长的平稳过渡情境。有些生态经济学家甚至提出，发达国家需要经历经济负增长或**经济减缓**后，才能真正实现可持续经济。他们认为经济活动已超过了地球承载力（具体可见本书第九章对生态足迹指标的相关讨论）。最近的一组研究数据显示，人类生态足迹已经远高于地球承载力，经济活动确实呈现出了不可持续性。[②]

653

---

①　Jackson and Victor，2020：13.

②　Global Footprint Network，www.footprintnetwork.org/resources/data/.

> **经济减缓**（degrowth）：该观点认为，发达国家目前的经济活动水平在生态上是不可持续的，必须有一个有计划的、公平的负经济增长时期，才能过渡到可持续的稳定状态。

图 22-5 刻画了经济减缓的特征。假设经济发展一直处于指数增长，最终就会超过生态承载力，从而致使生态恢复力下降。当经济规模达到峰值后，将出现一段减缓期（这种减缓可能是有计划的政策结果，也可能是"超限和崩溃"综合征）。最终，生态系统将稳定在一个新的较低的承载力水平上。一旦经济规模控制在生态系统可承载力范围内，就能维持经济稳定状态。往往某个稳定状态水平不会是无限期的，因为随着生态条件的变化，经济发展水平会根据需要而调整。

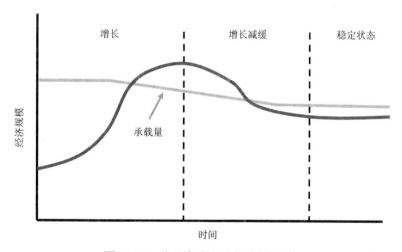

图 22-5 从经济减速过渡到稳态经济

资料来源：O'Neill，D. W. 2012. "Measuring Progress in the Degrowth Transition to a Steady State Economy." Ecological Economics，84：221-231。

二、稳态经济政策

即使稳态经济转型可以在经济不减缓的情况下实现，也离不开相关政策的

支持。这些政策包括:

- 取消低效补贴,尤其是化石燃料补贴、不可持续农业补贴和取水补贴等。

- 建立广泛的外部性体系或庇古税政策,将污染尤其是碳排放带来的损害内部化等政策;或者出台交易许可证政策,设定污染和资源开采的上限。

- 扩大社会投资和公共投资,重点支持可再生能源、能源效率、绿色基础设施和回收利用等领域。

- 出台替代性的政府福利措施,如绿色 GDP、真实发展指数(genuine progress indicator)和健康生活指数(better life index)等,并辅以可追踪可持续发展进程的自然资本账户。

倡导稳态经济的经济学家们主张进一步深化改革,协调社会和环境发展,减少与可持续性不相容的消费主义带来的影响。也有建议将发达国家的周工作标准时间(40 小时)降低,这意味着工作时间向家庭、社区和休闲活动时间转向,如新经济基金会(New Economics Foundation)提出了一个"21 小时"的标准周工作时间建议。

新经济基金会认为,21 小时的标准周工作时间有助于解决过度劳累、失业、过度消费、高排放、低福利、根深蒂固的社会不平等,以及人们缺少时间相互关怀和享受简单生活等一系列紧迫的复杂社会问题。[①]

另一个类似概念是工作分担制(job-sharing),即两个兼职工人平分一个全职工人的工作量。虽然减少工作时间会使收入减少,但带来的环境、社会和生活质量等利好要超过成本。

实现经济稳定状态,就要解决经济不平等和社会不平等问题。通过累进税以及扩大供给的低成本医疗或免费医疗、教育及其他公共服务等政策可以减少不平等。其中最值得一提的是**全民基本收入**,即所有人都从政府获得定期的无条件现金补贴作为最低生活保障,通过工作来获得额外收入,政府再通过对个人就业和企业利润征税来资助和维系全民基本收入。高边际税率将抑制过度消费,从而减少经济不平等。[②] 戴利提出的稳态经济政策建议包括了最低生活保

---

① Simms et al., 2010.
② MacNeill and Vibert, 2019.

障,并增加了最高收入限额来限制消费(限额以上的税率为100%)。

全民基本收入(**universal basic income**):所有人都能从政府获得定期无条件补贴作为最低生活保障的政策。

促进稳态经济的政策还包括营销监管政策,以及对社会环境负责任企业的倾斜政策。[①] 认为应当减缓经济的学者们呼吁一种"后增长"资本主义,或者完全瓦解资本主义。[②] 赞成稳态经济和经济减缓的经济学家也认识到他们的想法在某种程度上是种乌托邦,但他们也坚持,正是他们识别了事关可持续经济活动规模的关键问题,并提出了建设性的对策建议。[③]

小　结

虽然对可持续性的理解还存在分歧,不可否认的是,可持续性的概念已成为指导人类未来的基本原则。广义上的可持续性有生态、经济和社会三个维度。对发展中国家而言,可持续性的主要挑战是如何扩大经济生产,改善人类福祉,而不是根据"可持续发展目标"走发达国家走过的资源密集型道路。深化世界银行等国际组织的改革,为发展中国家提供更多融资和技术援助,推动可持续发展目标的实现也十分关键。有些聚焦于有机农业、可持续林业、妇女赋权、可再生能源等相关问题的地方倡议也有可能取得好的效果。

对于发达国家而言,最关键的问题是绝对解耦能否推动实现可持续性目标。若能够实现,那么未来的绿色增长可能集中在服务、通信、艺术和教育等有助于人类福利但资源需求相对较低的领域。然而,大多数实证研究表明,当前的和预测的解耦率可能并不高,要实现向"后增长"或稳态经济的转型,发达国家可能需一段减缓期,而这种转型需要政府相关政策的大范围调整。

---

① Kallis et al. , 2018.
② Cassidy, 2020.
③ Kallis et al. , 2018.

　　无论如何定位可持续性，发展中国家和发达国家追求环境目标的同时，经济发展仍处于核心地位。本章及本书中，从事环境问题研究的经济学家对此提出了大量观点和政策建议。传统环境经济学家主张推进重大的政策改革，促进不良外部效应内部化（internalizing externalities），坚持长期效率和可持续性的管理资源方式，重视环境收益的使用价值和非使用价值。生态经济学建议大力发展工业生态学、再生农业，最终形成某些类型的后增长经济。

　　全球可持续发展面临的挑战仍十分艰巨，要推动碳减排、保护生物多样性、建立可持续农业体系、自然资源体系、能源体系和水系统，要更公平地促进人类福祉，这需要生态学、政治学、工程学、化学、哲学和社会学等多学科支持。越来越多的国家选择了可持续发展道路，但经济发展仍处于主体地位。无论你是否继续经济研究，希望你能赞同经济发展可以促进人类迈向气候稳定性、生态韧性的新阶段。更为最重要的是，期待你也能发挥创造力，在个人生活和职业发展中积极参与到全球可持续发展转型的事业中，帮助共同实现人类福祉与生态可持续。

关键术语和概念

Agroforestry 农林业

degrowth 经济减缓

environmental justice 环境正义

exponential growth 指数增长

exported emissions/pollution 出口排放（污染）

extractive reserves 采掘保护区

green consumerism 绿色消费主义

green growth 绿色增长

logistic curve/logistic growth 逻辑斯谛曲线（逻辑斯谛增长模型）

manufactured capital 制造资本

post-growth economy 后增长经济

steady-state economy（SSE）稳态经济

strong sustainability 强可持续性

structural adjustment 结构调整

sustainable development 可持续发展

sustainable development goals 可持续发展目标

throughput 吞吐量

universal basic income 全民基本收入

weak sustainability 弱可持续性

问题讨论

1. 请评论可持续发展的最初定义:"在不损害子孙后代满足自身需要能力的前提下,满足当前需要的发展"。你认为这个定义有价值吗? 是否存在概念模糊、缺乏适用性的问题? 你是否有更准确的定义?

2. 如何平衡发展中国家的经济增长和环境可持续性目标? 这些目标间是否必然存在矛盾?

3. 你认为像美国这样的发达国家是否需要增长减缓期? 你认为迈向稳态经济体,在政治上和文化上是可行的吗?

657

相关网站

1. www. thegef. org. Homepage of the Global Environmental Facility. "Through its strategic investments, the GEF works with partners to tackle the planet's biggest environmental issues" as well as reducing poverty, strengthening governance, and promoting greater social equity.

2. www. unep. org. Website of the United Nations Environment Programme (UNEP). The UNEP "is the leading global environmental authority that sets the global environmental agenda, promotes the coherent implementation of the environmental dimension of sustainable development within the United Nations system and serves as an authoritative advocate for the global environment. "

3. www. iisd. org. The International Institute for Sustainable Development (IISD) is an independent, nonprofit organization that "provides practical solutions to the challenge of integrating environmental and social priorities with economic development. "Provides reports on sustainable energy, water systems management, and "green" finance and investment.

4. www. wri. org. Website of the World Resources Institute, a global envi-

ronmental research organization providing extensive information on climate change, energy, food, forests, water, and urban sustainability, as well as economics and finance related to better environmental management.

5. sdgs. un. org. The United Nations website for information about the Sustainable Development Goals.

参 考 文 献

Adler, David. 2016. "Story of Cities #37: How Radical Ideas Turned Curitiba into Brazil's 'Green Capital'." *The Guardian*, May 6.

Barnes, James N., Brent Blackwelder, Barbara J. Bramble, Ellen Grossman, and Walter V. Reid. 1995. *Bankrolling Successes: A Portfolio of Sustainable Development Projects*. Washington, DC: Friends of the Earth and the National Wildlife Federation.

Barth, Brian. 2014. "Curitiba: The Greenest City on Earth." *The Ecologist*, March 15.

BP (British Petroleum). 2020. *Statistical Review of World Energy 2020*, 69th edition.

Cassidy, John. 2020. "Can We Have Prosperity Without Growth?" *The New Yorker*, February 3.

Center for Sustainable Systems. 2020. "U.S. Environmental Footprint Factsheet." University of Michigan, Publication Number CSS08–08, September.

Cheever, Federico, and John C. Dernbach. 2015. "Sustainable Development and Its Discontents." *Transnational Environmental Law*, 4(2):247–287.

Daly, Herman. 1993. "The Steady-State Economy: Toward a Political Economy of Biophysical Equilibrium and Moral Growth," Chapter 19 of Valuing the Earth, 2nd edition (eds. Herman Daly and Kenneth Townsend). Cambridge, MA: MIT Press.

Farand, Chloé. 2021. "US Campaigners Call on Joe Biden to Commit $8bn to the Green Climate Fund." *Climate Home News*, February 5. www.climatechangenews. com/2021/02/05/us-campaigners-call-joe-biden-commit-8bn-green-climate-fund/.

Gallagher, Kelly Sims, Fang Zhang, Robbie Orvis, Jeffrey Rissman, and Qiang Liu. 2019. "Assessing the Policy Gaps for Achieving China's Climate Targets in the Paris Agreement." *Nature Communications*, 10:1256. https://doi.org/10.1038/s41467-019-09159-0.

Green Planet Monitor. 2012. *Smart Solutions for a Developing World—Curitiba*. www. greenplanetmonitor.net/news/urban/curitiba-sustainable-city/.

Harris, Jonathan M., Timothy A. Wise, Kevin P. Gallagher, and Neva R. Goodwin, eds. 2001. *A Survey of Sustainable Development: Social and Economic Dimensions*. Washington, DC: Island Press.

Horta, Korinna. 2018. "Reform Gone Wrong." *Development and Cooperation*, December 10. www.dandc.eu/en/article/world-banks-social-and-environmental-standards-have-been-weakened-significantly.

International Finance Corporation (IFC). 2017. "In Kenya, a Solar Program Puts 'Last-mile' Consumers First." World Bank Group, October. www.ifc.org/wps/wcm/connect/news_

ext_content/ifc_external_corporate_site/news+and+events/news/impact-stories/lighting-africa-kenya-solar-program.

Jackson, Tim. 2009. *Prosperity Without Growth: Economics for a Finite Planet*. London: Earthscan.

Jackson, Tim, and Peter Victor. 2020. "The Transition to a Sustainable Prosperity-A Stock-Flow-Consistent Ecological Macroeconomic Model for Canada." *Ecological Economics*, 17:106787. https://doi.org/10.1016/j.ecolecon.2020.106787.

Jong, Hans Nicholas. 2019. "Report Finds World Bank's Coal Divestment Pledge Not Stringent Enough." *Mongabay*, April 23. https://news.mongabay.com/2019/04/report-finds-world-banks-coal-divestment-pledge-not-stringent-enough/.

Kallis, Giorgos, Vasilis Kostakis, Steffen Lange, Barbara Muraca, Susan Paulson, and Matthias Schmelzer. 2018. "Research on Degrowth." *Annual Review of Environment and Resources*, 43:291–316.

Lennox, Erin, and Rebecca Hollender. 2020. "Alternatives to Growth-Centric Development. An ECI Teaching Module on Social and Economic Issues." Global Development Policy Center, Economics in Context Initiative, Boston University.

Lighting Africa. 2018. "A Thriving Off-grid Market—with a New Focus on Underserved Areas." World Bank, International Finance Corporation, December. www.lightingafrica.org/country/kenya/.

Linn, Johannes F. 2020. "Mobilizing Funds to Combat Climate Change: Lessons from the First Replenishment of the Green Climate Fund." Brookings Institution, February 18. www.brookings.edu/blog/future-development/2020/02/18/mobilizing-funds-to-combat-climate-change-lessons-from-the-first-replenishment-of-the-green-climate-fund/.

MacNeill, Timothy, and Amber Vibert. 2019. "Universal Basic Income and the Natural Environment: Theory and Policy." *Basic Income Studies*, 14(1). https://doi.org/10.1515/bis-2018-0026/html.

Malpass, David. 2019. "World Bank Group Activities to Address Climate and Environmental Challenges." *Voices*, September 20. https://blogs.worldbank.org/voices/world-bank-group-activities-address-climate-and-environmental-challenges.

Michon, Xavier, and Jaffer Machano. 2020. "The Future of Development Is Local." *Foreign Policy*, January 22.

Miller, Sebastian. 2017. "The Dangers of Techno-Optimism." *Berkeley Political Review*, November 16. https://bpr.berkeley.edu/2017/11/16/the-dangers-of-techno-optimism/.

Moner-Girona, Magda, Katalin Bódis, James Morrissey, Ioannis Kougias, Mark Hankins, Thomas Huld, and Sándor Szabó. 2019. "Decentralized Rural Electrification in Kenya: Speeding up Universal Energy Access." *Energy for Sustainable Development*, 52:128–146.

O'Neill, D.W. 2012. "Measuring Progress in the Degrowth Transition to a Steady State Economy." *Ecological Economics*, 84:221–231.

Oxfam. 2020. "Confronting Carbon Inequality." Oxfam Media Briefing, September 21.

Reed, David, ed. 1997. *Structural Adjustment, the Environment, and Sustainable Development*. London: Earthscan.

Simms, Andrew, Anna Coote, and Jane Franklin. 2010. "21 Hours: The Case for a Shorter Working Week." New Economics Foundation, February 13. https://neweconomics.org/2010/02/21-hours.

The Global Commission on the Economy and Climate. 2018. "Unlocking the Inclusive Growth Story of the 21st Century: Accelerating Climate Action in Urgent Times." *The New Climate Economy*, August.

Tingting, Deng. 2017. "In China, the Water You Drink Is as Dangerous as the Air You Breathe." *The Guardian*, February 8.

United Nations (UN). 2019a. *World Population Prospects 2019*. https://population.un.org/wpp/.

United Nations (UN). 2019b. "More Money Needed to Implement Sustainable Development Goals, Secretary-General Tells ECOSOC Financing for Development Forum, Calling 2019 'Defining Year'." UN Press Release, April 15. www.un.org/press/en/2019/sgsm19546.doc.htm.

Vadén, T., V. Lähde, A. Majava, P. Järvensivu, T. Toivanen, E. Hakala, and J.T. Eronen. 2020. "Decoupling for Ecological Sustainability: A Categorisation and Review of Research Literature." *Environmental Science and Policy*, 112:236–244.

Victor, Peter. 2019. *Managing Without Growth, Slower by Design, not Disaster*, 2nd edition. Northampton, MA: Edward Elgar.

Ward, James D., Paul C. Sutton, Adrian D. Werner, Robert Costanza, Steve H. Mohr, and Craig T. Simmons. 2016. "Is Decoupling GDP Growth from Environmental Impact Possible?" *PLOS One*, 11(10). https://doi.org/10.1371/journal.pone.0164733.

Wiedmann, Thomas, and Manfred Lenzen. 2018. "Environmental and Social Footprints of International Trade." *Nature Geoscience*, 11:314–321.

World Bank. 2020. "Off-Grid Solar Electricity is Key to Achieving Universal Electricity Access: The Lighting Global Story." Results Brief, November 10. www.worldbank.org/en/results/2020/11/10/off-grid-solar-electricity-is-key-to-achieving-universal-electricity-access-the-lighting-global-story.

World Commission on Environment and Development. 1987. *Our Common Future*. Oxford: Oxford University Press.

Yin, Peng, Michael Brauer, Aaron J. Cohen, . . . *et al*. 2020. "The Effect of Air Pollution on Deaths, Disease Burden, and Life Expectancy across China and its Provinces, 1990–2017: An Analysis for the Global Burden of Disease Study 2017." *The Lancet*, 4:386–398.

词 汇 表

（括号内的数字为章数）

A

absolute decoupling breaking the correlation between increased economic activity and increases in environmental impacts such that economic activity increases while environmental impacts remain stable or decline. **绝对解耦** 打破经济活动增加与环境影响增加之间的相关性，使经济活动增长而环境影响保持稳定或下降。（14）

absolute water scarcity term used for countries where freshwater supplies are less than 500 cubic meters per person per year. **绝对缺水** 淡水供应量低于每人每年 500 立方米的供水状况。（20）

absolutely diminishing returns an increase in one or more inputs results in a decrease in output. **绝对规模报酬递减** 一项或多项投入的增加会导致产出的减少。（4）

absorptive capacity of the environment the ability of the environment to absorb and render harmless waste products. **环境吸收能力** 环境吸收废弃物和产生无害废弃物的能力。（2，9）

adaptive measures/adaptive strategies actions designed to reduce the magnitude or risk of damages from global climate change. **适应性措施(适应性策略)** 降低全球气候变化损害程度或风险的行动（12，13）

additionality a requirement of a successful PES program; the environmental benefits must be in addition to what would have occurred without the payments. **额外性** 一个成功生态系统服务付费项目的要求；环境效益必须是在没有付费的情况下产生的额外效益。（9）

adjusted net saving（ANS） a national accounting measure developed by the World Bank which aims to measure how much a country is actually saving for its future. **调整后的净储蓄** 这是由世界银行制定的国民经济核算指标，旨在衡量一个国家为其未来实际储蓄的数量。（10）

Agroecology the application of ecological concepts to the design and management of sustainable food systems. **农业生态学** 将生态学概念应用于可持续粮食系统的设计和管理。

(16)

Agroforestry growing both tree and food crops on the same piece of land. **农林业** 在同一块土地上种植树木和粮食作物的农业和林业。（16，22）

anthropocentric worldview a perspective that places humans at the center of analysis. **以人类为中心的世界观** 一种将人类置于分析中心的观点。（1）

aquaculture the controlled cultivation of aquatic organisms, including fish and shellfish, for human use or consumption. **水产养殖** 有控制地培养水生生物，包括鱼类和贝类等，供人类使用或消费。（18）

average cost the average cost of producing each unit of a good or service; equal to total cost divided by the quantity produced. **平均成本** 每单位产品或服务带来的平均生产成本，等于总成本除以产品数量。（4）

average revenue the average price a firm receives for each unit of a good or service; equal to total revenue divided by the quantity produced. **平均收入** 企业每单位商品或服务的平均价格；等于总收入除以生产的数量。（4）

average-cost pricing a water pricing strategy in which price is set equal to the average cost of production (or equal to average cost plus a profit markup if the water utility is a for-profit entity). **平均成本定价** 一种对水的定价策略。在该策略中，价格等于平均生产成本（若水公用事业公司以盈利为目的，则等于平均成本加上利润）。（20）

avoided costs costs that can be avoided through environmental preservation or improvement. **避免成本** 通过环境保护或改善环境可避免的成本。（12）

B

"backstop" energy technologies technologies such as solar, wind, and geothermal, that can replace current energy sources, especially fossil fuels. **"后备"能源技术** 能够替代现在的能源资源，特别是化石燃料的技术。例如太阳能、风能和地热能等。（12）

backstop resource a substitute resource that becomes a viable alternative after the price of the initial resource reaches a certain high price. **支持资源** 在原生资源的价格达到一定水平后成为可行性替代品的替代资源。（17）

beneficial use term used to refer to the use of water for productive purposes, such as irrigation or municipal supplies. **有益使用** 将水用于生产目的，如灌溉或市政供给。（20）

benefit transfer assigning or estimating the value of a resource based on prior analysis of one or more similar resources. **效益移转** 基于对一个或多个类似资源的先前分析，分配或估算资源的价值。（7）

benefit-cost ratio total benefits divided by total costs. **收益成本比** 总收益除以总成本。(7)

bequest value the value that people place on the knowledge that a resource will be available for future generations. **遗产价值** 人们希望某一资源可供子孙后代使用而赋予的价值。(6)

best available control technology (BACT) a pollution regulation approach in which the government mandates that all firms use a control technology deemed most effective. **最有效控制技术** 通过环境保护条例的手段，政府强制规定所有企业必须使用一种政府认为最有效的污染控制技术。(8)

better life index(BLI) an index developed by the OECD to measure national welfare using 11 well-being dimensions. **美好生活指数(BLI)** 经合组织采用 11 种幸福纬度建构的国民福利核算体系。(10)

biodiversity/biological diversity the maintenance of many different interrelated species in an ecological community. **生物多样性** 在一个生态群落里保持不同物种的和谐共处。(2，16)

biofuels fuels derived from crops, crop wastes, animal wastes, or other biological sources. **生物燃料** 从作物、作物废弃物、动物废弃物或其他生物来源获得的燃料。(16)

biomass the total weight of timber in a forest. **生物量** 森林中木材的总质量。(19)

biomass energy generating heat or electricity from burning plant or animal material. **生物质能** 通过燃烧植物或动物材料产生热或电的生物质能量。(11)

biophysical cycles the circular flow of organic and inorganic materials in ecosystems. **生物物理循环** 生态系统中有机和无机物质的循环流动。(16)

buffer zone an area around a core ecologically sensitive area where limited human uses are permitted, designed to minimize the impacts of more intensive human uses further from the core area. **缓冲区** 生态敏感核心区周围允许有限人类使用的区域,旨在将远离核心区的更密集人类使用的影响降至最低。(19)

business as usual a scenario in which no significant policy, technology, or behavioral changes are expected. **一切照旧** 指预计没有重大政策、技术或行为变化的情况。(12)

bycatch the harvesting of aquatic organisms other than the intended commercial species. **副捕获物** 捕获的目标商业品种之外的水生生物。(18)

C

cap-and-trade a tradable permit system for pollution emissions. **总量管制与排放交易** 一种可交易的污染排放许可证制度。(13)

capital depreciation a deduction in national income accounting for the wearing out of capital over time. **资本折旧** 国民收入核算中资本随时间消耗的扣除额。(9)

capital formation addition of new capital to a country's capital stock. **资本形成** 一个国家资本存量中新增的资本。(15)

capital shallowing a decrease in the availability of capital per worker, leading to reduced productivity per worker. **金融浅化** 每个工人的可用资本减少,导致每个工人的生产率降低。(15)

carbon capture and storage (CCS) the process of capturing waste carbon dioxide (CO_2), and storing it where it will not enter the atmosphere. **碳捕获和储存** 捕获废弃的二氧化碳(CO_2),并将其储存在大气以外地方的过程。(13)

carbon dividend return of the revenues from a carbon tax to taxpayers as a lump-sum payment. **碳红利** 将碳税收入作为一次性付款退还给纳税人。(13)

carbon footprint total carbon emissions, direct and indirect, resulting from the consumption of a nation, institution, or individual. **碳足迹** 由一个国家、机构或个人消费而直接和间接产生的总体碳排放量。(21)

carbon intensity a measure of carbon emissions per unit of GDP. **碳强度** 单位 GDP 的碳排放。(13)

carbon leakage a shift in production or consumption in response to a carbon tax or other carbon reduction policy that evades or reduces the effectiveness of the original measure. **碳泄漏** 为应对碳税或其他碳减排政策而进行的生产或消费转移,从而规避或降低了原有措施的有效性。(13)

carbon sinks portions of the ecosystem with the ability to absorb certain quantities of carbon dioxide, including forests and oceans. **碳汇** 生态系统中有能力吸收一定量二氧化碳能力的部分,包括森林和海洋。(13)

carbon tax a per-unit tax on goods and services based on the quantity of carbon dioxide emitted during the production or consumption process. **碳税** 根据生产或消费过程中排放的二氧化碳量,对每单位商品和服务征收的税费。(13)

carrying capacity the level of population and consumption that can be sustained by the available natural resource base. **承载力** 在现有自然资源基础上能够维持的人口和消费水平。(9, 15, 16, 18)

certification the process of certifying products that meet certain standards, such as certifying produce grown using organic farming techniques. **认证** 对符合某些标准的产品进行确认的过程,如对使用有机耕作技术种植的产品进行认证。(19)

choke price the minimum price on a demand curve where the quantity demanded equals zero. **溢价** 需求数量等于零时,需求曲线上的最低价格。(17)

Clean Air Act (CAA) the major federal law governing air quality in the United States, passed in 1970 and significantly revised in 1990. **《清洁空气法案》** 用于管理美国空气质量的主要联邦法律,于 1970 年通过,并在 1990 年进行了重大修订。(8)

Clean Water Act (CWA) the primary federal water pollution law in the United States, passed in 1972. **《清洁水法案》** 1972 年通过的美国联邦主要的水污染法律。(8)

clear-cut the process of harvesting all trees within a given area. **全部砍伐** 采伐特定区域内所有树木的过程。(19)

climate justice equitable sharing both of the burdens of climate change and the costs of policy responses. **气候正义** 公平分担气候变化的负担和政策应对的成本。(12, 13)

climate stabilization the policy of reducing fossil-fuel use to a level that would not increase the potential for global climate change. **气候稳定** 指将化石燃料的使用减少到不会增加全球气候变化的可能性水平的政策。(12)

closed system a system that does not exchange energy or resources with another system; except for solar energy and waste heat, the global ecosystem is a closed system. **封闭系统** 不与另一个系统交换能源或资源的系统;除了太阳能和余热,全球生态系统是一个封闭系统。(9)

carbon dioxide equivalent (CO_2e) a measure of total greenhouse gas emissions or concentrations, converting all non-CO_2 gases to their CO_2 equivalent in warming impact. **二氧化碳当量** 将所有非二氧化碳气体转化为它们在变暖影响中的二氧化碳当量,用来衡量温室气体总量或浓度的度量单位。(12)

Coase theorem that if property rights are well defined and there are no transaction costs, an efficient allocation of resources will result even if externalities exist. **科斯定律** 如果产权定义明确,没有交易成本,即使存在外部性,也会产生有效的资源配置。(3)

common property resource a resource that is available to everyone (nonexcludable), but use of the resource may diminish the quantity or quality available to others (rival). **公共财产资源** 人人可用的资源(无排他性),但资源的使用可能会降低其他人(竞争者)使用的数量或质量。(1, 4, 12, 16)

comparative advantage theory the theory that trade benefits both parties by allowing each to specialize in the goods that it can produce with relative efficiency. **比较优势理论** 指通过专业化的商品生产达到相对高效的双边贸易受益理论。(21)

complementarity the property of being used together in production or consumption, for example, the use of gasoline and automobiles. **互补性** 在生产或消费中共同使用的特性,例如

汽油和汽车的使用。(9)

conditionality a requirement of a successful PES program; the payments must be conditional upon a resource owner implementing changes that actually improve environmental outcomes. **制约性** 一个成功生态系统服务付费项目的要求；付费必须以资源所有者实施切实改善环境结果的变革为条件。(9)

conservation(wildlife) corridors lands that provide linkages between protected areas to allow for species migration and adaptation. **保护(野生动物)廊道** 在连接保护区之间提供允许物种迁移和适应的土地。(19)

conservation easement a voluntary agreement whereby a landowner agrees to permanently limit the uses of his or her land in order to meet conservation objectives in exchange for financial benefits. **保护地役权** 一种以保护为目的，土地所有者同意永久限制土地使用并换取经济利益的自愿协议。(19)

constant dollars an adjustment of economic time series data to account for changes in inflation. **恒定美元** 是对经济时间序列数据的调整，以规避通货膨胀变化的影响。(附录10 - 1)

constant returns to scale a proportional increase (or decrease) in one or more inputs results in the same proportional increase (or decrease) in output. **规模报酬不变** 一项或多项投入按比例增加(或减少)会导致产出按比例增加(或减少)。(4,15)

consumer surplus the net benefit to a consumer from a purchase; equal to their maximum willingness to pay minus price. **消费者剩余** 消费者从购买中获得的净收益，等于他们的最大支付意愿减去价格。(附录3 - 2)

consumption externalities externalities associated with consumption of a good, such as pollutant emissions from vehicles. **消费外部性** 与商品消费相关的外部性，如车辆污染物的排放。(21)

contingent ranking (CR) a survey method in which respondents are asked to rank a list of alternatives. **条件排列** 要求受访者根据他们的偏好对各种情况进行排列的一种调研方法。(6)

contingent valuation (CV) an economic tool that uses surveys to question people regarding their willingness to pay for a good, such as the preservation of hiking opportunities or air quality. **条件价值估值法** 采用调研手段的一种经济工具，询问人们是否愿意为某一产品或者服务支付费用。例如，愿意为远足的机会支付费用还是为改善空气质量而支付费用。(6)

cost of illness method an approach for valuing the negative impacts of pollution by estimating the cost of treating illnesses caused by the pollutant. **疾病成本法** 通过估计由环境污染引起的疾病治疗成本，来评估污染影响的方法。(6)

cost-benefit analysis (CBA) a tool for policy analysis that attempts to monetize all the costs and benefits of a proposed action to determine the net benefit. **成本收益分析** 试图将拟议行动的所有成本和收益货币化，以确定净收益的政策分析工具。(6，7，12，13)

cost-effectiveness analysis a policy tool that determines the least-cost approach for achieving a given goal. **成本效益分析** 一种在给定目标下决定最低成本方法的政策工具。(7，13)

criteria air pollutants the six major air pollutants specified in the U. S. Clean Air Act. **标准大气污染物** 美国《清洁空气法案》中规定的六种主要空气污染物。(8)

critical natural capital elements of natural capital for which there are no good human-made substitutes, such as basic water supplies and breathable air. **关键自然资本** 自然资本的元素中没有合适的人造替代品，如基本的供水和可呼吸的空气。(10)

crop rotation and fallowing an agricultural system involving growing different crops on the same piece of land at different times and regularly taking part of the land out of production. **作物轮作和休耕** 包括同一块土地上在不同时间种植不同作物，以及定期使部分土地停止生产的农业系统的农业制度。(16)

crop value index an index indicating the relative value of production of different crops on a given quantity of land. **作物价值指数** 表示不同作物在一定数量土地上的相对产量的指数。(16)

cumulative or stock pollutant a pollutant that does not dissipate or degrade significantly over time and can accumulate in the environment, such as carbon dioxide and chlorofluorocarbons. **累积污染物（囤积污染物）** 随着时间推移不会明显消散或降解并可在环境中累积的污染物，如二氧化碳和氯氟烃。(8，12)

D

decoupling breaking the correlation between increased economic activity and similar increases in environmental impacts. **解耦** 打破经济活动增加与环境影响增加之间的相关性。(9，21)

defensive expenditures approach a pollution valuation methodology based on the expenditures households take to avoid or mitigate their exposure to a pollutant. **防护费用法** 基于家庭在避免或减轻其暴露于污染物中时支付的费用而采用的一种污染估价方法。(6)

degrowth the viewpoint that current levels of economic activity in developed countries are ecologically unsustainable and a period of planned, equitable negative economic growth is necessary to transition to a sustainable steady state. **经济减缓** 该观点认为，发达国家目前的经济活动水平在生态上是不可持续的，必须有一个有计划的、公平的负经济增长时期，才能过渡到

可持续的稳定状态。（22）

demand-side energy management energy policies that seek to reduce total energy consumption, such through energy efficiency improvements. **需求侧能源管理** 旨在寻求通过提高能源效率来降低总能源消耗。（11）

demand-side management an approach to energy management that stresses increasing energy efficiency and reducing energy consumption. **需求侧管理** 一种强调提高能源效率和减少能源消耗的能源管理方法。（2）

dematerialization the process of achieving an economic goal through a decrease in the use of physical materials, such as making aluminum cans with less metal. **去物质化** 通过减少使用物理材料来实现经济目标的过程，例如用较少的金属制造铝罐。（9，14）

demographic transition the tendency for first death rates and then birth rates to fall as a society develops economically; population growth rates first increase and eventually decrease. **人口转型** 随着社会经济发展，死亡率先下降，随后是出生率下降的趋势；人口增长率首先会上升，最终则会下降。（15）

demonstrated reserves resources that have been identified with a high degree of confidence, and whose quantity is known with some certainty. **已探明储量** 以高置信度确定的资源，其数量在一定程度上是已知的。（17）

depletable resource a renewable resource that can be exploited and depleted, such as soil or clean air. **枯竭性资源** 一种可被开发和耗尽的不可再生资源，如土壤或清洁空气。（16）

desalination the removal of salt from ocean water to make it usable for irrigation, industrial, or municipal water supplies. **海水淡化** 将海水中除去盐分，使其可用于灌溉、工业或市政供水。（20）

diminishing returns a proportional increase (or decrease) in one or more inputs results in a smaller proportional increase (or decrease) in output. **规模报酬递减** 一种或多种投入的成比例增加（或减少）会导致产出的较小比例增加（或减少）（4）

direct-use value the value one obtains by directly using a natural resource, such as harvesting a tree or visiting a national park. **直接使用价值** 人们通过直接使用自然资源获得的价值，如采伐一棵树或参观国家公园。（6）

discount rate the annual rate at which future benefits or costs are discounted relative to current benefits or costs. **折现率** 将未来预期收益和成本折算成现值的比率。（5，7，12，16，19）

discounting the concept that costs and benefits that occur in the future should be assigned less weight (discounted) relative to current costs and benefits. **折现** 指未来发生的成本和收

益相对于当前的成本和收益来说,应该被赋予较低权重(折现)的概念。(7)

distortionary subsidies subsidies that alter the market equilibrium in ways that are harmful to economic efficiency. **交叉补贴** 以损害经济效益的方式改变市场均衡的过程。(21)

dualistic land ownership an ownership pattern, common in developing countries, in which large landowners wield considerable power and small landowners tend to be displaced or forced onto inferior land. **二元土地所有权** 发展中国家很常见的一种所有权模式,指大的土地所有者拥有相当大的权力,而小的土地所有者往往流离失所或被迫迁入劣质土地。(21)

dynamic equilibrium a market equilibrium that results when present and future costs and benefits are considered. **动态平衡** 既考虑当期成本和收益,也考虑未来成本和收益的市场均衡。(5)

E

ecocentric worldview a perspective that places the natural world at the center of analysis. **以生态为中心的世界观** 一种将自然界置于分析的中心的观点。(1)

ecolabeling a label on a good that provides information concerning the environmental impacts that resulted from the production of the good. **生态标签** 在产品上贴上标签,提供有关生产该商品所造成的环境影响信息。(18)

ecological complexity the presence of many different living and nonliving elements in an ecosystem, interacting in complex patterns; ecosystem complexity implies that the impacts of human actions on ecosystems may be unpredictable. **生态复杂性** 生态系统中存在许多不同的生物和非生物元素,它们以复杂的模式相互作用;生态系统的复杂性意味着人类行为对生态系统的影响可能是不可预知的。(9)

Ecological Economics a field that brings together viewpoints from different academic disciplines and analyzes the economic system as a subset of the broader ecosystem and subject to biophysical laws. **生态经济学** 这是一个汇集不同学科观点,将经济系统作为更广泛生态系统的一个子集进行分析,并遵循生物物理定律的领域。(1, 9)

ecological footprint a measure of individual or national environmental impact in terms of the land requirement to support consumption. **生态足迹** 以支持消费的土地需求来衡量个人或国家的环境影响。(9)

economic efficiency an allocation of resources that maximizes net social benefits; perfectly competitive markets in the absence of externalities are efficient. **经济效率** 使净社会效益最大化的资源配置,没有外部性的完全竞争市场是经济有效的。(3)

economic optimum a result that maximizes an economic criterion, such as efficiency or profits. **经济最优** 使经济指标(如效率或利润)最大化的结果。(18)

economic profit revenues in excess of costs when costs also include opportunity costs. **经济利润** 当成本包括机会成本时,收入与成本的差值。(4)

economic reserves（of a resource） the quantity of a resource that can be extracted profitably based on current prices and technology. **(一种资源的)经济储量** 在当前价格和技术条件下,可以有利润地开采的资源数量。(17)

economic value the value of something derived from people's willingness to pay for it. **经济价值** 某物经济价值来自于人们对于它的支付意愿。(1)

economies of scale an expanded level of output increases returns per unit of input. **规模经济** 扩大产出水平会增加每单位投入的回报。(附录 3-1,15)

ecosystem services beneficial services provided freely by nature, such as flood protection, water purification, and soil formation. **生态系统服务** 由自然界免费提供的有益服务,例如防洪、净化水质和土壤形成。(6,9)

ecotourism environmentally and socially responsible travel to natural areas that conserves the environment and improves the well-being of local people. **生态旅游** 对环境和社会负责的自然区旅游,保护环境并改善当地人的福祉。(19)

efficiency labeling labels on goods that indicate energy efficiency, such as a label on a refrigerator indicating annual energy use. **能效标签** 在商品上标明能源效率的标签,例如冰箱上标明年度能源使用情况。(11)

efficiency standards regulations that mandate efficiency criteria for goods, such as fuel economy standards for automobiles. **效率标准** 规定效率标准的法规,如汽车的燃油经济性标准。(13)

elasticity of demand the sensitivity of quantity demanded to prices；an elastic demand means that a proportional increase in prices results in a larger proportional change in quantity demanded；an inelastic demand means that a proportional increase in prices results in a small change. **需求弹性** 需求量对价格的敏感性;弹性需求是指价格比例增长导致需求量变化比例较大;非弹性需求是指价格比例增长导致需求量变化比例很小。(3,13)

elasticity of supply the sensitivity of quantity supplied to prices；an elastic supply means that a proportional increase in prices results in a larger proportional change in quantity supplied；an inelastic supply means that a proportional increase in prices results in a small change. **供给弹性** 供给量对价格的敏感性;弹性供给是指价格比例增长导致供给量变化比例较大;非弹性供给是指价格比例增长导致供给量变化比例较小。(3,16)

embodied energy the total energy required to produce a good or service, including both direct and indirect uses of energy. **虚拟能源** 生产商品或服务所需的总能源,包括直接和间接使用的能源。(9)

empty-world and full-world economics the view that economic approaches to environmental issues should differ depending on whether the scale of the economy relative to the ecosystem is small (an empty world) or large (a full world). **空世界经济学和满世界经济学** 认为处理环境问题的经济方法,应根据经济相对于生态系统的规模是小(空世界)还是大(满世界)而有所不同。(9)

endowment effect the concept that people tend to place high value on something after they already possess it, relative to its value before they possess it. **禀赋效应** 人们趋向于对已经拥有的东西赋予更高的价值。(6)

energy poverty lacking access to modern, affordable, and reliable energy. **能源贫困** 无法获得现代的、负担得起的、可靠的能源。(11)

entropy a measure of the unavailable energy in a system; according to the second law of thermodynamics entropy increases in all physical processes. **熵** 衡量一个系统中不可利用的能量;根据热力学第二定律,熵在所有物理过程中都会增加。(9)

environmental asset accounts national accounts that track the level of natural resources and environmental impacts in specific categories, maintained in either physical or monetary units. **环境资产账户** 以物质或货币为单位,针对特定类别跟踪自然资源水平和环境影响水平的国民经济核算指标。(10)

environmental degradation loss of environmental resources, functions, or quality, often as a result of human economic activity. **环境退化** 环境资源、功能或质量的损失,通常是人类经济活动的结果。(9)

Environmental Economics a field of economics that applies mainstream economic principles to environmental and natural resource issues. **环境经济学** 将主流经济学原理应用于环境和自然资源问题的经济学领域(或者分支)。(1)

environmental justice the fair treatment of people regardless of race, color, national origin, or income, with respect to the development, implementation, and enforcement of environmental laws, regulations, and policies. **环境正义** 在制定、实施和执行环境法律、法规和政策时,对不同种族、肤色、国籍或收入的人给予公平对待。(3, 12, 22)

environmental Kuznets curve (EKC) the theory that a country's environmental impacts increase in the early stages of economic development but eventually decrease above a certain level of income. **环境库兹涅茨曲线** 是指一个国家在经济发展早期阶段对环境影响随经济发展而增加,但最终在一定收入水平以上随经济发展对环境影响下降的理论。(14)

environmental sustainability the continued existence of an ecosystem in a healthy state; ecosystems may change over time but do not significantly degrade. **环境可持续性** 生态系统处于健康状态,可能随着时间推移而改变,但不会显著退化。(16)

equilibrium price the market price where the quantity supplied equals the quantity demanded. **均衡价格** 供给量等于需求量时的市场价格。(3)

equimarginal principle the balancing of marginal costs and marginal benefits to obtain an efficient outcome. **等边际原则** 平衡边际成本和边际收益，以获得有效的结果。(8)

eutrophication excessive growth of oxygen-depleting plant and algal life in rivers, lakes, and oceans. **富营养化** 河流、湖泊和海洋中耗氧植物和藻类因营养过剩造成的污染。(16)

Exclusive Economic Zone (EEZ) the area, normally within 200 nautical miles of the coast of a country, in which that country has exclusive jurisdiction over marine resources. **专属经济区** 一个国家对海洋资源拥有专属管辖权的区域，通常位于该国海岸 200 海里以内。(18)

existence value the value people place on a resource that they do not intend to ever use, such as the benefit that one obtains from knowing an area of rainforest is preserved even though he or she will never visit it. **存在价值** 人们对那些永远不会实际使用的自然资源赋予的价值。例如，某人从知道一片雨林被保护中获得的价值，即使他或她永远不会去参观。(6)

expected value (EV) the weighted average of potential values. **期望值** 潜在值的加权平均值。(7)

exponential growth a value that increases by the same percentage in each time period, such as a population increasing by the same percentage every year. **指数增长** 在每个时间段以相同速率增长的值，例如人口每年都以相同速率增长。(15, 22)

exponential reserve index an estimate of the availability of a mineral resource based on an assumption of exponentially increasing consumption. **指数型储量指数** 基于消费呈指数增长的假设，对矿产资源可用性的估算。(17)

exported emissions/pollution shifting the impacts of pollution to other countries by importing goods whose production involves large environmental impacts. **出口排放(污染)** 通过进口对环境有重大影响的商品，将污染影响转移到其他国家。(14, 21, 22)

external cost a cost, not necessarily monetary, that is not reflected in a market transaction. **外部成本** 指未反映在市场交易中的成本，不一定是货币成本。(3, 16)

externalities effects of a market transaction that have impacts, positive or negative, on parties outside the transaction. **外部性** 市场交易对交易之外各方产生的积极或消极的影响。(1, 15, 16)

extraction path the extraction rate of a resource over time. **开采路径** 随着时间推移的资源开采率。(17)

extractive reserves a forested area that is managed for sustainable harvests of non-timber products such as nuts, sap, and extracts. **采掘保护区** 为可持续收获非木材产品(如坚果、树

液和提取物)而管理的林区。(22)

F

feedback effect the process of changes in a system leading to other changes that either counteract or reinforce the original change. **反馈效应** 系统中导致其他变化的变化过程,这些变化或抵消或加强原有的变化。(12)

feed-in tariffs a policy to provide renewable energy producers long-term contracts to purchase energy at a set price. **上网电价** 向可再生能源生产商提供以固定价格购买能源长期合同的一项政策。(11)

fertility rate the average number of live births per woman in a society. **生育率** 一个社会中每位妇女生育子女的平均存活数量。(15)

first and second laws of thermodynamics physical laws stating that matter and energy cannot be destroyed, only transformed, and that all physical processes lead to a decrease in available energy (an increase in entropy). **热力学第一和第二定律** 指物质和能量不能被破坏,只能被转化,所有物理过程都会导致可用能量减少(熵的增加)的物理定律。(9)

fixed factors factors of production whose quantity cannot be changed in the short run. **固定投入要素** 短期内数量不变的生产要素。(15)

flow the quantity of a variable measured over a period of time, including physical flows, such as the flow of a river past a given point measured in cubic feet per second, or financial flows, such as income over a period of time. **流量** 在一段时间内测量的变量的数量,包括物理流量,如以立方英尺每秒为单位衡量经过河流给定点的流量,或金融流量,如一段时间内的收入。(19, 20)

flow pollutant a pollutant that has a short-term impact and then dissipates or is absorbed harmlessly into the environment. **流动性污染物** 有着短期影响并且会被分解或者吸收到环境中的污染物。(8)

food security a situation when all people have access to sufficient, safe, nutritious food to maintain a healthy and active life. **粮食安全** 所有人都能获得优质、安全、有营养的粮食,以维持健康和活力的生活。(16)

free market environmentalism the view that a more complete system of property rights and expanded use of market mechanisms is the best approach to solving issues of resource use and pollution control. **自由市场环保主义** 认为更完善的产权制度和扩大使用市场机制,是解决资源使用和污染控制问题的最佳途径的观点。(3)

free riders an individual or group that obtains a benefit from a public good without having to pay for it. **搭便车** 个人或者群体从公共物品中获得收益,但不为其支付价款的行为。(4)

free-rider effect the incentive for people to avoid paying for a resource when the benefits they obtain from the resource are unaffected by whether they pay; results in the undersupply of public goods. **搭便车效应** 当人们从某一资源中获得的收益不受是否付费的影响时，他们就有动力避免为该资源付费，结果是导致公共物品供应不足。(3)

future costs and benefits costs and benefits that are expected to occur in the future, usually compared to present costs through discounting. **未来成本和收益** 预期未来会发生的成本和收益，通常与通过折现的当前成本相比较。(12)

G

GDP growth rate the annual change in GDP, expressed as a percentage. **GDP 增长率** GDP 的年度变化，以百分数表示。(2)

General Agreement on Tariffs and Trade(GATT) a multilateral trade agreement providing a framework for the gradual elimination of tariffs and other barriers to trade; the predecessor to the World Trade Organization. **《关税及贸易总协定》** 一项多边贸易协定，旨在逐步消除关税和其他贸易壁垒提供解决框架，是世界贸易组织的前身。(21)

General Mining Act of 1872 a U. S. federal law that regulates mining for economic minerals on federal lands. **《1872 年通用矿产开采法案》** 一项美国联邦法律，用于规范联邦土地上经济矿产的开采。(17)

genuine progress indicator (GPI) a national accounting measure that includes the monetary value of goods and services that contribute to well-being, such as volunteer work and higher education, and deducts impacts that detract from well-being, such as the loss of leisure time, pollution, and commuting. **真实发展指数** 一种国民核算方法，包括对福祉有贡献的商品和服务价值，如志愿工作和高等教育等，并扣除了对福祉有影响的成本因素，如闲暇时间损失、污染和通勤。(10)

geothermal energy energy from the subsurface heat of the earth. **地热能** 来自地球内部的热量。(11)

global carbon budget the concept that total cumulative emissions of carbon must be limited to a fixed amount in order to avoid catastrophic consequences of global climate change. **全球碳预算** 为了避免全球气候变化带来的灾难性后果，累积碳排放总量必须被限制在一个固定的数量。(13)

global climate change the changes in global climate, including temperature, precipitation, storm frequency and intensity, and changes in carbon and water cycles, that result from increased concentrations of greenhouse gases in the atmosphere. **全球气候变化** 大气中温室气体浓度增加导致的全球气候变化，包括温度、降水、风暴频率和强度，以及碳和水循环的变化。

(8，12)

global commons global common property resources such as the atmosphere and the oceans. **全球共享资源** 全球共同财产资源，如大气和海洋。（4，12）

global pollutant a pollutant that can cause global impacts，such as carbon dioxide and chlorofluorocarbons. **全球污染物** 像碳和氯氟烃那样会带来全球性影响的污染物。（8）

global warming the increase in average global temperature as a result of emissions from human activities. **全球变暖** 由人类活动排放温室气体导致的全球平均气温上升。（12）

government procurement programs that guarantee a certain government demand for a good or service. **政府采购** 保证政府对某种商品或服务有一定需求的计划。（17）

green consumerism making one's consumption decisions at least partly on environmental criteria. **绿色消费主义** 指基于（至少部分基于）环境标准做出消费决策。（22）

green economy an economy that improves human well-being and social equity，while reducing environmental impacts. **绿色经济** 是一种改善人类福祉和社会公平，同时减少环境影响的经济。（14）

Green GDP a national accounting measure that deducts a monetary value from GDP or NDP to account for natural capital depreciation and other environmental damages. **绿色 GDP** 国民经济核算指标中，从 GDP 或 NDP 中扣除的货币价值部分，以表现自然资本折旧和其他环境损害。（10）

green growth the viewpoint that further economic growth can be compatible with ecological sustainability with sufficient levels of absolute decoupling. **绿色增长** 经济增长与生态可持续性具有高水平解耦的兼容性。（22）

greenhouse development rights（GDR） an approach for assigning the responsibility for past greenhouse gas emissions and the capability to respond to climate change. **温室发展权** 一种分配过去温室气体排放责任和应对气候变化能力的方法。（13）

greenhouse effect the effect of certain gases in the earth's atmosphere trapping solar radiation，resulting in an increase in global temperatures and other climatic impacts. **温室效应** 地球大气中某些气体捕获太阳辐射，导致全球气温上升和其他气候影响的效应。（12）

greenhouse gases gases such as carbon dioxide and methane whose atmospheric concentrations influence global climate by trapping solar radiation. **温室气体** 二氧化碳和甲烷等气体通过吸收太阳辐射，其浓度增加会影响全球气候。（12）

gross annual population increase the total numerical increase in population for a given region over one year. **总人口年增长量** 某地区一年内人口增长的总量。（15）

gross domestic product（GDP） the total market value of all final goods and services produced within a national border in a year. **国内生产总值** 一个国家或地区一年内所生产的所有商品和服务的市场总值。（2，10）

gross national happiness (GNH) the concept, originating in Bhutan, where a society and its policies should seek to improve the welfare of its citizens, as opposed to maximizing GDP. **国民幸福总值 (GNH)** 来源于不丹的一个概念，其社会和政策设法改善其公民的福祉，而不是最大化 GDP。（10）

gross national product (GNP) the total market value of all final goods and services produced by citizens of a particular country in a year, regardless of where such production takes place. **国民生产总值** 一个国家的公民在一年内，无论在何处所生产的所有最终商品和服务的总市场价值。（10）

H

habitat equivalency analysis (HEA) a method used to compensate for the damages from a natural resource injury with an equivalent amount of habitat restoration. **生态等值分析法** 一种用来补偿自然资源损失的方法，其补偿额等于生境恢复的金额。（6）

harmonization of environmental standards the standardization of environmental standards across countries, as in the European Union. **环境标准的协同化** 各国环境标准的标准化，如欧盟。（21）

Hartwick rule a principle of resource use stating that resource rents—the proceeds of resource sale, net of extraction costs—should be invested rather than consumed. **哈特维克准则** 一种资源使用原则，指出资源租金（资源出售的收益扣除开采成本），应该被投资而不是被消耗。（5）

hedonic pricing the use of statistical analysis to explain the price of a good or service as a function of several components, such as explaining the price of a home as a function of the number of rooms, the caliber of local schools, and the surrounding air quality. **享乐定价法** 使用统计分析将商品或服务的价格解释为多个组成部分的函数，例如将房屋价格解释为房间数量、当地学校的质量和周围空气质量的函数。（6）

holdout effect the ability of a single entity to hinder a multiparty agreement by making disproportionate demands. **拒付效应** 指一个实体通过提出不相称的要求来阻碍多方协议的能力（3）

Hotelling's rule a theory stating that in equilibrium the net price (price minus production costs) of a resource must rise at a rate equal to the rate of interest. **霍特林定律** 均衡时资源的净价格（价格减去生产成本）必须以与利率提高相同的速率提高。（5，17）

hotspots locally high levels of pollution, for example, surrounding a high-emitting plant；

hotspots can occur under a pollution trading scheme. **热点地区** 局部高污染点。例如，在高排放工厂周围，在污染交易计划下，也会出现热点地区。(8)

hydroelectricity/hydropower using the energy from moving water to spin an electric turbine and generate electricity. **水力发电(水力电气)** 利用水流产生的能量来旋转涡轮机实现发电。(11)

hydrologic cycle the natural purification of water through evaporation and precipitation. **水文循环** 水通过蒸发和沉淀过程实现自然净化。(20)

hypothetical and speculative reserves the quantity of a resource that is not identified with certainty but is hypothesized to exist. **假设和推测储量** 无法确定但假设存在的资源的数量。(17)

I

identified reserves the quantity of a resource that has been identified with varying degrees of confidence; includes both economic and subeconomic reserves. **确定性储量** 以不同的置信度确定的资源数量，包括经济储量和非经济储量。(17)

identity a mathematical statement that is true by definition. **恒等式** 无论其变量如何取值，等式永远成立的算式。(15)

income inequality a distribution of income in which some portions of the population receive much greater income than others. **收入不平等** 一种收入分配形态，其中一部分人口的收入远远高于其他人。(15)

indirect-use value ecosystem benefits that are not valued in markets, such as flood prevention and pollution absorption. **间接使用价值** 不能在市场上定价的生态系统效益，如防洪和吸收污染的作用。(6)

individual transferable quotas (ITQs) tradable rights to harvest a resource, such as a permit to harvest a particular quantity of fish. **个人可转让配额** 可交易的收获资源的权利，例如允许捕捞特定数量鱼的捕捞许可证。(4, 18)

induced innovation innovation in a particular industry resulting from changes in the relative prices of inputs. **诱发性创新** 在某行业中，创新来自相对价格的变化。(16)

Industrial Ecology the application of ecological principles to the management of industrial activity. **工业生态学** 生态学原理在工业活动管理中的应用。(14)

inferred reserves resources that have been identified with a low degree of confidence, and whose quantity is not known with certainty. **推断储量** 已确定的、置信度较低且数量不确定的资源储量。(17)

inflection point the point on a curve where the second derivative equals zero, indicating a change from positive to negative curvature or vice versa. **拐点** 曲线上二阶导数等于零的点，该点表示曲率从正(负)值向负(正)值的变化。(18)

information asymmetry a situation in which different agents in a market have different knowledge or access to information. **信息不对称** 指市场上不同主体获取信息的来源不同。(16)

information-intensive techniques production techniques that require specialized knowledge; usually these techniques substitute knowledge for energy, produced capital, or material inputs, often reducing environmental impacts. **信息密集型** 需要专业知识的信息密集型生产技术，通常用知识代替能源、生产资本或物质投入，减少环境影响。(16)

inherent value the value of something separate from economic value, based on ethics, rights, and justice. **内在价值** 有别于经济价值的，基于伦理、权利和正义的价值。(1)

integrated pest management (IPM) the use of methods such as natural predators, crop rotations, and pest removal to reduce pesticide application rates. **病虫害综合管理** 利用自然捕食者、作物轮作和害虫清除等方法来降低杀虫剂的使用率。(16)

intercropping an agricultural system involving growing two or more crops together on a piece of land at the same time. **间作农业系统** 包括在一块土地上同时种植两种或两种以上作物的农业系统。(16)

intergenerational equity the distribution of resources, including human-made and natural capital, across human generations. **代际公平** 包括人造资本和自然资本在内的资源在人类各代间的分配。(9)

intermittency a characteristic of energy sources such as wind and solar, which are available in different amounts at different times. **间歇性** 风能和太阳能等能源的一种特性，在不同的时间提供不同的数量能源。(11)

internalizing external costs/externalities using approaches such as taxation to incorporate external costs into market decisions. **外部成本(外部性)内部化** 利用税收等方法将外部成本纳入市场决策。(3, 8)

irreversibility the concept that some human impacts on the environment may cause damage that cannot be reversed, such as the extinction of species. **不可逆性** 人类对环境的某些影响可能造成无法逆转的损害，如物种灭绝。(9)

L

labor-intensive techniques production techniques that rely heavily on labor input. **劳动密集型** 严重依赖劳动投入的生产技术。(16)

law of diminishing returns the principle that a continual increase in production inputs will eventually yield decreasing marginal output. **产出递减规律** 持续增加投入要素最终导致边际产出递减的规律。(15)

law of demand the economic theory that the quantity of a good or service demanded will decrease as the price increases. **需求定理** 经济学理论认为,商品或服务的需求量将随着价格的上涨而减少。(附录 3-2)

law of supply the economic theory that the quantity of a good or service supplied will increase as the price increases. **供给定理** 经济学理论认为,商品或服务的供应量将随着价格的上涨而增加。(附录 3-2)

Law of the Sea a 1982 international treaty regulating marine fisheries.《**海洋法公约**》1982年制定的规范海洋渔业的国际条约。(18)

leakage a requirement of a successful PES program; the environmentally beneficial actions a resource owner landowner takes must not be offset by other changes that are environmentally detrimental. **泄漏** 一个成功生态系统服务付费项目的要求;资源所有者采取的对环境有益的行动不能被其他对环境有害的变化所抵消。(9)

least-cost options actions that can be taken for the lowest overall cost. **最低成本选择** 可以采取最低总体成本的行动。(12)

levelized costs the per-unit cost of energy production, accounting for all fixed and variable costs over a power source's lifetime. **平准化成本** 每单位能源生产的成本,包括能源生命周期内的所有固定与可变成本。(11)

license fee the fee paid for access to a resource, such as a fishing license. **许可费** 为获取资源而支付的费用,例如捕捞许可证。(4)

local pollutant a pollutant that causes adverse impacts only within a relatively small area from where it is emitted. **局部污染物** 仅在其排放的相对较小区域内造成不利影响的污染物。(8)

logistic curve/logistic growth an S-shaped growth curve tending toward an upper limit. **逻辑斯谛曲线(逻辑斯谛增长模型)** 一种趋向上限的 S 型增长曲线。(18, 19, 22)

luxury good a good that people tend to spend a higher percentage of their income on as their incomes increase. **奢侈品** 随着收入的增加,人们倾向于将更高比例的收入用于奢侈品消费。(14)

M

Malthusian hypothesis the theory proposed by Thomas Malthus in 1798 that population would eventually outgrow available food supplies. **马尔萨斯假说** 马尔萨斯在 1798 年提出的人口最终将超过粮食供给的理论。(2, 16)

manufactured capital productive resources produced by humans, such as factories, roads, and computers, also referred to as produced capital or human-made capital. **制造资本** 由人类生产的生产性资源,如工厂、道路和计算机,也称为生产型资本或人造资本。(22)

marginal abatement costs costs of reduction for one extra unit of pollution, such as carbon emissions. **边际减排成本** 额外一个单位的污染,如碳排放的减排成本。(12)

marginal analysis economic analysis that compares marginal benefits and marginal costs to determine profit-maximizing outcomes. **边际分析** 比较边际收益和边际成本以确定利润最大化的经济分析。(4)

marginal benefit the benefit of producing or consuming one more unit of a good or service. **边际收益** 生产或消费一单位商品或服务的收益。(3, 4)

marginal cost the cost of producing or consuming one more unit of a good or service. **边际成本** 生产或消费额外一单位产品或服务的成本。(3, 4)

marginal net benefit the net benefit of the consumption or production of an additional unit of a resource. Marginal net benefits are equal to marginal benefits minus marginal costs. **边际净收益** 额外一个单位消费或产出的净收益,等于边际收益减去边际成本。(5)

marginal physical product the additional quantity of output produced by increasing an input level by one unit. **边际物质产品** 通过增加一单位的投入而产生的额外产量。(16)

marginal revenue product the additional revenue obtained by increasing an input level by one unit; equal to marginal physical product multiplied by marginal revenue. **边际收益产品** 通过增加一单位的投入而获得的额外收益,等于边际实物产品乘以边际收益。(16)

marginal revenue the additional revenue obtained by selling one more unit of a good or service. **边际收入** 销售一单位商品或服务所获得的额外收益。(4)

market-based approaches to pollution regulation pollution regulations based on market forces without specific control of firm-level decisions, such as taxes, subsidies, and permit systems. **基于市场的污染监管** 基于市场力量的污染监管,没有对企业层面的决策(例如税收、补贴和许可制度)进行具体控制。(8)

market equilibrium the market outcome where the quantity demanded equals the quantity supplied. **市场均衡** 指需求量等于供应量的市场结果。(附录 3-2)

market failure situations in which an unregulated market fails to produce an outcome that is the most beneficial to society as a whole. **市场失灵** 不受监管的市场无法产生对整个社会最有利结果的情况。(1, 13, 15, 18)

market-based solutions policies that create economic incentives for behavioral changes, such as taxes and subsidies, without specific control of firm or individual decisions. **基于市场的解决方案** 为行为转变提供经济激励的政策,如税收和补贴,而不是对企业或个人决策做具体规制的政策。(1)

materials substitution changing the materials used to produce a product, such as using plastic pipe instead of copper in plumbing systems. **材料替代** 改变用于生产产品的原材料,例如在管道系统中使用塑料管代替铜。(14)

maximally sustainably fished term used to describe a fish stock that is being harvested at the maximum sustainable yield. **最大可持续捕捞** 表示捕获量达到最大可持续产量。(18)

maximum sustainable yield (MSY) the maximum quantity of a natural resource that can be harvested annually without depleting the stock or population of the resource. **最大可持续产量** 在不耗尽资源存量或种群的情况下,每年收获自然资源的最大数量。(18)

mean annual increment (MAI) the average growth rate of a forest; obtained by dividing the total weight of timber by the age of the forest. **平均年生长量** 森林的平均生长率,用木材的总质量除以林龄得到。(19)

meta-analysis an analysis method based on a quantitative review of numerous existing research studies to identify the factors that produce differences in results across studies. **元分析** 一种基于对现有研究进行定量审查的分析方法,以确定产生不同研究结果差异的因素。(2,6,12)

methodologicalpluralism the view that a more comprehensive understanding of problems can be obtained using a combination of perspectives. **多元主义方法论** 一种通过组合视角可获得对问题更全面理解的观点。(9)

micro-irrigation irrigation systems that increase the efficiency of water use by applying water in small quantities close to the plants. **滴灌** 通过在靠近植物的地方少量供水来提高用水效率。(20)

micronutrients nutrients present in low concentrations in soil, required for plant growth or health. **微量营养素** 土壤中植物生长或健康所需的低浓度微量营养素。(16)

monoculture an agricultural system involving the growing of the same crop exclusively on a piece of land year after year. **单一种植** 一种农业系统,每年只在一块土地上种植同一种作物。(16,18)

multilateral environmental agreements (MEAs) international treaties between countries on environmental issues, such as the Convention on Trade in Endangered Species. **多边环境协定** 各国之间关于环境问题的国际条约,如《濒危野生动植物贸易公约》。(21)

multiple cropping an agricultural system involving growing more than one crop on a piece of land in the same year. **多熟种植** 包括一年当中在同一块土地上种植两种以上的作物。(16)

N

nationally determined contribution（NDC） a voluntary planned reduction in CO_2 emissions, relative to baseline emissions, submitted by participating countries at the Paris Conference of the Parties (COP-21) in 2015. **国家自主贡献** 2015 年,在第二十一届缔约方大会(COP-21)上,与会国家提交了一份相对于基准排放量的自愿减排计划。(13)

natural capital the available endowment of land and resources, including air, water, soil, forests, fisheries, minerals, and ecological life-support systems. **自然资本** 现有的土地和资源禀赋,包括空气、水、土壤、森林、渔业、矿产和生态生命支持系统。(2, 9, 15)

natural capital depreciation a deduction in national accounting for loss of natural capital, such as a reduction in the supply of timber, wildlife habitat, or mineral resources, or environmental degradation such as pollution. **自然资本折旧** 在国民核算中扣除自然资本损失,如木材供给减少、野生动物栖息地或矿产资源减少,或环境退化与污染。(9)

natural capital sustainability conserving natural capital by limiting depletion rates and investing in resource renewal. **自然资本可持续性** 通过限制耗损率和投资资源更新来保护自然资本。(9)

natural resource limitations constraints on production resulting from limited availability of natural resources. **自然资源限制** 由于自然资源的可得性有限对生产的限制。(15)

natural resources the endowment of land and resources including air, water, soil, forests, fisheries, minerals, and ecological life-support systems. **自然资源** 土地和资源的禀赋,包括空气、水、土壤、森林、渔业、矿产和生态生命支持系统。(1)

negative externality negative impacts of a market transaction affecting those not involved in the transaction. **负外部性** 市场交易对未参与交易的主体产生的消极影响。(3)

neo-Malthusian perspective the modern version of Thomas Malthus's argument that human population growth can lead to catastrophic ecological consequences and an increase in the human death rate. **新马尔萨斯主义观点** 托马斯·马尔萨斯关于人口增长可能导致灾难性的生态后果和人类死亡率增加观点的现代版本。(15)

net benefits total benefits minus total costs. **净收益** 总收益减去总成本。(7)

net domestic product（NDP） gross domestic product minus the value of depreciation of produced, or human-made, capital. **国内生产净值** 国内生产总值减去现有固定资产的折旧费。(10)

net domestic saving (NDS) a national accounting measure equal to gross domestic saving less manufactured capital depreciation. **净国内储蓄** 一个国民经济核算指标,等于国内总储蓄减去固定资产折旧费。(10)

net investment and disinvestment the process of adding to, or subtracting from, productive capital over time, calculated by subtracting depreciation from gross, or total, investment. **净投资和净投资缩减** 一段时间内增加或减少生产资本的过程,通过从总投资中减去折旧来计算。(9)

net present value (NPV) present value of benefits minus present value of costs. **净现值** 收益现值减去成本现值。(7)

net price (of a resource) the price of a resource minus production costs. **净价格** 一种资源的价格减去生产成本。(17)

net primary product of photosynthesis(NPP) the biomass energy directly produced by photosynthesis. **光合作用的净初级产物** 由热能合成直接产生的生物质能。(9)

nitrogen cycle the conversion of nitrogen into different forms in the ecosystem, including the fixation of nitrogen by symbiotic bacteria in certain plants such as legumes. **氮循环** 不同生态系统中氮的不同形式的转化,包括通过某些植物(如豆类)中的共生细菌固定氮。(16)

nominal GDP gross domestic product measured using current dollars. **名义 GDP** 以现行市场价格计算的国内生产总值。(2)

nonexcludable a good that is available to all users, under conditions in which it is impossible, or at least difficult, to exclude potential users. **非排他性** 指在不可能或至少难以排除潜在用户的条件下,所有用户都可以使用的物品。(4)

nonlinear or threshold effects pollution damages that are not linearly correlated with pollution levels. **非线性效应(阈值效应)** 污染损害与污染水平不呈线性相关。(8)

nonmarket benefits benefits not obtained from goods and services sold in markets. **非市场价值** 不通过市场销售产品和服务获得的收益。(6)

nonpoint-source pollution pollution that is difficult to identify as originating from a particular source, such as groundwater contamination from agricultural chemicals used over a wide area. **非点源污染** 难以确定来自某一特定来源的污染,如大面积使用农业化学品对地下水的污染。(8,16)

nonrenewable energy sources energy sources that do not regenerate through natural processes, at least on a human time scale, such as oil and coal. **不可再生能源** 在人类时间尺度上不会通过自然过程再生的能源,如石油和煤炭。(11)

nonrenewable resources resources that do not regenerate through ecological processes, at least on a human time scale, such as oil, coal, and mineral ores. **不可再生资源** 至少在人类时间尺度上，不会通过生态过程再生，例如石油、煤炭和矿产资源。(1, 5, 17)

nonresponse bias bias as a result of survey respondents not being representative of survey nonrespondents. **无反应偏差** 由于调查受访者不代表调查未答复者而导致的不答复偏差。(6)

nonrival a good whose use by one person does not limit its use by others; one of the two characteristics of public goods. **非竞争性** 一个人使用某物品不会限制其他人使用该物品的权利。(4)

nonuniformly mixed pollutants pollutants that cause different impacts in different areas, depending on where they are emitted. **非均匀混合污染物** 污染物对不同地区造成不同的影响，取决于它们的排放地点。(8)

nonuse values values that people obtain without actually using a resource (i. e., psychological benefits); nonuse values include existence, option, and bequest values. **非使用价值** 不通过实际使用一种资源而获得的价值，非使用价值包括存在价值与遗产价值。(6)

normal good a good for which total expenditures tend to increase as income increases. **常规商品** 总支出通常随着收入的增加而增加。(14)

normal profit when the economic profits in an industry are zero, meaning profits are equal to one's next-best alternative. **正常利润** 当一个行业的经济利润为 0 时，意味着利润等于个人的次佳选择。(4)

nutrient recycling the ability of ecological systems to transform nutrients such as carbon, nitrogen, and phosphorus into different chemical forms. **养分循环** 生态系统将碳、氮和磷等营养物质转化为不同化学形式的能力。(16)

nutritional deficit the failure to meet human demands for basic levels of nutrition. **营养不足** 未能满足人类对基本营养水平的需求。(16)

O

ocean acidification increasing acidity of ocean waters as a result of dissolved carbon from CO_2 emitted into the atmosphere. **海洋酸化** 由于溶解了释放到大气中的二氧化碳，致使海洋水分酸度增加。(12)

open system a system that exchanges energy or natural resources with another system; the economic system is considered an open system because it receives energy and natural resources from the ecosystem and deposits wastes into the ecosystem. **开放系统** 与另一个系统交换能源或自然资源的系统；经济系统被认为是开放系统，因为它从生态系统获得能源和自然资源，并将废弃物沉积到生态系统中。(9)

open-access equilibrium the level of use of an open-access resource that results from a market with unrestricted entry; this level of use may lead to depletion of the resource. **开放获取平衡** 由于市场自由进入导致的一个公共资源使用的水平,这种使用水平可能会导致此类资源耗竭。(4)

open-access resource a resource that offers unrestricted and unregulated access such as an ocean fishery or the atmosphere. **公共资源** 一种不受限制和监管的资源,如海洋渔业或大气。(4,18)

opportunity costs the value of the best alternative that is foregone when a choice is made. **机会成本** 做出选择时所放弃的最佳选择的价值。(4)

optimal depletion rate the depletion rate for a natural resource that maximizes the net present value of the resource. **最优损耗率** 最大化资源净现值的自然资源消耗率。(5)

optimal level of pollution the pollution level that maximizes net social benefits. **最优污染水平** 使社会净效益最大化的污染水平。(3,8)

optimal macroeconomic scale the concept that economic systems have an optimal scale level beyond which further growth leads to lower well-being or resource degradation. **最优宏观经济规模** 经济系统具有最优规模水平的概念,超过这个水平,进一步的增长将导致福利水平降低或资源退化。(9)

optimal rotation period the rotation period for a renewable resource that maximizes the financial gain from harvest; determined by maximizing the discounted difference between total revenues and total costs. **最佳轮作周期** 使收获的经济收益最大化的可再生资源轮伐期;由总收益与总成本之间的贴现差额最大化决定。(19)

option value the value that people place on the maintenance of future options for resource use. **期权价值** 保存留给未来使用的价值。(6)

overfished term used to describe a fish stock that is being harvested beyond the maximum sustainable yield. **过度捕捞量** 表示捕获量超过最大可持续产量。(18)

P

payments for ecosystem services (PES) payments provided to natural resource owners in exchange for sustainable management practices. **生态系统服务付费(PES)** 向自然资源所有者付费,以换取可持续管理的实践。(9)

per capita output the total product of a society divided by population. **人均产出** 一个社会的总产值除以人口。(15)

permanence a requirement of a successful PES program; the environmental benefits must persist for the long term. **永久性** 一个成功生态系统服务付费项目的要求；环境效益必须长期存在。(9)

photovoltaic (PV) cells devices that directly convert solar energy into electricity (i. e. , solar panels). **光伏电池** 直接将太阳能转换成电能的装置（如太阳能电池板）。(11)

physical accounting a supplement to national income accounting that estimates the stock or services of natural resources in physical, rather than economic, terms. **实物核算** 国民收入核算的补充，以实物而非经济的方式估计自然资源的存量或服务。(9)

physical reserves (of a resource) the total quantity of a resource that is available, without taking into account the economic feasibility of extraction. **(一种资源的)实物储量** 在不考虑开采经济可行性的情况下，可用的资源总量。(17)

Pigovian (pollution) tax a per-unit tax set equal to the external damage caused by an activity, such as a tax per ton of pollution emitted equal to the external damage of a ton of pollution. **庇古税(排污税)** 每单位的税收等于一项活动造成的外部损失，例如，每吨污染排放的税收等于一吨污染的外部损失。(3, 8)

pluralism the perspective that a full understanding of an issue can come only from a variety of viewpoints, disciplines, and approaches. **多元主义** 指对一个问题的充分理解只能来自各种观点、学科和方法。(1)

point-source pollution pollution that is emitted from an identifiable source, such as a smokestack or waste pipe. **点源污染** 那些能够识别来源的污染，比如来源于烟囱或者水管。(8)

polluter pays principle the view that those responsible for pollution should pay for the associated external costs, such as health costs and damage to wildlife habitats. **污染者付费原则** 该观点认为对污染负有责任的人应当支付相关的外部成本费用，如健康成本以及对野生动物的危害。(3)

pollution/emissions standards a regulation that mandates firms or industries to meet a specific pollution level or pollution reduction. **污染标准(排放标准)** 要求企业或工业达到特定污染水平或减少污染的规定。(8)

pollution haven a country or region that attracts high-polluting industries due to low levels of environmental regulation. **污染避难所** 指由于环境规制水平低而吸引高污染工业的国家或地区。(21)

pollution tax a per-unit tax based on the level of pollution. **排污税** 根据污染程度征收的单位税。(8, 13)

population age profile an estimate of the number of people within given age groups in a country at a point in time. **人口年龄分布** 一个国家在某一时间点的特定年龄组人口数量的估计。(15)

population biology the study of how the population of a species changes as a result of environmental conditions. **种群生物学** 研究一个物种的种群如何随环境条件而变化的科学。(18)

population cohort the group of people born within a specific period in a country. **人口群体** 一个国家在特定时期内出生的群体。(15)

population growth rate the annual change in the population of a given area, expressed as a percentage. **人口增长率** 某地区人口的年度变化率,以百分数表示。(15)

population momentum the tendency for a population to continue to grow, even if the fertility rate falls to the replacement level, as long as a high proportion of the population is in young age cohorts. **人口增长势头** 使生育率下降到更替水平,只要人口中年轻人群体占比大,总人口仍可持续增长的趋势。(15)

Porter hypothesis the theory that environmental regulations motivate firms to identify cost-saving innovations that otherwise would not have been implemented. **波特假设** 认为环境规制可以激励企业识别成本节约的创新,否则类创新不会得以实施。(14)

positional analysis a policy analysis tool that combines economic valuation with other considerations such as equity, individual rights, and social priorities; it does not aim to reduce all impacts to monetary terms. **定位分析** 作为一种政策分析工具,将经济估值与其他考虑因素,例如公平、个人权利和社会优先事项等因素结合起来。(7)

positive externality the positive impacts of a market transaction that affect those not involved in the transaction. **正外部性** 市场交易对未参与交易的主体产生的积极影响。(3)

post-growth economy a developed, sustainable economy with high levels of well-being that no longer grows in terms of resource use and environmental impacts. **后增长经济** 一个发达的、可持续的、具有高水平福祉的经济,在资源使用和环境影响方面不再增长。(22)

precautionary principle the view that policies should account for uncertainty by taking steps to avoid low-probability but catastrophic events. **预防性原则** 认为政策应考虑到不确定性,采取措施避免低概率的灾难性事件。(7, 8, 12, 18, 21)

present value the current value of a stream of future costs or benefits; a discount rate is used to convert future costs or benefits to present values. **现值** 未来成本或收益流的当前值。(5, 7, 16)

preventive measures/preventive strategies actions designed to reduce the extent of climate change by reducing projected emissions of greenhouse gases. **预防性措施(预防性策略)** 通过

减少温室气体的排放量计划来降低气候变化程度的行动。(12，13)

price elasticity of demand the responsiveness of the quantity demanded to price，equal to the percentage change in quantity demanded divided by the percentage change in price. **需求价格弹性** 需求量对价格的反应，等于需求量变化的百分比变化除以价格变化的百分比。(附录 3-2，20)

price elasticity of supply the responsiveness of the quantity supplied to price，equal to the percentage change in quantity supplied divided by the percentage change in price. **供给价格弹性** 供应量对价格的反应能力，等于供应量变化的百分比除以价格变化的百分比。(附录 3-2)

price path the price of a resource，typically a nonrenewable resource，over time. **价格路径** 随着时间推移的资源价格，通常对不可再生资源而言。(17)

price taker a seller in a competitive market who has no control over the price of the product. **价格接受者** 竞争市场中无法控制产品价格的卖方。(17)

price volatility rapid and frequent changes in price，leading to market instability. **价格波动** 迅速而频繁的价格变化，导致市场不稳定。(13，16)

prior appropriation water rights a system of water rights allocation in which rights are based not on land ownership but on established beneficial uses. **优先占有水权** 是一种水权分配制度，其中的权利不是基于土地所有权，而是基于既定的有益用途。(20)

process and production methods (PPMs) international trade rules stating that an importing country cannot use trade barriers or penalties against another country for failure to meet environmental or social standards related to the process of production. **加工和生产方法** 是指进口国不能因另一国的生产过程未达到相关环境标准或社会标准，而对该国设置贸易壁垒或进行处罚的国际贸易规则。(21)

producer surplus the net benefits of a market transaction to producers，equal to the selling price minus production costs (i. e.，profits). **生产者剩余** 市场交易对生产者的净收益，等于销售价格减去生产成本(即利润)。(附录 3-2)

production externalities externalities associated with the production of a good or service，such as emissions of pollutants from a factory. **生产外部性** 与商品或服务生产相关的外部性，如工厂污染物的排放。(21)

profits revenue received minus total cost to producers. **总利润** 总收益减去生产总成本。(4)

progressive tax a tax that comprises a higher share of income with higher income levels. **累进税** 收入水平越高，征收份额越高的税收。(13)

protest bids responses to contingent valuation questions based on the respondent's opposition to the question or the payment vehicle, rather than the underlying valuation of the resource. **抗议报价** 价值评估问卷的回答是基于回答者对问题或支付手段的反对,而不是对资源的基本估价。(6)

proxy variable a variable that is meant to represent a broader concept, such as the use of fertilizer application rates to represent the input-intensity of agricultural production. **代理变量** 指代表一个更广泛概念的变量,例如化肥施用量代表农业生产的投入强度。(16)

public goods goods that are available to all (nonexcludable) and whose use by one person does not reduce their availability to others (nonrival). **公共物品** 所有人都可获得(非排他性)且一个人使用该物品不会减少其他人(非竞争性)对该物品的使用。(1, 4, 12)

purchasing power parity (PPP) an adjustment to GDP to account for differences in spending power across countries. **购买力平价** 对GDP进行调整,以说明各国购买力的差异。(附录10 - 1 Appendix)

pure rate of time preference the rate of preference for obtaining benefits now as opposed to the future, independent of income level changes. **纯时间偏好率** 现在相对于未来获得收益的偏好率,与收入水平的变化无关。(7)

Q

quota/quota system a system of limiting access to a resource through restrictions on the permissible harvest of the resource. **配额(定额分配制)** 通过限制资源收获许可的方式限制资源使用的系统。(4)

R

race to the bottom the tendency for countries to weaken national environmental standards to attract foreign businesses or to keep existing businesses from moving to other countries. **竞次现象** 指各国为了吸引外资企业或阻止企业转移到其他国家而竞相削弱本国环境标准的趋势。(21)

range bias a potential bias with payment card or multiple-bounded contingent valuation questions whereby the responses are influenced by the range of values presented to the respondent. **范围偏差** 支付卡或多界条件价值评估引起的潜在偏差,即回答受到呈现给被调查者的价值范围的影响。(6)

real GDP gross domestic product corrected for inflation using a price index. **实际GDP** 使用价格指数对通货膨胀进行修正的国内生产总值。(2, 附录10 - 1)

real or inflation-adjusted dollars monetary estimates that account for changes in price levels (i. e., inflation) over time. **真实的或经通胀调整的美元** 考虑价格水平（如通货膨胀）随时间变化的货币估计。(7)

Reduction of Emissions from Deforestation and Degradation (REDD) a United Nations program adopted as part of the Kyoto process of climate negotiations, intended to reduce emissions from deforestation and land degradation through providing funding for forest conservation and sustainable land use. **减少森林砍伐和退化造成的排放** 是作为《京都议定书》气候谈判进程的一部分而通过的一项联合国计划，旨在通过为森林保护和可持续土地使用提供资金来减少森林砍伐和土地退化造成的排放。(13)

referendum format a contingent valuation question format where the valuation question is presented as a vote on a hypothetical referendum. **公投格式** 一种或有评估问题格式，其中评估问题以对假设公投的投票形式呈现。(6)

regenerative agriculture a system of farming principles and practices that enriches soils, increases biodiversity, improves watersheds, and enhances ecosystem services. **再生农业** 一套耕作原则和实践的系统，该系统提高了土壤肥力，增加了生物多样性，改善了流域生态，并提高了生态系统服务。(16)

regional pollutant a pollutant that causes adverse impacts distant from where it is emitted, such as due to air transport by winds. **区域性污染物** 一种污染物，在其排放地以外的地方造成不利影响。例如，由于风扩散而造成的空气污染。(8)

regressive tax a tax in which the rate of taxation, as a percentage of income, decreases with increasing income levels. **累退税** 随着收入水平的提高而降低的税收（占收入的比例）。(13)

regulated monopolies monopolies that are regulated by an external entity, for example through controls on price or profits. **受监管的垄断企业** 指由外部实体监管的垄断，例如可对价格或利润的进行控制。(20)

relative decoupling breaking the correlation between increased economic activity and similar increases in environmental impacts such that the growth rate of economic activity exceeds the growth rate of environmental impacts. **相对解耦** 打破经济活动增加与环境影响增加之间的相关性，使经济活动的增长率超过环境影响的增长率。(14)

renewable energy sources energy sources that are supplied on a continual basis, such as wind, solar, water, and biomass energy. **可再生能源** 由自然界持续供给的能源，例如风能、太阳能、水和生物质能。(11)

renewable resources resources that are regenerated over time through ecological processes, such as forests and fisheries, but can be depleted through exploitation. **可再生资源** 随着时间推移，通过生态过程再生的森林和渔业资源等，但通过开发也可能耗尽。(1, 5, 16)

replacement cost methods an approach to measuring environmental damages that estimates the costs necessary to restore or replace the resource, such as applying fertilizer to restore soil fertility. **替代成本法** 通过估计用人为行为替代失去的生态系统服务的成本,来评价环境影响的方法。比如通过施肥恢复土壤肥力。(6)

replacement fertility level the fertility level that would result in a stable population. **生育率更替水平** 保持人口数量稳定的生育率水平。(15)

resilience the capacity of an ecosystem to recover from adverse impacts. **恢复力** 生态系统从不利影响中恢复的能力。(18)

resistant pest species pest species which evolve resistance to pesticides, requiring either higher pesticide application rates or new pesticides to control the species. **抗药性害虫物种** 害虫物种进化出对杀虫剂有抗性,需要更高的杀虫剂施用量或新杀虫剂来控制该物种。(16)

Resource Conservation and Recovery Act (RCRA) the primary federal U. S. law regulating the disposal of hazardous waste. 《**资源保护和回收法**》美国联邦关于危险废弃物处置的主要法律。(8)

resource curse hypothesis the theory that countries or regions with abundant natural resources actually grow more slowly than those where natural resources are scarcer. **资源诅咒假说** 拥有丰富自然资源的国家或地区实际上比自然资源稀缺的国家或地区增长得更慢。(2)

resource depletion a decline in the stock of a renewable resource due to human exploitation. **资源消耗** 由于人类开采,可再生资源的存量减少。(9)

resource depletion tax a tax imposed on the extraction or sale of a natural resource. **资源消耗税** 对开采或出售自然资源所征收的税。(5)

resource lifetime an estimate of how long a nonrenewable resource is expected to last given assumptions about prices, technology, and depletion rates. **资源寿命** 在对价格、技术和耗竭率做出假设的情况下,对不可再生资源预计持续时间的估计。(17)

resource substitution/substitutability the use of one resource in a production process as a substitute for another resource, such as the use of aluminum instead of copper in electrical wiring. **资源替代(可替代性)** 在生产过程中使用一种资源替代另一种资源,例如在电线中使用铝代替铜。(17)

resource use profile the consumption rates for a resource over time, typically applied to nonrenewable resources. **资源利用框架** 随着时间推移的资源消耗率,通常适用于不可再生资源。(17)

revealed preference methods methods of economic valuation based on market behaviors, including travel cost models，hedonic pricing，and the defensive expenditures approach. **显示偏好法** 基于市场行为的经济估价方法，包括旅行成本模型、享乐定价模型和防护费用法。（6）

revenue-neutral（tax policy）term used to describe a tax policy that holds the overall level of tax revenues constant. **收入中性（的税收政策）** 用来描述一种保持总体税收水平不变的税收政策的术语。（8）

revenue-neutral tax shift policies that are designed to balance tax increases on certain products or activities with a reduction in other taxes，such as a reduction in income taxes that offsets a carbon-based tax. **收入中性的税收转移** 旨在通过减少其他税种来平衡某些产品或活动税收增加政策，如减少所得税来抵消碳税。（13）

riparian water rights a system of water rights allocation based on adjacent land ownership. **河岸水权** 以邻近土地所有权为基础的水权分配制度。（20）

risk term used to describe a situation in which all potential outcomes and their probabilities are known or can be accurately estimated. **风险** 用于描述所有潜在结果及其概率已知或可准确估计的情况。（7）

risk aversion the tendency to prefer certainty instead of risky outcomes，particularly in cases when significant negative consequences may result from an action. **风险规避** 倾向于选择确定性而非风险性结果，尤其是在项目可能导致重大负面后果的情况下。（7）

rival a good whose use by one person diminishes the quantity or quality of the good available to others. **竞争性** 一个人使用的物品，会减少其他人可用物品的数量或质量。（4）

S

safe minimum standard the principle that environmental policies on issues involving uncertainty should be set to avoid possible catastrophic consequences. **最低安全标准** 在涉及不确定性的问题上制定环境政策，以避免可能的灾难性后果的原则。（7）

salinization and alkalinization of soils the buildup of salt or alkali concentrations in soil from the evaporation of water depositing dissolved salts，with the effect of reducing the productivity of the soil. **土壤盐渍化和碱化** 由于水分蒸发沉积溶解盐而在土壤中累积盐或碱浓度，从而降低土壤生产力。（16）

satellite accounts accounts that estimate the supply of natural capital in physical，rather than monetary，terms；used to supplement traditional national income accounting. **卫星账户** 以实物而非货币形式估计自然资本供给的账户，用于补充传统的国民收入核算。（9）

scale limit a limit to the size of a system，including an economic system. **规模限制** 对一个系统，包括一个经济系统规模的限制。（9）

scarcity rent payments to resource owners in excess of the amount necessary to keep those resources in production. **稀缺性租金** 支付给资源所有者的款项超过了维持这些资源生产所必需的数额。(5，17)

second law of thermodynamics the physical law stating that all physical processes lead to a decrease in available energy, that is, an increase in entropy. **热力学第二定律** 物理定律，指出所有物理过程都会导致可用能量减少，即熵的增加。(17)

sensitivity analysis an analytical tool that studies how the outputs of a model change as the assumptions of the model change. **敏感性分析** 一种分析工具，研究模型的输出如何随着模型假设的变化而变化。(7)

shortage a market situation in which the quantity demanded exceeds the quantity supplied. **短缺** 指需求量超过供应量的市场状况。(附录 3-1)

siltation pollution of water caused by increased concentration of suspended sediments. **淤塞** 泥沙浓度增加导致水污染。(16)

sink functions the ability of natural environments to absorb wastes and pollution. **汇功能** 自然环境吸收废弃物和污染的能力。(9，18)

smelting the production of a metal from a metallic ore. **冶炼** 从金属矿石中生产金属。(17)

social cost the market and nonmarket costs associated with a good or service. **社会成本** 与产品和服务相关的市场和非市场成本。(5)

social cost of carbon an estimate of the financial cost of carbon emissions per unit, including both present and future costs. **碳的社会成本** 每单位碳排放的财务成本估计，包括当前和未来成本。(13)

social discount rate /social rate of time preference (SRTP) a discount rate that attempts to reflect the appropriate social valuation of the future; the SRTP tends to be less than market or individual discount rates. **社会折现率(社会时间偏好率)(SRTP)** 一个试图反映未来适宜的社会价值的折现率；社会时间偏好率往往低于市场或个人折现率。(7)

social marginal cost curve the cost of providing one more unit of a good or service, considering both private production costs and externalities. **社会边际成本曲线** 指多提供一个单位的商品或服务的成本，同时考虑私人生产成本和外部因素。(3)

socially efficient a market situation in which net social benefits are maximized. **社会有效** 是指社会净效益最大化的市场状况。(3)

solar flux the continual flow of solar energy to the earth. **太阳能通量** 太阳能持续不断地流向地球。(9，15)

source functions the ability of the environment to make services and raw materials available for human use. **源功能** 环境为人类使用提供服务和原材料的能力。(9，18)

species diversity see biodiversity/biological diversity **物种多样性** 详见生物多样性。

specificity rule the view that policy solutions should be targeted directly at the source of a problem. **特殊规则** 认为政策解决方案应直接针对问题的根源(21)

stable equilibrium an equilibrium, for example, of the stock level of a renewable resource, to which the system will tend to return after short-term changes in conditions affecting stock level of the resource. **稳定的均衡** 例如可再生资源存量水平的均衡，在影响资源存量水平的条件发生短期变化，系统将趋于恢复到该均衡。(18)

standard circular flow model a diagram that illustrates the ways goods, services, capital, and money flow between households and businesses. **标准循环流模型** 说明商品、服务、资本和货币在家庭和企业之间流动的方式。(1)

stated preference methods economic valuation methods based on survey responses to hypothetical scenarios, including contingent valuation and contingent ranking. **陈述偏好法** 基于为应对假设情景而设置的调研的经济估价方法，包括条件价值估值和条件排列。(6)

static equilibrium a market equilibrium that results when only present costs and benefits are considered. **静态均衡** 只考虑当前的成本和收益的市场均衡结果。(5)

static reserve index an index that divides the economic reserves of a resource by the current rate of use for the resource. **静态储量指数** 将资源的经济储量除以该资源的当前使用率的指数。(17)

steady-state economy (SSE) an economy that maintains a constant level of physical resources and population while minimizing the throughput of material and energy resources. **稳态经济(SEE)** 保持物质资源和人口的恒定水平，同时使物质和能源资源的吞吐量最小化的经济。(9，22)

stock the quantity of a variable at a given point in time, such as the amount of water in a lake, or the amount of timber in a forest, at a given time. **存量** 一个变量在给定时间点的数量，如给定时间湖中的水量或森林中的木材量。(19，20)

strategic bias the tendency for people to state their preferences or values inaccurately in order to influence policy decisions. **战略偏差** 人们倾向于不准确地陈述他们的偏好或价值观以影响政策决策。(6)

strong sustainability the view that natural and human-made capital are generally not substitutable and, therefore, natural capital levels should be maintained. **强可持续性** 即自然资本和人造资本一般不可替代，因此应保持自然资本水平。(9，10，22)

structural adjustment policies to promote market-oriented economic reform in developing countries by making loans conditional on reforms such as controlling inflation, reducing trade barriers, and privatization of businesses. **结构调整** 通过贷款以控制通货膨胀、减少贸易壁垒和企业私有化等,促进发展中国家的市场化经济改革政策。(22)

subeconomic resources term used to describe mineral resources that cannot be profitably extracted with current technology and prices. **非经济资源** 以当前技术和价格无法开采矿产资源。(17)

subsidy government assistance to an industry or economic activity; subsidies can be direct, through financial assistance, or indirect, through other beneficial policies. **补贴** 政府对某个行业或经济活动的援助帮助;补贴可以直接通过财政支持,也可以间接通过保护性政策进行补贴。(3)

substitutability (of human-made and natural capital) the ability of one resource or input to substitute for another; in particular, the ability of human-made capital to compensate for the depletion of some types of natural capital. **可替代性(人造资本和自然资本)** 一种资源或投入替代另一种资源或投入的能力;特别是人造资本补偿某些类型自然资本消耗的能力。(9)

supply-side energy management energy policies that seek to change the energy mix in a society, such as switching from fossil fuels to renewables. **供给侧能源管理** 旨在改变能源组合的政策。例如,从化石燃料转向可再生能源。(11)

supply constraint an upper limit on supply, for example, of a nonrenewable resource. **供给约束** 供给的上限,如一种不可再生资源的供给。(5)

surplus a market situation in which the quantity supplied exceeds the quantity demanded. **过剩** 指供给量超过需求量的市场状况。(附录 3 - 2)

sustainable agriculture systems of agricultural production that do not deplete the productivity of the land or environmental quality, including such techniques as integrated pest management, organic techniques, and multiple cropping. **可持续农业** 不消耗土地生产力或环境质量的可持续农业生产系统,包括病虫害的综合治理、有机技术和多熟种植技术。(16)

sustainable development development that meets the needs of the present without compromising the ability of future generations to meet their own needs. **可持续发展** 布伦特兰委员会将其定义为既能满足当代人的需要,又不对后代人满足其需要的能力构成危害的发展。(1, 22)

Sustainable Development Goals (SDGs) a set of 17 global development goals for 2030, set by the United Nations in 2015, as a "blueprint to achieve a better and more sustainable future for all." **可持续发展目标** 联合国在 2015 年制定了一套 2030 年计划实现的 17 项全球发展目标,这是一个 "为所有人实现更美好、更可持续未来的蓝图"。(22)

sustainable forest management management of a forest such that it yields a constant flow of economic value without altering the physical stock of the forest. **可持续森林管理** 对森林进行管理,使其在不改变森林实际存量的情况下产生具有经济价值的持续流动。(19)

sustainable yield a yield or harvest level that can be maintained without diminishing the stock or population of the resource. **可持续产量** 在不减少资源存量或资源数量的情况下保持的产量或收获水平。(9)

System of Environmental-Economic Accounting (SEEA) a framework developed by the United Nations and other international organizations to provide standards for incorporating natural capital and environmental quality into national accounting systems. **环境经济核算体系(SEEA)** 联合国和其他国际组织制定的框架,是将自然资本和环境质量纳入国民核算体系的标准。(10)

T

tailings the unwanted material from mining operations, often highly toxic. **尾矿** 采矿作业中不需要的材料,通常具有剧毒。(17)

technological and social lock-in dependence on a particular technology or accepted system of production and consumption. **技术和社会锁定** 对某一特定技术或公认的生产和消费体系的依赖。(17)

technological lock-in the tendency of an industry or society to continue to use a given technology despite the availability of more efficient or cheaper technologies. **技术锁定** 尽管有更有效或更先进的技术可用,但是在工业或社会中仍继续使用某种技术的趋势。(17)

technological progress increases in knowledge used to develop new products or improve existing products. **技术进步** 用于开发新产品或改进现有产品的知识增加。(15)

technology transfer the process of sharing technological information or equipment, particularly among countries. **技术转让** 分享技术信息或设备的过程,特别是在国家之间。(13)

technology-based regulation pollution regulation by requiring firms to implement specific equipment or actions. **基于技术的规定** 要求企业有特定的设备或者执行特定操作的污染规定。(8)

throughput the total use of energy and materials as both inputs and outputs of a process. **吞吐量** 能源和材料作为过程的输入和输出的总使用量。(9, 22)

total cost the total cost to a firm of producing its output. **总成本** 企业因生产而发生的总成本。(4)

total economic value the value of a resource considering both use and nonuse values. **总经**

济价值 资源使用价值和非使用价值的总和。(6，19)

total net benefit total benefit minus total cost. **总净收益** 总收益减去总成本。(5)

total product the total quantity of a good or service produced with a given quantity of inputs. **总产量** 给定投入品数量所能生产的产品或服务的总数量。(4，18)

total revenue the total revenue obtained by selling a particular quantity of a good or service；equal to price per unit multiplied by quantity sold. **总收入** 通过销售特定数量的产品或服务获得的总收入，等于单位价格乘以销售数量。(4)

toxic air pollutants harmful air pollutants other than the six criteria pollutants，as specified in the U. S. Clean Air Act. **有毒大气污染物** 美国《清洁空气法案》规定的六种标准污染物以外的有害空气污染物。(8)

Toxic Substances Control Act(TSCA) the primary federal U. S. law regulating the use and sale of toxic chemicals. **《有毒物质控制法》(TSCA)** 美国联邦政府监管有毒化学品使用和销售的主要法律。(8)

tradable pollution permits permits that allow a firm to emit a specific amount of pollution. **可交易的污染许可证** 允许企业排放特定污染数量的许可证。(8)

tragedy of the commons the tendency for common property resources to be overexploited because no one has an incentive to conserve the resource while individual financial incentives promote expanded exploitation. **公地悲剧** 公共财产资源被过度开采的趋势，因为没有人有动机去保护资源，而个人的财务激励却促使他们更大规模地开采资源。(4，18)

transaction costs costs associated with a market transaction or negotiation，such as legal and administrative costs to transfer property or to bring disputing parties together. **交易成本** 与市场交易或谈判相关的交易成本，例如转让财产或召集争议各方的法律和行政成本。(3)

transferable/tradable permits permits that allow a firm to emit a certain quantity of pollution. **可转让的(可交易的)许可证** 允许一个企业排放一定污染数量的许可证。(8，13)

travel cost models (TCMs) use statistical analysis to determine people's willingness to pay to visit a natural resource such as a national park or river；a demand curve for the resource is obtained by analyzing the relationship between visitation choices and travel costs. **旅行成本法** 使用统计分析来确定人们为参观某一自然资源而支付的意愿。例如，参观一个国家公园或者河流，通过分析游客选择参观目的地和旅行成本之间的关系来获得该资源的需求曲线。(6)

U

uncertainty term used to describe a situation in which some of the outcomes of an action are unknown or cannot be assigned probabilities. **不确定性** 用于描述一种情况,即某一行动的一些结果是未知的或无法估算其概率的。(7)

underfished term used to describe a fish stock that is being harvested below the maximum sustainable yield. **捕捞不足** 表示捕获量低于最大可持续产量。(18)

uniformly mixed pollutants any pollutant emitted by many sources in a region resulting in relatively constant concentration levels across the region. **均匀混合污染物** 任何由一个地区的许多污染源排放的污染物,会导致整个地区的浓度水平处于相对稳定。(8)

universal basic income (UBI) a policy where all individuals receive a periodic unconditional cash payment from the government designed to provide a minimum living standard. **全民基本收入** 所有人都能从政府获得定期无条件补贴作为最低生活保障的政策。(22)

unstable equilibrium a temporary equilibrium, for example, of the stock level of a renewable resource, that can be altered by minor changes in conditions, resulting in a large change in stock levels. **不稳定的均衡** 一种暂时的平衡,例如可再生资源的存量水平,条件的微小变化可导致存量水平的大幅变化。(18)

upstream policy a policy to regulate emissions or production as near as possible to the point of natural resource extraction. **自下而上的政策** 尽可能在自然资源开采点附近对排放或生产进行监管的政策。(8)

upstream tax a tax implemented as near as possible to the point of natural resource extraction. **上游税** 一种在尽可能接近自然资源开采点的地方实施的税收。(3)

use values the value that people place on the tangible or physical benefits of a good or service. **使用价值** 人们对使用的产品和服务所赋予的价值。(6)

user costs opportunity costs associated with the loss of future potential uses of a resource, resulting from consumption of the resource in the present. **使用者成本** 未来可使用资源减少相关的机会成本。(5)

V

value-added method the additional value of a good or service from each step in the production process. **增值法** 产品或服务在每个生产步骤的附加价值。(附录 10 - 1)

value of a statistical life (VSL) the willingness to pay of society to avoid one death based on valuations of changes in the risk of death. **统计生命价值** 为避免死亡风险的支付意愿。(7)

virgin resource a resource obtained from nature, as opposed to using recycled materials. **原生资源** 从自然界中获得的资源,而不是使用可回收材料。(17)

virtual water water embedded in goods or services, based on water used as an input throughout the production process. **虚拟水** 隐含在商品或服务中的水，以整个生产过程中投入的水为基础。(20)

W

wage-risk analysis a method used to estimate the value of a statistical life based on the required compensation needed to entice people to high-risk jobs. **工资风险分析** 一种用吸引人们从事高风险工作所需的报酬来估计统计生命价值的方法。(7)

water footprint the total amount of water consumed by a human entity—individual, family, city, corporation, or country—whether directly or indirectly, calculated by summing all the virtual water embedded in the products, energy, and services used by this entity. **水足迹** 人类(个人、家庭、城市、公司或国家)直接或间接消耗的水资源总量，该数值可通过嵌入该实体使用的产品、能源和服务中的所有虚拟水加总计算得到。(20)

water markets mechanism to sell water or water rights to potential buyers. **水市场** 向潜在买家出售水或水权。(20)

water pricing setting the price of water to influence the quantity consumed. **水价** 设定水价以影响用水量。(20)

water privatization the management of water resources by a private for-profit entity as opposed to a public utility. **水务私有化** 由私人部门以盈利为目的(而非公用事业)管理水资源。(20)

water scarce term used for countries where freshwater supplies are less than 1 000 cubic meters per person per year. **水资源短缺** 每年人均淡水供给不足 1 000 立方米的供水状况。(20)

water security sustainable access to adequate quantities of acceptable quality water to sustain human well-being and socioeconomic development. **水安全** 可持续地获得足够数量的合格水资源，以维持人类福祉和社会经济发展。(16)

water stressed term used for countries where freshwater supplies are between 1 000 and 1 700 cubic meters per person per year. **供水紧张** 淡水供给在每人每年 1 000 立方米到 1 700 立方米间的供水状况。(20)

watershed restoration restoring natural watershed functions through the management of small-scale water cycles. **流域恢复** 通过对小规模水循环的管理，恢复自然流域功能。(20)

weak sustainability the view that natural capital depletion is justified as long as it is compensated for with increases in human-made capital; assumes that human-made capital can substitute for most types of natural capital. **弱可持续性** 即只要能通过人造资本的增加来补偿自

然资本的消耗,自然资本的消耗就是合理的;假设人造资本可取代大多数类型的自然资本。(9,10,22)

welfare analysis an economic tool that analyzes the total costs and benefits of alternative policies to different groups, such as producers and consumers. **福利分析** 一种经济分析工具,用于分析替代政策对不同群体(如生产者和消费者)的总成本和收益。(3)

willingness to accept (WTA) the minimum amount of money people would accept as compensation for an action that reduces their well-being. **受偿意愿** 对于那些会降低福利的行为,人们愿意接受的最低货币补偿。(6)

willingness to pay (WTP) the maximum amount of money people are willing to pay for a good or service that increases their well-being. **支付意愿** 人们愿意为增加其福利的商品或服务支付的最大金额。(附录3-2,6)

World Environmental Organization (WEO) a proposed international organization that would have oversight of global environmental issues. **世界环境组织** 一个拟议中的负责监督全球环境问题的国际组织。(21)

World Trade Organization (WTO) an international organization dedicated to the expansion of trade through lowering or eliminating tariffs and nontariff barriers to trade. **世界贸易组织** 致力于通过降低或消除关税和非关税贸易壁垒来扩大贸易的国际组织。(21)

WTO's Article XX a World Trade Organization rule allowing countries to restrict trade in order to conserve exhaustible natural resources or to protect human, animal, or plant life or health. **世界贸易组织第二十条** 世界贸易组织的一项规则,该规则允许各国限制贸易,以保护不可再生自然资源或保护人类、动物、植物生命与健康。(21)

Y

yea-saying "yes" to a contingent valuation WTP question even though one's true valuation of the scenario is less, for reasons such as perceiving "yes" to be a correct answer. **表示赞同** 对条件价值估值问题的回答"是",原因是他们认为"是"是正确答案,即使一个人对场景的真实估值较低。(6)

Z

zoning restrictions government regulations that specify what type of uses are permitted, and prohibited, on particular tracts of land. **分区限制** 政府规定在特定的土地上允许和禁止使用何种类型的用途。(19)

索　引

D

E

O

Q

译　后　记

　　《环境与自然资源经济学：当代方法》（第五版）是 2002 年首次出版后的第五次修订版，由劳特里奇出版社于 2022 年出版。本书分为六个部分，共二十二章。第一部分（第一章和第二章）比较了资源和环境的不同经济分析方法。第二部分（第三至八章）论述了传统环境和资源经济学的基础理论。第三部分（第九章和第十章）介绍了生态经济学方法和绿色核算。第四部分（第十一至十四章）讨论了能源、气候变化和绿色经济政策。第五部分（第十五至二十章）分析了人口、农业、再生资源和不可再生资源管理的经济理论。第六部分（第二十一和第二十二章）探讨了国际贸易的环境影响和可持续发展政策。

　　本书各章节翻译分工如下：第一、二、三、四章由山西财经大学翟君博士和硕士研究生戚铭益、张思敏翻译，第五、六、十二、十四、十六、十七、十八、二十章由中国自然资源经济研究院姚霖研究员翻译，第七、八、十章由华北理工大学张盈博士翻译，第九、十五、十九章由中国人民大学刘金龙教授和硕士研究生冉钰琳、梅瑞萱、薛倩瑜翻译，第十一、十三章由南京大学王佩玉博士翻译，第二十一、二十二章由浙江工商大学张海霞教授翻译。中国地质调查局发展研究中心余韵研究员负责译校，中国自然资源经济研究院王飞宇、张惠、段克、姜赛平、宋猛协助校对。全书由姚霖统稿。

　　感谢中国自然资源经济研究院院长张新安研究员、北京大学张世秋教授、中国人民大学刘金龙教授、北京大学季曦长聘副教授，在百忙中为本书把关，提出了很多建设性意见。

　　感谢自然资源部咨询研究中心贺冰清研究员、刘丽研究员，自然资源部海洋发展战略研究所王芳研究员、付玉研究员、郑苗壮研究员，自然资源部信息中心陈丽萍研究员、陈静研究员，中国地质调查局发展研究中心霍雅琴研究员，中国地质调查局地学文献中心马冰研究员,中央党校李宏伟教授,国家统计局邱琼博士,生态环境部环境与经济政策研究中心俞海研究员,国家林业和草原局发展研究中心张坤教授级高级工程师,中国人民大学高敏雪教授,北京大学吕植教授,浙江大学叶艳妹教授,北京师范大学毛显强教授、刘耕源教授,北京林业大学董世魁教授、王铁梅副教授,世界经济论坛朱春全博士,美国环保协会能源与自然副主任裴盈,大自然保护协会靳彤博士,《海洋世界》向思源主编,山西工学院杨莉老师。他们给予的关心、鼓励和解惑让我们倍觉温暖。

本书能够顺利出版,离不开中国自然资源经济研究院领导和同事们的支持,离不开商务印书馆地理编辑室李娟主任的协调。责任编辑任赟博士更是以高度责任心和严谨的专业态度,为本书出版做了大量细致的编辑工作。因译者学识限制,虽经多次校译,难免有不足之处,敬请指正。

译　者

2023 年 7 月

图书在版编目(CIP)数据

环境与自然资源经济学:当代方法:第五版/(美)乔纳森·M.哈里斯,(美)布瑞恩·罗奇著;姚霖,余韵译. —北京:商务印书馆,2023

("自然资源与生态文明"译丛)

ISBN 978 - 7 - 100 - 22606 - 6

Ⅰ.①环… Ⅱ.①乔… ②布… ③姚… ④余… Ⅲ.①环境经济②自然资源—资源经济学 Ⅳ.①X196②F062.1

中国国家版本馆 CIP 数据核字(2023)第 112781 号

"自然资源与生态文明"译丛

环境与自然资源经济学:当代方法(第五版)

〔美〕乔纳森·M.哈里斯 布瑞恩·罗奇 著

姚霖 余韵 译

商 务 印 书 馆 出 版
(北京王府井大街36号 邮政编码100710)
商 务 印 书 馆 发 行
北 京 冠 中 印 刷 厂 印 刷
ISBN 978 - 7 - 100 - 22606 - 6

2023 年 12 月第 1 版　　　　开本 710×1000　1/16
2023 年 12 月北京第 1 次印刷　印张 53¾ 插页 4

定价:168.00 元

彩　　插

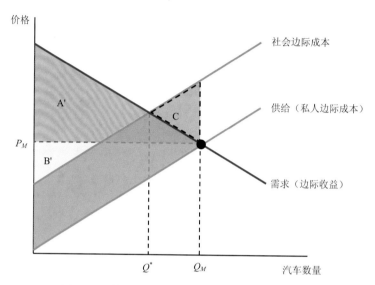

图 3-7　外部性汽车市场的福利分析

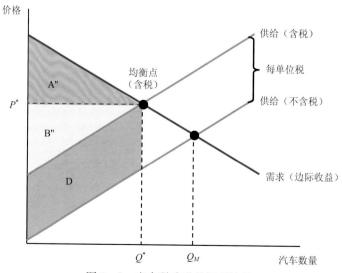

图 3-8　庇古税改进的福利效果

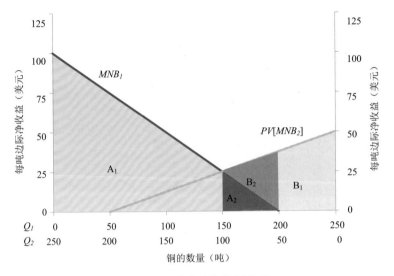

图 5-5　次优跨期资源分配

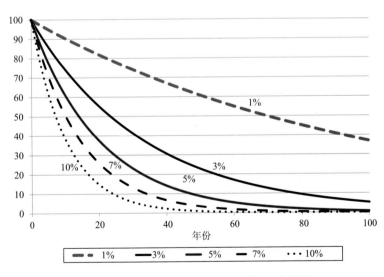

图 7-1　100美元现值受折现率和时间变化的影响

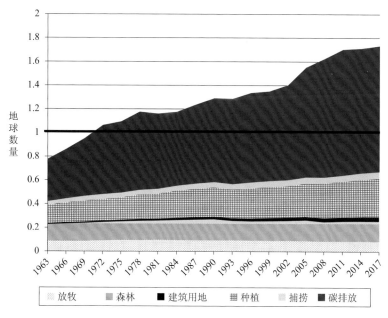

图 9 - 5 按影响类型划分的全球生态足迹

资料来源：Global Footprint Network，2020。

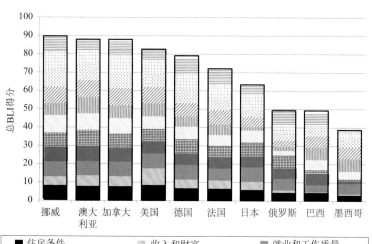

图 10 - 3 选定国家的美好生活指数值（彩图见彩插）

资料来源：OECD Better Life Index website，www. oecdbetterlifeindex. org/。

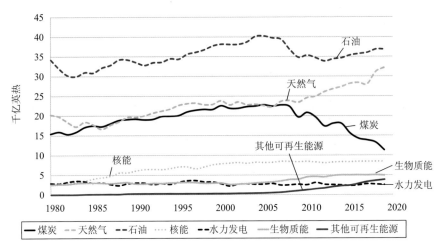

图 11-7　按来源划分的美国能源消耗(1980~2019)

资料来源:U. S. EIA,2020b。

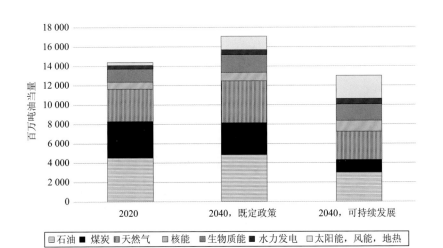

图 11-12　IEA 全球能源组合:2020 年和 2040 年预测

资料来源:IEA,2020a。

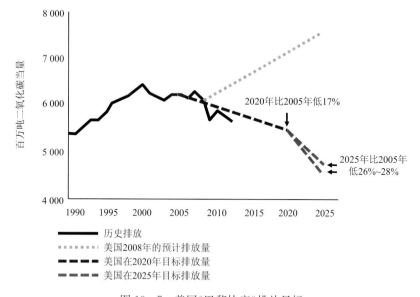

图 13-7 美国《巴黎协定》排放目标

注:2018 年,美国实际排放量比 1995 年低 10%。

资料来源:UN Framework Convention on Climate Change,http://unfccc.int/2860.php。

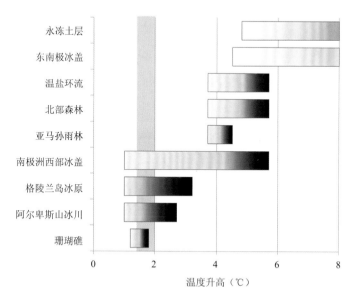

图 13-8 《巴黎协定》目标和全球灾难性影响

注:灰色柱代表《巴黎协定》的气候目标范围,从 1.5～2.0℃。

资料来源:Schellnhuber et al.,2016。

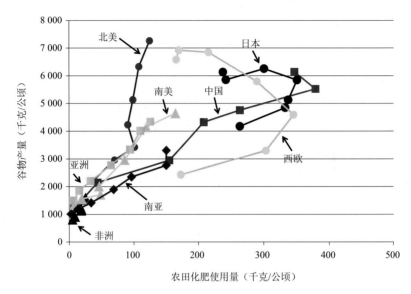

图 16-12　主要地区的产量与化肥使用量的关系（期间的平均数据）

注:每条线显示一个主要地区在过去 70 年中(从 20 世纪 50 年代到现在)施肥量和产量模式的演变。

资料来源:FAO,2020。

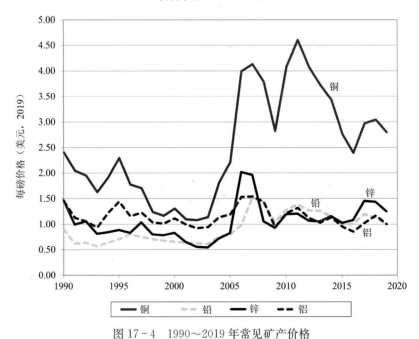

图 17-4　1990～2019 年常见矿产价格

资料来源:Geological Survey,Minerals Commodities Summaries,various years。

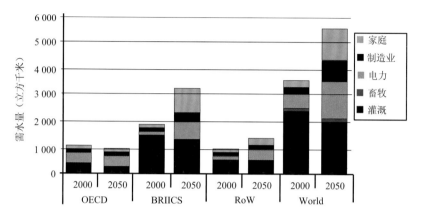

图 20-5　2000 年和 2050 年全球需水量

注：BRIICS 即巴西、俄罗斯、印度、印度尼西亚、中国、南非；OECD 即经济合作与发展组织；
RoW 即世界其他地区。

资料来源：OECD，2012。

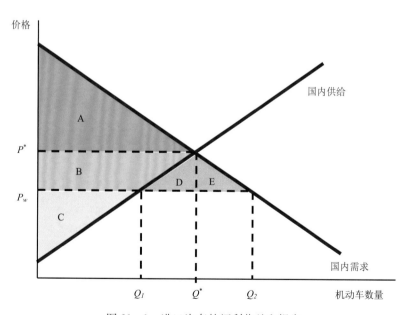

图 21-1　进口汽车的福利收益和损失

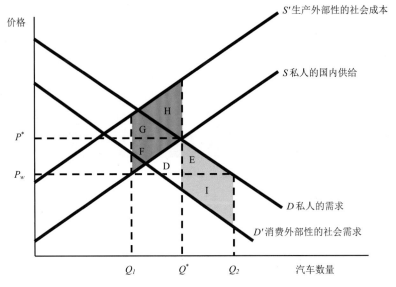

图 21-2 进口汽车的福利影响与外部效应

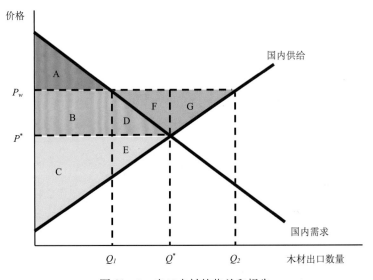

图 21-3 出口木材的收益和损失